U0728239

高 等 学 校 教 材

高等数学 第二版 下册

<< 江志松　苏纯洁　李莹　赵瑞芳　编

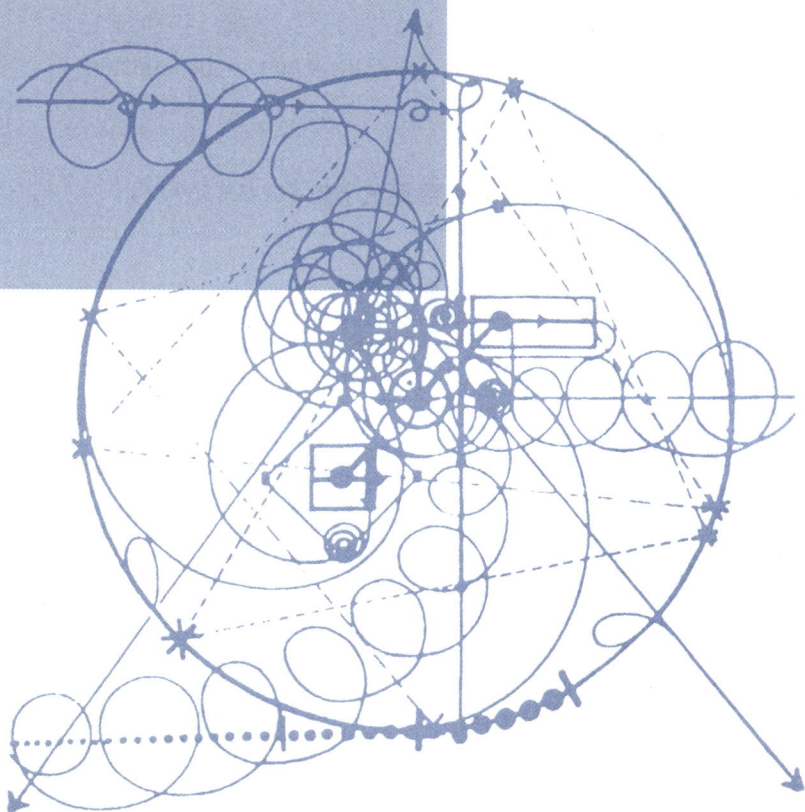

中国教育出版传媒集团

高等教育出版社·北京

内容提要

本书按照"大学数学课程教学基本要求"编写而成。全书共 14 章，分上、下两册出版。下册介绍微分方程、向量与空间解析几何、多元函数微分学、多元函数的积分及其应用、向量函数的积分、傅里叶级数。书中加强了对基本数学概念、基本数学思想和基本数学方法的阐述，注重应用数学能力的培养，力求满足高素质科技人才培养的需要。全书例题丰富，叙述注重几何和物理直观，通俗易懂，并融入丰富的微积分发展史料，具有较好的可读性。

本书第二版在保持第一版特色的基础上，根据多年教学实践经验进行了修订，对部分内容进行改写，删除了数学软件应用方面的内容，增加了具有工程、物理、经济特色的教学案例。

本书可作为高等学校理工类、经济管理类各专业高等数学课程的教材，也可作为考研、自考的复习参考用书。

图书在版编目（CIP）数据

高等数学. 下册／江志松等编. -- 2 版. -- 北京 ：高等教育出版社，2025. 1. -- ISBN 978 - 7 - 04 - 063395 - 5

Ⅰ. O13

中国国家版本馆 CIP 数据核字第 2024LU5699 号

Gaodeng Shuxue

策划编辑　张彦云　　　责任编辑　张彦云　　　特约编辑　吴　迪　　　封面设计　张申申
版式设计　童　丹　　　责任绘图　邓　超　　　责任校对　刘丽娴　　　责任印制　张益豪

出版发行	高等教育出版社	网　　址	http://www.hep.edu.cn
社　　址	北京市西城区德外大街 4 号		http://www.hep.com.cn
邮政编码	100120	网上订购	http://www.hepmall.com.cn
印　　刷	唐山嘉德印刷有限公司		http://www.hepmall.com
开　　本	787mm×1092mm　1/16		http://www.hepmall.cn
印　　张	24.5	版　　次	2010 年 3 月第 1 版
字　　数	590 千字		2025 年 1 月第 2 版
购书热线	010-58581118	印　　次	2025 年 1 月第 1 次印刷
咨询电话	400-810-0598	定　　价	49.80 元

本书如有缺页、倒页、脱页等质量问题，请到所购图书销售部门联系调换
物 料 号　63395-00

第二版下册前言

本书正式出版已经十余年，收到了许多读者意见和建议，这些反馈成为我们修订和完善本书的重要参考。我们在保持第一版的结构体系和主要特色的基础上，进行了一些必要的更新和改进，以更好地适应当前高等数学教育的需求和发展趋势。

本次修订的内容主要包括以下几个方面：

（1）将"数学模型与拓展"改为"数学应用与拓展"，删除了用数学软件求解数学模型及小课题研讨的内容，增加了专业应用案例及部分微积分发展史料，并将部分数学模型问题改编为应用案例。

（2）对部分内容进行了优化和整合，以提高逻辑性和连贯性。加强了概念、定理和例题的解释，以便读者更好地理解和掌握高等数学的核心内容。比如，在多元函数微分学中，引入了聚点的概念，对二重极限的定义进行改写并扩充了多元函数连续点的内涵；在多元函数的积分及其应用最后介绍了多元函数积分的微元法，方便读者更好地运用微元法去解决实际问题；此外，将部分超出教学大纲的内容移至各章最后的"数学应用与拓展"中。

（3）加强与其他学科的交叉融合，以展示高等数学在实际应用中的广泛性。通过引入更多与工程、物理、经济等领域相关的实际案例和问题，可帮助学生更好地理解和应用高等数学知识去解决实际问题。

（4）每章习题的参考答案与提示以电子资源的形式展示，读者可以在每章最后通过扫描二维码获得。

衷心感谢本书第一版的主编殷锡鸣教授、编者许树声教授和李红英副教授，没有他们的支持，本书不可能完成。感谢给予我们支持和帮助的所有人，包括华东理工大学王慧锋副校长、教务处黄婕处长，以及化工学院、材料科学与工程学院、化学与分子工程学院、物理学院等兄弟学院的老师们，他们为我们提供了许多专业应用案例的原始资料。感谢上海电力大学孙玉芹教授为本书审稿，并提出许多有益建议。感谢学院领导鲍亮、林辉球和俞绍文，他们一直关心并支持本书的修订工作。感谢高等教育出版社的编辑，他们为本书的编辑出版付出了艰辛的劳动。

本书修订前开展过多次教学研讨，参与的老师有邵方明、李芳菲、李红英、姬超、王圣强、朱焱、赵建丛、宋洁、方民、贺秀霞、胡海燕、杨勤民、李义龙、姚媛媛、马先锋、靳勇飞、陈云霞、王凡凡、杜莹、张艺、刘培海、黄雪毅、李继根、吕雪芹、田鹏、赵唯等，他们提出了许多有益的建议，在此谨向他们表示诚挚的谢意。

参加本版修订工作的有江志松、苏纯洁、李莹和赵瑞芳。欢迎读者在使用第二版时继续向我们提供反馈意见，以便我们在未来的修订中不断改进和完善。

编　者

2024 年 6 月于华东理工大学

目　　录

第 9 章 微分方程

从前几章的讨论可以看到,微积分是研究函数的有力工具.在应用微积分解决实际问题时,首先需要确定研究的对象——函数.在科学研究和工程实践中,人们常常通过以下途径建立函数关系.

(1)通过实验的方法获得实验数据,对实验数据进行数学处理(例如寻求对数据具有较好逼近的简单函数等方法)获得量与量之间的近似对应关系.

(2)建立函数满足的数学模型,这些数学模型通常是各种各样的函数方程,而微分方程就是其中最重要的函数方程之一,通过求解数学模型(方程)获得函数关系,认识客观世界.

建立数学模型,求解微分方程是人类认识客观世界的一个重要手段.在解微分方程过程中出现的问题已经成为微积分和其他一些数学分支发展的重要源泉.尤其是近年来,微分方程越来越多地出现在工程、生物学、经济学以及社会科学的许多领域之中.

本章主要介绍微分方程的基本概念、几种常见的微分方程的解法以及微分方程的应用.

9.1 微分方程的基本概念

9.1.1 定义

本节通过两个简单实例,引入微分方程的基本概念.

例 1 已知一条曲线通过点 $(1,2)$,且该曲线上任意一点 $M(x,y)$ 处的切线斜率为 $3x^2$,求此曲线的方程.

解 设所求曲线方程为 $y=y(x)$,则由导数的几何意义可知,未知函数 $y=y(x)$ 应满足关系式

$$\frac{\mathrm{d}y}{\mathrm{d}x}=3x^2. \tag{9-1}$$

又因曲线经过点 $(1,2)$,于是 $y(x)$ 还满足 $y(1)=2$. 所以未知函数 $y=y(x)$ 是以下数学问题的解:

$$\begin{cases} \dfrac{\mathrm{d}y}{\mathrm{d}x}=3x^2, \\ y(1)=2. \end{cases}$$

将微分式 $(9-1)$ 两边进行积分,得

$$y = \int 3x^2 \mathrm{d}x = x^3 + C, \tag{9-2}$$

其中 C 是任意常数. 在上式中令 $x=1$,根据条件 $y(1)=2$ 有 $2=1+C$,可知 $C=1$. 因此所求曲线方程为

$$y = x^3 + 1. \tag{9-3}$$

例 2 一辆列车在直线轨道上以 20 m/s 的速度行驶,当制动时,列车获得的加速度是 $-0.4 \, \mathrm{m/s^2}$. 试问制动后,列车行驶了多少时间才停住? 又问列车在这段时间内行驶了多远?

解 设列车在制动后的 t 时间内行驶的路程为 $s = s(t)$. 根据导数的物理意义,路程函数 $s(t)$ 应满足关系式

$$\frac{\mathrm{d}^2 s}{\mathrm{d}t^2} = -0.4. \tag{9-4}$$

由于 $s(0)=0, v(0)=s'(0)=20$,所以路程函数 $s(t)$ 是下列问题的解:

$$\begin{cases} \dfrac{\mathrm{d}^2 s}{\mathrm{d}t^2} = -0.4, \\ s(0)=0, s'(0)=20. \end{cases}$$

将微分式(9-4)两边进行积分,得

$$s'(t) = -0.4t + C_1.$$

再将上式积分一次,有

$$s(t) = \int (-0.4t + C_1) \mathrm{d}t = -0.2t^2 + C_1 t + C_2, \tag{9-5}$$

其中 C_1, C_2 为任意常数. 注意到 $s(t)$ 满足条件 $s(0)=0, s'(0)=20$,即有

$$20 = 0 + C_1, 0 = C_2,$$

可知 $C_1 = 20, C_2 = 0$. 因此所求路程函数 $s = s(t)$ 为

$$s = -0.2t^2 + 20t. \tag{9-6}$$

设列车从制动到停止所花费的时间为 T,则有 $s'(T) = 0$,即 $-0.4T + 20 = 0$,可知

$$T = \frac{20}{0.4} = 50(\mathrm{s}).$$

将 $T = 50$ 代入路程函数式(9-6),就得列车在制动后行驶的路程为

$$s = s(50) = 500(\mathrm{m}).$$

在以上两例中,曲线 $y = y(x)$ 和路程函数 $s = s(t)$ 分别是满足方程(9-1)和(9-4)的函数,而方程(9-1)和(9-4)中都含有未知函数的导数,称这种方程为微分方程.

定义 含有未知函数的导数或微分的等式称为<u>微分方程</u>.

如果微分方程中的未知函数是一元函数,就称此方程为**常微分方程**;如果微分方程中的未知函数是多元函数,就称此方程为**偏微分方程**.

在本书中,我们仅讨论常微分方程,为方便起见,我们把常微分方程简称为微分方程.

根据定义可知,方程(9-1)和(9-4)都是微分方程,它们中出现的未知函数导数的阶数不同. 为了区分,我们给出微分方程阶的概念.

定义 在一个微分方程中,出现的未知函数导数的最高阶数称为<u>微分方程的阶</u>.

于是可知,方程(9-1)是一阶微分方程,方程(9-4)是二阶微分方程,而方程

$$y^{(4)} - 10y''' + 25y'' = 0 \tag{9-7}$$

是四阶微分方程.

定义 若将一个函数及其导数代入微分方程中的未知函数及其导数之后,能使方程成为恒等式,则称此函数为微分方程的**解**(或积分).

按此定义,(9-3)式表示的函数是方程(9-1)的解,而(9-5)式和(9-6)式所表示的函数是方程(9-4)的解. 容易验证,函数

$$y = C_1 + C_2 x + (C_3 + C_4 x) \mathrm{e}^{5x}, \tag{9-8}$$

$$y = (1 + 2x) \mathrm{e}^{5x} \tag{9-9}$$

都是方程(9-7)的解. 为了区分,我们引入微分方程的特解和通解的概念.

定义 若微分方程的解中含有一些独立的任意常数,当这种常数的个数与方程的阶数相同时,就称此解为微分方程的**通解**(或通积分),而称微分方程的不含任意常数的解为微分方程的**特解**.

于是可知,由(9-3)、(9-6)、(9-9)式表示的函数分别是微分方程(9-1)、(9-4)、(9-7)的特解,而由(9-2)、(9-5)、(9-8)式表示的函数分别是上述对应微分方程的通解.

注意,并非任意微分方程都有通解. 例如,方程 $|y'| + y^2 = 0$ 只有解 $y = 0$. 同时,微分方程的通解也不一定能包含方程的所有解. 例如,$y = \sin(x + C)$ 是方程 $y' = \sqrt{1 - y^2}$ 的通解,$y = \pm 1$ 也是该方程的解,但不包含在上述的通解中.

我们把用来确定通解中任意常数取值的条件称为**定解条件**. 比如例 1 和例 2 中,当自变量取某个值时,给出未知函数及其导数的相应值的条件称为**初值条件**.

初值条件是描述所讨论现象或过程的历史(初始)状况的. 一般地,因为 n 阶微分方程

$$y^{(n)} = f(x, y', y'', \cdots, y^{(n-1)}) \tag{9-10}$$

的通解中含有 n 个独立的任意常数,故需要有 n 个(一组)定解条件. 于是 n 阶微分方程的初值条件为

$$y(x_0) = y_0, y'(x_0) = y_1, \cdots, y^{(n-1)}(x_0) = y_{n-1}, \tag{9-11}$$

其中 $y_0, y_1, \cdots, y_{n-1}$ 为 n 个给定的常数. 而将方程(9-10)与初值条件(9-11)一起构成的定解问题

$$\begin{cases} y^{(n)} = f(x, y', \cdots, y^{(n-1)}), \\ y(x_0) = y_0, y'(x_0) = y_1, \cdots, y^{(n-1)}(x_0) = y_{n-1} \end{cases}$$

称为**初值问题**(或柯西问题).

微分方程解的图形称为它的**积分曲线**. 通解的几何图形是由一族曲线构成的积分曲线族,而特解的几何图形是积分曲线族中一条特定的积分曲线.

例 3 验证函数 $y = C_1 \mathrm{e}^{-3x} + C_2 \mathrm{e}^x (C_1, C_2$ 为任意常数)为微分方程

$$y'' + 2y' - 3y = 0 \tag{9-12}$$

的通解,并求初值问题

$$\begin{cases} y'' + 2y' - 3y = 0, \\ y(0) = 4, y'(0) = 0 \end{cases} \tag{9-13}$$

的解.

解 因为 $y' = -3C_1 \mathrm{e}^{-3x} + C_2 \mathrm{e}^x, y'' = 9C_1 \mathrm{e}^{-3x} + C_2 \mathrm{e}^x$,将 y, y', y'' 代入微分方程(9-12)得

$$y''+2y'-3y = 9C_1 e^{-3x}+C_2 e^x+2(-3C_1 e^{-3x}+C_2 e^x)-3(C_1 e^{-3x}+C_2 e^x)$$
$$= (9C_1-6C_1-3C_1)e^{-3x}+(C_2+2C_2-3C_2)e^x = 0,$$

所以函数 $y = C_1 e^{-3x}+C_2 e^x$ 是微分方程(9-12)的解. 又因 y 中含有两个独立的任意常数 C_1, C_2, 且方程(9-12)为二阶方程, 所以 $y = C_1 e^{-3x}+C_2 e^x$ 是方程(9-12)的通解.

再由条件 $y(0)=4$, $y'(0)=0$, 得

$$y(0) = (C_1 e^{-3x}+C_2 e^x)\big|_{x=0} = C_1+C_2 = 4,$$
$$y'(0) = (-3C_1 e^{-3x}+C_2 e^x)\big|_{x=0} = -3C_1+C_2 = 0.$$

解方程组, 得 $C_1=1$, $C_2=3$. 所以初值问题(9-13)的解为

$$y = e^{-3x}+3e^x.$$

9.1.2 建立微分方程举例

例 4(曳物线问题) 如图 9-1 所示, 汽车后挂一条长为 a 的钢索拖带重物, 开始时汽车位于坐标原点, 重物在点 $A(0,a)$ 处, 若汽车沿 x 轴正向移动, 求重物轨迹的方程 $y=y(x)$.

解 设汽车移动到点 P 时, 重物在点 $Q(x,y)$ 处(图 9-1). 此时, PQ 即为重物轨迹曲线 $y=y(x)$ 在点 Q 处的切线. 于是有

$$\frac{dy}{dx} = -\frac{y}{|NP|}. \tag{9-14}$$

又从图 9-1 可知, $|QP|=a$, 所以

$$|NP| = \sqrt{a^2-y^2}.$$

代入(9-14)式可得 $y=y(x)$ 满足的微分方程为

$$\frac{dy}{dx} = -\frac{y}{\sqrt{a^2-y^2}}.$$

又由重物从点 $A(0,a)$ 出发, 可知 $y=y(x)$ 还满足初始条件

$$y(0) = a.$$

因此, 重物的轨迹曲线 $y=y(x)$ 是初值问题

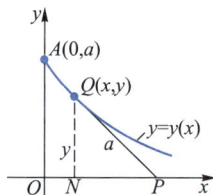

图 9-1

$$\begin{cases} \dfrac{dy}{dx} = -\dfrac{y}{\sqrt{a^2-y^2}}, \\ y(0) = a \end{cases}$$

的解, 求解该问题即得轨迹曲线.

例 5(商品价格的确定问题) 设某种商品的供给量 Q_S 和需求量 Q_D 是价格 P 的线性函数: $Q_S = -a+bP$, $Q_D = c-dP$, 其中 a,b,c,d 都是已知的正常数. 当供给量与需求量相等时, 可求得平衡价格 $\overline{P} = \dfrac{a+c}{b+d}$. 若 $Q_S>Q_D$, 价格将下降; 若 $Q_S<Q_D$, 价格将上涨. 因此, 市场价格 P 是时间 t 的函数 $P=P(t)$ 并且围绕平衡价格 $\overline{P}$ 上下波动. 假定在时间 t, 价格的变化率与此时的过剩需求量 Q_D-Q_S 成正比, 试求 $P(t)$ 的变化规律.

解 由条件可知, 在时间 t 有

$$\frac{dP}{dt} = k(Q_D-Q_S),$$

其中 k 是正常数. 将 $Q_S=-a+bP$, $Q_D=c-dP$ 代入上式, 整理后可得 $P(t)$ 满足的微分方程为

$$\frac{\mathrm{d}P}{\mathrm{d}t}+k(b+d)P=k(a+c),$$

求解该方程可得 $P(t)$.

习题 9.1

（A）

1. 下列哪些方程是微分方程? 若是, 指出其阶:

   （1）$y'=xy$; 　　　　（2）$a\left(\dfrac{\mathrm{d}s}{\mathrm{d}t}\right)^4+b\left(\dfrac{\mathrm{d}s}{\mathrm{d}t}\right)^2+c=0$;

   （3）$y=2x-x^2$; 　　　（4）$yy''-(y')^2=0$;

   （5）$\left(\dfrac{\mathrm{d}^3x}{\mathrm{d}t^3}\right)^2=64t^6$; 　　（6）$\displaystyle\int_x^y \mathrm{e}^{1+u^2}\,\mathrm{d}u=1$.

2. 验证下列各题中所给函数（其中 C 是任意常数）是对应微分方程的解, 并指出是通解还是特解:
   （1）$y''-2y'+y=2\mathrm{e}^x$, $y=x^2\mathrm{e}^x$;
   （2）$(x-y+1)y'=1$, $y=x+C\mathrm{e}^y$;
   （3）$y=(y')^2\sin y'$, $x=t\sin t-\cos t+C$, $y=t^2\sin t$;

   （4）$xy'+y=\mathrm{e}^{-x^2}$, $y(x)=\begin{cases}\dfrac{1}{x}\displaystyle\int_0^x \mathrm{e}^{-t^2}\,\mathrm{d}t, & x\neq 0, \\ 1, & x=0.\end{cases}$

3. 验证函数 $y=\mathrm{e}^{3x}$ 是微分方程 $y''-6y'+9y=0$ 满足初值条件 $y(0)=1$, $y'(0)=3$ 的特解.

4. 在曲线族 $y=C_1\sin(x+C_2)$ 中, 求与直线 $y=x+\sqrt{3}$ 相切于点 $(0,\sqrt{3})$ 的一条曲线.

（B）

1. 用求导消去任意常数的方法, 求下列曲线族（其中的 C, C_1, C_2 为任意常数）满足的微分方程:
   （1）$y=x^2+Cx$; 　　　（2）$(x-C)^2+y^2=1$;
   （3）$y=C_1x+C_2x^2$.

2. 若曲线 $y=y(x)$ 上任一点 (x,y) 处的法线都经过坐标原点, 求函数 $y(x)$ 满足的微分方程.

3. 某种气体的气压 p 对于温度 T 的变化率与气压成正比, 与温度的平方成反比, 求函数 $p(T)$ 满足的微分方程.

4. 在某池塘内养鱼, 该池塘最多能养鱼 1 000 尾. 鱼的条数 y 是时间 t 的函数 $y=y(t)$, 其变化率与 y 及 $1\,000-y$ 的乘积成正比. 开始时池塘内放养鱼 100 尾, 三个月后池塘内有鱼 250 尾, 求函数 $y(t)$ 满足的定解问题.

5. 以初速度 v_0 垂直上抛一物体, 设空气阻力与速度成正比, 比例系数 $k>0$, 试建立上抛高度 $h(t)$ 满足的定解问题.

9.2　一阶微分方程

一阶微分方程的一般形式为

$$F(x,y,y')=0,$$

显式形式为

$$\frac{\mathrm{d}y}{\mathrm{d}x}=f(x,y).① \tag{9-15}$$

----

① 记号 $f(x,y)$ 表示以 x, y 为自变量的二元函数, 其详细内容将在多元函数的章节中讨论.

这是微分方程中阶数最低,形式最简单的方程. 然而,对于这类方程的求解,目前尚无一般的方法,即没有一个普遍适用的公式可以表示其所有情况下的解析解. 因此,讨论一阶方程的求解问题,实际上只能讨论方程(9-15)中几种特殊类型方程的求解方法.

9.2.1　可分离变量的方程

如果一阶方程(9-15)右端的二元函数 $f(x,y)$ 可表示为一个 x 的函数 $g(x)$ 与一个 y 的函数 $h(y)$ 的乘积,即 $f(x,y)=g(x)h(y)$,就称方程

$$\frac{\mathrm{d}y}{\mathrm{d}x}=g(x)h(y) \tag{9-16}$$

为可分离变量的方程.

对于这类方程的求解,可先用分离变量的方法将其变形为

$$\frac{\mathrm{d}y}{h(y)}=g(x)\mathrm{d}x^{①},$$

再将该方程两边积分得

$$\int\frac{\mathrm{d}y}{h(y)}=\int g(x)\mathrm{d}x+C. \tag{9-17}$$

这里我们约定本章中出现的不定积分符号都仅表示一个原函数而将任意常数单独列出. 于是 (9-17)式中的不定积分 $\int\frac{\mathrm{d}y}{h(y)}$,$\int g(x)\mathrm{d}x$ 都表示被积函数的一个原函数.

方程(9-17)一般是 x,y 的隐函数方程,由其确定的函数 $y=y(x)$ 一定是微分方程(9-16)的解. 又因(9-17)式中含有一个任意常数,所以(9-17)式就是微分方程(9-16)的通解.

可分离变量方程的上述解法称为**分离变量法**,它首先由莱布尼茨提出.

例 1　求微分方程 $\dfrac{\mathrm{d}y}{\mathrm{d}x}=\dfrac{6x^2}{2y+\cos y}$ 的通解.

解　这是一个可分离变量的方程. 分离变量得

$$(2y+\cos y)\mathrm{d}y=6x^2\mathrm{d}x,$$

两边积分得方程的通解为

$$y^2+\sin y=2x^3+C.$$

例 2　求微分方程 $y'=\dfrac{(1+y^2)x}{(1+x^2)y}$ 满足初值条件 $y(0)=1$ 的特解.

解　这是一个可分离变量的方程. 分离变量得

$$\frac{y}{1+y^2}\mathrm{d}y=\frac{x}{1+x^2}\mathrm{d}x,$$

两边积分得

$$\frac{1}{2}\ln(1+y^2)=\frac{1}{2}\ln(1+x^2)+\frac{1}{2}\ln C,$$

---

①　这里假设了 $h(y)\neq0$,显然使 $h(y)=0$ 的 $y=y_0$ 一定是方程(9-16)的解.

其中 C 为任意正数 $\left(注意, \dfrac{1}{2}\ln C \text{ 也表示任意常数}\right)$, 整理得微分方程的通解为

$$1+y^2 = C(1+x^2).$$

代入初始条件得

$$1+1^2 = C(1+0^2),$$

可知 $C=2$.

所以微分方程满足初始条件的特解是

$$1+y^2 = 2(1+x^2).$$

例 3(人口增长预测) 某个地区的人口总数 N 是时间 t 的函数, 即 $N=N(t)$. 若这个地区人口的出生率为 n(即单位时间出生数为 nN), 死亡率为 m(即单位时间死亡数为 mN). 试考察任一时刻 t 的人口总数 $N(t)$.

解 采用微元法分析问题. 在时间段 $[t, t+\mathrm{d}t]$ 内, 人口的改变量微元应等于这段时间内出生的人数与死亡的人数之差, 即

$$\mathrm{d}N = nN\mathrm{d}t - mN\mathrm{d}t,$$

亦即

$$\frac{\mathrm{d}N}{\mathrm{d}t} = (n-m)N.$$

这是一个可分离变量的方程, 分离变量得

$$\frac{\mathrm{d}N}{N} = (n-m)\mathrm{d}t.$$

设初始人口为 N_0, 即初值条件为 $N(0)=N_0$, 则可以求得此初值问题的解

$$N = N_0 \mathrm{e}^{(n-m)t}. \tag{9-18}$$

可以看出, 当 $n>m$ 时, 人口将按指数规律式(9-18)无限制地增长, 这就是著名的**马尔萨斯**(Malthus, 1766—1834, 英国人口学家)**定律**.

9.2.2 一阶线性方程

如果一阶微分方程 $\dfrac{\mathrm{d}y}{\mathrm{d}x}=f(x,y)$ 的右端函数 $f(x,y)$ 是关于 y 的线性函数, 即 $f(x,y)=Q(x)-P(x)y$, 就称形成的一阶方程

$$\frac{\mathrm{d}y}{\mathrm{d}x} + P(x)y = Q(x) \tag{9-19}$$

为关于 y 的**一阶线性微分方程**, $Q(x)$ 称为方程的**自由项**.

当自由项 $Q(x) \equiv 0$ 时, 称方程

$$\frac{\mathrm{d}y}{\mathrm{d}x} + P(x)y = 0 \tag{9-20}$$

为**一阶线性齐次方程**; 当 $Q(x) \not\equiv 0$ 时, 称方程(9-19)为**一阶线性非齐次方程**.

为了导出一阶线性非齐次方程(9-19)的通解公式, 先考察与之对应的齐次线性方程(9-20). 这是一个可分离变量的方程, 分离变量得

$$\frac{\mathrm{d}y}{y} = -P(x)\mathrm{d}x,$$

两边积分得方程(9-20)的通解

$$y = C e^{-\int P(x)\mathrm{d}x}, \tag{9-21}$$

其中 C 为任意常数. 由于齐次方程(9-20)是非齐次方程(9-19)的特殊情形,这两个方程的解之间应有一定的联系. 将(9-21)中的常数 C 换成待定函数 $C(x)$,设非齐次方程(9-19)有以下形式的解

$$y = C(x) e^{-\int P(x)\mathrm{d}x}. \tag{9-22}$$

代入方程(9-19),得

$$C'(x) e^{-\int P(x)\mathrm{d}x} - P(x) C(x) e^{-\int P(x)\mathrm{d}x} + P(x) C(x) e^{-\int P(x)\mathrm{d}x} = Q(x),$$

即

$$C'(x) e^{-\int P(x)\mathrm{d}x} = Q(x),$$

$$C'(x) = Q(x) e^{\int P(x)\mathrm{d}x}.$$

两边积分,得

$$C(x) = \int Q(x) e^{\int P(x)\mathrm{d}x}\mathrm{d}x + C.$$

将 $C(x)$ 代入(9-22)便得非齐次方程(9-19)的通解

$$y = e^{-\int P(x)\mathrm{d}x}\left(C + \int Q(x) e^{\int P(x)\mathrm{d}x}\mathrm{d}x\right). \tag{9-23}$$

上述通过将对应的线性齐次方程通解中的任意常数 C 换成待定函数 $C(x)$,进而求线性非齐次方程通解的方法称为**常数变易法**. 这一方法首先由拉格朗日提出,其后**拉普拉斯**(P. S. Laplace,1749—1827,法国数学家、物理学家、天文学家)发展并完善了该方法. 常数变易法是微分方程理论中的重要方法,后面我们还将介绍它在求解其他微分方程中的应用.

(9-23)式可作为求解一阶线性方程(9-19)的通解公式使用,在运用时需要注意,事先须将方程写成(9-19)的标准形式,并确定公式中的 $P(x),Q(x)$.

例 4 求微分方程 $(y-x^3)\mathrm{d}x - 2x\mathrm{d}y = 0$ 的通解.

解 原方程可化为

$$\frac{\mathrm{d}y}{\mathrm{d}x} - \frac{1}{2x}y = -\frac{x^2}{2},$$

这是关于未知函数 y 的一阶线性方程,容易认定 $P(x) = -\dfrac{1}{2x}, Q(x) = -\dfrac{x^2}{2}$,运用公式(9-23)求得其通解为

$$y = e^{\int \frac{1}{2x}\mathrm{d}x}\left(C + \int\left(-\frac{x^2}{2}\right) e^{-\int \frac{1}{2x}\mathrm{d}x}\mathrm{d}x\right) = e^{\frac{1}{2}\ln x}\left(C - \frac{1}{2}\int x^2 e^{-\frac{1}{2}\ln x}\mathrm{d}x\right)$$

$$= \sqrt{x}\left(C - \frac{1}{2}\int x^{\frac{3}{2}}\mathrm{d}x\right) = \sqrt{x}\left(C - \frac{1}{5}x^{\frac{5}{2}}\right) = C\sqrt{x} - \frac{1}{5}x^3.$$

例 5 求方程 $x^2 y' + xy - \ln x = 0$ 满足初值条件 $y(1) = \dfrac{1}{2}$ 的特解.

解 该方程是一个关于未知函数 y 的一阶线性非齐次方程,其标准形式为

$$y' + \frac{1}{x}y = \frac{1}{x^2}\ln x.$$

由上式可知 $P(x) = \frac{1}{x}$,$Q(x) = \frac{\ln x}{x^2}$,利用通解公式(9-23)得其通解为

$$y = e^{-\int\frac{dx}{x}}\left(C + \int\frac{\ln x}{x^2}e^{\int\frac{1}{x}dx}dx\right) = e^{-\ln x}\left(C + \int\frac{\ln x}{x^2}\cdot e^{\ln x}dx\right)$$

$$= \frac{1}{x}\left(C + \int\frac{\ln x}{x}dx\right) = \frac{1}{x}\left(C + \frac{1}{2}\ln^2 x\right).$$

将初值条件代入通解,得

$$\frac{1}{2} = \frac{1}{1}\left(C + \frac{1}{2}\ln^2 1\right),$$

可知 $C = \frac{1}{2}$. 故所求的特解为

$$y = \frac{1}{2x}(1 + \ln^2 x).$$

有时微分方程关于变量 y 不是一阶线性方程,但如果考虑 $y = y(x)$ 的反函数 $x = x(y)$,却是关于未知函数 x 的一阶线性方程,即

$$\frac{dx}{dy} + P(y)x = Q(y). \tag{9-24}$$

类似地,可以看到,此时只需将通解公式(9-23)中的 x,y 变量互换就可获得方程(9-24)的通解公式

$$x = e^{-\int P(y)dy}\left(C + \int Q(y)e^{\int P(y)dy}dy\right). \tag{9-25}$$

例6 求微分方程 $\cos y dx + (x - 2\cos y)\sin y dy = 0$ 的通解.

解 很明显,方程关于变量 y 不是线性的,但它可改写成

$$\frac{dx}{dy} + x\tan y = 2\sin y.$$

可知方程是一个关于未知函数 x 的一阶线性方程. 利用通解公式(9-25)得其通解为

$$x = e^{-\int\tan y dy}\left(C + \int 2\sin y e^{\int\tan y dy}dy\right)$$

$$= e^{\ln\cos y}\left(C + \int 2\sin y \cdot e^{-\ln\cos y}dy\right) = \cos y(C - 2\ln\cos y),$$

即通解是 $x = C\cos y - 2\cos y\ln\cos y$.

例7 有质量为 m 的质点 M,从液面由静止状态开始垂直下沉,设在沉降过程中质点所受的阻力与沉降速度 v 成正比,比例系数为 $k(k > 0)$,试求质点下沉速度 v 及位置 x 与沉降时间 t 的关系.

解 建立坐标系如图 9-2 所示. 在下沉过程中,质点受两个力的作用,一个是重力 mg,方向向下;另一个是阻力 kv,方向向上. 由牛顿第二定律可知 v 满足

$$m \frac{\mathrm{d}v}{\mathrm{d}t} = mg - kv,$$

并且有初值条件 $v(0) = 0.$ 方程为一阶线性方程,整理得

$$\frac{\mathrm{d}v}{\mathrm{d}t} + \frac{k}{m}v = g.$$

其通解为

$$v = \mathrm{e}^{-\int \frac{k}{m}\mathrm{d}t} \left(C + \int g \mathrm{e}^{\int \frac{k}{m}\mathrm{d}t} \mathrm{d}t \right) = \mathrm{e}^{-\frac{k}{m}t} \left(C + \int g \mathrm{e}^{\frac{k}{m}t} \mathrm{d}t \right)$$

$$= \mathrm{e}^{-\frac{k}{m}t} \left(C + \frac{mg}{k} \mathrm{e}^{\frac{k}{m}t} \right) = \frac{mg}{k} + C \mathrm{e}^{-\frac{k}{m}t}.$$

由初值条件 $v(0) = 0$,解得 $C = -\frac{mg}{k}$,从而得

$$v = \frac{mg}{k} \left(1 - \mathrm{e}^{-\frac{k}{m}t} \right).$$

又因 $\frac{\mathrm{d}x}{\mathrm{d}t} = v = \frac{mg}{k}(1 - \mathrm{e}^{-\frac{k}{m}t})$ 及 $x(0) = 0$,积分得质点位置 x 与时间 t 的关系为

$$x(t) = x(0) + \int_0^t \frac{mg}{k}(1 - \mathrm{e}^{-\frac{k}{m}t}) \mathrm{d}t = \frac{mg}{k} \left[t - \frac{m}{k}(1 - \mathrm{e}^{-\frac{k}{m}t}) \right].$$

图 9-2

9.2.3　齐次型方程

形如

$$\frac{\mathrm{d}y}{\mathrm{d}x} = \varphi\left(\frac{y}{x} \right) \tag{9-26}$$

的一阶微分方程称为齐次型微分方程.在该方程中,用 tx 和 $ty(t \neq 0)$ 代替 x 和 y,经化简方程不变,这也是齐次型微分方程的判定方法.

对于齐次型方程(9-26),一般可通过变量代换把它化为一阶可分离变量方程.令 $u = \frac{y}{x}$,

则 $y = xu$,$\frac{\mathrm{d}y}{\mathrm{d}x} = u + x \frac{\mathrm{d}u}{\mathrm{d}x}$,代入方程(9-26)得

$$u + x \frac{\mathrm{d}u}{\mathrm{d}x} = \varphi(u),$$

即

$$\frac{\mathrm{d}u}{\mathrm{d}x} = \frac{\varphi(u) - u}{x}, \tag{9-27}$$

方程(9-27)是关于 u, x 的一阶可分离变量的方程,在求出其通解之后,将 $u = \frac{y}{x}$ 代回就是齐次型方程(9-26)的通解.一阶齐次型方程及其换元方法首先由莱布尼茨研究发现.

例 8　求方程

$$\frac{\mathrm{d}y}{\mathrm{d}x} = \frac{2x - y}{x + y}$$

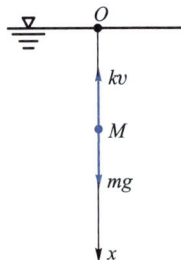

的通解.

解 该方程是齐次型方程.将方程右端函数的分子、分母同除以 x,得

$$\frac{\mathrm{d}y}{\mathrm{d}x} = \frac{2 - \dfrac{y}{x}}{1 + \dfrac{y}{x}}.$$

令 $u = \dfrac{y}{x}$,则 $\dfrac{\mathrm{d}y}{\mathrm{d}x} = u + x\dfrac{\mathrm{d}u}{\mathrm{d}x}$,于是原方程变为

$$u + x\frac{\mathrm{d}u}{\mathrm{d}x} = \frac{2-u}{1+u},$$

即

$$\frac{\mathrm{d}u}{\mathrm{d}x} = \frac{2-2u-u^2}{x(1+u)}.$$

分离变量,得

$$\frac{(1+u)\,\mathrm{d}u}{2-2u-u^2} = \frac{\mathrm{d}x}{x}.$$

两边积分,得

$$-\frac{1}{2}\ln|2-2u-u^2| = \ln|x| - \frac{1}{2}\ln|C|,$$

即

$$2-2u-u^2 = \frac{C}{x^2}.$$

将 $u = \dfrac{y}{x}$ 代入上式便得原方程的通解为

$$2x^2 - 2xy - y^2 = C.$$

齐次型方程也可表示为下面的方程

$$\frac{\mathrm{d}x}{\mathrm{d}y} = \frac{1}{\psi\left(\dfrac{x}{y}\right)}, \tag{9-28}$$

即把 x 看作 y 的函数.此时若令 $v = \dfrac{x}{y}$,则 $x = yv$,$\dfrac{\mathrm{d}x}{\mathrm{d}y} = v + y\dfrac{\mathrm{d}v}{\mathrm{d}y}$.方程(9-28)可化为一个关于 v,y 的可分离变量的方程

$$v + y\frac{\mathrm{d}v}{\mathrm{d}y} = \frac{1}{\psi(v)}. \tag{9-29}$$

有时方程(9-29)比方程(9-27)更易求解.

例 9 求微分方程 $y\mathrm{d}x - (x + \sqrt{y^2 - x^2})\,\mathrm{d}y = 0\,(y>0)$ 的通解.

解 原方程可变形为

$$\frac{\mathrm{d}x}{\mathrm{d}y} = \frac{x}{y} + \sqrt{1 - \left(\frac{x}{y}\right)^2},$$

这是一个齐次型方程. 令 $v = \dfrac{x}{y}$，则 $x = yv$，$\dfrac{\mathrm{d}x}{\mathrm{d}y} = v + y\dfrac{\mathrm{d}v}{\mathrm{d}y}$，代入上述方程，有

$$v + y\frac{\mathrm{d}v}{\mathrm{d}y} = v + \sqrt{1 - v^2}，$$

即

$$\frac{\mathrm{d}v}{\sqrt{1 - v^2}} = \frac{\mathrm{d}y}{y}.$$

两边积分得

$$\arcsin v = \ln y + C.$$

将 $v = \dfrac{x}{y}$ 代回上式，就得原方程的通解为

$$x = y\sin(C + \ln y).$$

9.2.4   伯努利方程

若一阶微分方程 $\dfrac{\mathrm{d}y}{\mathrm{d}x} = f(x, y)$ 右端的函数 $f(x, y)$ 具有以下形式

$$f(x, y) = Q(x)y^n - P(x)y \quad (n \neq 0, 1)，$$

则称形成的一阶方程

$$\frac{\mathrm{d}y}{\mathrm{d}x} + P(x)y = Q(x)y^n \tag{9-30}$$

为**伯努利**(J. Bernoulli, 1654—1705, 瑞士数学家)方程.

瑞士巴塞尔的伯努利家族是 17~18 世纪在数学和自然科学领域出过多位科学家的大家族, 方程(9-30)由雅各布·伯努利于 1695 年提出. 伯努利方程是一类可通过变量代换转化为一阶线性方程求解的方程.

在方程(9-30)两边同除以 y^n, 则方程变形为

$$y^{-n}\frac{\mathrm{d}y}{\mathrm{d}x} + P(x)y^{1-n} = Q(x)，$$

即

$$\frac{1}{1-n}\frac{\mathrm{d}(y^{1-n})}{\mathrm{d}x} + P(x)y^{1-n} = Q(x).$$

令 $z = y^{1-n}$, 则上式化为

$$\frac{\mathrm{d}z}{\mathrm{d}x} + (1-n)P(x)z = (1-n)Q(x).$$

这是一个关于未知函数 z 的一阶线性方程, 利用一阶线性方程的通解公式(9-23), 在求得其通解之后, 将 $z = y^{1-n}$ 代入就得伯努利方程(9-30)的通解.

例 10   求方程

$$\frac{\mathrm{d}y}{\mathrm{d}x} + \frac{y}{x} = 2y^2\ln x$$

的通解.

解 这是一个伯努利方程. 在方程两边同除以 y^2, 得

$$\frac{1}{y^2}\frac{dy}{dx}+\frac{1}{x}y^{-1}=2\ln x,$$

即

$$\frac{d(y^{-1})}{dx}-\frac{1}{x}\cdot y^{-1}=-2\ln x.$$

令 $z=y^{-1}$, 上式化为

$$\frac{dz}{dx}-\frac{z}{x}=-2\ln x.$$

利用公式 (9-23) 得其通解为

$$z=x\left[C-(\ln x)^2\right].$$

将 $z=y^{-1}$ 代入上式便得原方程的通解为

$$xy\left[C-(\ln x)^2\right]=1.$$

例 11 求微分方程

$$\frac{dy}{dx}=\frac{1}{xy+x^2y^3}$$

的通解.

解 原方程可变形为

$$\frac{dx}{dy}-yx=y^3x^2,$$

这是一个以 y 为自变量, x 为因变量的伯努利方程. 在方程两边同除以 x^2 得

$$\frac{1}{x^2}\frac{dx}{dy}-\frac{y}{x}=y^3,$$

即

$$\frac{d(x^{-1})}{dy}+yx^{-1}=-y^3.$$

令 $z=x^{-1}$, 上式化为

$$\frac{dz}{dy}+yz=-y^3.$$

利用公式 (9-23) 得其通解为

$$z=Ce^{-\frac{y^2}{2}}-y^2+2.$$

将 $z=\dfrac{1}{x}$ 回代上式便得原方程的通解为

$$x\left(Ce^{-\frac{y^2}{2}}-y^2+2\right)=1.$$

从以上的讨论可以看到, 通过变量代换的方法, 我们可以将齐次型方程和伯努利方程分别化为可分离变量方程和线性方程求解. 变量代换的方法是解微分方程常用的方法之一, 许多其他类型的方程可通过这一方法转化成已知求解方法的典型方程处理.

例 12 求微分方程

$$y'=\sin^2(x-y+1)$$

的通解.

解 注意到 $x-y+1$ 是复合函数的内层函数. 令 $x-y+1=u$, 代入原方程可得

$$1-u'=\sin^2 u,$$

这是一个可分离变量的微分方程, 分离变量后可解得

$$\tan u = x+C.$$

因此原方程的通解为

$$\tan(x-y+1)=x+C.$$

例 13 求方程

$$x\frac{\mathrm{d}y}{\mathrm{d}x}-y\ln y=x^2 y$$

的通解.

解 原方程可改写成

$$\frac{x}{y}\cdot\frac{\mathrm{d}y}{\mathrm{d}x}-\ln y=x^2.$$

由于 $\frac{1}{y}\frac{\mathrm{d}y}{\mathrm{d}x}=\frac{\mathrm{d}(\ln y)}{\mathrm{d}x}$, 所以上式还可表示为

$$x\frac{\mathrm{d}(\ln y)}{\mathrm{d}x}-\ln y=x^2.$$

令 $z=\ln y$, 则上式变换为关于 z 的一阶线性方程

$$\frac{\mathrm{d}z}{\mathrm{d}x}-\frac{1}{x}z=x.$$

解方程得

$$z=x^2+Cx.$$

因此, 原方程的通解是

$$\ln y=x^2+Cx.$$

例 14 求微分方程 $(2x+y-4)\mathrm{d}x+(x+y-1)\mathrm{d}y=0$ 满足初值条件 $y(0)=1$ 的特解.

解 原方程可变形为

$$\frac{\mathrm{d}y}{\mathrm{d}x}=\frac{-2x-y+4}{x+y-1}. \tag{9-31}$$

由于上式右端的分子、分母都是一次式, 故可作平移变换消除常数项, 使之转化为齐次型方程.

为此, 先求直线 $-2x-y+4=0$ 与直线 $x+y-1=0$ 的交点. 解方程组

$$\begin{cases} -2x-y+4=0, \\ x+y-1=0, \end{cases}$$

得交点的坐标 $(3,-2)$. 然后作平移变换

$$\begin{cases} t=x-3, \\ s=y+2, \end{cases} \quad \text{即} \quad \begin{cases} x=t+3, \\ y=s-2. \end{cases}$$

此时, $\mathrm{d}x=\mathrm{d}t$, $\mathrm{d}y=\mathrm{d}s$, 且 $\frac{\mathrm{d}y}{\mathrm{d}x}=\frac{\mathrm{d}s}{\mathrm{d}t}$. 将它们代入微分方程 (9-31), 得

$$\frac{\mathrm{d}s}{\mathrm{d}t}=\frac{-2(t+3)-(s-2)+4}{(t+3)+(s-2)-1}=\frac{-2t-s}{t+s}, \tag{9-32}$$

这是关于变量 s,t 的一阶齐次型方程.

令 $u=\dfrac{s}{t}$,则 $s=tu,\dfrac{\mathrm{d}s}{\mathrm{d}t}=u+t\dfrac{\mathrm{d}u}{\mathrm{d}t}$,方程(9-32)可进一步化为

$$u+t\frac{\mathrm{d}u}{\mathrm{d}t}=\frac{-2-u}{1+u}.$$

整理并分离变量,得

$$\frac{1+u}{u^2+2u+2}\mathrm{d}u=-\frac{1}{t}\mathrm{d}t.$$

两边积分,得其通解为

$$(2+2u+u^2)t^2=C.$$

将 $u=\dfrac{s}{t}$ 代入,得

$$2t^2+2ts+s^2=C.$$

再把 $t=x-3,s=y+2$ 代入上式得原方程的通解为

$$2(x-3)^2+2(x-3)(y+2)+(y+2)^2=C.$$

在上式中令 $x=0,y=1$,可知 $C=9$. 因此所求的特解是

$$2(x-3)^2+2(x-3)(y+2)+(y+2)^2=9,$$

即

$$2x^2+2xy+y^2-8x-2y+1=0.$$

容易看出,上例中求解方程(9-31)的方法可进一步推广至求解形如

$$\frac{\mathrm{d}y}{\mathrm{d}x}=f\left(\frac{a_1x+b_1y+c_1}{a_2x+b_2y+c_2}\right)$$

的方程,其中 a_1,b_1,c_1,a_2,b_2,c_2 都为常数,且 $a_1b_2\neq a_2b_1$,具体的推导留作习题.

习题 9.2

(A)

1. 求下列微分方程的通解:

(1) $xy'-y\ln y=0$;

(2) $\dfrac{\mathrm{d}y}{\mathrm{d}x}=\dfrac{y^2}{1+x^2}$;

(3) $y'=\dfrac{x}{2y}\mathrm{e}^{2x-y^2}$;

(4) $\cos x\sin y\mathrm{d}x+\sin x\cos y\mathrm{d}y=0$;

(5) $y\mathrm{d}x+(x^2-4x)\mathrm{d}y=0$;

(6) $y'=1-x-y+xy$.

2. 求下列微分方程满足所给初值条件的特解:

(1) $y'=\mathrm{e}^{2x-y},y(0)=0$;

(2) $y'=\dfrac{1}{\cos^2 x\cos^2 y},y\left(\dfrac{\pi}{4}\right)=0$;

(3) $y'\sin x=y\ln y,y\left(\dfrac{\pi}{2}\right)=\mathrm{e}$;

(4) $y'=\dfrac{y}{\sqrt{1-x^2}},y\left(\dfrac{1}{2}\right)=-\mathrm{e}^{\frac{\pi}{6}}$.

3. 求下列微分方程的通解:

(1) $y'+2xy=4x$; (2) $y'+y\cot x=\mathrm{e}^{\cos x}$;

(3) $(x^2-1)y'+2xy-\cos x=0$; (4) $(x-2)y'=y+2(x-2)^3$.

4. 求下列微分方程满足所给初值条件的特解:

(1) $y'+3y=8, y(0)=2$; (2) $y'-y\tan x=\sec x, y(0)=0$;

(3) $xy'+y=\sin x, y(\pi)=2$; (4) $x^3y'+(2-3x^2)y-x^3=0, y(1)=0$.

5. 求下列微分方程的通解:

(1) $y'=\dfrac{y^2+1}{\cos y-2xy}$; (2) $y'=\dfrac{y\ln y}{\ln y-x}$.

6. 求下列微分方程的通解或满足初值条件的特解:

(1) $y'=\dfrac{y}{x}(1+\ln y-\ln x)$; (2) $(x^2+y^2)\mathrm{d}x-xy\mathrm{d}y=0$;

(3) $xy\mathrm{d}x-(2x^2+y^2)\mathrm{d}y=0, y(2)=1$; (4) $(y^2-3x^2)\mathrm{d}y+2xy\mathrm{d}x=0, y(0)=1$.

7. 求下列微分方程的通解或满足初值条件的特解:

(1) $y'+y=y^2(\cos x-\sin x)$; (2) $x\mathrm{d}y-[y+xy^3(1+\ln x)]\mathrm{d}x=0$;

(3) $3xy'-y=3x^2y^{-4}, y(1)=1$; (4) $y'=y-\dfrac{2x}{y}, y(0)=1$.

8. 试求解 9.1 节例 4 的曳物线方程.

9. 试求 9.1 节例 5 满足初值条件 $P\big|_{t=0}=P_0$ 的特解(价格 $P(t)$).

10. 某林区现有木材 10 万立方米,若在每一瞬时木材的变化率与当时木材数成正比,并假设 10 年后此林区能有木材 20 万立方米,试求木材数 P 与时间 t 的函数关系 $P=P(t)$.

11. 放射性元素镭在任一时刻的衰变速率 $-\dfrac{\mathrm{d}m}{\mathrm{d}t}$ 与现存量 m 成正比,即 $-\dfrac{\mathrm{d}m}{\mathrm{d}t}=km$,比例系数 $k>0$. 设在开始 $t=0$ 时有镭 m_0 g,每经过 1 600 年后其质量衰减为原有质量的一半. 求镭的衰变规律 $m(t)$.

12. 质量为 1 g 的质点受外力作用做直线运动,此外力与时间成正比,与质点的运动速度成反比. 在 10 s 时,质点的速度为 50 cm/s,外力为 4 g·cm/s^2. 问从开始经过 1 min 后的速度是多少?

(B)

1. 验证形如 $yf(xy)\mathrm{d}x+xg(xy)\mathrm{d}y=0$ 的微分方程,通过变量代换 $u=xy$,可化为可分离变量的方程.

2. 求下列方程的通解:

(1) $(x+2y+1)\mathrm{d}x+(2x+3y)\mathrm{d}y=0$; (2) $y'=\dfrac{x+y}{x-1}+\tan\dfrac{x+y}{x-1}-1$.

3. 用适当的变量代换变换下列微分方程,并求出它们的通解:

(1) $y'=(x+y)^2$; (2) $y'=\tan^2(x+y)$;

(3) $y'=\dfrac{1}{x-y}+1$; (4) $xy'+y=y(\ln x+\ln y)$.

4. 求与抛物线族 $y=Cx^2$(C 是常数)中任一抛物线都正交的曲线(族)的方程.

5. 设有一质量为 m 的质点做直线运动. 假定运动过程中只受到两个力作用:一个是拉力,方向与运动方向一致,大小正比于时间 t,比例系数 $k_1>0$;另一个是阻力,方向与运动方向相反,大小与速度成正比,比例系数 $k_2>0$. 设运动之初速度为 $v_0=0$,求质点运动速度 $v(t)$.

6. 设 $f(x)$ 在 $[1,+\infty)$ 内有连续的导数,且满足

$$x-1+x\int_1^x f(t)\mathrm{d}t=(x+1)\int_1^x tf(t)\mathrm{d}t,$$

试求函数 $f(x)$.

9.3 可降阶的高阶微分方程

高阶微分方程是指二阶及二阶以上的微分方程,从本节起我们将讨论高阶微分方程的求解问题.由于高阶微分方程是比一阶微分方程更复杂的方程,所以这里仅局限于讨论求解一些具有特殊结构的高阶方程.采用的方法是**降阶法**,即通过适当的变量代换,把高阶方程降为一阶方程,进而利用 9.2 节的解法求出所给高阶方程的解.

下面介绍三种可降阶的高阶微分方程的求解方法.

9.3.1 形如 $y^{(n)}=f(x)$ 的微分方程

对于微分方程

$$y^{(n)}=f(x),\tag{9-33}$$

若设 $u=y^{(n-1)}$,则方程可转换成新的未知函数 u 的一阶方程

$$\frac{\mathrm{d}u}{\mathrm{d}x}=f(x).$$

两边积分得

$$u=\int f(x)\,\mathrm{d}x+C_1,$$

即

$$y^{(n-1)}=\int f(x)\,\mathrm{d}x+C_1.$$

用同样的方法,得

$$y^{(n-2)}=\int\left[\int f(x)\,\mathrm{d}x\right]\mathrm{d}x+C_1x+C_2,$$

反复使用这一方法,连续积分 n 次,便可求得方程(9-33)的含有 n 个任意常数的通解.

例1 求微分方程

$$y'''=\mathrm{e}^{2x}+\sin x-x$$

的通解.

解 对所给方程连续积分 3 次,得

$$y''=\frac{1}{2}\mathrm{e}^{2x}-\cos x-\frac{1}{2}x^2+C_1,$$

$$y'=\frac{1}{4}\mathrm{e}^{2x}-\sin x-\frac{1}{6}x^3+C_1x+C_2,$$

$$y=\frac{1}{8}\mathrm{e}^{2x}+\cos x-\frac{1}{24}x^4+\frac{1}{2}C_1x^2+C_2x+C_3.$$

上式即为所求方程的通解.

9.3.2 形如 $y''=f(x,y')$ 的微分方程

二阶微分方程一般地可以表示为

$$y''=g(x,y,y').\tag{9-34}$$

如果方程(9-34)的右端不显含因变量 y,即

$$g(x,y,y')=f(x,y'),$$

就称形成的二阶微分方程

$$y''=f(x,y') \tag{9-35}$$

为**不显含因变量 y 的二阶方程**.

二阶方程(9-35)是一类可通过变量代换进行降阶的方程.

令 $p=y'$,仍以 x 为自变量,则 $y''=\dfrac{\mathrm{d}p}{\mathrm{d}x}$,方程(9-35)可化为

$$\frac{\mathrm{d}p}{\mathrm{d}x}=f(x,p).$$

这是一个以 p 为未知函数,以 x 为自变量的一阶微分方程. 若设其通解为

$$p=\varphi(x,C_1),$$

则

$$\frac{\mathrm{d}y}{\mathrm{d}x}=\varphi(x,C_1).$$

两边积分便得方程(9-35)的通解为

$$y=\int \varphi(x,C_1)\,\mathrm{d}x+C_2.$$

例 2　求方程 $y'y''=x$ 满足初值条件 $y(0)=2,y'(0)=1$ 的特解.

解　这是一个不显含因变量 y 的二阶微分方程. 令 $p=y'$,仍以 x 为自变量,则 $y''=p'$,代入方程后原方程化为关于 p,x 的一阶可分离变量方程

$$p\frac{\mathrm{d}p}{\mathrm{d}x}=x.$$

可求得其通解为

$$p^2=x^2+C_1.$$

根据初值条件 $y'(0)=p(0)=1$,知 $C_1=1$. 于是有

$$p=\pm\sqrt{x^2+1}.$$

又由初值条件 $p(0)=1$ 确定

$$p=\sqrt{x^2+1},$$

即

$$\frac{\mathrm{d}y}{\mathrm{d}x}=\sqrt{x^2+1}.$$

两边积分得

$$y=\int \sqrt{x^2+1}\,\mathrm{d}x=\frac{1}{2}x\sqrt{x^2+1}+\frac{1}{2}\ln(x+\sqrt{x^2+1})+C_2.$$

将初值条件 $y(0)=2$ 代入,可得 $C_2=2$. 因此所求的特解为

$$y=\frac{1}{2}\left[x\sqrt{x^2+1}+\ln(x+\sqrt{x^2+1})\right]+2.$$

例 3　有一条质量均匀分布的不可伸缩的柔软绳索,两端固定,绳索在重力的作用下自然下垂,求该绳索在平衡状态下的曲线方程.

解 以绳索的最低点为坐标原点建立直角坐标系,如图 9-3 所示.设曲线的方程是 $y = y(x)$,在曲线上任取一点 $M(\neq O)$,则弧段 $\overparen{OM}$ 上的受力情况是:

(1) 自身重力 $P = \rho sg$,其方向向下,其中 ρ 是线密度,s 为 $\overparen{OM}$ 的弧长,g 为重力加速度;

(2) 点 O 处的张力 H,其方向沿 x 轴负向;点 M 处的张力 T,其方向沿曲线在点 M 处的切线方向,指向斜上方(图 9-3).

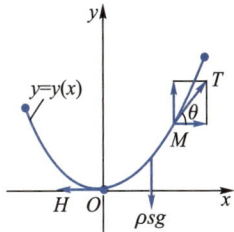

图 9-3

若设张力 T 与 x 轴正向的夹角为 θ,则根据平衡原理,弧段 $\overparen{OM}$ 在水平方向与垂直方向的合力都为零,即

$$T\cos \theta = H, \quad T\sin \theta = \rho gs.$$

将此两式相除,得

$$\tan \theta = \frac{\rho g}{H}s.$$

若记 $a = \dfrac{H}{\rho g}$,则由

$$\tan \theta = \frac{\mathrm{d}y}{\mathrm{d}x}, \quad s = \int_0^x \sqrt{1 + (y')^2}\,\mathrm{d}x,$$

可将上式化为

$$a\frac{\mathrm{d}y}{\mathrm{d}x} = \int_0^x \sqrt{1 + (y')^2}\,\mathrm{d}x.$$

两边对 x 求导,得

$$ay'' = \sqrt{1 + (y')^2},$$

这是一个不显含 y 的二阶微分方程,且有初值条件 $y(0) = 0, y'(0) = 0$.

令 $p = y'$,仍以 x 为自变量,则 $y'' = \dfrac{\mathrm{d}p}{\mathrm{d}x}$,原方程可化为

$$a\frac{\mathrm{d}p}{\mathrm{d}x} = \sqrt{1 + p^2}.$$

分离变量,积分得

$$\ln(p + \sqrt{p^2 + 1}) = \operatorname{arsh} p = \frac{x}{a} + C_1.$$

由 $p(0) = 0$ 可知 $C_1 = 0$,于是有 $p = \operatorname{sh}\dfrac{x}{a}$,即

$$\frac{\mathrm{d}y}{\mathrm{d}x} = \operatorname{sh}\frac{x}{a}.$$

再将上式两边积分,得

$$y = a\operatorname{ch}\frac{x}{a} + C_2.$$

又由 $y(0)=0$，可得 $C_2=-a$，所以绳索曲线的方程是

$$y=a\mathrm{ch}\,\frac{x}{a}-a=a\left(\mathrm{ch}\,\frac{x}{a}-1\right),$$

此曲线被称为**悬链线**.

该问题最早由意大利著名画家、科学家达·芬奇（Da Vinci）提出. 17 世纪意大利著名天文学家伽利略（Galilei）、荷兰著名数学家吉拉尔（Girard）都曾误认为该曲线是抛物线. 1646 年, 荷兰物理学家惠更斯（Huygens）用物理的方法证明了这条曲线不是抛物线, 但是无法给出曲线方程. 直到 1691 年, 瑞士数学家约翰·伯努利（Bernoulli）和德国数学家莱布尼茨分别成功地利用微分方程解决了悬链线问题.

9.3.3 形如 $y''=f(y,y')$ 的微分方程

如果二阶方程（9-34）的右端不显含自变量 x，即

$$g(x,y,y')=f(y,y'),$$

就称形成的二阶微分方程

$$y''=f(y,y') \tag{9-36}$$

为**不显含自变量 x 的二阶方程**.

对于二阶方程（9-36），仍可通过变量代换将其降阶为新变量的一阶方程处理.

令 $p=y'$，由于原方程不显含 x，所以作过变换后的新方程应以 y 为自变量. 利用复合函数求导法则，有

$$y''=\frac{\mathrm{d}p}{\mathrm{d}x}=\frac{\mathrm{d}p}{\mathrm{d}y}\cdot\frac{\mathrm{d}y}{\mathrm{d}x}=p\,\frac{\mathrm{d}p}{\mathrm{d}y}.$$

于是方程（9-36）可化为

$$p\,\frac{\mathrm{d}p}{\mathrm{d}y}=f(y,p),$$

这是一个关于 p,y 的一阶微分方程. 若能求出其通解

$$p=\Psi(y,C_1),$$

则由 $p=\dfrac{\mathrm{d}y}{\mathrm{d}x}$，得

$$\frac{\mathrm{d}y}{\Psi(y,C_1)}=\mathrm{d}x,$$

两边积分便得方程（9-36）的通解为

$$\int\frac{\mathrm{d}y}{\Psi(y,C_1)}=x+C_2,$$

其中 C_1,C_2 为任意常数.

例 4 求微分方程

$$yy''-(y')^2=y^2\ln y$$

的通解.

解 这是一个不显含自变量 x 的二阶方程.

令 $p=y'$，以 p 为未知函数，y 为自变量，则 $y''=p\dfrac{\mathrm{d}p}{\mathrm{d}y}$，代入原方程，得

$$yp\frac{\mathrm{d}p}{\mathrm{d}y}-p^2=y^2\ln\,y,$$

即

$$\frac{\mathrm{d}(p^2)}{\mathrm{d}y}-\frac{2}{y}p^2=2y\ln\,y.$$

再令 $u=p^2$，则有

$$\frac{\mathrm{d}u}{\mathrm{d}y}-\frac{2}{y}u=2y\ln\,y,$$

这是一个一阶线性微分方程，求得

$$u=y^2(\,C_1+\ln^2\,y\,).$$

由于问题是求方程的通解，取其一支得

$$p=y\sqrt{C_1+\ln^2\,y}\,,$$

即

$$\frac{\mathrm{d}y}{\mathrm{d}x}=y\sqrt{C_1+\ln^2\,y}\,.$$

分离变量并两边积分得原方程的通解为

$$\ln(\,\ln\,y+\sqrt{C_1+\ln^2\,y}\,)=x+C_2,\text{其中 }C_1,C_2\text{ 为任意常数.}$$

例5 证明:曲率半径为常数 R 的曲线一定是圆.

证 设曲线的方程为 $y=y(x)$，则由曲率公式，得

$$\frac{|\,y''\,|}{[\,1+(\,y'\,)^2\,]^{\frac{3}{2}}}=\frac{1}{R},$$

即

$$y''=\pm\frac{1}{R}[\,1+(\,y'\,)^2\,]^{\frac{3}{2}}.$$

令 $p=y'$，以 p 为未知函数，y 为自变量，则 $y''=p\dfrac{\mathrm{d}p}{\mathrm{d}y}$，上述方程可化为

$$p\frac{\mathrm{d}p}{\mathrm{d}y}=\pm\frac{1}{R}(\,1+p^2\,)^{\frac{3}{2}},$$

$$\frac{p\mathrm{d}p}{(\,1+p^2\,)^{\frac{3}{2}}}=\pm\frac{1}{R}\mathrm{d}y.$$

即

两边积分，得

$$-\frac{1}{\sqrt{1+p^2}}=\pm\frac{1}{R}(\,y+C_1\,),$$

于是

$$p=\pm\frac{\sqrt{R^2-(\,y+C_1\,)^2}}{y+C_1}.$$

将 $p=y'$ 代入上式，并分离变量，得

$$\frac{y+C_1}{\sqrt{R^2-(y+C_1)^2}}\mathrm{d}y=\pm\mathrm{d}x.$$

两边积分,得

$$-\sqrt{R^2-(y+C_1)^2}=\pm(x+C_2),$$

即

$$(x+C_2)^2+(y+C_1)^2=R^2,$$

其中 C_1,C_2 为任意常数,所以曲线 $y=y(x)$ 是圆.

例 6　求微分方程 $y'y'''-2(y'')^2=0$ 的通解.

解　此方程既不含因变量 y,也不含自变量 x,因此可用解方程(9-35)和(9-36)的两种不同方法求解. 但在解题过程中应当根据具体情况,灵活运用.

先令 $y'=p$,按照不显含因变量 y 的方程解法,则有

$$y''=\frac{\mathrm{d}p}{\mathrm{d}x},\quad y'''=\frac{\mathrm{d}^2p}{\mathrm{d}x^2},$$

代入方程得

$$p\frac{\mathrm{d}^2p}{\mathrm{d}x^2}-2\left(\frac{\mathrm{d}p}{\mathrm{d}x}\right)^2=0.$$

易见它是不显含自变量 x 的方程,因此令 $\dfrac{\mathrm{d}p}{\mathrm{d}x}=q$,则 $\dfrac{\mathrm{d}^2p}{\mathrm{d}x^2}=q\dfrac{\mathrm{d}q}{\mathrm{d}p}$. 代入上式,得

$$pq\frac{\mathrm{d}q}{\mathrm{d}p}-2q^2=0.$$

当 $q=\dfrac{\mathrm{d}p}{\mathrm{d}x}=y''\neq0$ 且 $p\neq0$ 时,有

$$\frac{\mathrm{d}q}{q}=\frac{2\mathrm{d}p}{p},$$

解之易得 $q(p)=C_1p^2$. 再由

$$\frac{\mathrm{d}p}{\mathrm{d}x}=q(p)=C_1p^2$$

可以解得 $p=\dfrac{1}{C_2x+C_3}$,其中 $C_2=-C_1$. 最后,由方程

$$\frac{\mathrm{d}y}{\mathrm{d}x}=p=\frac{1}{C_2x+C_3}$$

就能求得原方程的通解

$$y=\frac{1}{C_2}\ln|C_2x+C_3|+C_4$$

习题 9.3

（A）

1. 求下列微分方程的通解：

（1）$y'' = \dfrac{1}{1+x^2}$；　　　　　　（2）$x^3 y''' = 1 + x^4$；

（3）$y''' = x e^x$；　　　　　　　　（4）$xy'' + y' = 0$；

（5）$xy'' + y' = 4x$；　　　　　　（6）$4xy'' = 4y' + y''$；

（7）$y'' = 1 + (y')^2$；　　　　　　（8）$yy'' + (y')^2 = 0$；

（9）$y^3 y'' - 1 = 0$；　　　　　　（10）$y'' = (y')^3 + y'$.

2. 求下列微分方程满足初值条件的特解：

（1）$y'' = \sin x - \cos x, y(0) = 2, y'(0) = 1$；

（2）$y'' - (y')^2 = 0, y(0) = 0, y'(0) = -1$；

（3）$y'' + (y')^2 = 1, y(0) = 0, y'(0) = 0$；

（4）$y'' = e^{2y}, y(0) = 0, y'(0) = 1$；

（5）$y'' = 3\sqrt{y}, y(0) = 1, y'(0) = 2$.

（B）

1. 求下列微分方程的通解或满足初值条件的特解：

（1）$xy'' = y' + (y')^3$；　　　（2）$xy'' = y' \ln \dfrac{y'}{x}$；　　　（3）$y'' - k^2 y = 0$；

（4）$x^2 y'' + (y')^2 e^{-x} = (x^2 + 2x) y', y(1) = 0, y'(1) = e$；

（5）$yy'' = y^2 y' + (y')^2, y(0) = 1, y'(0) = 2$；

（6）$yy'' = (y')^2 - (y')^3, y(1) = 1, y'(1) = -1$；

（7）$y''' = y''$.

2. 某质点在与水平面成 $\alpha \left(\leqslant \dfrac{\pi}{2} \right)$ 角的光滑斜面上滑下，作用于该质点的力仅有重力（不考虑摩擦力及其他阻力），若质点由静止开始下滑，求质点在时刻 t 的速度和所走过的路程.

3. 设有质量为 m 的物体，在空中由静止开始下落. 若空气的阻力与速度的平方成正比，比例系数 $k > 0$，求物体下落的距离 s 与时间 t 的函数关系 $s = s(t)$.

9.4　线性微分方程

　　本节，我们将讨论在工程中有着广泛应用的高阶线性微分方程的求解问题. 我们首先研究这类方程解的性质，建立解的结构理论，然后通过解的结构理论去获取常系数方程的具体解法. 所以，求解线性微分方程问题的讨论过程就是一个典型的由理论指导实践的过程.

9.4.1　二阶线性微分方程

　　为了说明线性微分方程问题的产生，我们先看一个例子.

　　例 1（弹簧振动问题）　设在铅直悬挂的弹簧下系一个质量为 m 的物体. 当物体处于静止状态时，作用在物体上的重力与弹簧的弹力大小相等，方向相反，这时所处的位置就是物体的平衡位置. 若将物体拉离平衡位置后突然松开, 则物体将在平衡位置附近上下振动. 若以平衡位置为原点建立 x 轴(图 9-4), 则物体的位移 x 随时间 t 而变化, 要知道物体的振动规律就需要求出函数 $x = x(t)$.

由胡克定律, 弹簧使物体回到平衡位置的弹性恢复力为

$$f_1 = -kx,$$

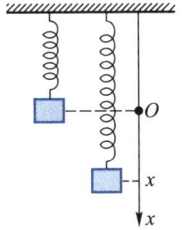

图 9-4

其中 $k > 0$ 是弹簧的弹性系数, 负号表示弹性恢复力的方向和物体的位移方向相反(注意重力 mg 已和物体在平衡位置时弹簧的弹力抵消).

另外, 物体在运动过程中还受到阻尼介质(如空气)的阻力作用, 使得振动逐渐趋于停止, 由实验知道, 阻力 R 的方向总与运动方向相反, 当运动速度不大时, 其大小与物体的速度成正比. 若设比例系数为 μ, 则

$$R = -\mu \frac{\mathrm{d}x}{\mathrm{d}t}.$$

根据以上的受力分析, 利用牛顿第二定律, 得

$$m \frac{\mathrm{d}^2 x}{\mathrm{d}t^2} = -kx - \mu \frac{\mathrm{d}x}{\mathrm{d}t},$$

即

$$m \frac{\mathrm{d}^2 x}{\mathrm{d}t^2} + \mu \frac{\mathrm{d}x}{\mathrm{d}t} + kx = 0. \tag{9-37}$$

这就是在有阻尼的情况下, 描述物体**自由振动的微分方程**.

如果物体在振动过程中还受到某种铅直外力的持续作用, 如受到周期性外力 $p \sin \omega t$ 的作用, 则有

$$m \frac{\mathrm{d}^2 x}{\mathrm{d}t^2} + \mu \frac{\mathrm{d}x}{\mathrm{d}t} + kx = p \sin \omega t. \tag{9-38}$$

这就是描述物体**强迫振动的微分方程**.

可以看出, 方程(9-37)和(9-38)都是二阶微分方程且关于未知函数及其各阶导数都是一次幂的, 我们把这种方程称为**二阶线性微分方程**, 其一般形式可表示为

$$y'' + P(x)y' + Q(x)y = f(x), \tag{9-39}$$

其中的已知函数 $P(x)$, $Q(x)$ 称为微分方程的**系数**, 方程右端的函数 $f(x)$ 称为方程的**自由项**. 当方程(9-39)中的系数都为常数时, 就称此方程为**二阶线性常系数微分方程**, 否则称为**二阶线性变系数微分方程**. 进一步细分, 如果方程(9-39)中的自由项 $f(x) \equiv 0$, 就称方程

$$y'' + P(x)y' + Q(x)y = 0 \tag{9-40}$$

为**二阶线性齐次微分方程**, 而称自由项不恒为零的方程(9-39)为**二阶线性非齐次微分方程**.

于是可知, 方程(9-37)是二阶线性常系数齐次微分方程, 而方程(9-38)是二阶线性常系数非齐次微分方程. 同时, 齐次方程(9-40)也是方程(9-39)当 $f(x) \equiv 0$ 时的特殊情形.

下面, 我们讨论二阶线性微分方程(9-39)的解的性质和解的结构, 这些性质和结论可以推广到 n 阶线性微分方程

$$y^{(n)} + a_1(x)y^{(n-1)} + \cdots + a_{n-1}(x)y' + a_n(x)y = f(x)$$

的情形.

9.4.2 二阶线性微分方程解的结构

A. 二阶线性齐次微分方程解的结构

首先讨论二阶线性齐次方程

$$y'' + P(x)y' + Q(x)y = 0 \tag{9-41}$$

的解的一些性质,其中 $P(x)$, $Q(x)$ 在 $[a,b]$ 上连续.

性质 1(线性性质) 若函数 $y_1(x)$, $y_2(x)$ 是齐次方程(**9-41**)的解,则对任意常数 C_1, C_2 和函数 $y_1(x)$, $y_2(x)$ 的线性组合

$$y(x) = C_1 y_1(x) + C_2 y_2(x) \tag{9-42}$$

仍是齐次方程(9-41)的解.

证 因为 $y_1(x)$ 和 $y_2(x)$ 是方程(9-41)的解,则有

$$y_1'' + P(x)y_1' + Q(x)y_1 = 0,$$
$$y_2'' + P(x)y_2' + Q(x)y_2 = 0.$$

将 $y = C_1 y_1(x) + C_2 y_2(x)$ 代入方程(9-41)的左边,得

$$(C_1 y_1 + C_2 y_2)'' + P(x)(C_1 y_1 + C_2 y_2)' + Q(x)(C_1 y_1 + C_2 y_2)$$
$$= C_1 [y_1'' + P(x)y_1' + Q(x)y_1] + C_2 [y_2'' + P(x)y_2' + Q(x)y_2]$$
$$= C_1 \cdot 0 + C_2 \cdot 0 = 0.$$

所以 $y = C_1 y_1(x) + C_2 y_2(x)$ 是方程(9-41)的解.

这一性质说明:**线性齐次方程(9-41)的任意两个解的任何线性组合仍然是方程的解**. 注意到解(9-42)中含有两个任意常数,自然要问它是否为齐次方程(9-41)的通解? 答案是不一定的. 事实上,若 $y_1(x)$ 是方程(9-41)的解,则由性质 1,对任意常数 L, $y_2(x) = L y_1(x)$ 也是方程的解,此时,$y(x) = C_1 y_1(x) + C_2 y_2(x) = (C_1 + C_2 L)y_1(x) = C y_1(x)$. 这表明,当 $y_2(x) = L y_1(x)$ 时,解(9-42)实际上只有一个独立的任意常数,所以它不是齐次方程(9-41)的通解. 仔细分析可见,导致(9-42)中的两个任意常数被合并成为一个任意常数的原因在于上述解 $y_2(x)$ 与 $y_1(x)$ 之间呈一种线性关系 $y_2(x) = L y_1(x)$,即解 $y_2(x)$ 可以被另一解 $y_1(x)$ 线性表示. 当解 $y_2(x)$ 与 $y_1(x)$ 之间不存在线性关系时,解(9-42)中就含有两个独立的任意常数,它就是方程(9-41)的通解.

定义 对于区间 $[a,b]$ 上的两个函数 $y_1(x)$ 和 $y_2(x)$,若存在常数 L,使在 $[a,b]$ 上有

$$y_2(x) = L y_1(x) \quad (\text{或 } y_1(x) = L y_2(x)),$$

则称函数 $y_1(x)$ 与 $y_2(x)$ 在 $[a,b]$ 上是~~线性相关的~~,否则称它们在区间 $[a,b]$ 上是~~线性无关的~~.

例如,对于函数 $y_1 = \mathrm{e}^x$ 和 $y_2 = 2\mathrm{e}^x$,由于在任一区间上有 $\dfrac{y_1}{y_2} \equiv \dfrac{1}{2}$,可知它们在任一区间上线性相关;而对于函数 $y_1 = \sin x$ 和 $y_2 = \cos x$,由于在任一区间上 $\dfrac{y_1}{y_2} = \tan x$ 都不恒等于常数,所以它们在任一区间上是线性无关的.

根据上面的分析以及函数线性无关的概念,我们可得到以下关于二阶线性齐次微分方程(9-41)通解的结构定理.

定理 1(二阶线性齐次方程解的结构) 设 $y_1(x)$ 与 $y_2(x)$ 是齐次方程(9-41)在 $[a,b]$ 上的任意两个线性无关的特解,则

$$y(x) = C_1 y_1(x) + C_2 y_2(x) \quad (C_1, C_2 \text{ 为任意常数})$$

是齐次方程(9-41)的通解.

定理 1 告诉我们,为求得二阶线性齐次方程的通解,只需求出它的两个线性无关的特解,并将它们线性组合即可. 这样就把求方程(9-41)的通解问题完全归结为求方程的两个线性无关的特解问题.

例 2 求方程 $(x-1)y'' - xy' + y = 0$ 的通解.

解 原方程可变形为

$$y'' - \frac{x}{x-1} y' + \frac{1}{x-1} y = 0,$$

由观察法可见 $y_1 = x$ 是方程的一个特解. 又因 y, y', y'' 前的系数之和为零,可知 $y_2 = e^x$ 也是方程的一个特解. 由于

$$\frac{y_1}{y_2} = \frac{x}{e^x} \not\equiv \text{常数},$$

故 $y_1 = x, y_2 = e^x$ 线性无关,利用定理 1 可知方程的通解为

$$y = C_1 x + C_2 e^x.$$

B. 二阶线性非齐次微分方程解的结构

在讨论了线性齐次方程的解的结构之后,下面将以此为基础进一步讨论二阶线性非齐次方程

$$y'' + P(x)y' + Q(x)y = f(x) \tag{9-43}$$

的解的结构,其中函数 $P(x), Q(x), f(x)$ 在 $[a,b]$ 上连续.

性质 2 若函数 $y_1(x)$ 和 $y_2(x)$ 是非齐次方程(9-43)的任意两个特解,则 $y(x) = y_1(x) - y_2(x)$ 是非齐次方程(9-43)所对应的齐次方程

$$y'' + P(x)y' + Q(x)y = 0 \tag{9-44}$$

的解.

证 因为 $y_1(x)$ 和 $y_2(x)$ 是非齐次方程(9-43)的解,所以有

$$y_1'' + P(x)y_1' + Q(x)y_1 = f(x),$$

$$y_2'' + P(x)y_2' + Q(x)y_2 = f(x).$$

将 $y(x) = y_1(x) - y_2(x)$ 代入方程(9-44)的左边,有

$$(y_1 - y_2)'' + P(x)(y_1 - y_2)' + Q(x)(y_1 - y_2)$$

$$= [y_1'' + P(x)y_1' + Q(x)y_1] - [y_2'' + P(x)y_2' + Q(x)y_2]$$

$$= f(x) - f(x) = 0,$$

所以函数 $y(x) = y_1(x) - y_2(x)$ 是齐次方程(9-44)的解.

性质 2 表明:非齐次方程(9-43)的任意两个解的差是其对应的齐次方程(9-44)的解. 自然地,我们可以进一步设想,若 $y(x)$ 是方程(9-43)的任意一个解,而 $y_p(x)$ 是方程(9-43)的任意一个取定的特解,则由性质 2,$y_h(x) = y(x) - y_p(x)$ 是齐次方程(9-44)的解,从而有

$$y(x) = y_p(x) + y_h(x),$$

即非齐次方程(9-43)的任意一个解都可以表示为它的一个固定的特解与其所对应的齐次方程(9-44)的某一个解的和.

定理2(二阶线性非齐次方程解的结构) 若函数 $y_1(x)$ 和 $y_2(x)$ 是非齐次方程(9-43)所对应的齐次方程(9-44)的两个线性无关的特解,$y_p(x)$ 是非齐次方程(9-43)的一个特解,则

$$y(x) = y_p(x) + C_1 y_1(x) + C_2 y_2(x) \quad (C_1, C_2 \text{为任意常数}) \tag{9-45}$$

是方程(9-43)的通解.

证 因为 $y_p(x)$ 是方程(9-43)的解,$y_h(x) = C_1 y_1(x) + C_2 y_2(x)$ 是齐次方程(9-44)的解,则有

$$y_p''(x) + P(x) y_p'(x) + Q(x) y_p(x) = f(x),$$
$$y_h''(x) + P(x) y_h'(x) + Q(x) y_h(x) = 0.$$

将 $y(x) = y_p(x) + y_h(x)$ 代入方程(9-43)的左边,有

$$[y_p(x) + y_h(x)]'' + P(x)[y_p(x) + y_h(x)]' + Q(x)[y_p(x) + y_h(x)]$$
$$= [y_p''(x) + P(x) y_p'(x) + Q(x) y_p(x)] + [y_h''(x) + P(x) y_h'(x) + Q(x) y_h(x)]$$
$$= f(x) + 0 = f(x),$$

可知 $y(x)$ 是方程(9-43)的解. 注意到 $y(x)$ 中含有两个独立的任意常数,所以 $y(x)$ 是方程(9-43)的通解.

由此定理,我们知道了二阶线性非齐次方程(9-43)的通解的构造方法:

(1) 求出方程(9-43)所对应的齐次方程(9-44)的两个线性无关的特解 $y_1(x), y_2(x)$,从而得到齐次方程(9-44)的通解

$$y_h(x) = C_1 y_1(x) + C_2 y_2(x);$$

(2) 求出非齐次方程(9-43)的一个特解 $y_p(x)$,根据定理2,即得非齐次方程(9-43)的通解

$$y(x) = y_p(x) + y_h(x) = y_p(x) + C_1 y_1(x) + C_2 y_2(x).$$

例3 已知二阶线性非齐次微分方程:

$$y'' + \frac{2}{1-x} y' + \frac{2}{(1-x)^2} y = \frac{2}{(1-x)^2}$$

的三个特解 $y_1 = 1, y_2 = x, y_3 = x^2$,试写出该方程的通解.

解 由性质2知,$y_2 - y_1 = x - 1, y_3 - y_1 = x^2 - 1$ 是方程所对应的齐次方程的解. 由于

$$\frac{y_2 - y_1}{y_3 - y_1} = \frac{x-1}{x^2-1} = \frac{1}{x+1} \neq \text{常数},$$

可知解 $y_2 - y_1 = x - 1, y_3 - y_1 = x^2 - 1$ 是对应齐次方程的两个线性无关的解. 利用定理2,得非齐次方程的通解为

$$y(x) = 1 + C_1(x-1) + C_2(x^2-1).$$

最后,我们再介绍线性非齐次方程特解的**叠加原理**.

性质3(叠加原理) 若函数 $y_1(x)$ 和 $y_2(x)$ **分别是二阶线性非齐次方程**

$$y'' + P(x) y' + Q(x) y = f_1(x)$$

和

$$y''+P(x)y'+Q(x)y=f_2(x)$$

的解,则 $y=y_1(x)+y_2(x)$ 是方程

$$y''+P(x)y'+Q(x)y=f_1(x)+f_2(x) \tag{9-46}$$

的解.

证　将 $y=y_1(x)+y_2(x)$ 代入方程(9-46)的左边,有

$$(y_1+y_2)''+P(x)(y_1+y_2)'+Q(x)(y_1+y_2)$$
$$=[y_1''+P(x)y_1'+Q(x)y_1]+[y_2''+P(x)y_2'+Q(x)y_2]$$
$$=f_1(x)+f_2(x).$$

所以 $y=y_1(x)+y_2(x)$ 是方程(9-46)的解.

9.4.3　二阶线性常系数微分方程的解法

正如 9.4.2 节所说的那样,求二阶线性非齐次方程的通解,只需求出其对应齐次方程的两个线性无关的特解以及该非齐次方程的一个特解. 然而对于一般的方程(9-43),要求出这些解往往是困难的. 在本小节,我们将讨论作为方程(9-43)特殊情形的二阶线性常系数微分方程

$$y''+py'+qy=f(x) \quad (p,q \text{ 为常数})$$

的求解问题.

根据线性方程解的结构理论,我们首先考虑二阶线性常系数齐次微分方程通解的计算方法.

A. 二阶线性常系数齐次微分方程的通解

对于方程

$$y''+py'+qy=0, \tag{9-47}$$

考虑其通解的计算,其中 p,q 为实常数.

由于方程的系数均为常数,考虑方程的解 y 是那种使得 y',y'' 均为 y 的常数倍的形式的函数. 注意到指数函数具有这一特点,故可设方程有 $y=\mathrm{e}^{\lambda x}$(λ 为常数)形式的解. 将 $y'=\lambda\mathrm{e}^{\lambda x}$,$y''=\lambda^2\mathrm{e}^{\lambda x}$ 代入方程(9-47)得

$$(\lambda^2+p\lambda+q)\mathrm{e}^{\lambda x}=0.$$

由于 $\mathrm{e}^{\lambda x}\neq 0$,故当且仅当 λ 满足代数方程

$$\lambda^2+p\lambda+q=0 \tag{9-48}$$

时,函数 $y=\mathrm{e}^{\lambda x}$ 是方程(9-47)的解. 方程(9-48)称为方程(9-47)的**特征方程**.

特征方程(9-48)是一元二次代数方程,其中 $\lambda^2,\lambda^1,\lambda^0$ 前的系数恰好依次是微分方程(9-47)中 y'',y',y 前的系数.

特征方程(9-48)的根称为微分方程(9-47)的**特征根**,可以用公式

$$\lambda_{1,2}=\frac{-p\pm\sqrt{p^2-4q}}{2}$$

求出. 由于实系数特征方程(9-48)的根具有两个不同的实根、二重实根和一对共轭复根三种情况,下面我们根据这三种不同的情形,分别讨论方程(9-47)通解的计算方法.

（1）**特征方程具有两个不同的实根**：$\lambda_1 \neq \lambda_2$.

此时，判别式 $\Delta = p^2 - 4q > 0$. 由上面的讨论可知

$$y_1 = e^{\lambda_1 x}, \quad y_2 = e^{\lambda_2 x}$$

是微分方程（9-47）的两个解. 由于此时比值

$$\frac{y_1}{y_2} = \frac{e^{\lambda_1 x}}{e^{\lambda_2 x}} = e^{(\lambda_1 - \lambda_2)x} \neq 常数,$$

所以 y_1 与 y_2 是方程的两个线性无关的解. 因此方程（9-47）的通解为

$$y = C_1 e^{\lambda_1 x} + C_2 e^{\lambda_2 x}.$$

（2）**特征方程有两个相等的实根**：$\lambda_1 = \lambda_2$.

此时，判别式 $\Delta = p^2 - 4q = 0$，且有 $\lambda_1 = \lambda_2 = -\dfrac{p}{2}$. 这时，只能得到微分方程（9-47）的一个解

$$y_1 = e^{\lambda_1 x}.$$

接下来求方程（9-47）的另一个与 y_1 线性无关的解 y_2. 设 $y_2 = y_1 u(x)$，这里 $u(x)$ 是一个不为常数的待定函数. 将 $y_2 = e^{\lambda_1 x} u(x)$ 求导，得

$$y_2' = (u' + \lambda_1 u)e^{\lambda_1 x}, \quad y_2'' = (u'' + 2\lambda_1 u' + \lambda_1^2 u)e^{\lambda_1 x}.$$

代入方程（9-47），约去非零因子 $e^{\lambda_1 x}$ 并整理得

$$u'' + (2\lambda_1 + p)u' + (\lambda_1^2 + p\lambda_1 + q)u = 0.$$

因为 λ_1 是特征方程（9-48）的二重根，所以 $\lambda_1^2 + p\lambda_1 + q = 0$ 以及 $2\lambda_1 + p = 0$，于是

$$u'' = 0.$$

注意到这里只需求得一个不为常数的 $u(x)$ 使得 y_2 是解，所以不妨取 $u = x$，由此得到微分方程（9-47）的另一个与 $y_1 = e^{\lambda_1 x}$ 线性无关的解

$$y_2 = x e^{\lambda_1 x}.$$

因此微分方程（9-47）的通解为

$$y = C_1 e^{\lambda_1 x} + C_2 x e^{\lambda_1 x} = (C_1 + C_2 x)e^{\lambda_1 x}.$$

（3）**特征方程有一对共轭复根**：$\lambda_1 = \alpha + i\beta, \lambda_2 = \alpha - i\beta (\beta \neq 0)$.

此时，判别式 $\Delta = p^2 - 4q < 0$，并且

$$\bar{y}_1 = e^{(\alpha + i\beta)x}, \quad \bar{y}_2 = e^{(\alpha - i\beta)x}$$

是微分方程（9-47）的两个解. 由于它们是复值函数形式的解，为了获得方程（9-47）的实函数解，先利用**欧拉公式**

$$e^{i\theta} = \cos\theta + i\sin\theta,$$

将 $\bar{y}_1, \bar{y}_2$ 改写成

$$\bar{y}_1 = e^{\alpha x} \cdot e^{i\beta x} = e^{\alpha x}(\cos\beta x + i\sin\beta x),$$

$$\bar{y}_2 = e^{\alpha x} \cdot e^{-i\beta x} = e^{\alpha x}(\cos\beta x - i\sin\beta x).$$

再利用线性齐次方程的任意两个解的线性组合仍为其解的线性性质，可以由之产生两个实函数形式的解

$$y_1 = \frac{1}{2}(\bar{y}_1 + \bar{y}_2) = e^{\alpha x} \cos \beta x,$$

$$y_2 = \frac{1}{2i}(\bar{y}_1 - \bar{y}_2) = e^{\alpha x} \sin \beta x.$$

由于 $\dfrac{y_1}{y_2} = \dfrac{e^{\alpha x}\cos \beta x}{e^{\alpha x}\sin \beta x} = \cot \beta x$ 不是常数, 可知 y_1 与 y_2 是线性无关的. 所以, 方程(9-47)的通解为

$$y = C_1 e^{\alpha x} \cos \beta x + C_2 e^{\alpha x} \sin \beta x,$$

即

$$y = e^{\alpha x}(C_1 \cos \beta x + C_2 \sin \beta x).$$

综上所述, 求二阶线性常系数齐次微分方程

$$y'' + py' + qy = 0$$

的通解可按以下步骤进行.

第一步: 写出方程(9-47)的特征方程

$$\lambda^2 + p\lambda + q = 0.$$

第二步: 求出特征方程(9-48)的两个根 λ_1, λ_2.

第三步: 根据特征方程(9-48)的两个根的不同情况, 按照表 9-1 写出微分方程(9-47)的通解:

表 9-1　二阶线性常系数微分方程的通解

特征方程 $\lambda^2 + p\lambda + q = 0$ 的根	微分方程 $y'' + py' + qy = 0$ 的通解
两个不相等的实根 λ_1, λ_2	$y = C_1 e^{\lambda_1 x} + C_2 e^{\lambda_2 x}$
两个相等的实根 $\lambda_1 = \lambda_2$	$y = (C_1 + C_2 x) e^{\lambda_1 x}$
一对共轭复根 $\lambda_{1,2} = \alpha \pm i\beta$	$y = e^{\alpha x}(C_1 \cos \beta x + C_2 \sin \beta x)$

例 4　求下列微分方程的通解或满足初值条件的特解:

(1) $y'' + 2y' - 3y = 0$;

(2) $y'' - 4y' + 4y = 0, y(0) = 1, y'(0) = 0$;

(3) $y'' + 2y' + 2y = 0$.

解　(1) 所给微分方程的特征方程是

$$\lambda^2 + 2\lambda - 3 = 0.$$

求得 $\lambda_1 = -3, \lambda_2 = 1$ 是特征方程的两个不相等的实根, 因此所求方程的通解为

$$y = C_1 e^{-3x} + C_2 e^x.$$

(2) 所给微分方程的特征方程是

$$\lambda^2 - 4\lambda + 4 = 0.$$

求得 $\lambda_1 = \lambda_2 = 2$ 是特征方程的两个相等的实根. 因此, 所求方程的通解为

$$y = (C_1 + C_2 x) e^{2x}.$$

代入初值条件, 有

$$\begin{cases} y(0) = C_1 = 1, \\ y'(0) = C_2 + 2C_1 = 0. \end{cases}$$

解方程组,得 $C_1 = 1, C_2 = -2$. 于是所求特解为

$$y = (1-2x)e^{2x}.$$

（3）所给微分方程的特征方程为

$$\lambda^2 + 2\lambda + 2 = 0.$$

求得方程的特征根是一对共轭的复根 $\lambda_{1,2} = -1 \pm i$,因此所求方程的通解是

$$y = e^{-x}(C_1 \cos x + C_2 \sin x).$$

例 5 数学摆（单摆）的微小摆动:数学摆是指一个质量为 m 的质点 M 系于长度为 l 的线上,线的重量可忽略不计,当将摆偏离其平衡位置 OA 时（图 9-5）,在重力的作用下,摆将在一个平面内以平衡位置为中点来回摆动. 若不计各项阻力的影响,求数学摆的运动规律.

解 利用牛顿第二定律建立微分方程. 可以看出,质点是沿圆弧形轨道来回摆动的. 若以逆时针方向作为计算 φ 角的正向,以 s 表示圆弧长（s 与 φ 同正负）,则运动速度将沿着圆弧的切线方向,并具有数值 $v = \dfrac{ds}{dt}$.

因为 $s = l\varphi$,所以 $v = l\dfrac{d\varphi}{dt}$,故 M 的切向加速度为 $a = \dfrac{dv}{dt} = l\dfrac{d^2\varphi}{dt^2}$.

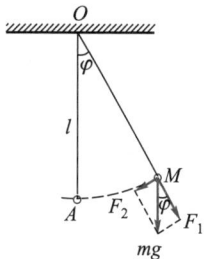

图 9-5

由图 9-5 所示的受力分析可见,重力 mg 可分解成分力 F_1 与 F_2,前者正好与拉力平衡,而后者构成使摆运动并将摆拉回平衡位置的外力,其数值为 $F_2 = -mg\sin\varphi$,这样就得到

$$ml\frac{d^2\varphi}{dt^2} = -mg\sin\varphi.$$

因研究摆的微小振动,故在忽略微小误差之后,用 φ 代替 $\sin\varphi$,于是可得数学摆运动方程的简化形式

$$\frac{d^2\varphi}{dt^2} = -\frac{g}{l}\varphi.$$

这是一个二阶线性常系数齐次微分方程,其特征方程是

$$\lambda^2 + \frac{g}{l} = 0.$$

它有一对共轭复根 $\lambda_1 = i\sqrt{\dfrac{g}{l}}, \lambda_2 = -i\sqrt{\dfrac{g}{l}}$. 所以方程的通解为

$$\varphi = C_1 \cos\sqrt{\frac{g}{l}}t + C_2 \sin\sqrt{\frac{g}{l}}t,$$

或写成

$$\varphi = r\cos\left(\sqrt{\frac{g}{l}}t + \alpha\right),$$

其中 $r = \sqrt{C_1^2 + C_2^2}, \tan\alpha = -\dfrac{C_2}{C_1}$.

在物理学中,通常称 r 为**振幅**,α 为**初相**,$\sqrt{\dfrac{g}{l}} = \omega$ 为**频率**,$T = \dfrac{2\pi}{\omega} = 2\pi\sqrt{\dfrac{l}{g}}$ 是**振动周期**.

如果再附加初值条件 $\varphi(0)=\varphi_0, \varphi'(0)=0$，那么由

$$\begin{cases} \varphi(0)=r\cos\alpha=\varphi_0, \\ \varphi'(0)=-r\sqrt{\dfrac{g}{l}}\sin\alpha=0, \end{cases}$$

解得 $r=\varphi_0, \alpha=0$. 相应的特解是

$$\varphi(t)=\varphi_0\cos\sqrt{\frac{g}{l}}t.$$

B. 二阶线性常系数非齐次微分方程的通解：待定系数法

本段我们讨论如何计算非齐次微分方程

$$y''+py'+qy=f(x) \quad (p,q \text{ 为常数}) \tag{9-49}$$

的通解.

根据线性方程解的结构理论，方程 (9-49) 的通解由其对应的齐次微分方程的通解和该非齐次微分方程的一个特解组成，而齐次微分方程的通解的计算方法已在前段讨论，于是求方程 (9-49) 的通解实际上只需要讨论如何计算它的一个特解. 下面针对自由项 $f(x)$ 的两种常见的特殊形式，分别介绍采用待定系数法求方程 (9-49) 特解的方法：

第一种：$f(x)=P_m(x)\mathrm{e}^{\alpha x}$，其中 α 是已知常数，$P_m(x)$ 是一个已知的 m 次多项式；

第二种：$f(x)=\mathrm{e}^{\alpha x}[P_m(x)\cos\beta x+P_l(x)\sin\beta x]$，其中 α,β 是已知常数，$P_m(x)$ 和 $P_l(x)$ 分别是已知的 m 次和 l 次多项式.

(1) $f(x)=P_m(x)\mathrm{e}^{\alpha x}$ 型

此时方程为

$$y''+py'+qy=P_m(x)\mathrm{e}^{\alpha x}. \tag{9-50}$$

因为方程的右边是一个多项式与指数函数的乘积，故方程的特解应该是使其及其导数 y'，y'' 仍是多项式与指数函数乘积的函数，于是可设方程 (9-50) 的特解形式为

$$y_p=Q(x)\mathrm{e}^{\alpha x},$$

其中 $Q(x)$ 是一个待定的多项式. 将

$$y_p=Q(x)\mathrm{e}^{\alpha x},$$
$$y_p'=[\alpha Q(x)+Q'(x)]\mathrm{e}^{\alpha x},$$
$$y_p''=[\alpha^2 Q(x)+2\alpha Q'(x)+Q''(x)]\mathrm{e}^{\alpha x}$$

代入方程 (9-50)，整理并消去 $\mathrm{e}^{\alpha x}$，得

$$Q''(x)+(2\alpha+p)Q'(x)+(\alpha^2+p\alpha+q)Q(x)=P_m(x). \tag{9-51}$$

由实数 α 的如下三种情况可确定待定多项式 $Q(x)$ 的形式.

① 如果 α 不是方程 (9-47) 的特征方程 $\lambda^2+p\lambda+q=0$ 的根，即 $\alpha^2+p\alpha+q\neq0$. 从 (9-51) 式可见，为使等式两边恒等，$Q(x)$ 必是一个 m 次多项式，可记为

$$Q_m(x)=b_m x^m+b_{m-1}x^{m-1}+\cdots+b_1 x+b_0,$$

其中 $b_0,b_1,\cdots,b_{m-1},b_m$ 是 $m+1$ 个待定系数. 代入 (9-51) 式，并比较等式左、右两边多项式同次幂的系数，可得 $b_0,b_1,\cdots,b_m$ 满足的 $m+1$ 阶线性方程组，解此方程组确定待定系数 $b_0,b_1,\cdots,b_m$ 便可得到特解 $y_p=Q_m(x)\mathrm{e}^{\alpha x}$.

② 如果 α 是特征方程 $\lambda^2 + p\lambda + q = 0$ 的单根,即 $\alpha^2 + p\alpha + q = 0$,但 $2\alpha + p \neq 0$. 从(9-51)式可见, $Q'(x)$ 必是一个 m 次的多项式,可设

$$Q(x) = xQ_m(x).$$

用与①同样的方法确定 $Q_m(x)$ 中的待定系数 $b_0, b_1, \cdots, b_m$,从而得到特解 $y_p = xQ_m(x)e^{\alpha x}$.

③ 如果 α 是特征方程 $\lambda^2 + p\lambda + q = 0$ 的二重根,即 $\alpha^2 + p\alpha + q = 0, 2\alpha + p = 0$. 从(9-51)式可见, $Q''(x)$ 必是一个 m 次的多项式,可设

$$Q(x) = x^2 Q_m(x).$$

用同样的方法可确定 $Q_m(x)$ 的各个系数,从而得到特解 $y_p = x^2 Q_m(x)e^{\alpha x}$.

综上所述,若把不是特征方程根的 α 看作是特征方程的 0 重根,则以上三种情况的特解形式可统一表示为

$$y_p(x) = x^k e^{\alpha x} Q_m(x), \tag{9-52}$$

其中 $Q_m(x)$ 是与 $P_m(x)$ 同次(m 次)的待定多项式,而 k 按 α 不是特征方程的根,是特征方程的单根或是特征方程的二重根依次取 $0, 1, 2$.

例 6 求微分方程 $y'' + 2y' - 3y = 9x^2$ 的通解.

解 在例 4 的(1)中,我们已经求得方程所对应的齐次方程 $y'' + 2y' - 3y = 0$ 的通解是

$$y_h(x) = C_1 e^{-3x} + C_2 e^x.$$

下面考虑求非齐次方程的一个特解. 注意到方程的自由项

$$f(x) = 9x^2 = 9x^2 \cdot e^{0x}$$

以及 $\alpha = 0$ 不是特征根,根据(9-52)式可设方程的特解为

$$y_p = x^0 e^{0x}(Ax^2 + Bx + C) = Ax^2 + Bx + C.$$

将 y_p 代入原方程,得

$$2A + 2(2Ax + B) - 3(Ax^2 + Bx + C) = 9x^2,$$

即

$$-3Ax^2 + (4A - 3B)x + 2A + 2B - 3C = 9x^2.$$

比较等式两边 x 同次幂前的系数,得

$$\begin{cases} -3A = 9, \\ 4A - 3B = 0, \\ 2A + 2B - 3C = 0. \end{cases}$$

解方程组,得 $A = -3, B = -4, C = -\dfrac{14}{3}$. 于是求得原方程的一个特解为

$$y_p = -3x^2 - 4x - \frac{14}{3}.$$

从而所求方程的通解为

$$y = -3x^2 - 4x - \frac{14}{3} + C_1 e^{-3x} + C_2 e^x.$$

例 7 求微分方程 $y'' - 4y' + 4y = (6x - 2)e^{2x}$ 的通解.

解 先求方程所对应的齐次方程

$$y'' - 4y' + 4y = 0$$

的通解 y_h. 由于它的特征方程

$$\lambda^2 - 4\lambda + 4 = 0$$

有二重根 $\lambda_1 = \lambda_2 = 2$，故知齐次方程的通解为

$$y_h = (C_1 + C_2 x)\,\mathrm{e}^{2x}.$$

又 $\alpha = 2$ 是特征方程的二重根，所以由（9-52）式可设方程的特解为

$$y_p = x^2(Ax + B)\,\mathrm{e}^{2x}.$$

代入原方程并整理，得

$$6Ax + 2B = 6x - 2.$$

比较等式两边 x 同次幂前的系数，得

$$\begin{cases} 6A = 6, \\ 2B = -2. \end{cases}$$

解方程组，得 $A = 1, B = -1$. 于是求得方程的一个特解为

$$y_p = (x^3 - x^2)\,\mathrm{e}^{2x}.$$

从而方程的通解为

$$y = (x^3 - x^2)\,\mathrm{e}^{2x} + (C_1 + C_2 x)\,\mathrm{e}^{2x}.$$

（2）$f(x) = \mathrm{e}^{\alpha x}\big[P_m(x)\cos\beta x + P_l(x)\sin\beta x\big]$ 型

此时方程为

$$y'' + py' + qy = \mathrm{e}^{\alpha x}\big[P_m(x)\cos\beta x + P_l(x)\sin\beta x\big], \tag{9-53}$$

其中 α, β 是已知常数，$P_m(x)$ 和 $P_l(x)$ 分别是已知的 m 次和 l 次多项式.

应用欧拉公式，在把 $f(x)$ 中的三角函数化为复变数指数函数的形式之后，利用二阶线性非齐次微分方程解的叠加原理，可把方程（9-53）的特解问题转化为形式与方程（9-50）相似的方程（自由项为复函数）的特解问题，从而可得以下结论（详细证明略）：方程（9-53）具有形式为

$$y_p = x^k \mathrm{e}^{\alpha x}\big[Q_n(x)\cos\beta x + R_n(x)\sin\beta x\big] \tag{9-54}$$

的特解，其中 $n = \max\{m, l\}$，$Q_n(x)$ 与 $R_n(x)$ 是两个待定的 n 次多项式，而 k 按 $\alpha + \mathrm{i}\beta$（或 $\alpha - \mathrm{i}\beta$）不是特征方程的根或是特征方程的单根依次取 0 或 1.

例 8　求微分方程 $y'' - y = 10\mathrm{e}^{2x}\cos x$ 的通解.

解　先求方程所对应的齐次方程

$$y'' - y = 0$$

的通解. 由于特征方程

$$\lambda^2 - 1 = 0$$

的根为 $\lambda = \pm 1$，可知此齐次方程的通解为

$$y_h = C_1 \mathrm{e}^x + C_2 \mathrm{e}^{-x}.$$

将 $f(x) = 10\mathrm{e}^{2x}\cos x$ 与方程（9-53）的自由项对照，可知 $P_m(x) = 10, P_l(x) = 0, \alpha = 2, \beta = 1$. 由于 $\alpha + \mathrm{i}\beta = 2 + \mathrm{i}$ 不是特征方程的根，可知（9-54）式中的 $k = 0$，且 $n = \max\{0, 0\} = 0$，按（9-54）式可设方程的特解为

$$y_p = \mathrm{e}^{2x}(A\cos x + B\sin x).$$

代入原方程并整理，得

$$(2A + 4B)\cos x + (2B - 4A)\sin x = 10\cos x.$$

比较等式两边同类项前的系数，得

$$\begin{cases} 2A+4B=10, \\ -4A+2B=0. \end{cases}$$

解方程组,得 $A=1,B=2$,从而求得方程的一个特解为

$$y_p = e^{2x}(\cos x + 2\sin x).$$

所以原方程的通解为

$$y = e^{2x}(\cos x + 2\sin x) + C_1 e^x + C_2 e^{-x}.$$

对于有些方程,虽然它的自由项不是前面介绍的那两种特殊的函数,但是如果它可分解为这些特殊自由项之和的形式,那么结合非齐次方程解的叠加性仍可利用上面的待定系数法求其特解.

例 9 求方程 $y''-6y'+8y=(x^2+1)e^{2x}+\cos 4x$ 的通解.

解 先求方程所对应的齐次方程 $y''-6y'+8y=0$ 的通解. 由于特征方程 $\lambda^2-6\lambda+8=0$ 的根为 $\lambda_1=2,\lambda_2=4$,可知齐次方程的通解是

$$y_h(x) = C_1 e^{2x} + C_2 e^{4x}.$$

注意到方程的自由项 $f(x)$ 是上面讨论的两种类型的函数 $f_1(x)=(x^2+1)e^{2x}$ 与 $f_2(x)=\cos 4x$ 的和,利用线性非齐次方程解的叠加性质,可将计算方程特解的问题分解成以下两个方程

$$y''-6y'+8y=(x^2+1)e^{2x}, \tag{9-55}$$

$$y''-6y'+8y=\cos 4x \tag{9-56}$$

的特解问题处理.

对于方程(9-55),由于 $\alpha=2$ 是特征方程的单根,故可设其特解为

$$y_1 = x(a_1 x^2 + b_1 x + c_1)e^{2x},$$

代入方程(9-55),可确定 $a_1=-\dfrac{1}{6},b_1=-\dfrac{1}{4},c_1=-\dfrac{3}{4}$,从而求得方程(9-55)的一个特解为

$$y_1 = -x\left(\frac{1}{6}x^2 + \frac{1}{4}x + \frac{3}{4}\right)e^{2x}.$$

对于方程(9-56),由于 $\alpha+i\beta=4i$ 不是特征方程的根,故可设其特解为

$$y_2 = a_2 \cos 4x + b_2 \sin 4x.$$

代入方程(9-56),可确定 $a_2=-\dfrac{1}{80},b_2=-\dfrac{3}{80}$,从而求得方程(9-56)的一个特解为

$$y_2 = -\frac{1}{80}(\cos 4x + 3\sin 4x).$$

把特解 y_1 与 y_2 相加就得原方程的一个特解为

$$y_p = y_1 + y_2 = -x\left(\frac{1}{6}x^2 + \frac{1}{4}x + \frac{3}{4}\right)e^{2x} - \frac{1}{80}(\cos 4x + 3\sin 4x).$$

所以原方程的通解是

$$y = -x\left(\frac{1}{6}x^2 + \frac{1}{4}x + \frac{3}{4}\right)e^{2x} - \frac{1}{80}(\cos 4x + 3\sin 4x) + C_1 e^{2x} + C_2 e^{4x}.$$

例 10 有一台质量为 m 的电机,安装在梁上点 A 处(图9-6).电机开动时产生一个垂直

于梁的干扰力 $p\sin\omega t$(p,ω 为常数),使梁发生振动.梁上点 A 处垂直方向的位移用坐标 y 表示,梁的弹性恢复力与位移 y 成正比(比例系数为 $k>0$),求点 A 的运动规律(不计阻力和重力).

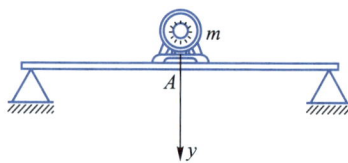

图 9-6

解 点 A 上、下振动受两个力的作用,一个是周期性干扰力 $p\sin\omega t$,另一个是弹性横梁的弹性恢复力 ky,根据牛顿第二定律,得

$$m\frac{\mathrm{d}^2 y}{\mathrm{d}t^2}=p\sin\omega t-ky, \tag{9-57}$$

初值条件为 $y(0)=0,y'(0)=0$. 这是一个二阶线性常系数非齐次微分方程的初值问题.

由于它所对应的齐次方程 $\dfrac{\mathrm{d}^2 y}{\mathrm{d}t^2}+\dfrac{k}{m}y=0$ 的特征方程 $\lambda^2+\dfrac{k}{m}=0$ 具有一对共轭的复根 $\lambda_{1,2}=\pm\mathrm{i}\sqrt{\dfrac{k}{m}}$,可知齐次方程的通解是

$$y_h=C_1\cos\sqrt{\frac{k}{m}}t+C_2\sin\sqrt{\frac{k}{m}}t,$$

这里的常数 $\sqrt{\dfrac{k}{m}}$ 被称为弹性梁的**固有频率**.

下面考虑求非齐次方程的一个特解. 根据固有频率 $\sqrt{\dfrac{k}{m}}$ 与干扰频率 ω 之间的关系,分两种情况讨论.

(1)如果 $\omega\neq\sqrt{\dfrac{k}{m}}$,即干扰频率不等于固有频率.此时 $\mathrm{i}\omega$ 不是特征方程的根,可设非齐次方程的特解为

$$y_p=A\cos\omega t+B\sin\omega t.$$

代入非齐次方程(9-57),得

$$A=0,B=\frac{p}{k-m\omega^2}.$$

于是可得一个特解为

$$y_p=\frac{p}{k-m\omega^2}\sin\omega t.$$

所以非齐次方程的通解是

$$y=\frac{p}{k-m\omega^2}\sin\omega t+C_1\cos\sqrt{\frac{k}{m}}t+C_2\sin\sqrt{\frac{k}{m}}t.$$

又由初值条件 $y(0)=0,y'(0)=0$,可定出 $C_1=0,C_2=-p\omega\sqrt{\dfrac{k}{m}}$,所以点 A 的运动规律为

$$y = \frac{p}{k-m\omega^2}\sin\,\omega t - p\omega\sqrt{\frac{k}{m}}\sin\sqrt{\frac{k}{m}}\,t.$$

（2）如果 $\omega = \sqrt{\dfrac{k}{m}}$，即干扰频率等于固有频率. 此时, $i\omega$ 是特征方程的根, 可设非齐次方程的特解为

$$y_p = t(A\cos\,\omega t + B\sin\,\omega t).$$

代入方程 (9-57), 得

$$A = -\frac{p\omega}{2k}, B = 0.$$

于是求得一个特解为

$$y_p = -\frac{p\omega}{2k}t\cos\,\omega t.$$

所以非齐次方程的通解是

$$y = -\frac{p\omega}{2k}t\cos\,\omega t + C_1\cos\,\omega t + C_2\sin\,\omega t.$$

由初值条件可定出 $C_1 = 0, C_2 = \dfrac{p}{2k}$, 所以点 A 的运动规律为

$$y = -\frac{p\omega}{2k}t\cos\,\omega t + \frac{p}{2k}\sin\,\omega t.$$

类似于例 5 可将 y 改写为 $r\cos(\omega t + \alpha)$, 其中"振幅" $r = \dfrac{p}{2k}\sqrt{1+\omega^2 t^2}$ 将随时间 t 的增大而无限增大, 这就发生了所谓的**共振现象**, 共振可能会产生破坏性的严重后果. 为了避免这种情况的发生, 就应让干扰频率 ω 不要靠近弹性梁的固有频率 $\sqrt{\dfrac{k}{m}}$. 根据这个原因, 大部队通过桥梁时应避免走整齐的步伐, 否则可能会引起桥梁产生共振而倒塌.

最后再举两个综合性的例子.

例 11　设 $f(x) = \sin\,x - \int_0^x (x-t)f(t)\,\mathrm{d}t$, 其中 $f(x)$ 为连续函数, 求 $f(x)$.

解　原式可改写成

$$f(x) = \sin\,x - x\int_0^x f(t)\,\mathrm{d}t + \int_0^x tf(t)\,\mathrm{d}t.$$

在上式中令 $x = 0$, 得 $f(0) = 0$, 两边对 x 求导, 有

$$f'(x) = \cos\,x - \int_0^x f(t)\,\mathrm{d}t - xf(x) + xf(x) = \cos\,x - \int_0^x f(t)\,\mathrm{d}t.$$

在上式中仍令 $x = 0$, 得 $f'(0) = 1$, 再两边对 x 求导, 有

$$f''(x) = -\sin\,x - f(x),$$

即

$$f''(x) + f(x) = -\sin\,x.$$

可知 $f(x)$ 是初值问题

$$\begin{cases} y''+y=-\sin x, \\ y(0)=0, y'(0)=1 \end{cases}$$

的解. 方程所对应的齐次方程为 $y''+y=0$, 其特征方程 $\lambda^2+1=0$ 有一对共轭的复根 $\lambda=\pm i$, 故对应的齐次方程有通解

$$y_h = C_1\cos x + C_2\sin x.$$

又因 $\alpha+i\beta=i$ 是特征方程的根, 所以由(9-54)式可设方程的特解为(此时 $k=1$)

$$y_p = x(A\cos x + B\sin x).$$

代入原方程, 可确定 $A=\dfrac{1}{2}$, $B=0$, 从而求得方程的一个特解为

$$y_p = \frac{1}{2}x\cos x.$$

所以方程的通解是

$$y = \frac{1}{2}x\cos x + C_1\cos x + C_2\sin x.$$

又由初值条件得 $y(0)=C_1=0$, $y'(0)=\dfrac{1}{2}+C_2=1$, 求得 $C_1=0$, $C_2=\dfrac{1}{2}$, 因此所求函数为

$$f(x) = \frac{1}{2}\sin x + \frac{1}{2}x\cos x.$$

例 12 设函数 $y=y(x)$ 在 $(-\infty, +\infty)$ 上有二阶连续导数, 且 $y'\neq 0$, $x=x(y)$ 是 $y=y(x)$ 的反函数.

(1) 试将 $x=x(y)$ 所满足的微分方程

$$\frac{d^2 x}{dy^2} + (y+\sin x)\left(\frac{dx}{dy}\right)^3 = 0$$

变换为 $y=y(x)$ 满足的微分方程;

(2) 求变换后的微分方程满足初值条件 $y(0)=0$, $y'(0)=\dfrac{3}{2}$ 的特解.

解 (1) 由反函数的导数公式 $\dfrac{dx}{dy}=\dfrac{1}{y'}$ 可知

$$\frac{d^2 x}{dy^2} = \frac{d}{dy}\left(\frac{1}{y'}\right) = \frac{d}{dx}\left(\frac{1}{y'}\right) \cdot \frac{dx}{dy} = -\frac{y''}{(y')^2} \cdot \frac{1}{y'} = -\frac{y''}{(y')^3}.$$

代入原方程并整理, 得

$$y'' - y = \sin x. \tag{9-58}$$

(2) 可求得线性非齐次微分方程(9-58)所对应的齐次方程的通解为

$$y_h(x) = C_1 e^{-x} + C_2 e^x,$$

非齐次方程的一个特解为

$$y_p = -\frac{1}{2}\sin x.$$

从而可知方程(9-58)的通解为

$$y = -\frac{1}{2}\sin x + C_1 e^{-x} + C_2 e^x.$$

利用初值条件,有

$$\begin{cases} y(0) = C_1 + C_2 = 0, \\ y'(0) = -C_1 + C_2 - \frac{1}{2} = \frac{3}{2}. \end{cases}$$

解方程组得 $C_1 = -1, C_2 = 1$.

因此,所求的特解是

$$y = -\frac{1}{2}\sin x - e^{-x} + e^x.$$

综上所述,对于两类常见的自由项 $f(x)$,按照表 9-2 写出特解形式,用待定系数法进行求解.

表 9-2　二阶线性常系数非齐次微分方程的特解

$f(x)$ 的形式	y_p 的形式
$f(x) = P_m(x) e^{\alpha x}$	$y_p = x^k e^{\alpha x} Q_m(x)$ 其中 $k = \begin{cases} 0, & \alpha \text{ 不是特征方程的根} \\ 1, & \alpha \text{ 是特征方程的单根} \\ 2, & \alpha \text{ 是特征方程的重根} \end{cases}$
$f(x) = e^{\alpha x}[P_m(x)\cos \beta x + P_l(x)\sin \beta x]$	$y_p = x^k e^{\alpha x}[Q_n(x)\cos \beta x + R_n(x)\sin \beta x]$ 其中 $n = \max\{m, l\}$, $k = \begin{cases} 0, & \alpha \pm i\beta \text{ 不是特征根} \\ 1, & \alpha \pm i\beta \text{ 是特征根} \end{cases}$

*C. 二阶线性常系数非齐次微分方程的通解:常数变易法

从上面的讨论可以看到,用待定系数法求非齐次微分方程特解时,对自由项有很大的限制,它仅限于对两类特殊函数的自由项可以使用.但这一方法也有优点,在计算时不需要积分,从而计算比较容易.

本段介绍用常数变易法计算非齐次方程特解的方法.常数变易法是一种利用对应齐次方程的通解求非齐次方程解的一般方法,该方法在一阶线性方程通解的计算中已经使用过,现介绍其对二阶线性方程的应用.

考虑计算非齐次方程(9-49)

$$y'' + py' + qy = f(x) \quad (p, q \text{ 为常数})$$

的一个特解,其中 $f(x)$ 在区间 $[a, b]$ 上连续.

设已经求得方程(9-49)所对应的齐次方程 $y'' + py' + qy = 0$ 的两个线性无关的特解 $y_1(x)$ 和 $y_2(x)$,于是齐次方程的通解是

$$y_h(x) = C_1 y_1(x) + C_2 y_2(x).$$

为了求非齐次方程的一个特解,采用常数变易法.设非齐次方程(9-49)具有以下形式

$$y_p(x) = C_1(x)y_1(x) + C_2(x)y_2(x)$$

的特解,其中 $C_1(x)$,$C_2(x)$ 是待定函数,则

$$y_p'(x) = C_1'(x)y_1(x) + C_1(x)y_1'(x) + C_2'(x)y_2(x) + C_2(x)y_2'(x).$$

由于这里有两个待定的函数,所以需要两个方程.从 $y_p'(x)$ 的表达式可以看出,为使 $y_p''(x)$ 的表达式不含 $C_1''(x)$ 与 $C_2''(x)$,可要求 $C_1(x)$,$C_2(x)$ 满足

$$C_1'(x)y_1(x) + C_2'(x)y_2(x) = 0.$$

于是有

$$y_p'(x) = C_1(x)y_1'(x) + C_2(x)y_2'(x)$$

以及

$$y_p''(x) = C_1'(x)y_1'(x) + C_1(x)y_1''(x) + C_2'(x)y_2'(x) + C_2(x)y_2''(x).$$

将 $y_p(x)$,$y_p'(x)$,$y_p''(x)$ 代入方程(9-49)并整理,得

$$C_1(y_1'' + py_1' + qy_1) + C_2(y_2'' + py_2' + qy_2) + C_1'y_1' + C_2'y_2' = f(x).$$

注意到 $y_1(x)$ 与 $y_2(x)$ 都是齐次方程的解,故有

$$C_1'(x)y_1'(x) + C_2'(x)y_2'(x) = f(x).$$

于是得到一个 $C_1'(x)$,$C_2'(x)$ 满足的线性方程组

$$\begin{cases} y_1(x)C_1'(x) + y_2(x)C_2'(x) = 0, \\ y_1'(x)C_1'(x) + y_2'(x)C_2'(x) = f(x). \end{cases}$$

当系数行列式

$$w(y_1, y_2) = \begin{vmatrix} y_1 & y_2 \\ y_1' & y_2' \end{vmatrix} = y_1y_2' - y_2y_1' \neq 0^{①}$$

时,可解得

$$C_1'(x) = -\frac{y_2(x)f(x)}{w(y_1, y_2)},\quad C_2'(x) = \frac{y_1(x)f(x)}{w(y_1, y_2)}.$$

积分后,得

$$C_1(x) = \int \frac{-y_2(x)f(x)}{w(y_1, y_2)}dx,\quad C_2(x) = \int \frac{y_1(x)f(x)}{w(y_1, y_2)}dx. \tag{9-59}$$

把它代入 $y_p(x)$ 的表达式,即得方程(9-49)的一个特解为

$$y_p(x) = y_1 \int \frac{-y_2 f(x)}{w(y_1, y_2)}dx + y_2 \int \frac{y_1 f(x)}{w(y_1, y_2)}dx.$$

可以看出,此方法对自由项 $f(x)$(连续函数)的形式没有严格的限制,这是它的优点.但事物总是具有两面性,这一方法也有不足之处,首先它需要计算积分,从而增加了计算的难度;另外,在开始时必须事先知道对应齐次方程的两个线性无关的特解.同时还可进一步看到,尽管这里关于常数变易法的推导是对二阶线性常系数微分方程(9-49)进行的,实际上整个推导过程对二阶线性变系数微分方程也成立.

---

① $w(y_1, y_2)$ 称为函数 y_1,y_2 的朗斯基(H. Wronski, 1776—1853,波兰数学家)行列式.当函数 y_1,y_2 是齐次方程(9-47)的两个线性无关解时,可以证明朗斯基行列式 $w(y_1, y_2) \neq 0$.

例 13 求方程 $y''+y=\csc x$ 的通解.

解 对应齐次方程 $y''+y=0$ 的通解为

$$y_h(x)=C_1\cos x+C_2\sin x.$$

由于 $y_1(x)=\cos x, y_2(x)=\sin x,$ 则有

$$w(y_1,y_2)=\begin{vmatrix} \cos x & \sin x \\ -\sin x & \cos x \end{vmatrix}=1.$$

于是由(9-59)式可得

$$C_1(x)=\int\frac{-\sin x\cdot\csc x}{1}\mathrm{d}x=-x,$$

$$C_2(x)=\int\frac{\cos x\cdot\csc x}{1}\mathrm{d}x=\ln|\sin x|.$$

可知方程的一个特解为

$$y_p(x)=-x\cos x+\sin x\ln|\sin x|.$$

从而原方程的通解是

$$y(x)=-x\cos x+\sin x\ln|\sin x|+C_1\cos x+C_2\sin x.$$

9.4.4 高阶线性微分方程

A. 高阶线性微分方程解的结构

n 阶线性微分方程的一般形式是

$$y^{(n)}+a_1(x)y^{(n-1)}+\cdots+a_{n-1}(x)y'+a_n(x)y=f(x) \tag{9-60}$$

其对应的齐次方程是

$$y^{(n)}+a_1(x)y^{(n-1)}+\cdots+a_{n-1}(x)y'+a_n(x)y=0 \tag{9-61}$$

二阶线性微分方程的解的结构理论可推广到 n 阶线性微分方程.

定义 对于区间 $[a,b]$ 上的 n 个函数 $y_1(x),y_2(x),\cdots,y_n(x)$,若存在 n 个不全为零的常数 $k_1,k_2,\cdots,k_n$ 使在 $[a,b]$ 上有

$$k_1y_1(x)+k_2y_2(x)+\cdots+k_ny_n(x)\equiv 0,$$

则称这 n 个函数在区间 $[a,b]$ 上是线性相关的,否则称这 n 个函数在区间 $[a,b]$ 上是线性无关的.

对于 n 阶线性齐次方程(9-61)也可获得与定理 1 类似的解的结构定理.

定理 3(n 阶线性齐次方程解的结构) 若函数 $y_1(x),y_2(x),\cdots,y_n(x)$ 是方程 **(9-61)** 的 n 个线性无关的特解,则

$$y(x)=C_1y_1(x)+C_2y_2(x)+\cdots+C_ny_n(x) \quad (C_1,C_2,\cdots,C_n \text{ 为任意常数})$$

是方程 **(9-61)** 的通解.

对于 n 阶线性非齐次方程(9-60),我们也可写出与定理 2 相同的结论:

若 $y_p(x)$ 是方程 **(9-60)** 的一个特解,而 $y_1(x),y_2(x),\cdots,y_n(x)$ 是方程 **(9-60)** 所对应的齐次方程 **(9-61)** 的 n 个线性无关的特解,则非齐次方程 **(9-60)** 的通解是

$$y(x)=y_p(x)+C_1y_1(x)+C_2y_2(x)+\cdots+C_ny_n(x).$$

B. 高阶线性常系数微分方程

n 阶线性常系数微分方程的一般形式是

$$y^{(n)}+a_{n-1}y^{(n-1)}+\cdots+a_1 y'+a_0 y=f(x),\tag{9-62}$$

其中系数 $a_0,a_1,\cdots,a_{n-1}$ 是常数, 自由项 $f(x)$ 是连续函数. 依据解的结构理论, 方程(9-62)的通解 $y(x)$ 是它的一个特解 $y_p(x)$ 与其所对应的齐次方程

$$y^{(n)}+a_{n-1}y^{(n-1)}+\cdots+a_1 y'+a_0 y=0\tag{9-63}$$

的通解 $y_h(x)$ 的和, 即

$$y(x)=y_p(x)+y_h(x).$$

于是, 求方程(9-62)的通解, 应先讨论求对应齐次方程(9-63)的通解.

与二阶线性常系数齐次微分方程的情形类似, 可设方程(9-63)具有形式为 $y=\mathrm{e}^{\lambda x}$ 的解(λ 为常数), 因 $y'=\lambda\mathrm{e}^{\lambda x}, y''=\lambda^2\mathrm{e}^{\lambda x}, \cdots, y^{(n)}=\lambda^n\mathrm{e}^{\lambda x}$, 代入(9-63)得

$$(\lambda^n+a_{n-1}\lambda^{n-1}+\cdots+a_1\lambda+a_0)\mathrm{e}^{\lambda x}=0.$$

约去非零因子 $\mathrm{e}^{\lambda x}$ 之后, 可知当且仅当 λ 满足代数方程

$$\lambda^n+a_{n-1}\lambda^{n-1}+\cdots+a_1\lambda+a_0=0\tag{9-64}$$

时, 函数 $y=\mathrm{e}^{\lambda x}$ 才是方程(9-63)的解, 方程(9-64)称为方程(9-63)的特征方程.

与二阶方程的情形类似, 可根据特征方程根的情况按表 9-3 写出微分方程所对应的解.

表 9-3　n 阶线性常系数齐次微分方程的通解

特征方程的根	微分方程对应的解
单实根 λ	可写出一个解: $\mathrm{e}^{\lambda x}$
k 重实根 $\lambda(k>1)$	可写出 k 个线性无关的解: $\mathrm{e}^{\lambda x},x\mathrm{e}^{\lambda x},\cdots,x^{k-1}\mathrm{e}^{\lambda x}$
一对单重复根 $\lambda_{1,2}=\alpha\pm\mathrm{i}\beta$	可写出两个线性无关的解: $\mathrm{e}^{\alpha x}\cos\beta x,\mathrm{e}^{\alpha x}\sin\beta x$
一对 k 重复根 $k>1$ $\lambda=\alpha\pm\mathrm{i}\beta$	可写出 $2k$ 个线性无关的解: $\mathrm{e}^{\alpha x}\cos\beta x,x\mathrm{e}^{\alpha x}\cos\beta x,\cdots,x^{k-1}\mathrm{e}^{\alpha x}\cos\beta x,$ $\mathrm{e}^{\alpha x}\sin\beta x,x\mathrm{e}^{\alpha x}\sin\beta x,\cdots,x^{k-1}\mathrm{e}^{\alpha x}\sin\beta x$

根据上表写出的方程(9-63)的 n 个解 $y_1(x),\cdots,y_n(x)$ 构成方程的一组线性无关的解, 于是其通解为

$$y_h(x)=C_1 y_1(x)+C_2 y_2(x)+\cdots+C_n y_n(x).$$

例 14　求微分方程 $y^{(5)}-y^{(4)}+y'''-y''=0$ 的通解.

解　微分方程的特征方程是

$$\lambda^5-\lambda^4+\lambda^3-\lambda^2=0.$$

解此方程求得其根为

$$\lambda_1=\lambda_2=0,\lambda_3=1,\lambda_4=\mathrm{i},\lambda_5=-\mathrm{i}.$$

按上表可写出各个根所对应的解是

$$y_1(x) = 1, y_2(x) = x, y_3(x) = e^x, y_4(x) = \cos x, y_5(x) = \sin x.$$

所以微分方程的通解为

$$y(x) = C_1 + C_2 x + C_3 e^x + C_4 \cos x + C_5 \sin x.$$

例 15 试求方程 $y^{(4)} - 3y^{(3)} + 3y'' - y' = 0$ 的通解.

解 微分方程的特征方程是

$$\lambda^4 - 3\lambda^3 + 3\lambda^2 - \lambda = 0,$$

即

$$\lambda(\lambda - 1)^3 = 0.$$

求得特征方程的根为

$$\lambda_1 = 0, \lambda_2 = \lambda_3 = \lambda_4 = 1,$$

以及各个根所对应的解是

$$y_1(x) = 1, y_2(x) = e^x, y_3(x) = x e^x, y_4(x) = x^2 e^x.$$

所以微分方程的通解为

$$y(x) = C_1 + C_2 e^x + C_3 x e^x + C_4 x^2 e^x.$$

*对于非齐次方程(9-62),根据自由项的某些特殊形式,可用与二阶方程类似的方法写出其特解的形式.

(1) 若 $f(x) = P_m(x) e^{\alpha x}$,其中 $P_m(x)$ 是 m 次多项式,则可设方程(9-62)的特解是

$$y_p(x) = x^k Q_m(x) e^{\alpha x},$$

这里 $Q_m(x)$ 是一个 m 次待定多项式,k 为 α 作为特征方程根的重数,即若 α 不是特征方程的根,k 取为 0;若 α 是特征方程的 l 重根,k 取为 l.

(2) 若 $f(x) = e^{\alpha x}[P_m(x)\cos \beta x + P_l(x)\sin \beta x]$,其中 $P_m(x), P_l(x)$ 分别是 m 次和 l 次多项式,则可设方程(9-62)的特解是

$$y_p(x) = x^k e^{\alpha x}[Q_n(x)\cos \beta x + R_n(x)\sin \beta x],$$

这里 $n = \max\{m, l\}$,$Q_n(x), R_n(x)$ 分别是 n 次待定的多项式,k 为 $\alpha + i\beta$ 作为特征方程根的重数,即若 $\alpha + i\beta$ 不是特征方程的根,k 取为 0;若 $\alpha + i\beta$ 是特征方程的 s 重根,k 取为 s.

例 16 试求方程 $y''' + 3y'' + 3y' + y = e^x$ 的通解.

解 对应的齐次方程的特征方程是

$$\lambda^3 + 3\lambda^2 + 3\lambda + 1 = 0,$$

即

$$(\lambda + 1)^3 = 0,$$

可知 $\lambda = -1$ 是特征方程的三重根. 故齐次方程的通解

$$y_h(x) = C_1 e^{-x} + C_2 x e^{-x} + C_3 x^2 e^{-x}.$$

又因 $\alpha = 1$ 不是特征方程的根,故可设非齐次方程的特解

$$y_p(x) = A e^x.$$

代入原方程,可确定待定系数 A 的值为 $\dfrac{1}{8}$,于是求得方程的一个特解为

$$y_p(x) = \frac{1}{8} e^x.$$

所以原方程的通解为

$$y(x) = \frac{1}{8}e^x + e^{-x}(C_1 + C_2 x + C_3 x^2).$$

˙9.4.5　欧拉方程

欧拉方程是一种特殊形式的变系数线性微分方程,形如

$$x^2 y'' + axy' + by = f(x) \tag{9-65}$$

的方程称为**二阶欧拉(Euler)方程**,其中 a, b 为常数. 一般地,形式为

$$x^n y^{(n)} + a_{n-1} x^{n-1} y^{(n-1)} + \cdots + a_1 xy' + a_0 y = f(x) \tag{9-66}$$

的 n 阶方程称为 n 阶欧拉方程,其中 $a_0, a_1, \cdots, a_{n-1}$ 是常数.

一般来讲,变系数的线性微分方程是不容易求解的,但是欧拉方程是一种能够通过合适的变量代换把它转化为常系数线性微分方程求解的方程,因而它是一种容易求解的方程.

作变量代换 $x = e^t$,则 $t = \ln x$. 利用复合函数的求导法则,有

$$\frac{dy}{dx} = \frac{dy}{dt} \cdot \frac{dt}{dx} = \frac{1}{x} \cdot \frac{dy}{dt},$$

$$\frac{d^2 y}{dx^2} = \frac{d}{dx}\left(\frac{1}{x} \cdot \frac{dy}{dt}\right) = -\frac{1}{x^2} \cdot \frac{dy}{dt} + \frac{1}{x} \cdot \frac{d^2 y}{dt^2} \cdot \frac{1}{x} = \frac{1}{x^2}\left(\frac{d^2 y}{dt^2} - \frac{dy}{dt}\right),$$

于是 $xy' = \dfrac{dy}{dt}$, $x^2 y'' = \dfrac{d^2 y}{dt^2} - \dfrac{dy}{dt}$. 把它们代入方程(9-65),得

$$\frac{d^2 y}{dt^2} - \frac{dy}{dt} + a\frac{dy}{dt} + by = f(e^t),$$

即

$$\frac{d^2 y}{dt^2} + (a-1)\frac{dy}{dt} + by = f(e^t),$$

这是一个以 t 为自变量的线性常系数微分方程,在求得新方程的通解后,将 $t = \ln x$ 代回,即得原方程的通解.

为了将上述推导过程更容易地推广至一般情形,我们用记号 D 表示对 t 求导的运算 $\dfrac{d}{dt}$. 那么上述的计算结果可以写成

$$xy' = Dy,$$

$$x^2 y'' = \frac{d^2 y}{dt^2} - \frac{dy}{dt} = \left(\frac{d^2}{dt^2} - \frac{d}{dt}\right)y = (D^2 - D)y = D(D-1)y.$$

类似地,可得

$$x^k y^{(k)} = D(D-1)\cdots(D-k+1)y, \quad k = 1, 2, \cdots.$$

把它代入 n 阶欧拉方程(9-66),则方程化为以 t 为自变量的 n 阶线性常系数微分方程

$$D(D-1)\cdots(D-n+1)y + a_{n-1}D(D-1)\cdots(D-n+2)y + \cdots + a_1 Dy + a_0 y = f(e^t),$$

它的特征方程为

$$\lambda(\lambda-1)\cdots(\lambda-n+1) + a_{n-1}\lambda(\lambda-1)\cdots(\lambda-n+2) + \cdots + a_1\lambda + a_0 = 0.$$

下面举例说明.

例 17　求微分方程 $x^2 y'' - xy' + y = x$ 的通解.

解 这是一个二阶欧拉方程. 令 $x = e^t$, 则 $t = \ln x$, 原方程可化为

$$D(D-1)y - Dy + y = e^t,$$

即

$$D^2 y - 2Dy + y = e^t,$$

或

$$\frac{d^2 y}{dt^2} - 2\frac{dy}{dt} + y = e^t. \tag{9-67}$$

其特征方程为

$$\lambda^2 - 2\lambda + 1 = 0,$$

可知特征方程的根是 $\lambda_1 = \lambda_2 = 1$, 于是对应齐次方程的通解是

$$y_h = (C_1 + C_2 t)e^t.$$

又因 $\alpha = 1$ 是特征方程的二重根, 故可设非齐次方程的特解为

$$y_p = At^2 e^t.$$

代入方程(9-67)后可确定 $A = \dfrac{1}{2}$. 于是求得非齐次方程(9-67)的一个特解为

$$y_p = \frac{1}{2}t^2 e^t.$$

所以新方程的通解为

$$y = (C_1 + C_2 t)e^t + \frac{1}{2}t^2 e^t.$$

将 $t = \ln x$ 代入上式, 得原方程的通解为

$$y = (C_1 + C_2 \ln x)x + \frac{1}{2}x\ln^2 x.$$

习题 9.4

(A)

1. 下列函数组在其定义区间内哪些是线性无关的?
   (1) e^{-x}, e^{2x};
   (2) $\ln x, x\ln x$;
   (3) $\sin 2x, \sin x\cos x$;
   (4) $e^x\cos 3x, e^x\sin 3x$.

2. 验证 $y_1 = e^{x^2}$ 及 $y_2 = xe^{x^2}$ 都是方程 $y'' - 4xy' + (4x^2 - 2)y = 0$ 的解, 并写出该方程的通解.

3. 验证函数 $y_1 = e^x$ 及 $y_2 = x$ 都是方程 $(1-x)y'' + xy' - y = 0$ 的解, 试求该方程满足初值条件 $y(0) = 1, y'(0) = 0$ 的特解.

4. 已知 $y_1 = 1, y_2 = 1 + x, y_3 = 1 + x^2$ 都是方程 $y'' - \dfrac{2}{x}y' + \dfrac{2}{x^2}y = \dfrac{2}{x^2}$ 的解, 试写出该方程的通解.

5. 求下列微分方程的通解:
   (1) $y'' - 4y = 0$;
   (2) $y'' + 6y' + 9y = 0$;
   (3) $y'' + 6y' + 13y = 0$;
   (4) $y'' - 4y' - 5y = 0$;
   (5) $y'' - y' + 2y = 0$;
   (6) $y^{(4)} - y = 0$;
   (7) $y^{(4)} + 2y'' + y = 0$;
   (8) $y^{(6)} + 3y^{(4)} - 4y'' = 0$.

6. 求下列微分方程满足初值条件的特解:
   (1) $y'' + 2y' - 3y = 0, y(0) = 0, y'(0) = 1$;
   (2) $y'' + 4y' + 8y = 0, y(0) = 0, y'(0) = 2$;

(3) $4y''+4y'+y=0, y(0)=2, y'(0)=0$；

(4) $y''+25y=0, y(0)=2, y'(0)=5$；

(5) $y^{(5)}-2y^{(4)}+y'''=0, y(0)=y'(0)=y''(0)=y'''(0)=0, y^{(4)}(0)=-1$；

(6) $y^{(5)}-y^{(4)}+y'''-y''=0, y(0)=y'(0)=y''(0)=y'''(0)=0, y^{(4)}(0)=2$.

7. 求下列非齐次方程的特解：

(1) $y''-y'-2y=2x+1$；　　　　(2) $y''+y'=2x+1$；

(3) $y''-2y'=xe^{2x}$；　　　　　(4) $y''+2y'+y=e^{-x}$.

8. 求下列微分方程的通解：

(1) $y''+8y'=8x$；　　　　　(2) $y''-4y'+4y=e^{-x}$；

(3) $y''+4y=x\cos x$；　　　　(4) $2y''+5y'=5x^2-2x-1$；

(5) $y''+y=e^x+\cos x$；　　　(6) $y''-6y'+9y=\text{ch } 3x$；

(7) $y''-2y'=e^x-8$；　　　　(8) $y''+\omega^2 y=3\cos \beta x(\omega, \beta$ 都是正的实数)；

(9) $y''-y=\sin^2 x$.

9. 求下列微分方程满足初值条件的特解：

(1) $y''-y=4xe^x, y(0)=0, y'(0)=1$；

(2) $y''+y+\sin 2x=0, y(\pi)=1, y'(\pi)=1$；

(3) $y''+y=2\cos x, y(0)=1, y'(0)=0$；

(4) $y''-9y'+20y=6e^{2x}, y(0)=1, y'(0)=1$；

(5) $y''+2y'+y=1+4e^x, y(0)=3, y'(0)=2$.

10. 在方程 $y''+9y=0$ 的积分曲线中求一条与直线 $y+1=x-\pi$ 相切于点 $(\pi,-1)$ 的积分曲线.

11. 某质量为 m 的潜水艇在水面由静止状态开始下沉，所受阻力与下沉速度成正比，比例系数 $k>0$，所受浮力为常数 B. 求潜水艇下沉深度 x 与时间 t 的函数关系 $x(t)$.

12. 弹簧上端固定，下端挂两个质量相同的物体，此时弹簧伸长了 $2a$ cm. 若突然取走挂着的物体中的一个，另一个物体开始振动，在不计阻力的情况下，求它的振动规律.

13. 长为 100 cm 的链条从桌面上由静止状态开始无摩擦地沿桌子边缘下滑. 设运动开始时，链条已有 20 cm 垂于桌面下，试求链条全部从桌子边缘滑下需多少时间？

14. 某链条悬挂在一个钉子上，启动时一端离开钉子 8 m，另一端离开钉子 12 m，分别在以下两种情况下求链条滑过钉子所需要的时间：

(1) 不计钉子和链条之间的摩擦力；

(2) 钉子和链条之间的摩擦力等于 1 m 长链条所受到的重力.

（B）

1. 已知 $y(x)=e^x$ 是二阶线性齐次方程

$$(2x-1)y''-(2x+1)y'+2y=0$$

的一个解，求此方程的通解.

2. 验证 $y_1(x)=e^x$ 是二阶线性齐次方程

$$(1+2x-x^2)y''+(x^2-3)y'+2(1-x)y=0$$

的一个解，并确定 $y_2(x)=ax^2+bx+c$ 的系数，使其成为方程的另一个解，从而写出方程的通解.

3. 求三阶线性常系数非齐次方程

$$y'''+y''+y'+y=x+e^{-x}$$

的通解.

*4. 求下列欧拉方程的通解：

（1）$x^2y''+xy'-y=0$；   （2）$x^2y''-2y=0$；

（3）$9x^2y''+3xy'+y=0$；   （4）$x^2y''-xy'+2y=x\ln x$.

*5. 用常数变易法求下列微分方程的通解：

（1）$y''+y=\tan x$；   （2）$y''-2y'+y=\dfrac{2}{x^3}e^x$；   （3）$y''-y=\dfrac{1-2x}{x^2}e^x$.

* 9.5　数学应用与拓展

9.5.1　与微分方程相关的例子

例1（传染病模型）　开展预防传染病流行的宣传运动对防止传染病的蔓延起到多大作用？这个宣传运动要持续多长时间？要具有多大强度？

我们从最简单的情形——不开展宣传运动的情形着手讨论.

最简单的模型

设总人数为 M 是不变的，时刻 t 传染上疾病的人数为 $x(t)$，它传染给正常人的传染率为 r. 显然，从 t 到 $t+\Delta t$ 时间内的平均传染率是

$$\frac{x(t+\Delta t)-x(t)}{\Delta t(M-x(t))}.$$

令 $\Delta t\to 0$，得时刻 t 的传染率为

$$\frac{\mathrm{d}x}{\mathrm{d}t}\cdot\frac{1}{M-x(t)}=r.$$

因此，我们得到 $x(t)$ 所满足的最简单的数学模型

$$\begin{cases}\dfrac{\mathrm{d}x}{\mathrm{d}t}=r(M-x),\\ x(0)=x_0.\end{cases}$$

求解可得

$$x(t)=M+\mathrm{e}^{-rt}(-M+x_0).$$

令 $t\to+\infty$，得

$$\lim_{t\to+\infty}x(t)=M.$$

这表明，最终每个人都会染上疾病.

持续宣传的作用

为了预防传染病的流行，进行宣传是非常有必要的. 但怎样进行定量的研究呢？假设开展的是持续的宣传运动，如何描述这种情形下的数学模型？

假设开展宣传将使得传染上疾病的人数 $x(t)$ 减少，减少的速度与总人数 M 成正比，这个比例常数常取决于宣传强度. 因此这个比例常数也称为宣传强度. 若从 $t=t_0>0$ 开始，开展一场持续的宣传运动，宣传强度为 a，则所得数学模型应是

$$\begin{cases}\dfrac{\mathrm{d}x}{\mathrm{d}t}=r(M-x)-aMH(t-t_0)\ (t\geqslant 0),\\ x(0)=x_0,\end{cases}$$

其中

$$H(t-t_0) = \begin{cases} 1, & t \geq t_0, \\ 0, & t < t_0, \end{cases}$$

当 $t \geq t_0$ 时,

$$x(t) = \frac{e^{-rt}(a(e^{-rt}+e^{rt_0})M + r((-1+e^{rt})M+x_0))}{r}.$$

令 $t \to +\infty$,得

$$\lim_{t \to +\infty} x(t) = M\left(1 - \frac{a}{r}\right) < M.$$

这说明持续的宣传是起作用的,最终会使发病率减少($0 < a < r$).

例 2(脱离速度问题) 要使垂直向上发射的物体永远离开地面,问发射速度 v_0 至少应该有多大?

解 取地球球心为坐标原点建立坐标系. 如图 9-7 所示. 设物体的质量为 m,地球质量为 M,地球半径为 R,并设物体在运动过程中仅受地球引力的作用.

根据万有引力定律,当物体在 $r(r \geq R)$ 处时,地球对物体的引力是

$$F(r) = \frac{GmM}{r^2},$$

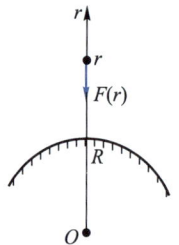

图 9-7

其中 G 是万有引力常数. 由于 $F(R) = \dfrac{GmM}{R^2} = mg$,可知 $G = \dfrac{gR^2}{M}$,所以

$$F(r) = \frac{gmR^2}{r^2}.$$

利用牛顿第二定律,得

$$m\frac{\mathrm{d}^2 r}{\mathrm{d}t^2} = -\frac{gmR^2}{r^2},$$

即

$$\frac{\mathrm{d}^2 r}{\mathrm{d}t^2} = -\frac{gR^2}{r^2}, \tag{9-68}$$

且满足初始条件 $r(0) = R, r'(0) = v_0$.

方程(9-68)是一个不显含自变量 t 的二阶方程. 令 $v = \dfrac{\mathrm{d}r}{\mathrm{d}t}$,则 $\dfrac{\mathrm{d}^2 r}{\mathrm{d}t^2} = v\dfrac{\mathrm{d}v}{\mathrm{d}r}$,方程化为

$$v\frac{\mathrm{d}v}{\mathrm{d}r} = -\frac{gR^2}{r^2}.$$

分离变量后两边积分得

$$\int_{v_0}^{v} v\,\mathrm{d}v = -gR^2 \int_{R}^{r} \frac{\mathrm{d}r}{r^2},$$

求得特解

$$\frac{1}{2}v^2 = \frac{gR^2}{r} + \frac{v_0^2}{2} - gR. \tag{9-69}$$

若物体能永远脱离地面,则 r 必可以无限增加,从而有 $\frac{gR^2}{r} \to 0$. 由于(9-69)式的左边是非负数,故等式右边也一定是非负数. 因此必须有

$$\frac{v_0^2}{2} - gR \geq 0.$$

即发射速度 v_0 应满足

$$v_0 \geq \sqrt{2gR} \approx \sqrt{2 \times 9.81 \times 6.37 \times 10^6}\,(\text{m/s}) \approx 11.2\,(\text{km/s}),$$

这就是我们所要求的**脱离速度**,这个速度也是通常所说的**第二宇宙速度**.

9.5.2 差分方程

经济学上所遇到的函数,不少是定义在非负整数集合上的函数 $y(n)$,它实际上就是数列 y_n. 以后我们将自变量记为 t,将函数记为 y_t,即 $y_t = y(t)$,在这里我们同样需要研究函数 y_t 的变化率,由于在差商 $\frac{\Delta y}{\Delta t}$ 中,Δt 只能取整数单位 1,所以 $\Delta y_t = y_{t+1} - y_t$ 可以近似地表示函数 y_t 的变化率.

A. 差分与差分方程

（1）差分

定义 对于定义在非负整数集上的函数 y_t,称 $y_{t+1} - y_t$ 即 $y(t+1) - y(t)$ 为函数 y_t 的差分,并记为 Δy_t,即

$$\Delta y_t = y_{t+1} - y_t.$$

由于 Δy_t 仍是一个函数,故可继续研究其差分. 我们定义 Δy_t 为函数 y_t 的**一阶差分**,则一阶差分 Δy_t 的差分 $\Delta y_{t+1} - \Delta y_t$ 称为函数 y_t 的**二阶差分**,记为 $\Delta^2 y_t$,即

$$\Delta^2 y_t = \Delta y_{t+1} - \Delta y_t = \Delta(\Delta y_t).$$

当 $k \geq 1$ 时,函数 y_t 的 $k+1$ 阶差分即为其 k 阶差分的差分,记为 $\Delta^{k+1} y_t$,即

$$\Delta^{k+1} y_t = \Delta^k y_{t+1} - \Delta^k y_t = \Delta(\Delta^k y_t).$$

对于 k 阶差分有如下两个基本定理.

定理 4 y_t 的 k 阶差分可以表示为

$$\Delta^k y_t = y_{t+k} - C_k^1 y_{t+k-1} + C_k^2 y_{t+k-2} - \cdots + (-1)^{k-1} C_k^{k-1} y_{t+1} + (-1)^k y_t. \tag{9-70}$$

定理 5 y_t 是关于 t 的 k 次多项式的充要条件是 $\Delta^k y_t$ 是一个与 t 无关的非零常数.

由定义可知差分具有线性性质,即

$$\Delta(C_1 y_t + C_2 z_t) = C_1 \Delta y_t + C_2 \Delta z_t,$$

其中 C_1, C_2 为任意常数.

（2）差分方程

定义 将含有自变量 t 与未知函数 y_t 及其差分 $\Delta y_t, \Delta^2 y_t, \cdots, \Delta^n y_t$ 的方程

$$F(t, y_t, \Delta y_t, \Delta^2 y_t, \cdots, \Delta^n y_t) = 0 \tag{9-71}$$

称为差分方程,出现在差分方程中未知函数差分的最高阶数为差分方程的**阶**,方程(9-71)称为 n **阶差分方程**.

若函数 y_t 能使方程(9-71)成为恒等式,则称函数 y_t 为差分方程(9-71)的**解**.若差分方程的解中含有独立的任意常数的个数等于方程的阶数,则称此解为差分方程的**通解**,而将不含任意常数的解称为差分方程的**特解**.对于 n 阶差分方程需要有 n 个附加条件,才能确定其通解中 n 个任意常数,称这一组条件为差分方程的**定解条件**.

由(9-70)式可知 n 阶差分方程(9-71)还有如下的一般式

$$\varphi(t, y_t, y_{t+1}, y_{t+2}, \cdots, y_{t+n}) = 0.$$

B. 线性差分方程及其解的结构

若 $a_0(t), a_1(t), a_2(t), \cdots, a_n(t)$ 和 $f(t)$ 是定义在非负实数集上的 $n+1$ 个已知函数,且 $a_0(t) \neq 0$,则称

$$a_0(t) y_{t+n} + a_1(t) y_{t+n-1} + a_2(t) y_{t+n-2} + \cdots + a_n(t) y_t = f(t) \tag{9-72}$$

为 n **阶线性差分方程**,当自由项 $f(t) \equiv 0$ 时,称方程(9-72)为 n **阶线性齐次差分方程**,否则称为**非齐次差分方程**.与线性微分方程一样,线性差分方程有类似的解的结构定理.

定理 6(线性齐次差分方程解的线性性质)

若函数 $(y_t)_1$ 和 $(y_t)_2$ 都是 n 阶线性齐次差分方程

$$a_0(t) y_{t+n} + a_1(t) y_{t+n-1} + a_2(t) y_{t+n-2} + \cdots + a_n(t) y_t = 0 \tag{9-73}$$

的解,则函数 $C_1(y_t)_1 + C_2(y_t)_2$ 也是其解.

定理 7　若函数 $(y_t)_1, (y_t)_2, \cdots, (y_t)_n$ 是方程(9-73)的 n 个线性无关的特解,则(9-73)的通解为

$$y_t = C_1(y_t)_1 + C_2(y_t)_2 + \cdots + C_n(y_t)_n,$$

其中 $C_1, C_2, \cdots, C_n$ 为 n 个独立的任意常数.

定理 8　若函数 Y_t 是非齐次方程(9-72)所对应的齐次方程(9-73)的通解,而 y_t^* 是原非齐次方程(9-72)的一个特解,则非齐次方程(9-72)的通解为

$$y_t = Y_t + y_t^*.$$

C. 一阶常系数线性差分方程解法:特征根与待定系数

一阶常系数线性差分方程的一般形式为

$$y_{t+1} + a y_t = f(t),$$

其中常数 $a \neq 0$.

根据线性差分方程解的结构定理可知,我们可将线性非齐次的差分方程的求解过程分解为求对应齐次方程的通解 Y_t 及原非齐次方程的一个特解 y_t^* 两个步骤.对于常系数的线性齐次方程的通解我们可以用求特征根的方法求出,而对于具有某些特殊形式自由项的常系数线性非齐次差分方程我们可以用待定系数法求出其一个特解.

定义　称代数方程

$$\lambda + a = 0$$

为一阶常系数线性齐次差分方程 $y_{t+1} + a y_t = 0$ 的**特征方程**,其解 $\lambda = -a$ 为对应差分方程的**特征根**.

这一定义给一阶常系数线性齐次差分方程 $y_{t+1} + a y_t = 0$ 的通解 $y_t = C(-a)^t$ 赋予了新的意义

$$y_t = C\lambda^t. \tag{9-74}$$

由于一阶常系数线性齐次方程的特征根可以用观察法来求得,所以本段主要介绍通过待定系数法求非齐次方程特解的方法.

下面对于非齐次方程

$$y_{t+1} + ay_t = f(t)$$

中自由项 $f(t)$ 的某些特殊形式,分别给出其待定特解的形式.

(1) $f(t) = P_n(t)b^t$,**其中 $P_n(t)$ 为关于 t 的 n 次多项式,常数 $b \neq 1$.**

当特征根 $\lambda \neq b$ 时,可设特解形式为

$$y_t^* = Q_n(t)b^t;$$

当特征根 $\lambda = b$ 时,可设特解形式为

$$y_t^* = tQ_n(t)b^t,$$

其中 $Q_n(t)$ 是关于 t 的 n 次待定多项式.

例 3 求差分方程 $y_{t+1} - y_t = 3t^2 + 5t + 1$ 的通解.

解 容易看出原方程对应的齐次方程的特征根为 $\lambda = 1$,从通解公式(9-74)得通解为

$$Y_t = C.$$

由于 $\lambda = 1, b = 1$,所以非齐次方程特解可设为

$$y_t^* = t(\mu_2 t^2 + \mu_1 t + \mu_0),$$

其中 μ_0, μ_1, μ_2 为待定系数,代入原非齐次方程,解得

$$\mu_0 = -1, \mu_1 = 1, \mu_2 = 1,$$

即

$$y_t^* = t^3 + t^2 - t.$$

所以原方程通解为

$$y_t = Y_t + y_t^* = C - t + t^2 + t^3.$$

例 4 求差分方程 $y_{t+1} + 3y_t = 3^t(6t+3)$ 的通解.

解 这里 $\lambda = -3, b = 3$,而 $P_n(t) = 4t + 3$ 是一次多项式,所以可设

$$y_t^* = 3^t(\mu_0 + \mu_1 t).$$

代入原方程并比较系数,得

$$\mu_0 = 0, \mu_1 = 1,$$

即

$$y_t^* = t3^t.$$

所以原方程通解为

$$y_t = Y_t + y_t^* = C(-3)^t + t3^t.$$

(2) $f(t) = b_1 \cos \omega t + b_2 \sin \omega t$,**其中 b_1, b_2, ω 为常数且 b_1 和 b_2 不同时为零.**

若记 $D = (a + \cos \omega)^2 + \sin^2 \omega$,则当 $D \neq 0$ 时,可设

$$y_t^* = B_1 \cos \omega t + B_2 \sin \omega t;$$

当 $D = 0$ 时,即 $\omega = \pi, a = 1$ 时,可设

$$y_t^* = t(B_1 \cos \pi t + B_2 \sin \pi t),$$

其中 B_1, B_2 为待定常数.

例 5   求差分方程 $y_{t+1}+y_t=\cos t$ 的通解.

解   由于 $D=(1+\cos 1)^2+\sin^2 1\neq 0$,所以可设特解

$$y_t^*=B_1\cos t+B_2\sin t.$$

代入方程可解得

$$B_1=\frac{1+\cos 1}{(1+\cos 1)^2+\sin^2 1},\qquad B_2=\frac{-\sin 1}{(1+\cos 1)^2+\sin^2 1}.$$

从而得方程的特解

$$y_t^*=\frac{1+\cos 1}{(1+\cos 1)^2+\sin^2 1}\cos t-\frac{\sin 1}{(1+\cos 1)^2+\sin^2 1}\sin t.$$

又因方程所对应的齐次方程的通解为 $Y_t=C(-1)^t$,所以原方程的通解为

$$y_t=Y_t+y_t^*=C(-1)^t+\frac{1}{(1+\cos 1)^2+\sin^2 1}[(1+\cos 1)\cos t-\sin 1\sin t].$$

第 9 章总习题

1. 求下列微分方程的通解:

(1) $(1+y^2)dx=(e^y-2xy)dy$;

(2) $(3y-7x+7)dx+(7y-3x+3)dy=0$;

(3) $y'=\dfrac{x}{x^2-2y}$;

(4) $2(y')^2=y''(y-1)$;

(5) $y'-xy''=(y')^2$;

(6) $y''-4y'+3y=\sin x\cdot\cos 2x$;

(7) $y''+a^2y=\sin x$,其中常数 $a>0$;

(8) $(1+x)^2y''+(1+x)y'+y=4\cos[\ln(x+1)]$.

2. 求微分方程 $y'-2y=\varphi(x)$ 满足 $y(0)=0$ 的特解,其中

$$\varphi(x)=\begin{cases}2, & x\leqslant 1,\\ 0, & x>1.\end{cases}$$

3. 若函数 $y=y(x)$ 在任意点 x 处的增量在 $\Delta x\to 0$ 时满足关系式

$$\Delta y=\frac{y\Delta x}{1+x^2}+o(\Delta x),$$

且已知 $y(0)=\pi$,求 $y(1)$.

4. 试证明方程 $\varphi'(y)\dfrac{dy}{dx}+P(x)\varphi(y)=Q(x)$ 在变量代换 $u=\varphi(y)$ 下,可化为线性方程. 并求下列方程的通解:

(1) $e^y(y'+1)=x$;   (2) $y'+ye^{-x}=y\ln y$.

5. 试作适当的变量代换化下列方程为可分离变量的方程,再求其通解:

(1) $y'\cos x-y\sin x+\cos x=x(y\cos x+\sin x)$;

(2) $y'=y^2+2(\sin x-1)y+\sin^2 x-2\sin x-\cos x+1$.

6. 设 $y=e^x$ 是微分方程 $xy'+P(x)y=x$ 的一个特解,求此方程满足条件 $y(\ln 2)=0$ 的特解.

7. 以 $y_1=x$ 和 $y_2=\sin x$ 为特解,分别按下列要求构造微分方程:

（1）阶数最低的线性方程；

（2）阶数最低的线性齐次方程；

（3）阶数最低的常系数线性齐次方程.

8. 求以 $y_1=xe^x+e^{2x}$，$y_2=xe^x+e^{-x}$，$y_3=xe^x+e^{2x}-e^{-x}$ 为特解的二阶线性非齐次微分方程.

9. 求微分方程 $y''-3y'+2y=2e^x$ 的一条积分曲线，使它与曲线 $y=x^2-x+1$ 相切于点 $(0,1)$.

10. 求满足关系式 $f(x)=\int_0^{3x}f\left(\dfrac{t}{3}\right)\mathrm{d}t+e^{2x}$ 的连续函数 $f(x)$.

11. 求满足关系式 $f(x)=x\int_0^x f(t)\mathrm{d}t+x$ 的连续函数 $f(x)$.

12. 求 $(0,+\infty)$ 内的连续函数 $f(x)$，使 $f(1)=\dfrac{5}{2}$，且对任意正数 u,v 总成立

$$\int_1^{uv}f(t)\mathrm{d}t=u\int_1^v f(t)\mathrm{d}t+v\int_1^u f(t)\mathrm{d}t.$$

13. 求曲线，使其上任一点 M 的法线与 x 轴的交点 P 具有性质 $PM=a$.

14. 函数 $f(x)$ 是恒取正值的连续函数，且 $f(0)=1$，对任意 $x>0$，曲线 $y=f(x)$ 在区间 $[0,x]$ 上一段的弧长之值等于曲边梯形面积 $\int_0^x f(x)\mathrm{d}x$ 之值，求此曲线方程.

15. 敌方导弹 A 沿 y 轴正向，以常速度 v 飞行，经过点 $(0,0)$ 时，我方设在点 $(16,0)$ 处的导弹 B 起飞追击，飞行方向始终指向导弹 A，速度是 $2v$. 求导弹 B 的追踪曲线和导弹 A 被击中的位置.

16. 在一个空间为 $30\times30\times12\ \text{m}^3$ 的车间内，空气中含有 0.12% 的 CO_2. 今输入含 CO_2 为 0.04% 的新鲜空气，并假定新鲜空气一进入车间，立即与车间内的混浊空气均匀混合，且有等量混合空气被排出. 问每分钟输入多少这样的新鲜空气，才能在 $10\ \text{min}$ 后，使车间内 CO_2 含量不超过 0.06%？

17. 一个半球体状的雪堆，其体积融化的速率与半球面积 S 成正比，比例常数 $k>0$. 假设在融化过程中雪堆始终保持半球体状，已知半径为 r_0 的雪堆在开始融化的 $3\ \text{h}$ 内，融化了其体积的 $\dfrac{7}{8}$，问雪堆全部融化需要多少时间？

18. 有一直径为 $0.5\ \text{m}$ 的圆柱形浮筒，垂直置于水中. 今将其稍向下压后突然松开，若浮筒在水中上下振动的周期为 $2\ \text{s}$，试求浮筒的质量.

19. 利用代换 $y=\dfrac{u}{\cos x}$ 将方程

$$y''\cos x-2y'\sin x+3y\cos x=e^x$$

进行化简，并求原方程通解.

20. 把 x 看作未知函数，y 看作自变量，变换微分方程

$$y''+3(y')^2-2x(y')^3=0,$$

并求其通解.

第 9 章部分习题
参考答案

第 **10** 章　向量与空间解析几何

笛卡儿平面直角坐标系的产生,是数学发展史上的一个重要里程碑.由此形成的平面解析几何学,通过点和坐标的对应,把数学研究的两个基本对象"数"和"形"和谐地统一起来了.

在学习一元函数微积分的过程中,我们已经充分体会到平面解析几何学的重要性.同样,研究多元函数微积分也必须立足于空间直角坐标系.

本章首先引进在科学计算及工程技术中有着广泛应用的向量,然后以向量为工具研究平面方程和空间直线方程,在讲述空间二次曲面及某些特殊曲面后,以空间曲线为主要背景介绍向量函数及其分析性质.这样就为多元函数微积分学的几何意义奠定了基础.

10.1　向量及其运算

10.1.1　向量的概念

在科学研究和工程技术的数学计算中,总是要把各相关的数和量联系起来.有些量只要用数值就可表示出其特征,如物体的质量、人的身高、单摆的周期等.因为这些量的数值所遵循的运算规则就是通常的实数运算规则,所以称这些量为**数量**或**纯量**,也称为**标量**.

然而现实世界的量并不都是这样的数量,还有不少量不能只用一个数值来表示其全部特征,例如质点从点 A 移动到点 B 产生的位移,除了用数值来描述 A,B 两点之间的距离,还要说明这个位移的方向,也就是说一个位移必须用其距离和方向两个要素来共同描述其特征.又如作用于某一物体上的力,也需要由这个力的大小及作用的方向两个要素来共同描述.

　　定义　一个既有大小又有方向的量称为**向量**(或**矢量**).

除了上面提到的位移和力是向量,向量的典型例子还有:速度、加速度、动量、冲量、力矩、角速度和电场强度,等等.

　　向量的表示　几何上,我们用带有箭头的有向线段来表示向量,其线段的长短即为向量的大小,而箭头的方向就是向量的方向(图 10-1),常用 $\vec{AB}, \vec{CD}, \vec{PQ}$ 等表示向量.向量也可以用单个黑体字母如 $\boldsymbol{a}, \boldsymbol{b}, \boldsymbol{r}, \boldsymbol{F}$ 等表示(图 10-1),在手写时可分别写成 $\vec{a}, \vec{b}, \vec{r}$ 和

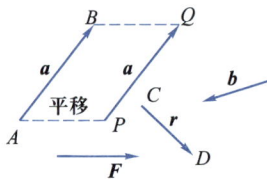

图 10-1

$\vec{F}$ 等.

向量的模　向量的大小称为向量的模(或向量的范数).在几何上向量的模就是有向线段的长度.记向量 $\overrightarrow{AB}$ 或 a 的模为 $|\overrightarrow{AB}|$ 或 $|a|$.

零向量　模等于零的向量称为零向量.零向量没有确定的方向(也可以看作方向是任意的).零向量以 $\vec{0}$ 或黑体 **0** 表示.

自由向量　在实际问题中,有些向量与其起点有关(例如质点的运动速度与该质点的位置有关),有些向量与其起点无关.但一切向量的共性是它们都有大小和方向,因此在数学上我们只研究与起点无关的向量,并称这种向量为**自由向量**.可见,自由向量只考虑向量的大小与方向,而不考虑其起点和终点,所以自由向量可以在空间中任意地平行移动.

除非有特别的说明,本书所涉及的向量都是自由向量.在自由向量的概念下,我们可以给出两个向量相等及平行的定义.

定义　若向量 a 和向量 b 大小相同且方向一致,则称 a 和 b **相等**,记为 $a=b$.

由于图 10-1 中向量 $\overrightarrow{PQ}$ 是由向量 $\overrightarrow{AB}$ 平行移动得到,即 $\overrightarrow{AB}$ 与 $\overrightarrow{PQ}$ 方向一致且 $|\overrightarrow{AB}| = |\overrightarrow{PQ}|$,因此 $\overrightarrow{AB} = \overrightarrow{PQ}$.

位置向量(向径)　既然所讨论的向量都是自由向量,那么我们总可以将它们的起点都移到同一点处,这样只要用每个向量的终点位置就能描述该向量的特征.若记其公共起点为 O,则向量 $\overrightarrow{OP}$ 是一个只与终点 P 位置有关的量,称 $\overrightarrow{OP}$ 为点 P(关于点 O)**的位置向量**,也称它为**点 P 的向径**或**径向量**.用 r 或 r_p 来表示.

对于给定向量 a 和 b,取 $\overrightarrow{OA}=a$,$\overrightarrow{OB}=b$,若 O,A,B 三点共线,则称向量 a 与 b **平行**,记为 $a /\!/ b$,也称 a 与 b **共线**.

10.1.2　向量的线性运算

A. 向量的数乘运算

定义　数乘向量 λa 是实数 λ 和向量 a 的乘积,它的模为 $|\lambda a| = |\lambda| \, |a|$,当 $\lambda > 0$ 时,λa 与 a 同向;当 $\lambda < 0$ 时,λa 与 a 反向.我们把向量的这种运算称为向量的**数乘运算**.

由定义可知当 $\lambda = 0$ 或 $a = 0$ 时,有 $\lambda a = 0$.

当 $\lambda = -1$ 时,称向量 $-a$ 为 a 的负向量,即 a 的负向量 $-a$ 是与 a 大小相等、方向相反的向量.

根据这一定义,可直接推出如下定理.

定理 1　两个非零向量 a 与 b 平行的充要条件是存在实数 λ,使下式成立

$$b = \lambda a.$$

若称模为 1 的向量为**单位向量**,则我们可利用向量的数乘运算写出非零向量 a 的单位向量

$$a^\circ = \frac{1}{|a|} a, \tag{10-1}$$

a° 称为非零向量 a 的**单位化向量**(a 的单位向量也记为 a° 或 e_a).(10-1)式也可写成

$$a = |a| a°,$$

上式表示 a 可以分解为实数 $|a|$ 与 a 的单位化向量 $a°$ 的数乘向量,其几何解释为 $|a|$ 表示向量 a 的大小,$a°$ 表示 a 的方向.

B. 向量的加法运算

定义 对于向量 a 和 b,任取一点 A,作 $\overrightarrow{AB}=a$,再作 $\overrightarrow{BC}=b$,若记 $c=\overrightarrow{AC}$(图 10-2),我们称向量 c 为向量 a 和 b 的和向量,记为

$$c = a+b.$$

并称向量之间的这种运算为向量的加法运算,称这样的运算法则为向量加法的三角形法则.

在 a 和 b 不平行的时候,向量的加法运算也可以用**平行四边形法则**等价地定义:对于向量 a 和 b,任取一点 A,作 $\overrightarrow{AB}=a,\overrightarrow{AD}=b$,以 AB,AD 为邻边的平行四边形的对角线向量 $\overrightarrow{AC}$ 为向量 a 和向量 b 的和向量(图 10-3).

向量加法的"三角形法则定义"比起"平行四边形法则定义"有更大的优点,它不仅克服了"平行四边形法则定义"无法有效说明两个平行向量之间加法运算的不足,而且还容易将两个向量之间的加法运算推广到有限个向量之间的加法运算,如图 10-4 中向量 $\overrightarrow{OA_4}$ 就是向量 $\overrightarrow{OA_1},\overrightarrow{A_1A_2},\overrightarrow{A_2A_3}$ 和 $\overrightarrow{A_3A_4}$ 依次相加所得的和向量,记为

$$\overrightarrow{OA_4} = \overrightarrow{OA_1}+\overrightarrow{A_1A_2}+\overrightarrow{A_2A_3}+\overrightarrow{A_3A_4}.$$

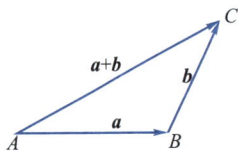

图 10-2

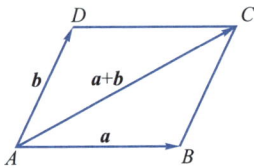

图 10-3

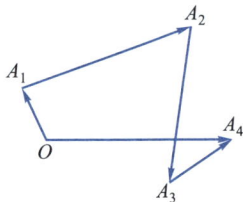

图 10-4

利用负向量可定义向量的减法运算,向量 a 与 b 的差向量 $a-b$ 定义为 a 与 b 的负向量 $(-b)$ 的和向量,即

$$a-b = a+(-b).$$

向量减法的三角形法则可以这样来叙述:对于向量 a 和 b,任取一点 A,作 $\overrightarrow{AB}=a,\overrightarrow{AD}=b$,则 $\overrightarrow{DB}=a-b$(图 10-5),当 a 与 b 不平行时,也可将它理解为平行四边形法则.

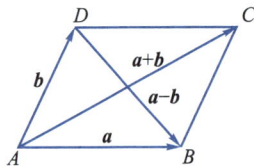

图 10-5

C. 向量的线性运算法则

向量的数乘运算与加法运算及其结合统称为**向量的线性运算**.由定义可得向量的线性运算具有下列性质:

(1) $a+b=b+a$(加法交换律);

(2) $a+(b+c)=(a+b)+c$(加法结合律);

(3) $\lambda(a+b)=\lambda a+\lambda b,(\lambda+\mu)a=\lambda a+\mu a$(数乘分配律);

(4) $\lambda(\mu a)=\mu(\lambda a)=(\lambda\mu)a$(数乘结合律).

例 1 设 D, E, F 分别是 $\triangle ABC$ 中三边 BC, CA, AB 的中点（图 10-6），证明：

$$\vec{AD}+\vec{BE}+\vec{CF}=\mathbf{0}.$$

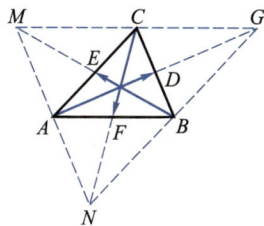

证 由向量的加法，得

$$\vec{AD}=\vec{AB}+\vec{BD}=\vec{AB}+\frac{1}{2}\vec{BC}$$

$$=\vec{AB}+\frac{1}{2}(\vec{AC}-\vec{AB})=\frac{1}{2}(\vec{AB}+\vec{AC}),$$

即 $\vec{AD}$ 是以 $\vec{AB}, \vec{AC}$ 为边的平行四边形的对角线向量 $\vec{AG}$ 的一半（图 10-6）. 用同样的方法可得 $\vec{BE}=\frac{1}{2}(\vec{BC}+\vec{BA})$ 和 $\vec{CF}=\frac{1}{2}(\vec{CA}+\vec{CB})$，从而有

$$\vec{AD}+\vec{BE}+\vec{CF}=\frac{1}{2}(\vec{AB}+\vec{AC}+\vec{BC}+\vec{BA}+\vec{CA}+\vec{CB}).$$

又因为

$$\vec{BA}=-\vec{AB}, \vec{CB}=-\vec{BC}, \vec{AC}=-\vec{CA},$$

所以

$$\vec{AD}+\vec{BE}+\vec{CF}=\mathbf{0}.$$

例 2 若空间点 A 相对于点 O 的位置向量为 $\mathbf{r}_A$，点 B 相对于点 O 的位置向量为 $\mathbf{r}_B$. λ 为正实数，点 P 为线段 AB 上使 $AP=\lambda PB$ 的**定比分点**（图 10-7），试建立求点 P 的位置向量 $\mathbf{r}_P$ 的计算公式，即用 $\mathbf{r}_A$ 和 $\mathbf{r}_B$ 及 λ 来表示 $\mathbf{r}_P$.

解 由 $AP=\lambda PB$ 知 $\vec{AP}=\lambda\vec{PB}$. 因为

$$\vec{PB}=\vec{OB}-\vec{OP}=\mathbf{r}_B-\mathbf{r}_P,$$

$$\vec{AP}=\vec{OP}-\vec{OA}=\mathbf{r}_P-\mathbf{r}_A,$$

故

$$\mathbf{r}_P-\mathbf{r}_A=\lambda(\mathbf{r}_B-\mathbf{r}_P)=\lambda\mathbf{r}_B-\lambda\mathbf{r}_P.$$

从而得

$$\mathbf{r}_P=\frac{\mathbf{r}_A+\lambda\mathbf{r}_B}{1+\lambda}. \tag{10-2}$$

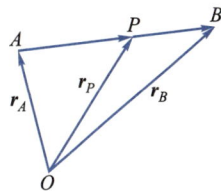

10.1.3 内积

A. 内积的定义

由物理学知道，当物体在常力 $\mathbf{F}$ 作用下，沿直线作位移 $\mathbf{s}$，那么力 $\mathbf{F}$ 所做的功是

$$W=|\mathbf{F}||\mathbf{s}|\cos\theta,$$

其中 θ 是 $\mathbf{F}$ 与 $\mathbf{s}$ 的夹角（图 10-8）.

以这一实际问题为背景，我们引入向量内积的概念，为此先引入两个向量夹角的定义.

定义 对于任意给定的两个非零向量 $\mathbf{a}$ 和 $\mathbf{b}$，若它们可用 $\vec{OA}$

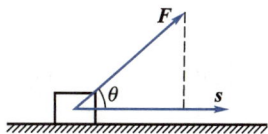

和 $\overrightarrow{OB}$ 表示,则称 $\theta = \angle AOB$ 为向量 a 与 b 的夹角,并约定 $\theta \in [0, \pi]$. 一般将向量 a 和 b 的夹角记为 $(\overset{\wedge}{a,b})$.

可见,当 $(\overset{\wedge}{a,b}) = 0$ 或 π 时,向量 a 与 b 平行(即共线),而当 $(\overset{\wedge}{a,b}) = \dfrac{\pi}{2}$ 时,称向量 a 与 b 垂直(即正交),记为 $a \perp b$.

定义　对于任意给定的两个向量 a 和 b,称

$$|a| \, |b| \cos(\overset{\wedge}{a,b})$$

为 a 与 b 的**内积**,记为 $a \cdot b$,即

$$a \cdot b = |a| \, |b| \cos(\overset{\wedge}{a,b}). \tag{10-3}$$

由于两个向量的内积是一个数量,所以也称内积为**数量积**. 又因为内积的常用记号是居中的一个点号"·",所以习惯上也把内积称为**点积**.

从内积的定义可知,前述的力 F 所做的功就是 F 与 s 的内积,即

$$W = F \cdot s.$$

显然,对任一向量 a,都有

$$a \cdot 0 = 0 \cdot a = 0.$$

定义　对于任意给定的两个向量 a 和 b,称 $|b| \cos(\overset{\wedge}{a,b})$ 为向量 b 在向量 a 上的投影量,记为 $\mathrm{Prj}_a b$ 或 $(b)_a$,即

$$(b)_a = \mathrm{Prj}_a b = |b| \cos(\overset{\wedge}{a,b}). \tag{10-4}$$

从几何上看,设有向线段 $\overrightarrow{OA}$ 和 $\overrightarrow{OB}$ 分别表示向量 a 和 b,取点 O 为原点,以 $\overrightarrow{OA}$ 作为坐标轴正向,则 $\mathrm{Prj}_a b$ 正好表示了点 B 在该轴上投影点 C 的坐标(图 10-9). 在图 10-9 中还可以看出:

当 $\theta = (\overset{\wedge}{a,b}) < \dfrac{\pi}{2}$ 时,投影量 $\mathrm{Prj}_a b = |b| \cos \theta > 0$;

当 $\theta = (\overset{\wedge}{a,b}) > \dfrac{\pi}{2}$ 时,投影量 $\mathrm{Prj}_a b = |b| \cos \theta < 0$.

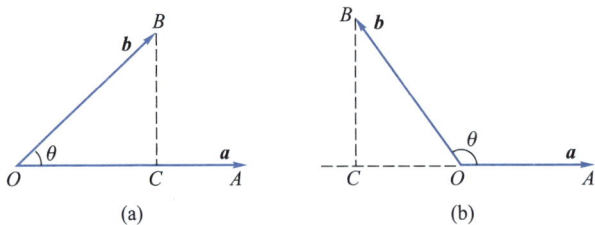

图 10-9

根据定义,我们可以得到内积的另一种表达式

$$a \cdot b = |a| \, [\, |b| \cos(\overset{\wedge}{a,b}) \,] = |a| (b)_a = |a| \, \mathrm{Prj}_a b \tag{10-5}$$

或

$$\boldsymbol{a} \cdot \boldsymbol{b} = |\boldsymbol{b}| \left[|\boldsymbol{a}| \cos(\overset{\wedge}{\boldsymbol{a},\boldsymbol{b}}) \right] = |\boldsymbol{b}| (\boldsymbol{a})_b = |\boldsymbol{b}| \operatorname{Prj}_b \boldsymbol{a}. \tag{10-5'}$$

当 $|\boldsymbol{a}| \neq 0$ 或 $|\boldsymbol{b}| \neq 0$ 时,等价地可用内积来表示投影量

$$(\boldsymbol{b})_a = \frac{\boldsymbol{a} \cdot \boldsymbol{b}}{|\boldsymbol{a}|} = \boldsymbol{b} \cdot \boldsymbol{a}^\circ, \ (\boldsymbol{a})_b = \frac{\boldsymbol{a} \cdot \boldsymbol{b}}{|\boldsymbol{b}|} = \boldsymbol{a} \cdot \boldsymbol{b}^\circ.$$

我们称图 10-9 中的向量 $\overrightarrow{OC}$ 为 $\boldsymbol{b}$ 在 $\boldsymbol{a}$ 上的**投影向量**. 显然此投影向量可表示为

$$\overrightarrow{OC} = (\boldsymbol{b})_a \boldsymbol{a}^\circ = \frac{\boldsymbol{a} \cdot \boldsymbol{b}}{\boldsymbol{a} \cdot \boldsymbol{a}} \boldsymbol{a}. \tag{10-6}$$

B. 内积的运算法则

利用内积的定义以及上述关于投影量的关系式,可证明向量内积具有以下运算法则:

（1）交换律 $\boldsymbol{a} \cdot \boldsymbol{b} = \boldsymbol{b} \cdot \boldsymbol{a}$;

（2）分配律 $\boldsymbol{a} \cdot (\boldsymbol{b}+\boldsymbol{c}) = \boldsymbol{a} \cdot \boldsymbol{b} + \boldsymbol{a} \cdot \boldsymbol{c}$;

（3）与数乘的结合律 $\lambda(\boldsymbol{a} \cdot \boldsymbol{b}) = (\lambda \boldsymbol{a}) \cdot \boldsymbol{b} = \boldsymbol{a} \cdot (\lambda \boldsymbol{b})$;

（4）$\boldsymbol{a} \cdot \boldsymbol{a} = |\boldsymbol{a}|^2$.

例 3 用向量方法证明三角形的余弦定理.

证 对任意给定的三角形(图 10-10),引入边向量记号 $\overrightarrow{AB}=\boldsymbol{c}, \overrightarrow{AC}=\boldsymbol{b}, \overrightarrow{BC}=\boldsymbol{a}$,则 $\boldsymbol{a}=\boldsymbol{b}-\boldsymbol{c}$,且有

$$|\boldsymbol{a}|^2 = \boldsymbol{a} \cdot \boldsymbol{a} = (\boldsymbol{b}-\boldsymbol{c}) \cdot (\boldsymbol{b}-\boldsymbol{c}) = \boldsymbol{b} \cdot \boldsymbol{b} - 2\boldsymbol{b} \cdot \boldsymbol{c} + \boldsymbol{c} \cdot \boldsymbol{c}$$
$$= |\boldsymbol{b}|^2 + |\boldsymbol{c}|^2 - 2|\boldsymbol{b}||\boldsymbol{c}|\cos A.$$

这就证明了三角形的余弦定理.

C. 两向量正交的充要条件

利用向量的内积可以判别两个向量是否正交(垂直).

定理 2 两向量 $\boldsymbol{a}$ 和 $\boldsymbol{b}$ 正交的充要条件为 $\boldsymbol{a} \cdot \boldsymbol{b} = 0$.

例 4 用向量方法证明三角形的三条高必交于一点(垂心定理).

证 设 $\triangle ABC$ 中 AB 边及 AC 边上的高交于点 O,现在来证明 OA 也一定是 BC 边上的高(图 10-11),记

$$\boldsymbol{a}=\overrightarrow{OA}, \boldsymbol{b}=\overrightarrow{OB}, \boldsymbol{c}=\overrightarrow{OC},$$

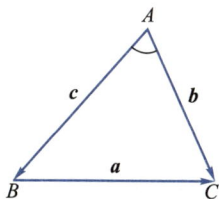

图 10-10

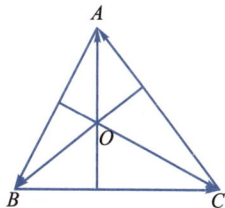

图 10-11

则

$$\overrightarrow{AB}=\boldsymbol{b}-\boldsymbol{a}, \overrightarrow{BC}=\boldsymbol{c}-\boldsymbol{b}, \overrightarrow{CA}=\boldsymbol{a}-\boldsymbol{c}.$$

因为 $\boldsymbol{b} \perp \overrightarrow{CA}$ 和 $\boldsymbol{c} \perp \overrightarrow{AB}$,所以

$$\boldsymbol{b} \cdot (\boldsymbol{a}-\boldsymbol{c}) = 0, \quad \text{即} \quad \boldsymbol{b} \cdot \boldsymbol{a} = \boldsymbol{b} \cdot \boldsymbol{c},$$

以及

$$c \cdot (b-a) = 0, \quad 即 \quad c \cdot b = c \cdot a.$$

从而

$$b \cdot a = c \cdot a, \quad 即 \quad a \cdot (c-b) = 0.$$

这就证明了 OA 也一定是 BC 边上的高.

10.1.4 向量的外积与混合积

A. 向量的外积

物理学告诉我们磁场对运动电荷有侧向力的作用,这个磁场力称为洛伦兹力,其大小和方向是由下述方法确定的.

设磁场感应强度为 B. 带电粒子带有正电荷 q,其运动速度为 v,则洛伦兹力 F 的大小等于以 qv 和 B 为邻边的平行四边形面积,F 的方向垂直于 v 与 B 所确定的平面,指向由 v 转向 B(夹角小于 π)的按右手螺旋法则所确定的方向(图 10-12).

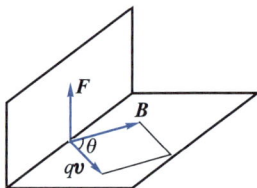

以这一实际问题为背景,我们可以引出向量外积的概念.

定义 设 a,b 是两个给定的互不平行的非零向量,向量 a 与 b 的外积是一个向量,记作 $a \times b$,它的大小是

图 10-12

$$|a \times b| = |a| \, |b| \sin(\overset{\wedge}{a,b}),$$

即图 **10-13**(a)中的平行四边形面积;方向同时垂直 a 和 b,并且 $a,b,a \times b$ 满足图 **10-13**(b)所示的右手法则.

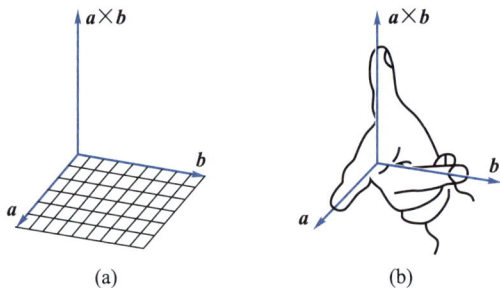

(a)   (b)

图 10-13

若 $a /\!/ b$ 或 a,b 中至少有一个零向量,则可定义它们的外积为零向量,即

$$a \times b = 0.$$

根据向量外积的结果及其运算记号,我们也常将它称为**向量积**或**叉积**.

由这个定义我们得到运动的带电粒子在磁场中的受力公式为

$$F = qv \times B.$$

从定义可得向量的外积满足以下运算律:

(1) 反交换律 $a \times b = -b \times a$;

(2) 分配律 $a \times (b+c) = a \times b + a \times c$;

(3) 关于数乘的结合律 $(\lambda a) \times b = a \times (\lambda b) = \lambda(a \times b)$.

这里需指出,向量的外积运算关于向量一般不满足结合律,即$(a×b)×c≠a×(b×c)$,请读者自行给出反例.

例 5 证明$(a-b)×(a+b)=2a×b$,并对此等式作出几何解释.

证 根据外积的上述运算律有

$$(a-b)×(a+b)=a×a+a×b-b×a-b×b=2a×b.$$

从几何上看(图 10-14)$a,b,a+b,a-b$ 在同一平面上,按右手法则 $a×b$ 与 $(a-b)×(a+b)$ 有相同的指向,另一方面以 $a-b$ 和 $a+b$ 为邻边的平行四边形面积也确是以 a 和 b 为邻边的平行四边形面积的两倍.

B. 向量的混合积

定义 对于三个给定的向量 a,b,c,称

$$(a×b)\cdot c$$

为向量 a,b 和 c 的<u>混合积</u>,记为 $[a,b,c]$,即

$$[a,b,c]=(a×b)\cdot c.$$

混合积的结果是个数量.

根据内积的定义,有

$$(a×b)\cdot c=\left|a×b\right|\mathrm{Prj}_{a×b}c.$$

当 $a×b$ 与 c 的夹角 $θ$ 为锐角时,从几何上看(图 10-15),$\left|a×b\right|$ 是以 a,b 为邻边的平行四边形的面积,而 $\mathrm{Prj}_{a×b}c$ 是图 10-15 所示由 a,b 和 c 为棱的平行六面体的高,从而可知此时混合积 $(a×b)\cdot c$ 表示以 a,b 和 c 为棱的平行六面体的体积 V.

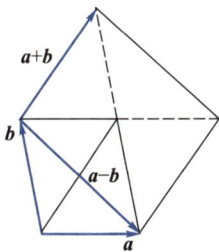

图 10-14

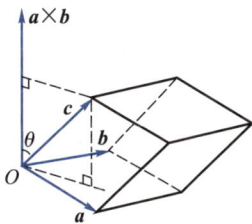

图 10-15

当 $a×b$ 与 c 的夹角 $θ$ 为钝角时,类似地可说明 $(a×b)\cdot c$ 表示以 a,b 和 c 为棱的平行六面体体积 V 的相反数$(-V)$,即

$$[a,b,c]=±V,$$

其中正负号的选取随 a,b,c 的指向是否构成右手系而定.

根据混合积的这个几何意义,容易获得混合积的以下重要性质——轮换不变性:

$$[a,b,c]=[b,c,a]=[c,a,b].$$

C. 空间三向量共面的充要条件

根据三向量混合积的定义及其几何意义,直接可以得到以下结论.

定理 3 空间三个向量 a,b 和 c 共面的充要条件是它们的混合积等于零.

由定理 3 可推得空间四点共面的充要条件:

推论 空间四点 A,B,C 和 D 共面的充要条件是 $[\overrightarrow{AB},\overrightarrow{AC},\overrightarrow{AD}]=0$.

若有两两不共线的三个向量 a,b 和 c 共面,则其中任一向量可按图 10-16 所示的方法用另外两个向量的线性组合来表示:

$$\lambda a + \mu b = -c.$$

所以有如下描述三个向量共面的充要条件.

定理 4 空间三个向量 a,b 和 c 共面的充要条件是存在不全为零的实数 k_1,k_2 和 k_3 使

$$k_1 a + k_2 b + k_3 c = 0.$$

在线性代数里,称空间三个向量共面为线性相关,定理 4 也就是空间三个向量线性相关的充要条件.

例 6(克拉默(Cramer,1704—1752,瑞士数学家)法则) 若空间三个向量 a,b,c 不共面,d 为空间任一向量,则有且仅有一组实数

$$x = \frac{[d,b,c]}{[a,b,c]}, y = \frac{[a,d,c]}{[a,b,c]}, z = \frac{[a,b,d]}{[a,b,c]} \tag{10-7}$$

使等式

$$xa + yb + zc = d \tag{10-8}$$

成立.

证 在方程 $xa+yb+zc=d$ 两边同时"点乘" $b\times c$,得

$$x[a,b,c] + y[b,b,c] + z[c,b,c] = [d,b,c].$$

由于 $[a,b,c]\neq 0$,而 $[b,b,c]=0$,$[c,b,c]=0$,所以有

$$x = \frac{[d,b,c]}{[a,b,c]}.$$

同理可证

$$y = \frac{[a,d,c]}{[a,b,c]}, z = \frac{[a,b,d]}{[a,b,c]}.$$

(10-8)式有一个十分明显也十分重要的几何意义(图 10-17):向量 d 可以沿着给定的不共面的三个向量 a,b,c 进行分解,而且这种分解是唯一的."分解"是一种与"合成"相反的运算,这种"分解"在空间按"平行六面体法则"操作,在平面上只需要按"平行四边形法则"操作即可(图 10-3).

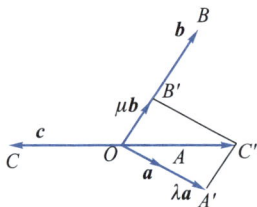

图 10-16

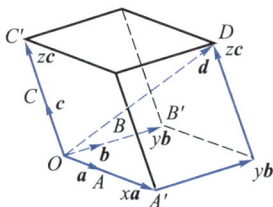

图 10-17

习题 **10.1**

(A)

1. 设 $u=2a+b-c$,$v=a-2b+c$,$w=a-b-2c$,用 a,b,c 来表示 $u-2v+3w$.

2. 设点 O 在平行四边形 $ABCD$ 所在平面之外,证明:
$$\overrightarrow{OA}+\overrightarrow{OC}=\overrightarrow{OB}+\overrightarrow{OD}.$$

3. 设 P,Q 分别是空间四边形 $ABCD$ 的边 AB 和 CD 的中点,证明:
$$\overrightarrow{PQ}=\frac{1}{2}(\overrightarrow{AD}+\overrightarrow{BC}).$$

4. 若 $\boldsymbol{a}$ 是非零向量,能不能根据 $\boldsymbol{a}\cdot\boldsymbol{b}=\boldsymbol{a}\cdot\boldsymbol{c}$ 断定 $\boldsymbol{b}=\boldsymbol{c}$? 为什么?

5. 已知 $|\boldsymbol{a}|=2$, $|\boldsymbol{b}|=3$, $(\widehat{\boldsymbol{a},\boldsymbol{b}})=\dfrac{2\pi}{3}$, 求:

(1) $\boldsymbol{a}\cdot\boldsymbol{b}$; (2) $(\boldsymbol{a})_b$; (3) $(3\boldsymbol{a}-2\boldsymbol{b})\cdot(\boldsymbol{a}+2\boldsymbol{b})$; (4) $|3\boldsymbol{a}-2\boldsymbol{b}|$.

6. 设 $|\boldsymbol{a}|=4$, $|\boldsymbol{b}|=5$, $(\widehat{\boldsymbol{a},\boldsymbol{b}})=\dfrac{\pi}{3}$, 求:

(1) $(\boldsymbol{a})_{(\boldsymbol{a}-\boldsymbol{b})}$; (2) $(\boldsymbol{b})_{(\boldsymbol{a}-\boldsymbol{b})}$; (3) $(\boldsymbol{a}+\boldsymbol{b})_{(\boldsymbol{a}-\boldsymbol{b})}$;
(4) $(2\boldsymbol{a}+3\boldsymbol{b})_{(\boldsymbol{a}-\boldsymbol{b})}$; (5) $(\boldsymbol{a}-\boldsymbol{b})_{(\boldsymbol{a}-\boldsymbol{b})}$.

7. 设 $|\boldsymbol{a}|=3$, $|\boldsymbol{b}|=4$, $|\boldsymbol{a}-\boldsymbol{b}|=\sqrt{14}$, 求 $|\boldsymbol{a}+\boldsymbol{b}|$.

8. 设 $|\boldsymbol{a}|=3$, $|\boldsymbol{b}|=2$, $(\widehat{\boldsymbol{a},\boldsymbol{b}})=\arccos\dfrac{5}{9}$, 求 λ, 使 $\boldsymbol{A}=2\boldsymbol{a}+\boldsymbol{b}$ 和 $\boldsymbol{B}=\boldsymbol{a}+\lambda\boldsymbol{b}$ 正交.

9. 若 $\boldsymbol{a},\boldsymbol{b}$ 为不共线的非零向量,证明下列结论,并说明它们各自的几何意义:

(1) 若 $|\boldsymbol{a}+\boldsymbol{b}|=|\boldsymbol{a}-\boldsymbol{b}|$, 则 $\boldsymbol{a}\perp\boldsymbol{b}$;

(2) 若 $(\boldsymbol{a}+\boldsymbol{b})\perp(\boldsymbol{a}-\boldsymbol{b})$, 则 $|\boldsymbol{a}|=|\boldsymbol{b}|$.

10. 试证明向量 $(\boldsymbol{b}\cdot\boldsymbol{c})\boldsymbol{a}-(\boldsymbol{c}\cdot\boldsymbol{a})\boldsymbol{b}$ 与 $\boldsymbol{c}$ 必垂直.

11. 设 $\triangle ABC$ 三个顶点相对于某定点 O 的位置向量分别为 $\boldsymbol{r}_A$, $\boldsymbol{r}_B$ 和 $\boldsymbol{r}_C$, 试证明 $\triangle ABC$ 的面积为
$$S_{\triangle ABC}=\frac{1}{2}\left|\boldsymbol{r}_B\times\boldsymbol{r}_C+\boldsymbol{r}_C\times\boldsymbol{r}_A+\boldsymbol{r}_A\times\boldsymbol{r}_B\right|.$$

12. 证明 $[\boldsymbol{a}+\boldsymbol{b},\boldsymbol{b}+\boldsymbol{c},\boldsymbol{c}+\boldsymbol{a}]=2[\boldsymbol{a},\boldsymbol{b},\boldsymbol{c}]$.

(B)

1. 如图所示 P,Q,M,N,U 和 V 分别是平行六面体 $A_1B_1C_1D_1 - A_2B_2C_2D_2$ 的棱 A_1B_1, B_1B_2, B_2C_2, C_2D_2, D_2D_1, D_1A_1 的中点,证明:
$$\overrightarrow{PQ}+\overrightarrow{MN}+\overrightarrow{UV}=\boldsymbol{0}.$$

2. 设 $\boldsymbol{a},\boldsymbol{b}$ 是不共线的非零向量,证明 $\boldsymbol{a}+\boldsymbol{b}$ 与 $\boldsymbol{a}-\boldsymbol{b}$ 也不共线.

3. 设 $\overrightarrow{OA}=\boldsymbol{a}$, $\overrightarrow{OB}=\boldsymbol{b}$, 用 $\boldsymbol{a},\boldsymbol{b}$ 来表示 $\angle AOB$ 的角平分线向量.

4. 对于非零向量 $\boldsymbol{a},\boldsymbol{b},\boldsymbol{c}$, 若有 $\boldsymbol{a}\times\boldsymbol{b}=\boldsymbol{c}$, $\boldsymbol{b}\times\boldsymbol{c}=\boldsymbol{a}$, $\boldsymbol{c}\times\boldsymbol{a}=\boldsymbol{b}$, 证明 $|\boldsymbol{a}|=|\boldsymbol{b}|=|\boldsymbol{c}|=1$.

5. 已知 $|\boldsymbol{a}|=|\boldsymbol{b}|=|\boldsymbol{c}|=1$, 且 $\boldsymbol{a}+\boldsymbol{b}+\boldsymbol{c}=\boldsymbol{0}$, 求 $\boldsymbol{a}\cdot\boldsymbol{b}$, $\boldsymbol{b}\cdot\boldsymbol{c}$ 和 $\boldsymbol{c}\cdot\boldsymbol{a}$.

6. 证明有限个向量之和的投影等于各个向量投影之和,即
$$\text{Prj}_b\left(\sum_{k=1}^{n}\boldsymbol{a}_k\right)=\sum_{k=1}^{n}\text{Prj}_b\boldsymbol{a}_k.$$

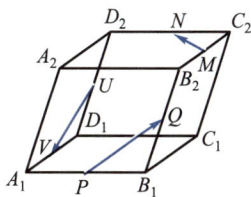

题图 (B) 1

10.2 空间直角坐标系与向量代数

上一节中我们定义的向量及向量的各种运算都是从几何特征来描述的,所涉及的问题都是向量几何问题. 然而人们发现,向量及其运算仅用几何方法来描述是不够的,同时在使用上

也是不方便的. 为此我们需要建立空间直角坐标系, 并以坐标系为基础建立向量的坐标表示法, 同时以此为工具用代数的方法来研究向量及其运算, 即所谓的向量代数问题.

10.2.1　空间直角坐标系

先选定空间中的一点 O 作为**坐标原点**, 过点 O 作三条两两互相垂直的坐标轴, 并规定它们有相同的长度单位. 分别称这三条坐标轴为 x 轴 (**横轴**)、y 轴 (**纵轴**) 和 z 轴 (**竖轴**). 坐标轴的相对位置可有多种组合配置法, 常用的是如图 10-18 所示的按**右手系法则**的配置. 称每两条坐标轴决定的平面为**坐标面**, 共有三个坐标面, 它们分别是 xOy 平面, yOz 平面, zOx 平面, 这样就得到了空间直角坐标系 O-xyz.

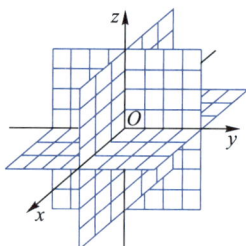

三个互相垂直的坐标面将整个空间分成八个部分, 称为八个**卦限**, 在 x 轴指向前方、y 轴指向右方、z 轴指向上方时, 八个卦限的编号依次为:

第一 (或五) 卦限　　　上 (或下)、前、右的部分空间;
第二 (或六) 卦限　　　上 (或下)、后、右的部分空间;
第三 (或七) 卦限　　　上 (或下)、后、左的部分空间;
第四 (或八) 卦限　　　上 (或下)、前、左的部分空间.

图 10-18

若 P 是空间中任一点, 过点 P 分别作与各坐标面平行的平面, 平面与 x 轴、y 轴和 z 轴的交点在对应数轴上的坐标分别是 x, y 和 z (图 10-19), 则称 (x, y, z) 为点 P **在该空间直角坐标系中的坐标**, 称其中 x, y 和 z 分别是点 P 的**横坐标、纵坐标和竖坐标**. 反过来对于给定的实数 x, y, z, 按图 10-19 所示的方法可在空间中找到唯一的一点 P, 分别以它们为横坐标、纵坐标和竖坐标. 这样, 在建立空间直角坐标系之后, 就在空间的点和有序的三元实数组之间建立了一一对应关系.

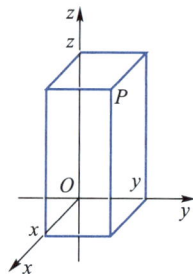

若将全体有序三元实数组的集合记为 $\mathbf{R}^3$ (类似地, 全体有序二元实数组的集合可以记为 $\mathbf{R}^2$), 则如上所述, 在建立空间直角坐标系之后, 空间的点与 $\mathbf{R}^3$ 集合的元素之间是一一对应关系, 从而也称集合 $\mathbf{R}^3$ 为空间 $\mathbf{R}^3$, 将空间的点视为 $\mathbf{R}^3$ 集合的一个元素, 反过来也将 $\mathbf{R}^3$ 集合中的元素 (x, y, z) 称为空间中的一个点 P, 并记为 $P = (x, y, z)$.

图 10-19

容易看出, 八个卦限中点的坐标的正负有表 10-1 所列的特点.

表 10-1　卦限中点的坐标

卦　　限	点的坐标 (x, y, z)	卦　　限	点的坐标 (x, y, z)
一	$x>0, y>0, z>0$	五	$x>0, y>0, z<0$
二	$x<0, y>0, z>0$	六	$x<0, y>0, z<0$
三	$x<0, y<0, z>0$	七	$x<0, y<0, z<0$
四	$x>0, y<0, z>0$	八	$x>0, y<0, z<0$

特别地, 在坐标面上, 如 xOy 平面上点的坐标为 $(x, y, 0)$; 在坐标轴上, 如 z 轴上点的坐标

为 $(0,0,z)$;而坐标原点的坐标为 $(0,0,0)$.

10.2.2　向量沿坐标轴的分解

为了用代数的方法来研究向量及其运算,在自由向量的前提下,我们把所研究的向量的起点统一移至空间直角坐标系的原点处,此时向量 a 只与其终点 A 的位置有关,这就是前述的位置向量的概念.从上节的讨论可知,空间直角坐标系中的点 A 与一个三元有序数组 (a_1,a_2,a_3) 相对应,这意味着向量 a 也可与一个三元有序数组 (a_1,a_2,a_3) 相对应.为了清楚地表述向量 a 与三元有序数组 (a_1,a_2,a_3) 之间的对应关系,我们先来介绍向量沿坐标轴的分解.

设向量 i,j,k 分别表示 x 轴、y 轴、z 轴正方向的单位向量,我们把向量 i,j,k 称为空间直角坐标系 $O\text{-}xyz$ 的**基本单位向量**.根据上节例6所述向量分解的平行六面体法则有

$$a=\overrightarrow{OA}=\overrightarrow{OP}+\overrightarrow{PQ}+\overrightarrow{QA}.$$

如图 10-20 所示,由于向量 $\overrightarrow{OP}$ 是向量 a 在向量 i 上的投影向量,$\overrightarrow{PQ}=\overrightarrow{OM}$ 是向量 a 在向量 j 上的投影向量,$\overrightarrow{QA}=\overrightarrow{ON}$ 是向量 a 在向量 k 上的投影向量,利用(10-6)式,得

$$\overrightarrow{OP}=(a\cdot i)i,\overrightarrow{PQ}=\overrightarrow{OM}=(a\cdot j)j,$$
$$\overrightarrow{QA}=\overrightarrow{ON}=(a\cdot k)k.$$

于是向量 a 可表示为

$$a=(a\cdot i)i+(a\cdot j)j+(a\cdot k)k=a_1 i+a_2 j+a_3 k,\tag{10-9}$$

其中 $a_1=a\cdot i,a_2=a\cdot j,a_3=a\cdot k$.

(10-9)式称为向量 a **沿坐标轴的分解**.

以上向量沿坐标轴的分解过程表明:对于任意向量 a 都可以通过其沿坐标轴的分解(10-9)式唯一确定一个三元有序数组 (a_1,a_2,a_3) 与之对应,反之对于给定的任一三元有序数组 (a_1,a_2,a_3) 也可经(10-9)式唯一确定向量 a 与之对应.由此可见,向量与三元有序数组 (a_1,a_2,a_3) 是一一对应的,所以人们将向量 a 的坐标分解式(10-9)简记为

$$a=a_1 i+a_2 j+a_3 k \overset{\text{def}}{=\!=\!=} \{a_1,a_2,a_3\},$$

即

$$a=\{a_1,a_2,a_3\}.\tag{10-10}$$

(10-10)式称为向量 a 的**坐标表达式**,a_1,a_2,a_3 称为向量 a 的**坐标**(或向量 a 的**坐标分量**).可以看到,向量 a 的坐标 a_1,a_2,a_3 分别是向量 a 在 x 轴、y 轴、z 轴正向上的投影量,而且空间点 A 的坐标与其所成的位置向量 $\overrightarrow{OA}$ 的坐标是相同的(图 10-20).

特别地有

$$i=\{1,0,0\},j=\{0,1,0\},k=\{0,0,1\}.$$

由于向量的坐标表达式是唯一的,所以两向量 $a=\{a_1,a_2,a_3\},b=\{b_1,b_2,b_3\}$ 相等的充要条件是

$$a_1=b_1,a_2=b_2,a_3=b_3.$$

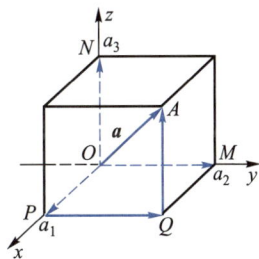

10.2.3　向量代数

以向量沿坐标轴的分解即坐标表达式为基础,我们讨论向量运算在其坐标下的运算方法.

A. 向量的线性运算

设给定两个向量

$$\boldsymbol{a} = \{a_1, a_2, a_3\}, \boldsymbol{b} = \{b_1, b_2, b_3\},$$

λ, μ 为任意实数,则由向量的加法和数乘运算性质,得

$$
\begin{aligned}
\lambda\boldsymbol{a} + \mu\boldsymbol{b} &= \lambda(a_1\boldsymbol{i} + a_2\boldsymbol{j} + a_3\boldsymbol{k}) + \mu(b_1\boldsymbol{i} + b_2\boldsymbol{j} + b_3\boldsymbol{k}) \\
&= \lambda a_1\boldsymbol{i} + \lambda a_2\boldsymbol{j} + \lambda a_3\boldsymbol{k} + \mu b_1\boldsymbol{i} + \mu b_2\boldsymbol{j} + \mu b_3\boldsymbol{k} \\
&= (\lambda a_1 + \mu b_1)\boldsymbol{i} + (\lambda a_2 + \mu b_2)\boldsymbol{j} + (\lambda a_3 + \mu b_3)\boldsymbol{k} \\
&= \{\lambda a_1 + \mu b_1, \lambda a_2 + \mu b_2, \lambda a_3 + \mu b_3\},
\end{aligned}
$$

从而有以下向量线性运算的坐标计算公式

$$\lambda\boldsymbol{a} + \mu\boldsymbol{b} = \{\lambda a_1 + \mu b_1, \lambda a_2 + \mu b_2, \lambda a_3 + \mu b_3\}. \tag{10-11}$$

(10-11)式说明:**向量的线性运算即为向量对应坐标分量的线性运算**. 特别地,当 $\lambda = \mu = 1$ 时,(10-11)式即为两个向量作加法的坐标计算公式

$$\boldsymbol{a} + \boldsymbol{b} = \{a_1 + b_1, a_2 + b_2, a_3 + b_3\};$$

当 $\lambda = 1, \mu = -1$ 时,(10-11)式即为两个向量作减法的坐标计算公式

$$\boldsymbol{a} - \boldsymbol{b} = \{a_1 - b_1, a_2 - b_2, a_3 - b_3\};$$

当 $\mu = 0$ 时,(10-11)式即为向量的数乘运算的坐标计算公式

$$\lambda\boldsymbol{a} = \{\lambda a_1, \lambda a_2, \lambda a_3\}.$$

例 1(两点连线向量)　给定空间中的两点 $A = (a_1, a_2, a_3), B = (b_1, b_2, b_3)$,求向量 $\overrightarrow{AB}$ 的坐标表达式.

解　由于 A 点和 B 点的位置向量分别为

$$\overrightarrow{OA} = \{a_1, a_2, a_3\}, \overrightarrow{OB} = \{b_1, b_2, b_3\},$$

所以

$$
\begin{aligned}
\overrightarrow{AB} &= \overrightarrow{OB} - \overrightarrow{OA} = \{b_1, b_2, b_3\} - \{a_1, a_2, a_3\} \\
&= \{b_1 - a_1, b_2 - a_2, b_3 - a_3\}.
\end{aligned}
$$

例 2(定比分点公式)　给定空间中的两点 $A = (a_1, a_2, a_3), B = (b_1, b_2, b_3)$,求线段 AB 上使 $AP = \lambda PB (\lambda > 0)$ 的点 P 的坐标.

解　设 A, B 和 P 三点的位置向量为 $\boldsymbol{r}_A, \boldsymbol{r}_B$ 和 $\boldsymbol{r}_P$,由上节例 2 中的(10-2)式及(10-11)式可知

$$\boldsymbol{r}_P = \frac{\boldsymbol{r}_A + \lambda\boldsymbol{r}_B}{1 + \lambda} = \left\{ \frac{a_1 + \lambda b_1}{1 + \lambda}, \frac{a_2 + \lambda b_2}{1 + \lambda}, \frac{a_3 + \lambda b_3}{1 + \lambda} \right\}.$$

从而得到点 P 的坐标为

$$P = \left(\frac{a_1 + \lambda b_1}{1 + \lambda}, \frac{a_2 + \lambda b_2}{1 + \lambda}, \frac{a_3 + \lambda b_3}{1 + \lambda} \right).$$

特别地当 $\lambda = 1$ 时,可得 AB 连线段的中点坐标公式为

$$P = \left(\frac{a_1+b_1}{2}, \frac{a_2+b_2}{2}, \frac{a_3+b_3}{2} \right). \tag{10-12}$$

B. 向量的内积运算

给定两个向量 $\boldsymbol{a} = \{a_1, a_2, a_3\}, \boldsymbol{b} = \{b_1, b_2, b_3\}$，根据内积定义和运算性质及基本单位向量之间的内积关系式：

$$\boldsymbol{i} \cdot \boldsymbol{j} = \boldsymbol{j} \cdot \boldsymbol{k} = \boldsymbol{k} \cdot \boldsymbol{i} = 0, \boldsymbol{i} \cdot \boldsymbol{i} = \boldsymbol{j} \cdot \boldsymbol{j} = \boldsymbol{k} \cdot \boldsymbol{k} = 1,$$

得
$$\begin{aligned}
\boldsymbol{a} \cdot \boldsymbol{b} &= (a_1\boldsymbol{i} + a_2\boldsymbol{j} + a_3\boldsymbol{k}) \cdot (b_1\boldsymbol{i} + b_2\boldsymbol{j} + b_3\boldsymbol{k}) \\
&= a_1b_1\boldsymbol{i} \cdot \boldsymbol{i} + a_1b_2\boldsymbol{i} \cdot \boldsymbol{j} + a_1b_3\boldsymbol{i} \cdot \boldsymbol{k} + a_2b_1\boldsymbol{j} \cdot \boldsymbol{i} + a_2b_2\boldsymbol{j} \cdot \boldsymbol{j} + a_2b_3\boldsymbol{j} \cdot \boldsymbol{k} + \\
&\quad a_3b_1\boldsymbol{k} \cdot \boldsymbol{i} + a_3b_2\boldsymbol{k} \cdot \boldsymbol{j} + a_3b_3\boldsymbol{k} \cdot \boldsymbol{k} \\
&= a_1b_1 + a_2b_2 + a_3b_3.
\end{aligned}$$

从而有以下向量内积运算的坐标计算公式

$$\boldsymbol{a} \cdot \boldsymbol{b} = a_1b_1 + a_2b_2 + a_3b_3. \tag{10-13}$$

(10-13)式说明：**两向量的内积等于两向量对应坐标分量乘积之和**.

例 3 某质点在力 $\boldsymbol{F} = 3\boldsymbol{i} + 4\boldsymbol{j} - 8\boldsymbol{k}$ 的作用下，从点 $A = (2, -2, 0)$ 沿直线运动到点 $B = (4, 3, 2)$，求力 $\boldsymbol{F}$ 所做的功.

解 质点的位移向量是

$$\boldsymbol{s} = \overrightarrow{AB} = \{4-2, 3-(-2), 2-0\} = \{2, 5, 2\},$$
$$W = \boldsymbol{F} \cdot \boldsymbol{s} = \{3, 4, -8\} \cdot \{2, 5, 2\} = 6 + 20 - 16 = 10.$$

若 $|\boldsymbol{F}|$ 的单位为 N(牛顿)，$|\boldsymbol{s}|$ 的单位为 m(米)，则 $W = 10$ J(焦耳).

利用向量内积的坐标表达式(10-13)，我们可以计算出一系列与此有关的量

(1) **向量模的计算公式** 设 $\boldsymbol{a} = \{a_1, a_2, a_3\}$，由于

$$|\boldsymbol{a}|^2 = \boldsymbol{a} \cdot \boldsymbol{a} = a_1^2 + a_2^2 + a_3^2,$$

从而向量 $\boldsymbol{a}$ 模的计算公式为

$$|\boldsymbol{a}| = \sqrt{a_1^2 + a_2^2 + a_3^2}. \tag{10-14}$$

(2) **两点距离公式** 设空间两点的坐标分别为 $A_1 = (x_1, y_1, z_1), A_2 = (x_2, y_2, z_2)$，则由于

$$\overrightarrow{A_1A_2} = \{x_2-x_1, y_2-y_1, z_2-z_1\},$$

所以两点距离公式为

$$d = |\overrightarrow{A_1A_2}| = \sqrt{(x_2-x_1)^2 + (y_2-y_1)^2 + (z_2-z_1)^2}. \tag{10-15}$$

(3) **向量 $\boldsymbol{a}$ 在向量 $\boldsymbol{b}$ 上的投影量** 设 $\boldsymbol{a} = \{a_1, a_2, a_3\}, \boldsymbol{b} = \{b_1, b_2, b_3\}$，且 $|\boldsymbol{b}| \neq 0$，则

$$(\boldsymbol{a})_b = \mathrm{Prj}_b\boldsymbol{a} = \frac{\boldsymbol{a} \cdot \boldsymbol{b}}{|\boldsymbol{b}|} = \frac{a_1b_1 + a_2b_2 + a_3b_3}{\sqrt{b_1^2 + b_2^2 + b_3^2}}. \tag{10-16}$$

(4) **两向量之间的夹角** 设 $\boldsymbol{a} = \{a_1, a_2, a_3\}, \boldsymbol{b} = \{b_1, b_2, b_3\}$ 都是非零向量，则

$$\cos(\widehat{\boldsymbol{a}, \boldsymbol{b}}) = \frac{\boldsymbol{a} \cdot \boldsymbol{b}}{|\boldsymbol{a}||\boldsymbol{b}|} = \frac{a_1b_1 + a_2b_2 + a_3b_3}{\sqrt{a_1^2 + a_2^2 + a_3^2}\sqrt{b_1^2 + b_2^2 + b_3^2}}. \tag{10-17}$$

(5) **两向量平行的充要条件** 向量 $\boldsymbol{a} = \{a_1, a_2, a_3\}$ 与 $\boldsymbol{b} = \{b_1, b_2, b_3\}$ 平行的充要条件是

$$\frac{a_1}{b_1} = \frac{a_2}{b_2} = \frac{a_3}{b_3}, \tag{10-18}$$

当其中有一个或两个分母等于零时,应将(10-18)式理解为存在实数 λ,使

$$a_1 = \lambda b_1, \quad a_2 = \lambda b_2, \quad a_3 = \lambda b_3. \tag{10-18'}$$

（6）**两向量垂直的充要条件**　向量 $\boldsymbol{a} = \{a_1, a_2, a_3\}$ 与向量 $\boldsymbol{b} = \{b_1, b_2, b_3\}$ 互相垂直的充要条件为

$$a_1 b_1 + a_2 b_2 + a_3 b_3 = 0. \tag{10-19}$$

（7）**非零向量 $\boldsymbol{a}$ 的单位向量 $\boldsymbol{a}^\circ$**　设 $\boldsymbol{a} = \{a_1, a_2, a_3\}$,由于 $|\boldsymbol{a}| = \sqrt{a_1^2 + a_2^2 + a_3^2}$,所以

$$\boldsymbol{a}^\circ = \frac{1}{|\boldsymbol{a}|}\boldsymbol{a} = \left\{ \frac{a_1}{\sqrt{a_1^2 + a_2^2 + a_3^2}}, \frac{a_2}{\sqrt{a_1^2 + a_2^2 + a_3^2}}, \frac{a_3}{\sqrt{a_1^2 + a_2^2 + a_3^2}} \right\}. \tag{10-20}$$

（8）**向量的方向角与方向余弦**　非零向量 $\boldsymbol{a} = \{a_1, a_2, a_3\}$ 与三条坐标轴 x 轴、y 轴及 z 轴的夹角称为向量 $\boldsymbol{a}$ 的**方向角**,记为 α, β, γ（图 10-21）,方向角的余弦 $\cos\alpha, \cos\beta$, $\cos\gamma$ 称为向量 $\boldsymbol{a}$ 的**方向余弦**,根据(10-17)式及(10-20)式,得

$$\cos\alpha = \cos(\overset{\wedge}{\boldsymbol{a}, \boldsymbol{i}}) = \frac{\boldsymbol{a}\cdot\boldsymbol{i}}{|\boldsymbol{a}||\boldsymbol{i}|} = \boldsymbol{a}^\circ \cdot \boldsymbol{i} = \frac{a_1}{\sqrt{a_1^2 + a_2^2 + a_3^2}},$$

以及

$$\cos\beta = \frac{a_2}{\sqrt{a_1^2 + a_2^2 + a_3^2}}, \cos\gamma = \frac{a_3}{\sqrt{a_1^2 + a_2^2 + a_3^2}}.$$

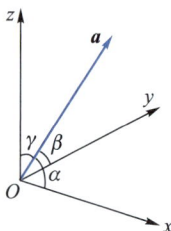

图 10-21

容易看出,向量 $\boldsymbol{a}$ 的三个方向余弦分别是 $\boldsymbol{a}$ 的单位向量 $\boldsymbol{a}^\circ$ 的三个分量,即

$$\boldsymbol{a}^\circ = \{\cos\alpha, \cos\beta, \cos\gamma\},$$

并且可知,对任一向量 $\boldsymbol{a}$,其方向余弦之间必满足关系式

$$\cos^2\alpha + \cos^2\beta + \cos^2\gamma = 1.$$

例 4　试求与点 $A = (1, 2, 1)$ 和点 $B = (3, 0, 5)$ 保持等距离的动点 M 的轨迹方程.

解一（利用两点距离公式）　设动点 M 的坐标为 (x, y, z). 则根据

$$|\overrightarrow{AM}| = |\overrightarrow{BM}|$$

及两点距离公式,得

$$\sqrt{(x-1)^2 + (y-2)^2 + (z-1)^2} = \sqrt{(x-3)^2 + (y-0)^2 + (z-5)^2}.$$

化简,得

$$x - y + 2z - 7 = 0.$$

解二（利用两向量垂直的充要条件）　根据两点连线段的中点坐标公式(10-12)可知,线段 AB 的中点坐标为

$$C = (2, 1, 3).$$

由几何关系看出点 C 必在轨迹上,且动点 M 与点 C 的连线向量 $\overrightarrow{CM}$ 必与 $\overrightarrow{AB}$ 垂直. 由于 $\overrightarrow{CM} = \{x-2, y-1, z-3\}$,$\overrightarrow{AB} = \{2, -2, 4\}$,根据(10-19)式表示的充要条件可知

$$2(x-2) - 2(y-1) + 4(z-3) = 0,$$

即

$$x - y + 2z - 7 = 0.$$

C. 向量的外积运算

设 $a=\{a_1,a_2,a_3\}$，$b=\{b_1,b_2,b_3\}$，根据外积的定义和运算性质，可得基本单位向量之间的外积关系式：

$$i\times j=k,j\times k=i,k\times i=j,j\times i=-k,i\times k=-j,k\times j=-i,$$
$$i\times i=0,j\times j=0,k\times k=0,$$

从而可得

$$\begin{aligned}a\times b&=(a_1i+a_2j+a_3k)\times(b_1i+b_2j+b_3k)\\&=a_1b_1i\times i+a_1b_2i\times j+a_1b_3i\times k+a_2b_1j\times i+a_2b_2j\times j+a_2b_3j\times k+\\&\quad a_3b_1k\times i+a_3b_2k\times j+a_3b_3k\times k\\&=(a_2b_3-a_3b_2)i+(a_3b_1-a_1b_3)j+(a_1b_2-a_2b_1)k.\end{aligned}$$

利用二阶行列式及三阶行列式（本书附录）可将上式表示为容易记忆的坐标计算公式：

$$a\times b=\begin{vmatrix}a_2&a_3\\b_2&b_3\end{vmatrix}i-\begin{vmatrix}a_1&a_3\\b_1&b_3\end{vmatrix}j+\begin{vmatrix}a_1&a_2\\b_1&b_2\end{vmatrix}k\stackrel{\text{def}}{=\!=}\begin{vmatrix}i&j&k\\a_1&a_2&a_3\\b_1&b_2&b_3\end{vmatrix}.\tag{10-21}$$

外积的反交换律也可由外积的行列式表达式及附录所示的行列式的性质得以"证明"：

$$b\times a=\begin{vmatrix}i&j&k\\b_1&b_2&b_3\\a_1&a_2&a_3\end{vmatrix}=-\begin{vmatrix}i&j&k\\a_1&a_2&a_3\\b_1&b_2&b_3\end{vmatrix}=-a\times b.$$

例 5　求与 $a=\{1,1,0\}$，$b=\{1,0,1\}$ 都垂直的单位向量 c.

解　由外积的定义可知 c 必与 $a\times b$ 平行，而

$$n=a\times b=\begin{vmatrix}i&j&k\\1&1&0\\1&0&1\end{vmatrix}=i-j-k=\{1,-1,-1\}.$$

所以与 n 平行的单位向量有两个，它们是

$$c=\pm\frac{1}{|n|}n=\pm\left\{\frac{1}{\sqrt3},-\frac{1}{\sqrt3},-\frac{1}{\sqrt3}\right\}.$$

例 6　设 $\triangle ABC$ 的三个顶点分别是 $A=(-1,-2,-1)$，$B=(3,-3,0)$ 和 $C=(1,0,2)$. 求 $\triangle ABC$ 的面积.

解　由外积的定义可知 $\triangle ABC$ 的面积为 $\overrightarrow{AB}$ 与 $\overrightarrow{AC}$ 外积向量模的一半，而这里有

$$\overrightarrow{AB}=\{4,-1,1\},\overrightarrow{AC}=\{2,2,3\},$$

所以

$$\overrightarrow{AB}\times\overrightarrow{AC}=\begin{vmatrix}i&j&k\\4&-1&1\\2&2&3\end{vmatrix}=-5i-10j+10k.$$

从而得

$$S_{\triangle ABC}=\frac12|\overrightarrow{AB}\times\overrightarrow{AC}|=\frac12\sqrt{(-5)^2+(-10)^2+(10)^2}=\frac{15}{2}.$$

例 7　作用于点 B 的力 F 对于点 A 的力矩(向量)G(图 10-22)是用外积

$$G = \overrightarrow{AB} \times F$$

来定义的,求作用于点 $B = (3,1,-1)$ 的力 $F = 2i-j+3k$ 相对于点 $A = (1,-2,3)$ 的力矩 G.

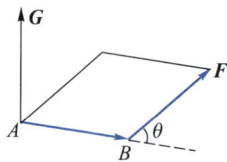
图 10-22

解　因为

$$\overrightarrow{AB} = \{3-1, 1-(-2), -1-3\} = \{2, 3, -4\}.$$

所以力矩为

$$G = \overrightarrow{AB} \times F = \begin{vmatrix} i & j & k \\ 2 & 3 & -4 \\ 2 & -1 & 3 \end{vmatrix} = 5i-14j-8k.$$

D. 向量的混合积运算

设 $a = \{a_1, a_2, a_3\}$,$b = \{b_1, b_2, b_3\}$ 和 $c = \{c_1, c_2, c_3\}$,由于混合积 $[a,b,c]$ 是用外积和内积 $(a \times b) \cdot c$ 来定义的,所以根据前面内积和外积的坐标计算公式可得到混合积的坐标计算公式

$$[a,b,c] = a \cdot (b \times c) = (a_1 i + a_2 j + a_3 k) \cdot \begin{vmatrix} i & j & k \\ b_1 & b_2 & b_3 \\ c_1 & c_2 & c_3 \end{vmatrix}$$

$$= a_1 \begin{vmatrix} b_2 & b_3 \\ c_2 & c_3 \end{vmatrix} - a_2 \begin{vmatrix} b_1 & b_3 \\ c_1 & c_3 \end{vmatrix} + a_3 \begin{vmatrix} b_1 & b_2 \\ c_1 & c_2 \end{vmatrix} = \begin{vmatrix} a_1 & a_2 & a_3 \\ b_1 & b_2 & b_3 \\ c_1 & c_2 & c_3 \end{vmatrix}. \qquad (10-22)$$

利用(10-22)式所示的向量混合积的坐标计算公式及附录所示的行列式性质,可以更容易地推得混合积的轮换不变性. 事实上,由等式

$$\begin{vmatrix} a_1 & a_2 & a_3 \\ b_1 & b_2 & b_3 \\ c_1 & c_2 & c_3 \end{vmatrix} = \begin{vmatrix} b_1 & b_2 & b_3 \\ c_1 & c_2 & c_3 \\ a_1 & a_2 & a_3 \end{vmatrix} = \begin{vmatrix} c_1 & c_2 & c_3 \\ a_1 & a_2 & a_3 \\ b_1 & b_2 & b_3 \end{vmatrix},$$

得

$$[a,b,c] = [b,c,a] = [c,a,b].$$

利用向量混合积的坐标计算式,也可以写出向量 a,b 和 c 共面的充要条件为

$$[a,b,c] = \begin{vmatrix} a_1 & a_2 & a_3 \\ b_1 & b_2 & b_3 \\ c_1 & c_2 & c_3 \end{vmatrix} = 0. \qquad (10-23)$$

例 8　试求以点 $A = (-2,-2,0)$,$B = (0,1,-1)$,$C = (-1,-4,3)$,$D = (2,3,1)$ 为顶点的四面体的体积.

解　根据混合积的几何意义可知 $|[\overrightarrow{AB}, \overrightarrow{AC}, \overrightarrow{AD}]|$ 表示以 $\overrightarrow{AB}, \overrightarrow{AC}$ 和 $\overrightarrow{AD}$ 为棱的平行六面体体积,从而所求体积为

$$V = \frac{1}{6} |[\overrightarrow{AB}, \overrightarrow{AC}, \overrightarrow{AD}]|.$$

由于

$$[\overrightarrow{AB},\overrightarrow{AC},\overrightarrow{AD}] = \begin{vmatrix} 2 & 3 & -1 \\ 1 & -2 & 3 \\ 4 & 5 & 1 \end{vmatrix} = -14,$$

所以

$$V = \frac{1}{6}|-14| = \frac{7}{3}.$$

例 9 试求 p 的值,使点 $A = (-2,-2,0)$, $B = (0,1,-1)$, $C = (-1,-4,p)$, $D = (2,3,1)$ 四点共面.

解 因为 A,B,C,D 四点共面等价于向量 $\overrightarrow{AB},\overrightarrow{AC},\overrightarrow{AD}$ 共面,其充要条件是

$$[\overrightarrow{AB},\overrightarrow{AC},\overrightarrow{AD}] = 0.$$

由于

$$[\overrightarrow{AB},\overrightarrow{AC},\overrightarrow{AD}] = \begin{vmatrix} 2 & 3 & -1 \\ 1 & -2 & p \\ 4 & 5 & 1 \end{vmatrix} = 2p-20,$$

由 $2p-20 = 0$,解得

$$p = 10.$$

习题 10.2

(A)

1. 求点 $(3,-4,-12)$ 到各坐标面、各坐标轴及坐标原点的距离.

2. 设点 A 的坐标为 $(-1,-2,4)$,分别写出点 A 关于各坐标面、各坐标轴及坐标原点的对称点的坐标.

3. 在 xOy 平面上求一点 P,使它到三个已知点 $A(1,2,2)$, $B(0,3,-2)$, $C(-1,1,3)$ 的距离相等.

4. 设 $\boldsymbol{a} = \{1,1,-\sqrt{2}\}$.求:

(1) $\boldsymbol{a}$ 的模;   (2) $\boldsymbol{a}$ 的方向余弦;

(3) $\boldsymbol{a}$ 的单位化向量;   (4) 平行于 $\boldsymbol{a}$ 的单位向量.

5. 设 A,B 两点的坐标分别为 $(0,2,-1)$, $(1,0,1)$.求:

(1) 向量 $\overrightarrow{AB}$ 的模;   (2) 向量 $\overrightarrow{AB}$ 的方向余弦;

(3) 使 $\overrightarrow{AC} = 2\overrightarrow{AB}$ 的点 C 坐标.

6. 设 $\boldsymbol{a} = 2\boldsymbol{i}-\boldsymbol{j}$, $\boldsymbol{b} = \boldsymbol{j}+\boldsymbol{k}$, $\boldsymbol{c} = 2\boldsymbol{i}+\boldsymbol{j}+4\boldsymbol{k}$,求向量 $\boldsymbol{d} = 3\boldsymbol{a}+2\boldsymbol{b}+\boldsymbol{c}$ 的模与方向余弦.

7. 是否存在满足下列条件的向量?为什么?

(1) 三个方向角中有两个为 $44°$;   (2) 三个方向角中有两个为 $46°$.

8. 写出与三个坐标轴成相等钝角的单位向量.

9. 设向量 $\boldsymbol{a} = \{1,-2,2\}$, $\boldsymbol{b} = \{3,0,-4\}$,求:

(1) $\boldsymbol{a} \cdot \boldsymbol{j}$;   (2) $\boldsymbol{b} \times \boldsymbol{k}$;

(3) $(2\boldsymbol{a}+\boldsymbol{b}) \cdot (\boldsymbol{a}-\boldsymbol{b})$;   (4) $(\boldsymbol{a}+\boldsymbol{b}) \times (3\boldsymbol{a}-\boldsymbol{b})$.

10. 设向量 $\boldsymbol{a} = \{0,1,-1\}$, $\boldsymbol{b} = \{\sqrt{2},-1,1\}$,求:

(1) $(\boldsymbol{a})_{\boldsymbol{b}}$, $(\boldsymbol{b})_{\boldsymbol{a}}$;   (2) $\boldsymbol{a}$ 与 $\boldsymbol{b}$ 的夹角.

11. 求由点 $A(1,-2,3),B(4,-4,-3),C(2,4,3)$ 和 $D(8,6,6)$ 构成的向量 $\overrightarrow{AB}$ 在 $\overrightarrow{CD}$ 上的投影.

12. 求 p,q 之值,使三点 $A=(1,2,3),B=(-1,3,p),C=(3,q,0)$ 共线.

13. 求以向量 $\boldsymbol{a}=\{1,2,-1\},\boldsymbol{b}=\{1,-1,0\}$ 为邻边的平行四边形的面积.

14. 求同时垂直于向量 $\boldsymbol{a}=2\boldsymbol{i}+\boldsymbol{k}$ 和 $\boldsymbol{b}=\boldsymbol{j}-\boldsymbol{k}$ 的单位向量.

15. 在 yOz 平面内求模为 10 的向量 $\boldsymbol{b}$,使它和向量 $\boldsymbol{a}=8\boldsymbol{i}-4\boldsymbol{j}+3\boldsymbol{k}$ 垂直.

16. 验证四点 $A(1,0,3),B(-1,-2,1),C(2,2,5)$ 及 $D(-2,-4,-1)$ 共面.

(B)

1. 设 $A=(-2,5,p),B=(q,-3,1)$,且已知线段 AB 与 y 轴相交并被 y 轴平分,求 p,q 的值及交点坐标.

2. 已知 $\boldsymbol{a}=\{-4,0,3\},\boldsymbol{b}=\{2,-1,0\},\boldsymbol{c}=\{0,2,5\}$,验证:$\boldsymbol{a}\times(\boldsymbol{b}\times\boldsymbol{c})\neq(\boldsymbol{a}\times\boldsymbol{b})\times\boldsymbol{c}$.

3. 设 $\boldsymbol{a}=\{1,0,-1\},\boldsymbol{b}=\{1,1,1\}$,求满足 $\boldsymbol{a}\times\boldsymbol{x}=\boldsymbol{b}$,且使 $|\boldsymbol{x}|$ 最小的向量 $\boldsymbol{x}$.

4. 设 $\overrightarrow{OA}=\{1,2,-2\},\overrightarrow{OB}=\{4,-4,2\}$,求平分 $\angle AOB$ 的单位向量.

5. 试证明(柯西-施瓦茨不等式):

$$\sqrt{\sum_{i=1}^{3}a_i^2}\cdot\sqrt{\sum_{i=1}^{3}b_i^2}\geqslant\left|\sum_{i=1}^{3}a_ib_i\right|,$$

其中 a_1,a_2,a_3 及 b_1,b_2,b_3 为任意实数.

6. 试证明空间四个点 $A_i=(x_i,y_i,z_i)(i=1,2,3,4)$ 共面的充要条件是

$$\begin{vmatrix}x_1 & y_1 & z_1 & 1\\x_2 & y_2 & z_2 & 1\\x_3 & y_3 & z_3 & 1\\x_4 & y_4 & z_4 & 1\end{vmatrix}=0.$$

10.3　平面与直线

　　向量概念的引进和空间直角坐标系的建立,在点、位置向量(向径)、三元实数组之间建立起了一一对应的关系.可以想象作为动点轨迹的几何图形,其上每一点的坐标应满足某一个对应的方程.在上一节例 4 中,我们已经根据动点给定的运动规律建立动点的轨迹方程;反过来,有了含有三个变量 x,y 和 z 的方程,也可作出满足该方程的点 (x,y,z) 的集合——曲面图形,并可根据方程来讨论该曲面的一些几何性质.

　　空间解析几何所研究的问题和方法,就是将几何与代数紧密结合起来,利用代数方法解决几何问题,并反过来用几何直观来解释一些抽象的代数运算.

　　本节讨论空间中最简单的几何图形——平面和直线.

10.3.1　平面

A. 平面方程

　　从立体几何的知识可知,过空间中的一点 M_0,且垂直于一个给定的方向 $\boldsymbol{n}$ 可以唯一确定一个平面 Π,现在考虑求该平面的方程.

　　设给定点 M_0 的坐标为 (x_0,y_0,z_0),平面所垂直的方向为 $\boldsymbol{n}=\{A,B,C\}$. 当点 $M=(x,y,z)$ 在平面 Π 上变化时,向量 $\overrightarrow{M_0M}$ 总与 $\boldsymbol{n}$ 垂直,如图 10-23 所示,从而平面 Π 上的点 M 必须满足

方程

$$\overrightarrow{M_0 M} \cdot \boldsymbol{n} = 0. \tag{10-24}$$

反之,满足(10-24)式的点 M 也一定在平面 Π 上,所以(10-24)式就是平面 Π 的方程,我们把它称为平面 Π 的**向量式方程**,其中向量 $\boldsymbol{n}$ 称为平面 Π 的**法向量**.

由 $\overrightarrow{M_0 M} = \{x-x_0, y-y_0, z-z_0\}$, $\boldsymbol{n} = \{A, B, C\}$,利用向量内积的坐标计算公式,平面 Π 的方程(10-24)式也可等价地表示为

$$A(x-x_0) + B(y-y_0) + C(z-z_0) = 0, \tag{10-25}$$

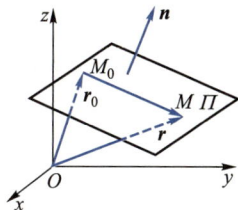

图 10-23

方程(10-25)称为**平面 Π 的点法式方程**.

例 1 求过点 $M_0 = (-1, -1, 3)$,且以 $\boldsymbol{n} = 3\boldsymbol{i} - 3\boldsymbol{j} - 2\boldsymbol{k}$ 为法向量的平面方程.

解 由公式(10-25)可直接得到所求的平面方程为

$$3(x+1) - 3(y+1) - 2(z-3) = 0,$$

化简得

$$3x - 3y - 2z + 6 = 0.$$

一般地,平面的点法式方程(10-25)都可以化简为

$$Ax + By + Cz + D = 0, \tag{10-26}$$

其中 $D = -Ax_0 - By_0 - Cz_0$.

这说明平面的方程是一个三元一次方程. 反过来,任一个三元一次方程(10-26)的图形总是一个平面. 事实上,对于任何一个这样的三元一次方程,由于其系数 A, B, C 不可能同时为零,这里不妨设 $C \neq 0$,故对于任取的 $x = x_0, y = y_0$,若令

$$z_0 = -\frac{1}{C}(Ax_0 + By_0 + D),$$

则(10-26)式便可改写为

$$A(x-x_0) + B(y-y_0) + C(z-z_0) = 0.$$

我们称(10-26)式为**平面的一般式方程**.

平面的一般式方程为求平面方程提供了新的方法:把(10-26)式中的 A, B, C, D 看作待定常数,根据给定条件求出 A, B, C, D 的一组比值,约去一常数后即可获得所求平面方程.

例 2(通过三点的平面方程) 试求过不共线三点 $P = (1, 2, 1)$, $Q = (-2, 3, -1)$, $R = (1, 0, 4)$ 的平面 Π 的方程.

解一(利用平面的点法式方程) 取 P, Q, R 中任一点作为所求平面经过的定点 M_0,例如取 $M_0 = P = (1, 2, 1)$. 根据向量外积的定义可知向量 $\overrightarrow{PQ} \times \overrightarrow{PR}$ 必垂直于由点 P, Q, R 确定的平面,从而可取所求平面的法向量为

$$\boldsymbol{n} = \overrightarrow{PQ} \times \overrightarrow{PR} = \begin{vmatrix} \boldsymbol{i} & \boldsymbol{j} & \boldsymbol{k} \\ -3 & 1 & -2 \\ 0 & -2 & 3 \end{vmatrix} = -\boldsymbol{i} + 9\boldsymbol{j} + 6\boldsymbol{k}.$$

于是所求平面方程为

$$-(x-1) + 9(y-2) + 6(z-1) = 0,$$

即

$$x - 9y - 6z + 23 = 0.$$

解二(利用平面的一般式方程) 将 P, Q, R 三点的坐标分别代入(10-26)式,可得待定常数 A, B, C, D 满足的三元一次方程组:

$$\begin{cases} A + 2B + C + D = 0, \\ -2A + 3B - C + D = 0, \\ A + 4C + D = 0. \end{cases}$$

解得

$$B = -9A, \quad C = -6A, \quad D = 23A.$$

代入(10-26)式,并消去常数 A 可得所求平面的方程为

$$x - 9y - 6z + 23 = 0.$$

解三(利用三个向量共面或四点共面的充要条件) 按要求,动点 $M = (x, y, z)$ 在由 P, Q, R 三点所确定的平面上,故向量 $\overrightarrow{PM}, \overrightarrow{PQ}, \overrightarrow{PR}$ 必共面,从而由(10-23)式,得

$$\begin{vmatrix} x-1 & y-2 & z-1 \\ -3 & 1 & -2 \\ 0 & -2 & 3 \end{vmatrix} = 0.$$

将此行列式按第一行展开,得

$$-(x-1) + 9(y-2) + 6(z-1) = 0,$$

即

$$x - 9y - 6z + 23 = 0.$$

当方程(10-26)中 A, B, C, D 都不等于零时,令

$$a = -\frac{D}{A}, \quad b = -\frac{D}{B}, \quad c = -\frac{D}{C},$$

则方程(10-26)可改写为

$$\frac{x}{a} + \frac{y}{b} + \frac{z}{c} = 1, \tag{10-27}$$

其中 a, b, c 为平面在三条坐标轴上的截距,所以称(10-27)式为平面的**截距式方程**.

平面是无边无际的,为了较直观地把它表示出来,可用适当范围内的三角形或平行四边形来勾画出它的局部图形.

平面的截距式方程为用三角形表示出平面的位置提供了条件,如本节例 1 的平面方程 $3x - 3y - 2z + 6 = 0$ 可改写成截距式方程

$$\frac{x}{-2} + \frac{y}{2} + \frac{z}{3} = 1.$$

根据它在三条坐标轴上的截距分别是 $-2, 2$ 和 3,我们可以很容易地画出平面的局部图形,如图 10-24 所示.

当平面方程(10-26)中的 A, B, C, D 有几个等于零时,虽无法用截距式来作图,但对具体情况作具体分析后,我们仍可将其局部图形画出来.

例 3 画出下列各平面的草图:

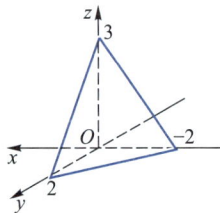

图 10-24

（1）$4x+3y=12$；（2）$x+y-z=0$.

解 （1）由于平面的法向量 $\boldsymbol{n}=\{4,3,0\}$ 与 z 轴垂直（$\boldsymbol{n}\cdot\boldsymbol{k}=0$），所以平面平行于 z 轴，另一方面可求出平面上 x 轴和 y 轴上的截距分别是 3 和 4，于是可以作出其草图，见图 10-25 所示.

（2）易知坐标原点在平面上，但除此之外平面没有任何特别的地方，这时我们可以在 xOz 平面和 yOz 平面上分别取平面上的点 $A=(1,0,1)$ 和点 $B=(0,1,1)$. 故可用 O,A,B 为顶点的三角形平面（图 10-26）来表示所要画的平面草图.

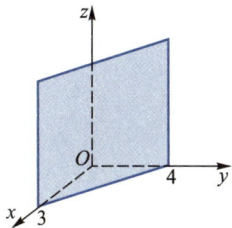
图 10-25

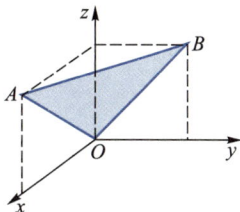
图 10-26

例 3 反映了当平面方程（10-26）中的常数 A,B,C,D 有一个为零时平面图形的特征.

易见，其讨论的方法与结论对一般的平面方程也成立，可得以下结论：对于三元一次方程 $Ax+By+Cz+D=0$，

（1）若 $D=0$，则方程 $Ax+By+Cz=0$ 表示一个通过原点的平面；

（2）若 $A=0$，则方程 $By+Cz+D=0$ 表示一个平行于 x 轴的平面；

（3）若 $B=0$，则方程 $Ax+Cz+D=0$ 表示一个平行于 y 轴的平面；

（4）若 $C=0$，则方程 $Ax+By+D=0$ 表示一个平行于 z 轴的平面.

类似地，当常数 A,B,C 中有两个为零时平面图形的特征如下：

方程 $Cz+D=0(A=B=0)$ 表示一个平行于 xOy 平面的平面；而方程 $Ax+D=0(B=C=0)$ 和 $By+D=0(A=C=0)$ 分别表示一个平行于 yOz 平面和 zOx 平面的平面.

B. 两平面交角

两平面交角 θ 的大小，可用这两个平面的法向量的夹角 α 来度量（图 10-27），由于一般规定两个平面的交角 θ 在区间 $\left[0,\dfrac{\pi}{2}\right]$ 内，所以当两平面的法向量夹角 α 大于 $\dfrac{\pi}{2}$ 时，取其补角 $\pi-\alpha$ 来表示 θ. 于是若给出的两个平面为

$$\varPi_1:A_1x+B_1y+C_1z+D_1=0,$$
$$\varPi_2:A_2x+B_2y+C_2z+D_2=0,$$

由于它们的法向量分别为 $\boldsymbol{n}_1=\{A_1,B_1,C_1\}$ 和 $\boldsymbol{n}_2=\{A_2,B_2,C_2\}$，所以它们之间的夹角可用下式来定义

$$\cos\theta=\left|\cos(\widehat{\boldsymbol{n}_1,\boldsymbol{n}_2})\right|=\frac{|\boldsymbol{n}_1\cdot\boldsymbol{n}_2|}{|\boldsymbol{n}_1||\boldsymbol{n}_2|}=\frac{|A_1A_2+B_1B_2+C_1C_2|}{\sqrt{A_1^2+B_1^2+C_1^2}\sqrt{A_2^2+B_2^2+C_2^2}}.$$

$$(10-28)$$

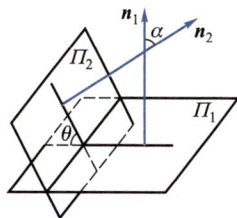
图 10-27

从上式可见，两个平面垂直的充要条件为

$$A_1 A_2 + B_1 B_2 + C_1 C_2 = 0;$$

而两个平面平行的充要条件为

$$\frac{A_1}{A_2} = \frac{B_1}{B_2} = \frac{C_1}{C_2} \left(\neq \frac{D_1}{D_2} \right).$$

特别地,若最后括号中的式子也以等号形式出现,则这两个平面相重合.

例 4 求两平面 $x - y + 2z - 6 = 0$ 和 $2x + y + z - 5 = 0$ 的夹角.

解 两平面法向量为 $\boldsymbol{n}_1 = \{1, -1, 2\}, \boldsymbol{n}_2 = \{2, 1, 1\}$,则

$$\cos \theta = \frac{|1 \times 2 + (-1) \times 1 + 2 \times 1|}{\sqrt{1^2 + (-1)^2 + 2^2} \cdot \sqrt{2^2 + 1^2 + 1^2}} = \frac{1}{2},$$

故所求夹角 $\theta = \dfrac{\pi}{3}$.

例 5 求经过点 $M_1 = (3, -2, 9), M_2 = (-6, 0, -4)$ 且和平面 $\Pi_0 : 2x - y + 4z - 8 = 0$ 垂直的平面 Π 的方程.

解一(点法式的方法) 在给定的两点 M_1 和 M_2 中可任取一点作为 M_0. 所求平面 Π 过 M_1, M_2 两点,所以 $\boldsymbol{n} \perp \overrightarrow{M_1 M_2}$;所求平面与给定平面互相垂直,所以有 $\boldsymbol{n} \perp \boldsymbol{n}_0$. 故可取

$$\boldsymbol{n} = \boldsymbol{n}_0 \times \overrightarrow{M_1 M_2} = \begin{vmatrix} \boldsymbol{i} & \boldsymbol{j} & \boldsymbol{k} \\ 2 & -1 & 4 \\ -9 & 2 & -13 \end{vmatrix} = 5\boldsymbol{i} - 10\boldsymbol{j} - 5\boldsymbol{k},$$

从而得所求平面方程为

$$5(x - 3) - 10(y + 2) - 5(z - 9) = 0$$

即

$$x - 2y - z + 2 = 0.$$

解二(待定系数法) 设所求平面方程为

$$\Pi : Ax + By + Cz + D = 0.$$

根据题意,得

$$\Pi \perp \Pi_0 : 2A - B + 4C = 0,$$
$$M_1 \in \Pi : 3A - 2B + 9C + D = 0,$$
$$M_2 \in \Pi : -6A - 4C + D = 0.$$

由以上三式可解得

$$\frac{B}{A} = -2, \frac{C}{A} = -1, \frac{D}{A} = 2.$$

代入 Π 的方程得所求平面的方程为

$$x - 2y - z + 2 = 0.$$

C. 点到平面的距离

根据几何定义,求平面 Π 外一点 M_0 到平面 Π 的距离,只要求出点 M_0 在平面 Π 上的垂足 N,然后再求出点 M_0 与 N 之间距离即可,这里我们利用更简捷的向量方法来求解这一问题. 在平面 Π 上任取一点 M_1,可以看出 M_0 到 Π 的距离 d 为

$$d = M_0 N = |\operatorname{Prj}_n \overrightarrow{M_0 M_1}|,$$

如图 10-28 所示. 若记

$$\Pi : Ax + By + Cz + D = 0, M_0 = (x_0, y_0, z_0), M_1 = (x_1, y_1, z_1),$$

则有

$$Ax_1 + By_1 + Cz_1 + D = 0.$$

所以

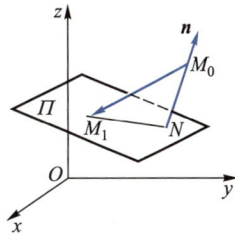

图 10-28

$$\begin{aligned}
d = M_0 N = |\operatorname{Prj}_n \overrightarrow{M_0 M_1}| &= \frac{|\boldsymbol{n} \cdot \overrightarrow{M_0 M_1}|}{|\boldsymbol{n}|} \\
&= \frac{|A(x_1 - x_0) + B(y_1 - y_0) + C(z_1 - z_0)|}{\sqrt{A^2 + B^2 + C^2}} \\
&= \frac{|Ax_0 + By_0 + Cz_0 + D|}{\sqrt{A^2 + B^2 + C^2}}.
\end{aligned} \tag{10-29}$$

例 6 在 z 轴上求一点 P,使该点到平面 $2x + y - 2z + 4 = 0$ 的距离和到平面 $2x - 2y + z + 1 = 0$ 的距离相等.

解 设 $P = (0, 0, t)$,根据条件及公式(10-29)可得到关于未知量 t 的方程为

$$\frac{|-2t + 4|}{\sqrt{(2)^2 + 1^2 + (-2)^2}} = \frac{|t + 1|}{\sqrt{1^2 + (-2)^2 + (2)^2}}.$$

从而有

$$t + 1 = \pm(2t - 4).$$

解方程得 $t = 5$ 或 $t = 1$. 故 z 轴上有两点符合题意要求,它们分别是

$$P_1 = (0, 0, 5) \text{ 和 } P_2 = (0, 0, 1).$$

10.3.2 直线

A. 直线——空间常速度向量运动下点的轨迹

从运动学的观点看,空间直线是质点以常向量为速度向量,做匀速运动形成的轨迹.

一个质点在时刻 $t = 0$ 时位于点 $M_0 = (x_0, y_0, z_0)$ 处,其位置向量为 $\boldsymbol{r}_0$. 若设质点的速度为

$$\boldsymbol{l} = \{a, b, c\},$$

其中 a, b, c 是不全为零的常数,在时刻 t 质点的位置为 $M = (x, y, z)$,其位置向量为 $\boldsymbol{r}$,则必有

$$\overrightarrow{M_0 M} = t\boldsymbol{l}.$$

如图 10-29 所示,即

$$\boldsymbol{r} - \boldsymbol{r}_0 = t\boldsymbol{l} \quad \text{或} \quad \boldsymbol{r} = \boldsymbol{r}_0 + t\boldsymbol{l}, \tag{10-30}$$

此时动点 M 就形成了一条经过点 M_0 且平行于方向 $\boldsymbol{l}$ 的直线 L. (10-30)式称为直线 L 的**向量式方程**,向量 $\boldsymbol{l}$ 称为直线 L 的**方向向量**,实数 a, b, c 称为直线的**方向数**.

直线的向量式方程(10-30)的坐标形式为

$$\{x, y, z\} = \{x_0, y_0, z_0\} + t\{a, b, c\},$$

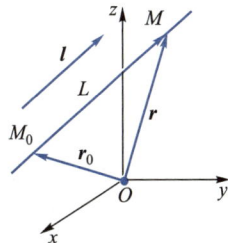

图 10-29

即

$$\begin{cases} x = x_0 + at, \\ y = y_0 + bt, \\ z = z_0 + ct. \end{cases} \tag{10-31}$$

上式称为直线 L 的**参数(式)方程**. 更进一步,直线的参数方程还可改写为更对称的形式

$$\frac{x-x_0}{a} = \frac{y-y_0}{b} = \frac{z-z_0}{c}, \tag{10-32}$$

(10-32)式称为直线的**点向式方程**(也称为**标准式方程**或**对称式方程**),这是直线方程中使用最为广泛的一种情形,实际上,该方程也可由 $\overrightarrow{M_0M} /\!/ \boldsymbol{l}$ 直接推得.

当方程(10-32)的分母中(即直线的方向数中)有一个或两个等于零时,我们应将方程(10-32)理解为方程组(10-31)的形式.

由一点 M_0 及一个方向 $\boldsymbol{l}(\neq \mathbf{0})$ 所确定的直线是唯一的. 但由于一条直线经过无穷多个点,所以同一条直线可以有无穷多种点向式方程的表达式. 这些表达式中的分母即方向数至多只差一个常数倍,例如两个不同的方程

$$\frac{x+2}{1} = \frac{y-1}{-2} = \frac{z}{2} \quad \text{和} \quad \frac{x}{-1} = \frac{y+3}{2} = \frac{z-4}{-2}$$

表示的是同一条直线.

例7(两点决定一条直线) 空间中相异的两点可以唯一地确定一条直线. 给定两点 $M_1 = (x_1, y_1, z_1)$ 和 $M_2 = (x_2, y_2, z_2)$,写出过这两点的直线方程.

解 点 M_1, M_2 在直线上,向量

$$\overrightarrow{M_1M_2} = \{x_2 - x_1, y_2 - y_1, z_2 - z_1\}$$

为直线的方向向量,于是所求直线方程就是

$$\frac{x-x_1}{x_2-x_1} = \frac{y-y_1}{y_2-y_1} = \frac{z-z_1}{z_2-z_1},$$

这样的直线方程也称为**直线的两点式方程**.

例8 试求点 $P = (3, -5, 4)$ 在平面 $2x - 2y + z = 2$ 上的垂足 Q 的坐标,并由此求出点 P 到该平面的距离.

解 首先求过点 P 且垂直于给定平面的直线方程,显然它以给定平面的法向量 $\{2, -2, 1\}$ 为方向向量,故此垂线方程为

$$\frac{x-3}{2} = \frac{y+5}{-2} = \frac{z-4}{1}.$$

点 P 在给定平面上的垂足 Q 就是该直线与给定平面的交点. 垂线的参数方程为

$$x = 3 + 2t, \quad y = -5 - 2t, \quad z = 4 + t.$$

把它代入平面方程,得

$$2(3 + 2t) - 2(-5 - 2t) + (4 + t) = 2.$$

解方程,得交点(即垂足)Q 对应的参数值为 $t = -2$.

从而求得垂足

$$Q=(3+2t,-5-2t,4+t)\Big|_{t=-2}=(-1,-1,2).$$

于是得

$$d=|\overrightarrow{PQ}|=\sqrt{(-1-3)^2+(-1+5)^2+(2-4)^2}=6.$$

B. 直线——空间两平面的交线

两个不平行平面的交线是一条直线,所以直线也可以用两个相交平面的交线的形式来表示,即

$$\begin{cases} A_1x+B_1y+C_1z+D_1=0,\\ A_2x+B_2y+C_2z+D_2=0. \end{cases} \tag{10-33}$$

(10-33)式表示的直线方程称为**直线的一般式方程**. 这里两个平面相交的条件是两个平面法向量 $\{A_1,B_1,C_1\}$ 与 $\{A_2,B_2,C_2\}$ 不平行.

由于通过一条空间直线 L 的平面有无穷多个,在这无穷多个平面中任取两个相异的平面,把它们的方程联立起来,都可以作为该直线的方程,所以空间直线的一般式方程表达式也是不唯一的.

要将直线的点向式方程(10-32)改写成一般式方程(10-33),只要写成如下形式

$$\begin{cases} \dfrac{x-x_0}{a}=\dfrac{y-y_0}{b},\\[2mm] \dfrac{x-x_0}{a}=\dfrac{z-z_0}{c} \end{cases}$$

即可. 而要将直线的一般式方程(10-33)改写成点向式方程(10-32)可按以下方法进行. 若记

$$n_1=\{A_1,B_1,C_1\},n_2=\{A_2,B_2,C_2\},$$

则该直线的方向向量可取为

$$l=n_1\times n_2=\begin{vmatrix} i & j & k\\ A_1 & B_1 & C_1\\ A_2 & B_2 & C_2 \end{vmatrix}=\begin{vmatrix} B_1 & C_1\\ B_2 & C_2 \end{vmatrix}i-\begin{vmatrix} A_1 & C_1\\ A_2 & C_2 \end{vmatrix}j+\begin{vmatrix} A_1 & B_1\\ A_2 & B_2 \end{vmatrix}k.$$

由于三个二阶行列式 $\begin{vmatrix} B_1 & C_1\\ B_2 & C_2 \end{vmatrix},\begin{vmatrix} A_1 & C_1\\ A_2 & C_2 \end{vmatrix},\begin{vmatrix} A_1 & B_1\\ A_2 & B_2 \end{vmatrix}$ 中至少有一个不等于零(否则 n_1 与 n_2 平行),不妨设 $\begin{vmatrix} A_1 & B_1\\ A_2 & B_2 \end{vmatrix}\neq 0$,此时直线经过的点可按下法获得:在(10-33)中令 $z=z_0$,便可解得 $x=x_0,y=y_0$,此时点 (x_0,y_0,z_0) 即为直线上的一点.

例 9 试将直线的一般式方程:

$$\begin{cases} x+2y-z+1=0,\\ x+y+z-1=0 \end{cases}$$

化成点向式(标准式)方程.

解 先求直线的方向向量

$$l=n_1\times n_2=\begin{vmatrix} i & j & k\\ 1 & 2 & -1\\ 1 & 1 & 1 \end{vmatrix}=3i-2j-k,$$

由于三个方向数都不等于零,所以可以令 $z_0 = 0$,代入方程组即可解得 $x_0 = 3, y_0 = -2$,于是直线经过点 $M_0 = (3, -2, 0)$,所以该直线的点向式方程为

$$\frac{x-3}{3} = \frac{y+2}{-2} = \frac{z}{-1}.$$

10.3.3　几个相关问题

A. 两直线的共面问题

若空间两条直线

$$L_1 : \frac{x-x_1}{a_1} = \frac{y-y_1}{b_1} = \frac{z-z_1}{c_1}, \quad L_2 : \frac{x-x_2}{a_2} = \frac{y-y_2}{b_2} = \frac{z-z_2}{c_2} \tag{10-34}$$

平行或相交,则称两条直线**共面**. 记

$$M_1 = (x_1, y_1, z_1), \quad M_2 = (x_2, y_2, z_2),$$
$$l_1 = \{a_1, b_1, c_1\}, \quad l_2 = \{a_2, b_2, c_2\},$$

则由三个向量共面的充要条件可知,空间两条直线 $(10-34)$ 共面的充要条件是向量 $\overrightarrow{M_1 M_2}$ 和 l_1, l_2 共面,即

$$\begin{vmatrix} x_2 - x_1 & y_2 - y_1 & z_2 - z_1 \\ a_1 & b_1 & c_1 \\ a_2 & b_2 & c_2 \end{vmatrix} = 0.$$

空间两条不相重合的共面直线可唯一确定一个平面.

例 10　求由两条平行线

$$L_1 : \frac{x}{2} = \frac{y-1}{-1} = \frac{z+2}{-1}, \quad L_2 : \frac{x+1}{-2} = \frac{y-2}{1} = \frac{z}{1}$$

所确定的平面方程.

解　记直线 L_1 和 L_2 经过的点为 $M_1 = (0, 1, -2)$ 和 $M_2 = (-1, 2, 0)$. 由于这两点都在所求平面内,所以向量 $\overrightarrow{M_1 M_2}$ 必与所求平面的法向量互相垂直,于是可取

$$n = \overrightarrow{M_1 M_2} \times l_1 = \begin{vmatrix} i & j & k \\ -1 & 1 & 2 \\ 2 & -1 & -1 \end{vmatrix} = i + 3j - k,$$

所求平面为

$$x + 3(y-1) - (z+2) = 0,$$

即

$$x + 3y - z - 5 = 0.$$

B. 两异面直线间的距离

若空间两直线不共面,则称它们是**异面直线**.

现在来求两条异面直线之间的距离,若这两条直线分别有如下的向量式方程

$$L_1 : r = r_1 + s l_1,$$
$$L_2 : r = r_2 + t l_2,$$

则它们之间的最短距离就在如图 10-30 所示的线段 PQ 处取得,这时

$$h = PQ = |\operatorname{Prj}_{l_1 \times l_2} \overrightarrow{M_1 M_2}| = \frac{|\overrightarrow{M_1 M_2} \cdot (l_1 \times l_2)|}{|l_1 \times l_2|}$$

$$= \frac{|(r_2 - r_1) \cdot (l_1 \times l_2)|}{|l_1 \times l_2|}. \qquad (10\text{-}35)$$

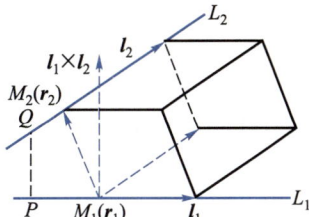

图 10-30

例 11 证明两条直线

$$L_1 : \frac{x-3}{2} = \frac{y+2}{-1} = \frac{z+1}{2}, \quad L_2 : \frac{x-2}{2} = \frac{y-1}{-3} = \frac{z+3}{2}$$

为异面直线,并求它们之间的距离.

证 记直线 L_1 和 L_2 所经过的点分别为 $M_1 = (3, -2, -1)$ 和 $M_2 = (2, 1, -3)$,其方向分别为 $l_1 = \{2, -1, 2\}, l_2 = \{2, -3, 2\}$. 由于

$$[\overrightarrow{M_1 M_2}, l_1, l_2] = \begin{vmatrix} -1 & 3 & -2 \\ 2 & -1 & 2 \\ 2 & -3 & 2 \end{vmatrix} = 4 \neq 0,$$

所以两条直线不共面,即异面. 下面求它们之间的距离.

因为

$$l_1 \times l_2 = \begin{vmatrix} i & j & k \\ 2 & -1 & 2 \\ 2 & -3 & 2 \end{vmatrix} = 4i - 4k,$$

所以,由上述公式 (10-35),得

$$h = \frac{|[\overrightarrow{M_1 M_2}, l_1, l_2]|}{|l_1 \times l_2|} = \frac{4}{4\sqrt{2}} = \frac{\sqrt{2}}{2}.$$

C. 两直线间的夹角

两直线的方向向量之间的夹角(通常指锐角)称为**两直线间的夹角**.

若已知空间中的两条直线 L_1 和 L_2 的方向向量分别为 $l_1 = \{a_1, b_1, c_1\}, l_2 = \{a_2, b_2, c_2\}$,则两直线 L_1 和 L_2 间的夹角 θ 由下式确定

$$\cos \theta = |\cos(\widehat{l_1, l_2})| = \frac{|l_1 \cdot l_2|}{|l_1||l_2|} = \frac{|a_1 a_2 + b_1 b_2 + c_1 c_2|}{\sqrt{a_1^2 + b_1^2 + c_1^2} \cdot \sqrt{a_2^2 + b_2^2 + c_2^2}}. \qquad (10\text{-}36)$$

由 (10-36) 式可见,两直线垂直的充要条件为

$$a_1 a_2 + b_1 b_2 + c_1 c_2 = 0;$$

而两直线平行的充要条件为

$$\frac{a_1}{a_2} = \frac{b_1}{b_2} = \frac{c_1}{c_2}.$$

例 12 求直线 $L_1 : \frac{x}{2} = \frac{y-1}{-1} = z$ 和 $L_2 : \frac{x-3}{-1} = \frac{y+2}{2} = \frac{z-1}{1}$ 间的夹角 θ.

解 由条件知两直线的方向向量分别为 $l_1 = \{2, -1, 1\}, l_2 = \{-1, 2, 1\}$,利用 (10-36) 式得

$$\cos \theta = \frac{|\{2,-1,1\} \cdot \{-1,2,1\}|}{\sqrt{2^2+(-1)^2+1^2} \cdot \sqrt{(-1)^2+2^2+1^2}} = \frac{1}{2},$$

所以直线间的夹角 $\theta = \dfrac{\pi}{3}$.

D. 平面束

过给定直线

$$L:\begin{cases} A_1 x+B_1 y+C_1 z+D_1 = 0, \\ A_2 x+B_2 y+C_2 z+D_2 = 0 \end{cases} \tag{10-37}$$

的平面有无穷多个,这无穷多个平面构成的一族平面称为**过直线 L 的平面束**(图 10-31).

作含有参数 λ 的方程

$$A_1 x+B_1 y+C_1 z+D_1+\lambda(A_2 x+B_2 y+C_2 z+D_2) = 0. \tag{10-38}$$

可见,对于任一实数 λ,方程(10-38)表示一个平面.若点 $M(x,y,z)$ 在直线上,则变量 x,y,z 满足方程组(10-37),从而也满足方程(10-38),因此,方程(10-38)表示经过直线 L 的平面,且对于不同的 λ 值,方程(10-38)表示经过 L 的不同平面.反之,通过直线 L 的任一平面(除平面 $A_2 x+B_2 y+C_2 z+D_2 = 0$ 外)都包含在方程(10-38)所表示的平面族中.所以方程(10-38)称为**过直线 L 的平面束方程**.

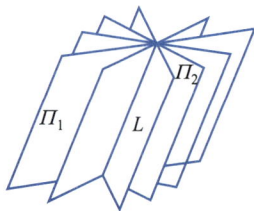

图 10-31

例 13　过直线 $L_1:\dfrac{x-3}{2} = \dfrac{y+2}{-1} = \dfrac{z+1}{2}$,作出与直线 $L_2:\dfrac{x-2}{2} = \dfrac{y-1}{-3} = \dfrac{z+3}{2}$ 平行的平面 $\varPi$,并求直线 L_2 与平面 $\varPi$ 的距离.

解　由于直线 L_1 的一般式方程可写为

$$\begin{cases} \dfrac{x-3}{2} = \dfrac{y+2}{-1}, \\ \dfrac{x-3}{2} = \dfrac{z+1}{2}, \end{cases} \quad 即 \quad \begin{cases} x+2y+1 = 0, \\ x-z-4 = 0. \end{cases}$$

所以过 L_1 的平面束方程为

$$\varPi_\lambda:(x+2y+1)+\lambda(x-z-4) = 0,$$

即

$$\varPi_\lambda:(1+\lambda)x+2y-\lambda z+(1-4\lambda) = 0.$$

由于 $\varPi_\lambda /\!/ L_2$,所以 $\boldsymbol{n}_\lambda \perp \boldsymbol{l}_2$,从而有 $\boldsymbol{n}_\lambda \cdot \boldsymbol{l}_2 = 0$,即

$$2(1+\lambda)-6-2\lambda = 0.$$

得 $0\lambda = 4$ 是个无解方程,所以所求平面即为没有包含在(10-38)式中的那个过直线 L 的平面

$$\varPi:x-z-4 = 0.$$

在 L_2 上任取一点 $(2,1,-3)$,该点到平面 $\varPi$ 的距离为

$$h = \frac{|2+3-4|}{\sqrt{2}} = \frac{\sqrt{2}}{2}.$$

这也就是例 11 中所求的两条异面直线之间的距离,本例的解法提供了又一种新的解题思路.本题中所求的平面方程也可用更一般的点法式的方法求出.

平面 Π 过直线 L_1，也就过直线上一点 $(3,-2,-1)$. 平面法向量 $\boldsymbol{n}$ 既垂直于 L_1，又垂直于 L_2，故

$$\boldsymbol{n} = \boldsymbol{l}_1 \times \boldsymbol{l}_2 = \begin{vmatrix} \boldsymbol{i} & \boldsymbol{j} & \boldsymbol{k} \\ 2 & -1 & 2 \\ 2 & -3 & 2 \end{vmatrix} = \{4,0,-4\}.$$

平面 Π 的点法式方程为

$$4(x-3)+0(y+2)-4(z+1)=0,$$

化简可得
$$x-z-4=0.$$

下面用平面束方法来讨论"**直线在平面上投影**"的问题.

若给定直线 L_0 与给定平面 Π_0 不垂直，L_0 上相异两点 P,Q 在 Π_0 上的投影分别为 P',Q'，则过平面 Π_0 上 P',Q' 两点的直线 L 称为直线 L_0 在平面 Π_0 上的**投影直线**.

从这一定义出发求直线 L_0 在平面 Π_0 上的投影直线方程是不方便的，但如果能在过 L_0 的平面束中求出一个与 Π_0 垂直的平面 Π，那么 Π 与 Π_0 的交线就是我们所求的投影直线 L（图 10-32）.

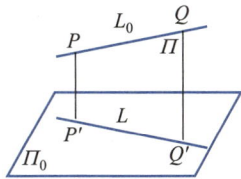

图 10-32

例 14　求直线 $L_0 : \begin{cases} 2x+y+z+1=0, \\ x-y+2z+3=0 \end{cases}$ 在平面 $\Pi_0 : 2x-3y-4z+2=0$ 上的投影直线 L 的方程.

解　先作过直线 L_0 的平面束方程

$$(2x+y+z+1)+\lambda(x-y+2z+3)=0,$$

即

$$\Pi_\lambda : (2+\lambda)x+(1-\lambda)y+(1+2\lambda)z+(1+3\lambda)=0.$$

由于 $\Pi_\lambda \perp \Pi_0$ 可知 $\boldsymbol{n}_\lambda \perp \boldsymbol{n}_0$，即

$$2(2+\lambda)-3(1-\lambda)-4(1+2\lambda)=0.$$

解方程得

$$\lambda=-1,$$

即所求平面为

$$\Pi_\lambda : x+2y-z-2=0.$$

于是交线 $L=\Pi_\lambda \cap \Pi_0$ 的方程

$$\begin{cases} x+2y-z-2=0, \\ 2x-3y-4z+2=0 \end{cases}$$

就是所求的投影直线的方程.

E. 直线与平面的夹角

在建立了直线在平面上投影的概念之后，我们可以定义直线与平面的夹角：称直线 L 与它在平面 Π 上的投影直线 L' 的夹角 φ 为直线 L 与平面 Π 的夹角（图 10-33）. 当直线 L 在平面 Π 上的投影仅为一个点时，直线必与 Π 相垂直，可自然地定义 $\varphi=\dfrac{\pi}{2}$. 所以可规定 $0 \leqslant \varphi \leqslant \dfrac{\pi}{2}$.

由定义求直线与平面的夹角 φ 是较烦琐的. 我们注意到直线 L 与平面 Π 的法向量的夹角 θ 与 φ 之间的关系为

$$\theta + \varphi = \frac{\pi}{2} \quad 或 \quad \theta - \varphi = \frac{\pi}{2},$$

于是我们可规定

$$\varphi = \left| \frac{\pi}{2} - \theta \right|.$$

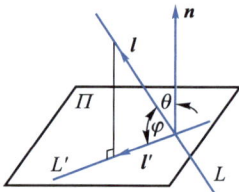

图 10-33

若直线 L 和平面 $\varPi$ 的方程分别为

$$L: \frac{x-x_0}{a} = \frac{y-y_0}{b} = \frac{z-z_0}{c}, \varPi: Ax + By + Cz + D = 0,$$

则有

$$\sin \varphi = \left| \cos(\widehat{\boldsymbol{n}, \boldsymbol{l}}) \right| = \frac{|\boldsymbol{n} \cdot \boldsymbol{l}|}{|\boldsymbol{n}||\boldsymbol{l}|} = \frac{|aA + bB + cC|}{\sqrt{A^2 + B^2 + C^2} \sqrt{a^2 + b^2 + c^2}}. \tag{10-39}$$

可以看出,直线 L 与平面 $\varPi$ 垂直的充要条件是

$$\frac{A}{a} = \frac{B}{b} = \frac{C}{c},$$

直线 L 与平面 $\varPi$ 平行的充要条件是

$$aA + bB + cC = 0, Ax_0 + By_0 + Cz_0 + D \neq 0,$$

若后面一式也成为等式,则有 $L \subset \varPi$,即为直线 L 落在平面 $\varPi$ 内的特殊情况.

例 15 求 λ,使直线 $L: \frac{x-1}{1} = \frac{y-2}{1} = \frac{z+3}{\lambda}$ 与平面 $\varPi: 2x - y - 2z = 1$ 的夹角为 $\arcsin \frac{1}{\sqrt{3}}$.

解 根据公式(10-39)可知

$$\frac{|1 \cdot 2 + 1 \cdot (-1) + \lambda \cdot (-2)|}{\sqrt{2^2 + (-1)^2 + (-2)^2} \cdot \sqrt{1^2 + 1^2 + \lambda^2}} = \frac{1}{\sqrt{3}},$$

即

$$|1 - 2\lambda| = \sqrt{3} \sqrt{2 + \lambda^2}.$$

解方程得 $\lambda = -1$ 或 $\lambda = 5$.

习题 10.3

(A)

1. 填表讨论平面的一般式方程(10-26)中,系数 A, B, C, D 中有一个或数个等于零的特殊情况与图像特征的对应关系.

系数情况	图像特征
$C = 0, ABD \neq 0$	
$A = D = 0, BC \neq 0$	
	平面 $\varPi$ 过 z 轴
	平面 $\varPi$ 垂直于 y 轴

2. 将下列平面的一般式方程改写为截距式方程,并据此画出其草图:

（1）$3x+2y+z-6=0$；　　　　　　　（2）$2x+3y-z+12=0$；

（3）$12x-3y+4z+12=0$.

3. 指出下列平面的特征（与坐标轴或坐标平面平行或垂直的关系）并画出其草图：

（1）$2y+1=0$；　　　　　　　　　（2）$5x+2z=10$；

（3）$4x-y-8=0$；　　　　　　　　（4）$3x=2y$.

4. 在下列各题中，求出满足给定条件的平面方程：

（1）过点$(2,-1,0)$且平行于平面$3x-y-2z+5=0$；

（2）过点$(1,3,-2)$且同时垂直于平面$x+y+z+1=0$和平面$x+y-z+1=0$；

（3）过点$(-1,3,-2)$和$(0,2,-1)$且平行于向量$\{2,-1,-1\}$；

（4）过点$(1,-2,1)$和$(5,2,-7)$且垂直于平面$x-y+1=0$；

（5）过点$(1,1,-1)$，$(-2,-2,2)$和$(1,-1,2)$；

（6）过y轴和点$(-2,3,1)$；

（7）平行于zOx平面，且过点$(7,-3,5)$；

（8）过z轴且垂直于平面$3x-2y-z+7=0$；

（9）垂直于yOz平面，且过点$(4,0,-2)$和$(5,1,7)$；

（10）平行于x轴，垂直于平面$x-y+2z=0$，且过点$(2,2,-1)$.

5. 求解下列各题：

（1）在y轴上求一点P，使它到两个平面$x+2y-z-1=0$和$x-y+2z+2=0$的距离相等；

（2）在xOy平面上求一点P，使它到三个平面$x+y-z-2=0$，$x-y+z+4=0$和$x-y-z+2=0$的距离相等.

6. 求平面$3x+2y-z+2=0$与$x-3y+2z+4=0$所成二面角的角平分面方程.

7. 求下列各组平面之间的夹角：

（1）$x+z=1$和$y-z=0$；

（2）$2x+y-z=0$和$x-y-2z=1$；

（3）$x+2y+\sqrt{2}z=1$和$\sqrt{2}x-\sqrt{2}y+z=2$；

（4）$x-y+\sqrt{2}z=1$和$-\sqrt{2}x+\sqrt{2}y-2z=2$.

8. 设四面体的顶点在点$A(1,1,1)$，$B(-1,1,1)$，$C(1,-1,1)$和$D(1,1,-1)$，试求：

（1）各侧面的方程；

（2）平面ABC与平面ABD之间的夹角；

（3）平面ABC与平面DBC之间的夹角；

（4）点A到平面BCD的距离.

9. 求一平面Π，使上题中A，B与C，D分别位于Π的两侧，且到Π的距离都相等.

10. 检验下列各点是否在直线$\begin{cases}2x+y+z-5=0,\\x-3y-2z-2=0\end{cases}$上？

（1）$(0,0,-1)$；　　（2）$(2,-2,3)$；　　（3）$(1,1,2)$.

11. 将下列直线的一般式方程化成标准式方程：

（1）$\begin{cases}3x-y-2z+9=0,\\2x-4y+z=0；\end{cases}$　　　　　　（2）$\begin{cases}x=3z-5,\\y=2z-8.\end{cases}$

12. 在下列各题中，求出满足给定条件的直线方程：

（1）经过点$(4,-1,3)$且与平面$4x+2y-3z+1=0$垂直；

（2）经过点$(-3,0,2)$且与平面$x+z=1$及$x+y+z=1$同时平行；

（3）经过点$(0,0,0)$且与直线$\begin{cases}x+2y-z=1,\\2x-y+z=0\end{cases}$平行；

(4) 经过点 $(2,-1,0)$ 且与直线 $x=y=z$ 和 $\dfrac{x+1}{0}=\dfrac{y-2}{1}=\dfrac{z}{-1}$ 同时垂直.

13. 求下列给定直线 L 与平面 Π 的交点坐标和夹角:

(1) $L:\dfrac{x+1}{1}=\dfrac{y}{-2}=\dfrac{z-2}{2}$, $\Pi:2x+2y-z+8=0$;

(2) $L:\begin{cases}x+z=1,\\ y=z,\end{cases}$ $\Pi:x+y-z-3=0$.

14. 求到三个给定点 $A=(1,0,0)$, $B=(0,-1,0)$, $C=(0,0,2)$ 距离都相等的点的轨迹方程.

15. 在下列各题中, 求满足给定条件的常数 p,q:

(1) 直线 $\dfrac{x+1}{2}=\dfrac{y-1}{p}=\dfrac{z}{-1}$ 和平面 $qx-6y+2z=1$ 垂直;

(2) 直线 $\dfrac{x-1}{2}=\dfrac{y+2}{4}=\dfrac{z+3}{p}$ 和直线 $\dfrac{x+1}{-1}=\dfrac{y-3}{q}=\dfrac{z-1}{0}$ 平行;

(3) 直线 $\dfrac{x+2}{p}=\dfrac{y}{-3}=\dfrac{z-2}{-4}$ 和平面 $x+2y-z=5$ 平行;

(4) 直线 $\dfrac{x}{-1}=\dfrac{y-7}{p+1}=\dfrac{z+5}{p-1}$ 和直线 $\dfrac{x-21}{2p}=\dfrac{y+1}{-1}=\dfrac{z+5}{1}$ 垂直.

16. 求出过点 $(-1,-4,3)$ 且与下列两条直线

$$L_1:\begin{cases}2x-4y+z=1,\\ x+3y=-5;\end{cases} \qquad L_2:\begin{cases}x=2+4t,\\ y=-1-t,\\ z=-3+2t\end{cases}$$

均垂直的直线方程.

17. 求通过点 $M_0(2,1,-5)$ 且与直线 $\dfrac{x+1}{3}=\dfrac{y-1}{2}=\dfrac{z}{-1}$ 相交并垂直的直线方程.

18. (1) 试证明点 M(其径向量为 $\boldsymbol{r}_1$)到直线 $\boldsymbol{r}=\boldsymbol{r}_0+t\boldsymbol{l}$ 的距离为

$$d=\frac{\mid \boldsymbol{l}\times(\boldsymbol{r}_1-\boldsymbol{r}_0)\mid}{\mid \boldsymbol{l}\mid};$$

提示　利用外积的几何意义, 见题图(A)18.

(2) 求点 $(5,-3,0)$ 到直线 $\dfrac{x-3}{2}=\dfrac{y+1}{-1}=\dfrac{z}{1}$ 的距离.

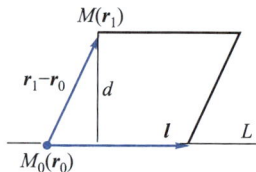

题图(A)18

19. 求直线 $\begin{cases}x+z=0,\\ y=1\end{cases}$ 和平面 $x+y=2$ 之间的夹角.

20. 求点 $A(3,1,-2)$ 关于平面 $\Pi:2x-y+z+3=0$ 的对称点的坐标.

提示　先用例 8 的方法求点 A 在 Π 上的垂足.

21. 在过直线 $\begin{cases}2x-y+3z+3=0,\\ 3x+y+z=0\end{cases}$ 的平面中, 分别求出满足下列各条件的平面方程:

(1) 过点 $(-1,2,0)$;

(2) 平行于直线 $\dfrac{x+1}{1}=\dfrac{y-1}{0}=\dfrac{z-3}{-2}$;

(3) 垂直于平面 $x-3y+2z+1=0$;

(4) 到坐标原点的距离为 1.

22. 设平面过点 $(0,1,3)$ 且与直线 $\dfrac{x-1}{2}=\dfrac{y+\sqrt{2}}{-1}=\dfrac{z+1}{1}$ 平行, 又与平面 $x+y-2z+1=0$ 垂直, 求此平面方程.

23. 求 k, 使两条直线

$$L_1: \frac{x+2}{2} = \frac{y}{-3} = \frac{z-1}{4}, \quad L_2: \frac{x-3}{k} = \frac{y-1}{4} = \frac{z-7}{2}$$

相交.

24. 验证两条直线

$$L_1: \frac{x+3}{5} = \frac{y+1}{2} = \frac{z-2}{4}, \quad L_2: \frac{x-8}{3} = \frac{y-1}{1} = \frac{z-6}{2}$$

共面, 并求出由这两直线所决定的平面方程.

（B）

1. 求垂直于平面 $\Pi_0: 5x+y-3z+1=0$ 的平面 Π, 使它们的交线落在 yOz 平面上.

2. 设两个平面都经过点 $A=(1,4,-2)$, 其中一个平面过 x 轴, 另一个平面过 y 轴, 求这两个平面的夹角.

3. 已知坐标原点到平面 $\frac{x}{a} + \frac{y}{b} + \frac{z}{c} = 1$ 的距离为 d, 证明:

$$\frac{1}{d^2} = \frac{1}{a^2} + \frac{1}{b^2} + \frac{1}{c^2}.$$

4. 设 $P=(a,b,c)$ 为第一卦限内一点, 证明过点 P 且垂直于 OP 的平面被三个坐标面截出的三角形面积为

$$S = \frac{(a^2+b^2+c^2)^{\frac{5}{2}}}{2abc}.$$

5. 验证两条直线

$$L_1: \frac{x-1}{1} = \frac{y+1}{2} = \frac{z+1}{1}, \quad L_2: \frac{x-3}{2} = \frac{y-2}{1} = \frac{z-3}{2}$$

为异面直线, 并求同时与它们垂直且相交的直线方程.

6. 求过点 $A=(-5,-3,-3)$, 且与两条直线

$$L_1: \frac{x-1}{1} = \frac{y+1}{2} = \frac{z+1}{1}, \quad L_2: \frac{x-3}{2} = \frac{y-2}{1} = \frac{z-3}{2}$$

都相交的直线方程.

7. 设 $h \neq 0$. 证明平面 $Ax+By+Cz+D=0$ 上任意一点到两个平面

$$\Pi_1: Ax+By+Cz+D-h=0, \quad \Pi_2: Ax+By+Cz+D+h=0$$

的距离都相等.

8. 求光线 $\frac{x}{5} = \frac{y+1}{-1} = \frac{z+3}{-1}$ 照射到镜面 $x+y+z+1=0$ 上后所产生的反射光线的直线方程.

10.4 空 间 曲 面

在上一节中我们已经看到, 在空间直角坐标系中, 三元一次方程

$$Ax+By+Cz+D=0$$

图 10-34

与平面图形是一一对应的.

一般地, 若一个三元方程

$$F(x,y,z) = 0 \qquad\qquad (10\text{-}40)$$

与曲面 Σ(图 10-34) 有下述关系:

（1）曲面 Σ 上任一点的坐标都满足方程(10-40);

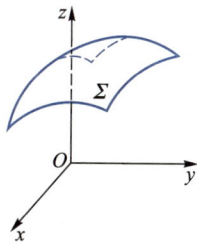

（2）以方程(10-40)的任一组解为坐标的点都在曲面 Σ 上，

则称**方程(10-40)是曲面 Σ 的方程**，而**曲面 Σ 称为方程(10-40)的图形**.

曲面可以看作是按某种规则运动着的点的轨迹，而曲面方程正是这一规则的代数描述.

例 1　建立以 $M_0 = (x_0, y_0, z_0)$ 为中心，以 R 为半径的球面方程.

解　把这个球面看作保持与定点 $M_0 = (x_0, y_0, z_0)$ 距离恒为 R 的动点 $M = (x, y, z)$ 的轨迹，则动点 M 必满足

$$| \overrightarrow{M_0 M} | = R.$$

用坐标形式来表示，得

$$\sqrt{(x-x_0)^2 + (y-y_0)^2 + (z-z_0)^2} = R.$$

于是所求球面方程为

$$(x-x_0)^2 + (y-y_0)^2 + (z-z_0)^2 = R^2.$$

例 2　设 $p>0$，求到定点 $M_0 = (0,0,p)$ 和平面 $z=-p$ 距离相等的动点的轨迹(图 10-35)方程.

解　动点 $M = (x, y, z)$ 到点 $M_0 = (0, 0, p)$ 的距离为

$$\sqrt{(x-0)^2 + (y-0)^2 + (z-p)^2}.$$

到平面 $z=-p$ 的距离为

$$| z+p |.$$

据题意得

$$\sqrt{x^2 + y^2 + (z-p)^2} = | z+p |.$$

整理得动点的轨迹方程为

$$x^2 + y^2 = 4pz.$$

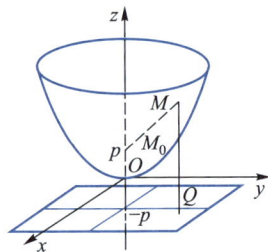

图 10-35

在 10.4.1 节中，我们将指出这是一个旋转抛物面.

10.4.1　特殊曲面

A. 旋转曲面

以空间曲线 C 绕某条定直线 L 旋转所形成的曲面 Σ 称为**旋转曲面**，定直线 L 称为该旋转曲面 Σ 的**中心轴**，空间曲线 C 在旋转过程中任一时刻的位置都称为旋转曲面 Σ 的**母线**. 本书中介绍的旋转曲面都是以坐标轴为中心轴，而曲线 C 是与中心轴在同一平面内的平面曲线.

设在 yOz 平面上给定曲线 C，其方程为

$$f(y, z) = 0,$$

下面推导曲线 C 绕 z 轴旋转一周所形成的旋转曲面 Σ(图 10-36)的方程.

在曲面 Σ 上任取一点 $M = (x, y, z)$，则这一点必是曲线 C 上某一点 $M_0 = (0, y_0, z_0)$ 绕 z 轴旋转某个角度而得到的. 由此可知点 M 和点 M_0 在同一个水平面上，且到 z 轴距离相等，用坐标关系式来描述即为

$$z = z_0, \quad \sqrt{x^2 + y^2} = | y_0 |.$$

由于点 $M_0 = (0, y_0, z_0)$ 在曲线 C 上，所以 $f(y_0, z_0) = 0$. 将 $z_0 = z$，$y_0 = \pm \sqrt{x^2 + y^2}$ 代入曲线 C 的方程，就有

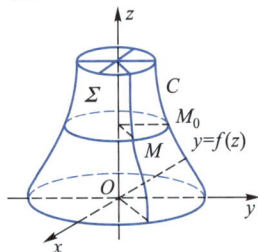

图 10-36

$$f(\pm\sqrt{x^2+y^2},z)=0,$$

这就是所求的旋转曲面 Σ 的方程.

同理,若曲线 C 绕 y 轴旋转,则所成旋转曲面的方程为

$$f(y,\pm\sqrt{x^2+z^2})=0.$$

其他情况请读者自行类推.

例 3 求 yOz 平面上的椭圆 $\dfrac{y^2}{a^2}+\dfrac{z^2}{c^2}=1$ 绕 z 轴旋转一周所形成的**旋转椭球面**(图 10-37(a))的方程.

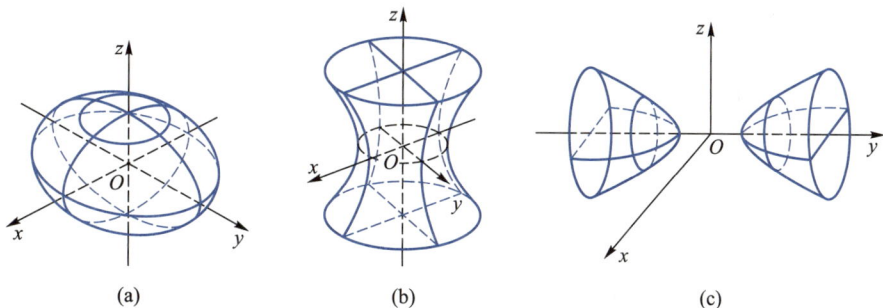

图 10-37

解 将给定曲线 C 即椭圆的方程 $\dfrac{y^2}{a^2}+\dfrac{z^2}{c^2}=1$ 中的 y 以 $\pm\sqrt{x^2+y^2}$ 代替即得到所求方程为

$$\frac{x^2+y^2}{a^2}+\frac{z^2}{c^2}=1.$$

类似地,yOz 平面上的双曲线 $\dfrac{y^2}{a^2}-\dfrac{z^2}{c^2}=1$ 绕 z 轴旋转一周所形成的曲面的方程为

$$\frac{x^2+y^2}{a^2}-\frac{z^2}{c^2}=1,$$

称为**旋转单叶双曲面**(图 10-37(b)).该双曲线绕 y 轴旋转一周所形成的曲面的方程为

$$\frac{y^2}{a^2}-\frac{x^2+z^2}{c^2}=1,$$

称为**旋转双叶双曲面**(图 10-37(c)).而例 2 中的轨迹方程

$$x^2+y^2=4pz$$

所表示的曲面是由 yOz 平面内的抛物线 $y^2=4pz$(或 zOx 平面内的抛物线 $x^2=4pz$)绕 z 轴旋转一周所形成的,称为**旋转抛物面**(图 10-35).

例 4 直线 L 绕另一条与 L 相交的直线旋转一周所形成的旋转曲面叫做圆锥面.两直线的交点叫做圆锥面的**顶点**,两直线的夹角 α $\left(0<\alpha<\dfrac{\pi}{2}\right)$ 叫做圆锥面的**半顶角**.试建立顶点在坐标原点 O,旋转轴为 z 轴,半顶角为 α 的圆锥面(图 10-38)的方程.

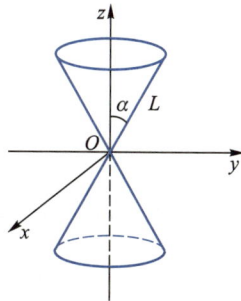

图 10-38

解　在 yOz 平面上, 直线 L 的方程为

$$z = ky,$$

其中 $k = \cot\alpha$. 将直线 L 方程中的变量 y 用 $\pm\sqrt{x^2+y^2}$ 代入便得到圆锥面的方程

$$z = \pm k\sqrt{x^2+y^2} \quad \text{或} \quad z^2 = k^2(x^2+y^2).$$

B. 柱面

某直线沿给定的曲线 C 移动, 在移动过程中始终保持与一个固定的方向 l 平行, 由此直线移动而形成的曲面称为<u>柱面</u>. 移动的直线称为柱面的<u>母线</u>, 而曲线 C 称为柱面的<u>准线</u> (图 10-39(a)).

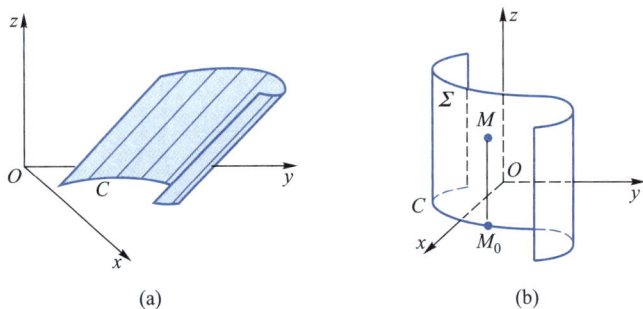

图 10-39

本书只讨论母线平行于坐标轴的柱面问题. 如图 10-39(b)所示的柱面 Σ 是一个以 xOy 平面上曲线

$$C : f(x,y) = 0$$

为准线, 母线平行 z 轴的柱面, 现在考虑求该柱面 Σ 的方程. 在柱面 Σ 上任取一点 $M = (x,y,z)$, 设柱面 Σ 上过该点的母线与准线 C 的交点为 $M_0 = (x_0, y_0, z_0)$. 则必有

$$x_0 = x, y_0 = y, z_0 = 0.$$

由于点 M_0 在准线上, 所以必有 $f(x_0, y_0) = 0$, 可知点 M 的坐标必满足方程

$$f(x,y) = 0, \tag{10-41}$$

这就是所求的柱面方程.

事实上, 对于这种只含有变量 x, y 而不含 z 的曲面方程, 当点 (x_0, y_0, z_0) 在曲面上时, 对任意的实数 z, 点 (x_0, y_0, z) 也一定在该曲面上, 即过 (x_0, y_0, z_0) 且平行于 z 轴的直线上的所有点都在该曲面上. 这表明不含变量 z 的二元方程(10-41)都表示一个母线平行于 z 轴的柱面.

注意, 同样一个方程 $f(x,y) = 0$ 在平面解析几何学(平面直角坐标系)中表示一条曲线, 在空间解析几何学(空间直角坐标系)中却表示一个以曲线 C 为准线, 母线平行于 z 轴的柱面.

类似地可知只含有 x, z 而缺少 y 或只含有 y, z 而缺少 x 的方程

$$g(x,z) = 0 \quad \text{或} \quad h(y,z) = 0 \tag{10-41$'$}$$

分别表示母线平行于 y 轴或 x 轴的柱面.

柱面的名称一般根据准线的名称来确定, 例如方程

$$x^2 + y^2 = a^2, \quad x^2 = 2pz$$

分别是以圆和抛物线为准线, z 轴和 y 轴为母线方向的圆柱面和抛物柱面(图 10-40).

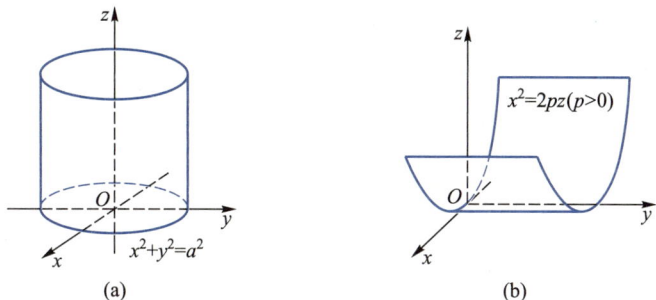

图 10-40

10.4.2　二次曲面

在 10.3 节中讨论过的平面方程是一次代数方程,所以平面也可以称为一次曲面.

对于二次代数方程

$$Ax^2+By^2+Cz^2+2ayz+2bzx+2cxy+2px+2qy+2rz+D=0$$

的图形(若存在)称为二次曲面. 在 10.4.1 节中讨论过的

$$(x-x_0)^2+(y-y_0)^2+(z-z_0)^2=R^2,x^2+y^2=4pz$$

和

$$x^2+y^2=a^2,x^2=2pz,z^2-k^2(x^2+y^2)=0$$

等都是二次曲面. 本节我们将只讨论最简单的二次曲面及其方程的标准形式,更复杂的问题属于线性代数中二次型的问题,这里不作讨论.

在本节中,我们将用截痕法来研究给定二次曲面的图形. 所谓**截痕法**就是用一系列平行于坐标面的平面去截割二次曲面,观察这些截痕(即交线)的形状以了解曲面的全貌.

A. 椭球面

由方程

$$\frac{x^2}{a^2}+\frac{y^2}{b^2}+\frac{z^2}{c^2}=1\,(a>0,b>0,c>0) \tag{10-42}$$

所确定的曲面称为**椭球面**,这里正数 a,b 和 c 称为椭球面的**半轴**.

容易看出,在方程(10-42)中若同时或单独用 $-x$ 代 x,$-y$ 代 y,$-z$ 代 z,其形式不变,可见椭球面关于三个坐标面、三条坐标轴及坐标原点都对称(以下各曲面的对称性,请读者自行讨论).

另外,也容易看出,椭球面是一个有界曲面,它落在一个长方体

$$\Omega=\{(x,y,z)\mid |x|\leqslant a,|y|\leqslant b,|z|\leqslant c\}$$

之内. 椭球面与各坐标轴有三对交点 $(\pm a,0,0)$,$(0,\pm b,0)$,$(0,0,\pm c)$,它们称为椭球面的**顶点**.

下面采用截痕法来画出椭球面的图形.

用平行于 xOy 平面的平面 $z=h(|h|<c)$ 去截椭球面,所得截痕曲线的方程为

$$\begin{cases}\dfrac{x^2}{a^2}+\dfrac{y^2}{b^2}+\dfrac{z^2}{c^2}=1,\\ z=h,\end{cases}\text{即}\begin{cases}\dfrac{x^2}{a^2}+\dfrac{y^2}{b^2}=1-\dfrac{h^2}{c^2},\\ z=h.\end{cases}$$

这是落在 $z=h$ 平面上,顶点分别在 yOz 平面和 zOx 平面上的椭圆,且随 h 的变化而变化.

椭球面在平行于 yOz 平面和 zOx 平面的平面 $x=s(|s|<a)$ 和 $y=t(|t|<b)$ 上的截痕曲线分别为

$$\begin{cases}\dfrac{y^2}{b^2}+\dfrac{z^2}{c^2}=1-\dfrac{s^2}{a^2},\\x=s,\end{cases}\text{和}\begin{cases}\dfrac{x^2}{a^2}+\dfrac{z^2}{c^2}=1-\dfrac{t^2}{b^2},\\y=t.\end{cases}$$

这是落在 $x=s$ 和 $y=t$ 平面上的椭圆.

所以方程(10-42)所确定的椭球面如图 10-41 所示.

若椭球面的三个半轴中有两个相等,例如 $a=b\neq c$,则方程 (10-42)成为

$$\frac{x^2+y^2}{a^2}+\frac{z^2}{c^2}=1.$$

它就是在上面讨论过的旋转椭球面. 而当三个半轴都相等,即 $a=b=c$ 时,方程(10-42)成为

$$x^2+y^2+z^2=a^2,$$

它是一个以坐标原点为中心,以 a 为半径的球面.

利用与平面解析几何中类似的坐标轴平移的方法,可知

$$\frac{(x-x_0)^2}{a^2}+\frac{(y-y_0)^2}{b^2}+\frac{(z-z_0)^2}{c^2}=1$$

是一个以点 (x_0,y_0,z_0) 为中心,a,b,c 为半轴长的椭球面.

B. 单叶双曲面

由方程

$$\frac{x^2}{a^2}+\frac{y^2}{b^2}-\frac{z^2}{c^2}=1\,(a,b,c>0) \tag{10-43}$$

所确定的曲面称为**单叶双曲面**.

从方程可见单叶双曲面(10-43)是关于各个坐标面、各坐标轴及坐标原点对称的曲面,并且是一个无界曲面.

下面采用截痕法来研究单叶双曲面(10-43)的图形.

用平行于 xOy 平面的平面 $z=h$ 去截单叶双曲面,所得到的截痕曲线为

$$\begin{cases}\dfrac{x^2}{a^2}+\dfrac{y^2}{b^2}=1+\dfrac{h^2}{c^2},\\z=h,\end{cases}$$

这是在 $z=h$ 平面上,顶点分别落在 yOz 平面和 zOx 平面上的椭圆,且随 h 的变化而变化. 而单叶双曲面在平面 $x=s(|s|<a)$ 和 $y=t(|t|<b)$ 上的截痕曲线分别为

$$\begin{cases}\dfrac{y^2}{b^2}-\dfrac{z^2}{c^2}=1-\dfrac{s^2}{a^2},\\x=s,\end{cases}\quad\text{和}\quad\begin{cases}\dfrac{x^2}{a^2}-\dfrac{z^2}{c^2}=1-\dfrac{t^2}{b^2},\\y=t.\end{cases}$$

这是两组位于 $x=s$ 和 $y=t$ 平面上的双曲线.

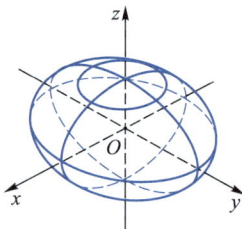

图 10-41

所以方程(10-43)所确定的单叶双曲面如图 10-42 所示.

同时我们还注意到,对于单叶双曲面(10-43),若用平面 $y=\pm b$ 或 $x=\pm a$ 去截曲面,所得到的截痕分别为

$$\begin{cases} \dfrac{x^2}{a^2} - \dfrac{z^2}{c^2} = 0, \\ y = \pm b \end{cases} \quad \text{和} \quad \begin{cases} \dfrac{y^2}{b^2} - \dfrac{z^2}{c^2} = 0, \\ x = \pm a. \end{cases}$$

这是两组相交的直线

$$\begin{cases} \dfrac{x}{a} - \dfrac{z}{c} = 0, \\ y = \pm b; \end{cases} \quad \begin{cases} \dfrac{x}{a} + \dfrac{z}{c} = 0, \\ y = \pm b, \end{cases}$$

和

$$\begin{cases} \dfrac{y}{b} - \dfrac{z}{c} = 0, \\ x = \pm a; \end{cases} \quad \begin{cases} \dfrac{y}{b} + \dfrac{z}{c} = 0, \\ x = \pm a. \end{cases}$$

因而单叶双曲面是直纹面,即由直线运动而形成的曲面.

我们已经遇到过的直纹面有柱面和锥面两种.有兴趣的读者可以根据本节习题 10.4(B)中的第 4 题所指出的方法证明单叶双曲面确是一个直纹面(图 10-43).

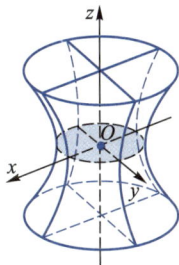
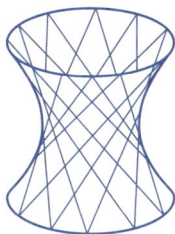

图 10-42   图 10-43

单叶双曲面被广泛应用于建筑物的外型设计就是利用了它是直纹面的特点,它不仅外形优美,而且还具有结构坚固,容易建造等优点.

C. 双叶双曲面
由方程

$$\frac{x^2}{a^2} - \frac{y^2}{b^2} - \frac{z^2}{c^2} = 1 \, (a, b, c > 0) \tag{10-44}$$

所确定的曲面称为**双叶双曲面**.

从方程可见双叶双曲面(10-44)是关于各个坐标面、坐标轴及坐标原点对称的曲面,并且是一个无界曲面.

若将(10-45)式改写为

$$\frac{y^2}{b^2} + \frac{z^2}{c^2} = \frac{x^2}{a^2} - 1,$$

可知双叶双曲面(10-45)只有当 $|x| \geqslant a$ 时才有图形,而在 $|x| < a$ 的范围内没有图形.

用平行于 yOz 平面的平面 $x = h(\,|\,h\,|\,>a)$ 去截曲面,所得到的截痕曲线为

$$\begin{cases} \dfrac{y^2}{b^2} + \dfrac{z^2}{c^2} = \dfrac{h^2}{a^2} - 1, \\[2mm] x = h. \end{cases}$$

这是 $x = h$ 平面上,顶点分别在 xOy 平面和 zOx 平面上的椭圆,且曲线随 h 的变化而变化.当 $|\,h\,| = a$ 时,截痕仅为一点 $(a,0,0)$ 或 $(-a,0,0)$,这两点称为双叶双曲面(10-44)的**顶点**.

双叶双曲面(10-44)在平面 $z = s$ 和 $y = t$ 上的截痕曲线分别是

$$\begin{cases} \dfrac{x^2}{a^2} - \dfrac{y^2}{b^2} = 1 + \dfrac{s^2}{c^2}, \\[2mm] z = s, \end{cases} \quad 和 \quad \begin{cases} \dfrac{x^2}{a^2} - \dfrac{z^2}{c^2} = 1 + \dfrac{t^2}{b^2} \\[2mm] y = t. \end{cases}$$

这是位于 $z = s$ 和 $y = t$ 平面上的双曲线.

所以方程(10-44)所确定的双叶双曲面如图 10-44 所示.

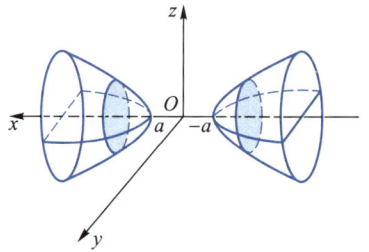

图 10-44

D. 椭圆抛物面

由方程

$$\frac{x^2}{a^2} + \frac{y^2}{b^2} = 2pz\,(\,a\,,b>0\,,p\neq 0) \tag{10-45}$$

确定的曲面称为**椭圆抛物面**.

从方程可见椭圆抛物面(10-45)关于 zOx 坐标面、yOz 坐标面和 z 轴对称,并且是一个无界曲面.为讨论方便,我们不妨设 $p>0$.

用平面 $z = h(h>0)$ 去截曲面(10-45),得到的截痕曲线为

$$\begin{cases} \dfrac{x^2}{a^2} + \dfrac{y^2}{b^2} = 2ph, \\[2mm] z = h. \end{cases}$$

这是 $z = h$ 平面上,顶点分别落在 zOx 平面和 yOz 平面上的椭圆,且当 h 变大时,截痕椭圆也变大,而当 $h = 0$ 时,得到该曲面的顶点为$(0,0,0)$.

曲面(10-45)在平面 $y = s$ 和 $x = t$ 上的截痕曲线分别是

$$\begin{cases} x^2 = 2pa^2 z - \dfrac{a^2 s^2}{b^2}, \\[2mm] y = s, \end{cases} \quad 和 \quad \begin{cases} y^2 = 2pb^2 z - \dfrac{b^2 t^2}{a^2}, \\[2mm] x = t. \end{cases}$$

这是开口向上的抛物线.

所以方程(10-45)所确定的椭圆抛物面如图 10-45 所示.

若(10-45)式中的 $a = b$,则曲面方程变为

$$\frac{x^2 + y^2}{a^2} = 2pz,$$

它就是前面讨论过的旋转抛物面.

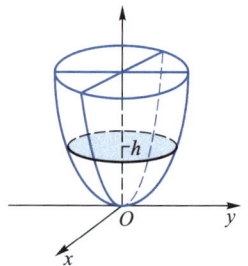

图 10-45

E. 双曲抛物面(马鞍面)

由方程

$$\frac{x^2}{a^2} - \frac{y^2}{b^2} = 2pz \ (a, b>0, p \neq 0) \tag{10-46}$$

所确定的曲面称为**双曲抛物面**.

显然双曲抛物面(10-46)关于 zOx 平面、yOz 平面和 z 轴对称,并且是一个无界曲面.

为了讨论方便,不妨设 $p>0$.

用平面 $x=h$ 去截曲面(10-46),得到的截痕曲线为

$$\begin{cases} y^2 = -2pb^2 \left(z - \dfrac{h^2}{2pa^2} \right), \\ x = h. \end{cases}$$

这是平面 $x=h$ 上,顶点在 zOx 平面上的开口向下的抛物线.

用平面 $y=s$ 去截曲面(10-46),得到截痕曲线为

$$\begin{cases} x^2 = 2pa^2 \left(z + \dfrac{s^2}{2pb^2} \right), \\ y = s, \end{cases}$$

这是平面 $y=s$ 上,顶点在 yOz 平面上的开口向上的抛物线.

所以方程(10-46)所确定的双曲抛物面如图 10-46 所示.

由于双曲抛物面酷似马鞍,所以人们也常将其称为**马鞍面**,其中坐标原点称为马鞍面的**鞍点**.

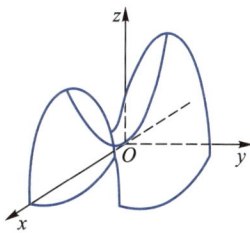

图 10-46

习题 10.4

(A)

1. 分别指出下列方程或方程组在平面解析几何和空间解析几何中的图形:

(1) $x=2$;　　　　　　　　(2) $x^2+y^2=1$;

(3) $\begin{cases} x=0, \\ y=0; \end{cases}$　　　　　(4) $\begin{cases} 2x+y=4, \\ x+2y=5. \end{cases}$

2. 设 $A=(1,-3,2)$ 和 $B=(5,1,0)$,试写出以 AB 为直径的球面方程.

3. 写出 xOy 平面上下列各曲线绕 x 轴旋转一周所形成曲面的方程,并画出其草图:

(1) $y=2$;　　　　　　　　(2) $x=2y$;

(3) $x^2-y^2=1$;　　　　　(4) $x+1=y^2$.

4. 写出 zOx 平面上下列各曲线绕 z 轴旋转一周所形成的曲面方程:

(1) $z=\mathrm{e}^{-x^2}$;　　　　　(2) $x^2+z^2=2Rx$.

5. 说明下列方程所表示的旋转曲面是怎样旋转产生的,并画出其草图:

(1) $4x^2+y^2+4z^2=4$;　　(2) $\dfrac{x^2}{9}-y^2-z^2=1$;

(3) $x^2+y^2=(z-1)^2$;　　(4) $z=1-(x^2+y^2)$.

6. 试画出下列各柱面的草图:

(1) $y^2-z^2=1$;　　　　　(2) $z=4-x^2$;

（3）$\dfrac{x^2}{4} + \dfrac{y^2}{9} = 1$；　　　　　　　（4）$2x+z=6$.

7. 试写出以 y 轴为中心轴,坐标原点为顶点,半顶角为 $\dfrac{\pi}{3}$ 的圆锥面方程.

8. 说明下列方程所表示的曲面是圆锥面的一部分,试画出其草图,并求其中心轴与半顶角:

（1）$z = \sqrt{x^2+y^2}$；　　　　　　　（2）$y = -\sqrt{3(x^2+z^2)}$.

9. 试求下列各题中动点 $M=(x,y,z)$ 的轨迹方程,并指出其曲面的名称:

（1）动点 $M=(x,y,z)$ 到两定点 $A=(1,0,0)$ 和 $B=(4,-6,6)$ 的距离之比 $MB:MA=2$；

（2）动点 $M=(x,y,z)$ 到点 $M_0=(2,0,0)$ 的距离和它到 yOz 平面距离相等.

10. 把下列各方程化成标准形式,从而指出方程所表示曲面的名称并画出其草图:

（1）$x^2+2y^2+z^2+2x+4y-1=0$；

（2）$x^2+2y^2-z^2+2x+4y-1=0$；

（3）$4x^2+y^2-8x-4y+2z+4=0$；

（4）$x^2-4y^2-z^2+8y-2z-9=0$.

（ B ）

1. 试求出下列曲面与给定直线的交点:

（1）$\dfrac{x^2}{81} + \dfrac{y^2}{36} + \dfrac{z^2}{9} = 1,\ \dfrac{x}{3} = \dfrac{y-10}{-6} = \dfrac{z+6}{4}$；

（2）$\dfrac{x^2}{5} + \dfrac{y^2}{3} = z,\ \dfrac{x-5}{-5} = \dfrac{y-6}{-3} = \dfrac{z-1}{2}$.

2. 写出以点 $M_0=(1,1,-1)$ 为中心,且与平面 $2x-y+z+2\sqrt{6}=0$ 相切的球面方程.

3. 根据 λ 的取值范围,讨论曲面

$$x^2+y^2-z^2-12x+16y+\lambda=0$$

的形状.

4. 证明:无论实数 λ,μ 取何值,下列两条直线

$$L_1: \begin{cases} \lambda\left(\dfrac{x}{a}+\dfrac{z}{c}\right) = \mu\left(1+\dfrac{y}{b}\right), \\[2mm] \mu\left(\dfrac{x}{a}-\dfrac{z}{c}\right) = \lambda\left(1-\dfrac{y}{b}\right); \end{cases} \qquad L_2: \begin{cases} \lambda\left(\dfrac{x}{a}+\dfrac{z}{c}\right) = \mu\left(1-\dfrac{y}{b}\right), \\[2mm] \mu\left(\dfrac{x}{a}-\dfrac{z}{c}\right) = \lambda\left(1+\dfrac{y}{b}\right) \end{cases}$$

总是落在单叶双曲面 $\dfrac{x^2}{a^2} + \dfrac{y^2}{b^2} - \dfrac{z^2}{c^2} = 1$ 上.

10.5　一元向量函数　空间曲线

　　从前面的讨论已经看到,点的运动形成了线(例如直线),线的运动形成了面(例如旋转曲面,柱面).如果把在空间中运动的点 P 的位置向量记为 $\boldsymbol{r}$,则 $\boldsymbol{r}$ 是随着时间 t 的变化而变化的,也就是 $\boldsymbol{r}$ 是时间 t 的"函数".由于这个函数的函数"值"是向量,且仅依赖于一个变量 t,这就自然地产生了一元向量函数的概念,并由此可知,可以用一元向量函数的几何图形来表示空间曲线.

　　本节将讨论 $\mathbf{R}^1 \rightarrow \mathbf{R}^3$ 的一元向量函数($\mathbf{R}^1 \rightarrow \mathbf{R}^2$ 的情形类似),并利用一元向量函数研究空间曲线及其切向量、弧长等基本问题.

10.5.1 一元向量函数与空间曲线方程

A. 一元向量函数 空间曲线的参数方程

我们称 $\mathbf{R}^1 \to \mathbf{R}^3$ 的向量函数

$$r = r(t) = \{x(t), y(t), z(t)\} \qquad (10\text{-}47)$$

为**一元向量函数**,称 t 为**自变量**.

当函数 $x(t), y(t), z(t)$ 在 $[a, b]$ 上连续时,称 $r(t)$ 为 $[a, b]$ 上**连续的向量函数**. 此时向量函数(10-47)的分量函数

$$\begin{cases} x = x(t), \\ y = y(t), \\ z = z(t) \end{cases} \qquad (10\text{-}48)$$

就表示区间 $[a, b]$ 上的一条连续曲线 C. (10-48)式称为曲线 C 的**参数方程**,也把曲线 C 称为向量函数(10-47)的**图形**(图 10-47).

例 1(线性向量函数) 当向量函数为线性向量函数

$$r = r_0 + lt$$

时,它的图形是一条直线. 当 $r_0 = \{x_0, y_0, z_0\}$,$l = \{a, b, c\}$ 时,线性向量函数等价于直线的参数方程

$$x = x_0 + at, \ y = y_0 + bt, \ z = z_0 + ct.$$

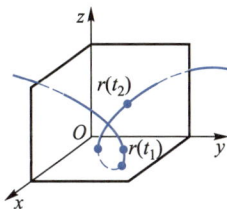

图 10-47

例 2(圆柱面螺旋线) 作机械加工的车床上,夹有一个半径为 R 的圆柱形工件,现车床轧头带动工件绕其中心轴以角速度 ω 作匀速旋转,而车刀在工件表面沿其中心轴方向,以速度 v 作匀速平动,在工件表面刻画出一条曲线,称该曲线为**圆柱面螺旋线**,试求此圆柱面螺旋线的方程.

解 为解题方便,将横向放置的工件竖起来放置,并设工件是不动的,而车刀作转动与平动的合成运动,建立坐标系如图 10-48 所示.

设时刻 $t = 0$ 时,车刀刀锋的初始位置为 $A(R, 0, 0)$. 在时刻 t,车刀转过了 $\theta = \omega t$,并上升了 vt 高度,到达点 P. 设 $P = (x, y, z)$,且点 P 在 xOy 平面上的投影点为 Q,则 $\angle QOA = \omega t$,$PQ = vt$,从而有

$$x = R\cos \omega t, \ y = R\sin \omega t, \ z = vt.$$

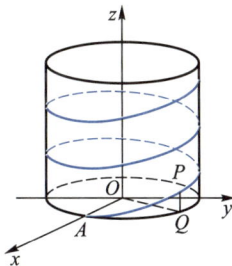

图 10-48

这就是圆柱面螺旋线的参数方程. 圆柱面螺旋线也可以看作向量函数

$$r(t) = \{R\cos \omega t, R\sin \omega t, vt\}$$

的图形.

B. 空间曲线的一般方程

与直线问题一样,在有些情况下,我们所看到的空间曲线 C 是以两个曲面 $\Sigma_1 : F(x, y, z) = 0$ 和 $\Sigma_2 : G(x, y, z) = 0$ 的交线的形式(图 10-49)出现的,即把 C 表示为

$$C : \begin{cases} F(x, y, z) = 0, \\ G(x, y, z) = 0. \end{cases} \qquad (10\text{-}49)$$

(10-49)式称为空间曲线的**一般方程**.

例 3 试画出曲线

$$C: \begin{cases} z = \sqrt{4-x^2-y^2}, \\ x^2+y^2 = 2x \end{cases}$$

的图形.

解 所给方程组中的第一个方程表示以坐标原点为中心,以 2 为半径的上半球面. 而第二个方程经配方后可化成

$$(x-1)^2 + y^2 = 1.$$

它表示一个母线平行于 z 轴的圆柱面.

在画出两个曲面之后,可大致画出它们交线的草图,如图 10-50 所示.

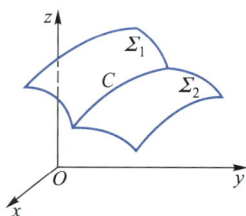

图 10-49

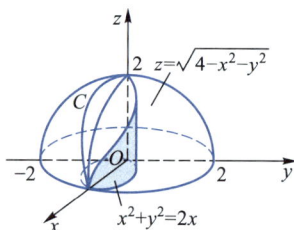

图 10-50

C. 空间曲线在坐标面上的投影曲线

已知空间曲线 C 及平面 Π,过曲线 C 的每一点作平面 Π 的垂线,则由这些点在平面 Π 上的垂足所形成的曲线 C'(图 10-51)称为曲线 C 在平面 Π 上的**投影曲线**,而由所有垂线构成的曲面 Σ 是以曲线 C(或 C')为准线,母线平行于平面 Π 的法向量的柱面,这一柱面称为曲线 C 关于平面 Π 的**投影柱面**. 可见,投影曲线 C' 就是平面 Π 与投影柱面 Σ 的交线(图 10-51). 因此,知道了投影柱面 Σ 的方程,也就容易写出投影曲线 C' 的一般方程.

设空间曲线 C 由一般方程(10-49)给出,关于 xOy 坐标面的投影柱面为 Σ_{xy}(图 10-52). 则 Σ_{xy} 是一个经过曲线 C 且母线平行于 z 轴的柱面. 若从方程组(10-49)中消去变量 z 后,得方程

$$H(x,y) = 0, \tag{10-50}$$

则方程(10-50)所表示的柱面通过曲线 C 且与 z 轴平行,这也就是所要求的投影柱面 Σ_{xy} 的方程. 因此,C 在 xOy 平面上的投影曲线 C_{xy} 的方程为

$$C_{xy}: \begin{cases} H(x,y) = 0, \\ z = 0. \end{cases}$$

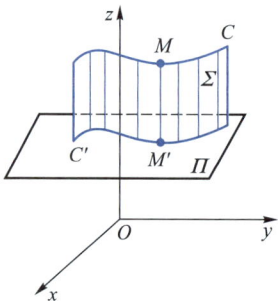

图 10-51

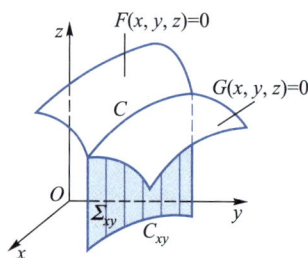

图 10-52

类似地,若消去方程组(10-49)中的变量 x,得

$$R(y,z)=0,$$

上式就是曲线 C 关于 yOz 平面的投影柱面方程,于是 C 在 yOz 平面上的投影曲线 C_{yz} 的方程为

$$C_{yz}:\begin{cases}R(y,z)=0,\\x=0.\end{cases}$$

若从方程组(10-49)中消去变量 y,得

$$S(x,z)=0,$$

上式就是曲线 C 关于 zOx 平面的投影柱面方程,相应的 C 在 zOx 平面上的投影曲线 C_{xz} 的方程为

$$C_{xz}:\begin{cases}S(x,z)=0,\\y=0.\end{cases}$$

例 4 求例 3 中的曲线 C 分别在 zOx 平面, yOz 平面上的投影曲线.

解 将方程 $z=\sqrt{4-x^2-y^2}$ 两边平方后与第二个方程 $2x=x^2+y^2$ 相加得 C 关于 zOx 平面的投影柱面方程为

$$\Sigma_{xz}:z^2=4-2x,\quad 0\leqslant x\leqslant 2,0\leqslant z\leqslant 2,$$

所以 C 在 zOx 平面上的投影曲线方程为

$$C_{xz}:\begin{cases}z^2=4-2x,\\y=0,\end{cases}\quad 0\leqslant x\leqslant 2,0\leqslant z\leqslant 2,$$

这是 zOx 平面上的一段抛物线. 又因为曲线 C 也可等价地表示为

$$C:\begin{cases}z^2=4-2x,\\x^2+y^2=2x.\end{cases}$$

从方程 $z^2=4-2x$ 中解出 $x=\dfrac{1}{2}(4-z^2)$ 后代入第二个方程得 C 关于 yOz 平面的投影柱面方程是

$$\Sigma_{yz}:z^4-4z^2+4y^2=0.$$

从而 C 在 yOz 平面上的投影曲线方程为

$$C_{yz}:\begin{cases}z^4-4z^2+4y^2=0,\\x=0.\end{cases}$$

对于以参数方程(10-48)表示的空间曲线 C 在 xOy 平面上的投影曲线可简单地表示为

$$C_{xy}:x=x(t),y=y(t),z=0,$$

其他坐标面上的投影曲线也可类似写出.

例 5 写出圆柱面螺旋线

$$x=R\cos\omega t,y=R\sin\omega t,z=vt$$

在各个坐标面上的投影曲线方程.

解
$$C_{xy}:x=R\cos\omega t,y=R\sin\omega t,z=0;$$
$$C_{yz}:x=0,y=R\sin\omega t,z=vt;$$
$$C_{zx}:x=R\cos\omega t,y=0,z=vt.$$

例 6 求立体 $\Omega=\{(x,y,z)\mid 1-\sqrt{1-(x^2+y^2)}\leqslant z\leqslant\sqrt{1-(x^2+y^2)}\}$ 在 xOy 平面上的投影区域

D(图 10-53).

解 围成 Ω 的两个曲面的交线方程为

$$C:\begin{cases} z=1-\sqrt{1-(x^2+y^2)}\,, \\ z=\sqrt{1-(x^2+y^2)}\,. \end{cases}$$

消去 z,得投影柱面方程为

$$x^2+y^2=\frac{3}{4}.$$

于是可得到曲线 C 在 xOy 平面上的投影曲线

$$C':\begin{cases} z=0\,, \\ x^2+y^2=\frac{3}{4}. \end{cases}$$

从而可知 Ω 在 xOy 平面上的投影区域是圆域 $D:x^2+y^2\leqslant\frac{3}{4}$.

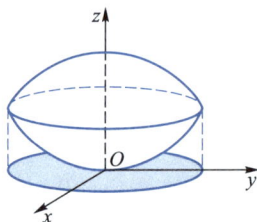

图 10-53

10.5.2 一元向量函数的导数 空间曲线的切向量

对于一元向量函数 $r=r(t)$,在自变量 $t=t_0$ 有增量 Δt 时,$\Delta r=r(t_0+\Delta t)-r(t_0)$ 就是图 10-54 中的割线向量 $\overrightarrow{M_0M}$,其坐标表达式为

$$\Delta r=\{\Delta x,\Delta y,\Delta z\}=\{x(t_0+\Delta t)-x(t_0),y(t_0+\Delta t)-y(t_0),z(t_0+\Delta t)-z(t_0)\}\,,$$

从而有

$$\frac{\Delta r}{\Delta t}=\left\{\frac{x(t_0+\Delta t)-x(t_0)}{\Delta t},\frac{y(t_0+\Delta t)-y(t_0)}{\Delta t},\frac{z(t_0+\Delta t)-z(t_0)}{\Delta t}\right\}.$$

若函数 $x(t),y(t)$ 和 $z(t)$ 在点 t_0 可导,则称

$$\begin{aligned}\lim_{\Delta t\to 0}\frac{\Delta r}{\Delta t}&=\lim_{\Delta t\to 0}\frac{r(t_0+\Delta t)-r(t_0)}{\Delta t}\\ &=\lim_{\Delta t\to 0}\left\{\frac{x(t_0+\Delta t)-x(t_0)}{\Delta t},\frac{y(t_0+\Delta t)-y(t_0)}{\Delta t},\frac{z(t_0+\Delta t)-z(t_0)}{\Delta t}\right\}\\ &=\{x'(t_0),y'(t_0),z'(t_0)\}\end{aligned}$$

为一元向量函数 $r=r(t)$ 在点 t_0 处的导数,记为 $r'(t_0)$,即

$$r'(t_0)=\{x'(t_0),y'(t_0),z'(t_0)\}. \qquad (10\text{-}51)$$

把平面曲线"割线的极限位置就是切线"的定义移植过来,即可看出向量函数导数的几何意义是:当 $r'(t_0)\neq\mathbf{0}$ 时,$r'(t_0)$ 就是曲线 $r=r(t)$ 在对应于 t_0 的点 M_0 处切线的切向量,其方向为 t 增加的方向.

与数量值函数类似,向量函数 $r=r(t)$ 的**微分**定义为

$$dr=r'(t)\,dt.$$

从定义可知,dr 也是一个向量,且当 $dt>0$ 时,它与 $r'(t)$ 同向;当 $dt<0$ 时,它与 $r'(t)$ 反向,从而 dr 在几何上也表示曲线

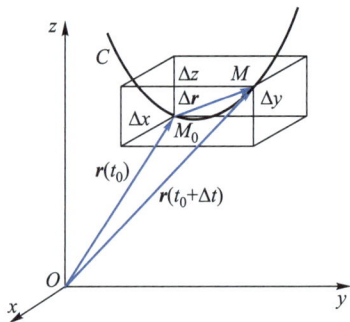

图 10-54

在某一点处的切向量.

若向量函数 $\boldsymbol{r} = \boldsymbol{r}(t) = \{x(t), y(t), z(t)\}$,则其微分的表达式是

$$\mathrm{d}\boldsymbol{r} = \{x'(t), y'(t), z'(t)\}\mathrm{d}t = \{x'(t)\mathrm{d}t, y'(t)\mathrm{d}t, z'(t)\mathrm{d}t\}$$
$$= \{\mathrm{d}x, \mathrm{d}y, \mathrm{d}z\},$$

并且有

$$|\mathrm{d}\boldsymbol{r}| = \sqrt{(\mathrm{d}x)^2 + (\mathrm{d}y)^2 + (\mathrm{d}z)^2}.$$

例 7 证明圆柱面螺旋线 $\boldsymbol{r} = \{R\cos\omega t, R\sin\omega t, vt\}$ 上任一点处的切向量与 z 轴正向的夹角都相等.

证 任取 $t \in \mathbf{R}$,圆柱面螺旋线在 t 所对应的点处的切向量为

$$\boldsymbol{r}'(t) = \{-R\omega\sin\omega t, R\omega\cos\omega t, v\}.$$

若设 $\boldsymbol{r}'(t)$ 与 z 轴正向的夹角为 θ,则有

$$\cos\theta = \frac{\boldsymbol{r}'(t) \cdot \boldsymbol{k}}{|\boldsymbol{r}'(t)|} = \frac{\{-R\omega\sin\omega t, R\omega\cos\omega t, v\} \cdot \{0,0,1\}}{\sqrt{(-R\omega\sin\omega t)^2 + (R\omega\cos\omega t)^2 + v^2}} = \frac{v}{\sqrt{(R\omega)^2 + v^2}},$$

可知夹角 θ 与 t 无关,从而与曲线上的点无关,即各点处的夹角都相等.

10.5.3 空间曲线的弧长

若 $\boldsymbol{r}'(t)$ 在区间 $[a,b]$ 上连续,且处处不为零向量,则称曲线 $\boldsymbol{r} = \boldsymbol{r}(t)$ 是 $[a,b]$ 上的**光滑曲线**.

对于在 $[a,b]$ 上光滑或分段光滑的空间曲线,我们可计算其弧长,下面建立弧长的计算公式.

设区间 $[t_0, t_0+\Delta t]$(不妨设 $\Delta t > 0$)上所对应的曲线弧 $\overset{\frown}{M_0 M}$ 的弧长为 Δs(图 10-54),则可以证明当 $|\Delta t|$ 很小时,Δs 与 $|\Delta \boldsymbol{r}|$ 之差为 Δt 的高阶无穷小. 从

$$|\Delta\boldsymbol{r}| = \sqrt{(\Delta x)^2 + (\Delta y)^2 + (\Delta z)^2}$$

以及 $x(t), y(t), z(t)$ 的可导性可知,$|\Delta\boldsymbol{r}|$ 与 $|\mathrm{d}\boldsymbol{r}| = \sqrt{(\mathrm{d}x)^2 + (\mathrm{d}y)^2 + (\mathrm{d}z)^2}$ 之间的差也是 Δt 的高阶无穷小,于是空间曲线的弧长微元

$$\mathrm{d}s = |\mathrm{d}\boldsymbol{r}| = \sqrt{(\mathrm{d}x)^2 + (\mathrm{d}y)^2 + (\mathrm{d}z)^2}$$
$$= \sqrt{[x'(t)]^2 + [y'(t)]^2 + [z'(t)]^2}\,\mathrm{d}t,$$

即

$$\mathrm{d}s = |\mathrm{d}\boldsymbol{r}| = |\boldsymbol{r}'(t)\mathrm{d}t| = |\boldsymbol{r}'(t)|\,\mathrm{d}t.$$

运用定积分的微元法可得曲线 $\boldsymbol{r} = \boldsymbol{r}(t)$ 在区间 $[a,b]$ 上的弧长计算公式

$$s = \int_a^b \mathrm{d}s = \int_a^b |\mathrm{d}\boldsymbol{r}| = \int_a^b |\boldsymbol{r}'(t)|\,\mathrm{d}t$$
$$= \int_a^b \sqrt{[x'(t)]^2 + [y'(t)]^2 + [z'(t)]^2}\,\mathrm{d}t, \tag{10-52}$$

其中 $a < b$.

例 8 求圆柱面螺旋线 $\boldsymbol{r} = \{R\cos\omega t, R\sin\omega t, vt\}$ 在区间 $[0,t]$ 上的弧长.

解 由公式(10-52),得

$$s = \int_0^t |\boldsymbol{r}'(t)|\,\mathrm{d}t = \int_0^t \sqrt{(-R\omega\sin\omega t)^2 + (R\omega\cos\omega t)^2 + v^2}\,\mathrm{d}t$$

$$= \int_0^t \sqrt{R^2\omega^2 + v^2}\, \mathrm{d}t = \sqrt{R^2\omega^2 + v^2}\, t.$$

习题 10.5

（A）

1. 试将下列曲线的一般方程改写为参数方程:

(1) $x^2 + y^2 = 1, x + y + z = 1$;

(2) $x + y + z^2 = 4, x - y + 3z^2 = 6z$.

2. 求下列曲线在指定点处的切线方程:

(1) $C: x = at, y = bt^2, z = ct^3, M_0 = (a, b, c)\ (a \neq 0)$;

(2) $C: x = a\cos t, y = b\sin t, z = ct, M_0 = (a, 0, 2\pi c)\ (c \neq 0)$;

(3) $C: \boldsymbol{r} = \{2\mathrm{ch}\, t, 2\mathrm{sh}\, t, \mathrm{e}^t\}, M_0$ 对应于 $t = \ln 2$;

(4) $C: \boldsymbol{r} = \left\{ t - \sin t, 1 - \cos t, 4\sin \dfrac{t}{2} \right\}, M_0$ 对应于 $t = \dfrac{\pi}{2}$.

3. 画出下列曲线的草图,并分别求出它们在各个坐标面上的投影曲线:

(1) $\begin{cases} x^2 + y^2 = 9, \\ 2x + 3z = 12; \end{cases}$　(2) $\begin{cases} x^2 + y^2 = z^2, \\ x = 1; \end{cases}$　(3) $\begin{cases} x^2 + y^2 + z^2 = 1, \\ (x-1)^2 + (y-1)^2 + z^2 = 1. \end{cases}$

4. 求以曲线 $\begin{cases} x^2 + y^2 + 2z^2 = 1, \\ x^2 - y^2 + z^2 = 1 \end{cases}$ 为准线,母线平行于 z 轴的柱面方程.

5. 求下列曲线在各坐标面上的投影曲线方程:

(1) $x = t, y = t^2, z = t^3$;　　　　　　(2) $\boldsymbol{r} = \{2\cos t, \sin t, 3t\}$.

6. 求下列曲线在指定区间上的弧长:

(1) $\boldsymbol{r}(t) = \left\{ t, \dfrac{\sqrt{6}}{2}t^2, t^3 \right\}, -1 \leqslant t \leqslant 1$;

(2) $\boldsymbol{r}(t) = \left\{ \cos t, \sin t, \dfrac{1}{2}t^{\frac{3}{2}} \right\}, 0 \leqslant t \leqslant 1$;

(3) $\boldsymbol{r}(t) = \{ \mathrm{e}^t\cos t, \mathrm{e}^t\sin t, \mathrm{e}^t \}, 0 \leqslant t \leqslant \ln 2$.

（B）

1. 把下列曲线改写为母线分别平行于 x 轴和 y 轴的两个柱面的交线:

(1) $\begin{cases} x^2 + y^2 + z^2 = 1, \\ x + y = 1; \end{cases}$　　(2) $\begin{cases} 4x + \sqrt{2}y^2 + 2z^2 - 2\sqrt{3}y = 0, \\ 8x - \sqrt{3}y^2 - z^2 + 3\sqrt{2}y = 0. \end{cases}$

2. 证明曲线 $\boldsymbol{r} = \{\mathrm{e}^t\cos t, \mathrm{e}^t\sin t, \mathrm{e}^t\}$ 在 xOy 平面上的投影曲线的极坐标方程为 $\rho = \mathrm{e}^\theta$.

*10.6　数学应用与拓展

曲面的参数表示

在二维平面上,我们用参数方程 $\begin{cases} x = a\cos t, \\ y = a\sin t \end{cases} (0 \leqslant t \leqslant 2\pi)$ 表示一个圆周 L. 这一圆周在三维空间里也可用参数方程表示为

$$L: x = a\cos t, y = a\sin t, z = 0, 0 \leqslant t \leqslant 2\pi.$$

这里增加 $z=0$ 是为确定圆周 L 在 xOy 平面上,如果想要表示一个圆在平面 $z=3$ 上,则可以用方程组

$$\begin{cases} x=a\cos t, \\ y=a\sin t, & 0\leqslant t\leqslant 2\pi \\ z=3 \end{cases}$$

来表示. 现在,如果让 $z=s$,且 s 自由地变化,则

$$\begin{cases} x=a\cos t, \\ y=a\sin t, & 0\leqslant t\leqslant 2\pi, s\in\mathbf{R} \\ z=s \end{cases}$$

在每一个平面 $z=s$ 上都表示一个圆周,这就形成了一个圆柱面. 因此,我们需要用两个参数 t,s 来表示圆柱面.

　　这一结论在一般情况下也是正确的. 一条曲线,不论在二维空间还是三维空间,它本身是一维的. 如果沿着它运动,我们仅仅能够在一个方向上向前或者向后运动,因此只需要一个参数就可以描述一条曲线的轨迹. 一个曲面是二维的,在任意给定的点处有两个独立的方向能够移动,这样就需要两个参数去描述它,即可用方程组

$$\begin{cases} x=f_1(s,t), \\ y=f_2(s,t), \\ z=f_3(s,t) \end{cases} \tag{10-53}$$

所确定的点 (x,y,z) 来描述曲面上的点. 当 s,t 变化时,点 (x,y,z) 相应地遍历整个曲面 S. 方程组 (10-53) 就是描述曲面 S 的参数表示式或称为**曲面 S 的参数方程**.

　　用向量的方法,我们也可以用曲面 S 上点所确定的位置向量

　　$$\boldsymbol{r}(t,s)=f_1(t,s)\boldsymbol{i}+f_2(t,s)\boldsymbol{j}+f_3(t,s)\boldsymbol{k} \qquad (10-54)$$

来表示曲面,(10-54)式称为曲面的向量形式表示. 例如上面提及的圆柱面的向量形式方程为

　　$$\boldsymbol{r}(t,s)=a\cos t\boldsymbol{i}+a\sin t\boldsymbol{j}+s\boldsymbol{k}=\{a\cos t,a\sin t,s\}$$

　　又如一个平面,它含有两个不平行的向量 $\boldsymbol{v}_1,\boldsymbol{v}_2$,以及一个位置向量为 $\boldsymbol{r}_0$ 的点 P_0(图 10-55). 那么平面上任意一点 $P=(x,y,z)$ 与 P_0 所形成的向量 $\overrightarrow{P_0P}$ 都可以表示为向量 $\boldsymbol{v}_1$ 与 $\boldsymbol{v}_2$ 的线性组合

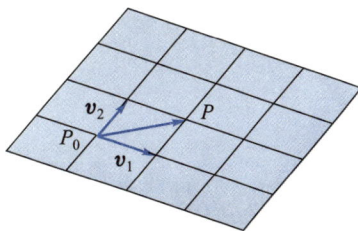

图 10-55

$$\overrightarrow{P_0P}=t\boldsymbol{v}_1+s\boldsymbol{v}_2.$$

若记点 P 的位置向量为 $\boldsymbol{r}$,则上式可写成

$$\boldsymbol{r}=\boldsymbol{r}_0+t\boldsymbol{v}_1+s\boldsymbol{v}_2.$$

若设 $\boldsymbol{v}_1=\{a_1,a_2,a_3\}$,$\boldsymbol{v}_2=\{b_1,b_2,b_3\}$,$\boldsymbol{r}_0=\{x_0,y_0,z_0\}$,则上式可用坐标分量形式写成

$$\begin{cases} x=x_0+a_1 t+b_1 s, \\ y=y_0+a_2 t+b_2 s, \\ z=z_0+a_3 t+b_3 s. \end{cases} \tag{10-55}$$

(10-55)式称为**平面的参数方程**.

下面讨论旋转曲面的参数方程.

设 yOz 平面上的曲线 $C:\begin{cases} y=f(s), \\ z=g(s) \end{cases}$ 绕 z 轴旋转形成旋转曲面 Σ (图 10−56),下面求该旋转曲面的参数方程.

在曲面 Σ 上任取一点 $M(x,y,z)$,由于 Σ 是由曲线 C 绕 z 轴旋转而成,所以点 M 必定是曲线 C 上的某个点 $M_0(0,y_0,z_0)=(0,f(s),g(s))$ 绕 z 轴旋转 t 角而得(图 10−56).于是有

$$\begin{cases} x=f(s)\cos t, \\ y=f(s)\sin t, \\ z=g(s), \end{cases} \qquad (10{-}56)$$

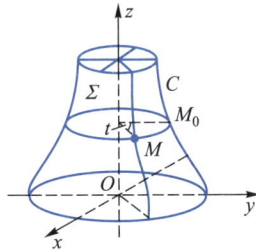

这就是旋转曲面 Σ 的参数方程.

图 10−56

例 求球面 $x^2+y^2+z^2=R^2$ 的参数方程.

解 该球面是由 yOz 坐标面内的圆 $C:\begin{cases} y=R\sin s, \\ z=R\cos s \end{cases}$ 绕 z 轴旋转而成,代入公式(10−56)得球面的参数方程为

$$\begin{cases} x=R\sin s\cos t, \\ y=R\sin s\sin t, \\ z=R\cos s. \end{cases}$$

练习 1 求过点 $(1,3,4)$ 且与向量 $n=\{2,1,-1\}$ 垂直的平面的参数方程.

练习 2 下面两个平面 $\begin{cases} x=2+s+t, \\ y=4+s-t, \\ z=1+2s \end{cases}$ 和 $\begin{cases} x=2+s+2t, \\ y=t, \\ z=s-t \end{cases}$ 是否平行?

练习 3 求球心在 $M_0(x_0,y_0,z_0)$,半径为 $R(R>0)$ 的球面的参数方程.

第 10 章总习题

1. 设向量 r 的三个方向角满足关系式 $\alpha:\beta:\gamma=1:1:2$,试求 r°.

2. 若四面体 $ABCD$ 中有 $AB\perp CD$,$AC\perp BD$,用向量方法证明必有 $AD\perp BC$.

3. 已知 $|a|=4$,$|b|=5$,$(b)_a=1.5$,求 $(a)_b$.

4. 设向量 a,b,c 满足关系式 $a+b+c=0$,证明 $a\times b=b\times c=c\times a$.

5. 试用 $|a|$,$|b|$ 和 $|a+b|$ 表示 $|a-b|$.

6. 已知 $a\times b=\{-1,-2,3\}$,求 $(3a-4b)\times(5a-7b)$.

7. 设有三个力 $F_1=\{1,-1,3\}$,$F_2=\{-2,1,-4\}$,$F_3=\{3,-4,5\}$ 同时作用于一个质点,使质点从原点沿直线方向运动到 $A=(-2,-1,2)$,求合力 R 所做的功(力的单位是 N,距离单位是 m).

8. 在杠杆上,支点 O 的一侧与点 O 的距离为 x_1 的点 P_1 处有一个与 $\overrightarrow{OP_1}$ 成角 θ_1 的力 F_1 作用着;在点 O 的另一侧与点 O 的距离为 x_2 的点 P_2 处有一个与 $\overrightarrow{OP_2}$ 成角 θ_2 的力 F_2 作用着,且 F_1,F_2 和 P_1P_2 在同一平面内如题图 8 所示.问 $\theta_1,\theta_2,x_1,x_2,|F_1|,|F_2|$ 之间符

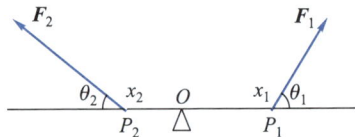

题图 8

合怎样的条件,才能使此杠杆保持平衡.

9. 在下列各题中,求出满足给定条件的平面方程:

(1) 通过点 $(-1,1,-1)$ 且在 x 轴,y 轴,z 轴上截距之比为 $1:2:3$;

(2) 通过 $A=(2,-4,3)$ 和 $B=(3,2,0)$ 两点,且平行于 x 轴;

(3) 通过直线 $\begin{cases} 9x+5z-2=0, \\ 3x+8y+5z+8=0 \end{cases}$ 且与球面 $x^2+y^2+z^2=1$ 相切;

(4) 过两条平行直线

$$L_1:\frac{x}{3}=\frac{y-1}{1}=\frac{z+1}{-2},\quad L_2:\frac{x-2}{-3}=\frac{y+1}{-1}=\frac{z+1}{2};$$

(5) 平分由平面 $x-2y+3z+1=0$ 和 $2x+3y-z-2=0$ 所构成的二面角;

(6) 过点 $(1,2,-1)$ 且与两平面

$$\varPi_1:x+y-z+1=0,\varPi_2:x-y-z+5=0$$

的夹角都是 $\dfrac{\pi}{4}$.

10. 写出以直线 $\begin{cases} x+y-z-2=0, \\ x-y+z=0 \end{cases}$ 为准线,母线平行于直线 $x=y=z$ 的柱面方程.

11. 在下列各题中,求出满足给定条件的直线方程:

(1) 位于平面 $\varPi_1:x-y+z-2=0$ 上,且与平面 $\varPi_2:2x+2y-z=0$ 保持距离为 2;

(2) 过点 $M_0=(2,-1,2)$,且与两条直线

$$L_1:\frac{x-1}{1}=\frac{y-1}{0}=\frac{z-1}{1},\quad L_2:\frac{x-2}{1}=\frac{y-1}{1}=\frac{z+3}{-3}$$

同时相交;

(3) 同时与两条直线

$$L_1:\frac{x+2}{1}=\frac{y}{0}=\frac{z-2}{-1},\quad L_2:\frac{x-1}{0}=\frac{y+1}{1}=\frac{z}{2}$$

垂直且相交;

(4) 过点 $M_0=(-2,-2,3)$,与平面 $2x+y+z+1=0$ 平行,且与直线 $\dfrac{x-1}{-2}=\dfrac{y+7}{3}=\dfrac{z-4}{-1}$ 相交.

12. 在下列各题中,求给定直线 L 绕 z 轴旋转所形成的旋转曲面,并指出其名称:

(1) $\dfrac{x-1}{1}=\dfrac{y-1}{1}=\dfrac{z-1}{1}$;　　　(2) $\dfrac{x-1}{0}=\dfrac{y-1}{1}=\dfrac{z-1}{1}$;

(3) $\dfrac{x-1}{0}=\dfrac{y-1}{0}=\dfrac{z-1}{1}$.

13. 试证明到三个定点 $A=(1,0,0),B=(0,1,0),C=(0,0,1)$ 距离之比为

$$MA:MB:MC=1:\sqrt{2}:\sqrt{3}$$

的动点 $M=(x,y,z)$ 的轨迹是平面 $x-2y+z=0$ 上的一个圆.

14. 试在平面 $x+2y+2z=2$ 与三个坐标面所构成的四面体内作一个内切球,求出球面的方程.

15. 试求下列立体在 xOy 平面上的投影区域.

(1) $\varOmega$ 由曲面 $x^2+y^2-z^2=a^2$ 和平面 $|z|=a(a>0)$ 围成;

(2) $\varOmega$ 由曲面 $(x^2+y^2+z^2)^2=a^3z(a>0)$ 围成.

16. 设质点 P,Q 在空间做匀速直线运动,它们在时刻 $t=0$ 时的位置向量分别是

$$\boldsymbol{r}_1=\{1,-8,-13\},\boldsymbol{r}_2=\{-5,10,11\},$$

而它们的速度向量分别是

$$\boldsymbol{v}_1 = \{0,1,1\}, \boldsymbol{v}_2 = \{1,3,-1\},$$

（1）试分别写出两质点运动的轨迹方程，并说明它们是两条异面直线；

（2）试求这两条异面直线之间的最短距离；

（3）试求这两个运动质点之间的最短距离；

（4）设两个质点的质量分别为 m_P 和 m_Q，求由这两个质点构成的运动质点系的质心运动轨迹也一定是一条直线.

17. 描绘出下列各组曲面（或平面）所围成立体的草图：

（1）$x=0, y=0, z=0, x=1, y=2, 2x+3y+4z=12$；

（2）$y=\sqrt{x}, y=2\sqrt{x}, z=0, x+z=6$；

（3）$z=x^2+y^2, y=x^2, y=1, z=0$；

（4）$z=\sqrt{x^2+y^2}, x=0, y=0, z=0, x=3, y=4$；

（5）$z=1-x^2-y^2, x=0, y=0, z=0, x+y=1.$

第 10 章部分习题
参考答案

第 11 章 多元函数微分学

函数是联系数学理论和现实世界的重要工具.在上册我们讨论了只有一个自变量的函数,但在实际生活和工作中经常会遇到由多种因素共同作用来决定某个事物的发展变化的现象,此时要利用数学语言来描述这一过程,就需要用到含有多个自变量的函数,即多元函数.本章将讨论多元函数的基本概念、多元函数微分法及其应用.为了叙述方便,我们将主要以二元函数为例进行研究.因为从一元函数到二元函数,在内容和研究方法上都有一些实质性的差别,而从二元函数到含有更多自变量的多元函数,基本上只是做一些简单的推广,没有本质的区别.

学习本章的内容时,要注意将多元函数与一元函数对照,弄清楚它们之间的异同,特别要注意它们之间的差异,这样才能更好地掌握多元函数微分学的相关知识.

11.1 多 元 函 数

11.1.1 点集的基本知识

一元函数是定义在数轴 $\mathbf{R}^1$ 的一个子集上的函数,在讨论一元函数时,$\mathbf{R}^1$ 上的区间、邻域、点与点的距离等概念经常被提及.为了将一元函数的概念推广到多元函数,首先需要将上述概念进行推广.下面我们首先介绍平面点集 $\mathbf{R}^2$ 的相关概念,然后进一步推广并建立 n 维空间 $\mathbf{R}^n$ 中有关点集的基本概念.

A. 平面点集

我们知道,通过平面直角坐标系可以建立坐标平面上的点 P 与二元有序实数组 (x,y) 之间的一一对应关系,因此,有序实数组 (x,y) 的全体,即集合

$$\mathbf{R}^2 = \{(x,y) \mid x,y \in \mathbf{R}\}$$

就表示了坐标平面.

平面点集是指坐标平面上具有某种性质 p 的点的集合,常记为

$$E = \{(x,y) \mid (x,y) \text{ 具有性质 } p\}.$$

例如,平面上以点 (a,b) 为圆心,r 为半径的圆内所有点的集合为

$$C = \{ (x,y) \mid \sqrt{(x-a)^2 + (y-b)^2} < r \}.$$

以下关于平面点集的一些基本概念是讨论二元函数时经常会遇到的.

（1）**δ 邻域**　以点 $P_0(x_0,y_0)$ 为圆心、$\delta>0$ 为半径的圆内（不含圆周）的点构成的点集称为点 P_0 的 δ **邻域**（图 11-1），记为 $N(P_0,\delta)$，用不等式表示为

$$\sqrt{(x-x_0)^2 + (y-y_0)^2} < \delta.$$

如果不强调 δ 邻域的半径，也可简单记 $N(P_0,\delta)$ 为 $N(P_0)$，并称之为点 P_0 的**邻域**.

（2）**去心 δ 邻域**　在点 P_0 的 δ 邻域中除去点 P_0 后所得的点集称为点 P_0 的**去心 δ 邻域**. 记为 $\hat{N}(P_0,\delta)$，用不等式表示为

$$0 < \sqrt{(x-x_0)^2 + (y-y_0)^2} < \delta.$$

如图 11-2 所示，我们将去心 δ 邻域的圆心 P_0 画为空心点.

（3）**内点**　设 P 是平面上点集 E 中的一点. 若存在点 P 的某 δ 邻域 $N(P,\delta)$ 使 $N(P,\delta) \subset E$，则称点 P 为点集 E 的**内点**. 如图 11-3 所示，P_1,P_2,P_3 均为 E 中的点，但点 P_1 为 E 的内点，点 P_2 与点 P_3 不是 E 的内点.

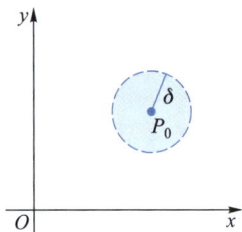
图 11-1

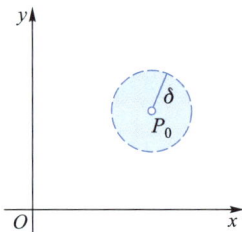
图 11-2

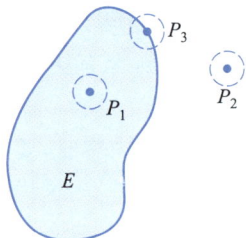
图 11-3

（4）**外点**　设对平面上的点 P 及平面点集 E，若存在点 P 的某一 δ 邻域 $N(P,\delta)$ 使 $N(P,\delta) \cap E = \varnothing$，则称点 P 为点集 E 的**外点**.

（5）**边界点与边界**　如果点 P 的任一邻域内既含有属于平面点集 E 的点，又含有不属于 E 的点，就称点 P 为点集 E 的**边界点**. 如图 11-3 中的点 P_3 为 E 的边界点.

点集 E 的边界点的全体称为 E 的**边界**，记作 ∂E.

E 的内点必属于 E，E 的外点必不属于 E，而 E 的边界点可能属于 E，也可能不属于 E.

（6）**聚点**　如果对于任意给定的实数 $\delta>0$，点 P 的去心 δ 邻域 $\hat{N}(P,\delta)$ 内总有 E 中的点，则称 P 是 E 的**聚点**.

由定义可知，点集 E 的聚点可以属于 E，也可以不属于 E. E 的内点一定都是 E 的聚点.

下面根据点集中所属点的特征来给出一些重要的平面点集的定义.

（7）**连通集**　给定点集 E，如果对于其中任意两点 P_1 和 P_2，都可以找到一条折线将这两点联结起来，并且该折线上每一点都属于 E，则称点集 E 是**连通集**. 例如图 11-1、图 11-2 中的点集为连通集，而图 11-3 中的点集不是连通集.

（8）**区域（开区域）**　若点集 E 为连通集，并且 E 中每个点都是 E 的内点，则称点集 E 为一个**区域**（或**开区域**）. 例如图 11-1 中的点集是连通集，且点集中每一点都是内点，因此该点集是区域. 而集合 $D = \{ (x,y) \mid x^2+y^2 \leq 1 \}$ 不是区域，因为其边界上的点属于点集 D 但不是内点.

图 11-3 中的点集也不是区域,因为该点集不连通.

（9）**闭区域**　开区域及其边界的并集称为闭区域.例如集合 $D=\{(x,y)\mid x^2+y^2\leqslant 1\}$ 是闭区域,因为集合 D 的边界都属于 D,且去掉边界之后为开区域.

（10）**有界集和有界区域**　若点集 E 可以包含于一个以原点为圆心,适当大的数 r 为半径的圆内,即 $E\subset N(O,r)$,则称点集 E 为**有界集**.点集 E 不是有界集时,称之为**无界集**.若区域 D（或闭区域 D）为有界集,则称 D 为**有界区域**（或**有界闭区域**）.若区域 D（或闭区域 D）为无界集,则称 D 为**无界区域**（或**无界闭区域**）.例如,集合 $D=\{(x,y)\mid x^2+y^2\leqslant 1\}$ 是有界闭区域,而集合 $S=\{(x,y)\mid x>0,y>0\}$ 为无界区域.

B. n 维空间

对正整数 $n>2$,我们用 $\mathbf{R}^n$ 表示 n 元有序实数组 $(x_1,x_2,\cdots,x_n)$ 的全体所成的集合,即

$$\mathbf{R}^n=\{(x_1,x_2,\cdots,x_n)\mid x_i\in\mathbf{R},i=1,2,\cdots,n\}.$$

通过直角坐标系可以建立 $\mathbf{R}^3$ 中的元素与三维空间中的点的一一对应关系,因而集合 $\mathbf{R}^3$ 也被称为**三维空间**.类似地我们也称集合 $\mathbf{R}^n$ 为 n **维空间**,称元素 $(x_1,x_2,\cdots,x_n)$ 为 n 维空间中的点,而实数 $x_1,x_2,\cdots,x_n$ 称为该点的**坐标**.与三维空间类似,n 维空间中两点 $P(x_1,x_2,\cdots,x_n)$ 与 $Q(y_1,y_2,\cdots,y_n)$ 之间的距离定义为

$$\rho(P,Q)=\sqrt{(x_1-y_1)^2+(x_2-y_2)^2+\cdots+(x_n-y_n)^2},$$

n 维空间中的点集是指具有某种性质 p 的 n 元实数组的集合,即

$$E=\{(x_1,x_2,\cdots,x_n)\mid(x_1,x_2,\cdots,x_n)\text{ 具有性质 }p\},$$

且前面关于二维空间 $\mathbf{R}^2$ 中点集的所有概念都可以推广到 n 维空间.例如可类似地定义 n 维空间中点 $P(x_1,x_2,\cdots,x_n)$ 的去心 δ 邻域为

$$\hat{N}(P,\delta)=\{(y_1,y_2,\cdots,y_n)\mid 0<\sqrt{(y_1-x_1)^2+(y_2-x_2)^2+\cdots+(y_n-x_n)^2}<\delta\},$$

等等.

11.1.2　多元函数的概念

A. 二元函数的定义

在实践中我们常常遇到因变量依赖于多个自变量的情形.

例1　底面半径为 r、高为 h 的圆柱体体积 V 的计算公式为

$$V=\pi r^2h(r>0,h>0),$$

其中,底面半径 r 与高 h 是相互独立的两个自变量,当它们在 $r>0,h>0$ 的范围内任意取定一对值之后,体积 V 有唯一确定的值与之对应.

例2　一定量的理想气体的压强 p 与容器体积 V、绝对温度 T 之间有以下关系

$$p=\frac{RT}{V}(V>0,T>0,R\text{ 为常量}),$$

其中,V 和 T 是相互独立的两个自变量,当它们在 $V>0,T>0$ 的范围内任意取定一对值时,压强 p 有唯一确定的值与之对应.

以上两例的具体意义虽不相同,但它们在数学特征上却有明显的共性.我们将这种共性抽象成如下二元函数的概念.

定义 设有三个变量 x, y 与 z,如果对变量 x, y 在一定范围 D 内所取的每一对值,变量 z 按照一定的规律总有唯一确定的值与之对应,则称 z 为 x, y 的**二元函数**,记作

$$z = f(x, y) \quad \text{或} \quad z = z(x, y),$$

其中,x, y 称为**自变量**,z 称为**函数**(或**因变量**). 自变量 x, y 的取值范围 D 称为这个二元函数的**定义域**.

当自变量 x, y 分别取 x_0, y_0 时,函数 z 的对应值 z_0 记为 $f(x_0, y_0)$.

类似地可以定义三元函数 $u = f(x, y, z)$ 及三元以上的函数. 二元及二元以上的函数统称为**多元函数**.

一元函数 $y = f(x)$ 的自变量 x 可以看作 x 轴上一点 P 的坐标,定义域 D 可以看作 x 轴上的一个点集. 类似地,二元函数 $z = f(x, y)$ 的自变量 x, y 可以看作 xOy 平面上一点 P 的坐标,定义域 D 可以看作 xOy 平面上的一个点集,三元函数也类似. 因此,无论是一元函数还是多元函数,都可以把自变量看作一点 P 的坐标,于是一元函数与多元函数可以统一地记为 $u = f(P)$,它表示对于定义域 D 中的任意一点 P,函数 u 都有一个唯一的值与之对应. 这样表示的函数称为**点函数**. 点函数的符号 $f(P)$ 不仅可以使函数的表示式更加简洁,而且可以更方便地把多元函数与一元函数联系与对照.

B. 多元函数的定义域

与一元函数类似,如果一个多元函数是从实际问题中产生的,那么这一函数的定义域应根据实际问题来确定. 如例 1 中圆柱体底面半径 r 与高 h,以及例 2 中理想气体的体积 V 与温度 T,它们都应该取正值. 对于由数学式子表示的函数 $z = f(x, y)$,我们约定,如果未说明自变量的变化范围,那么它的定义域就是使该数学式子有意义的那些自变量值的全体. 因此,根据表示多元函数的数学式子求函数定义域的问题,就是要求出使该数学式子有意义的自变量的取值范围.

例 3 求下列函数的定义域:

(1) $z = \arcsin \dfrac{x^2 + y^2}{2} + \sqrt{x^2 + y^2 - 1}$;

(2) $z = \ln(y - x) + \dfrac{\sqrt{x}}{\sqrt{1 - x^2 - y^2}}$.

解 (1) 函数的定义域由不等式组

$$-1 \leqslant \frac{x^2 + y^2}{2} \leqslant 1 \quad \text{与} \quad x^2 + y^2 \geqslant 1$$

确定,即

$$1 \leqslant x^2 + y^2 \leqslant 2.$$

定义域的图形是包括边界在内的圆环(图 11-4).

(2) 定义域由不等式组

$$y - x > 0, x \geqslant 0, x^2 + y^2 < 1$$

确定. 如图 11-5,定义域是第一卦限的角平分线上方,y 轴右方及单位圆内部的阴影部分,含 y 轴上的一部分边界,但不含圆周及角平分线上那部分边界(图 11-5).

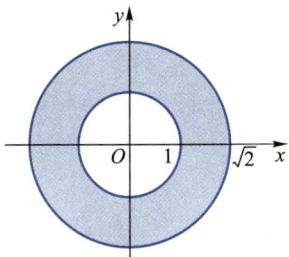

图 11-4

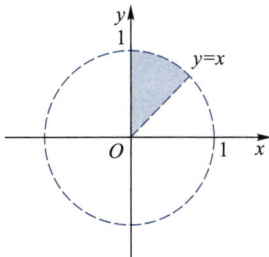

图 11-5

11.1.3 二元函数的几何表示

在第 10 章中我们已经知道,三元一次方程的图形是平面,三元二次方程的图形通常为二次曲面. 一般地,含三个变量 x,y,z 的方程 $F(x,y,z)=0$ 通常表示空间的一张曲面. 对于二元函数 $z=f(x,y)$,设 $P_0(x_0,y_0)$ 为其定义域 D 中的一点,记与 P_0 对应的函数值为 $z_0=f(x_0,y_0)$,则在空间直角坐标系 $Oxyz$ 中可以作出点 $M_0(x_0,y_0,z_0)$. 当点 $P(x,y)$ 在定义域 D 中变动时,对应点 $M(x,y,z)$ 的轨迹通常是一张曲面,这就是函数 $z=f(x,y)$ 的几何图形. 如图 11-6 所示,函数的定义域 D 就是这一曲面在 xOy 平面上的投影.

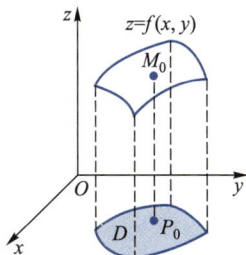

图 11-6

例 4 作下列函数的图形:

(1) $z=\sqrt{1-x^2-y^2}$; (2) $z=\sqrt{x^2+y^2}$.

解 (1) 定义域为 $x^2+y^2\leq1$,即单位圆的内部及其边界. 方程 $z=\sqrt{1-x^2-y^2}$ 等价于

$$\begin{cases} z^2=1-x^2-y^2, \\ z\geq0, \end{cases}$$

于是由空间解析几何可知,函数 $z=\sqrt{1-x^2-y^2}$ 的图形是球心在原点,半径为 1 的上半球面,如图 11-7(a) 所示.

(2) 由空间解析几何知,函数 $z=\sqrt{x^2+y^2}$ 的图形是圆锥面的上半部分,如图 11-7(b) 所示.

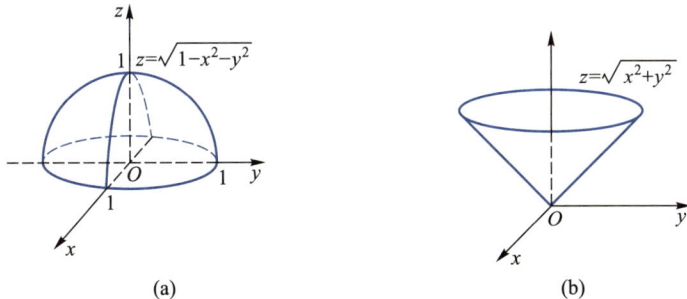

(a) (b)

图 11-7

由于一般的三维空间中的曲面 $z=f(x,y)$ 在二维的纸面上画出其图形通常是非常困难和烦

琐的,而在工程上常常需要更清楚地了解曲面(或函数)$z=f(x,y)$的形状(或变化情况),因此人们常常通过画等值线族的方法来反映曲面(或函数)$z=f(x,y)$的变化.

对 h 的一系列不同的值 $h_i(i=1,2,\cdots)$,用水平平面 $z=h_i$ 去截曲面 $z=f(x,y)$,然后把这些截线投影到 xOy 平面,得到一系列的曲线.在每一条这种曲线上,各点处函数 $z=f(x,y)$ 都有相同的函数值 h_i.因此称这些曲线为函数 $z=f(x,y)$ 的**等值线**.

地理学上用等高线画地图的方法是一个最典型的例子.如图 11-8(a) 通过建立直角坐标系,可以将山坡的表面用二元函数 $z=f(x,y)$ 表示,用平面 $z=h_i$ 截此曲面,并将截线投影到 xOy 平面上就得到了图 11-8(b) 中所示的等值线族,地理学上也称为**等高线**.在同一等高线上不同点处的海拔高度都是相同的.

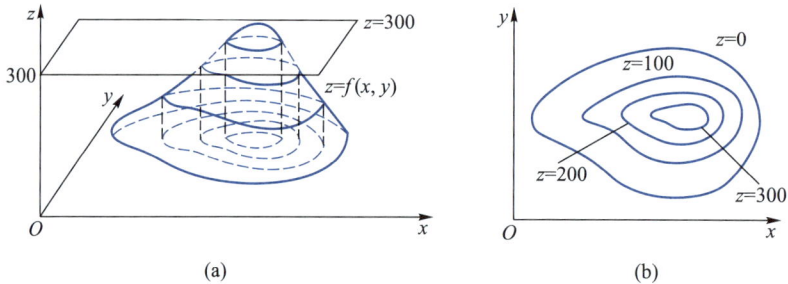

(a)   (b)

图 11-8

又如在船体设计中,通常将船体最低点所在的水平平面称为基线面.用一系列平行于基线面的平面截船体外壳,称截线为**水线**,它们在基线面(设为 xOy 平面)上的投影就是函数的等值线.在图 11-9 中画出了一条船离基线面高度为 2 000 mm,4 000 mm,6 000 mm 处的三条水线,由这些等值线容易了解船体的形状.

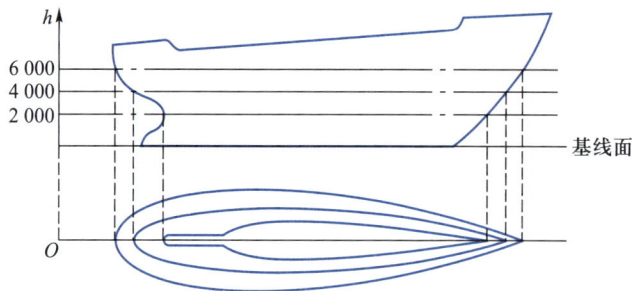

图 11-9

由于二元函数 $z=f(x,y)$ 共有三个变量,因此三维空间中的曲面可以作为二元函数的几何表示.而三元函数

$$u=f(x,y,z)$$

有四个变量,因此无法用三维空间的几何图形来表示,但是三元函数的等值线 $u=h_i$,即

$$f(x,y,z)=h_i$$

通常能确定三维空间的一张曲面,它就是三元函数的**等值面**,在同一等值面上每一点处的函数

值 u 都相同. 气象学中的等温面和等压面, 电子学中的等位面等都是用三元函数的等值面来确定的. 根据一点邻近处的等值面的疏密可直观地看出函数在这点邻近的变化状况.

例 5　画出理想气体状态方程 $T=\dfrac{pV}{R}$ 的等值线.

解　由 $T=h$, 得

$$V=\frac{Rh}{p}.$$

对 h 的三个值 $h_1, h_2, h_3 (0<h_1<h_2<h_3)$, 可画出三条等值线如图 11-10(a) 所示. 而曲面 $T=\dfrac{pV}{R}$ $(p>0, V>0)$ 是马鞍面的一部分, 如图 11-10(b) 所示.

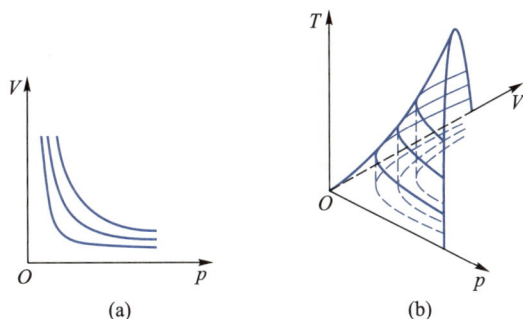

图 11-10

11.1.4　多元函数的极限

我们知道, 一元函数 $y=f(x)$ 的极限 $\lim\limits_{x \to x_0} f(x)=A$ 的意义是, 当点 x 无限趋于点 x_0 时, 函数值 $f(x)$ 无限趋于常数 A. 由于在数轴上点 x 可从 x_0 的左边或者右边趋于 x_0, 因而我们有左极限与右极限的概念.

现在要考虑二元函数 $z=f(x,y)$ 的极限, 这就是要考察当平面上的点 $P(x,y)$ 无限趋于点 $P_0(x_0,y_0)$ 时, 函数 $z=f(x,y)$ 的变化趋势. 在平面上, 点 $P(x,y)$ 趋于点 $P_0(x_0,y_0)$ 的方式可以是多种多样的, 例如 P 可以沿着经过 P_0 的任意一条直线趋于 P_0, 也可以沿经过 P_0 的任意一条曲线趋于 P_0. 由 P 趋于 P_0 的方式的多样性可知, 对二元函数不再有左极限和右极限的概念. 但是不管采取哪种方式, 只要点 $P(x,y)$ 趋于点 $P_0(x_0,y_0)$, 则点 P 与点 P_0 的距离

$$|P_0P|=\sqrt{(x-x_0)^2+(y-y_0)^2}$$

趋于零. 因此总可以用 $|P_0P| \to 0$ 表示 $P(x,y) \to P_0(x_0,y_0)$ 的变化过程.

由于二元函数 $z=f(x,y)$ 在点 $P(x,y)$ 趋于点 $P_0(x_0,y_0)$ 的极限反映的是当 $P(x,y)$ 向 $P_0(x_0,y_0)$ 无限趋近的过程中函数 $f(x,y)$ 的变化趋势, 这意味着在 $P_0(x_0,y_0)$ 的任意去心邻域内都应存在使 $f(x,y)$ 有定义的点, 因此 $P_0(x_0,y_0)$ 应为函数 $z=f(x,y)$ 的定义域上的聚点.

定义　设函数 $z=f(x,y)$ 的定义域为 $D, P_0(x_0,y_0)$ 是 D 的聚点. 如果对任意给定的正数 ε,

总存在正数 δ,使得当点 $P(x,y) \in D \cap \hat{N}\ (P_0,\delta)$ 时,都有

$$|f(P)-A| = |f(x,y)-A| < \varepsilon,$$

则称常数 A 为函数 $z=f(x,y)$ 当 $(x,y) \to (x_0,y_0)$ 时的极限,记作

$$\lim_{(x,y) \to (x_0,y_0)} f(x,y) = A,$$

也记作

$$\lim_{P \to P_0} f(P) = A.$$

　　为区别于一元函数的极限,我们也称二元函数的极限为**二重极限**.

　　三元及三元以上的多元函数的极限可以类似定义.

　　例 6　证明:$\displaystyle\lim_{(x,y) \to (0,0)} (x^2+y^2) \sin \frac{1}{x^2+y^2} = 0.$

　　证　函数 $f(x,y) = (x^2+y^2) \sin \dfrac{1}{x^2+y^2}$ 的定义域为 $\mathbf{R}^2 - \{(0,0)\}$. 由于

$$\left| f(x,y)-0 \right| = \left| (x^2+y^2) \sin \frac{1}{x^2+y^2} -0 \right| \leqslant x^2+y^2,$$

所以对于任给的 $\varepsilon > 0$,要使

$$\left| (x^2+y^2) \sin \frac{1}{x^2+y^2} -0 \right| < \varepsilon,$$

只要 $x^2+y^2 < \varepsilon$ 即可. 故取 $\delta = \sqrt{\varepsilon}$,则当 $0 < \sqrt{x^2+y^2} < \delta$,即 $(x,y) \in \hat{N}\ (0,\delta)$ 时,就有

$$\left| f(x,y)-0 \right| = \left| (x^2+y^2) \sin \frac{1}{x^2+y^2} \right| \leqslant x^2+y^2 < \delta^2 = \varepsilon,$$

所以

$$\lim_{(x,y) \to (0,0)} (x^2+y^2) \sin \frac{1}{x^2+y^2} = 0.$$

　　求一元函数极限的四则运算法则、夹逼定理等法则可以推广到多元函数. 在进行多元函数极限的证明和计算时,这些法则是很有用的. 例如,例 6 还有以下两种解法:

　　解一　$\displaystyle\lim_{(x,y) \to (0,0)} (x^2+y^2) \sin \frac{1}{x^2+y^2} = \lim_{(x,y) \to (0,0)} x^2 \sin \frac{1}{x^2+y^2} + \lim_{(x,y) \to (0,0)} y^2 \sin \frac{1}{x^2+y^2},$

由于函数 x^2 与 y 无关,所以 $\displaystyle\lim_{(x,y) \to (0,0)} x^2 = \lim_{x \to 0} x^2 = 0$,可见当 $(x,y) \to (0,0)$ 时 $x^2 \sin \dfrac{1}{x^2+y^2}$ 是无穷小

与有界量的乘积,其极限为零. 类似地有 $\displaystyle\lim_{(x,y) \to (0,0)} y^2 \sin \frac{1}{x^2+y^2} = 0$. 因此

$$\lim_{(x,y) \to (0,0)} (x^2+y^2) \sin \frac{1}{x^2+y^2} = 0+0 = 0.$$

　　解二　令 $u=x^2+y^2$,则 $(x,y) \to (0,0)$ 等价于 $u=x^2+y^2 \to 0$. 因此有

$$\lim_{(x,y) \to (0,0)} (x^2+y^2) \sin \frac{1}{x^2+y^2} = \lim_{u \to 0} u \sin \frac{1}{u} = 0.$$

这里我们通过变量代换将二元函数的极限问题化为一元函数的极限问题.

例 7 证明：$\lim\limits_{(x,y)\to(0,0)}\dfrac{x^2y}{x^2+y^2}=0.$

证一 由重要不等式 $x^2+y^2\geq 2\,|x|\,|y|$ 可得

$$0\leq\left|\frac{x^2y}{x^2+y^2}\right|=|x|\frac{|xy|}{x^2+y^2}\leq|x|\frac{\frac{1}{2}(x^2+y^2)}{x^2+y^2}=\frac{1}{2}|x|,$$

即

$$-\frac{1}{2}|x|\leq\frac{x^2y}{x^2+y^2}\leq\frac{1}{2}|x|.$$

而

$$\lim_{(x,y)\to(0,0)}\left(\pm\frac{1}{2}|x|\right)=\lim_{x\to 0}\left(\pm\frac{1}{2}|x|\right)=0,$$

于是由夹逼定理得

$$\lim_{(x,y)\to(0,0)}\frac{x^2y}{x^2+y^2}=0.$$

证二 本例也可以利用极坐标证明：由于 $x=\rho\cos\theta,y=\rho\sin\theta$，故 $(x,y)\to(0,0)$ 等价于 $\rho\to 0$. 因此

$$\lim_{(x,y)\to(0,0)}\frac{x^2y}{x^2+y^2}=\lim_{\rho\to 0}\frac{\rho^3\cos^2\theta\sin\theta}{\rho^2}=\lim_{\rho\to 0}\rho\cos^2\theta\sin\theta.$$

由于上式右边为无穷小量 ρ 与有界量 $\cos^2\theta\sin\theta$ 的乘积，因此有

$$\lim_{(x,y)\to(0,0)}\frac{x^2y}{x^2+y^2}=0.$$

对于一元函数，若 x 从 x_0 的左边或右边无限趋于 x_0 时函数 $f(x)$ 的极限存在并且相等，则 $\lim\limits_{x\to x_0}f(x)$ 存在，其逆命题也真. 而二元函数的极限存在，是指当点 $P(x,y)$ 以任意方式趋于点 $P_0(x_0,y_0)$ 时，函数都无限趋于 A. 因此，如果只知道点 P 以某些特殊方式趋于点 P_0 时函数都趋于某一确定值，这样尚不能断定函数的极限存在. 但是，只要发现点 P 以两种不同方式趋于点 P_0 时函数趋于不同的值，则立即可以断定函数在点 P_0 的极限不存在.

例 8 讨论二元函数：

$$f(x,y)=\begin{cases}\dfrac{xy}{x^2+y^2}, & x^2+y^2\neq 0,\\[2mm] 0, & x^2+y^2=0,\end{cases}$$

当 $P(x,y)$ 趋于 $O(0,0)$ 时极限是否存在.

解 当 $P(x,y)$ 沿着经过原点的直线 $y=kx$ 趋于点 $(0,0)$ 时，函数 $f(x,y)=f(x,kx)=\dfrac{k}{1+k^2}$，所以

$$\lim_{(x,y)\to(0,kx)}f(x,y)=\lim_{x\to 0}\frac{k}{1+k^2}=\frac{k}{1+k^2}.$$

其极限值随着直线斜率 k 的不同而不同. 因此二重极限 $\lim\limits_{(x,y)\to(0,0)}f(x,y)$ 不存在.

11.1.5　多元函数的连续性

A. 连续的概念

二元函数连续的概念与一元函数类似.

定义　设函数 $z=f(x,y)$ 的定义域为 D, $P_0(x_0,y_0)\in D$ 且为 D 的聚点, 如果

$$\lim_{(x,y)\to(x_0,y_0)}f(x,y)=f(x_0,y_0),$$

就称函数 $z=f(x,y)$ 在点 P_0 处连续, 并称 P_0 为函数的连续点.

如果函数 $z=f(x,y)$ 在点 $P_0(x_0,y_0)$ 处不连续, 则称 P_0 为函数的不连续点或间断点.

函数在一点处连续的定义也可以用增量形式表示. 若在点 $P_0(x_0,y_0)$ 处, 自变量 x,y 分别取得增量 $\Delta x,\Delta y$, 则函数 z 的对应增量为

$$\Delta z=f(x_0+\Delta x,y_0+\Delta y)-f(x_0,y_0),$$

这个增量称为函数 $z=f(x,y)$ 在点 P_0 处的**全增量**. 若记 $x=x_0+\Delta x$, $y=y_0+\Delta y$, 则函数连续定义中的等式

$$\lim_{(x,y)\to(x_0,y_0)}f(x,y)=f(x_0,y_0),$$

也就是

$$\lim_{\substack{\Delta x\to 0\\ \Delta y\to 0}}[f(x_0+\Delta x,y_0+\Delta y)-f(x_0,y_0)]=0.$$

因此, 上式也可以作为函数 $z=f(x,y)$ 在点 P_0 处连续的定义, 即若

$$\lim_{\substack{\Delta x\to 0\\ \Delta y\to 0}}\Delta z=0,$$

则称函数 $z=f(x,y)$ 在点 P_0 处连续.

如果函数 $z=f(x,y)$ 在 D 内每一点都连续, 则称函数 $z=f(x,y)$ 在 D 上连续, 或称 $f(x,y)$ 是 D 上的连续函数.

三元及三元以上的多元函数的连续性概念可类似地定义.

B. 多元初等函数的连续性

由变量 x,y 的基本初等函数及常数经过有限次四则运算与复合而成的函数称为**二元初等函数**. 类似地可以定义更多元的初等函数.

与一元函数类似, 多元连续函数的和、差、积、商 (分母不为零时) 及复合函数仍是连续函数. 因此我们得到如下结论.

多元初等函数在其定义区域 (即包含在定义域内的区域) 内是连续的.

例如, 函数 $\mathrm{e}^{\sqrt{x^2+y^2}}$ 是定义在全平面上的二元初等函数, 因此它在 xOy 平面上每一点处都是连续的; 又如初等函数 $\dfrac{y-2x+3}{x^2+y^2}$ 的定义域为 $(x,y)\neq(0,0)$, 因此它除原点外在每一点都连续.

与一元函数类似, 利用多元初等函数在定义区域内的连续性可以很方便地求某些函数的极限. 也就是说, 若 (x_0,y_0) 是初等函数 $f(x,y)$ 的定义区域内的一点, 则

$$\lim_{(x,y)\to(x_0,y_0)}f(x,y)=f(x_0,y_0).$$

例如,

$$\lim_{(x,y)\to\left(0,\frac{1}{2}\right)} \arccos\sqrt{x^2+y^2} = \arccos\sqrt{\frac{1}{4}} = \frac{\pi}{3}.$$

C. 间断点的讨论

以下我们讨论如何求一个给定的二元函数的间断点. 根据二元函数在一点处连续的定义 $\lim\limits_{(x,y)\to(x_0,y_0)} f(x,y) = f(x_0,y_0)$ 可以推出,当且仅当下列三个条件之一成立时,点 $P_0(x_0,y_0)$ 为该函数的间断点:

(1) 函数 $z=f(x,y)$ 在点 $P_0(x_0,y_0)$ 处无定义;

(2) 虽然函数 $z=f(x,y)$ 在点 $P_0(x_0,y_0)$ 处有定义,但当 $(x,y)\to(x_0,y_0)$ 时该函数的极限不存在;

(3) 函数 $z=f(x,y)$ 在点 $P_0(x_0,y_0)$ 处有定义,且当 $(x,y)\to(x_0,y_0)$ 时极限存在,但极限值不等于函数值 $f(x_0,y_0)$.

例 9 讨论下列函数的间断点:

(1) $f(x,y) = \dfrac{xy}{\sin^2 \pi x + \sin^2 \pi y}$;

(2) $f(x,y) = \begin{cases} \dfrac{xy}{x^2+y^2}, & x^2+y^2 \neq 0, \\ 0, & x^2+y^2 = 0; \end{cases}$

(3) $f(x,y) = \begin{cases} \dfrac{x^2 y}{x^2+y^2}, & x^2+y^2 \neq 0, \\ a, & x^2+y^2 = 0. \end{cases}$

解 (1) 所给函数为二元初等函数,仅在分母为零即 x 与 y 均取整数时无定义,其余均为初等函数定义区域中的点,因此所给函数的间断点为点集

$$\{(m,n) \mid m,n \text{ 为整数}\}.$$

(2) 与一元分段函数类似,所给函数是二元分段函数.

函数 $f(x,y)$ 在 xOy 平面上每一点都有定义. 如果点 $P_0(x_0,y_0)$ 不是原点,那么由初等函数 $\dfrac{xy}{x^2+y^2}$ 在点 P_0 的连续性可推出 $f(x,y)$ 在点 P_0 处也连续. 当点 P_0 为原点时,由例 8 知当 $(x,y)\to(0,0)$ 时函数的极限不存在,所以 $f(x,y)$ 在原点不连续. 因此 $f(x,y)$ 的间断点只有原点.

(3) 由初等函数 $\dfrac{x^2 y}{x^2+y^2}$ 的连续性可知当 $P_0(x_0,y_0)$ 不是原点时,$f(x,y)$ 在点 P_0 处连续. 对于 $P_0=(0,0)$,由例 7 可知

$$\lim_{(x,y)\to(0,0)} f(x,y) = \lim_{(x,y)\to(0,0)} \frac{x^2 y}{x^2+y^2} = 0,$$

因此当 $a\neq 0$ 时,函数 $f(x,y)$ 在原点不连续,即函数的间断点为原点;当 $a=0$ 时,$f(x,y)$ 在原点处也连续,即函数 $f(x,y)$ 没有间断点.

函数 $z = \dfrac{1}{x^2+y^2-1}$ 在圆周 $x^2+y^2=1$ 上每一点处都无定义,因此圆周上每一点都是所给函数的间断点.

D. 最值定理与介值定理

与闭区间上一元连续函数的性质类似,在有界闭区域上的二元连续函数也有最值定理与介值定理(证明从略).

定理 1(最值定理)　　如果函数 $f(x,y)$ 在有界闭区域 D 上连续,则 $f(x,y)$ 在 D 上一定能取得最大值和最小值,即

(1) 在 D 上至少存在一点 (ξ_1,η_1),使对一切 $(x,y) \in D$ 有
$$f(x,y) \leqslant f(\xi_1,\eta_1);$$

(2) 在 D 上至少存在一点 (ξ_2,η_2),使对一切 $(x,y) \in D$ 有
$$f(x,y) \geqslant f(\xi_2,\eta_2).$$

定理 2(介值定理)　　若函数 $f(x,y)$ 在有界闭区域 D 上连续,且 $f(x,y)$ 在 D 上的最大值为 M,最小值为 m,则 $f(x,y)$ 在 D 上必可取得介于 M 与 m 之间的任何值,即如果常数 μ 满足 $m < \mu < M$,则至少存在一点 $(\xi,\eta) \in D$,使得
$$f(\xi,\eta) = \mu.$$

以上有界闭区域上连续函数的最值定理与介值定理可以推广到三元及三元以上的函数.

习题 11.1

(A)

1. 判定下列平面点集中哪些是开集、闭集、区域、有界集、无界集? 并指出集合的边界:

(1) $\{(x,y) \mid x \neq 0, y \neq 0\}$;

(2) $\{(x,y) \mid 1 < x^2+y^2 \leqslant 4\}$;

(3) $\{(x,y) \mid y > x^2\}$;

(4) $\{(x,y) \mid x^2+(y-1)^2 \geqslant 1$ 且 $x^2+(y-2)^2 \leqslant 4\}$.

2. 用不等式表示下列平面区域:

(1) 以点 $(1,0)$ 与 $(0,1)$ 为圆心的两个单位圆(不含边界)的公共部分;

(2) 以 $O(0,0), A(1,0), B(1,2), C(0,1)$ 为顶点的梯形闭区域.

3. 若函数 $f(x,y)$ 恒满足
$$f(tx,ty) = t^k f(x,y),$$

其中 k 为常数,则称它为二元 k 次齐次函数. 试将此定义推广到 n 元函数,并验证下列函数是二次齐次函数:

(1) $f(x,y) = \sqrt[3]{x^6+x^2y^4+y^6} - xy$;

(2) $f(x,y) = x^2+y^2-xy(\ln|x|-\ln|y|-1)$.

4. 设 $f\left(\dfrac{y}{x}\right) = \dfrac{\sqrt{x^2+y^2}}{x}$ $(x>0)$,求 $f(x)$.

5. 证明函数 $F(x,y) = \ln x \cdot \ln y$ 满足关系式
$$F(xy,uv) = F(x,u) + F(x,v) + F(y,u) + F(y,v).$$

6. 已知 $f\left(x+y,\dfrac{y}{x}\right)=x^2-y^2$，求 $f(x,y)$.

7. 求下列函数的定义域，并画出定义域的图形：

(1) $z=\dfrac{x^2+y^2}{x^2-y^2}$;

(2) $z=\ln(y-x)+\arcsin\dfrac{y}{x}$;

(3) $z=\ln(xy)$;

(4) $z=\sqrt{1-\dfrac{x^2}{a^2}-\dfrac{y^2}{b^2}}$;

(5) $z=\sqrt{x-\sqrt{y}}$;

(6) $u=\arccos\dfrac{z}{\sqrt{x^2+y^2}}$.

8. 求下列极限：

(1) $\lim\limits_{(x,y)\to(2,0)}\dfrac{x^2+xy+y^2}{x+y}$;

(2) $\lim\limits_{(x,y)\to(0,0)}\dfrac{1-\cos\sqrt{x^2+y^2}}{\ln(x^2+y^2+1)}$;

(3) $\lim\limits_{(x,y)\to(0,0)}\dfrac{xy(\sin x+\sin y)}{x^2+y^2}$.

9. 指出下列函数的连续区域：

(1) $f(x,y)=\sqrt{xy}$;

(2) $u=\dfrac{1}{\sqrt{x}}-\dfrac{1}{\sqrt{y}}-\dfrac{1}{\sqrt{z}}$;

(3) $u=\sqrt{R^2-x^2-y^2-z^2}+\dfrac{1}{\sqrt{x^2+y^2+z^2-r^2}}$ $(R>r>0)$.

10. 下列函数在何处间断：

(1) $u=\ln(x^2+y^2)$;

(2) $z=\dfrac{1}{y^2-2x}$.

11. 设在 xOy 平面上压强 $p(x,y)$ 的分布规律满足等式 $x^2+y^2-2px+1=0$，试画出函数 $p(x,y)$ 的等值线（即等压线）图.

12. 描绘下列函数的图形：

(1) $z=6-\sqrt{x^2+y^2}$;

(2) $z=x^2+\dfrac{y^2}{4}+1$.

$$(\text{B})$$

1. 求下列极限：

(1) $\lim\limits_{(x,y)\to(0,0)}\dfrac{\sqrt{1+xy}-1}{\sqrt{x^2+y^2}}$;

(2) $\lim\limits_{(x,y)\to(0,0)}\dfrac{xy}{|x|+|y|}$;

(3) $\lim\limits_{(x,y)\to(0,0)}\dfrac{x^3+y^3}{x^2+y^2}$;

(4) $\lim\limits_{(x,y)\to(0,0)}(x^2+y^2)^{x^2+y^2}$.

2. 证明下列极限不存在：

(1) $\lim\limits_{(x,y)\to(0,0)}\dfrac{x-y}{|x|+|y|}$;

(2) $\lim\limits_{(x,y)\to(0,0)}\dfrac{x^2y^2}{x^2y^2+(x-y)^2}$.

3. 设函数

$$f(x,y)=\begin{cases}\dfrac{x^2y}{x^4+y^2}, & x^2+y^2\neq 0,\\[2mm] 0, & x^2+y^2=0.\end{cases}$$

证明当点 (x,y) 沿过原点的每一条射线 $x=r\cos\theta,y=r\sin\theta$ 趋于原点时，有

$$\lim_{r \to 0} f(r\cos\theta, r\sin\theta) = 0,$$

但 $f(x,y)$ 在原点不连续.

11.2 偏 导 数

11.2.1 偏导数的概念

A. 偏导数的定义及计算

对于一元函数,我们从研究函数的增加率引入了导数的概念. 对多元函数同样需要讨论它的变化率,但多元函数的自变量不止一个,情况往往复杂得多. 为了方便,我们可以考虑多元函数关于某一个自变量的增加率.

以二元函数 $z = f(x,y)$ 为例,若 y 保持不变(即 y 可看作常数),只有 x 发生变化,则 z 可视为关于 x 的一元函数. 当 x 取得增量 Δx 时,函数 z 的增量

$$f(x+\Delta x, y) - f(x,y)$$

称为函数在点 (x,y) 处关于 x 的**偏增量**,记为 $\Delta_x f(x,y)$,而函数 $f(x,y)$ 关于 x 的增加率,即 y 不变时, $f(x,y)$ 关于 x 的导数称为二元函数 $z = f(x,y)$ 对 x 的偏导数.

定义 设函数 $z = f(x,y)$ 在点 (x_0, y_0) 的某邻域内有定义,当 $y = y_0$ 不变,而 x 在 x_0 有增量 Δx 时,若函数的偏增量 $f(x_0 + \Delta x, y_0) - f(x_0, y_0)$ 与自变量增量 Δx 比值的极限

$$\lim_{\Delta x \to 0} \frac{f(x_0 + \Delta x, y_0) - f(x_0, y_0)}{\Delta x}$$

存在,则称此极限值为函数 $z = f(x,y)$ 在点 (x_0, y_0) 处对自变量 x 的偏导数. 记作

$$\frac{\partial z}{\partial x}\bigg|_{(x_0, y_0)} \quad 或 \quad \frac{\partial f}{\partial x}\bigg|_{(x_0, y_0)},$$

即

$$\frac{\partial z}{\partial x}\bigg|_{(x_0, y_0)} = \lim_{\Delta x \to 0} \frac{f(x_0 + \Delta x, y_0) - f(x_0, y_0)}{\Delta x}.$$

上述偏导数也可记为

$$f'_x(x_0, y_0), z'_x(x_0, y_0) 或 f_x(x_0, y_0), z_x(x_0, y_0).$$

类似地,函数 $z = f(x,y)$ 在点 (x_0, y_0) 处对 y 的偏导数定义为

$$\frac{\partial z}{\partial y}\bigg|_{(x_0, y_0)} = \lim_{\Delta y \to 0} \frac{f(x_0, y_0 + \Delta y) - f(x_0, y_0)}{\Delta y},$$

也记为

$$\frac{\partial f}{\partial y}\bigg|_{(x_0, y_0)}, f'_y(x_0, y_0), z'_y(x_0, y_0) 或 f_y(x_0, y_0), z_y(x_0, y_0).$$

如果函数 $z = f(x,y)$ 在区域 D 内每一点 (x,y) 处对 x 的偏导数都存在,那么这个偏导数仍是 x, y 的函数,称它为函数 $z = f(x,y)$ **对 x 的偏导函数**,记作

$$\frac{\partial z}{\partial x}, \frac{\partial f}{\partial x}, f'_x(x,y), z'_x(x,y) 或 f_x(x,y), z_x(x,y).$$

类似地,如果函数 $z=f(x,y)$ 在区域 D 内每一点 (x,y) 处对 y 的偏导数都存在,则这个偏导数称为 $z=f(x,y)$ **对 y 的偏导函数**,记作

$$\frac{\partial z}{\partial y},\frac{\partial f}{\partial y},f'_y(x,y),z'_y(x,y) \text{ 或 } f_y(x,y),z_y(x,y).$$

函数 $z=f(x,y)$ 在点 (x_0,y_0) 处对 x 的偏导数 $f_x(x_0,y_0)$,就是偏导函数 $f_x(x,y)$ 在点 (x_0,y_0) 处的函数值,而 $f_y(x_0,y_0)$ 就是偏导函数 $f_y(x,y)$ 在点 (x_0,y_0) 处的函数值. 在不至于引起混淆的情况下,通常也把偏导函数称为**偏导数**.

二元以上的多元函数的偏导数可类似地定义. 例如三元函数 $u=f(x,y,z)$ 在点 (x,y,z) 处对 x 的偏导数定义为

$$\frac{\partial u}{\partial x}=\lim_{\Delta x \to 0}\frac{f(x+\Delta x,y,z)-f(x,y,z)}{\Delta x}.$$

偏导数 $\dfrac{\partial u}{\partial y},\dfrac{\partial u}{\partial z}$ 的定义相仿. 又如 n 元函数 $u=f(x_1,x_2,\cdots,x_n)$ 在点 $(x_1,x_2,\cdots,x_n)$ 处对 $x_i(i=1,2,\cdots,n)$ 的偏导数定义为

$$\frac{\partial u}{\partial x_i}=\lim_{\Delta x_i \to 0}\frac{f(x_1,\cdots,x_{i-1},x_i+\Delta x_i,x_{i+1},\cdots,x_n)-f(x_1,x_2,\cdots,x_n)}{\Delta x_i}.$$

为简化记号,也常将偏导数 $\dfrac{\partial u}{\partial x_1},\dfrac{\partial u}{\partial x_2},\cdots,\dfrac{\partial u}{\partial x_n}$ 记为

$$f'_1,f'_2,\cdots,f'_n \text{ 或 } f_1,f_2,\cdots,f_n.$$

B. 二元函数偏导数的几何意义

根据定义,二元函数 $z=f(x,y)$ 在点 (x_0,y_0) 处对 x 的偏导数 $f_x(x_0,y_0)$ 就是一元函数 $z=f(x,y_0)$ 在点 x_0 处的导数,而导数的几何意义就是曲线的切线斜率. 由于一元函数 $z=f(x,y_0)$ 可以写为

$$\begin{cases} z=f(x,y), \\ y=y_0 \end{cases}$$

的形式,以上方程组在几何上表示空间曲面 $z=f(x,y)$ 与垂直于 y 轴的平面 $y=y_0$ 的交线(图 11-11),因此由导数的几何意义可知,$f_x(x_0,y_0)$ 就是这条交线在点 $M_0(x_0,y_0,f(x_0,y_0))$ 处的切线 M_0T_1 关于 x 轴的斜率.

同样,$f_y(x_0,y_0)$ 是曲面 $z=f(x,y)$ 与垂直于 x 轴的平面 $x=x_0$ 的交线

$$\begin{cases} z=f(x,y), \\ x=x_0 \end{cases}$$

在点 M_0 处的切线 M_0T_2 关于 y 轴的斜率.

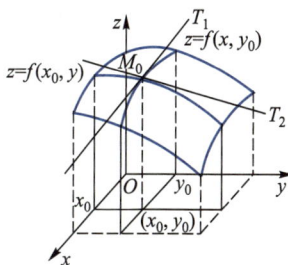

图 11-11

C. 简单的多元函数偏导数的求法

根据偏导数的定义,二元函数 $z=f(x,y)$ 的偏导数 $\dfrac{\partial z}{\partial x}$ 就是把变量 y 取作常数时对自变量 x 的导数. 因此,多元函数的偏导数实际上可以视为一元函数的导数. 所谓"偏"是只对其中一个自变量而言. 因此,求多元函数的偏导数相当于求一元函数的导

数,所以一元函数的求导法则和求导公式对多元函数的偏导数仍然适用. 在求偏导数时,只要清楚哪些变量暂时作常数处理即可.

例 1　已知 $f(x,y)=x^3y-xy^2+\cos x$,求 $f_x(x,y)$,$f_y(x,y)$.

解　把 y 看作常数,将函数 $f(x,y)$ 对 x 求导可得

$$f_x(x,y)=3x^2y-y^2-\sin x.$$

再把 x 看作常数,将 $f(x,y)$ 对 y 求导得

$$f_y(x,y)=x^3-2xy.$$

例 2　求函数 $z=x^y$ 对 x 和 y 的偏导数.

解　$\dfrac{\partial z}{\partial x}=yx^{y-1}$;$\dfrac{\partial z}{\partial y}=x^y\ln x.$

如果需要求函数 $z=f(x,y)$ 在点 (x_0,y_0) 处对 x 的偏导数,那么由偏导函数与某一点处的偏导数的关系,可以先求出偏导函数 $f_x(x,y)$,也就是将 y 看作常数而对 x 求导数,然后求 $f_x(x,y)\big|_{(x_0,y_0)}=f_x(x_0,y_0)$. 也可以先将 $y=y_0$ 代入函数 $z=f(x,y)$,得 $z=f(x,y_0)$,然后对 x 求导数 $f_x(x,y_0)$,再以 $x=x_0$ 代入. 这两种解法的结果是一样的.

例 3　设 $f(x,y)=x^2\arctan(1+y^3)+2y^2\mathrm{e}^{xy}$,求 $f_x(0,2)$,$f_y(0,2)$.

解　(1) 先求 $f_x(0,2)$. 将 $f(x,y)$ 对 x 求偏导数:

$$f_x(x,y)=2x\arctan(1+y^3)+2y^3\mathrm{e}^{xy},$$

将 $(x,y)=(0,2)$ 代入上式,得

$$f_x(0,2)=16.$$

(2) 再求 $f_y(0,2)$. 先将 $x=0$ 代入 $f(x,y)$,得

$$f(0,y)=2y^2.$$

对 y 求导,得

$$\frac{\mathrm{d}f(0,y)}{\mathrm{d}y}=4y.$$

再将 $y=2$ 代入,得

$$f_y(0,2)=\frac{\mathrm{d}f(0,y)}{\mathrm{d}y}\bigg|_{y=2}=8.$$

上例中求 $f_x(0,2)$ 与 $f_y(0,2)$ 时分别用了两种不同的方法. 因为 $f(0,y)=2y^2$ 比 $f(x,y)$ 的表达式更简单,所以此时用第二种解法更简洁.

例 4　求 $u=\sqrt{x^2+y^2+z^2}$ 的偏导数.

解　将 y,z 看作常数,对 x 求导数. 得

$$\frac{\partial u}{\partial x}=\frac{x}{\sqrt{x^2+y^2+z^2}}=\frac{x}{u}.$$

类似可得

$$\frac{\partial u}{\partial y}=\frac{y}{u},\frac{\partial u}{\partial z}=\frac{z}{u}.$$

例 5　已知理想气体的状态方程为 $pV=RT$(R 为常数),证明:

$$\frac{\partial p}{\partial V} \cdot \frac{\partial V}{\partial T} \cdot \frac{\partial T}{\partial p} = -1.$$

证　在状态方程 $pV = RT$ 中,可以将 p 看作 V, T 的二元函数 $p = \dfrac{RT}{V}$,也可以将 V 看作 p, T 的

函数 $V = \dfrac{RT}{p}$,同样可以将 T 看作 p, V 的函数 $T = \dfrac{pV}{R}$.

于是,由 $p = \dfrac{RT}{V}$,得

$$\frac{\partial p}{\partial V} = -\frac{RT}{V^2};$$

由 $V = \dfrac{RT}{p}$,得

$$\frac{\partial V}{\partial T} = \frac{R}{p};$$

由 $T = \dfrac{pV}{R}$,得

$$\frac{\partial T}{\partial p} = \frac{V}{R}.$$

因此

$$\frac{\partial p}{\partial V} \cdot \frac{\partial V}{\partial T} \cdot \frac{\partial T}{\partial p} = -\frac{RT}{V^2} \cdot \frac{R}{p} \cdot \frac{V}{R} = -\frac{RT}{Vp} = -1.$$

对一元函数 $y = f(x)$,导数 $\dfrac{\mathrm{d}y}{\mathrm{d}x}$ 也称为微商,分子和分母分别为函数 y 的微分和自变量 x 的微

分,分子与分母各自有独立的意义,因而乘积 $\dfrac{\mathrm{d}y}{\mathrm{d}x} \cdot \dfrac{\mathrm{d}x}{\mathrm{d}y}$ 可以通过约分得到 1. 但上例的结果说明,

偏导数记号是一个整体记号,不能看作分子与分母之商,否则这三个偏导数的积 $\dfrac{\partial p}{\partial V} \cdot \dfrac{\partial V}{\partial T} \cdot \dfrac{\partial T}{\partial p}$ 通

过约分将得到 1,与计算结果 -1 不符,这一点与一元函数的导数有本质的差别.

例 6　设

$$f(x, y) = \begin{cases} \dfrac{xy}{x^2 + y^2}, & x^2 + y^2 \neq 0, \\ 0, & x^2 + y^2 = 0, \end{cases}$$

求 $f(x, y)$ 在原点 $(0, 0)$ 处的偏导数.

解　由于 $f(x, y)$ 是一个分段函数,故求 $f_x(0, 0)$ 时应如一元分段函数在分段点处的导数那样,用定义去求. 由定义,在原点 $(0, 0)$ 处 $f(x, y)$ 对 x 与 y 的偏导数分别为

$$f_x(0, 0) = \lim_{\Delta x \to 0} \frac{f(0 + \Delta x, 0) - f(0, 0)}{\Delta x} = \lim_{\Delta x \to 0} 0 = 0,$$

$$f_y(0, 0) = \lim_{\Delta y \to 0} \frac{f(0, 0 + \Delta y) - f(0, 0)}{\Delta y} = \lim_{\Delta y \to 0} 0 = 0.$$

我们知道,一元函数在可导点处一定是连续的. 但从上例结果可见,所给函数 $f(x,y)$ 在点 $(0,0)$ 处的两个偏导数都存在,而由 11.1 节例 9(2) 知道,该函数在 $(0,0)$ 点是不连续的,这说明,对于多元函数,它的各个偏导数在某一点都存在时不能保证函数在该点连续,这与一元函数是不同的.

反之,我们也可以举出在一点连续,而在该点处偏导数不存在的例子.

例 7   证明二元函数 $f(x,y) = \sqrt{x^2+y^2}$ 在点 $(0,0)$ 处连续,但在点 $(0,0)$ 处的偏导数不存在.

解   (1) 由于 $f(x,y) = \sqrt{x^2+y^2}$ 是在全平面有定义的二元初等函数,所以点 $(0,0)$ 是它的连续点.

(2) 考察偏导数 $f_x(0,0)$ 是否存在:取定 $y=0$,则
$$f(x,y) = f(x,0) = \sqrt{x^2+0} = |x|.$$
由于一元函数 $|x|$ 在 $x=0$ 处不可导,故 $f(x,y)$ 在点 $(0,0)$ 处对 x 的偏导数不存在.

同样可证 $f(x,y)$ 在点 $(0,0)$ 处对 y 的偏导数也不存在.

以上两例说明,多元函数的连续性与偏导数的存在性之间没有因果关系.

11.2.2   全微分的概念

A. 全微分的概念

回顾一元函数 $y=f(x)$ 在点 x_0 处的微分的概念:若 $f(x)$ 当 x 在点 x_0 处取得增量 Δx 时,函数增量 $\Delta y = f(x_0+\Delta x) - f(x_0)$ 可以表示为
$$\Delta y = A\Delta x + o(\Delta x),$$
其中 $o(\Delta x)$ 是 $\Delta x \to 0$ 时关于 Δx 的高阶无穷小,即 Δy 的主要部分 $A\Delta x$ 是 Δx 的线性函数,则称此线性主部 $A\Delta x$ 为函数 $y=f(x)$ 在点 x_0 处对应于自变量增量 Δx 的微分,记为 $\mathrm{d}y = A\Delta x$. 此时 $f(x)$ 在点 x_0 处可导,且有 $\mathrm{d}y = f'(x_0)\mathrm{d}x$.

下面我们来考察多元函数的增量. 设二元函数 $z=f(x,y)$ 在点 (x_0,y_0) 的某邻域内有定义,当自变量 x,y 在点 (x_0,y_0) 处分别取得增量 $\Delta x,\Delta y$ 时,函数的全增量(注意与偏增量的区别)
$$\Delta z = f(x_0+\Delta x, y_0+\Delta y) - f(x_0,y_0)$$
一般是关于 Δx 和 Δy 的比较复杂的函数. 类似于一元函数,我们希望从 Δz 中分离出关于自变量增量 $\Delta x,\Delta y$ 的线性主部,作为 Δz 的近似值.

例 8   长为 x、宽为 y 的矩形金属板的面积是 x,y 的二元函数: $S=xy$. 设金属板受热膨胀,其长从 x_0 增加到 $x_0+\Delta x$,宽从 y_0 增加到 $y_0+\Delta y$,则其面积的对应增量 ΔS(图 11-12) 为
$$\Delta S = (x_0+\Delta x)(y_0+\Delta y) - x_0 y_0 = y_0\Delta x + x_0\Delta y + \Delta x\Delta y.$$
全增量 ΔS 由 $y_0\Delta x, x_0\Delta y$ 和 $\Delta x\Delta y$ 三项组成,从图 11-12 可以看出,第三项 $\Delta x\Delta y$ 比其余两项小得多. 若令 $\rho = \sqrt{(\Delta x)^2+(\Delta y)^2}$,则由 $(\Delta x)^2+(\Delta y)^2 \geqslant 2|\Delta x\Delta y|$ 可知

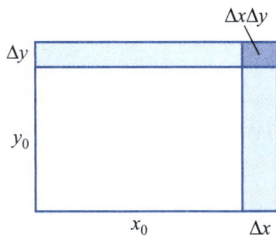
图 11-12

$$\left| \frac{\Delta x\Delta y}{\rho} \right| = \left| \frac{\Delta x\Delta y}{\sqrt{(\Delta x)^2+(\Delta y)^2}} \right| \leqslant \left| \frac{\Delta x\Delta y}{\sqrt{2|\Delta x\Delta y|}} \right| = \frac{1}{\sqrt{2}}\sqrt{|\Delta x\Delta y|}.$$

因此

$$\lim_{\rho \to 0} \frac{\Delta x \Delta y}{\rho} = 0.$$

又因为 x_0 与 y_0 是与受热过程无关的常数,因此只要记 $A = y_0, B = x_0$,则全增量 ΔS 可表示为

$$\Delta S = A\Delta x + B\Delta y + o(\rho).$$

于是与一元函数类似,我们发现全增量 ΔS 由关于 Δx 和 Δy 的线性主部 $A\Delta x + B\Delta y$ 和关于 ρ 的高阶无穷小 $o(\rho)$ 构成. 由此可以抽象出二元函数全微分的定义如下.

定义 设二元函数 $z = f(x, y)$ 在点 (x_0, y_0) 的某邻域内有定义,如果 $z = f(x, y)$ 在点 (x_0, y_0) 的全增量

$$\Delta z = f(x_0 + \Delta x, y_0 + \Delta y) - f(x_0, y_0)$$

可以表示为

$$\Delta z = A\Delta x + B\Delta y + o(\rho),$$

其中 A, B 是与 $\Delta x, \Delta y$ 无关而与 x_0, y_0 有关的常数,$\rho = \sqrt{(\Delta x)^2 + (\Delta y)^2}$,$o(\rho)$ 是 $\rho \to 0$ 时比 ρ 高阶的无穷小,那么我们称函数 $z = f(x, y)$ 在点 (x_0, y_0) 处<u>可微</u>,并称 $A\Delta x + B\Delta y$ 为函数 $z = f(x, y)$ 在点 (x_0, y_0) 处的<u>全微分</u>,记作 $\mathrm{d}z$,即

$$\mathrm{d}z = A\Delta x + B\Delta y.$$

由定义可见,全微分 $\mathrm{d}z = A\Delta x + B\Delta y$ 是函数全增量 Δz 的线性主部. 因此当 $|\Delta x|, |\Delta y|$ 充分小时,可用全微分 $\mathrm{d}z$ 作为函数全增量 Δz 的近似值.

B. 可微的必要条件

对于一元函数,我们知道可微是可导的充要条件,而函数可导又是函数连续的充分条件. 下面我们研究对于二元函数,可微与连续、可微与偏导数存在之间的关系,同时还将建立全微分的计算公式.

定理 3(可微的必要条件之一) 若二元函数 $z = f(x, y)$ 在点 (x_0, y_0) 处可微,则它在点 (x_0, y_0) 处必连续.

证 根据函数可微的定义,有

$$\Delta z = A\Delta x + B\Delta y + o(\rho),$$

因为 $\Delta x \to 0, \Delta y \to 0$ 时显然有 $\rho \to 0$,所以

$$\lim_{\substack{\Delta x \to 0 \\ \Delta y \to 0}} \Delta z = \lim_{\substack{\Delta x \to 0 \\ \Delta y \to 0}} (A\Delta x + B\Delta y) + \lim_{\substack{\Delta x \to 0 \\ \Delta y \to 0}} o(\rho) = 0.$$

因此根据函数连续的定义可知 $z = f(x, y)$ 在点 (x_0, y_0) 处连续.

定理 4(可微的必要条件之二) 若函数 $z = f(x, y)$ 在点 (x_0, y_0) 处可微,即有 $\Delta z = A\Delta x + B\Delta y + o(\rho)$,则在该点 $f(x, y)$ 的两个偏导数都存在,且

$$A = f_x(x_0, y_0), B = f_y(x_0, y_0),$$

即 $z = f(x, y)$ 在点 (x_0, y_0) 可微时,函数在该点处的全微分 $\mathrm{d}z$ 有计算公式

$$\mathrm{d}z = f_x(x_0, y_0)\Delta x + f_y(x_0, y_0)\Delta y. \tag{11-1}$$

证 由 $\Delta z = A\Delta x + B\Delta y + o(\rho)$ 可知,当 $\Delta y = 0$ 时

$$\Delta z = f(x_0 + \Delta x, y_0 + 0) - f(x_0, y_0) = A\Delta x + o(|\Delta x|).$$

两边同除以 Δx,再取 $\Delta x \to 0$ 时的极限,得

$$f_x(x_0,y_0) = \lim_{\Delta x \to 0} \frac{A\Delta x + o(\mid \Delta x \mid)}{\Delta x} = A.$$

同理可证, $f_y(x_0,y_0) = B$.

自变量 x,y 的增量 $\Delta x,\Delta y$ 通常写成 $\mathrm{d}x,\mathrm{d}y$, 并分别称为自变量 x,y 的微分, 于是公式(11-1)也可以写成

$$\mathrm{d}z = f_x(x_0,y_0)\mathrm{d}x + f_y(x_0,y_0)\mathrm{d}y.$$

如果函数 $f(x,y)$ 在区域 D 内每一点可微, 就称 $f(x,y)$ 在区域 D 内可微. 这时, 区域 D 内任一点 (x,y) 处的全微分为

$$\mathrm{d}z = f_x(x,y)\mathrm{d}x + f_y(x,y)\mathrm{d}y. \tag{11-2}$$

对于一元函数, 我们知道可微一定连续, 反之连续不一定可微. 对于多元函数, 我们有同样的结论. 以二元函数为例, 定理 3 指出了可微必连续的事实. 反之, 11.2.1 节中的例 7 给出的函数 $f(x,y) = \sqrt{x^2+y^2}$ 在点 $(0,0)$ 连续, 但两个偏导数并不存在, 于是由定理 4 可知 $f(x,y)$ 在点 $(0,0)$ 处不可微.

另外, 对于一元函数, 可导与可微是等价的, 即函数可微一定可导, 反之可导则一定可微. 但对多元函数却不同, 我们的结论是: 虽然定理 4 表明可微时偏导数必定存在, 但反过来, 函数的偏导数存在时却不一定可微.

例如, 11.2.1 节中的例 6 所研究的函数

$$f(x,y) = \begin{cases} \dfrac{xy}{x^2+y^2}, & x^2+y^2 \neq 0, \\ 0, & x^2+y^2 = 0, \end{cases}$$

我们已经知道 $f(x,y)$ 在点 $(0,0)$ 的两个偏导数都存在, 但由 11.1 节例 9(2) 知道, 该函数在点 $(0,0)$ 不连续, 故由定理 3 可知它在点 $(0,0)$ 不可微.

C. 可微的充分条件

定理 3 与定理 4 给出了两个可微的必要条件, 同时我们已经知道, 这两个条件都不是充分的. 那么, 在什么条件下函数 $z=f(x,y)$ 一定可微呢? 由于直接按可微的定义判断函数在一点处是否可微往往相当困难, 因此我们希望能找到一种更容易使用的充分性条件.

定理 5(可微的充分条件) 设函数 $z=f(x,y)$ 的偏导数 $f_x(x,y)$ 与 $f_y(x,y)$ **不仅存在, 而且在点 (x,y) 处连续, 则函数 $z=f(x,y)$ 在点 (x,y) 可微**.

证 需要证明函数在点 (x,y) 处的全增量可表示为

$$\Delta z = A\Delta x + B\Delta y + o(\rho),$$

其中, A,B 与 $\Delta x,\Delta y$ 无关, $\rho = \sqrt{(\Delta x)^2 + (\Delta y)^2}$.

将 Δz 改写为

$$\begin{aligned}
\Delta z &= f(x+\Delta x, y+\Delta y) - f(x,y) \\
&= [f(x+\Delta x, y+\Delta y) - f(x, y+\Delta y)] + [f(x, y+\Delta y) - f(x,y)].
\end{aligned}$$

上式第一个括号内的差由于 $y+\Delta y$ 没有变, 因而可以看成关于 x 的一元函数 $f(x, y+\Delta y)$ 对应于自变量增量 Δx 的函数增量. 于是根据拉格朗日中值定理得

$$f(x+\Delta x,y+\Delta y)-f(x,y+\Delta y)$$
$$=f_x(x+\theta_1\Delta x,y+\Delta y)\Delta x \quad (0<\theta_1<1).$$

同理,第二个括号内的差可以写成

$$f(x,y+\Delta y)-f(x,y)=f_y(x,y+\theta_2\Delta y)\Delta y \quad (0<\theta_2<1).$$

又由 f_x, f_y 在点 (x,y) 连续的条件得

$$\lim_{\substack{\Delta x\to 0 \\ \Delta y\to 0}} f_x(x+\theta_1\Delta x,y+\Delta y)=f_x(x,y),$$

$$\lim_{\substack{\Delta x\to 0 \\ \Delta y\to 0}} f_y(x,y+\theta_2\Delta y)=f_y(x,y).$$

根据极限与无穷小的关系得

$$f_x(x+\theta_1\Delta x,y+\Delta y)=f_x(x,y)+\alpha_1,$$

$$f_y(x,y+\theta_2\Delta y)=f_y(x,y)+\alpha_2,$$

其中 α_1 与 α_2 都是 $\Delta x\to 0,\Delta y\to 0$ 时的无穷小,于是全增量 Δz 可写成

$$\Delta z=f_x(x,y)\Delta x+f_y(x,y)\Delta y+\alpha_1\Delta x+\alpha_2\Delta y. \tag{11-3}$$

容易证明,上式右边最后两项之和 $\alpha_1\Delta x+\alpha_2\Delta y$ 是 ρ 的高阶无穷小. 事实上,

$$\left|\frac{\alpha_1\Delta x+\alpha_2\Delta y}{\rho}\right| \leqslant |\alpha_1|\frac{|\Delta x|}{\rho}+|\alpha_2|\frac{|\Delta y|}{\rho} \leqslant |\alpha_1|+|\alpha_2|,$$

因此当 $\rho\to 0$ 时,$\dfrac{\alpha_1\Delta x+\alpha_2\Delta y}{\rho}\to 0$,于是 $\alpha_1\Delta x+\alpha_2\Delta y$ 可记为 $o(\rho)$,即(11-3)式可以写为

$$\Delta z=A\Delta x+B\Delta y+o(\rho),$$

其中 $A=f_x(x,y)$,$B=f_y(x,y)$. 这就证明了函数 $z=f(x,y)$ 在点 (x,y) 处可微.

定理 5 给出了判断函数可微的较简便的方法.

二元函数可微的定义以及上面给出的三个定理都可以推广到三元和三元以上的函数. 例如三元函数 $u=f(x,y,z)$ 可微时,其全微分 du 有如下计算公式:

$$du=\frac{\partial u}{\partial x}dx+\frac{\partial u}{\partial y}dy+\frac{\partial u}{\partial z}dz.$$

例 9 求 $z=x^4\arctan y$ 在点 $(2,1)$ 处的全微分.

解 因为 $z_x(x,y)=4x^3\arctan y$,$z_y(x,y)=\dfrac{x^4}{1+y^2}$,且 $z_x(x,y)$,$z_y(x,y)$ 在 $\mathbf{R}^2$ 上连续,所以函数在 $\mathbf{R}^2$ 上可微. 因为

$$z_x(2,1)=8\pi, \quad z_y(2,1)=8,$$

所以函数在点 $(2,1)$ 处的全微分为

$$dz\big|_{(2,1)}=z_x(2,1)dx+z_y(2,1)dy=8\pi dx+8dy.$$

例 10 求 $u=x^2+e^{2yz}+\cos(xz)$ 的全微分.

解 因为

$$\frac{\partial u}{\partial x}=2x-z\sin(xz),\frac{\partial u}{\partial y}=2ze^{2yz},\frac{\partial u}{\partial z}=2ye^{2yz}-x\sin(xz),$$

且各偏导数均在 $\mathbf{R}^3$ 上连续,所以函数在点 (x,y,z) 的全微分为

$$du = \frac{\partial u}{\partial x}dx + \frac{\partial u}{\partial y}dy + \frac{\partial u}{\partial z} \cdot dz$$

$$= \left[2x - z\sin(xz) \right]dx + 2ze^{2yz}dy + \left[2ye^{2yz} - x\sin(xz) \right]dz.$$

例 11　讨论函数

$$z = f(x,y) = \begin{cases} (x^2 + y^2)\sin\dfrac{1}{x^2 + y^2}, & (x,y) \neq (0,0), \\ 0, & (x,y) = (0,0) \end{cases}$$

在点 $(0,0)$ 的可微性及偏导数 $f_x(x,y)$，$f_y(x,y)$ 在点 $(0,0)$ 处的连续性.

解　首先按定义计算 $f_x(0,0)$，$f_y(0,0)$ 得

$$f_x(0,0) = \lim_{\Delta x \to 0} \frac{f(0 + \Delta x, 0) - f(0,0)}{\Delta x} = \lim_{\Delta x \to 0} \frac{(\Delta x)^2 \sin\dfrac{1}{(\Delta x)^2}}{\Delta x}$$

$$= \lim_{\Delta x \to 0} \Delta x \sin\frac{1}{(\Delta x)^2} = 0,$$

$$f_y(0,0) = \lim_{\Delta y \to 0} \frac{f(0, 0 + \Delta y) - f(0,0)}{\Delta y} = \lim_{\Delta y \to 0} \frac{(\Delta y)^2 \sin\dfrac{1}{(\Delta y)^2}}{\Delta y}$$

$$= \lim_{\Delta y \to 0} \Delta y \sin\frac{1}{(\Delta y)^2} = 0.$$

从可微的定义及定理 4 可知，判别 $f(x,y)$ 在点 $(0,0)$ 处是否可微只需讨论是否有下式成立

$$I = \lim_{\substack{\Delta x \to 0 \\ \Delta y \to 0}} \frac{\Delta z(0,0) - \left[f_x(0,0)\Delta x + f_y(0,0)\Delta y \right]}{\sqrt{(\Delta x)^2 + (\Delta y)^2}} = 0.$$

现在有

$$I = \lim_{\substack{\Delta x \to 0 \\ \Delta y \to 0}} \frac{\left[(\Delta x)^2 + (\Delta y)^2 \right]\sin\dfrac{1}{(\Delta x)^2 + (\Delta y)^2} - 0}{\sqrt{(\Delta x)^2 + (\Delta y)^2}} = 0,$$

所以函数 $f(x,y)$ 在点 $(0,0)$ 处可微，且 $dz = f_x(0,0)dx + f_y(0,0)dy = 0$.

又当 $(x,y) \neq (0,0)$ 时，有

$$f_x(x,y) = 2x\sin\frac{1}{x^2 + y^2} - \frac{2x}{x^2 + y^2}\cos\frac{1}{x^2 + y^2},$$

$$f_y(x,y) = 2y\sin\frac{1}{x^2 + y^2} - \frac{2y}{x^2 + y^2}\cos\frac{1}{x^2 + y^2},$$

而当点 (x,y) 沿直线 $y = x$ 趋于原点时，极限

$$\lim_{\substack{x \to 0 \\ y = x}} f_x(x,y) = \lim_{x \to 0} \left(2x\sin\frac{1}{2x^2} - \frac{1}{x}\cos\frac{1}{2x^2} \right)$$

不存在，故二重极限 $\lim\limits_{(x,y)\to(0,0)} f_x(x,y)$ 不存在. 因此，$f_x(x,y)$ 在点 $(0,0)$ 处不连续.

同理可证 $f_y(x,y)$ 在点 $(0,0)$ 处也不连续.

上例说明定理 3 的逆命题并不成立,即函数可微时偏导数不一定连续.

11.2.3 全微分在近似计算中的应用

设函数 $z=f(x,y)$ 在点 (x_0,y_0) 处可微,则函数在该点的全增量可表示为

$$\Delta z = f(x_0+\Delta x, y_0+\Delta y) - f(x_0, y_0)$$
$$= f_x(x_0,y_0)\Delta x + f_y(x_0,y_0)\Delta y + o(\rho) = \mathrm{d}z + o(\rho), \tag{11-4}$$

当 $|\Delta x|$,$|\Delta y|$ 很小时,可以用函数的全微分 $\mathrm{d}z$ 近似代替函数的全增量 Δz,即

$$\Delta z \approx \mathrm{d}z = f_x(x_0,y_0)\Delta x + f_y(x_0,y_0)\Delta y, \tag{11-5}$$

或者

$$f(x_0+\Delta x, y_0+\Delta y) \approx f(x_0, y_0) + f_x(x_0,y_0)\Delta x + f_y(x_0,y_0)\Delta y. \tag{11-5$'$}$$

利用公式(11-5$'$)可以计算函数的近似值,利用公式(11-5)可以计算函数增量的近似值,或作误差估计.

A. 函数值的近似计算

公式(11-5$'$)说明,当 $f(x_0,y_0)$,$f_x(x_0,y_0)$,$f_y(x_0,y_0)$ 各值已知时,就可以求出点 (x_0,y_0) 的邻近点处函数值 $f(x_0+\Delta x, y_0+\Delta y)$ 的近似值.

例 12 计算 $1.04^{3.98}$ 的近似值.

解 由于 1.04 接近于 1,3.98 接近于 4,因此我们利用公式(11-5$'$). 先令 $f(x,y)=x^y$,取 $x_0=1, y_0=4$,则 $x_0^{y_0}=1^4=1$. 为求 $1.04^{3.98}$,应取 $\Delta x=0.04, \Delta y=-0.02$.

由于 $f_x(x,y)=\dfrac{\partial}{\partial x}(x^y)=yx^{y-1}$,$f_x(1,4)=4$;$\dfrac{\partial}{\partial y}(x^y)=x^y\ln x$,$f_y(1,4)=0$. 因此由(11-5$'$),得

$$1.04^{3.98} \approx 1^4 + 4\times0.04 - 0\times0.02 = 1.16.$$

由上例可见,利用公式(11-5$'$)计算点 $(x_0+\Delta x, y_0+\Delta y)$ 处函数的近似值时,首先要根据问题选择一个函数 $f(x,y)$,其次选定一点 (x_0,y_0) 及 $\Delta x, \Delta y$,然后再按公式计算.

例 13 已知某直角三角形的斜边 $c=2.1$ cm,$\alpha=31°$,求角 α 的对边 u 的近似值(图 11-13).

解 所求的直角边 u 为

$$u = c\sin\alpha = f(c,\alpha).$$

取 $c_0=2, \Delta c=0.1, \alpha_0=30°=\dfrac{\pi}{6}, \Delta\alpha=1°=\dfrac{\pi}{180}$,于是由公式

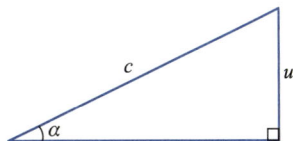

图 11-13

(11-5$'$)可得 u 的近似值

$$u = c\sin\alpha \approx c_0\sin\alpha_0 + \left.\frac{\partial u}{\partial c}\right|_{(c_0,\alpha_0)}\Delta c + \left.\frac{\partial u}{\partial \alpha}\right|_{(c_0,\alpha_0)}\Delta\alpha$$

$$= 2\times\frac{1}{2} + \frac{1}{2}\times0.1 + 2\times\frac{\sqrt{3}}{2}\times\frac{\pi}{180} \approx 1.080.$$

故所求直角边 u 的近似值为 1.080 cm.

B. 函数增量的近似计算及误差估计

利用公式(11-5)可以解决函数增量的近似计算问题.

例 14 一个圆柱形的铁罐,内半径为 5 cm,内高为 12 cm,壁厚为 0.2 cm. 估计制作这个铁

罐所需材料的体积近似值(包括上、下底).

解　圆柱体体积为 $V=\pi r^2 h$. 设 $r=5, h=12, \Delta r=0.2, \Delta h=0.4$,则制作铁罐所需的材料体积就是圆柱体体积的增量 ΔV. 按公式(11-5),得

$$\Delta V \approx \frac{\partial V}{\partial r}\mathrm{d}r+\frac{\partial V}{\partial h}\mathrm{d}h=2\pi r h\,\mathrm{d}r+\pi r^2\,\mathrm{d}h$$

$$=2\pi\times5\times12\times0.2+\pi\times5^2\times0.4\approx106.8.$$

故所需材料的体积约为 $106.8\ \mathrm{cm}^3$.

设量 z 由公式 $z=f(x,y)$ 确定,由于测量 x 与 y 的值时有一定的测量误差,所以由公式 $z=f(x,y)$ 计算所得的函数值也有一定的误差. 为了估计 z 的误差的大小,我们设 x,y 的测量值为 x_0,y_0,它们与精确值 x,y 之间的误差为 $\Delta x,\Delta y$,它们的绝对误差限分别为 δ_x 与 δ_y,即测量值与精确值之间的误差满足

$$|x-x_0|=|\Delta x|\leqslant\delta_x,\quad|y-y_0|=|\Delta y|\leqslant\delta_y.$$

因此,由公式(11-5)可知,按测量值 x_0,y_0 求得函数值 $z_0=f(x_0,y_0)$ 时,它与精确值 $z=f(x,y)$ 之间的误差为

$$|z-z_0|=|\Delta z|\approx|\mathrm{d}z|=|f_x(x_0,y_0)\Delta x+f_y(x_0,y_0)\Delta y|$$

$$\leqslant|f_x(x_0,y_0)|\,|\Delta x|+|f_y(x_0,y_0)|\,|\Delta y|$$

$$\leqslant|f_x(x_0,y_0)|\,\delta_x+|f_y(x_0,y_0)|\,\delta_y,$$

于是近似值 z_0 的绝对误差限约为

$$\delta_z=|f_x(x_0,y_0)|\,\delta_x+|f_y(x_0,y_0)|\,\delta_y,\tag{11-6}$$

当 $z_0\neq0$ 时,相对误差限约为

$$\frac{\delta_z}{|z_0|}=\left|\frac{f_x(x_0,y_0)}{z_0}\right|\delta_x+\left|\frac{f_y(x_0,y_0)}{z_0}\right|\delta_y.\tag{11-7}$$

此时 z_0 的绝对误差与相对误差满足

$$|\Delta z|\approx|\mathrm{d}z|\leqslant\delta_z,\quad\left|\frac{\Delta z}{z_0}\right|\approx\left|\frac{\mathrm{d}z}{z_0}\right|\leqslant\frac{\delta_z}{|z_0|}.$$

例 15　设 $z=xy$,x 与 y 的近似值 x_0,y_0 的绝对误差限分别为 δ_x 与 δ_y,由于 $z_x=y,z_y=x$,代入公式(11-6)与(11-7)可得函数 $z=xy$ 的绝对误差限约为

$$\delta_z=|f_x(x_0,y_0)|\,\delta_x+|f_y(x_0,y_0)|\,\delta_y=|y_0|\,\delta_x+|x_0|\,\delta_y;$$

相对误差限约为

$$\frac{\delta_z}{|z_0|}=\frac{|y_0|}{|x_0y_0|}\delta_x+\frac{|x_0|}{|x_0y_0|}\delta_y=\frac{\delta_x}{|x_0|}+\frac{\delta_y}{|y_0|}.$$

因此乘积的相对误差限约等于各因子的相对误差限之和.

例 16　设 $z=\dfrac{x}{y}$,x 与 y 的近似值 x_0,y_0 的绝对误差限分别为 δ_x 与 δ_y,由于 $z_x=\dfrac{1}{y},z_y=-\dfrac{x}{y^2}$,代入公式(11-6)与(11-7)可得函数 $z=\dfrac{x}{y}$ 的绝对误差限约为

$$\delta_z=\frac{1}{|y_0|}\delta_x+\left|\frac{x_0}{y_0^2}\right|\delta_y;$$

相对误差限 $\dfrac{\delta_z}{|z_0|}$ 约为

$$\frac{\delta_z}{|z_0|} = \frac{\left|\dfrac{1}{y_0}\right|}{\left|\dfrac{x_0}{y_0}\right|}\delta_x + \frac{\left|\dfrac{x_0}{y_0^2}\right|}{\left|\dfrac{x_0}{y_0}\right|}\delta_y = \frac{\delta_x}{|x_0|} + \frac{\delta_y}{|y_0|}.$$

因此商的相对误差限约等于分子与分母的相对误差限之和.

例 17　已知直流电的电阻 $R = \dfrac{U}{I}$,今测得电压为 $U_0 = 32$ V,其绝对误差为 0.32 V,电流为 $I_0 = 8$ A,其绝对误差为 0.04 A,试求电阻 R_0,并估计它的相对误差与绝对误差.

解
$$R_0 = \frac{U_0}{I_0} = \frac{32\ \text{V}}{8\ \text{A}} = 4\ \Omega.$$

根据例 16,商的相对误差约等于分子与分母的相对误差之和,所以电阻 $R_0 = 4$ 的相对误差约为

$$\frac{\delta_R}{R_0} = \frac{\delta_0}{v_0} + \frac{\delta_I}{I_0} = \frac{0.32}{32} + \frac{0.04}{8} = 0.015.$$

于是绝对误差约为

$$\delta_R = \frac{\delta_R}{R_0} \cdot R_0 = 0.015 \times 4\ \Omega = 0.06\ \Omega,$$

即电阻 $R \approx (4 \pm 0.06)\ \Omega$.

11.2.4　方向导数及梯度

A. 方向导数

二元函数 $z = f(x, y)$ 在点 $P_0(x_0, y_0)$ 处的偏导数 $f_x(x_0, y_0)$ 表示函数 $f(x, y)$ 在点 P_0 处沿 x 轴方向相对于 x 变化时的增加率,而 $f_y(x_0, y_0)$ 表示 $f(x, y)$ 在点 P_0 处沿 y 轴方向相对于 y 变化时的增加率. 在 xOy 平面上,动点 $P(x, y)$ 趋于点 P_0 时可以有各种不同的方向,那么当点 P 沿任一确定的其他方向趋于点 P_0 时,函数的变化率如何定义和计算呢?

定义　设函数 $z = f(x, y)$ 在点 $P_0(x_0, y_0)$ 的某一邻域内有定义,自点 P_0 沿向量 l 的方向引一条射线 l,它与 x 轴正向的夹角为 α,与 y 轴正向的夹角为 β(图 **11-14**). 点 $P(x_0 + \rho\cos\alpha, y_0 + \rho\cos\beta)$ 是 l 上的任意一点,P_0 与 P 两点间的距离为

$$|P_0P| = \rho.$$

当点 P 沿射线 l 无限趋于点 P_0(即 $\rho \to 0^+$)时,如果极限

$$\lim_{\rho \to 0^+} \frac{f(x_0 + \rho\cos\alpha, y_0 + \rho\cos\beta) - f(x_0, y_0)}{\rho}$$

存在,就称这个极限为函数 $z = f(x, y)$ <u>在点 P_0 处沿方向 l(或向量 l)的方向导数</u>,记作 $\dfrac{\partial f}{\partial l}\bigg|_{P_0}$.

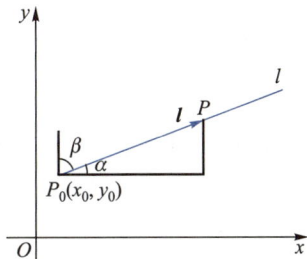

图 11-14

我们知道,二元函数 $z=f(x,y)$ 的图形通常是空间曲面.如果我们将此曲面视为一座山的山坡,那么 $f(x_0+\Delta x,y_0+\Delta y)$ 与 $f(x_0,y_0)$ 分别表示水平坐标面上两点 $P(x_0+\Delta x,y_0+\Delta y)$ 与 $P_0(x_0,y_0)$ 处山坡的高度.由方向导数的定义可见,$\left.\dfrac{\partial f}{\partial l}\right|_{P_0}$ 几何上表示在点 P_0 处沿射线 l 行进时山坡高度的增加率,或山坡在方向 l 上的坡度.显然,在同一点 P_0 处,沿不同方向的坡度是不同的,因此对方向不同的射线 l,方向导数 $\left.\dfrac{\partial f}{\partial l}\right|_{P_0}$ 也会不同.

为了计算函数 $z=f(x,y)$ 在一点 P_0 处沿指定方向 l 的方向导数,我们给出如下定理.

定理 6 设函数 $z=f(x,y)$ 在点 $P_0(x_0,y_0)$ 处可微,则该函数在点 P_0 沿任一方向 l 的方向导数存在,且

$$\left.\frac{\partial f}{\partial l}\right|_{P_0}=\left.\frac{\partial f}{\partial x}\right|_{P_0}\cos\alpha+\left.\frac{\partial f}{\partial y}\right|_{P_0}\cos\beta,\qquad(11-8)$$

其中 $\cos\alpha,\cos\beta$ 是方向 l 的方向余弦.

证 由于 $z=f(x,y)$ 在点 (x_0,y_0) 处可微,因此函数的全增量可表示为

$$\Delta z=f(x_0+\Delta x,y_0+\Delta y)-f(x_0,y_0)=\left.\frac{\partial f}{\partial x}\right|_{P_0}\Delta x+\left.\frac{\partial f}{\partial y}\right|_{P_0}\Delta y+o(\rho).$$

用 $\rho=\sqrt{(\Delta x)^2+(\Delta y)^2}$ 除上式两边,得

$$\frac{\Delta z}{\rho}=\left.\frac{\partial f}{\partial x}\right|_{P_0}\frac{\Delta x}{\rho}+\left.\frac{\partial f}{\partial y}\right|_{P_0}\frac{\Delta y}{\rho}+\frac{o(\rho)}{\rho}.$$

令动点 $(x_0+\Delta x,y_0+\Delta y)$ 在 l 上无限趋于 (x_0,y_0),即 $\rho\to0^+$,取极限并注意到此时 $\Delta x=\rho\cos\alpha$,$\Delta y=\rho\cos\beta$,则有

$$\lim_{\rho\to0}\frac{\Delta z}{\rho}=\lim_{\rho\to0}\frac{f(x_0+\rho\cos\alpha,y_0+\rho\cos\beta)-f(x_0,y_0)}{\rho}$$
$$=\left.\frac{\partial f}{\partial x}\right|_{P_0}\cos\alpha+\left.\frac{\partial f}{\partial y}\right|_{P_0}\cos\beta.$$

因此函数 $z=f(x,y)$ 在点 P_0 处沿方向 l 的方向导数存在,并且有公式 $(11-8)$.

由公式 $(11-8)$ 可见,若 $\left.\dfrac{\partial f}{\partial x}\right|_{P_0}$ 存在,那么当 $\alpha=0$ 时,即 l 的方向为 x 轴正向时,方向导数为

$$\left.\frac{\partial f}{\partial l}\right|_{P_0}=\left.\frac{\partial f}{\partial x}\right|_{P_0}.$$

当 $\alpha=\pi$ 时,即 l 的方向为 x 轴负向时,方向导数为

$$\left.\frac{\partial f}{\partial l}\right|_{P_0}=-\left.\frac{\partial f}{\partial x}\right|_{P_0}.$$

类似地,若 $\left.\dfrac{\partial f}{\partial y}\right|_{P_0}$ 存在,那么当 l 的方向为 y 轴正向或 y 轴负向时,方向导数 $\left.\dfrac{\partial f}{\partial l}\right|_{P_0}$ 分别等于 $\left.\dfrac{\partial f}{\partial y}\right|_{P_0}$ 与 $-\left.\dfrac{\partial f}{\partial y}\right|_{P_0}$.

例 18 设函数 $z=x^2y^4$,求函数在点 $(2,1)$ 处沿单位向量 $l=\left\{\dfrac{\sqrt{2}}{2},\dfrac{\sqrt{2}}{2}\right\}$ 的方向导数.

解　因为函数的偏导数 $z_x = 2xy^4, z_y = 4x^2y^3$ 在 $\mathbf{R}^2$ 上连续,所以函数在 $\mathbf{R}^2$ 上可微. 又因为

$$z_x(2,1) = 4, \quad z_y(2,1) = 16,$$

所以由公式(11-8),得

$$\frac{\partial z}{\partial l}\bigg|_{(2,1)} = z_x(2,1) \cdot \frac{\sqrt{2}}{2} + z_y(2,1) \cdot \frac{\sqrt{2}}{2} = 10\sqrt{2}.$$

方向导数的概念和计算公式容易推广到三元函数(更多元的函数类似).

设 $u = f(x,y,z)$,函数 f 在空间一点 $P_0(x_0,y_0,z_0)$ 处沿向量 $l = \{\cos\alpha, \cos\beta, \cos\gamma\}$ 的方向导数定义为

$$\frac{\partial f}{\partial l}\bigg|_{(x_0,y_0,z_0)} = \lim_{\rho \to 0^+} \frac{f(x_0 + \rho\cos\alpha, y_0 + \rho\cos\beta, z_0 + \rho\cos\gamma) - f(x_0,y_0,z_0)}{\rho}.$$

同样可以证明:如果函数 $f(x,y,z)$ 在点 P_0 处可微,那么函数在该点沿任一向量 $l = \{\cos\alpha, \cos\beta, \cos\gamma\}$ 的方向导数存在,且有

$$\frac{\partial f}{\partial l}\bigg|_{P_0} = \frac{\partial f}{\partial x}\bigg|_{P_0}\cos\alpha + \frac{\partial f}{\partial y}\bigg|_{P_0}\cos\beta + \frac{\partial f}{\partial z}\bigg|_{P_0}\cos\gamma. \tag{11-8'}$$

例 19　求函数 $u = (x-1)^2 + 2(y+1)^2 + 3(z-2)^2 - 6$ 在点 $(2,0,1)$ 处沿向量 $i - 2j - 2k$ 的方向导数.

解　所给向量的方向余弦为

$$\cos\alpha = \frac{1}{3}, \cos\beta = -\frac{2}{3}, \cos\gamma = -\frac{2}{3}.$$

因为函数 u 的三个偏导数 $\frac{\partial f}{\partial x} = 2(x-1), \frac{\partial f}{\partial y} = 4(y+1), \frac{\partial f}{\partial z} = 6(z-2)$ 在整个空间 $\mathbf{R}^3$ 上连续,所以可微.

又在点 $(2,0,1)$ 处有

$$\frac{\partial f}{\partial x} = 2, \frac{\partial f}{\partial y} = 4, \frac{\partial f}{\partial z} = -6.$$

代入公式(11-8'),得

$$\frac{\partial f}{\partial l}\bigg|_{(2,0,1)} = 2 \times \frac{1}{3} + 4 \times \left(-\frac{2}{3}\right) + (-6) \times \left(-\frac{2}{3}\right) = 2.$$

例 20　设函数 $\rho = \sqrt{x^2 + y^2}$,在任意异于坐标原点的点 $P(x,y)$ 处,求函数 ρ 沿从原点 O 到点 P 方向的方向导数.

解　由于目前的方向 l 即为向量 $\overrightarrow{OP} = x\mathbf{i} + y\mathbf{j}$,因此方向余弦为

$$\cos\alpha = \frac{x}{\rho}, \cos\beta = \frac{y}{\rho}.$$

又

$$\frac{\partial\rho}{\partial x} = \frac{x}{\sqrt{x^2 + y^2}} = \frac{x}{\rho}, \frac{\partial\rho}{\partial y} = \frac{y}{\sqrt{x^2 + y^2}} = \frac{y}{\rho},$$

因此方向导数为

$$\frac{\partial\rho}{\partial l} = \frac{x}{\rho}\cos\alpha + \frac{y}{\rho}\cos\beta = \frac{x}{\rho} \cdot \frac{x}{\rho} + \frac{y}{\rho} \cdot \frac{y}{\rho} = 1.$$

B. 梯度

由公式(11-8)可以看到,函数 $z=f(x,y)$ 在点 $P_0(x_0,y_0)$ 处沿不同方向的方向导数是不同的. 那么,对于固定的点 P_0,沿不同方向的方向导数中有没有最大值? 如果有的话,沿哪一方向的方向导数取得最大值?

下面我们对一般的函数 $z=f(x,y)$ 来研究这个问题. 设函数 $f(x,y)$ 在点 P_0 处可微,则公式(11-8)中的 $\dfrac{\partial f}{\partial l}\Big|_{P_0}$ 可以表示成向量

$$g=\frac{\partial f}{\partial x}\Big|_{P_0}\boldsymbol{i}+\frac{\partial f}{\partial y}\Big|_{P_0}\boldsymbol{j}$$

与 l 方向上的单位向量 $\boldsymbol{l}^\circ=\cos\alpha\boldsymbol{i}+\cos\beta\boldsymbol{j}$ 的内积,即

$$\frac{\partial f}{\partial l}\Big|_{P_0}=\frac{\partial f}{\partial x}\Big|_{P_0}\cos\alpha+\frac{\partial f}{\partial y}\Big|_{P_0}\cos\beta=\left(\frac{\partial f}{\partial x}\Big|_{P_0}\boldsymbol{i}+\frac{\partial f}{\partial y}\Big|_{P_0}\boldsymbol{j}\right)\cdot(\cos\alpha\boldsymbol{i}+\cos\beta\boldsymbol{j})$$

$$=\boldsymbol{g}\cdot\boldsymbol{l}^\circ=|\boldsymbol{g}|\cos\theta,$$

其中 θ 是向量 $\boldsymbol{g}$ 与 $\boldsymbol{l}^\circ$ 的夹角.

从上式可以看出,当 $\cos\theta=1$ 时,即 $\boldsymbol{l}^\circ$ 与 $\boldsymbol{g}$ 的方向一致时,$\dfrac{\partial f}{\partial l}\Big|_{P_0}=|\boldsymbol{g}|$ 取得最大值.

定义　设函数 $z=f(x,y)$ 在点 $P_0(x_0,y_0)$ 处可微,则称向量

$$g=\frac{\partial f}{\partial x}\Big|_{P_0}\boldsymbol{i}+\frac{\partial f}{\partial y}\Big|_{P_0}\boldsymbol{j}$$

为函数 $z=f(x,y)$ 在点 P_0 处的梯度,记作 $\mathbf{grad}\,f(x_0,y_0)$,即

$$\mathbf{grad}\,f(x_0,y_0)=\frac{\partial f}{\partial x}\Big|_{P_0}\boldsymbol{i}+\frac{\partial f}{\partial y}\Big|_{P_0}\boldsymbol{j}. \tag{11-9}$$

如果引入二维**哈密顿**(Hamilton,1805—1865,英国数学家和物理学家)**向量微分算子**

$$\nabla=\frac{\partial}{\partial x}\boldsymbol{i}+\frac{\partial}{\partial y}\boldsymbol{j}=\left\{\frac{\partial}{\partial x},\frac{\partial}{\partial y}\right\},$$

并规定 ∇ 作用于函数 $f(x,y)$ 的式子 $\nabla f(x,y)$ 表示把函数 $f(x,y)$ 填入以上偏导数符号的空缺中,则梯度(11-9)也可表示为

$$\nabla f(x_0,y_0)=\left\{\frac{\partial f}{\partial x}\Big|_{P_0},\frac{\partial f}{\partial y}\Big|_{P_0}\right\}=\{f_x,f_y\}\Big|_{P_0}.$$

利用梯度符号,方向导数计算公式(11-8)可进一步写为

$$\frac{\partial f}{\partial l}\Big|_{P_0}=\nabla f(x_0,y_0)\cdot\boldsymbol{l}^0=|\nabla f(x_0,y_0)|\cos\theta,$$

其中 θ 是梯度 $\nabla f(x_0,y_0)$ 与 $\boldsymbol{l}^0$ 的夹角. 这一关系式表明了函数在一点处的梯度与函数在这点处的方向导间的关系. 特别地,从这一关系可知:

（1）当 $\theta=0$,即方向 l 为梯度 $\nabla f(x_0,y_0)$ 的方向时,函数值的增加率最大. 此时,函数在这个方向的方向导数达到最大值,这个最大值就是梯度 $\nabla f(x_0,y_0)$ 的模,即

$$\max_l\left\{\frac{\partial f}{\partial l}\Big|_{P_0}\right\}=|\nabla f(x_0,y_0)|=\sqrt{[f_x(x_0,y_0)]^2+[f_y(x_0,y_0)]^2}.$$

这个结果也表示：函数 $f(x,y)$ 在一点处的梯度 ∇f 是这样一个向量：它的方向是使得函数在这点的方向导数取得最大值的方向，它的模就等于函数在该点处方向导数的最大值.

（2）当 $\theta=\pi$，即方向 $\boldsymbol{l}$ 为负梯度 $-\nabla f(x_0,y_0)$ 的方向时，函数值减小最快，函数在这个方向的方向导数达到最小值，即

$$\min_l\left\{\left.\frac{\partial f}{\partial l}\right|_{P_0}\right\}=-\left|\nabla f(x_0,y_0)\right|.$$

（3）当 $\theta=\dfrac{\pi}{2}$，即方向 $\boldsymbol{l}$ 与梯度 $\nabla f(x_0,y_0)$ 的方向正交时，函数的变化率为零，即

$$\left.\frac{\partial f}{\partial l}\right|_{P_0}=\left|\nabla f(x_0,y_0)\right|\cos\theta=0,$$

此时函数值在这个方向上没有变化.

梯度的概念可以推广到三元函数. 设 $u=f(x,y,z)$ 在点 $P_0(x_0,y_0,z_0)$ 处可微，称向量

$$\left.\frac{\partial f}{\partial x}\right|_{P_0}\boldsymbol{i}+\left.\frac{\partial f}{\partial y}\right|_{P_0}\boldsymbol{j}+\left.\frac{\partial f}{\partial z}\right|_{P_0}\boldsymbol{k}$$

为函数 $u=f(x,y,z)$ 在点 P_0 处的梯度，记为

$$\textbf{grad}\,f(x_0,y_0,z_0)=\left.\frac{\partial f}{\partial x}\right|_{P_0}\boldsymbol{i}+\left.\frac{\partial f}{\partial y}\right|_{P_0}\boldsymbol{j}+\left.\frac{\partial f}{\partial z}\right|_{P_0}\boldsymbol{k},\tag{11-9'}$$

或者

$$\nabla f(x_0,y_0,z_0)=\left\{\left.\frac{\partial f}{\partial x}\right|_{P_0},\left.\frac{\partial f}{\partial y}\right|_{P_0},\left.\frac{\partial f}{\partial z}\right|_{P_0}\right\}=\left.\{f_x,f_y,f_z\}\right|_{P_0},$$

其中 ∇ 是三维哈密顿向量微分算子 $\nabla=\left\{\dfrac{\partial}{\partial x},\dfrac{\partial}{\partial y},\dfrac{\partial}{\partial z}\right\}$.

与二元函数的梯度类似，三元函数的梯度也是一个向量，它的方向与方向导数取得最大值的方向一致，而它的模就是方向导数的最大值.

例 21 求函数 $f(x,y)=\ln(1+x^2+y^2)$ 在点 $(2,1)$ 处的梯度.

解 因为

$$\left.\frac{\partial f}{\partial x}\right|_{(2,1)}=\left.\frac{2x}{1+x^2+y^2}\right|_{(2,1)}=\frac{2}{3},$$

$$\left.\frac{\partial f}{\partial y}\right|_{(2,1)}=\left.\frac{2y}{1+x^2+y^2}\right|_{(2,1)}=\frac{1}{3},$$

所以 $$\textbf{grad}\,f(2,1)=\frac{2}{3}\boldsymbol{i}+\frac{1}{3}\boldsymbol{j}.$$

例 22 位于坐标原点处的正电荷 q，在其周围空间的任一点 $P(x,y,z)$ 处所产生的电位

$$u(x,y,z)=\frac{q}{4\pi\varepsilon r},$$

其中介电系数 ε 为一个常数，$r=\sqrt{x^2+y^2+z^2}$. 试求电位 $u(x,y,z)$ 的梯度.

解 $$\frac{\partial u}{\partial x}=\frac{\partial}{\partial x}\left(\frac{q}{4\pi\varepsilon r}\right)=-\frac{q}{4\pi\varepsilon}\cdot\frac{1}{r^2}\cdot\frac{\partial r}{\partial x}=-\frac{q}{4\pi\varepsilon}\cdot\frac{1}{r^2}\cdot\frac{x}{r}=-\frac{q}{4\pi\varepsilon}\cdot\frac{x}{r^3},$$

类似地,有
$$\frac{\partial u}{\partial y} = -\frac{q}{4\pi\varepsilon} \cdot \frac{y}{r^3}, \frac{\partial u}{\partial z} = -\frac{q}{4\pi\varepsilon} \cdot \frac{z}{r^3}.$$

于是由梯度公式(11-9'),得
$$\mathbf{grad}\ u = \frac{\partial u}{\partial x}\boldsymbol{i} + \frac{\partial u}{\partial y}\boldsymbol{j} + \frac{\partial u}{\partial z}\boldsymbol{k} = -\frac{q}{4\pi\varepsilon r^3}(x\boldsymbol{i} + y\boldsymbol{j} + z\boldsymbol{k}).$$

记原点到点 $P(x,y,z)$ 的向量为 $\boldsymbol{r} = x\boldsymbol{i} + y\boldsymbol{j} + z\boldsymbol{k}$,则
$$\mathbf{grad}\ u = -\frac{q}{4\pi\varepsilon r^3}\boldsymbol{r}.$$

由物理学知道,位于原点处的点电荷 q 在 $P(x,y,z)$ 处产生的电场强度是向量
$$\boldsymbol{E} = \frac{q}{4\pi\varepsilon r^3}(x\boldsymbol{i} + y\boldsymbol{j} + z\boldsymbol{k}) = \frac{q}{4\pi\varepsilon r^3}\boldsymbol{r},$$

因此
$$\boldsymbol{E} = -\mathbf{grad}\ u.$$

此式说明了在任一点 P 处的电场强度与电位的梯度之间的关系,即电位在与电场强度相反的方向上增加得最快.

最后,我们指出梯度具有以下运算性质:**若函数 $f(P),g(P)$ 在点 P 处可微**,则

(1) $\mathbf{grad}[f(P)+g(P)] = \mathbf{grad}\ f(P) + \mathbf{grad}\ g(P)$;

(2) $\mathbf{grad}[Cf(P)] = C\mathbf{grad}\ f(P)$,$C$ 为常数;

(3) $\mathbf{grad}[f(P)g(P)] = f(P)\mathbf{grad}\ g(P) + g(P)\mathbf{grad}\ f(P)$.

这些公式的证明留给读者完成.

习题 11.2

(A)

1. 设 $z = f(x,y)$ 在点 (x_0,y_0) 处的偏导数分别为 $z_x(x_0,y_0) = A, z_y(x_0,y_0) = B$,求下列极限:

(1) $\displaystyle\lim_{h\to 0}\frac{f(x_0+h,y_0)-f(x_0,y_0)}{h}$;

(2) $\displaystyle\lim_{k\to 0}\frac{f(x_0,y_0)-f(x_0,y_0-k)}{k}$;

(3) $\displaystyle\lim_{\alpha\to 0}\frac{f(x_0,y_0+2\alpha)-f(x_0,y_0)}{\alpha}$;

(4) $\displaystyle\lim_{h\to 0}\frac{f(x_0+h,y_0)-f(x_0-h,y_0)}{h}$.

2. 求下列函数的各个偏导数:

(1) $z = x^2\ln(x^2+y^2)$;

(2) $z = \ln\tan\dfrac{x}{y}$;

(3) $z = \mathrm{e}^{xy}$;

(4) $z = \dfrac{\mathrm{e}^{xy}}{\mathrm{e}^x+\mathrm{e}^y}$;

(5) $z = xy + \dfrac{x}{y}$;

(6) $z = \sec(xy)$;

(7) $u = \arctan(x-y)^z$;

(8) $u = x^{\frac{y}{z}}$;

(9) $u = \left(\dfrac{x}{y}\right)^z$.

3. 设 $f(x,y) = \ln\left(x+\dfrac{y}{2x}\right)$,求 $f_x(1,0), f_y(1,0)$.

4. 设 $f(x,y)=x+(y-1)\arcsin\sqrt{\dfrac{x}{y}}$,求 $f_x(x,1)$,$f_y(1,y)$.

5. 设 $f(x,y)=\displaystyle\int_y^x e^{-t^2}dt$,求 $f_x(x,y)$,$f_y(x,y)$.

6. 设 $z=\ln(\sqrt{x}+\sqrt{y})$,证明：

$$x\frac{\partial z}{\partial x}+y\frac{\partial z}{\partial y}=\frac{1}{2}.$$

7. 设 $z=xy+xe^{\frac{y}{x}}$,证明：

$$x\frac{\partial z}{\partial x}+y\frac{\partial z}{\partial y}=xy+z.$$

8. 设 $f(x,y)=\begin{cases}\dfrac{x^2y}{x^2+y^2}, & x^2+y^2\neq 0,\\ 0, & x^2+y^2=0,\end{cases}$ 试用偏导数定义求 $f_x(0,0)$,$f_y(0,0)$.

9. （1）求曲线 $\begin{cases}z=\dfrac{x^2+y^2}{4},\\ y=4\end{cases}$ 在点 $(2,4,5)$ 处的切线与 x 轴正向所成的倾斜角；

（2）求曲线 $\begin{cases}z=\sqrt{1+x^2+y^2},\\ x=1\end{cases}$ 在点 $(1,1,\sqrt{3})$ 处的切线与 y 轴正向所成的倾斜角.

10. 求下列函数的全微分：

（1）$u=\dfrac{s^2+t^2}{s^2-t^2}$;　　　　　　　　（2）$z=(x^2+y^2)e^{\frac{x^2+y^2}{xy}}$;

（3）$z=\arcsin\dfrac{x}{y}$ $(y>0)$;　　　　　　（4）$u=\ln(x^2+y^2+z^2)$;

（5）$u=x^{yz}$.

11. 求函数 $z=x^2y^3$ 当 $x=2$,$y=-1$,$\Delta x=0.02$,$\Delta y=-0.01$ 时的全微分.

12. 求函数 $z=\dfrac{xy}{x^2-y^2}$ 当 $x=2$,$y=1$,$\Delta x=0.01$,$\Delta y=0.03$ 时的全微分和全增量,并求两者之差.

13. 某圆柱体受压后发生变形,它的半径由 20 cm 变到 20.05 cm,高由 100 cm 减少到 99 cm,求此圆柱体体积变化的近似值.

14. 计算 $1.97^{1.05}$ 的近似值(取 $\ln 2\approx 0.693$).

15. 利用全微分计算 $\sin 29°\tan 46°$ 的近似值.

16. 利用全微分计算 $1.002\times 2.003^2\times 3.004^3$ 的近似值.

17. 有一批半径 $R=5$ cm、高 $H=20$ cm 的金属圆柱体 100 个,现要在圆柱体的表面镀一层厚度为 0.05 cm 的镍,试估计大约需要镍多少(镍的密度为 8.8 g/cm^3).

18. 求函数 $u=x^2+y^2$ 在点 $(1,2)$ 处沿点 $(1,2)$ 到点 $(2,2+\sqrt{3})$ 方向的方向导数.

19. 求函数 $u=\ln(x^2+y^2)$ 在点 $(1,1)$ 处沿与 x 轴正向夹角为 $60°$ 的方向的方向导数.

20. 求函数 $u=x^2-xy+z^2$ 在点 $(1,0,1)$ 处沿该点到点 $(3,-1,3)$ 方向的方向导数.

21. 求函数 $u=xy^2+z^3-xyz$ 在点 $(1,1,2)$ 处沿三个方向角为 $60°,45°,60°$ 方向的方向导数.

22. 设 $f(x,y,z)=x^2+2y^2+3z^2+xy+3x-2y-6z$,求 $\mathbf{grad}\,f(1,1,1)$.

23. 求函数 $u=xyz$ 在点 $(1,1,1)$ 处沿向量 $\mathbf{l}=\{\cos\alpha,\cos\beta,\cos\gamma\}$ 的方向导数,$|\mathbf{grad}\,u|$ 的值,及 $\mathbf{grad}\,u$ 的方向余弦.

24. 求函数 $u=xy+yz+zx$ 在点 $(1,2,3)$ 处的梯度.

25. 根据梯度定义证明:

$$\mathbf{grad}(uv)=v\mathbf{grad}\ u+u\mathbf{grad}\ v.$$

26. 一个徒步旅行者爬山,已知山的高度是 $z=1\,000-2x^2-3y^2$,当他在点 $(1,1,995)$ 处时,为了尽可能快地升高,他应沿什么方向移动?

（ B ）

1. 求下列函数的全微分:

　　（1）$z=\arctan\dfrac{x+y}{x-y}$;　　　　　　（2）$u=x^yy^zz^x$.

2. 设 $z=\arcsin\dfrac{x}{\sqrt{x^2+y^2}}$,求 $\dfrac{\partial z}{\partial x},\dfrac{\partial z}{\partial y}$.

3. 假设 x,y 的绝对值很小,证明有下面的近似计算公式:

$$(1+x)^m(1+y)^n\approx1+mx+ny.$$

4. 测得一块三角形土地的两边边长分别为 (63 ± 0.1) m 和 (78 ± 0.1) m,这两边的夹角为 $(60\pm1)°$.试求三角形土地面积的近似值,并求其绝对误差限与相对误差限.

5. 求函数 $u=x^2+2y^2+3z^2+xy+3x-2y-6z$ 在点 $(0,0,0)$ 处的梯度,并求它的大小和方向余弦,又问在哪些点处梯度为 $\mathbf{0}$?

6. 设 $f(x,y)=\begin{cases}x^2+y^2,&xy=0,\\1,&xy\neq0,\end{cases}$ 求 $f(x,y)$ 在点 $(0,0)$ 处的偏导数,并讨论函数 $f(x,y)$ 在点 $(0,0)$ 处的连续性.

7. 设 $f(x,y)=\begin{cases}xy\sin\dfrac{1}{x^2+y^2},&x^2+y^2\neq0,\\0,&x^2+y^2=0.\end{cases}$

证明:（1）$f_x(0,0),f_y(0,0)$ 存在;

（2）$f_x(x,y),f_y(x,y)$ 在点 $(0,0)$ 不连续;

（3）$f(x,y)$ 在点 $(0,0)$ 处可微.

8. 证明 $f(x,y)=\sqrt{|xy|}$ 在点 $(0,0)$ 处连续,偏导数存在,但不可微,而当 $\alpha>\dfrac{1}{2}$ 时,函数 $z=|xy|^\alpha$ 在点 $(0,0)$ 处可微.

9. 求函数 $u=\ln(x+\sqrt{y^2+z^2})$ 在点 $(1,0,1)$ 处的最大方向导数.

11.3　复合函数微分法

　　前面已经提到,求多元函数对某一自变量的偏导数时,只要将其他自变量都视为常量,然后按一元函数的求导法则求导即可.但对于多元的复合函数就不是那么简单了.本节我们将探讨多元复合函数求偏导数的方法.

11.3.1　链式法则

　　设 $z=f(u,v)$ 是变量 u,v 的函数,而 $u=\varphi(x,y)$,$v=\psi(x,y)$ 又是 x,y 的函数.以下定理给出了复合函数

$$z=f[\varphi(x,y),\psi(x,y)]$$

偏导数存在的充分条件,并回答了如何求偏导数的问题.

定理 7 设函数 $u=\varphi(x,y),v=\psi(x,y)$ 在点 (x,y) 处有偏导数,而函数 $z=f(u,v)$ 在对应点 (u,v) 处可微,则复合函数 $z=f[\varphi(x,y),\psi(x,y)]$ 在点 (x,y) 处的偏导数存在,且

$$\frac{\partial z}{\partial x}=\frac{\partial z}{\partial u}\cdot\frac{\partial u}{\partial x}+\frac{\partial z}{\partial v}\cdot\frac{\partial v}{\partial x},\tag{11-10}$$

$$\frac{\partial z}{\partial y}=\frac{\partial z}{\partial u}\cdot\frac{\partial u}{\partial y}+\frac{\partial z}{\partial v}\cdot\frac{\partial v}{\partial y}.\tag{11-11}$$

证 首先证明公式 $(11-10)$.设 y 保持不变,给 x 以增量 Δx,这时函数 $u=\varphi(x,y),v=\psi(x,y)$ 的对应增量为

$$\Delta u=\varphi(x+\Delta x,y)-\varphi(x,y),$$
$$\Delta v=\psi(x+\Delta x,y)-\psi(x,y),$$

于是函数 $z=f(u,v)$ 相应地获得增量 Δz.根据假设,函数 $z=f(u,v)$ 在点 (u,v) 处可微,所以有

$$\Delta z=\frac{\partial z}{\partial u}\Delta u+\frac{\partial z}{\partial v}\Delta v+o(\sqrt{(\Delta u)^2+(\Delta v)^2}),$$

从而也有

$$\frac{\Delta z}{\Delta x}=\frac{\partial z}{\partial u}\cdot\frac{\Delta u}{\Delta x}+\frac{\partial z}{\partial v}\cdot\frac{\Delta v}{\Delta x}+\frac{o(\sqrt{(\Delta u)^2+(\Delta v)^2})}{\Delta x}.$$

又因 u,v 对 x 的偏导数存在,从而 u,v 关于变量 x 连续,于是当 $\Delta x\rightarrow0$ 时有 $\Delta u\rightarrow0,\Delta v\rightarrow0$,因而也有

$$\lim_{\Delta x\rightarrow0}\frac{o(\sqrt{(\Delta u)^2+(\Delta v)^2})}{\Delta x}=\lim_{\Delta x\rightarrow0}\frac{o(\sqrt{(\Delta u)^2+(\Delta v)^2})}{\sqrt{(\Delta u)^2+(\Delta v)^2}}\cdot\sqrt{\left(\frac{\Delta u}{\Delta x}\right)^2+\left(\frac{\Delta v}{\Delta x}\right)^2}\cdot\frac{|\Delta x|}{\Delta x}=0.$$

所以

$$\frac{\partial z}{\partial x}=\lim_{\Delta x\rightarrow0}\frac{\Delta z}{\Delta x}=\lim_{\Delta x\rightarrow0}\left(\frac{\partial z}{\partial u}\cdot\frac{\Delta u}{\Delta x}+\frac{\partial z}{\partial v}\cdot\frac{\Delta v}{\Delta x}+\frac{o(\sqrt{(\Delta u)^2+(\Delta v)^2})}{\Delta x}\right)$$

$$=\frac{\partial z}{\partial u}\cdot\frac{\partial u}{\partial x}+\frac{\partial z}{\partial v}\cdot\frac{\partial v}{\partial x}.$$

公式 $(11-10)$ 得证.同理可证 $(11-11)$ 式.

公式 $(11-10)$ 及 $(11-11)$ 的构造方法可以用图 11-15 所示的反映复合函数结构的**链式图**来解释.例如公式 $(11-10)$ 中的偏导数 $\dfrac{\partial z}{\partial x}$ 是两项的和,每项又是两个偏导数的乘积,这可由以下两条规则得到:

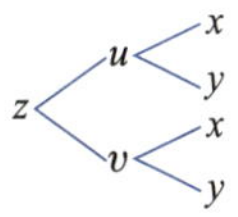

(1) 偏导数 $\dfrac{\partial z}{\partial x}$ 的公式中的项数,等于链式图(图 11-15)中从自变量 x 到达因变量 z 的路径条数.现在的链式图中,从 x 到达 z 的路径有两条,第一条是 $x\rightarrow u\rightarrow z$,第二条是 $x\rightarrow v\rightarrow z$,因此公式 $(11-10)$ 右边含两项.

(2) 公式 $(11-10)$ 右边与每条路径相对应的项都是以若干个偏导数为因子的乘积,每个因子都与路径中的一条"线段"相对应.如第一条路径 $x\rightarrow u\rightarrow z$ 在链式图中含有"$z—u$"与"$u—x$"

图 11-15

两条线段,这两条线段分别反映了 z 与 u 以及 u 与 x 的函数关系,因此第一项就是 $\dfrac{\partial z}{\partial u}$ 与 $\dfrac{\partial u}{\partial x}$ 的乘积,而第二条路径 $x \to v \to z$ 可同样处理.

可以看到,以上通过链式图对公式(11-10)构造方法的解释也同样适用于对公式(11-11)的构造,不仅如此,人们进一步发现,上面根据链式图写出多元复合函数偏导数公式的两条规则具有一般性,对于中间变量或自变量不是两个,复合步骤多于一次的各种形式的复合函数,都可以借助链式图和以上两条规则写出其偏导数公式.我们把这种求复合函数偏导数的方法称为**链式法则**.

下面介绍几种较常见的情况.

(1) 设 $z=f(u,v,w)$ 有连续偏导数,且 $u=u(x,y)$,$v=v(x,y)$,$w=w(x,y)$ 都有偏导数,则复合函数 $z=f[u(x,y),v(x,y),w(x,y)]$ 是 x,y 的二元函数. 由链式图(图 11-16)可得

$$\frac{\partial z}{\partial x}=\frac{\partial z}{\partial u}\cdot\frac{\partial u}{\partial x}+\frac{\partial z}{\partial v}\cdot\frac{\partial v}{\partial x}+\frac{\partial z}{\partial w}\cdot\frac{\partial w}{\partial x}, \qquad (11-12)$$

$$\frac{\partial z}{\partial y}=\frac{\partial z}{\partial u}\cdot\frac{\partial u}{\partial y}+\frac{\partial z}{\partial v}\cdot\frac{\partial v}{\partial y}+\frac{\partial z}{\partial w}\cdot\frac{\partial w}{\partial y}. \qquad (11-13)$$

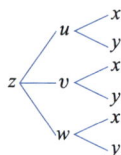

图 11-16

为了表达简便,利用以下记号:

$$f_1'(u,v,w)=f_u(u,v,w),\ f_2'(u,v,w)=f_v(u,v,w),\ f_3'(u,v,w)=f_w(u,v,w),$$

这里下标 1 表示对第一个变量 u 求偏导数,下标 2 表示对第二个变量 v 求偏导数,下标 3 表示对第三个变量 w 求偏导数,(11-12)及(11-13)式可写成

$$\frac{\partial z}{\partial x}=f_1'\frac{\partial u}{\partial x}+f_2'\frac{\partial v}{\partial x}+f_3'\frac{\partial w}{\partial x}, \qquad (11-12')$$

$$\frac{\partial z}{\partial y}=f_1'\frac{\partial u}{\partial y}+f_2'\frac{\partial v}{\partial y}+f_3'\frac{\partial w}{\partial y}, \qquad (11-13')$$

(2) 设函数 $z=f(u,v)$ 有连续偏导数,而 $u=\varphi(x)$,$v=\psi(x)$ 是可导函数,则复合函数 $z=f[\varphi(x),\psi(x)]$ 是一个关于自变量 x 的一元函数. 由链式图(图 11-17)可得

$$\frac{\mathrm{d}z}{\mathrm{d}x}=\frac{\partial z}{\partial u}\cdot\frac{\mathrm{d}u}{\mathrm{d}x}+\frac{\partial z}{\partial v}\cdot\frac{\mathrm{d}v}{\mathrm{d}x}=f_1'\frac{\mathrm{d}u}{\mathrm{d}x}+f_2'\frac{\mathrm{d}v}{\mathrm{d}x}. \qquad (11-14)$$

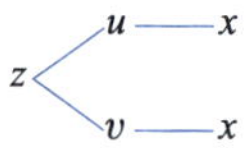

图 11-17

在这里,z 通过两个中间变量 u 与 v 而成为 x 的一元复合函数,因此 z 对 x 的导数又称为 z 对 x 的**全导数**,其记号不能写成 $\dfrac{\partial z}{\partial x}$. 同时,由于中间变量 u 是 x 的一元函数,所以上式右边第一项中,与"u—x"对应的因子是导数 $\dfrac{\mathrm{d}u}{\mathrm{d}x}$,而不是偏导数 $\dfrac{\partial u}{\partial x}$. 类似地,第二项中的 $\dfrac{\mathrm{d}v}{\mathrm{d}x}$ 也不能写成 $\dfrac{\partial v}{\partial x}$.

例 1　设 $z=\mathrm{e}^u\cos v$,$u=x^2+y^2$,$v=xy$,求 $\dfrac{\partial z}{\partial x}$,$\dfrac{\partial z}{\partial y}$.

解一　由复合函数的链式法则,得

$$\frac{\partial z}{\partial x}=\frac{\partial z}{\partial u}\cdot\frac{\partial u}{\partial x}+\frac{\partial z}{\partial v}\cdot\frac{\partial v}{\partial x}=\mathrm{e}^u\cos v\cdot 2x+(-\mathrm{e}^u\sin v)\cdot y$$

$$= e^{x^2+y^2} \left[2x\cos(xy) - y\sin(xy) \right],$$

$$\frac{\partial z}{\partial y} = \frac{\partial z}{\partial u} \cdot \frac{\partial u}{\partial y} + \frac{\partial z}{\partial v} \cdot \frac{\partial v}{\partial y} = e^u \cos v \cdot 2y + (-e^u \sin v) \cdot x$$

$$= e^{x^2+y^2} \left[2y\cos(xy) - x\sin(xy) \right].$$

解二　将 $u = x^2 + y^2, v = xy$ 代入 $z = e^u \cos v$, 则有

$$z = e^{x^2+y^2} \cos(xy).$$

将 y 视为常数, 对 x 求导可得

$$\frac{\partial z}{\partial x} = e^{x^2+y^2} \cdot 2x \cdot \cos(xy) - e^{x^2+y^2} \cdot \sin(xy) \cdot y$$

$$= e^{x^2+y^2} \cdot \left[2x\cos(xy) - y\sin(xy) \right],$$

将 x 视为常数, 对 y 求导可得

$$\frac{\partial z}{\partial y} = e^{x^2+y^2} \cdot 2y \cdot \cos(xy) - e^{x^2+y^2} \cdot \sin(xy) \cdot x$$

$$= e^{x^2+y^2} \left[2y\cos(xy) - x\sin(xy) \right].$$

从以上两种解法可以看出, 当函数具体给出时, 一般来说解法二可能简单一些.

例 2　设 $z = x^{xy}$, 求 $\dfrac{\partial z}{\partial x}$.

解　设 $u = xy$, 则 $z = f(x, u) = x^u$, 由链式法则 (11-10) 式得

$$\frac{\partial z}{\partial x} = \frac{\partial f}{\partial x} + \frac{\partial f}{\partial u} \cdot \frac{\partial u}{\partial x} = ux^{u-1} + x^u \ln x \cdot y$$

$$= yx^{xy} + x^{xy} \ln x \cdot y = yx^{xy} (1 + \ln x).$$

此例中 z 是具体的函数, 虽然也能按例 1 解二那样去求偏导数, 但需要用对数求导法. 而以上解法可以不必用对数求导法.

这里还需指出, 上式中的 $\dfrac{\partial z}{\partial x}$ 与 $\dfrac{\partial f}{\partial x}$ 代表不同的意义. 其中左边 $\dfrac{\partial z}{\partial x}$ 是将函数 $f(x, xy) = x^{xy}$ 中的 y 看作常数而对自变量 x 求偏导数, 而右边的 $\dfrac{\partial f}{\partial x}$ 是将函数 $f(x, u) = x^u$ 的中间变量 u 看作常数, 而对 x 的偏导数, 两者的含义不同. 因此为了避免混淆, 将第一个等式右边的第一项写成 $\dfrac{\partial f}{\partial x}$, 而不写为 $\dfrac{\partial z}{\partial x}$.

例 3　设 $z = u^v, u = \varphi(x), v = \psi(x)$, 其中 $\varphi(x), \psi(x)$ 均可导, 求 $\dfrac{\mathrm{d}z}{\mathrm{d}x}$.

解　利用链式法则 (11-14) 式, 得

$$\frac{\mathrm{d}z}{\mathrm{d}x} = \frac{\partial z}{\partial u} \cdot \frac{\mathrm{d}u}{\mathrm{d}x} + \frac{\partial z}{\partial v} \cdot \frac{\mathrm{d}v}{\mathrm{d}x} = vu^{v-1} \cdot \varphi'(x) + u^v \ln u \cdot \psi'(x)$$

$$= \psi(x)\varphi(x)^{\psi(x)-1}\varphi'(x) + \varphi(x)^{\psi(x)} \ln \varphi(x) \cdot \psi'(x).$$

例 4 设 $z=f(x^2-y^2, xy)$. 其中 f 可微,求 $\dfrac{\partial z}{\partial x}, \dfrac{\partial z}{\partial y}$.

解 令 $u=x^2-y^2, v=xy$,则函数是 $z=f(u,v), u=x^2-y^2, v=xy$ 的复合函数,利用链式法则 $(11-10)$ 及 $(11-11)$ 式,得

$$\frac{\partial z}{\partial x}=\frac{\partial z}{\partial u} \cdot \frac{\partial u}{\partial x}+\frac{\partial z}{\partial v} \cdot \frac{\partial v}{\partial x}=2x\frac{\partial z}{\partial u}+y\frac{\partial z}{\partial v},$$

$$\frac{\partial z}{\partial y}=\frac{\partial z}{\partial u} \cdot \frac{\partial u}{\partial y}+\frac{\partial z}{\partial v} \cdot \frac{\partial v}{\partial y}=-2y\frac{\partial z}{\partial u}+x\frac{\partial z}{\partial v}.$$

例 5 设 $w=f\left(x^2 y, y^2 z, \dfrac{xy}{z}\right)$,其中 f 可微,求 $\dfrac{\partial w}{\partial x}, \dfrac{\partial w}{\partial y}, \dfrac{\partial w}{\partial z}$.

解 令 $u=x^2 y, v=y^2 z, t=\dfrac{xy}{z}$,利用链式法则可得

$$\frac{\partial w}{\partial x}=f'_1 \frac{\partial u}{\partial x}+f'_3 \frac{\partial t}{\partial x}=2xyf'_1+\frac{y}{z}f'_3,$$

$$\frac{\partial w}{\partial y}=f'_1 \frac{\partial u}{\partial y}+f'_2 \frac{\partial v}{\partial y}+f'_3 \frac{\partial t}{\partial y}=x^2 f'_1+2yzf'_2+\frac{x}{z}f'_3,$$

$$\frac{\partial w}{\partial z}=f'_2 \frac{\partial v}{\partial z}+f'_3 \frac{\partial t}{\partial z}=y^2 f'_2-\frac{xy}{z^2}f'_3.$$

在熟练之后,有时为了表达简便,求解过程中的中间变量可以省略而不明显设出.

例 6 设 $z=xyf\left(\dfrac{x}{y}, \dfrac{y}{x}\right)$,其中 f 可微,求 $\dfrac{\partial z}{\partial x}$.

解 利用求导的四则运算法则及链式法则,得

$$\frac{\partial z}{\partial x}=y\frac{\partial}{\partial x}\left[xf\left(\frac{x}{y}, \frac{y}{x}\right)\right]=y\left[f+x\frac{\partial}{\partial x}f\left(\frac{x}{y}, \frac{y}{x}\right)\right]$$

$$=yf+xy\left[f'_1 \frac{\partial}{\partial x}\left(\frac{x}{y}\right)+f'_2 \frac{\partial}{\partial x}\left(\frac{y}{x}\right)\right]$$

$$=yf+xy\left[\frac{1}{y}f'_1-\frac{y}{x^2}f'_2\right]=yf+xf'_1-\frac{y^2}{x}f'_2.$$

例 7 设 $z=f(x^2+y^2, xy), y=x+\varphi(x)$,其中 f 可微,φ 可导,求 $\dfrac{\mathrm{d}z}{\mathrm{d}x}$.

解
$$\frac{\mathrm{d}z}{\mathrm{d}x}=f'_1 \frac{\mathrm{d}}{\mathrm{d}x}(x^2+y^2)+f'_2 \frac{\mathrm{d}}{\mathrm{d}x}(xy)$$

$$=f'_1\left(2x+2y\frac{\mathrm{d}y}{\mathrm{d}x}\right)+f'_2\left(y+x\frac{\mathrm{d}y}{\mathrm{d}x}\right)$$

$$=2f'_1[x+y(1+\varphi'(x))]+f'_2[y+x(1+\varphi'(x))].$$

11.3.2 全微分的形式不变性

与一元函数的微分类似,多元函数的全微分也有形式不变性,也就是说,不论 u, v 是自变量,或是中间变量,当 $z=f(u,v)$ 的全微分存在时,其形式是一样的,即

$$dz = \frac{\partial z}{\partial u}du + \frac{\partial z}{\partial v}dv. \tag{11-15}$$

该性质称为**全微分的形式不变性**.

事实上,若 u,v 是自变量且函数 $z=f(u,v)$ 可微时,由公式(11-2)可知上式成立. 如果 u,v 是中间变量,即 $u=\varphi(x,y),v=\psi(x,y)$,且复合函数 $z=f[\varphi(x,y),\psi(x,y)]$ 可微,则 z 的全微分为

$$dz = \frac{\partial z}{\partial x}dx + \frac{\partial z}{\partial y}dy.$$

由于

$$\frac{\partial z}{\partial x} = \frac{\partial z}{\partial u}\cdot\frac{\partial u}{\partial x} + \frac{\partial z}{\partial v}\cdot\frac{\partial v}{\partial x}, \frac{\partial z}{\partial y} = \frac{\partial z}{\partial u}\cdot\frac{\partial u}{\partial y} + \frac{\partial z}{\partial v}\cdot\frac{\partial v}{\partial y},$$

代入 dz,得

$$
\begin{aligned}
dz &= \left(\frac{\partial z}{\partial u}\cdot\frac{\partial u}{\partial x} + \frac{\partial z}{\partial v}\cdot\frac{\partial v}{\partial x}\right)dx + \left(\frac{\partial z}{\partial u}\cdot\frac{\partial u}{\partial y} + \frac{\partial z}{\partial v}\cdot\frac{\partial v}{\partial y}\right)dy \\
&= \frac{\partial z}{\partial u}\left(\frac{\partial u}{\partial x}dx + \frac{\partial u}{\partial y}dy\right) + \frac{\partial z}{\partial v}\left(\frac{\partial v}{\partial x}dx + \frac{\partial v}{\partial y}dy\right) \\
&= \frac{\partial z}{\partial u}du + \frac{\partial z}{\partial v}dv,
\end{aligned}
$$

即当 u,v 是中间变量时,(11-15)式也成立,这就证明了全微分的形式不变性.

利用全微分的形式不变性,可以比较容易地得出全微分的四则运算公式:

$$
\begin{aligned}
&d(u\pm v) = du\pm dv, \\
&d(uv) = udv + vdu, \\
&d\left(\frac{u}{v}\right) = \frac{vdu - udv}{v^2}(v\neq 0).
\end{aligned} \tag{11-16}
$$

例如,

$$d(uv) = \frac{\partial(uv)}{\partial u}du + \frac{\partial(uv)}{\partial v}dv = vdu + udv.$$

(11-16)式中其余两个公式的证明类似.

利用全微分的形式不变性及全微分的四则运算公式,可使计算全微分的运算更简便.

例 8　求 $u = \dfrac{x}{x^2+y^2+z^2}$ 的全微分及偏导数.

解　$du = \dfrac{(x^2+y^2+z^2)dx - xd(x^2+y^2+z^2)}{(x^2+y^2+z^2)^2}$

$$
\begin{aligned}
&= \frac{(x^2+y^2+z^2)dx - x(2xdx+2ydy+2zdz)}{(x^2+y^2+z^2)^2} \\
&= \frac{(y^2+z^2-x^2)dx - 2xydy - 2xzdz}{(x^2+y^2+z^2)^2}.
\end{aligned}
$$

根据全微分公式(11-2),求出 du 时也就得到了 u 的三个偏导数,即

$$\frac{\partial u}{\partial x} = \frac{y^2+z^2-x^2}{(x^2+y^2+z^2)^2},$$

$$\frac{\partial u}{\partial y} = \frac{-2xy}{(x^2+y^2+z^2)^2},$$

$$\frac{\partial u}{\partial z} = \frac{-2xz}{(x^2+y^2+z^2)^2}.$$

由上例可以得到求偏导数的又一种方法,即先求出函数的全微分,在全微分中每个自变量微分(如上例中的 dx, dy, dz)前的系数就是函数对该自变量的偏导数. 当需要求函数对所有自变量的偏导数时,通过全微分计算常常较为简便.

例 9 设 $z = f\left(x^3 - 2xy^2, \dfrac{2x}{y}\right)$,其中 f 可微,求 $\dfrac{\partial z}{\partial x}$ 和 $\dfrac{\partial z}{\partial y}$.

解 先求函数的全微分,由全微分的形式不变性,得

$$dz = f'_1 \cdot d(x^3 - 2xy^2) + f'_2 \cdot d\left(\frac{2x}{y}\right)$$

$$= f'_1 \cdot [3x^2 dx - (2y^2 dx + 4xy dy)] + f'_2 \cdot \frac{2y dx - 2x dy}{y^2}$$

$$= \left[(3x^2 - 2y^2)f'_1 + \frac{2}{y}f'_2\right] dx - \left(4xy f'_1 + \frac{2x}{y^2}f'_2\right) dy.$$

由此,得

$$\frac{\partial z}{\partial x} = (3x^2 - 2y^2)f'_1 + \frac{2}{y}f'_2, \quad \frac{\partial z}{\partial y} = -\left(4xy f'_1 + \frac{2x}{y^2}f'_2\right).$$

习题 11.3

(A)

1. 设 $u = e^{x-2y}$,$x = \sin t$,$y = t^3$,求 $\dfrac{du}{dt}$.

2. 设 $z = \dfrac{v}{u}$,$u = \ln x$,$v = e^x$,求 $\dfrac{dz}{dx}$.

3. 设 $u = \tan(3t + 2x^2 - y)$,$x = \dfrac{1}{t}$,$y = \sqrt{t}$,求 $\dfrac{du}{dt}$.

4. 设 $z = u^2 v - uv^2$,$u = x\cos y$,$v = x\sin y$,求 $\dfrac{\partial z}{\partial x}$,$\dfrac{\partial z}{\partial y}$.

5. 设 $z = \ln(u^2 + y\sin x)$,$u = e^{x+y}$,求 $\dfrac{\partial z}{\partial x}$,$\dfrac{\partial z}{\partial y}$.

6. 设 $u = \sin(x^2 + y^2 + z^2)$,$x = r + s + t$,$y = rs + st + tr$,$z = rst$,求 $\dfrac{\partial u}{\partial r}$,$\dfrac{\partial u}{\partial s}$ 及 $\dfrac{\partial u}{\partial t}$.

7. 设 $z = \arctan \dfrac{x}{y}$,$x = u + v$,$y = u - v$,求 $\dfrac{\partial z}{\partial u}$,$\dfrac{\partial z}{\partial v}$,并验证:

$$\frac{\partial z}{\partial u} + \frac{\partial z}{\partial v} = \frac{u-v}{u^2+v^2}.$$

8. 设 $z = x^2 - y^2 + t$,$x = \sin t$,$y = \cos t$,求 $\dfrac{dz}{dt}$.

9. （1）设 $z=f(x,y)$，$x=\rho\cos\theta$，$y=\rho\sin\theta$，求 $\dfrac{\partial z}{\partial\rho}$，$\dfrac{\partial z}{\partial\theta}$.

（2）设 $z=f(u,v)$，$u=\ln(x^2-y^2)$，$v=xy^2$，求 $\dfrac{\partial z}{\partial x}$，$\dfrac{\partial z}{\partial y}$.

10. 求下列函数的各个偏导数：

（1）$u=f\left(x+\dfrac{1}{y},y+\dfrac{1}{x}\right)$；　　　　（2）$u=f\left(\dfrac{x}{y},\dfrac{y}{z}\right)$；

（3）$z=f(x^2-y)$；　　　　（4）$u=f(x,xy,xyz)$；

（5）$u=f(x^2-y^2,\mathrm{e}^{xy},\ln x)$.

11. 设 $z=xy-xF(u)$，$u=\dfrac{y}{x}$，其中函数 F 可微，证明：

$$x\frac{\partial z}{\partial x}+y\frac{\partial z}{\partial y}=z+xy.$$

12. 设 $z=y\varphi[\cos(x-y)]$，证明：$\dfrac{\partial z}{\partial x}+\dfrac{\partial z}{\partial y}=\dfrac{z}{y}$.

13. 设 $u=x^kF\left(\dfrac{z}{x},\dfrac{y}{x}\right)$，证明：$x\dfrac{\partial u}{\partial x}+y\dfrac{\partial u}{\partial y}+z\dfrac{\partial u}{\partial z}=ku$.

14. 设 $z=\sin y+f(\sin x-\sin y)$，证明：$\sec x\dfrac{\partial z}{\partial x}+\sec y\dfrac{\partial z}{\partial y}=1$.

（ B ）

1. 设 $z=\dfrac{y}{f(x^2-y^2)}$，证明：

$$\frac{1}{x}\frac{\partial z}{\partial x}+\frac{1}{y}\frac{\partial z}{\partial y}=\frac{z}{y^2}.$$

2. 设 $u=f(x,y,z)$，$y=\varphi(x,t)$，$t=\psi(x,z)$，试求 $\dfrac{\partial u}{\partial x}$，$\dfrac{\partial u}{\partial z}$.

3. 设 $z=x^n\varphi\left(\dfrac{y}{x^2}\right)$，试验证：

$$x\frac{\partial z}{\partial x}+2y\frac{\partial z}{\partial y}=nz.$$

4. 设 $z=f(x,y)$，$x=\varphi(u)$，$y=\psi(x,u)$，求 $\dfrac{\mathrm{d}z}{\mathrm{d}u}$.

5. 设函数 $f(x,y,z)$ 满足 $f(tx,ty,tz)=t^nf(x,y,z)$，这时称 f 为 n 次齐次函数，试证可微的 n 次齐次函数满足

$$x\frac{\partial f}{\partial x}+y\frac{\partial f}{\partial y}+z\frac{\partial f}{\partial z}=nf.$$

6. 设 $z=f[x,f(x,y)]$，其中 f 可微，求 $\dfrac{\partial z}{\partial x}$ 和 $\dfrac{\partial z}{\partial y}$.

11.4　隐函数微分法

11.4.1　由一个方程确定的隐函数的微分法

A.　由方程 $F(x,y)=0$ 确定的隐函数的求导公式

在上册中我们已经给出了隐函数的概念，并指出了不经过显化而直接由隐函数方程

$$F(x,y)=0 \tag{11-17}$$

求它所确定的隐函数的导数的方法. 此方法可归纳如下.

设方程 (11-17) 可确定 y 为 x 的函数 $y=y(x)$, 将此函数代入隐函数方程 (11-17), 得恒等式

$$F[x,y(x)]\equiv 0.$$

由于恒等式两端求导后仍然恒等, 两边对 x 求导, 利用链式法则求全导数, 得

$$F_x(x,y)+F_y(x,y)\frac{\mathrm{d}y}{\mathrm{d}x}=0,$$

于是当 $F_y(x,y)\neq 0$ 时可得公式

$$\frac{\mathrm{d}y}{\mathrm{d}x}=-\frac{F_x(x,y)}{F_y(x,y)}. \tag{11-18}$$

例 1　设方程 $x^2\mathrm{e}^y-\sin y=x+2$ 确定了隐函数 $y=y(x)$, 求 $\dfrac{\mathrm{d}y}{\mathrm{d}x}$.

解一　记 $F(x,y)=x^2\mathrm{e}^y-\sin y-x-2$, 把 x,y 看作独立变量, 分别求出 $F(x,y)$ 对 x,y 的偏导数, 得

$$F_x=2x\mathrm{e}^y-1,\quad F_y=x^2\mathrm{e}^y-\cos y.$$

代入公式 (11-18), 得

$$\frac{\mathrm{d}y}{\mathrm{d}x}=-\frac{F_x}{F_y}=\frac{1-2x\mathrm{e}^y}{x^2\mathrm{e}^y-\cos y}.$$

解二　将隐函数 $y=y(x)$ 代入方程, 得恒等式

$$x^2\mathrm{e}^{y(x)}-\sin y(x)\equiv x+2.$$

将上式两边同时对 x 求导, 得

$$2x\mathrm{e}^{y(x)}+x^2\mathrm{e}^{y(x)}\cdot\frac{\mathrm{d}y}{\mathrm{d}x}-\cos y(x)\cdot\frac{\mathrm{d}y}{\mathrm{d}x}=1,$$

解出 $\dfrac{\mathrm{d}y}{\mathrm{d}x}$, 得

$$\frac{\mathrm{d}y}{\mathrm{d}x}=\frac{1-2x\mathrm{e}^y}{x^2\mathrm{e}^y-\cos y}.$$

从例 1 的两种解法可以看到, 在解一使用公式 (11-18) 时, 在 F_x 的计算中 x 与 y 都是 $F(x,y)$ 的自变量, 因而对 x 求偏导数时要把 y 视为常数. 不能把 y 看作 x 的函数; 而在解二中, 我们使用了隐函数求导法以及复合函数的链式法则, 因此在求导过程中 y 须视为 x 的函数. 也就是说, 求隐函数的导数时, 一定要清楚自己使用的是哪种方法, 并注意不同方法之间的差别.

B. 由方程 $F(x,y,z)=0$ 确定的隐函数的偏导数公式

隐函数求导法可以推广到多元函数. 设含有三个变量 x,y,z 的方程

$$F(x,y,z)=0 \tag{11-19}$$

确定了一个二元函数 $z=z(x,y)$, 将函数 $z=z(x,y)$ 代入 (11-19) 可得恒等式

$$F[x,y,z(x,y)]\equiv 0.$$

为求偏导数 z_x,z_y, 可以在以上恒等式两边同时对 x 或 y 求偏导数, 得

$$F_x + F_z z'_x = 0, F_y + F_z z'_y = 0.$$

当 $F_z \neq 0$ 时就有

$$z'_x = \frac{\partial z}{\partial x} = -\frac{F_x(x,y,z)}{F_z(x,y,z)}, z'_y = \frac{\partial z}{\partial y} = -\frac{F_y(x,y,z)}{F_z(x,y,z)}. \tag{11-20}$$

例 2 设函数 $F(x,u,v)$ 具有一阶连续偏导数,求由方程 $F(x,x+y,x+y+z)=0$ 确定的函数 $z=f(x,y)$ 对 x 的偏导数.

解一 将方程中的 z 看作 x,y 的函数,则已知方程成为恒等式

$$F[x,x+y,x+y+z(x,y)] \equiv 0.$$

将方程两边对 x 求偏导数,得

$$F'_1 \frac{\partial x}{\partial x} + F'_2 \frac{\partial}{\partial x}(x+y) + F'_3 \frac{\partial}{\partial x}[x+y+z(x,y)] = 0,$$

即

$$F'_1 + F'_2 + F'_3 \left(1 + \frac{\partial z}{\partial x}\right) = 0.$$

解出 $\frac{\partial z}{\partial x}$,得

$$\frac{\partial z}{\partial x} = -\frac{F'_1 + F'_2 + F'_3}{F'_3}.$$

解二 应用公式(11-20)计算. 记 $f(x,y,z) = F(x,x+y,x+y+z) = 0$,则

$$f_x = F'_1 + F'_2 \frac{\partial}{\partial x}(x+y) + F'_3 \frac{\partial}{\partial x}(x+y+z) = F'_1 + F'_2 + F'_3,$$

$$f_z = F'_3 \frac{\partial}{\partial z}(x+y+z) = F'_3.$$

于是由公式(11-20),得

$$\frac{\partial z}{\partial x} = -\frac{f_x}{f_z} = -\frac{F'_1 + F'_2 + F'_3}{F'_3}.$$

例 3 设 $z=z(x,y)$ 是由方程 $\frac{x}{z} = \ln \frac{z}{y}$ 确定的隐函数,求 $\frac{\partial z}{\partial x}, \frac{\partial z}{\partial y}$.

解 首先将方程化为 $x = z(\ln z - \ln y)$. 再将方程中的 z 看作 x,y 的函数,两边分别对 x,y 求偏导数,得

$$1 = \frac{\partial z}{\partial x}(\ln z - \ln y) + z \cdot \frac{1}{z} \cdot \frac{\partial z}{\partial x},$$

$$0 = \frac{\partial z}{\partial y}(\ln z - \ln y) + z \left(\frac{1}{z} \cdot \frac{\partial z}{\partial y} - \frac{1}{y}\right).$$

解得

$$\frac{\partial z}{\partial x} = \frac{1}{1 + \ln z - \ln y} = \frac{z}{x+z},$$

$$\frac{\partial z}{\partial y} = \frac{z}{y(1 + \ln z - \ln y)} = \frac{z^2}{y(x+z)}.$$

例 4   设函数 $\Phi(u,v)$ 具有一阶连续偏导数,并且 $a\Phi_u+b\Phi_v \neq 0$. 证明:由方程 $\Phi(x-az,y-bz)=0$ (a,b 为常数)所确定的函数 $z=z(x,y)$ 满足方程

$$a\frac{\partial z}{\partial x}+b\frac{\partial z}{\partial y}=1.$$

证   将方程 $\Phi(x-az,y-bz)=0$ 两边分别对 x,y 求偏导数,得

$$\Phi_1'\left(1-a\frac{\partial z}{\partial x}\right)+\Phi_2'\left(-b\frac{\partial z}{\partial x}\right)=0,$$

$$\Phi_1'\left(-a\frac{\partial z}{\partial y}\right)+\Phi_2'\left(1-b\frac{\partial z}{\partial y}\right)=0.$$

从上面的两个方程中解出 $\dfrac{\partial z}{\partial x},\dfrac{\partial z}{\partial y}$,得

$$\frac{\partial z}{\partial x}=\frac{\Phi_1'}{a\Phi_1'+b\Phi_2'},\quad \frac{\partial z}{\partial y}=\frac{\Phi_2'}{a\Phi_1'+b\Phi_2'}.$$

因此

$$a\frac{\partial z}{\partial x}+b\frac{\partial z}{\partial y}=a\frac{\Phi_1'}{a\Phi_1'+b\Phi_2'}+b\frac{\Phi_2'}{a\Phi_1'+b\Phi_2'}=1.$$

11.4.2   由方程组确定的隐函数的微分法

设三个变量 x,y,z 满足方程组

$$\begin{cases}F(x,y,z)=0,\\G(x,y,z)=0.\end{cases} \tag{11-21}$$

假设在一定条件[①]下,从含两个方程的方程组(11-21)中可以解出其中两个未知量(例如 y 与 z)的唯一一组解,那么,对每一个取定的 x 值,y 和 z 都有唯一的一对值使(11-21)式成立. 于是,方程组(11-21)就确定了 y 与 z 都是 x 的函数. 设它们为 $y=y(x),z=z(x)$,将它们代入(11-21),得恒等式

$$\begin{cases}F[x,y(x),z(x)]\equiv 0,\\G[x,y(x),z(x)]\equiv 0.\end{cases}$$

将方程组的各方程两边对 x 求全导数,得

$$\begin{cases}F_x+F_y y'(x)+F_z z'(x)=0,\\G_x+G_y y'(x)+G_z z'(x)=0.\end{cases}$$

这是一个关于 $y'(x),z'(x)$ 的线性方程组,根据克拉默(Cramer)法则(参见附录),当系数行列式

$$\begin{vmatrix}F_y & F_z\\G_y & G_z\end{vmatrix}=F_yG_z-F_zG_y\neq 0$$

时,有解

---

① 这一条件通常是下一小节中隐函数存在定理所给出的条件.

$$y'(x) = -\frac{\begin{vmatrix} F_x & F_z \\ G_x & G_z \end{vmatrix}}{\begin{vmatrix} F_y & F_z \\ G_y & G_z \end{vmatrix}}, z'(x) = -\frac{\begin{vmatrix} F_y & F_x \\ G_y & G_x \end{vmatrix}}{\begin{vmatrix} F_y & F_z \\ G_y & G_z \end{vmatrix}}. \tag{11-22}$$

我们把函数 F,G 分别对 y,z 的偏导数所组成的行列式记为

$$J = \frac{\partial(F,G)}{\partial(y,z)} \stackrel{\text{def}}{=\!=} \begin{vmatrix} F_y & F_z \\ G_y & G_z \end{vmatrix}, \tag{11-23}$$

并称 J 为函数 F,G 关于变量 y,z 的**雅可比**(Jacobi)**行列式**. 类似地记

$$\frac{\partial(F,G)}{\partial(x,z)} = \begin{vmatrix} F_x & F_z \\ G_x & G_z \end{vmatrix}, \frac{\partial(F,G)}{\partial(y,x)} = \begin{vmatrix} F_y & F_x \\ G_y & G_x \end{vmatrix}.$$

于是(11-22)式可表示为

$$\begin{cases} y'(x) = -\dfrac{1}{J} \cdot \dfrac{\partial(F,G)}{\partial(x,z)}, \\[2mm] z'(x) = -\dfrac{1}{J} \cdot \dfrac{\partial(F,G)}{\partial(y,x)}. \end{cases} \tag{11-22'}$$

类似地,若四个变量 x,y,u,v 满足两个方程:

$$\begin{cases} F(x,y,u,v) = 0, \\ G(x,y,u,v) = 0. \end{cases} \tag{11-24}$$

设 x,y 为自由变量,则当 x,y 取一定范围内的每一对值时,若关于 u,v 的方程组(11-24)都有唯一解,则(11-24)确定了 u,v 为 x,y 的函数:

$$u = u(x,y), v = v(x,y).$$

关于函数 u,v 的偏导数的计算仍可采用以上推导(11-22)式的方法进行. 将方程组

$$\begin{cases} F[x,y,u(x,y),v(x,y)] \equiv 0, \\ G[x,y,u(x,y),v(x,y)] \equiv 0 \end{cases}$$

对 x 求偏导数得

$$\begin{cases} F_x + F_u \dfrac{\partial u}{\partial x} + F_v \dfrac{\partial v}{\partial x} = 0, \\[3mm] G_x + G_u \dfrac{\partial u}{\partial x} + G_v \dfrac{\partial v}{\partial x} = 0. \end{cases}$$

当系数行列式 $J = \dfrac{\partial(F,G)}{\partial(u,v)} \neq 0$ 时,从这个方程组可解得

$$\frac{\partial u}{\partial x} = -\frac{\dfrac{\partial(F,G)}{\partial(x,v)}}{\dfrac{\partial(F,G)}{\partial(u,v)}} = -\frac{1}{J} \cdot \frac{\partial(F,G)}{\partial(x,v)}, \frac{\partial v}{\partial x} = -\frac{\dfrac{\partial(F,G)}{\partial(u,x)}}{\dfrac{\partial(F,G)}{\partial(u,v)}} = -\frac{1}{J} \cdot \frac{\partial(F,G)}{\partial(u,x)}.$$

同理,将恒等式两边对 y 求偏导数,可求得

$$\frac{\partial u}{\partial y} = -\frac{1}{J} \cdot \frac{\partial(F,G)}{\partial(y,v)}, \quad \frac{\partial v}{\partial y} = -\frac{1}{J} \cdot \frac{\partial(F,G)}{\partial(u,y)}.$$

例 5　设 $x = \rho\cos\theta, y = \rho\sin\theta$, 试求 $\dfrac{\partial\rho}{\partial x}, \dfrac{\partial\theta}{\partial x}, \dfrac{\partial\rho}{\partial y}, \dfrac{\partial\theta}{\partial y}$.

解　根据问题的提法, 易知应将 ρ, θ 看作 x, y 的函数.

将 ρ, θ 视为 x, y 的函数, 则已知方程组成为关于变量 x, y 的恒等式. 在恒等式两边对 x 求偏导数, 得

$$\begin{cases} 1 = \cos\theta\,\dfrac{\partial\rho}{\partial x} - \rho\sin\theta\,\dfrac{\partial\theta}{\partial x}, \\[2mm] 0 = \sin\theta\,\dfrac{\partial\rho}{\partial x} + \rho\cos\theta\,\dfrac{\partial\theta}{\partial x}. \end{cases}$$

解此线性方程组, 得

$$\frac{\partial\rho}{\partial x} = \cos\theta, \qquad \frac{\partial\theta}{\partial x} = -\frac{\sin\theta}{\rho}.$$

同样, 将恒等式对 y 求偏导数, 有

$$\begin{cases} 0 = \cos\theta\,\dfrac{\partial\rho}{\partial y} - \rho\sin\theta\,\dfrac{\partial\theta}{\partial y}, \\[2mm] 1 = \sin\theta\,\dfrac{\partial\rho}{\partial y} + \rho\cos\theta\,\dfrac{\partial\theta}{\partial y}. \end{cases}$$

解方程组, 得

$$\frac{\partial\rho}{\partial y} = \sin\theta, \qquad \frac{\partial\theta}{\partial y} = \frac{\cos\theta}{\rho}.$$

例 6　设

$$\begin{cases} x + y + z + u + v = 1, \\ x^2 + y^2 + z^2 + u^2 + v^2 = 2, \end{cases}$$

试求 u_x, u_y, u_z 以及 v_x, v_y, v_z.

解一　本题是 2 个方程, 5 个未知量的情形, 在某种条件下(见下一小节的隐函数存在定理)可确定其中的 2 个变量为因变量, 其余的 3 个变量为自变量. 依题意, 这里 u, v 为因变量, x, y, z 为自变量. 在认定 u, v 为 x, y, z 的函数之后, 可把这两个方程看作两个恒等式. 两边对 x 求偏导, 得

$$\begin{cases} 1 + u_x + v_x = 0, \\ 2x + 2uu_x + 2vv_x = 0. \end{cases}$$

解方程组, 得

$$u_x = \frac{x-v}{v-u}, \qquad v_x = \frac{u-x}{v-u}.$$

类似地, 分别对 y 及 z 求偏导数后可解得

$$u_y = \frac{y-v}{v-u}, \qquad v_y = \frac{u-y}{v-u}.$$

$$u_z = \frac{z-v}{v-u}, \qquad v_z = \frac{u-z}{v-u}.$$

解二 本题也可以通过计算全微分 du,dv 来求解. 对方程组

$$\begin{cases} x+y+z+u+v=1, \\ x^2+y^2+z^2+u^2+v^2=2 \end{cases}$$

两边求全微分, 可知 du,dv 满足方程组

$$\begin{cases} dx+dy+dz+du+dv=0, \\ 2xdx+2ydy+2zdz+2udu+2vdv=0. \end{cases}$$

从这个关于 du,dv 的线性方程组解得

$$du = -\frac{\begin{vmatrix} dx+dy+dz & 1 \\ 2xdx+2ydy+2zdz & 2v \end{vmatrix}}{\begin{vmatrix} 1 & 1 \\ 2u & 2v \end{vmatrix}}$$

$$= \frac{\begin{vmatrix} 1 & 1 \\ 2v & 2x \end{vmatrix}}{\begin{vmatrix} 1 & 1 \\ 2u & 2v \end{vmatrix}}dx + \frac{\begin{vmatrix} 1 & 1 \\ 2v & 2y \end{vmatrix}}{\begin{vmatrix} 1 & 1 \\ 2u & 2v \end{vmatrix}}dy + \frac{\begin{vmatrix} 1 & 1 \\ 2v & 2z \end{vmatrix}}{\begin{vmatrix} 1 & 1 \\ 2u & 2v \end{vmatrix}}dz$$

$$= \frac{x-v}{v-u}dx + \frac{y-v}{v-u}dy + \frac{z-v}{v-u}dz,$$

$$dv = \frac{u-x}{v-u}dx + \frac{u-y}{v-u}dy + \frac{u-z}{v-u}dz.$$

根据全微分的形式不变性, 这两个微分式中 dx,dy,dz 前的系数即为所要求的各个偏导数.

˙**11.4.3 隐函数存在定理**

前面由隐函数方程 $F(x,y)=0$ 或方程组 $\begin{cases} F(x,y,z)=0, \\ G(x,y,z)=0 \end{cases}$ 等情况推导隐函数求导公式时, 我们首先假定了隐函数的存在性, 但是如上的方程或方程组能够确定隐函数是需要一定条件的, 以下两个定理给出了两种情况下隐函数存在的充分条件, 定理也称为隐函数存在定理, 定理的证明从略.

定理 8 设函数 $F(x,y)$ 满足

(1) 在点 $P(x_0,y_0)$ 的某一邻域 D 内有连续偏导数 F_x,F_y;

(2) $F(x_0,y_0)=0$;

(3) $F_y(x_0,y_0)\neq 0$,

则

(1) 方程 $F(x,y)=0$ 在 (x_0,y_0) 的某一邻域内唯一确定一个函数 $y=f(x)$, 满足 $y_0=f(x_0)$, 即存在唯一的一个函数 $y=f(x)$, 在 x_0 的某邻域 $N(x_0,\delta)$ 内有定义, 且 $F(x,f(x))\equiv 0$ 及 $y_0=f(x_0)$;

(2) $y=f(x)$ 在 $N(x_0,\delta)$ 内连续;

(3) $y=f(x)$ 在 $N(x_0,\delta)$ 内有连续导数, 且

$$y' = -\frac{F_x(x,y)}{F_y(x,y)}.$$

定理 9　设函数 $F(x,y,u,v)$ 与 $G(x,y,u,v)$ 满足

（1）在点 $P_0(x_0,y_0,u_0,v_0)$ 的某一邻域 D 内对各变量有连续偏导数；

（2）$F(P_0)=0,G(P_0)=0$；

（3）在 P_0 处 $\dfrac{\partial(F,G)}{\partial(u,v)}\neq 0$，

则

（1）方程组 $F(x,y,u,v)=0,G(x,y,u,v)=0$ 在 P_0 的某一邻域内唯一地确定一组函数 $u=u(x,y),v=v(x,y)$，它们在 (x_0,y_0) 的某邻域 N 内有意义，且 $u_0=u(x_0,y_0),v=v(x_0,y_0)$；

（2）$u(x,y),v(x,y)$ 在 N 内连续；

（3）$u(x,y),v(x,y)$ 在 N 内有连续偏导数，且

$$\frac{\partial u}{\partial x}=-\frac{1}{J}\cdot\frac{\partial(F,G)}{\partial(x,v)},\frac{\partial u}{\partial y}=-\frac{1}{J}\cdot\frac{\partial(F,G)}{\partial(y,v)},$$

$$\frac{\partial v}{\partial x}=-\frac{1}{J}\cdot\frac{\partial(F,G)}{\partial(u,x)},\frac{\partial v}{\partial y}=-\frac{1}{J}\cdot\frac{\partial(F,G)}{\partial(u,y)}.$$

对含有 n 个变量，m 个方程组成的方程组（$n>m$）的情况，也有类似的隐函数存在定理.

习题 11.4

（A）

1. 设方程 $2x^2+2y^2+3z^2-yz=0$ 确定了函数 $z=z(x,y)$，求 $\dfrac{\partial z}{\partial x},\dfrac{\partial z}{\partial y}$.

2. （1）设方程 $\sin y+e^x-xy^2=0$ 确定了 y 为 x 的隐函数，求 $\dfrac{\mathrm{d}y}{\mathrm{d}x}$；

　（2）设 $y=x^y$，求 $\dfrac{\mathrm{d}y}{\mathrm{d}x}$；

　（3）设 $\ln\sqrt{x^2+y^2}=\arctan\dfrac{y}{x}$，求 $\dfrac{\mathrm{d}y}{\mathrm{d}x}$.

3. （1）设 $\cos^2 x+\cos^2 y+\cos^2 z=1$，求 $\dfrac{\partial z}{\partial x},\dfrac{\partial z}{\partial y}$；

　（2）设 $e^z=xyz$，求 $\dfrac{\partial z}{\partial x},\dfrac{\partial z}{\partial y}$.

4. 设方程 $F(x+y+z,xy+yz+zx)=0$ 确定了函数 $z=z(x,y)$. 求 $\dfrac{\partial z}{\partial x},\dfrac{\partial z}{\partial y}$.

5. 设由方程 $F(x,y,z)=0$ 分别可确定函数 $x=x(y,z),y=y(x,z),z=z(x,y)$，证明：

$$\frac{\partial x}{\partial y}\cdot\frac{\partial y}{\partial z}\cdot\frac{\partial z}{\partial x}=-1.$$

6. 证明由方程 $F\left(x+\dfrac{z}{y},y+\dfrac{z}{x}\right)=0$ 确定的函数 $z=z(x,y)$ 满足

$$x\frac{\partial z}{\partial x}+y\frac{\partial z}{\partial y}=z-xy.$$

7. 设 $\varphi(cx-az,cy-bz)=0$，证明：$a\dfrac{\partial z}{\partial x}+b\dfrac{\partial z}{\partial y}=c$.

8. 设方程 $\varphi(u^2-x^2,u^2-y^2,u^2-z^2)=0$ 确定了函数 $u=u(x,y,z)$，证明：

$$\frac{1}{x}\frac{\partial u}{\partial x}+\frac{1}{y}\frac{\partial u}{\partial y}+\frac{1}{z}\frac{\partial u}{\partial z}=\frac{1}{u}.$$

9. 求方程 $2xz-2xyz+\ln(xyz)=0$ 所确定的函数 $z=f(x,y)$ 的全微分 $\mathrm{d}z$.

10. 设 $z=f\left(xz,\dfrac{z}{y}\right)$ 确定了 z 为 x,y 的函数,求 $\mathrm{d}z$.

11. 设方程 $\displaystyle\int_0^{x^2}\mathrm{e}^t\mathrm{d}t+\int_0^{y^3}t\mathrm{d}t+\int_0^z\cos t\mathrm{d}t=0$ 确定了函数 $z=z(x,y)$,求 $\mathrm{d}z$.

12. 求由方程组

$$\begin{cases}x=u^2+uv-v^2,\\ y=u-v+1\end{cases}$$

所确定的隐函数在 $u=v=x=y=1$ 处的偏导数 u_x,v_x,u_y 和 v_y.

13. 求由下列方程组所确定的隐函数的导数:

$(1)\begin{cases}z=x^2+y^2,\\ x^2+2y^2+3z^2=20,\end{cases}$ 求 $\dfrac{\mathrm{d}y}{\mathrm{d}x},\dfrac{\mathrm{d}z}{\mathrm{d}x}$; $\qquad(2)\begin{cases}x+y+z=0,\\ x^2+y^2+z^2=1,\end{cases}$ 求 $\dfrac{\mathrm{d}x}{\mathrm{d}z},\dfrac{\mathrm{d}y}{\mathrm{d}z}$.

14. 设 u,v 是 x,y 的函数,满足

$$\begin{cases}xu-yv=0,\\ yu+xv=1,\end{cases}$$

求 u_x,u_y,v_x 及 v_y.

15. 设 u,v 是 x,y 的函数,且

$$\begin{cases}u+v=x+y,\\ \dfrac{\sin u}{\sin v}=\dfrac{x}{y},\end{cases}$$

求 $\mathrm{d}u$ 及 $\mathrm{d}v$.

(B)

1. 设 $u=f(x,z)$,而 $z=z(x,y)$ 是由方程 $z=x+y\varphi(z)$ 确定的函数,求 $\mathrm{d}u$.

2. 设 $y=f(x,t)$,且 t 是由方程 $F(x,y,t)=0$ 确定的 x,y 的函数,证明:

$$\frac{\mathrm{d}y}{\mathrm{d}x}=\frac{\dfrac{\partial f}{\partial x}\dfrac{\partial F}{\partial t}-\dfrac{\partial f}{\partial t}\dfrac{\partial F}{\partial x}}{\dfrac{\partial f}{\partial t}\dfrac{\partial F}{\partial y}+\dfrac{\partial F}{\partial t}}.$$

3. 求由方程组

$$\begin{cases}2x\mathrm{e}^y-\pi\mathrm{e}=2t\ln t,\\ y\sin x=t+\ln t\end{cases}$$

所确定的函数在 $x=\dfrac{\pi}{2},y=1,t=1$ 处的导数 $\dfrac{\mathrm{d}y}{\mathrm{d}x}$.

4. 设 $\begin{cases}y=\mathrm{e}^{ty}+x,\\ y^2+t^2-x^2=1,\end{cases}$ 求 $\dfrac{\mathrm{d}y}{\mathrm{d}x}$ 与 $\dfrac{\mathrm{d}t}{\mathrm{d}x}$.

5. 求由下列方程组所确定的函数的偏导数:

(1) 设 $\begin{cases}u=f(ux,v+y),\\ v=g(u-x,v^2y),\end{cases}$ 求 $\dfrac{\partial u}{\partial x},\dfrac{\partial v}{\partial x}$;

(2) 设 $\begin{cases}x=\mathrm{e}^u+u\sin v,\\ y=\mathrm{e}^u-u\cos v,\end{cases}$ 求 $\dfrac{\partial u}{\partial x},\dfrac{\partial u}{\partial y},\dfrac{\partial v}{\partial x},\dfrac{\partial v}{\partial y}$.

6. 设 $x = u^2 + v^2, y = u^3 + v^3, z = uv$, 求 $\dfrac{\partial z}{\partial x}$ 和 $\dfrac{\partial z}{\partial y}$.

11.5　多元函数微分学在几何学上的应用

11.5.1　空间曲线的切线与法平面

我们知道,平面曲线 $y = f(x)$ 的切线是用割线的极限位置来定义的. 类似地,设 M_0 是空间曲线 L 上的一个定点,M 是 L 上的一个动点,作割线 $M_0 M$,当点 M 沿曲线 L 无限趋于 M_0 时,割线 $M_0 M$ 的极限位置 $M_0 T$ 称为曲线 L 在点 M_0 处的**切线**(图 11-18). 过点 M_0 且垂直于切线的平面,称为曲线 L 在点 M_0 处的**法平面**.

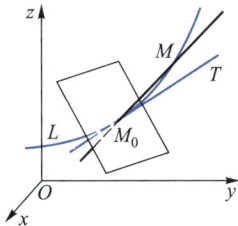

图 11-18

下面我们讨论空间曲线 L 在点 M_0 处的切线和法平面的方程.

A. 曲线 L 由参数方程给出的情况

设曲线 L 的参数方程为

$$\begin{cases} x = x(t), \\ y = y(t), \quad \alpha \leqslant t \leqslant \beta, \\ z = z(t), \end{cases}$$

其中 $x(t), y(t), z(t)$ 在 $[\alpha, \beta]$ 上可导,且三个导数不同时为零.

设与点 M_0 对应的参数为 t_0,则由 10.5.2 节的讨论可知,一元向量函数 $\boldsymbol{r}(t) = \{x(t), y(t), z(t)\}$ 在 t_0 处的导数是曲线 L 在点 M_0 处的切线的方向向量 $\boldsymbol{\tau}$(即切向量),即

$$\boldsymbol{\tau} = \boldsymbol{r}'(t_0) = \{x'(t_0), y'(t_0), z'(t_0)\}. \tag{11-25}$$

利用直线的点向式方程,曲线 L 在点 M_0 处的**切线方程**为

$$\frac{x - x_0}{x'(t_0)} = \frac{y - y_0}{y'(t_0)} = \frac{z - z_0}{z'(t_0)}. \tag{11-26}$$

由于切向量 $\boldsymbol{\tau}$ 也是曲线 L 在点 M_0 处的法平面的一个法向量,于是由平面的点法式方程,曲线 L 在点 M_0 处的**法平面方程**为

$$x'(t_0)(x - x_0) + y'(t_0)(y - y_0) + z'(t_0)(z - z_0) = 0. \tag{11-27}$$

归纳上述讨论,若须求参数方程给出的曲线的切线方程或法平面方程,关键是依据 (11-25) 式求出曲线上对应于参数 t_0 的点 M_0 处的切向量 $\boldsymbol{\tau}$,再运用直线的点向式方程或平面的点法式方程写出其切线方程或法平面方程.

如果曲线 L 由方程组 $y = y(x), z = z(x)$ 给出,只要将此方程组改写为以 x 为参数的参数方程

$$\begin{cases} x = x, \\ y = y(x), \\ z = z(x), \end{cases}$$

那么由 (11-25) 式不难看到,L 上点 $M_0(x_0, y_0, z_0)$ 处的一个切向量为

$$\boldsymbol{\tau} = \{1, y'(x_0), z'(x_0)\}. \tag{11-28}$$

例 1　求曲线 $\begin{cases} x=t+t^3, \\ y=2^t, \\ z=3^t \end{cases}$　在对应于 $t_0=2$ 的点 M_0 处的切线方程和法平面方程.

解　当 $t_0=2$ 时,点 M_0 的坐标为 $x_0=10, y_0=4, z_0=9$. 由(11-25)式,切向量 $\boldsymbol{\tau}$ 为

$$\boldsymbol{\tau}=\{x'(t_0), y'(t_0), z'(t_0)\}=\{1+3\times 2^2, 2^2\ln 2, 3^2\ln 3\}=\{13, 4\ln 2, 9\ln 3\}.$$

因此曲线在点 M_0 处的切线方程为

$$\frac{x-10}{13}=\frac{y-4}{4\ln 2}=\frac{z-9}{9\ln 3}.$$

曲线在点 M_0 处的法平面方程为

$$13(x-10)+4\ln 2(y-4)+9\ln 3(z-9)=0,$$

即　　　　　　　　$$13x+4\ln 2y+9\ln 3z-130-16\ln 2-81\ln 3=0.$$

例 2　求过点 $M(1,2,2)$ 的一个平面,使其与曲线 $\begin{cases} y=x+f(x^2-x), \\ z=2x+f(x^2-x) \end{cases}$ 上任意点处的切线均平行,曲线方程中 f 为可导函数.

解　因为 $y'(x)=1+(2x-1)f'(x^2-x), z'(x)=2+(2x-1)f'(x^2-x)$,所以由公式(11-28),曲线上任一点处的切向量为

$$\boldsymbol{\tau}=\{1, y'(x), z'(x)\}=\{1, 1+(2x-1)f'(x^2-x), 2+(2x-1)f'(x^2-x)\}.$$

因为所求平面与任一点处的切线均平行,则所求平面的法向量 $\boldsymbol{n}$ 必与 $\boldsymbol{\tau}$ 垂直,即有

$$\boldsymbol{\tau}\cdot\boldsymbol{n}=0.$$

又由 $\boldsymbol{\tau}$ 的坐标可知有

$$1\cdot 1+[1+(2x-1)f'(x^2-x)]\cdot 1+[2+(2x-1)f'(x^2-x)]\cdot(-1)\equiv 0,$$

即有　　　　　　　　$$\boldsymbol{\tau}\cdot\{1,1,-1\}\equiv 0.$$

因此可取 $\boldsymbol{n}=\{1,1,-1\}$,则所求平面为

$$1\cdot(x-1)+1\cdot(y-2)-1\cdot(z-2)=0,$$

即　　　　　　　　　　$$x+y-z=1.$$

B. 曲线 L 由一般式方程给出的情况

设空间曲线 L 由一般式方程

$$\begin{cases} F(x,y,z)=0, \\ G(x,y,z)=0 \end{cases} \tag{11-29}$$

给出,$M_0(x_0,y_0,z_0)$ 是曲线 L 上的一点,即

$$F(x_0,y_0,z_0)=0, G(x_0,y_0,z_0)=0.$$

若 F,G 对各个变量有连续偏导数,且

$$J\bigg|_{(x_0,y_0,z_0)}=\frac{\partial(F,G)}{\partial(y,z)}\bigg|_{(x_0,y_0,z_0)}\neq 0,$$

则由隐函数存在定理,方程组(11-29)在点 $M_0(x_0,y_0,z_0)$ 的某邻域内确定了一组函数 $y=y(x)$,$z=z(x)$,且 $y_0=y(x_0), z_0=z(x_0)$. 由公式(11-28),曲线 L 在点 $M_0(x_0,y_0,z_0)$ 处的一个切向量为

$$\boldsymbol{\tau}_0=\{1, y'(x_0), z'(x_0)\}.$$

按公式(11-22′)

$$y'(x_0) = -\frac{1}{J} \cdot \frac{\partial(F,G)}{\partial(x,z)}\bigg|_{(x_0,y_0,z_0)}, z'(x_0) = -\frac{1}{J} \cdot \frac{\partial(F,G)}{\partial(y,x)}\bigg|_{(x_0,y_0,z_0)}.$$

由于 $J\big|_{(x_0,y_0,z_0)} \neq 0$，故 $\boldsymbol{\tau} = J\big|_{(x_0,y_0,z_0)} \boldsymbol{\tau}_0$ 也是曲线 L 在点 M_0 处的一个切向量，于是得

$$\boldsymbol{\tau} = \left\{ \frac{\partial(F,G)}{\partial(y,z)}, \frac{\partial(F,G)}{\partial(z,x)}, \frac{\partial(F,G)}{\partial(x,y)} \right\}\bigg|_{(x_0,y_0,z_0)}$$

$$= \begin{vmatrix} \boldsymbol{i} & \boldsymbol{j} & \boldsymbol{k} \\ F_x & F_y & F_z \\ G_x & G_y & G_z \end{vmatrix}_{(x_0,y_0,z_0)} \tag{11-30}$$

即

$$\boldsymbol{\tau} = \nabla F(x_0,y_0,z_0) \times \nabla G(x_0,y_0,z_0). \tag{11-30'}$$

也就是说点 M_0 处的切向量就是 F 与 G 在点 M_0 处的梯度的向量积.

例 3　求曲线 $\begin{cases} x^2+y^2+z^2=6, \\ x+y+z=0 \end{cases}$ 在点 $(1,-2,1)$ 处的切线和法平面方程.

解　记 $F(x,y,z)=x^2+y^2+z^2-6, G(x,y,z)=x+y+z$，由公式 $(11-30)$，曲线在点 $(1,-2,1)$ 处的一个切向量为

$$\boldsymbol{\tau} = \begin{vmatrix} \boldsymbol{i} & \boldsymbol{j} & \boldsymbol{k} \\ F_x & F_y & F_z \\ G_x & G_y & G_z \end{vmatrix}_{(1,-2,1)} = \begin{vmatrix} \boldsymbol{i} & \boldsymbol{j} & \boldsymbol{k} \\ 2x & 2y & 2z \\ 1 & 1 & 1 \end{vmatrix}_{(1,-2,1)}$$

$$= 2(y-z)\boldsymbol{i} + 2(z-x)\boldsymbol{j} + 2(x-y)\boldsymbol{k}\big|_{(1,-2,1)} = -6\boldsymbol{i} + 6\boldsymbol{k}.$$

不妨以 $\boldsymbol{\tau}_0 = \{1,0,-1\}$ 为切向量，于是所求切线方程为

$$\frac{x-1}{1} = \frac{y+2}{0} = \frac{z-1}{-1}.$$

法平面方程为

$$(x-1) + 0 \cdot (y+2) - (z-1) = 0,$$

即

$$x - z = 0.$$

11.5.2　空间曲面的切平面与法线

A. 曲面由方程 $F(x,y,z)=0$ 给出的情况

设空间曲面 S 由方程

$$F(x,y,z) = 0 \tag{11-31}$$

给出，又设 $M_0(x_0,y_0,z_0)$ 是曲面 S 上的一点，偏导数 $F_x(x,y,z), F_y(x,y,z), F_z(x,y,z)$ 在点 M_0 处连续，且不同时为零.

在曲面 S 上过点 M_0 任作一条曲线 L，如图 11-19 所示，设 L 的参数方程为

$$\begin{cases} x = x(t), \\ y = y(t), \quad (\alpha \leqslant t \leqslant \beta) \\ z = z(t), \end{cases}$$

其中 $x(t), y(t), z(t)$ 在 $t=t_0$ 处可导，$x'(t_0), y'(t_0), z'(t_0)$ 不同

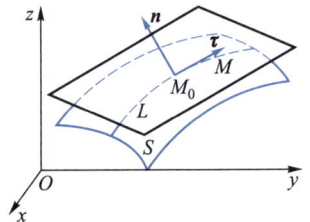

图 11-19

时为零,且参数 $t=t_0$ 时,曲线上对应点为 $M_0(x_0,y_0,z_0)$. 由公式(11-25),曲线 L 在点 M_0 处的切向量为

$$\boldsymbol{\tau}=\{x'(t_0),y'(t_0),z'(t_0)\}.$$

下面我们证明,在曲面 S 上过点 M_0 且满足上述条件的所有曲线在点 M_0 处的切线都在同一平面上.

事实上,因为曲线 L 在曲面 S 上,所以 L 上每一点 $M(x(t),y(t),z(t))$ 的坐标都满足曲面 S 的方程,即有恒等式

$$F[x(t),y(t),z(t)]\equiv 0.$$

两边对 t 求全导数,再用 $t=t_0$ 代入,得

$$F_x(x_0,y_0,z_0)x'(t_0)+F_y(x_0,y_0,z_0)y'(t_0)+F_z(x_0,y_0,z_0)z'(t_0)=0.$$

上式表明,向量

$$\boldsymbol{n}=\{F_x(x_0,y_0,z_0),F_y(x_0,y_0,z_0),F_z(x_0,y_0,z_0)\}$$

与曲线在点 M_0 处的切向量 $\boldsymbol{\tau}=\{x'(t_0),y'(t_0),z'(t_0)\}$ 垂直. 因为 L 是曲面 S 上过点 M_0 的任意曲线,而 $\boldsymbol{n}$ 是一个固定的向量,所以曲面 S 上过点 M_0 的所有曲线在点 M_0 处的切线都和向量 $\boldsymbol{n}$ 垂直,即这些切线在同一平面上. 我们把这个由共面的切线所形成的平面称为曲面 S 在点 M_0 处的**切平面**. 显然向量 $\boldsymbol{n}$ 是切平面的一个法向量,于是曲面 S 在点 M_0 处的**切平面方程**为

$$F_x(x_0,y_0,z_0)(x-x_0)+F_y(x_0,y_0,z_0)(y-y_0)+F_z(x_0,y_0,z_0)(z-z_0)=0. \tag{11-32}$$

过曲面 S 上的点 M_0,且与点 M_0 处的切平面垂直的直线称为曲面在点 M_0 处的**法线**,法线的方向向量称为曲面在点 M_0 处的**法向量**. 因此曲面 S 在点 M_0 处的**法线方程**为

$$\frac{x-x_0}{F_x(x_0,y_0,z_0)}=\frac{y-y_0}{F_y(x_0,y_0,z_0)}=\frac{z-z_0}{F_z(x_0,y_0,z_0)}. \tag{11-33}$$

从上述讨论可知,若须求方程(11-31)给出的曲面在其上某点 $M_0(x_0,y_0,z_0)$ 处的切平面或法线方程,关键是求出曲面在点 M_0 处的切平面的一个法向量

$$\boldsymbol{n}=\{F_x(x_0,y_0,z_0),F_y(x_0,y_0,z_0),F_z(x_0,y_0,z_0)\}, \tag{11-34}$$

而它就是曲面方程(11-31)中的函数 $F(x,y,z)$ 在点 M_0 处的梯度,即

$$\boldsymbol{n}=\nabla F(x_0,y_0,z_0). \tag{11-34'}$$

更一般地,对于函数 $u=F(x,y,z)$ 的等值面

$$F(x,y,z)=C, \tag{11-31'}$$

由于方程(11-31')可写成 $F(x,y,z)-C=0$,故知该等值面的法向量为

$$\boldsymbol{n}=\nabla(F(x,y,z)-C)=\nabla F(x,y,z).$$

所以我们进一步知道,梯度 $\nabla F(x,y,z)$ 也表示函数 $u=F(x,y,z)$ 的等值面(11-31')的法向量(注意,方程(11-31)也是函数 $u=F(x,y,z)$ 的等值面). 因此梯度 $\nabla F(x,y,z)$ 有两层含义:从等值面的角度,它表示在点 $M(x,y,z)$ 处的等值面(11-31)(或(11-31'))的法向量;从函数变化的角度,它表示函数 $u=F(x,y,z)$ 在点 $M(x,y,z)$ 处函数值增长最快的方向.

B. 曲面由方程 $z=f(x,y)$ 给出的情况

如果空间曲面 S 由显函数方程 $z=f(x,y)$ 给出,只要令 $F(x,y,z)=f(x,y)-z$,那么曲面 S 的方程即 $F(x,y,z)=0$. 由 $F_x=f_x,F_y=f_y,F_z=-1$ 以及公式(11-34)可知,曲面 S 在曲面上一点 $M_0(x_0,y_0,z_0)$ 处的一个法向量为

$$\boldsymbol{n} = \{ f_x(x_0, y_0), f_y(x_0, y_0), -1 \}. \tag{11-35}$$

于是曲面 S 在点 M_0 处的切平面方程为

$$f_x(x_0, y_0)(x-x_0) + f_y(x_0, y_0)(y-y_0) - (z-z_0) = 0,$$

即

$$z-z_0 = f_x(x_0, y_0)(x-x_0) + f_y(x_0, y_0)(y-y_0). \tag{11-36}$$

法线方程为

$$\frac{x-x_0}{f_x(x_0, y_0)} = \frac{y-y_0}{f_y(x_0, y_0)} = \frac{z-z_0}{-1}. \tag{11-37}$$

例 4　求曲面 $ax^2 + by^2 + cz^2 = 1$ 在该曲面上一点 (x_0, y_0, z_0) 处的切平面方程和法线方程.

解　设 $F(x, y, z) = ax^2 + by^2 + cz^2 - 1$，则 $F_x = 2ax$，$F_y = 2by$，$F_z = 2cz$. 于是由 (11-34) 式可知，曲面上点 (x_0, y_0, z_0) 处的法向量为

$$\boldsymbol{n} = \{ 2ax_0, 2by_0, 2cz_0 \}.$$

因而所求的切平面方程为

$$2ax_0(x-x_0) + 2by_0(y-y_0) + 2cz_0(z-z_0) = 0.$$

化简并用 $ax_0^2 + by_0^2 + cz_0^2 = 1$ 代入，得切平面方程为

$$ax_0 x + by_0 y + cz_0 z = 1.$$

法线方程为

$$\frac{x-x_0}{ax_0} = \frac{y-y_0}{by_0} = \frac{z-z_0}{cz_0}.$$

例 5　求曲面 $z = y^2 - x^2$ 的切平面，使其与平面 $2x + 4y + z = 3$ 平行.

解　设切点为 $M_0(x_0, y_0, z_0)$. 因为

$$\left. \frac{\partial z}{\partial x} \right|_{M_0} = -2x_0, \qquad \left. \frac{\partial z}{\partial y} \right|_{M_0} = 2y_0,$$

则由公式 (11-35) 可知曲面在点 M_0 处的切平面的法向量为

$$\boldsymbol{n} = \{ -2x_0, 2y_0, -1 \}.$$

因为所求切平面与平面 $2x + 4y + z = 3$ 平行，所以 $\boldsymbol{n}$ 与平面的法向量 $\{2, 4, 1\}$ 平行，即有

$$\frac{-2x_0}{2} = \frac{2y_0}{4} = \frac{-1}{1}.$$

则有 $x_0 = 1$，$y_0 = -2$. 所以 $z_0 = y_0^2 - x_0^2 = 3$.

所以所求切平面为

$$2(x-1) + 4(y+2) + (z-3) = 0,$$

即

$$2x + 4y + z + 3 = 0.$$

习题 11.5

（A）

1. 求下列曲线在指定点处的切线方程和法平面方程：

（1）$x = t^2, y = 1-t, z = t^3$ 在点 $(1, 0, 1)$ 处；

（2）$x=\dfrac{t}{1+t},y=\dfrac{1+t}{t},z=t^2$ 在 $t=1$ 的对应点处；

（3）$x=t-\sin t,y=1-\cos t,z=4\sin\dfrac{t}{2}$ 在点 $\left(\dfrac{\pi}{2}-1,1,2\sqrt{2}\right)$ 处；

（4）$\begin{cases}x^2+y^2-10=0,\\ y^2+z^2-10=0\end{cases}$ 在点 $(1,3,1)$ 处.

2. 求曲线 $\begin{cases}xyz=1,\\ y^2=x\end{cases}$ 在点 $(1,1,1)$ 处与 z 轴夹钝角的切向量的方向余弦.

3. 求曲线 $\begin{cases}z=\dfrac{x^2}{4}+y^2,\\ x=1\end{cases}$，在点 $\left(1,\dfrac{1}{2},\dfrac{1}{2}\right)$ 处与 z 轴夹角为锐角的切向量的方向余弦及它与 y 轴正向的夹角.

4. 求下列曲面在指定点处的切平面和法线方程：

（1）$3x^2+y^2-z^2=27$ 在点 $(3,1,1)$ 处；

（2）$z=\ln(1+x^2+2y^2)$ 在点 $(1,1,\ln 4)$ 处；

（3）$z=\arctan\dfrac{y}{x}$ 在点 $\left(1,1,\dfrac{\pi}{4}\right)$ 处.

5. 在曲线 $x=t,y=t^2,z=t^3$ 上求一点，使此点的切线平行于 $x+2y+z=4$.

6. 求曲面 $x^2+2y^2+3z^2=21$ 上平行于平面 $x+4y+6z=0$ 的切平面.

7. 求曲面 $x^2-z^2-2x+6y=4$ 的平行于直线 $\dfrac{x+2}{1}=\dfrac{y}{3}=\dfrac{z+1}{4}$ 的法线方程.

8. 证明：螺旋线 $x=a\cos t,y=a\sin t,z=bt$ 的切线与 z 轴夹角为定角.

9. 确定常数 a，使平面 $z=x+y+a$ 为曲面 $z=x^2+y^2$ 的切平面.

10. 证明曲面 $z=x+f(y-z)$ 的所有的切平面都平行于某一确定的直线.

（B）

1. 证明：曲面 $x^2+y^2+z^2-xz=1$ 的切平面不平行于直线：
$$\begin{cases}x+y+z+5=0,\\ x+2y+z-8=0.\end{cases}$$

2. 求球面 $x^2+y^2+z^2=14$ 与椭球面 $3x^2+y^2+z^2=16$ 在点 $(-1,-2,3)$ 处的交角（即交点处两曲面的切平面之间的夹角）.

3. 证明：曲线 $x=ae^t\cos t,y=ae^t\sin t,z=ae^t$ 在锥面 $z^2=x^2+y^2$ 上，且曲线上任一点 $M(x,y,z)$ 处的切线与锥面上过该点的母线夹角为定角.

4. 求 $\lambda>0$，使曲面 $xyz=\lambda$ 与曲面 $\dfrac{x^2}{a^2}+\dfrac{y^2}{b^2}+\dfrac{z^2}{c^2}=1$ 在某点相切.

5. 求曲面 $3x^2+y^2-z^2=27$ 的一个切平面，使此切平面经过直线
$$\begin{cases}10x+2y-2z=27,\\ x+y-z=0.\end{cases}$$

6. 证明曲面 $f(x^2+y^2,z)=0$ 上任一点处的法线与 z 轴都共面.

11.6 泰 勒 公 式

本节我们将把一元函数的泰勒公式推广到二元函数，为此我们先讨论高阶偏导数.

11.6.1　高阶偏导数

若函数 $z=f(x,y)$ 在区域 D 内每一点 (x,y) 处都有偏导数,则 $f_x(x,y)$ 与 $f_y(x,y)$ 仍是 x,y 的函数. 若二元函数 $f_x(x,y)$, $f_y(x,y)$ 对 x 与 y 的偏导数仍存在,则称它们是函数 $z=f(x,y)$ 的**二阶偏导数**. 按照对自变量 x 和 y 求偏导数的次序,二元函数的二阶偏导数有如下四个

$$\frac{\partial}{\partial x}\left(\frac{\partial z}{\partial x}\right) = \frac{\partial^2 z}{\partial x^2} = f_{xx}(x,y) = z_{xx}(x,y),$$

$$\frac{\partial}{\partial y}\left(\frac{\partial z}{\partial x}\right) = \frac{\partial^2 z}{\partial x \partial y} = f_{xy}(x,y) = z_{xy}(x,y),$$

$$\frac{\partial}{\partial x}\left(\frac{\partial z}{\partial y}\right) = \frac{\partial^2 z}{\partial y \partial x} = f_{yx}(x,y) = z_{yx}(x,y),$$

$$\frac{\partial}{\partial y}\left(\frac{\partial z}{\partial y}\right) = \frac{\partial^2 z}{\partial y^2} = f_{yy}(x,y) = z_{yy}(x,y),$$

其中,第二个与第三个二阶偏导数称为**二阶混合偏导数**,它们分别是先对 x 后对 y,以及先对 y 后对 x 求偏导的二阶偏导数.

同样可以定义一个多元函数的三阶、四阶以至 n 阶偏导数. 一个多元函数的 $n-1$ 阶偏导数的偏导数称为该多元函数的 n **阶偏导数**. 二阶及二阶以上的偏导数统称为**高阶偏导数**.

例 1　求 $z=x^2y^3+x^3+2y^4$ 的所有二阶偏导数.

解　因为

$$\frac{\partial z}{\partial x} = 2xy^3+3x^2, \qquad \frac{\partial z}{\partial y} = 3x^2y^2+8y^3,$$

则有

$$\frac{\partial^2 z}{\partial x^2} = \frac{\partial}{\partial x}(2xy^3+3x^2) = 2y^3+6x,$$

$$\frac{\partial^2 z}{\partial x \partial y} = \frac{\partial}{\partial y}\left(\frac{\partial z}{\partial x}\right) = \frac{\partial}{\partial y}(2xy^3+3x^2) = 6xy^2,$$

$$\frac{\partial^2 z}{\partial y \partial x} = \frac{\partial}{\partial x}\left(\frac{\partial z}{\partial y}\right) = \frac{\partial}{\partial x}(3x^2y^2+8y^3) = 6xy^2,$$

$$\frac{\partial^2 z}{\partial y^2} = \frac{\partial}{\partial y}\left(\frac{\partial z}{\partial y}\right) = \frac{\partial}{\partial y}(3x^2y^2+8y^3) = 6x^2y+24y^2.$$

值得注意的是,上题中两个二阶混合偏导数 z_{xy} 与 z_{yx} 是相等的. 这一现象并不偶然,事实上,我们有如下的定理.

定理 10　**若函数 $z=f(x,y)$ 在点 (x,y) 处二阶混合偏导数 $f_{xy}(x,y)$ 与 $f_{yx}(x,y)$ 都连续,则有**
$$f_{xy}(x,y) = f_{yx}(x,y).$$

证　考察如图 11-20 所示 4 个点处函数值的代数和
$$A = f(x+\Delta x, y+\Delta y) - f(x, y+\Delta y) - f(x+\Delta x, y) + f(x,y).$$

若记
$$\varphi(x,y) = f(x+\Delta x, y) - f(x,y),$$

则有
$$A = \varphi(x, y+\Delta y) - \varphi(x, y).$$

对变量 y 使用一元函数的中值定理,则存在介于 y 与 $y+\Delta y$ 之间的 η,使
$$A = \varphi_y(x, \eta)\Delta y$$
$$= [f_y(x+\Delta x, \eta) - f_y(x, \eta)]\Delta y.$$

再对方括号内的差关于 x 使用中值定理,可得
$$A = f_{yx}(\xi, \eta)\Delta y\Delta x,$$

其中 ξ 介于 x 与 $x+\Delta x$ 之间. 又若记
$$\psi(x, y) = f(x, y+\Delta y) - f(x, y),$$

类似地可得
$$A = \psi(x+\Delta x, y) - \psi(x, y) = \psi_x(\xi_1, y)\Delta x$$
$$= [f_x(\xi_1, y+\Delta y) - f_x(\xi_1, y)]\Delta x = f_{xy}(\xi_1, \eta_1)\Delta y\Delta x,$$

其中 ξ_1 介于 x 和 $x+\Delta x$ 之间,η_1 介于 y 和 $y+\Delta y$ 之间.

由 A 的以上两种表达式可得
$$f_{yx}(\xi, \eta)\Delta x\Delta y = f_{xy}(\xi_1, \eta_1)\Delta x\Delta y.$$

由于 f_{yx} 及 f_{xy} 在点 (x, y) 处都连续,将上式两边除以 $\Delta x\Delta y$,并取 $\Delta x\to 0$, $\Delta y\to 0$ 时的极限,则有
$$f_{yx}(x, y) = f_{xy}(x, y).$$

对于三元或三元以上的函数,以及高于二阶的混合偏导数,也有类似的结论,例如当 $\dfrac{\partial^3 z}{\partial x\partial y\partial x}$ 与 $\dfrac{\partial^3 z}{\partial y\partial x\partial x}$ 都连续时,它们一定相等.

例 2 设 $u = e^{xy} + \sin(x+y) + xyz^2$,求点 $(1,1,1)$ 处的三阶偏导数 $\dfrac{\partial^3 u}{\partial x^3}$, $\dfrac{\partial^3 u}{\partial x^2\partial y}$ 及 $\dfrac{\partial^3 u}{\partial x\partial y\partial z}$.

解 $\dfrac{\partial u}{\partial x} = ye^{xy} + \cos(x+y) + yz^2$, $\dfrac{\partial^2 u}{\partial x^2} = y^2 e^{xy} - \sin(x+y)$,

$$\dfrac{\partial^2 u}{\partial x\partial y} = e^{xy} + xye^{xy} - \sin(x+y) + z^2.$$

因此 $\dfrac{\partial^3 u}{\partial x^3}\Big|_{(1,1,1)} = y^3 e^{xy} - \cos(x+y)\Big|_{(1,1,1)} = e - \cos 2$,

$$\dfrac{\partial^3 u}{\partial x^2\partial y}\Big|_{(1,1,1)} = 2ye^{xy} + xy^2 e^{xy} - \cos(x+y)\Big|_{(1,1,1)} = 3e - \cos 2,$$

$$\dfrac{\partial^3 u}{\partial x\partial y\partial z}\Big|_{(1,1,1)} = 2z\Big|_{(1,1,1)} = 2.$$

例 3 设 $r = \sqrt{x^2+y^2+z^2}$,证明函数 $u = \dfrac{1}{r} = \dfrac{1}{\sqrt{x^2+y^2+z^2}}$ 满足方程
$$\dfrac{\partial^2 u}{\partial x^2} + \dfrac{\partial^2 u}{\partial y^2} + \dfrac{\partial^2 u}{\partial z^2} = 0.$$

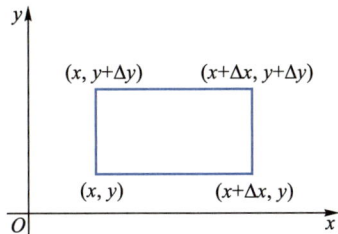

图 11-20

证　因为 $\dfrac{\partial r}{\partial x}=\dfrac{x}{\sqrt{x^2+y^2+z^2}}=\dfrac{x}{r}$，所以

$$\frac{\partial u}{\partial x}=\frac{\mathrm{d}u}{\mathrm{d}r}\cdot\frac{\partial r}{\partial x}=-\frac{1}{r^2}\cdot\frac{x}{r}=-\frac{x}{r^3}.$$

$$\frac{\partial^2 u}{\partial x^2}=\frac{\partial}{\partial x}\left(-\frac{x}{r^3}\right)=-\frac{1}{r^3}-x\frac{\mathrm{d}}{\mathrm{d}r}\left(\frac{1}{r^3}\right)\cdot\frac{\partial r}{\partial x}$$

$$=-\frac{1}{r^3}+\frac{3x}{r^4}\cdot\frac{x}{r}=-\frac{1}{r^3}+\frac{3x^2}{r^5}.$$

类似可得

$$\frac{\partial^2 u}{\partial y^2}=-\frac{1}{r^3}+\frac{3y^2}{r^5},\ \frac{\partial^2 u}{\partial z^2}=-\frac{1}{r^3}+\frac{3z^2}{r^5}.$$

将所得的结果相加，得

$$\frac{\partial^2 u}{\partial x^2}+\frac{\partial^2 u}{\partial y^2}+\frac{\partial^2 u}{\partial z^2}=0.$$

例 4　设 $z=f\left(x,\dfrac{x}{y}\right)$，其中 $f(x,v)$ 的二阶偏导数连续，求 $\dfrac{\partial^2 z}{\partial x^2},\dfrac{\partial^2 z}{\partial x\partial y}$.

解　利用复合函数的链式法则，得

$$\frac{\partial z}{\partial x}=f_1'+f_2'\frac{\partial}{\partial x}\left(\frac{x}{y}\right)=f_1'+\frac{1}{y}f_2'.$$

在求二阶偏导数时，这里要特别注意 f_1' 与 f_2' 中的变量复合形式. 根据符号 f_1' 与 f_2' 的含义，f_1',f_2' 中的变量复合形式与 f 相同，即

$$f_1'=f_1'\left(x,\frac{x}{y}\right),\quad f_2'=f_2'\left(x,\frac{x}{y}\right).$$

因此

$$\frac{\partial^2 z}{\partial x^2}=\frac{\partial}{\partial x}\left(f_1'+\frac{1}{y}f_2'\right)=\frac{\partial}{\partial x}(f_1')+\frac{1}{y}\frac{\partial}{\partial x}(f_2')$$

$$=f_{11}''+f_{12}''\frac{\partial}{\partial x}\left(\frac{x}{y}\right)+\frac{1}{y}\left[f_{21}''+f_{22}''\frac{\partial}{\partial x}\left(\frac{x}{y}\right)\right]$$

$$=f_{11}''+\frac{1}{y}f_{12}''+\frac{1}{y}f_{21}''+\frac{1}{y^2}f_{22}''.$$

由于已知 f 有连续的二阶偏导数，因此根据定理 10 有 $f_{12}''=f_{21}''$. 于是

$$\frac{\partial^2 z}{\partial x^2}=f_{11}''+\frac{2}{y}f_{12}''+\frac{1}{y^2}f_{22}''.$$

同理，得

$$\frac{\partial^2 z}{\partial x\partial y}=\frac{\partial}{\partial y}\left(f_1'+\frac{1}{y}f_2'\right)=\frac{\partial}{\partial y}(f_1')+\frac{\partial}{\partial y}\left(\frac{1}{y}f_2'\right)$$

$$=f_{12}\frac{\partial}{\partial y}\left(\frac{x}{y}\right)+\left[-\frac{1}{y^2}f_2'+\frac{1}{y}\frac{\partial}{\partial y}(f_2')\right]$$

$$= -\frac{x}{y^2}f''_{12} - \frac{1}{y^2}f'_2 + \frac{1}{y}\left[f''_{22}\frac{\partial}{\partial y}\left(\frac{x}{y}\right)\right]$$

$$= -\frac{x}{y^2}f''_{12} - \frac{1}{y^2}f'_2 - \frac{x}{y^3}f''_{22}.$$

求多元复合函数的高阶偏导数往往比较复杂,因此我们要特别注意以下几点.

(1) 将函数的四则运算和复合运算在求导时区别对待,因为使用求导的四则运算法则的过程一般比较简单. 如上例求 $\dfrac{\partial^2 z}{\partial x \partial y}$ 时,遇到计算 $\dfrac{\partial}{\partial y}\left(f'_1 + \dfrac{1}{y}f'_2\right)$,先用加法和乘积的求导公式,得

$$\frac{\partial}{\partial y}(f'_1) - \frac{1}{y^2}f'_2 + \frac{1}{y}\frac{\partial}{\partial y}(f'_2),$$

然后再求 $\dfrac{\partial}{\partial y}(f'_1)$ 和 $\dfrac{\partial}{\partial y}(f'_2)$,这时就相对简单一些.

(2) 偏导数 f'_1,f'_2 中的变量复合形式与 f 中的变量复合形式相同. 同样地,二阶偏导数 f''_{11},f''_{12},f''_{22} 中的变量复合形式也与 f 的相同.

(3) 今后在涉及高阶偏导数的问题中凡以抽象函数记号给出的函数,我们约定,如无特别说明,它们的高阶混合偏导数都是连续的,于是不同次序下的高阶混合偏导数如 f''_{12} 与 f''_{21} 都是相等的.

例 5 证明函数 $w = \varphi(x-at) + \psi(x+at)$ 满足波动方程

$$\frac{\partial^2 w}{\partial t^2} = a^2\frac{\partial^2 w}{\partial x^2}.$$

证 $\dfrac{\partial w}{\partial t} = \dfrac{\partial}{\partial t}\varphi(x-at) + \dfrac{\partial}{\partial t}\psi(x+at) = \varphi'\dfrac{\partial}{\partial t}(x-at) + \psi'\dfrac{\partial}{\partial t}(x+at)$

$\qquad = -a\varphi' + a\psi',$

$\dfrac{\partial w}{\partial x} = \dfrac{\partial}{\partial x}\varphi(x-at) + \dfrac{\partial}{\partial x}\psi(x+at) = \varphi'\dfrac{\partial}{\partial x}(x-at) + \psi'\dfrac{\partial}{\partial x}(x+at)$

$\qquad = \varphi' + \psi'.$

注意到 φ' 与 φ,ψ' 与 ψ 有相同的变量复合形式,于是

$$\frac{\partial^2 w}{\partial t^2} = \frac{\partial}{\partial t}(-a\varphi' + a\psi') = -a\varphi''\frac{\partial}{\partial t}(x-at) + a\psi''\frac{\partial}{\partial t}(x+at)$$

$$= a^2\varphi'' + a^2\psi'',$$

$$\frac{\partial^2 w}{\partial x^2} = \frac{\partial}{\partial x}(\varphi' + \psi') = \varphi''\frac{\partial}{\partial x}(x-at) + \psi''\frac{\partial}{\partial x}(x+at)$$

$$= \varphi'' + \psi''.$$

因此 $$\frac{\partial^2 w}{\partial t^2} = a^2\frac{\partial^2 w}{\partial x^2}.$$

例 6 试将表达式 $\dfrac{\partial^2 u}{\partial x^2} + \dfrac{\partial^2 u}{\partial y^2}$ 转换成极坐标下的形式.

解 由直角坐标与极坐标间的关系式

$$\begin{cases} x = \rho\cos\,\theta, \\ y = \rho\sin\,\theta. \end{cases}$$

可把函数 $u = f(x,y)$ 写成 ρ 及 θ 的函数：

$$u = f(x,y) = f(\rho\cos\,\theta,\rho\sin\,\theta) = F(\rho,\theta).$$

现在需要把式子 $\dfrac{\partial^2 u}{\partial x^2} + \dfrac{\partial^2 u}{\partial y^2}$ 用 ρ,θ 及函数 $u = F(\rho,\theta)$ 对 ρ,θ 的偏导数来表达，为此，应将 u 视为 $u = F(\rho,\theta)$ 及

$$\begin{cases} \rho = \sqrt{x^2+y^2}, \\ \theta = \arctan\dfrac{y}{x} \textcircled{1} \end{cases}$$

复合而成的复合函数.

$$\frac{\partial\rho}{\partial x} = \frac{x}{\sqrt{x^2+y^2}} = \cos\,\theta, \frac{\partial\rho}{\partial y} = \frac{y}{\sqrt{x^2+y^2}} = \sin\,\theta,$$

$$\frac{\partial\theta}{\partial x} = \frac{-\dfrac{y}{x^2}}{1+\left(\dfrac{y}{x}\right)^2} = -\frac{\sin\,\theta}{\rho}, \frac{\partial\theta}{\partial y} = \frac{\dfrac{1}{x}}{1+\left(\dfrac{y}{x}\right)^2} = \frac{\cos\,\theta}{\rho},$$

应用复合函数求偏导数的链式法则，得

$$\frac{\partial u}{\partial x} = \frac{\partial u}{\partial\rho}\frac{\partial\rho}{\partial x} + \frac{\partial u}{\partial\theta}\frac{\partial\theta}{\partial x} = \frac{\partial u}{\partial\rho}\cos\,\theta - \frac{\partial u}{\partial\theta}\frac{\sin\,\theta}{\rho},$$

$$\frac{\partial u}{\partial y} = \frac{\partial u}{\partial\rho}\frac{\partial\rho}{\partial y} + \frac{\partial u}{\partial\theta}\frac{\partial\theta}{\partial y} = \frac{\partial u}{\partial\rho}\sin\,\theta + \frac{\partial u}{\partial\theta}\frac{\cos\,\theta}{\rho}.$$

再求二阶偏导数，注意 $\dfrac{\partial u}{\partial\rho},\dfrac{\partial u}{\partial\theta}$ 与 u 有相同的变量复合，得

$$\frac{\partial^2 u}{\partial x^2} = \frac{\partial}{\partial\rho}\left(\frac{\partial u}{\partial x}\right)\frac{\partial\rho}{\partial x} + \frac{\partial}{\partial\theta}\left(\frac{\partial u}{\partial x}\right)\frac{\partial\theta}{\partial x}$$

$$= \frac{\partial}{\partial\rho}\left(\frac{\partial u}{\partial\rho}\cos\,\theta - \frac{\partial u}{\partial\theta}\frac{\sin\,\theta}{\rho}\right)\cdot\cos\,\theta - \frac{\partial}{\partial\theta}\left(\frac{\partial u}{\partial\rho}\cos\,\theta - \frac{\partial u}{\partial\theta}\frac{\sin\,\theta}{\rho}\right)\cdot\frac{\sin\,\theta}{\rho}$$

$$= \frac{\partial^2 u}{\partial\rho^2}\cos^2\theta - 2\frac{\partial^2 u}{\partial\rho\partial\theta}\frac{\sin\,\theta\cos\,\theta}{\rho} + \frac{\partial^2 u}{\partial\theta^2}\frac{\sin^2\theta}{\rho^2} + \frac{\partial u}{\partial\theta}\frac{2\sin\,\theta\cos\,\theta}{\rho^2} + \frac{\partial u}{\partial\rho}\frac{\sin^2\theta}{\rho}.$$

同理，得

$$\frac{\partial^2 u}{\partial y^2} = \frac{\partial^2 u}{\partial\rho^2}\sin^2\theta + 2\frac{\partial^2 u}{\partial\rho\partial\theta}\frac{\sin\,\theta\cos\,\theta}{\rho} + \frac{\partial^2 u}{\partial\theta^2}\frac{\cos^2\theta}{\rho^2} - \frac{\partial u}{\partial\theta}\frac{2\sin\,\theta\cos\,\theta}{\rho^2} + \frac{\partial u}{\partial\rho}\frac{\cos^2\theta}{\rho}.$$

两式相加，得

---

①　严格地说，当点 $P(x,y)$ 在第一、四卦限时，有 $\theta = \arctan\dfrac{y}{x}$，当点 $P(x,y)$ 在第二、三卦限时，$\theta = \arctan\,\theta + \pi$，这不影响以下的计算.

$$\frac{\partial^2 u}{\partial x^2}+\frac{\partial^2 u}{\partial y^2}=\frac{\partial^2 u}{\partial \rho^2}+\frac{1}{\rho}\frac{\partial u}{\partial \rho}+\frac{1}{\rho^2}\frac{\partial^2 u}{\partial \theta^2}.$$

以下是两个隐函数求高阶偏导数的例子.

例 7　设 $e^z+x^2y-y^2z=1$，求 $\dfrac{\partial^2 z}{\partial x^2}$.

解　由题意知方程确定了隐函数 $z=z(x,y)$. 将方程两边对 x 求偏导数，得

$$e^z\cdot\frac{\partial z}{\partial x}+2xy-y^2\cdot\frac{\partial z}{\partial x}=0,\tag{11-38}$$

解得

$$\frac{\partial z}{\partial x}=\frac{2xy}{y^2-e^z}.$$

再将 (11-38) 式两边对 x 求偏导，得

$$e^z\left(\frac{\partial z}{\partial x}\right)^2+e^z\frac{\partial^2 z}{\partial x^2}+2y-y^2\frac{\partial^2 z}{\partial x^2}=0,$$

解得

$$\frac{\partial^2 z}{\partial x^2}=\frac{1}{y^2-e^z}\left[e^z\cdot\left(\frac{\partial z}{\partial x}\right)^2+2y\right],$$

将 $\dfrac{\partial z}{\partial x}$ 的表达式代入上式，可得

$$\frac{\partial^2 z}{\partial x^2}=\frac{4x^2y^2e^z+2y(y^2-e^z)^2}{(y^2-e^z)^3}.$$

例 8　设 $z=f(x,2x+2y,3x+3y+3z)$，f 具有二阶连续偏导数，求 $\dfrac{\partial z}{\partial x},\dfrac{\partial z}{\partial y},\dfrac{\partial^2 z}{\partial x^2}$.

解　方程中的 z 为 x,y 的函数 $z=z(x,y)$. 将方程两边对 x 求偏导数，得

$$\frac{\partial z}{\partial x}=f'_1+2f'_2+3f'_3\left(1+\frac{\partial z}{\partial x}\right).\tag{11-39}$$

解出 $\dfrac{\partial z}{\partial x}$，得

$$\frac{\partial z}{\partial x}=\frac{f'_1+2f'_2+3f'_3}{1-3f'_3}.$$

类似地，可得

$$\frac{\partial z}{\partial y}=\frac{2f'_2+3f'_3}{1-3f'_3}.$$

为求 $\dfrac{\partial^2 z}{\partial x^2}$，再将 (11-39) 式两边对 x 求偏导数，注意到 f'_1,f'_2,f'_3 中的变量复合与 f 相同，得

$$\frac{\partial^2 z}{\partial x^2}=\left[f''_{11}+2f''_{12}+3\left(1+\frac{\partial z}{\partial x}\right)f''_{13}\right]+2\left[f''_{21}+2f''_{22}+3\left(1+\frac{\partial z}{\partial x}\right)f''_{23}\right]+$$

$$3\left(1+\frac{\partial z}{\partial x}\right)\left[f''_{31}+2f''_{32}+3\left(1+\frac{\partial z}{\partial x}\right)f''_{33}\right]+3\frac{\partial^2 z}{\partial x^2}f'_3.$$

将 $\dfrac{\partial z}{\partial x}$ 的表达式代入并从中解出 $\dfrac{\partial^2 z}{\partial x^2}$，得

$$\frac{\partial^2 z}{\partial x^2}=\frac{1}{1-3f'_3}\left\{\left[f''_{11}+2f''_{12}+3\left(\frac{1+f'_1+2f'_2}{1-3f'_3}\right)f''_{13}\right]+\right.$$

$$2\left[f''_{21}+2f''_{22}+3\left(\frac{1+f'_1+2f'_2}{1-3f'_3}\right)f''_{23}\right]+$$

$$3\left(\frac{1+f'_1+2f'_2}{1-3f'_1}\right)\left[f''_{31}+2f''_{32}+3\left(\frac{1+f'_1+2f'_2}{1-3f'_1}\right)f''_{33}\right]\Big\}.$$

11.6.2　泰勒公式

由上册的泰勒公式知道,当一元函数 $f(x)$ 在点 x_0 处有 n 阶导数时,在点 x_0 的某邻域 (a,b) 内有

$$f(x)=f(x_0)+f'(x_0)(x-x_0)+\frac{f''(x_0)}{2!}(x-x_0)^2+\cdots+\frac{f^{(n)}(x_0)}{n!}(x-x_0)^n+o\left[(x-x_0)^n\right]$$

$$=P_n(x)+o\left[(x-x_0)^n\right],$$

其中 $P_n(x)$ 是 $f(x)$ 在点 x_0 处的 n 阶泰勒多项式. 公式表明,当 x 在点 x_0 邻近时,我们可以用多项式近似地表示函数 $f(x)$,且误差当 $x\to x_0$ 时是比 $(x-x_0)^n$ 高阶的无穷小.

对于一个多元函数,同样有必要考虑用多个变量的多项式来近似表示这个函数,并能估计其误差的大小. 由以下二元函数的泰勒公式我们可以发现,在一定条件下确实可以用 $h=x-x_0$,$k=y-y_0$ 的 n 次多项式近似地表示函数 $f(x_0+h,y_0+k)$,且当 $\rho=\sqrt{h^2+k^2}\to0$ 时其误差是比 ρ^n 高阶的无穷小.

定理 11　**设 $z=f(x,y)$ 在点 (x_0,y_0) 的某邻域内连续且有直到 $(n+1)$ 阶的连续偏导数,(x_0+h,y_0+k) 为此邻域内的任一点,则有**

$$f(x_0+h,y_0+k)=f(x_0,y_0)+\left(h\frac{\partial}{\partial x}+k\frac{\partial}{\partial y}\right)f(x_0,y_0)+\frac{1}{2!}\left(h\frac{\partial}{\partial x}+k\frac{\partial}{\partial y}\right)^2f(x_0,y_0)+\cdots+$$

$$\frac{1}{n!}\left(h\frac{\partial}{\partial x}+k\frac{\partial}{\partial y}\right)^nf(x_0,y_0)+\frac{1}{(n+1)!}\left(h\frac{\partial}{\partial x}+k\frac{\partial}{\partial y}\right)^{n+1}f(x_0+\theta h,y_0+\theta k),0<\theta<1,$$

$$(11-40)$$

其中记号 $\left(h\dfrac{\partial}{\partial x}+k\dfrac{\partial}{\partial y}\right)^mf(x_0,y_0)$ **表示**

$$\sum_{p=0}^{m}C_m^ph^pk^{m-p}\frac{\partial^mf}{\partial x^p\partial y^{m-p}}\Bigg|_{(x_0,y_0)},m=1,2,\cdots,n+1.$$

证　为了利用一元函数的泰勒公式进行证明,对点 (x_0,y_0) 与点 (x_0+h,y_0+k) 连线上的动点 $M(x_0+th,y_0+tk)$,引入辅助一元函数

$$F(t)=f(x_0+th,y_0+tk).$$

显然有

$$F(0)=f(x_0,y_0),F(1)=f(x_0+h,y_0+k),\qquad(11-41)$$

且由一元函数的泰勒公式,有

$$F(1)=F(0)+F'(0)+\frac{1}{2!}F''(0)+\cdots+\frac{1}{n!}F^{(n)}(0)+R_n,\qquad(11-42)$$

其中

$$R_n = \frac{1}{(n+1)!} F^{(n+1)}(\theta), 0 < \theta < 1.$$

由全导数公式,得

$$F'(0) = \left(h \frac{\partial}{\partial x} + k \frac{\partial}{\partial y} \right) f(x_0, y_0),$$

$$F''(0) = \left(h \frac{\partial}{\partial x} + k \frac{\partial}{\partial y} \right)^2 f(x_0, y_0),$$

$$\cdots$$

$$F^{(n)}(0) = \left(h \frac{\partial}{\partial x} + k \frac{\partial}{\partial y} \right)^n f(x_0, y_0),$$

以及

$$F^{(n+1)}(\theta) = \left(h \frac{\partial}{\partial x} + k \frac{\partial}{\partial y} \right)^{n+1} f(x_0 + \theta h, y_0 + \theta k).$$

将(11-41)式及以上各式代入(11-42)式即得公式(11-40).

公式(11-40)称为二元函数 $f(x, y)$ 在点 (x_0, y_0) 处的 **n 阶泰勒公式**,其中余项

$$R_n = \frac{1}{(n+1)!} \left(h \frac{\partial}{\partial x} + k \frac{\partial}{\partial y} \right)^{n+1} f(x_0 + \theta h, y_0 + \theta k), 0 < \theta < 1$$

称为**拉格朗日型余项**.

由定理中关于 $f(x, y)$ 有 $n+1$ 阶连续偏导数的条件,可知 $f(x, y)$ 的所有 $(n+1)$ 阶偏导数在 (x_0, y_0) 的某邻域内都有界,设 M 为它们的一个公共的上界,则有

$$|R_n| \leqslant \frac{M}{(n+1)!} (|h| + |k|)^{n+1}.$$

记 $\rho = \sqrt{h^2 + k^2}$,则容易验证 $|h| + |k| \leqslant \sqrt{2} \sqrt{h^2 + k^2} = \sqrt{2}\rho$,于是有

$$|R_n| \leqslant \frac{(\sqrt{2})^{n+1}}{(n+1)!} M\rho^{n+1}.$$

这表明,当 $\rho \to 0$ 时有

$$R_n = o(\rho^n).$$

因此(11-40)式也可以写为

$$f(x_0 + h, y_0 + k) = f(x_0, y_0) + \left(h \frac{\partial}{\partial x} + k \frac{\partial}{\partial y} \right) f(x_0, y_0) +$$

$$\frac{1}{2!} \left(h \frac{\partial}{\partial x} + k \frac{\partial}{\partial y} \right)^2 f(x_0, y_0) + \cdots + \frac{1}{n!} \left(h \frac{\partial}{\partial x} + k \frac{\partial}{\partial y} \right)^n f(x_0, y_0) + o(\rho^n),$$

上式也称为带**佩亚诺型余项**的 n 阶泰勒公式.

当 $n = 0$ 时,(11-40)式可改写为如下形式:

$$f(x, y) - f(x_0, y_0) = \frac{\partial f(\xi, \eta)}{\partial x} (x - x_0) + \frac{\partial f(\xi, \eta)}{\partial y} (y - y_0),$$

其中 $(\xi, \eta) = (x_0 + \theta(x - x_0), y_0 + \theta(y - y_0)), 0 < \theta < 1$. 这就是一元函数的拉格朗日中值定理在二元函数情况下的推广.

当 $n=1$ 时,泰勒公式(11-40)为

$$f(x,y)=f(x_0,y_0)+\frac{\partial f(x_0,y_0)}{\partial x}(x-x_0)+\frac{\partial f(x_0,y_0)}{\partial y}(y-y_0)+R_1,$$

其中 R_1 为拉格朗日型余项:

$$R_1=\frac{1}{2!}\left[\frac{\partial^2 f(\xi,\eta)}{\partial x^2}(x-x_0)^2+2\frac{\partial^2 f(\xi,\eta)}{\partial x\partial y}(x-x_0)(y-y_0)+\frac{\partial^2 f(\xi,\eta)}{\partial y^2}(y-y_0)^2\right],$$

且 $(\xi,\eta)=(x_0+\theta(x-x_0)),y_0+\theta(y-y_0)),0<\theta<1$. 如果再把 $f(x_0,y_0)$ 移到等式左端,那么右边的 R_1 可以看作用全微分近似表示函数的全增量时的误差,即 11.2.3 节(11-4)式中 $o(\rho)$ 的一个具体表达式.

与一元函数情况相似,当 $(x_0,y_0)=(0,0)$ 时,泰勒公式(11-40)也称为**麦克劳林公式**.

例 9 写出函数 $f(x,y)=x^5-xy^2+x^2+2xy-y^2$ 在点 $(1,-1)$ 处带佩亚诺型余项的二阶泰勒公式.

解 显然

$$f_x=5x^4-y^2+2x+2y, \qquad f_y=-2xy+2x-2y,$$
$$f_{xx}=20x^3+2, \qquad f_{xy}=f_{yx}=-2y+2,$$
$$f_{yy}=-2x-2.$$

计算各偏导数在点 $(1,-1)$ 处的值,并代入(11-40)式,得

$$f(x,y)=-2+4(x-1)+6(y+1)+11(x-1)^2+4(x-1)(y+1)-2(y+1)^2+$$
$$o\left[(x-1)^2+(y+1)^2\right].$$

习题 11.6

(A)

1. 设 $f(x,y,z)=xy^2+yz^2+zx^2$,求 $f_{xx}(0,0,1)$,$f_{xz}(1,0,2)$,$f_{yz}(0,-1,0)$.

2. 设 $z=e^x(\cos y+x\sin y)$,求 $\dfrac{\partial^2 z}{\partial x^2}\bigg|_{(0,\frac{\pi}{2})}$,$\dfrac{\partial^2 z}{\partial x\partial y}\bigg|_{(0,\frac{\pi}{2})}$,$\dfrac{\partial^2 z}{\partial y^2}\bigg|_{(0,\frac{\pi}{2})}$.

3. 求下列函数的各个二阶偏导数:

   (1) $z=\sqrt{xy}$;　　　　　　　　　　(2) $z=\ln(x^2+xy+y^2)$;

   (3) $z=\sin^2(ax+by)$;　　　　　　　(4) $z=\arctan\dfrac{y}{x}$.

4. 设 $z=\ln(e^x+e^y)$,证明:

$$\frac{\partial^2 z}{\partial x^2}\cdot\frac{\partial^2 z}{\partial y^2}=\left(\frac{\partial^2 z}{\partial x\partial y}\right)^2.$$

5. 方程 $\dfrac{\partial T}{\partial t}=a\dfrac{\partial^2 T}{\partial x^2}$ 称为热传导方程(或称为扩散方程),其中 a 是正常数,证明:$T(x,t)=e^{-ab^2 t}\sin bx$ 满足该方程,其中 b 是任意常数.

6. 设 $u(x,y)=e^x\cos y$,证明:

$$\frac{\partial^2 u}{\partial x^2}+\frac{\partial^2 u}{\partial y^2}=0.$$

7. 求下列函数的二阶偏导数 $\dfrac{\partial^2 z}{\partial x^2}$ 与 $\dfrac{\partial^2 z}{\partial x\partial y}$:

（1）$z=f(x^2+y^2)$；   （2）$z=f\left(xy,\dfrac{x}{y}\right)$；

（3）$z=f(xy,x^2-y^2)$；   （4）$z=\dfrac{1}{x}f(xy)+y\varphi(x+y)$.

8. 设 $z=xf\left(\dfrac{y}{x}\right)+g\left(\dfrac{y}{x}\right)$，证明：

$$x^2 z_{xx}+2xy z_{xy}+y^2 z_{yy}=0.$$

9. 设 $u=x\ln(xy)$，求 $\dfrac{\partial^3 u}{\partial x^2 \partial y}$.

10. 设 $u=x-y+x^2+2xy+y^2+x^3-3x^2y-y^3+x^4-4x^2y^2+y^4$，求 $\dfrac{\partial^4 u}{\partial x^4},\dfrac{\partial^4 u}{\partial x^3 \partial y},\dfrac{\partial^4 u}{\partial x^2 \partial y^2}$.

11. 设 $z^3+3xyz=a^3$，求 $\dfrac{\partial z}{\partial x},\dfrac{\partial z}{\partial y},\dfrac{\partial^2 z}{\partial x \partial y}$.

12. 设方程 $x-y=\sin(x+y)$ 确定 y 为 x 的函数，求 $\dfrac{d^2 y}{dx^2}$.

*13. 求下列函数在指定点处带佩亚诺型余项的二阶泰勒公式：
   （1）$f(x,y)=x^2 y$，$(1,-2)$；
   （2）$f(x,y)=\ln(1+x-2y)$，$(2,1)$.

*14. 求函数 $f(x,y)=e^x\cos y$ 的带拉格朗日型余项的二阶麦克劳林公式.

*15. 求函数 $f(x,y)=(1+x)^m(1+y)^n$ 的二阶麦克劳林公式.

*16. 利用函数 $f(x,y)=x^y$ 的二阶泰勒公式计算 $1.04^{-1.98}$ 的近似值.

（B）

1. 设 $u=\dfrac{1}{\sqrt{(x-\xi)^2+(y-\eta)^2}}$，求 $\dfrac{\partial^4 u}{\partial x \partial y \partial \xi \partial \eta}$.

2. 设 $z=F[x+f(2x-y),y]$，求 $\dfrac{\partial^2 z}{\partial y^2}$.

3. 设 $F(x,y)$ 具有二阶连续导数，$F_y\neq 0$，证明由方程 $F(x,y)=0$ 所确定的函数 $y=f(x)$ 的二阶导数为

$$\frac{d^2 y}{dx^2}=-\frac{F_{xx}(F_y)^2-2F_{xy}F_x F_y+F_{yy}(F_x)^2}{(F_y)^3}.$$

4. 设 $y=\tan(x+y)$，证明：

$$y'''=-\frac{2(3y^4+8y^2+5)}{y^8}.$$

5. 设函数 $u=f(x,y,z)$ 由方程 $u^2+z^2+y^2-x=0$ 确定，其中 $z=xy^2+y\ln y-y$，求 $\dfrac{\partial u}{\partial x}$ 及 $\dfrac{\partial^2 u}{\partial x^2}$.

6. 以 $u=x+at,v=x-at$ 为新的自变量，变换方程 $\dfrac{\partial^2 z}{\partial t^2}=a^2\dfrac{\partial^2 z}{\partial x^2}$.

7. 取适当的常数 α,β 使方程 $6u_{xx}-5u_{xy}+u_{yy}=0$ 在变量代换 $\xi=x+\alpha y,\eta=x+\beta y$ 下可化成新方程 $u_{\xi\eta}=0$.

11.7 多元函数的极值与最值

11.7.1 多元函数的极值

多元函数的极值在许多实际问题中有广泛的应用. 以下我们以二元函数为主, 介绍多元函

数的极值概念、极值存在的必要条件和充分条件.

定义   设函数 $z=f(x,y)$ 在点 (x_0,y_0) 的某邻域内有定义,若对于该邻域内的每一个不为 (x_0,y_0) 的点 (x,y) 都有

$$f(x,y) < f(x_0,y_0)$$

成立,则称函数 $f(x,y)$ 在点 (x_0,y_0) 处有极大值 $f(x_0,y_0)$,称点 (x_0,y_0) 为函数 $f(x,y)$ 的极大值点;若对于该邻域内异于 (x_0,y_0) 的每一点 (x,y),都有

$$f(x,y) > f(x_0,y_0)$$

成立,则称函数 $f(x,y)$ 在点 (x_0,y_0) 处有极小值 $f(x_0,y_0)$,称点 (x_0,y_0) 为函数 $f(x,y)$ 的极小值点. 极大值与极小值统称为极值,使得函数取得极值的点统称为极值点.

若将定义中的"$<$(或$>$)"用"$\leqslant$(或$\geqslant$)"代替,则可得到非严格的极值(点)的定义. 以下如无特殊说明,极值(点)都指严格的极值(点).

例如,对于函数 $f(x,y)=2+3x^2+y^2$,在原点 $(0,0)$ 处有 $f(0,0)=2$,而对异于原点的某去心邻域内的每一点 (x,y) 都有

$$f(x,y) = 2+3x^2+y^2 > 2 = f(0,0), \tag{11-43}$$

因此原点是函数 $f(x,y)$ 的一个极小值点,$f(0,0)=2$ 为极小值. 这个函数的图形为椭圆抛物面(图 11-21).

对于可导的一元函数,极值可以用一阶、二阶导数来确定. 对偏导数存在的二元函数,极值也可以通过偏导数确定.

定理 12(极值存在的必要条件)   设函数 $z=f(x,y)$ 在点 (x_0,y_0) 具有偏导数,且在该点处取得严格(或非严格)的极值,则必有

$$\nabla f(x_0,y_0) = \mathbf{0},$$

即

$$f_x(x_0,y_0)=0, \quad f_y(x_0,y_0)=0.$$

图 11-21

证   因为 $z=f(x,y)$ 在点 (x_0,y_0) 处有极值,所以当 y 保持常量 y_0 时,一元函数 $z=f(x,y_0)$ 在点 x_0 处也有极值,根据一元函数极值存在的必要条件,得

$$f_x(x_0,y_0) = 0.$$

同理可证

$$f_y(x_0,y_0) = 0.$$

与一元函数情形类似,我们把使得梯度 $\nabla f(x,y) = \mathbf{0}$ 的点 (x_0,y_0) 称为函数 $f(x,y)$ 的**驻点**. 于是从定理 12 可知,**具有偏导数的函数的极值点必定是驻点**.

因此对偏导数存在的二元函数,极值点通常可以从驻点中去找. 但应注意,驻点并不都是极值点. 例如函数 $z=f(x,y)=xy$ 在原点 $(0,0)$ 处的两个偏导数都为零,即

$$z_x(0,0) = y\big|_{(0,0)} = 0, \quad z_y(0,0) = x\big|_{(0,0)} = 0,$$

因此原点 $(0,0)$ 是该函数的驻点,但可以证明,原点不是极值点. 事实上,在原点 $(0,0)$ 的不论多么小的邻域内,只要取充分小的正数 ε,则可使两点 $P_1(\varepsilon,\varepsilon)$ 与 $P_2(\varepsilon,-\varepsilon)$ 都属于这一邻域,但 $f(x,y)$ 在 P_1,P_2 处的值分别为

$$f(P_1) = \varepsilon^2 > 0 = f(0,0), \quad f(P_2) = -\varepsilon^2 < 0 = f(0,0).$$

所以驻点 $(0,0)$ 不是该函数的极值点.

既然对偏导数存在的函数,极值点可以从驻点中去寻找,那么如何判断一个驻点是不是极

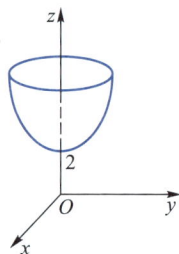

值点? 如果是极值点,又如何判断它是极大值点还是极小值点呢? 下面的定理给出了一种判别的方法.

定理 13(极值存在的充分条件)　设点 (x_0,y_0) 是函数 $z=f(x,y)$ 的一个驻点, $f(x,y)$ 在点 (x_0,y_0) 的某邻域内有连续的一阶及二阶偏导数. 记

$$H(x,y)=\begin{vmatrix} f_{xx}(x,y) & f_{xy}(x,y) \\ f_{yx}(x,y) & f_{yy}(x,y) \end{vmatrix},$$

则

(1) 当 $H(x_0,y_0)>0$ 时, (x_0,y_0) 为极值点,此时若 $f_{xx}(x_0,y_0)<0$,则 $f(x_0,y_0)$ 为极大值,若 $f_{xx}(x_0,y_0)>0$,则 $f(x_0,y_0)$ 为极小值;

(2) 当 $H(x_0,y_0)<0$ 时, (x_0,y_0) 不是极值点;

(3) 当 $H(x_0,y_0)=0$ 时, (x_0,y_0) 可能是极值点,也可能不是极值点,需另作讨论.

定理 13 中的行列式 $H(x,y)$ 称为函数 $f(x,y)$ 的黑塞(Hesse)行列式.

为证明定理 13,我们先给出一个引理.

*引理　对于变量 s 与 t 的二次齐次多项式

$$q(s,t)=as^2+2bst+ct^2,$$

若记其系数构成的行列式为

$$H=\begin{vmatrix} a & b \\ b & c \end{vmatrix},$$

则

(1) 当 $H>0$ 时, $q(s,t)$ 在点 $(s,t)=(0,0)$ 取得极值,且当 $a>0$ 时, $q(0,0)$ 为极小值,即

$$q(s,t)>q(0,0)=0,s^2+t^2\neq 0,$$

当 $a<0$ 时, $q(0,0)$ 为极大值,即

$$q(s,t)<q(0,0)=0,s^2+t^2\neq 0;$$

(2) 当 $H<0$ 时,在点 $(0,0)$ 的任一去心邻域内, $q(s,t)$ 的值不能保持定号.

证　(1) 设 $H=ac-b^2>0$,则必有 $a\neq 0$,且

$$q(s,t)=as^2+2bst+ct^2=\frac{1}{a}\big[(as+bt)^2+(ac-b^2)t^2\big]. \tag{11-44}$$

由上式易知 $a>0$ 时有

$$q(s,t)>q(0,0)=0,s^2+t^2\neq 0;$$

$a<0$ 时有

$$q(s,t)<q(0,0)=0,s^2+t^2\neq 0.$$

(2) 设 $H=ac-b^2<0$. 若 $a\neq 0$,则由(11-44)式可知,当 $s\neq 0,t=0$ 时, $q(s,t)$ 与 a 同号,而当 $s=-\dfrac{bt}{a},t\neq 0$ 时, $q(s,t)$ 与 a 异号,故 $q(s,t)$ 在点 $(0,0)$ 的任一去心邻域内都不保持定号. 又若 $a=0$,则由 $H<0$ 可知 $b\neq 0$,因而

$$q(s,t)=2bst+ct^2=t(2bs+ct),$$

于是对每个 $t\neq 0$,取 s 满足

$$s > -\frac{c}{2b}t \ \text{及} \ s < -\frac{c}{2b}t$$

时,对应的 $q(s,t)$ 取带有相反符号的值.

引理证毕.

定理 13 的证明　根据函数 $f(x,y)$ 在点 (x_0,y_0) 处的一阶泰勒公式有

$$f(x,y) - f(x_0,y_0) = \frac{\partial f(x_0,y_0)}{\partial x}(x-x_0) + \frac{\partial f(x_0,y_0)}{\partial y}(y-y_0) +$$

$$\frac{1}{2!}\left[\frac{\partial^2 f(\xi,\eta)}{\partial x^2}(x-x_0)^2 + 2\frac{\partial^2 f(\xi,\eta)}{\partial x \partial y}(x-x_0)(y-y_0) + \frac{\partial^2 f(\xi,\eta)}{\partial y^2}(y-y_0)^2\right],$$

其中 $(\xi,\eta) = (x_0+\theta(x-x_0),y_0+\theta(y-y_0))$,$0 < \theta < 1$. 由于 (x_0,y_0) 为驻点,故上式即

$$2[f(x,y) - f(x_0,y_0)] = as^2 + 2bst + ct^2,$$

其中

$$a = f_{xx}(\xi,\eta),b = f_{xy}(\xi,\eta),c = f_{yy}(\xi,\eta),$$
$$s = x - x_0,t = y - y_0.$$

由于 $f(x,y)$ 的二阶偏导数在点 (x_0,y_0) 处连续,故只要 (x,y) 充分接近于 (x_0,y_0),则当 $f_{xx}(x_0,y_0) \neq 0$ 时,$a = f_{xx}(\xi,\eta)$ 与 $f_{xx}(x_0,y_0)$ 同号,当 $H(x_0,y_0) \neq 0$ 时,$H = \begin{vmatrix} a & b \\ b & c \end{vmatrix}$ 与 $H(x_0,y_0)$ 同号. 于是由引理的两条结论分别可得本定理的(1)与(2).

又考察函数

$$f(x,y) = x^2 + y^4 \ \text{及} \ g(x,y) = x^2 + y^3.$$

容易验证,这两个函数都以 $(0,0)$ 为驻点,且在点 $(0,0)$ 处都有 $H(0,0) = 0$,但 $f(x,y)$ 在点 $(0,0)$ 处有极小值,而 $g(x,y)$ 在点 $(0,0)$ 处却没有极值,于是本定理的(3)成立.

定理证毕.

根据定理 12 与定理 13,可以把具有二阶连续偏导数的函数 $z = f(x,y)$ 的极值求法总结如下:

(1)求方程组

$$\begin{cases} f_x(x,y) = 0, \\ f_y(x,y) = 0 \end{cases}$$

的一切实数解,得到所有的驻点;

(2)求出二阶偏导数 f_{xx}, f_{xy}, f_{yy},及黑塞行列式 $H(x,y)$,并对每个驻点 (x_0,y_0) 求 $H(x_0,y_0)$ 的值;

(3)对每个驻点 (x_0,y_0),若 $H(x_0,y_0) \neq 0$,则可按定理 13 的结论判定 $f(x_0,y_0)$ 是否为极值,是极大值还是极小值;当 $H(x_0,y_0) = 0$ 时,此法失效,这时可尝试从定义出发判断 $f(x_0,y_0)$ 是否为极值.

需要注意的是,如果函数在个别点处偏导数不存在,那么这种点显然不是驻点,但这种点也可能是函数的极值点. 例如函数 $z = f(x,y) = \sqrt{x^2+y^2}$ 的图形是开口向上的圆锥面,在点 $(0,0)$ 偏导数不存在,但显然有 $f(0,0) = 0 < \sqrt{x^2+y^2} \ (x^2+y^2 \neq 0)$,即 $f(x,y)$ 在点 $(0,0)$ 处取得极小值.

因此,在求极值时,除了考虑驻点之外,如果函数有偏导数不存在的点,那么这些点也要考虑.

因此,与一元函数的情形相仿.我们把函数 $f(x,y)$ 的驻点或者使得偏导数 $f_x(x,y)$ 和 $f_y(x,y)$ 中至少有一个不存在的点统称为函数的**临界点**.于是进一步可知极值点存在的必要条件是:**函数的极值点必定是它的临界点**.同时,我们也将不是极值点的临界点称为函数的**鞍点**.

例 1 求函数 $f(x,y)=x^4+2y^2-4xy+3$ 的极值.

解 令

$$\begin{cases} f_x(x,y)=4x^3-4y=0, \\ f_y(x,y)=4y-4x=0, \end{cases}$$

解方程组可得驻点 $(0,0),(-1,-1),(1,1)$.

求函数 $f(x,y)$ 的二阶偏导数,得

$$f_{xx}(x,y)=12x^2,\ f_{xy}(x,y)=f_{yx}(x,y)=-4,\ f_{yy}(x,y)=4,$$

所以

$$H(x,y)=\begin{vmatrix} 12x^2 & -4 \\ -4 & 4 \end{vmatrix}=48x^2-16.$$

在驻点 $(0,0)$ 处,$H(0,0)=-16<0$,由定理 13 可知点 $(0,0)$ 不是极值点,即为鞍点.

在驻点 $(-1,-1)$ 处,$H(-1,-1)=32>0$,故 $(-1,-1)$ 是极值点.又因为 $f_{xx}(-1,-1)=12>0$,所以 $f(-1,-1)=2$ 是极小值.

在驻点 $(1,1)$ 处,因为 $H(1,1)=32>0$,且 $f_{xx}(1,1)=12>0$,所以 $f(1,1)=2$ 也是极小值.

例 2 求函数 $z=(x^2+y^2)\mathrm{e}^{-(x^2+y^2)}$ 的极值.

解 解方程组

$$\begin{cases} f_x(x,y)=2x(1-x^2-y^2)\mathrm{e}^{-(x^2+y^2)}=0, \\ f_y(x,y)=2y(1-x^2-y^2)\mathrm{e}^{-(x^2+y^2)}=0, \end{cases}$$

得驻点是 $(0,0)$ 和 $x^2+y^2=1$ 上的点.

再求二阶偏导数

$$f_{xx}(x,y)=[2(1-y^2-3x^2)-4x^2(1-x^2-y^2)]\mathrm{e}^{-(x^2+y^2)},$$
$$f_{xy}(x,y)=f_{yx}(x,y)=-4xy(2-x^2-y^2)\mathrm{e}^{-(x^2+y^2)},$$
$$f_{yy}(x,y)=[2(1-x^2-3y^2)-4y^2(1-x^2-y^2)]\mathrm{e}^{-(x^2+y^2)}.$$

于是

$$H(0,0)=\begin{vmatrix} 2 & 0 \\ 0 & 2 \end{vmatrix}=4>0,\ 且\ f_{xx}(0,0)=2>0,$$

因此函数在 $(0,0)$ 处有极小值 $f(0,0)=0$.

对于曲线 $x^2+y^2=1$ 上的点 (x,y),由于

$$f_{xx}(x,y)=-4x^2\mathrm{e}^{-1},\ f_{xy}(x,y)=f_{yx}(x,y)=-4xy\mathrm{e}^{-1},\ f_{yy}(x,y)=-4y^2\mathrm{e}^{-1},$$

得

$$H(x,y)=\begin{vmatrix} -4x^2\mathrm{e}^{-1} & -4xy\mathrm{e}^{-1} \\ -4xy\mathrm{e}^{-1} & -4y^2\mathrm{e}^{-1} \end{vmatrix}=0,$$

可知在 $x^2+y^2=1$ 上的点处需要由其他方法来判定函数在该点是否取得极值.

令 $x^2+y^2=t$,则函数可表示成 $z=te^{-t}(t\geqslant0)$,由 $z'(t)=(1-t)e^{-t}=0$,可得驻点 $t=1$. 又因 $z''(t)\big|_{t=1}=(t-2)e^{-t}\big|_{t=1}=-e^{-1}<0$,故 $z=te^{-t}$ 在 $t=1$ 处取极大值 $z(1)=e^{-1}$. 这说明函数 $z=(x^2+y^2)e^{-(x^2+y^2)}$ 在满足 $x^2+y^2=1$ 的点上取得极大值 e^{-1}(非严格的).

11.7.2　多元函数的最值问题

在现实世界中广泛存在着优化问题,而许多优化问题的数学模型都可归结为求一个多元函数在某个区域上的最大值或最小值. 因此本节将研究如何求解多元函数的最值问题.

由多元函数的最值定理可知,若一个多元函数在有界闭区域上连续,则在该区域上函数一定有最大值和最小值. 若最值点在区域内部取到,则由极值点的定义可知此最值点必是函数的极值点. 因此类似于一元函数在闭区间上求最值问题的解法,可以得到在有界闭区域上求多元函数最值的一般方法如下:

先求出函数在有界闭区域内部的所有极值点处的函数值,然后求函数在该区域边界上的最大值和最小值,再比较这些函数值的大小,其中最大者就是函数的最大值,最小者就是函数的最小值.

例 3　求函数 $z=x^2y(5-x-y)$ 在闭区域 $D:x\geqslant0,y\geqslant0,x+y\leqslant4$ 上的最大值与最小值.

解　先求区域 D 内部的临界点. 因为

$$z_x=10xy-3x^2y-2xy^2=xy(10-3x-2y),$$

$$z_y=5x^2-x^3-2x^2y=x^2(5-x-2y),$$

故没有使偏导数不存在的点. 令 $z_x=0,z_y=0$,解方程组得函数 $z(x,y)$ 在区域 D 内的唯一驻点 $P\left(\dfrac{5}{2},\dfrac{5}{4}\right)$(图 11-22),且

$$z\left(\frac{5}{2},\frac{5}{4}\right)=\frac{625}{64}.$$

再考虑 D 的边界上的函数值. 在边界 $\overline{AB}:x+y=4(0\leqslant x\leqslant4)$ 上,函数 z 可化为一元函数

$$z=x^2y(5-x-y)=x^2(4-x),0\leqslant x\leqslant4.$$

由于

$$\frac{\mathrm{d}z}{\mathrm{d}x}=8x-3x^2,$$

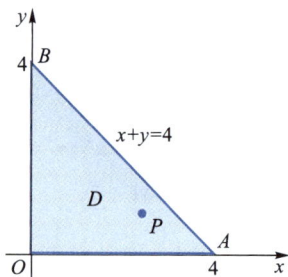

图 11-22

故在区间 $[0,4]$ 内一元函数 $z=x^2(4-x)$ 有唯一驻点 $x=\dfrac{8}{3}$,且

$$z\big|_{x=\frac{8}{3}}=\frac{256}{27}.$$

与 z 在端点 A,B 处的函数值 0 比较,可知 z 在 $\overline{AB}$ 上的最大值 $\dfrac{256}{27}$,最小值为 0. 又因为在边界 $\overline{OA}(x=0)$ 与 $\overline{OB}(y=0)$ 上函数值均为零. 所以函数 z 在区域 D 的边界上的最大值为 $\dfrac{256}{27}$,最小值为 0.

最后,将区域 D 内驻点 $P\left(\dfrac{5}{2},\dfrac{5}{4}\right)$ 处的函数值与函数在 D 的边界上的最大与最小值作比较,可知函数 $z=x^2y(5-x-y)$ 在闭区域 D 上的最大值为

$$z\left(\frac{5}{2},\frac{5}{4}\right)=\frac{625}{64},$$

最小值为 0,且最小值在区域 D 的边界 $\overline{OA}$ 及 $\overline{OB}$ 上取到.

从本例可以看出,计算函数在有界闭区域 D 的边界上的最大值或最小值有时比较麻烦. 但是在通常遇到的实际问题中,根据问题的实际背景往往可以断定函数的最大值与最小值一定在区域的内部取得,这时就可以不考虑函数在区域边界上的取值情况了. 如果又发现函数在区域内只有一个可能的极值点,那么还可以直接断定该点处的函数值就是函数在区域上的最大值或最小值.

例 4 将一张宽为 24 cm 的长方形铁皮的两边折起,做成一个断面为等腰梯形的水槽(图 11-23),问怎样能使此水槽的断面面积达到最大?

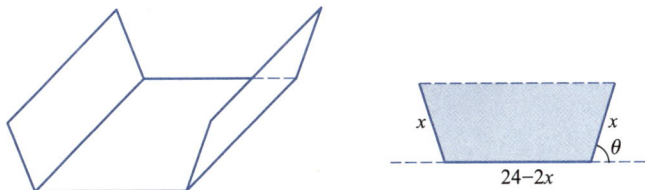

图 11-23

解 设将铁皮两边各折起 x cm,角度为 θ(图 11-23),则等腰梯形断面的下底为 $(24-2x)$,上底为 $(24-2x+2x\cos\theta)$,高为 $x\sin\theta$,断面面积 A 是 x 与 θ 的二元函数,它就是问题的**目标函数**(即需要求最值的函数)

$$A(x,\theta)=\frac{1}{2}\left[(24-2x)+(24-2x+2x\cos\theta)\right]x\sin\theta$$

$$=(24-2x+x\cos\theta)x\sin\theta.$$

问题变为求二元函数 $A(x,\theta)$ 在区域

$$D=\{(x,\theta)\mid 0<x<12,0<\theta<\pi\}$$

内的最大值.

先求 $A(x,\theta)$ 在 D 内的临界点. 求偏导数

$$A_x=(24-4x+2x\cos\theta)\sin\theta,$$

$$A_\theta=-x^2\sin^2\theta+x^2\cos^2\theta+(24-2x)x\cos\theta.$$

可见没有使偏导数不存在的点. 令 $A_x=0$,$A_\theta=0$,由 $A_x=0$ 可得 $\sin\theta=0$ 或 $24-4x+2x\cos\theta=0$,显然 $\sin\theta=0$ 不合要求,因此有

$$\cos\theta=\frac{2x-12}{x}.$$

代入 $A_\theta=0$,可得

$$-x^2+2(2x-12)^2+2(12-x)(2x-12)=0.$$

解方程,得 $x=0$ 或 $x=8$,显然 $x=0$ 不合要求,而当 $x=8$ 时,

$$\cos\theta=\frac{2\cdot 8-12}{8}=\frac{1}{2},$$

即 $\theta=\dfrac{\pi}{3}$. 于是得驻点 $\left(8,\dfrac{\pi}{3}\right)$.

根据此问题的实际意义,$A(x,\theta)$ 的最大值一定存在,且不可能在区域 D 的边界上取得,而在区域 D 内又只有唯一一个可能的极值点 $\left(8,\dfrac{\pi}{3}\right)$,因此,当 $x=8$ cm,$\theta=\dfrac{\pi}{3}$ 时断面面积 $A(x,\theta)$ 达到最大值.

例 5　要用铁板做一个体积为常数 V 的有盖长方体水箱. 问水箱各边的尺寸为多少时,用料能最省.

解　设水箱的长、宽、高分别为 x,y,z,则水箱所用材料的面积为

$$S=2(xy+yz+zx).$$

由于水箱的容积为常数 V,故

$$xyz=V. \tag{11-45}$$

将上式改写为 $z=\dfrac{V}{xy}$,则表面积可改写为 x,y 的二元函数

$$S(x,y)=2\left(xy+y\cdot\frac{V}{xy}+x\cdot\frac{V}{xy}\right)=2\left(xy+\frac{V}{x}+\frac{V}{y}\right). \tag{11-46}$$

问题变为求上式所示的二元函数 $S(x,y)$ 在区域 $D:x>0,y>0$ 内的最小值.

为求 $S(x,y)$ 的驻点,令

$$\begin{cases}\dfrac{\partial S}{\partial x}=2\left(y-\dfrac{V}{x^2}\right)=0,\\[2mm]\dfrac{\partial S}{\partial y}=2\left(x-\dfrac{V}{y^2}\right)=0,\end{cases}$$

解得在区域 D 内有唯一驻点 $(\sqrt[3]{V},\sqrt[3]{V})$,且没有偏导数不存在的点.

根据实际问题可以断定,S 在区域 D 内一定有最小值. 而在区域 D 内唯一一个可能的最值点为驻点 $(\sqrt[3]{V},\sqrt[3]{V})$,因此 S 一定在该点处取得最小值. 即当 $x=\sqrt[3]{V}$,$y=\sqrt[3]{V}$,且高 $z=\dfrac{V}{xy}=\sqrt[3]{V}$ 时,表面积 S 取得最小值. 也就是当水箱为边长 $\sqrt[3]{V}$ 的立方体时,所用材料最省.

11.7.3　条件极值与拉格朗日乘数法

前面讨论的函数极值问题,大多数对自变量除了要求它们应取在一定的区域 D 内之外,没有其他的条件限制,这种类型的极值问题也称为**无条件极值问题**. 但在许多实际问题中,常常会遇到对函数的自变量附加了某些约束条件的极值问题. 例如例 5 中求体积为常数 V 而表面积最小的长方体问题,也就是在约束条件(11-45)即 $xyz=V$ 下求三元函数 $S=2(xy+yz+zx)$ 的最小值的问题. 这种对自变量有约束条件的极值问题称为**条件极值问题**. 根据例 5 的解法,我们从约束条件 $xyz=V$ 中解出 $z=\dfrac{V}{xy}$,再把 z 代入目标函数 $S(x,y,z)$,从而把带约束条件的极值问

题化为求二元函数(11-46)的无条件极值问题.

以上过程实际上就是将约束条件(11-45)视为 z 的隐函数方程,将此隐函数显化并代入目标函数 $S(x,y,z)$ 的过程. 但隐函数的显化往往是很困难的,有时甚至是不可能的. 因此我们希望有一种不必将隐函数显化而直接求条件极值的方法. 下面介绍的**拉格朗日乘数法**就是这样的一种方法.

考虑求函数 $u=f(x,y,z)$ 在约束条件 $\varphi(x,y,z)=0$ 下的条件极值问题. 我们从 $f(x,y,z)$ 在点 (x_0,y_0,z_0) 处取得条件极值的必要条件入手.

设函数 $u=f(x,y,z)$ 在点 (x_0,y_0,z_0) 处取得满足 $\varphi(x,y,z)=0$ 的条件极值,则首先应有
$$\varphi(x_0,y_0,z_0)=0.$$

若我们假设在点 (x_0,y_0,z_0) 的某邻域内函数 $f(x,y,z)$,$\varphi(x,y,z)$ 有一阶连续偏导数,且 $\varphi_z(x,y,z)\neq 0$,则由隐函数存在定理可知,方程 $\varphi(x,y,z)=0$ 确定一个单值可导的函数 $z=z(x,y)$,将它代入目标函数 $u=f(x,y,z)$,可得二元函数
$$u=f(x,y,z(x,y)).$$

于是,三元函数 $u=f(x,y,z)$ 在点 (x_0,y_0,z_0) 处取得满足条件 $\varphi(x,y,z)=0$ 的条件极值,这等价于二元函数 $u=f(x,y,z(x,y))$ 在点 (x_0,y_0) 处取得极值. 由二元函数极值的必要条件可知,

$$\begin{cases} \left.\dfrac{\partial u}{\partial x}\right|_{(x_0,y_0)}=f_x(x_0,y_0,z_0)+f_z(x_0,y_0,z_0)\left.\dfrac{\partial z}{\partial x}\right|_{(x_0,y_0)}=0, \\ \left.\dfrac{\partial u}{\partial y}\right|_{(x_0,y_0)}=f_y(x_0,y_0,z_0)+f_z(x_0,y_0,z_0)\left.\dfrac{\partial z}{\partial y}\right|_{(x_0,y_0)}=0. \end{cases} \tag{11-47}$$

又由 $\varphi(x,y,z)=0$,根据隐函数微分法,得

$$\left.\dfrac{\partial z}{\partial x}\right|_{(x_0,y_0)}=-\dfrac{\varphi_x(x_0,y_0,z_0)}{\varphi_z(x_0,y_0,z_0)},\left.\dfrac{\partial z}{\partial y}\right|_{(x_0,y_0)}=-\dfrac{\varphi_y(x_0,y_0,z_0)}{\varphi_z(x_0,y_0,z_0)}. \tag{11-48}$$

将(11-48)式代入(11-47)式,得

$$\begin{cases} f_x(x_0,y_0,z_0)-\dfrac{\varphi_x(x_0,y_0,z_0)}{\varphi_z(x_0,y_0,z_0)}f_z(x_0,y_0,z_0)=0, \\ f_y(x_0,y_0,z_0)-\dfrac{\varphi_y(x_0,y_0,z_0)}{\varphi_z(x_0,y_0,z_0)}f_z(x_0,y_0,z_0)=0. \end{cases} \tag{11-49}$$

令

$$\lambda=-\dfrac{f_z(x_0,y_0,z_0)}{\varphi_z(x_0,y_0,z_0)}, \tag{11-50}$$

代入(11-49)式,得

$$f_x(x_0,y_0,z_0)+\lambda\varphi_x(x_0,y_0,z_0)=0,$$
$$f_y(x_0,y_0,z_0)+\lambda\varphi_y(x_0,y_0,z_0)=0,$$

而(11-50)式即为

$$f_z(x_0,y_0,z_0)+\lambda\varphi_z(x_0,y_0,z_0)=0.$$

从而得到函数 $u=f(x,y,z)$ 在点 (x_0,y_0,z_0) 处取得满足条件 $\varphi(x,y,z)=0$ 的条件极值的必要条件是 x_0,y_0,z_0,λ 为下列方程组的解:

$$\begin{cases} f_x(x,y,z)+\lambda\varphi_x(x,y,z)=0, \\ f_y(x,y,z)+\lambda\varphi_y(x,y,z)=0, \\ f_z(x,y,z)+\lambda\varphi_z(x,y,z)=0, \\ \varphi(x,y,z)=0. \end{cases} \qquad (11\text{-}51)$$

(11-51)式可以看作含四个独立变量 x,y,z,λ 的函数

$$L(x,y,z,\lambda)=f(x,y,z)+\lambda\varphi(x,y,z) \qquad (11\text{-}52)$$

的各个偏导数等于零,此即函数 $L(x,y,z,\lambda)$ 在点 (x,y,z,λ) 处取得无条件极值的必要条件:

$$\begin{cases} L_x=f_x(x,y,z)+\lambda\varphi_x(x,y,z)=0, \\ L_y=f_y(x,y,z)+\lambda\varphi_y(x,y,z)=0, \\ L_z=f_z(x,y,z)+\lambda\varphi_z(x,y,z)=0, \\ L_\lambda=\varphi(x,y,z)=0, \end{cases}$$

上式也可简写为

$$\nabla L(x,y,z,\lambda)=\mathbf{0}.$$

也就是说,我们构造了一个辅助函数(11-52),并将条件极值问题化为了函数 $L(x,y,z,\lambda)$ 的无条件极值问题,辅助函数(11-52)称为**拉格朗日函数**,λ 称为**拉格朗日乘数**.

综上所述,我们得到求条件极值的拉格朗日乘数法如下.

拉格朗日乘数法　求函数 $u=f(x,y,z)$ 在条件 $\varphi(x,y,z)=0$ 下的极值点,可以按以下方法进行.

构造拉格朗日函数:

$$L(x,y,z,\lambda)=f(x,y,z)+\lambda\varphi(x,y,z),$$

求 $L(x,y,z,\lambda)$ 对 x,y,z,λ 的偏导数,并建立方程组:

$$\begin{cases} L_x(x,y,z,\lambda)=f_x(x,y,z)+\lambda\varphi_x(x,y,z)=0, \\ L_y(x,y,z,\lambda)=f_y(x,y,z)+\lambda\varphi_y(x,y,z)=0, \\ L_z(x,y,z,\lambda)=f_z(x,y,z)+\lambda\varphi_z(x,y,z)=0, \\ L_\lambda(x,y,z,\lambda)=\varphi(x,y,z)=0, \end{cases}$$

解此方程组求得 x,y,z,λ,所得到的点 (x,y,z) 就是可能的极值点.

至于如何判定求得的点是否确实是极值点,这已超出了本教程的要求,但是在实际问题中,通常可以根据问题本身的性质确定.

拉格朗日乘数法可以推广到多于两个变量的多元函数及约束条件多于一个的情形.例如为求函数 $u=f(x,y,z)$ 在条件

$$\varphi(x,y,z)=0,\psi(x,y,z)=0$$

下的极值,可构造拉格朗日函数

$$L(x,y,z,\lambda_1,\lambda_2)=f(x,y,z)+\lambda_1\varphi(x,y,z)+\lambda_2\psi(x,y,z).$$

求 $L(x,y,z,\lambda_1,\lambda_2)$ 的各个一阶偏导数,并令它们为零,求解所得的方程组,得到的点 (x,y,z) 就是可能的极值点.

例 6　用拉格朗日乘数法解例 5.

解　问题是求表面积函数 $S=2(xy+yz+zx)$ 在约束条件 $xyz=V$ 下的最小值 $(x>0,y>0,z>0)$.

作拉格朗日函数
$$L(x,y,z,\lambda)=2(xy+yz+zx)+\lambda(xyz-V).$$
令
$$\begin{cases} L_x=2(y+z)+yz\lambda=0,\\ L_y=2(z+x)+zx\lambda=0,\\ L_z=2(x+y)+xy\lambda=0,\\ L_\lambda=xyz-V=0. \end{cases}$$
将第一式乘 x,第二式乘 y,然后相减,得
$$2[x(y+z)-y(z+x)]=0,$$
即
$$x=y.$$
类似地,得
$$y=z.$$
将 $x=y,y=z$ 代入 $xyz-V=0$,得
$$x=y=z=\sqrt[3]{V}.$$

根据问题的实际情况,S 的最小值存在,且必在区域 $D:x>0,y>0,z>0$ 的内部取得,而 $(x,y,z)=(\sqrt[3]{V},\sqrt[3]{V},\sqrt[3]{V})$ 是唯一可能的最值点,因此它就是所求的最小值点.

例 7 设周长为 $2p$ 的矩形,绕它的一边旋转得到一圆柱体,求矩形边长各为多少时,圆柱体的体积最大.

解 设矩形的边长分别为 x 和 y,且作为旋转轴的一边的边长为 y,则所得圆柱体的体积为
$$V=\pi x^2 y\ (x>0,y>0),$$
其中 x 与 y 满足约束条件
$$2x+2y=2p.$$

现在的问题变为求函数 $V=\pi x^2 y$ 在条件 $2x+2y=2p$,即 $x+y-p=0$ 下的最大值.

构造拉格朗日函数
$$L(x,y,\lambda)=\pi x^2 y+\lambda(x+y-p).$$
求 $L(x,y,\lambda)$ 的偏导数,建立方程组
$$\begin{cases} L_x=2\pi xy+\lambda=0,\\ L_y=\pi x^2+\lambda=0,\\ L_\lambda=x+y-p=0. \end{cases}$$
从第一、第二个方程中消去 λ,得 $2y=x$.

代入第三个方程,得
$$x=\frac{2}{3}p,\quad y=\frac{p}{3}.$$

根据实际情况,最大值一定存在,而现在只有唯一一个点 $\left(\dfrac{2p}{3},\dfrac{p}{3}\right)$ 可能为最值点,因此函数的最大值必在点 $\left(\dfrac{2p}{3},\dfrac{p}{3}\right)$ 处取得,即当矩形边长为 $x=\dfrac{2p}{3},y=\dfrac{p}{3}$ 且绕 y 边旋转时,所得圆柱体

体积最大, 而且 $V_{\max} = \dfrac{4}{27}\pi p^3$.

由以上几例可以发现, 用拉格朗日乘数法解条件极值问题时, 乘数 λ 有时可以不必求出.

例 8   试在旋转抛物面 $6z = x^2 + y^2$ 与椭圆柱面 $x^2 + xy + y^2 = 9$ 的交线上求出竖坐标最大与最小的点.

解   由于需要求动点 (x, y, z) 的竖坐标 z 的最值, 因此目标函数为
$$f(x, y, z) = z.$$
又因只考虑交线上的点, 故有约束条件
$$\varphi(x, y, z) = x^2 + y^2 - 6z = 0,$$
$$\psi(x, y, z) = x^2 + xy + y^2 - 9 = 0.$$

构造拉格朗日函数
$$L(x, y, z, \lambda_1, \lambda_2) = z + \lambda_1(x^2 + y^2 - 6z) + \lambda_2(x^2 + xy + y^2 - 9).$$
令
$$\begin{cases} L_x = 2\lambda_1 x + 2\lambda_2 x + \lambda_2 y = 0, & ① \\ L_y = 2\lambda_1 y + \lambda_2 x + 2\lambda_2 y = 0, & ② \\ L_z = 1 - 6\lambda_1 = 0, & ③ \\ L_{\lambda_1} = x^2 + y^2 - 6z = 0, & ④ \\ L_{\lambda_2} = x^2 + xy + y^2 - 9 = 0. & ⑤ \end{cases}$$

由式③得 $\lambda_1 = \dfrac{1}{6}$. 代入①,②并作差, 得
$$\frac{1}{3}(x - y) + \lambda_2(x - y) = 0,$$

解方程, 得 $x = y$ 或 $\lambda_2 = -\dfrac{1}{3}$.

将 $x = y$ 代入④,⑤, 得
$$\begin{cases} 2x^2 = 6z, \\ 3x^2 = 9. \end{cases}$$

解方程组, 得 $z = 1, x = y = \pm\sqrt{3}$, 于是得到两个可能的极值点:
$$P_1(\sqrt{3}, \sqrt{3}, 1), P_2(-\sqrt{3}, -\sqrt{3}, 1).$$

再把 $\lambda_2 = -\dfrac{1}{3}$ 代入①与②, 得
$$\begin{cases} \dfrac{1}{3}x - \dfrac{2}{3}x - \dfrac{1}{3}y = 0, \\ \dfrac{1}{3}y - \dfrac{1}{3}x - \dfrac{2}{3}y = 0. \end{cases}$$

解方程组, 得 $x = -y$, 再代入④,⑤, 得

$$\begin{cases} 2x^2 - 6z, \\ x^2 = 9. \end{cases}$$

解方程组,得 $x = -y = \pm 3, z = 3$. 于是又得到两个可能的极值点:

$$P_3(3, -3, 3), P_4(-3, 3, 3).$$

这四个点的竖坐标为 1 或 3,因此交线上竖坐标最大的点为 P_3 和 P_4,竖坐标最小的点为 P_1 与 P_2.

习题 11.7

(A)

1. 求函数 $f(x, y) = x^2 - (y-1)^2$ 的极值.

2. 设 $a > 0$,求函数 $f(x, y) = 3axy - x^3 - y^3$ 的极值.

3. 求下列函数的极值:

(1) $z = 4(x-y) - x^2 - y^2$; (2) $z = e^{2x}(x + y^2 + 2y)$;

(3) $z = 2xy - 3x^2 - 2y^2$; (4) $z = \ln(1 + x^2 + y^2) + 1 - \dfrac{x^3}{15} - \dfrac{y^2}{4}$.

4. 证明 $z = (1 + e^y)\cos x - ye^y$ 有无穷多个极大值点,但无极小值点.

5. 曲面 $z = \dfrac{1}{2}x^2 - 4xy + 9y^2 + 3x - 14y + \dfrac{1}{2}$ 在何处有最高点或最低点?

6. 求方程 $x^2 + y^2 + z^2 - 2x + 2y - 4z - 10 = 0$ 所确定的函数 $z = f(x, y)$ 的极值.

7. 求下列函数在指定条件下的条件极值:

(1) $z = x^2 + y^2 + 1$,其中 $x + y - 3 = 0$;

(2) $u = x - 2y + 2z$,其中 $x^2 + y^2 + z^2 = 1$.

8. 求三个正数,使它们的和为 50 而它们的积最大.

9. 用求极值的方法求点 $(2, 0, 1)$ 到平面 $x - y - z + 8 = 0$ 的最短距离.

10. 求原点到曲面 $z^2 = xy + x - y + 4$ 的最短距离.

11. 建造容积为 V 的无盖长方体水池,长、宽、高各为多少时,才能使池壁及池底的总面积最小?

12. 在平面 $x + z = 0$ 上求一点,使它到点 $A(1, 1, 1)$ 和点 $B(2, 3, -1)$ 的距离平方和最小.

13. 设生产某种产品的数量 P 与所用两种原料 A,B 的数量 x, y 间的函数关系是 $P = P(x, y) = 0.005x^2 y$. 欲用 150 万元资金购料,已知 A,B 原料的单价分别为 1 万元/吨和 2 万元/吨,问购进两种原料各多少时,可使生产的产品数量最多?

14. 某工厂要建造一座长方体形状的厂房,其体积为 1 500 m^3,已知前壁和屋顶的每单位面积的造价分别是其他墙身造价的 3 倍和 1.5 倍,问厂房前壁长度和高度为多少时,厂房的造价最小.

15. 在直线 $\begin{cases} y + 2 = 0, \\ x + 2z = 7 \end{cases}$ 上找一点,使它到点 $(0, -1, 1)$ 的距离最短,并求最短距离.

16. 在第一卦限内作球面 $x^2 + y^2 + z^2 = 1$ 的切平面,使得切平面与三个坐标面所围四面体的体积最小,试求切点坐标.

17. 一个仓库的下半部分是圆柱体,顶部是圆锥形,半径都是 6 m,总的表面积是 220 m^2(不包括底面). 问圆柱、圆锥的高各为多少时,仓库的容积最大?

(B)

1. 在旋转椭球面 $\dfrac{x^2}{96} + y^2 + z^2 = 1$ 上求距平面 $3x + 4y + 12z = 288$ 最近和最远的点.

2. 验证函数 $f(x,y)=(x-y^2)(2x-y^2)$ 在经过原点的任何一条直线上都以原点为极小值点,但函数在原点不取得极值.

3. 在过点 $\left(2,1,\dfrac{1}{3}\right)$ 的所有平面中,哪个平面与三个坐标面在第一卦限内围成的立体体积最小?

4. 求函数 $z=x^2+y^2$ 在区域 $(x-\sqrt{2})^2+(y-\sqrt{2})^2\leq 9$ 上的最大值与最小值.

5. 在椭球面 $2x^2+2y^2+z^2=1$ 上求一点,使函数 $f(x,y,z)=x^2+y^2+z^2$ 在该点沿向量 $l=\{1,-1,0\}$ 的方向导数最大.

6. 在 xOy 平面上求一点,使它到 n 个定点 $(x_1,y_1),(x_2,y_2),\cdots,(x_n,y_n)$ 的距离的平方和最小.

7. 证明:对任意正数 a,b,c 有 $abc^3\leq 27\left(\dfrac{a+b+c}{5}\right)^5$.

*11.8   数学应用与拓展

11.8.1   多元函数微分学在经济中的应用

A. 生产函数

在考察企业的生产能力时,往往要涉及诸如劳动力、土地、厂房、设备、原材料和管理技能等因素,但从根本上来说,决定企业生产力的主要因素是劳动力 L 和资金 K.

生产函数就是描述在一定技术水平下,劳动力投入量 L 及资金投入量 K 与企业产出量 Q 之间关系的函数

$$Q=f(K,L). \tag{11-53}$$

这是一个反映投入与产出的二元函数.

在资金 K 固定的条件下,可认为产量 Q 只随劳动力 L 的变化而变化,并称

$$Q_L=\frac{\partial Q}{\partial L}$$

为**劳动力的边际产量**;同样地,在劳动力不变的条件下,产量 Q 只随资金 K 的变化而变化,并称

$$Q_K=\frac{\partial Q}{\partial K}$$

为**资金的边际产量**.

在经济活动分析中,所谓的**要素报酬递减定律**(或称**边际收益递减原理**)就是揭示"在其他各种投入的生产要素数量不变的前提下,逐步增加某一生产要素的投入,到一定程度以后,其边际产量会逐渐减少"的投入产出规律. 例如,我们假定资金保持不变,即 $K=K_0$,则随着劳动力的不断增加,劳动力和产量之间的关系如图 11-24(a)所示,而劳动力和劳动力的边际产量之间的关系如图 11-24(b)所示. 可以看到,当劳动力 L 由 0 增至 L_1 时,产量 Q 是单调增加的,劳动力的边际产量 $\dfrac{\partial Q}{\partial L}$ 也是单调增加的;当劳动力由 L_1 继续增加但不超过 L_2 时,产量 Q 虽然是增加的,但边际产量却在不断地减少,也就是说要素报酬是单调递减的;当劳动力 L 超过 L_2 时,边际产量 $\dfrac{\partial Q}{\partial L}$ 出现负值,此时再增加劳动力不仅不会使产量增加,反而会使产量减少. 可见一个企业在机器设备固定不变的条件下,其产量并不总是随着劳动力投入的增加而单调增加的. 只

有在劳动力的投入与机器设备的条件相匹配时,才能有最好的劳动生产率及经济效益.

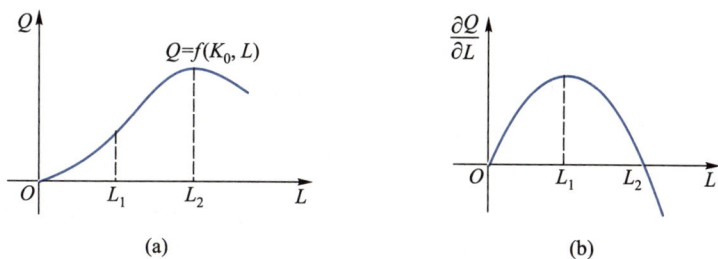

图 11-24

在生产活动中,两种生产要素的作用在一定条件下往往是可以互相替代的.例如当劳动力这一生产要素有改变时,为使产量保持不变,可让资金这一生产要素作适当的改变.

一般地,对应于同一产量 Q_0 可以有生产要素的各种不同组合,产生不变产量 Q_0 的生产要素 K,L 的组合曲线 $f(K,L)=Q_0$ 称为**等量生产曲线**,这也就是二元函数(11-53)的等值线.如图 11-25所示,在等量生产曲线 $Q=200$ 上,A,B,C 三点代表了三种不同数量的劳动力 L 与资金 K 的组合,在这几种不同的生产要素组合下,产出量都是 $Q=200$.由图可见,如果一个企业由于资金不足,而需要在原有水平上减少资金投入时,就要增加更多的劳动力,才能维持原有的生产水平;同样地,若企业由于劳动力不足而需要在原有水平上减少劳动力时,就要增加更多的资金才能达到等量的生产水平.

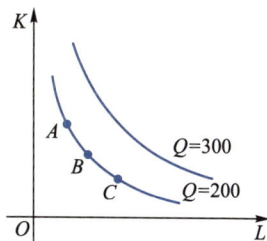

图 11-25

等量生产曲线 $f(K,L)=Q_0$ 有如下属性:

(1)当 $K \to 0$ 时,$L \to +\infty$;当 $L \to 0$ 时,$K \to +\infty$;

(2)等量线 $f(K,L)=Q_0$ 应为凹曲线;

等量线方程 $f(K,L)=Q_0$ 确定了函数 $K=K(L)$,由隐函数求导公式,得

$$\frac{\mathrm{d}K}{\mathrm{d}L} = -\frac{f_L}{f_K},$$

由于 $Q=f(K,L)$,所以可以用 Q 来代替 f,则上式可改写为

$$\frac{\mathrm{d}K}{\mathrm{d}L} = -\frac{Q_L}{Q_K}.$$

此式是等量生产曲线的斜率计算公式.在经济学上,通常称

$$-\frac{\mathrm{d}K}{\mathrm{d}L} = \frac{Q_L}{Q_K} \tag{11-54}$$

为**技术替代率**或**要素的边际替代率**,因此(11-54)式表明,在等量线上任一点处一个要素对另一个要素的技术替代率等于它们的边际产量之比.

下面重点介绍一下一类具有广泛应用的生产函数:**柯布-道格拉斯**(Cobb-Douglas)**生产函数**:

$$Q = AK^\alpha L^\beta, \tag{11-55}$$

其中 A, α, β 为正的常数. 这是一个以美国数学家柯布和经济学家道格拉斯的名字命名的生产函数, 它具有如下特性.

(1) 它是一个 $\alpha+\beta$ 次齐次函数. 这是因为

$$
\begin{aligned}
f(\lambda K, \lambda L) &= A(\lambda K)^{\alpha}(\lambda L)^{\beta} = \lambda^{\alpha+\beta} A K^{\alpha} L^{\beta} \\
&= \lambda^{\alpha+\beta} f(K, L).
\end{aligned}
\tag{11-56}
$$

利用这个性质 (即 (11-56) 式) 可以对经济学中的规模报酬问题给出一个定量的表示.

所谓 **规模报酬问题**, 是研究当劳动力投入增加一倍, 资金投入同样也增加一倍时, 产量的增加倍数问题. 若生产也增加一倍, 则称规模报酬不变; 若生产增加超过一倍, 则称为规模报酬增加; 若生产增加不到一倍, 则称规模报酬减少.

利用上述齐次函数的特性可知柯布-道格拉斯生产函数的规模报酬与 $\alpha+\beta$ 有关:

当 $\alpha+\beta=1$ 时, 表示规模报酬不变;

当 $\alpha+\beta>1$ 时, 表示规模报酬增加;

当 $\alpha+\beta<1$ 时, 表示规模报酬减少.

(2) 等量线 $A K^{\alpha} L^{\beta} = C$ 为单调下降并严格凸的曲线. 这是因为

$$
\frac{\mathrm{d}K}{\mathrm{d}L} = -\frac{Q_L}{Q_K} = -\frac{A\beta K^{\alpha} L^{\beta-1}}{A\alpha K^{\alpha-1} L^{\beta}} = -\frac{\beta K}{\alpha L} < 0,
$$

$$
\frac{\mathrm{d}^2 K}{\mathrm{d}L^2} = -\frac{\beta}{\alpha} \cdot \frac{L \dfrac{\mathrm{d}K}{\mathrm{d}L} - K}{L^2} = -\frac{\beta}{\alpha} \cdot \frac{-\dfrac{\beta K}{\alpha L} \cdot L - K}{L^2}
$$

$$
= \frac{\beta}{\alpha} \cdot \frac{1}{L^2}\left(\frac{\beta}{\alpha}+1\right) K > 0.
$$

(3) 这样的生产函数关于资金弹性和劳动力弹性都是常数. 这是因为根据弹性的定义可以直接求得资金弹性和劳动力弹性, 它们分别为

$$
E_{QK} = \frac{K}{Q} \cdot \frac{\partial Q}{\partial K} = \frac{K}{Q} \cdot \alpha A K^{\alpha-1} L^{\beta} = \alpha,
$$

$$
E_{QL} = \frac{L}{Q} \cdot \frac{\partial Q}{\partial L} = \frac{L}{Q} \cdot \beta A K^{\alpha} L^{\beta-1} = \beta.
$$

(4) 系数 A 表示技术进步. 这是因为当资金弹性和劳动力弹性为常数时, A 越大产量 Q 也越大, 故 A 反映了不同企业的技术水平.

(5) 齐次函数的欧拉定理的经济意义. 我们知道满足

$$
f(\lambda x_1, \lambda x_2, \cdots, \lambda x_n) = \lambda^m f(x_1, x_2, \cdots, x_n)
$$

的 m 次齐次函数有欧拉定理

$$
x_1 \frac{\partial f}{\partial x_1} + x_2 \frac{\partial f}{\partial x_2} + \cdots + x_n \frac{\partial f}{\partial x_n} = mf.
$$

由于柯布-道格拉斯生产函数 (11-55) 是 $\alpha+\beta$ 次齐次函数, 所以

$$
K \frac{\partial Q}{\partial K} + L \frac{\partial Q}{\partial L} = (\alpha+\beta) Q,
\tag{11-57}
$$

它表示了 **资金投入量乘以资金边际产量加上劳动力投入量乘劳动力边际产量的和等于总产量**

的 $\alpha+\beta$ 倍.

必须指出的是柯布-道格拉斯生产函数是一个经验公式,其中参数 A,α,β 在大量收集、整理得到的数据基础上,利用最小二乘法求出.这里当然先要把经验公式(11-55)"线性化"为
$$\ln Q=\ln A+\alpha\ln K+\beta\ln L$$
再进行计算.柯布和道格拉斯就是用这样的方法估计出了美国于1899—1922年的生产函数为 $Q=1.01L^{0.75}K^{0.25}$.

B. 最值问题举例

经济活动总是以增加收益和减少成本为主要目标的,其中充满了最值问题.多元函数微分法是解决多因素经济生产最值问题的有力工具,下面举两个例子以说明此类问题的解法.

例1　设生产某种产品必须投入两种要素, x_1 和 x_2 分别为两种要素的投入量,若生产函数为 $Q=2x_1^{\alpha}x_2^{\beta}$,其中正数 α,β 满足关系式 $\alpha+\beta=1$,已知两种要素的价格分别为 p_1 和 p_2,当产出量为 $Q=12$ 时,两要素各投入多少可以使投入总费用最少?

解　目标函数为 $\qquad f(x_1,x_2)=p_1x_1+p_2x_2,$

约束条件为 $\qquad 12=2x_1^{\alpha}x_2^{\beta},$

为运算方便,可将约束条件改写为
$$\ln 6-\alpha\ln x_1-\beta\ln x_2=0.$$

作拉格朗日函数
$$L(x_1,x_2,\lambda)=p_1x_1+p_2x_2+\lambda(\ln 6-\alpha\ln x_1-\beta\ln x_2).$$

令
$$\begin{cases}\dfrac{\partial L}{\partial x_1}=p_1-\dfrac{\lambda\alpha}{x_1}=0,\\[3mm]\dfrac{\partial L}{\partial x_2}=p_2-\dfrac{\lambda\beta}{x_2}=0,\\[3mm]\dfrac{\partial L}{\partial \lambda}=\ln 6-\alpha\ln x_1-\beta\ln x_2=0.\end{cases}$$

由前两式,得
$$x_2=\frac{p_1\beta}{p_2\alpha}x_1,$$

代入第三式,得
$$x_1=6\left(\frac{p_2\alpha}{p_1\beta}\right)^{\frac{\beta}{\alpha+\beta}},\qquad x_2=6\left(\frac{p_1\beta}{p_2\alpha}\right)^{\frac{\alpha}{\alpha+\beta}}.$$

因为拉格朗日函数没有偏导数不存在的点,驻点唯一,且实际问题确实存在最小值,所以所得驻点 $(x_1,x_2)=\left(6\left(\dfrac{p_2\alpha}{p_1\beta}\right)^{\frac{\beta}{\alpha+\beta}},6\left(\dfrac{p_1\beta}{p_2\alpha}\right)^{\frac{\alpha}{\alpha+\beta}}\right)$ 必是最小值点.

例2　设 P_1,P_2 为两种性能功效相近商品 x_1,x_2 的价格,而它们的需求函数分别是
$$Q_1=8-P_1+2P_2,Q_2=10+2P_1-5P_2,$$
其总成本函数为
$$C_T=3Q_1+2Q_2,$$

试确定价格 P_1 和 P_2 使利润最大.

　　解　由于

$$总利润 = 总收入 - 总成本,$$

而总收入函数为

$$R_T = P_1 Q_1 + P_2 Q_2 = P_1(8 - P_1 + 2P_2) + P_2(10 + 2P_1 - 5P_2)$$
$$= 8P_1 + 10P_2 - P_1^2 + 4P_1 P_2 - 5P_2^2,$$

所以总利润函数为

$$L_T = R_T - C_T$$
$$= (8P_1 + 10P_2 - P_1^2 + 4P_1 P_2 - 5P_2^2) - [3(8 - P_1 + 2P_2) + 2(10 + 2P_1 - 5P_2)]$$
$$= -P_1^2 + 4P_1 P_2 - 5P_2^2 + 7P_1 + 14P_2 - 44.$$

　　为使总利润最大,须令

$$\frac{\partial L_T}{\partial P_1} = 0, \frac{\partial L_T}{\partial P_2} = 0,$$

即

$$\begin{cases} -2P_1 + 4P_2 + 7 = 0, \\ 4P_1 - 10P_2 + 14 = 0. \end{cases}$$

解方程组得驻点

$$(P_1, P_2) = \left(\frac{63}{2}, 14\right).$$

又因为

$$A = \frac{\partial^2 L_T}{\partial P_1^2} = -2, B = \frac{\partial^2 L_T}{\partial P_1 \partial P_2} = 4, C = \frac{\partial^2 L_T}{\partial P_2^2} = -10,$$

$$\begin{vmatrix} A & B \\ B & C \end{vmatrix} = 4 > 0,$$

因此驻点 $\left(\frac{63}{2}, 14\right)$ 是极大值点. 由于总利润函数可微,其驻点唯一存在,且实际问题确存在最大利润,故它一定也是最大值点,即当价格 $P_1 = 31.5, P_2 = 14$ 时,可获得最大利润为

$$(L_T)_{max} = 164.25.$$

　　练习 1　某厂为促销某种产品需作两种手段的广告宣传,当广告费用(单位:万元)分别为 x, y 时,销售收入(单位:万元)为

$$R = 240 - \frac{144}{x+4} - \frac{64}{y+1}.$$

求下列两种情况下的最优广告策略,即如何合理分配两种手段的广告费投入,使利润最大:

　　(1) 不限制广告费的投入量;

　　(2) 限制两种手段的广告费总投入量为 10 万元.

11.8.2　最小二乘法

　　在工程问题和科学实验中常常需要确定两个变量之间的函数关系. 人们通常是根据一些

专业知识以及实验观测数据,总结出这两个变量之间函数关系的近似表达式,这样得到的表达式称为**经验公式**.

确定经验公式的过程分两步:首先确定函数的类型,例如确定函数是线性函数 $f(x)=a_0+a_1x$,二次函数 $f(x)=a_0+a_1x+a_2x^2$,或指数函数 $y=ke^{mx}$,等等;其次还需要确定公式中的参数,例如线性函数 $y=a_0+a_1x$ 中的 a_0 与 a_1.

通常确定参数的做法是通过实验,观测自变量 x 取 $x_1,x_2,\cdots,x_m$ 时函数 y 的值,得到一组对应值 $(x_1,y_1),(x_2,y_2),\cdots,(x_m,y_m)$.然后用适当的方法求出参数,例如线性函数 $f(x)=a_0+a_1x$ 中的 a_0 与 a_1,使得由函数表达式求出的函数值 $f(x_1),f(x_2),\cdots,f(x_m)$ 与实际观测值 $y_1,y_2,\cdots,y_m$ 在某种意义下最接近.这种问题称为**曲线拟合**.常用的曲线拟合方法是由**勒让德**(A. M. Legendre)和**高斯**(C. F. Gauss)于 17 世纪初分别独立地提出的最小二乘法,即确定函数 $f(x)$ 中的参数,使各观测点 $x_1,x_2,\cdots,x_m$ 处的函数值偏差 $f(x_1)-y_1,f(x_2)-y_2,\cdots,f(x_m)-y_m$ 的平方和最小.因此最小二乘法本质上是一个多元函数的最值问题.

下面我们通过例子介绍建立经验公式的具体做法.

例 3　为了确定刀具的磨损速度,我们每隔 1 h 测量一次刀具的厚度,得到一组实验数据如表 11-1 所示:

表 11-1　刀具厚度实验数据表

时间 t_i/h	0	1	2	3	4	5	6	7
刀具厚度 y_i/mm	27.0	26.8	26.5	26.3	26.1	25.7	25.3	24.8

试根据以上实验数据建立 y 与 t 之间的经验公式 $y=f(t)$.

解　首先需要确定函数 $f(t)$ 的类型,为此可在直角坐标纸上取 t 为横坐标,y 为纵坐标,画出上述各对数据的对应点如图 11-26.从图可以看出,这些点的连线大致接近于一条直线.于是我们可以认为 $y=f(t)$ 是线性函数,并设

$$f(t)=a+bt,$$

其中 a,b 为待定参数.

怎样确定 a,b 的值呢?最理想的情况是找到这样的 a 和 b,能使直线 $y=a+bt$ 经过图 11-26 中所标出的所有各点,但实际上这常常是不可能的.因为两个点就能确定一条直线,在超过两个点时,这些点就可能不在同一直线上.因此我们就要选取这样的 a,b,使 $f(t)=a+bt$ 在 $t_1,t_2,\cdots,t_8(t_i=i-1)$ 处的函数值 $f(t_1),f(t_2),\cdots,f(t_8)$ 与实验数据 $y_1,y_2,\cdots,y_8$ 相差都很小,也就是要使偏差

$$|y_i-f(t_i)|,i=1,2,\cdots,8$$

都很小,或者说要使

$$\sum_{i=1}^{8}|y_i-f(t_i)|=\sum_{i=1}^{8}|y_i-(a+bt_i)|$$

最小.由于以上式子中有绝对值记号,不便于进行分析处理,因此我们也可以考虑选取 a 与 b 使

$$M=\sum_{i=1}^{8}[y_i-(a+bt_i)]^2$$

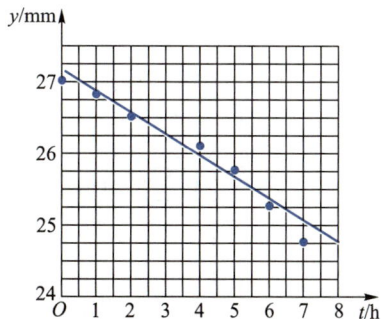
图 11-26

最小,从而保证每一点处的偏差的绝对值都很小. 这种根据偏差的平方和最小的条件来确定参数的方法就是**最小二乘法**.

现在问题就变成了求函数 M 的最小值问题. 注意这里待定参数 a 和 b 为自变量,而 t_i, y_i 都是实验中已经确定的常数. 由前面关于多元函数最值问题的解法可知,可以令

$$\begin{cases} M_a(a,b) = 0, \\ M_b(a,b) = 0, \end{cases}$$

即

$$\begin{cases} \dfrac{\partial M}{\partial a} = -2 \sum_{i=1}^{8} \left[y_i - (a + bt_i) \right] = 0, \\ \dfrac{\partial M}{\partial b} = -2 \sum_{i=1}^{8} \left[y_i - (a + bt_i) \right] t_i = 0. \end{cases}$$

这两个方程都是关于未知量 a, b 的二元一次方程,为解出 a 与 b,先将方程整理成

$$\begin{cases} 8a + \left(\sum_{i=1}^{8} t_i \right) b = \sum_{i=1}^{8} y_i, \\ \left(\sum_{i=1}^{8} t_i \right) a + \left(\sum_{i=1}^{8} t_i^2 \right) b = \sum_{i=1}^{8} t_i y_i, \end{cases}$$

此方程组称为**法方程组**. 由数据表 11-1 容易求得

$$\sum_{i=1}^{8} t_i = 28; \ \sum_{i=1}^{8} t_i^2 = 140, \ \sum_{i=1}^{8} y_i = 208.5, \ \sum_{i=1}^{8} y_i t_i = 717,$$

于是方程组即为

$$\begin{cases} 8a + 28b = 208.5, \\ 28a + 140b = 717. \end{cases}$$

解方程组,得

$$a = 27.125, b = -0.303\ 6.$$

因此所求的经验公式为

$$y = f(t) = -0.303\ 6t + 27.125.$$

一般地,如果数据的个数有 m 个:$(x_1, y_1), (x_2, y_2), \cdots, (x_m, y_m)$,而用来拟合数据的拟合曲线是 $n-1$ 次多项式

$$f(x) = a_0 + a_1 x + \cdots + a_{n-1} x^{n-1},$$

那么用与以上类似的方法可以证明,这一最小二乘问题的法方程组是

$$\begin{cases} \sum_{i=1}^{m} a_0 + \left(\sum_{i=1}^{m} x_i \right) a_1 + \cdots + \left(\sum_{i=1}^{m} x_i^{n-1} \right) a_{n-1} = \sum_{i=1}^{m} y_i, \\ \left(\sum_{i=1}^{m} x_i \right) a_0 + \left(\sum_{i=1}^{m} x_i^2 \right) a_1 + \cdots + \left(\sum_{i=1}^{m} x_i^n \right) a_{n-1} = \sum_{i=1}^{m} x_i y_i, \\ \qquad\qquad \cdots\cdots\cdots\cdots \\ \left(\sum_{i=1}^{m} x_i^{n-1} \right) a_0 + \left(\sum_{i=1}^{m} x_i^n \right) a_1 + \cdots + \left(\sum_{i=1}^{m} x_i^{2n-2} \right) a_{n-1} = \sum_{i=1}^{m} x_i^{n-1} y_i, \end{cases}$$

这里 $m>n$. 从此 n 阶的线性方程组中解出待定参数 $a_0^*,a_1^*,\cdots,a_{n-1}^*$, 就可得到拟合这 m 组数据的经验公式

$$f(x)=a_0^*+a_1^*x+\cdots+a_{n-1}^*x^{n-1}.$$

线性函数是最简单的函数之一, 实践中常常遇到需要确定其他类型函数的经验公式的问题. 在某些情况下, 我们可以设法把它化为线性函数的类型来讨论. 举例说明如下.

例 4 为研究某种单分子化学反应的速度, 我们用 t 表示从实验开始算起的时间, y 表示 t 时刻反应器内反应物的剩余量. 设在实验中测得一组数据如表 11-2:

表 11-2 化学反应实验数据表

i	1	2	3	4	5	6	7	8
t_i	3	6	9	12	15	18	21	24
y_i	57.6	41.9	31.0	22.7	16.6	12.2	8.9	6.5

试根据以上数据确定函数 $y=f(t)$ 的经验公式.

解 由化学反应速度的专业理论知道, $y=f(t)$ 可设为指数函数 $y=ke^{mt}$, 其中 k 与 m 是待定参数. 我们先用这批数据来验证一下这个结论是否符合实际情况. 为此, 我们先设法将函数 $y=ke^{mt}$ 线性化: 将 $y=ke^{mt}$ 两边取常用对数, 得

$$\lg y=(m\lg e)t+\lg k,$$

记

$$a=\lg k, b=m\lg e\approx 0.434m, \tag{11-58}$$

则函数式可写为

$$\lg y=a+bt,$$

只要将 $\lg y$ 改记为 Y, 则上式就化成了一个线性函数.

$$Y=a+bt.$$

图 11-27 所示的坐标纸被称为半对数坐标纸, 这种坐标纸的横轴上各点处所标的数字与普通的直角坐标纸相同, 而纵轴上各点处所标的数是这样的: 它的常用对数就是该点到原点的距离. 当我们把表 11-2 中各对实验数据 (t_i,y_i) 所对应的点在半对数坐标纸上画出之后 (图 11-27) 可以看出, 这些点的连线非常接近于一条直线, 这说明了 $y=f(t)$ 确实可以假设为指数函数.

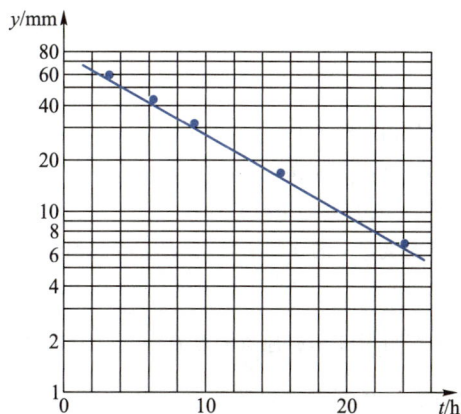

图 11-27

下面按线性函数的模型 $Y=a+bt$ 来确定未知参数 a 与 b. 与例 3 中的讨论类似,由偏差平方和最小的要求可以建立它的法方程组

$$\begin{cases} 8a+\left(\sum_{i=1}^{8} t_i \right) b = \sum_{i=1}^{8} Y_i, \\ \left(\sum_{i=1}^{8} t_i \right) a+\left(\sum_{i=1}^{8} t_i^2 \right) b = \sum_{i=1}^{8} t_i Y_i, \end{cases}$$

其中 $Y_i=\lg y_i$. 代入表 11-2 中的数据可得

$$\begin{cases} 8a+108b=10.3, \\ 108a+1\,836b=122. \end{cases}$$

解方程组,得 $\qquad\qquad a=1.896\,4, b=-0.045,$

由(11-58)式,得 $\qquad\qquad k=78.78, m=-0.103\,6.$

于是所求的经验公式为

$$y=78.78\mathrm{e}^{-0.103\,6t}.$$

练习 2 某种合金的含铅量为 $p\%$,其熔解温度为 $\theta℃$,由实验测得 p 与 θ 的如下数据:

$p/\%$	36.9	46.7	52.2	58.3	63.7	70.5	77.8	84.0	87.5	92.1
$\theta/℃$	181	197	213	228	235	259	270	283	292	304

试用最小二乘法建立 p 与 θ 之间的关系式,并估计含铅量为 95% 时的熔解温度.

第 11 章总习题

1. 讨论函数

$$f(x,y)=\begin{cases} \dfrac{xy}{2-\sqrt{4+xy}}, & xy\neq 0, \\ 4, & xy=0 \end{cases}$$

在点 $(0,0)$,$(1,0)$ 及 $(1,2)$ 处的连续性.

2. 求下列极限或证明极限不存在:

(1) $\lim\limits_{\substack{x\to 0 \\ y\to 0}} \dfrac{\ln(1+xy)}{x+\tan y}$; $\qquad$ (2) $\lim\limits_{\substack{x\to 0 \\ y\to 0}} (1+x^2y^2)^{-\frac{1}{x^2+y^2}}$.

3. 设函数 $g(x,y)$ 在点 $(0,0)$ 的某邻域内连续,$f(x,y)=|x-y|g(x,y)$. 试问:

(1) $g(0,0)$ 为何值时,偏导数 $f'_x(0,0)$,$f'_y(0,0)$ 都存在?

(2) $g(0,0)$ 为何值时,$f(x,y)$ 在点 $(0,0)$ 处的全微分存在?

4. 设函数 $f(x,y)$ 对每个固定的 y 都是变量 x 的连续函数,且有有界的偏导数 $f'_y(x,y)$,证明:$f(x,y)$ 是变量 x,y 的二元连续函数.

5. 求函数 $u=\dfrac{1}{r}$(其中 $r=\sqrt{x^2+y^2+z^2}$)在异于坐标原点的点 $P_0(x_0,y_0,z_0)$ 处的梯度,并证明:$\mathbf{grad}\, u\,\big|_{P_0}$ 为球面 $x^2+y^2+z^2=r_0^2$(其中 $r_0^2=x_0^2+y_0^2+z_0^2$)上点 P_0 处的法向量.

6. 设函数 $u=u(x,y)$ 可微,且 $u(x,x^2)=1$,$u'_1(x,x^2)=x$,求 $u'_2(x,x^2)$.

7. 设 $u=f(x,y,z)$ 有二阶偏导数，而 $x=r\cos\theta, y=r\sin\theta, z=z$，证明：

$$\frac{\partial^2 u}{\partial x^2}+\frac{\partial^2 u}{\partial y^2}+\frac{\partial^2 u}{\partial z^2}=\frac{1}{r}\frac{\partial}{\partial r}\left(r\frac{\partial u}{\partial r}\right)+\frac{1}{r^2}\frac{\partial^2 u}{\partial\theta^2}+\frac{\partial^2 u}{\partial z^2}.$$

8. 证明：两光滑曲面 $F(x,y,z)=0$ 与 $G(x,y,z)=0$ 在它们的交点 $P_0(x_0,y_0,z_0)$ 处正交的条件为

$$F_x G_x+F_y G_y+F_z G_z\Big|_{M_0}=0,$$

并验证曲面 $x^2+y^2+z^2=ax$ 与曲面 $x^2+y^2+z^2=by$ 正交.

9. 证明：曲面 $z=xf\left(\dfrac{y}{x}\right)$ 的任一切平面均经过坐标原点.

10. 设 $f(x,y)=\sqrt[3]{x^4+y^4}$，验证：$f''_{xy}(0,0)=f''_{yx}(0,0)$，但 $f''_{xy}(x,y)$，$f''_{yx}(x,y)$ 在点 $(0,0)$ 处不连续.

11. 设 $\alpha=\alpha(x,y)$ 有偏导数，$f(\alpha)$ 二阶可导，证明由方程组

$$\begin{cases} x\cos\alpha+y\sin\alpha+\ln z=f(\alpha),\\ -x\sin\alpha+y\cos\alpha=f'(\alpha)\end{cases}$$

所确定的函数 $z=z(x,y)$ 满足关系式

$$\left(\frac{\partial z}{\partial x}\right)^2+\left(\frac{\partial z}{\partial y}\right)^2=z^2.$$

12. 设有 n 个正数的和为定值 l，问在什么条件下它们的乘积最大？并由此证明不等式 $\sqrt[n]{x_1 x_2\cdots x_n}\leqslant\dfrac{1}{n}(x_1+x_2+\cdots+x_n)$.

13. 设 $f(x,y)=\begin{cases} xy\dfrac{x^2-y^2}{x^2+y^2}, & (x,y)\neq(0,0),\\ 0, & (x,y)=(0,0).\end{cases}$ 证明函数 $f(x,y)$ 在点 $(0,0)$ 处的两个二阶混合偏导数都存在，但不相等，即 $f_{xy}(0,0)\neq f_{yx}(0,0)$.

14. 设 $u=x^2 y^3 z^4$，其中 $y=y(z,x)$ 由方程 $x^2+y^2+z^2=3xyz$ 所确定，求 $\dfrac{\partial u}{\partial z}\Big|_{(1,1,1)}$.

15. 设某座山的高度为 $h=h(x,y)=3\,000-2x^2-y^2$，这里 x 轴指向东，y 轴指向北，并且用 m 作测量单位. 某登山运动员从点 $(30,-20,800)$ 出发.

（1）如果他向西南方移动，问走的是上坡路还是下坡路？

（2）在该点处沿什么方向走，上坡最快？

16. 试证曲面 $f\left(\dfrac{x-x_0}{z-z_0},\dfrac{y-y_0}{z-z_0}\right)=0$ 上任一点处的切平面都通过定点 $M_0=(x_0,y_0,z_0)$.

17. 设函数 $f(x,y)$ 的所有二阶偏导数的绝对值在点 (x_0,y_0) 的某邻域内都不超过一个正常数 M，证明在该邻域内的近似式：

$$f(x_0+\Delta x,y_0+\Delta y)\approx f(x_0,y_0)+f_x(x_0,y_0)\Delta x+f_y(x_0,y_0)\Delta y$$

的绝对误差不超过 $M((\Delta x)^2+(\Delta y)^2)$.

第 11 章部分习题
参考答案

第12章 多元函数的积分及其应用

在一元函数积分学中,我们已经讨论过定积分的概念. 定积分的被积函数是一元函数,积分范围是实数轴上的区间,所以它只能处理一些与一个变量有关的量在区间上的累积问题. 然而在工程和科技等领域中涉及的量往往是多个变量的函数,人们经常会面临计算一个多元函数(这里所指的多元函数为多元数量值函数)在某一几何形体 Ω(平面区域、空间区域、曲线、曲面)上的量的累积问题,这种量的计算就是多元函数在几何形体 Ω 上的积分问题,它包括二重积分、三重积分、第一型曲线积分和第一型曲面积分. 本章讨论这些积分的概念、性质、计算方法和它们的一些应用.

12.1 多元函数积分的概念与性质

12.1.1 多元函数积分问题的产生

多元函数在几何形体上的积分概念最初产生于人类改造自然的实践活动中,它具有各种几何与物理背景. 这里我们就以计算非均匀密度的平面与空间物体的质量问题为背景,介绍多元函数积分问题的产生.

例 1 变密度平面薄片的质量计算.

设有一平面薄片 D 放置在 xOy 平面上(薄片所占有的有界闭区域也记为 D),其上任意一点 (x,y) 处的面密度为 $\mu(x,y)$,这里 $\mu(x,y)>0$ 且在 D 上连续. 现考虑计算该薄片的质量 M.

我们知道,如果平面薄片的质量是均匀分布的,即 $\mu(x,y)$ 是常数,那么薄片的质量为

$$M=面密度×面积.$$

而当平面薄片的质量不是均匀分布,即面密度 $\mu(x,y)$ 随点 (x,y) 的变化而变化时,质量 M 就不能按上面的公式计算. 很明显,此时计算 M 的难点在于变化的密度(也称变密度),因此如何处理变密度就成为首先需要考虑的问题.

由于 $\mu(x,y)$ 连续,我们知道连续函数在一个很小的区域上的变化是很微小的,亦即在小区域上 $\mu(x,y)$ 可近似认为是不变的. 于是,若用曲线网把 D 任意地分成几个小闭区域

$$\Delta\sigma_1,\Delta\sigma_2,\cdots,\Delta\sigma_n,$$

如图 12-1 所示,记第 i 个子区域 $\Delta\sigma_i$ 所对应的薄片质量为 Δm_i,则

$$M = \sum_{i=1}^n \Delta m_i.$$

如果把区域 D 划分得很细,亦即每个子区域 $\Delta\sigma_i$ 的直径[①] $\mathrm{d}(\Delta\sigma_i)$ 充分小,此时 $\mu(x,y)$ 在每个 $\Delta\sigma_i$ 上近似于常量. 在 $\Delta\sigma_i$ 上任取一点 (ξ_i,η_i),得质量 Δm_i 的近似值

$$\Delta m_i \approx \mu(\xi_i,\eta_i)\Delta\sigma_i,$$

这里 $\Delta\sigma_i$ 同时也表示子区域 $\Delta\sigma_i$ 的面积,从而

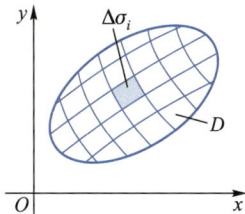

图 12-1

$$M = \sum_{i=1}^n \Delta m_i \approx \sum_{i=1}^n \mu(\xi_i,\eta_i)\Delta\sigma_i. \tag{12-1}$$

(12-1)式只是 M 的近似式,但可以看到,若将区域 D 分割得越细,则(12-1)式右边的量 $\sum_{i=1}^n \mu(\xi_i,\eta_i)\Delta\sigma_i$ 就越接近于质量 M. 为了描述对区域 D 的"无限细分",引入量 $\lambda = \max\limits_{1\leqslant i\leqslant n}\{\mathrm{d}(\Delta\sigma_i)\}$,当 $\lambda\to0$ 时,直观上就表示将区域 D"无限细分". 于是在(12-1)式右边取 $\lambda\to0$ 时的极限即得薄片 D 的质量

$$M = \lim_{\lambda\to0}\sum_{i=1}^n \mu(\xi_i,\eta_i)\Delta\sigma_i. \tag{12-2}$$

例 2 变密度空间立体、空间(平面)曲线、空间曲面的质量计算.

在例 1 中,我们通过将平面薄片 D"无限细分",在小区域上用均匀密度近似变密度(即以不变近似变)的方法处理了质量计算中的变密度问题. 可以看到,在计算变密度的其他物体(空间立体、曲线、曲面)的质量时,我们遇到的问题仍然是变密度的问题,所以以例 1 中处理变密度的方法对处理这些问题仍然适用. 下面我们运用这一方法进一步讨论变密度空间立体、曲线、曲面的质量计算.

为了方便起见,我们把变密度的空间立体、曲线、曲面所构成的物体统一记成 Ω(物体 Ω 所占有的几何形体也记为 Ω),并设其密度函数 $\mu=\mu(P)$ 为连续函数,Ω 的质量为 M.

将 Ω 任意分割成几个小子块

$$\Delta\Omega_1, \Delta\Omega_2, \cdots, \Delta\Omega_n,$$

若记第 i 个子块 $\Delta\Omega_i$ 所对应的质量为 Δm_i,则

$$M = \sum_{i=1}^n \Delta m_i.$$

若把 Ω 分得很细,即 $\lambda = \max\limits_{1\leqslant i\leqslant n}\{\mathrm{d}(\Delta\Omega_i)\}$ 充分小(这里 $\mathrm{d}(\Delta\Omega_i)$ 表示 $\Delta\Omega_i$ 的直径,即为 $\Delta\Omega_i$ 中任意两点间距离的最大值),则 $\Delta\Omega_i$ 上的质量近似于一个均匀密度物体的质量. 在 $\Delta\Omega_i$ 上任取一点 $P_i\in\Delta\Omega_i$,得

$$\Delta m_i \approx \mu(P_i)\Delta\Omega_i, \quad i=1,2,\cdots,n,$$

这里 $\Delta\Omega_i$ 同时表示子块 $\Delta\Omega_i$ 的度量(根据 $\Delta\Omega_i$ 的几何形体是空间立体、曲线、曲面,$\Delta\Omega_i$ 分别表示立体体积、曲线弧长、曲面面积),从而有

$$M = \sum_{i=1}^n \Delta m_i \approx \sum_{i=1}^n \mu(P_i)\Delta\Omega_i.$$

[①] 所谓闭区域 D 的直径,是指 D 中任意两点间距离的最大值,用记号 $\mathrm{d}(D)$ 表示.

对上式右边取 $\lambda \to 0$ 时的极限,其极限值即为物体 Ω 的质量

$$M = \lim_{\lambda \to 0} \sum_{i=1}^{n} \mu(P_i) \Delta \Omega_i. \tag{12-3}$$

从(12-3)式可以看到

(1) 若 Ω 是空间立体,密度函数为 $\mu = \mu(x, y, z)$,则空间物体 Ω 的质量

$$M = \lim_{\lambda \to 0} \sum_{i=1}^{n} \mu(\xi_i, \eta_i, \gamma_i) \Delta V_i, \tag{12-4}$$

其中 $(\xi_i, \eta_i, \gamma_i) \in \Delta V_i, \Delta V_i$ 表示第 i 个空间小闭区域 ΔV_i 的体积.

(2) 若 Ω 是空间(或平面)曲线 L,密度函数为 $\mu = \mu(x, y, z)$(或 $\mu = \mu(x, y)$),则曲线 L 的质量

$$M = \lim_{\lambda \to 0} \sum_{i=1}^{n} \mu(\xi_i, \eta_i, \gamma_i) \Delta s_i, \tag{12-5}$$

或

$$M = \lim_{\lambda \to 0} \sum_{i=1}^{n} \mu(\xi_i, \eta_i) \Delta s_i, \tag{12-6}$$

其中 $(\xi_i, \eta_i, \gamma_i) \in \Delta s_i$(或 $(\xi_i, \eta_i) \in \Delta s_i$),$\Delta s_i$ 表示第 i 个小弧段 Δs_i 的弧长.

(3) 若 Ω 是空间曲面 Σ,密度函数为 $\mu = \mu(x, y, z)$,则曲面 Σ 的质量

$$M = \lim_{\lambda \to 0} \sum_{i=1}^{n} \mu(\xi_i, \eta_i, \gamma_i) \Delta S_i, \tag{12-7}$$

其中 $(\xi_i, \eta_i, \gamma_i) \in \Delta S_i, \Delta S_i$ 表示第 i 个小曲面 ΔS_i 的曲面面积.

从以上求物体质量的过程可以进一步发现,尽管质量分布在不同的几何形体上,但计算这些物体质量的思想方法是相同的,并且它们的计算结果(12-2),(12-4),(12-5)(或(12-6)),(12-7)式也具有共同的数学特征:都可归结为形式为(12-3)式的和式的极限.同时人们也发现,在解决其他实际问题时也会遇到同样类型的和式的极限计算.于是我们抽象出它们的共性,仅保留它们的数学内涵,就得到多元函数积分的概念.

12.1.2　多元函数积分的概念

定义　设 Ω 为一个有界的几何形体(可以是平面区域、空间立体、曲线弧段、空间曲面).它是可以度量的(即可以求长度或面积或体积),函数 $f(P)$ 是定义在 Ω 上的一个有界的函数(数量值的).将 Ω 任意划分为 n 个小部分 $\Delta \Omega_1, \Delta \Omega_2, \cdots, \Delta \Omega_n$,并仍用 $\Delta \Omega_i (i = 1, 2, \cdots, n)$ 表示每一个小部分 $\Delta \Omega_i$ 的度量.在每一个小部分 $\Delta \Omega_i$ 上任取一点 P_i,作乘积 $f(P_i) \Delta \Omega_i (i = 1, 2, \cdots, n)$,并作和式(也称为黎曼和式)

$$\sum_{i=1}^{n} f(P_i) \Delta \Omega_i.$$

记 $\mathrm{d}(\Delta \Omega_i)$ 为 $\Delta \Omega_i$ 的直径,$\lambda = \max_{1 \leqslant i \leqslant n} \{\mathrm{d}(\Delta \Omega_i)\}$,如果不论对 Ω 怎样划分,不论点 P_i 在 $\Delta \Omega_i$ 中怎样选取,极限

$$\lim_{\lambda \to 0} \sum_{i=1}^{n} f(P_i) \Delta \Omega_i$$

存在并且为同一个值,则称函数 $f(P)$ 在 Ω 上可积,并称此极限值为多元函数 $f(P)$ 在几何形体

Ω 上的积分(也称为黎曼积分),记作 $\int_{\Omega} f(P)\mathrm{d}\Omega$,即

$$\int_{\Omega} f(P)\mathrm{d}\Omega = \lim_{\lambda \to 0} \sum_{i=1}^{n} f(P_i)\Delta\Omega_i, \tag{12-8}$$

其中 $f(P)$ 称为**被积函数**,$f(P)\mathrm{d}\Omega$ 称为**被积表达式(或积分微元)**,Ω 称为**积分区域**.

由定义,上节讨论的变密度物体 Ω 的质量 M((12-3)式)等于密度函数 $\mu(P)$ 在几何形体 Ω 上的积分,即

$$M = \lim_{\lambda \to 0} \sum_{i=1}^{n} \mu(P_i)\Delta\Omega_i = \int_{\Omega} \mu(P)\mathrm{d}\Omega.$$

对于多元函数的积分记号 $\int_{\Omega} f(P)\mathrm{d}\Omega$ 我们作以下进一步的说明:

在定积分中,定积分 $\int_a^b f(x)\mathrm{d}x$ 表示将积分号下的被积表达式 $f(x)\mathrm{d}x$ 关于 x 从 a 到 b "累积"起来,被积表达式 $f(x)\mathrm{d}x$ 就是某一所求量的部分量关于 x 的增量 Δx 的线性主部,即微分.对于多元函数 $f(P)$ 在 Ω 上的积分 $\int_{\Omega} f(P)\mathrm{d}\Omega$,亦有类似的含义,即 $\int_{\Omega} f(P)\mathrm{d}\Omega$ 表示将被积表达式 $f(P)\mathrm{d}\Omega$ 沿着 Ω "累积"起来,而被积表达式 $f(P)\mathrm{d}\Omega$ 也是某一所求量的部分量关于 Ω 的小子块度量 $\Delta\Omega$ 的线性主部.

事实上,若设 $\Delta\Omega$ 是 Ω 中任一包含点 P 的小子块,其度量记为 $\Delta\Omega$,被积函数 $f(P)$ 在 Ω 上连续.若把被积函数 $f(P)$ 设想为密度函数,记 $\Delta\Omega$ 所对应的质量为 Δm,则

$$f(P_1)\Delta\Omega \leqslant \Delta m \leqslant f(P_2)\Delta\Omega,$$

其中 $f(P_1) = \min_{P \in \Delta\Omega} f(P)$,$f(P_2) = \max_{P \in \Delta\Omega} f(P)$,从而有

$$f(P_1) \leqslant \frac{\Delta m}{\Delta\Omega} \leqslant f(P_2).$$

又当 $\Delta\Omega$ 收缩为点 P,即其度量 $\Delta\Omega \to 0$ 时,$P_1 \to P, P_2 \to P$.利用 $f(P)$ 的连续性及夹逼定理,得

$$\lim_{\Delta\Omega \to 0} \frac{\Delta m}{\Delta\Omega} = f(P),$$

即 $$\Delta m = f(P)\Delta\Omega + o(\Delta\Omega),$$

所以 Δm 关于 $\Delta\Omega$ 的线性主部(即质量微元)为

$$\mathrm{d}m = f(P)\mathrm{d}\Omega. \tag{12-9}$$

可以看到,Ω 的质量 M 就是 Ω 上所有质量微元 $\mathrm{d}m$ 的"累积",也就是将微元式(12-9)两边沿 Ω 进行积分的积分值

$$M = \int_{\Omega} \mathrm{d}m = \int_{\Omega} f(P)\mathrm{d}\Omega. \tag{12-10}$$

所以,积分 $\int_{\Omega} f(P)\mathrm{d}\Omega$ 的被积表达式 $f(P)\mathrm{d}\Omega$ 就是所求量的部分量关于 $\Delta\Omega$ 的线性主部,我们将其称为**所求量微元**(简称**微元**),$\mathrm{d}\Omega$ 也称为**度量元素(或度量微元)**.而(12-9)式和(12-10)式一起组成了积分的微元法在多元函数积分情形的描述.

下面根据积分区域 Ω 的不同类型,分别给出多元函数积分的各个具体的表达式和名称.

A. 二重积分

若几何形体 Ω 是 xOy 平面上的可求面积的有界闭区域 D,则函数 $f(P)$ 是定义在 D 上的二元函数 $f(x,y)$,(12-8)式中的 $\Delta\Omega_i$ 就是平面子区域 $\Delta\sigma_i$ 的面积 $\Delta\sigma_i$,此时 f 在 D 上的积分 (12-8)式称为**二重积分**,记为

$$\iint\limits_{D} f(x,y)\,\mathrm{d}\sigma = \lim_{\lambda\to 0}\sum_{i=1}^{n} f(\xi_i,\eta_i)\Delta\sigma_i, \qquad (12\text{-}11)$$

其中点 $(\xi_i,\eta_i)\in\Delta\sigma_i (i=1,2,\cdots,n)$,变量 x,y 称为二重积分的**积分变量**,$\mathrm{d}\sigma$ 称为**面积元素**.

注意到二重积分定义式(12-11)中对闭区域 D 的划分是任意的,当函数 $f(x,y)$ 在 D 上可积时,在直角坐标系中也可用平行于坐标轴的直线网格来划分 D,此时除了包含边界点的少部分小闭区域,其余的小闭区域都是矩形区域(图 12-2).设小矩形闭区域 $\Delta\sigma_i$ 的边长为 Δx_j 和 Δy_k,则 $\Delta\sigma_i=\Delta x_j\Delta y_k$.因此在直角坐标系中,有时也把面积元素 $\mathrm{d}\sigma$ 记作 $\mathrm{d}x\mathrm{d}y$,而把二重积分记作

$$\iint\limits_{D} f(x,y)\,\mathrm{d}\sigma = \iint\limits_{D} f(x,y)\,\mathrm{d}x\mathrm{d}y,$$

其中 $\mathrm{d}x\mathrm{d}y$ 称为**直角坐标系中的面积元素**.

从二重积分的定义以及(12-2)式可以看到,前面讨论的变密度平面薄片 D 的质量 M 就是密度函数 $\mu(x,y)$ 在区域 D 上的二重积分,即

$$M = \iint\limits_{D}\mu(x,y)\,\mathrm{d}\sigma.$$

二重积分除其在物理上的含义之外,在几何上也有明确的含义.

例 3　曲顶柱体的体积计算.

设有一立体,它是以 xOy 平面上的有界闭区域 D 为底,以 D 的边界曲线为准线,以母线平行于 z 轴的柱面为侧面,以曲面 $z=f(x,y)$ 为顶的"柱体",这种柱体称其为**曲顶柱体**,如图 12-3 所示.

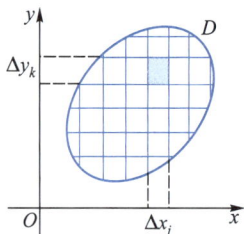

图 12-2

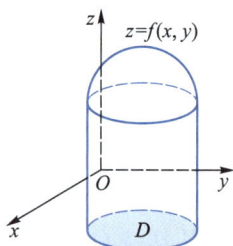

图 12-3

下面我们讨论如何计算这种曲顶柱体的体积 V. 为方便起见,假设在区域 D 上 $f(x,y)\geqslant 0$ 且连续.

可以看到,若上顶曲面 $z=f(x,y)=h$(常数),$(x,y)\in D$,则此曲顶柱体是一个直柱体,其体积为

$$V=底面积\times高.$$

而当上顶曲面 $z=f(x,y)$ 为一般的曲面时,它的体积就不能用上式来计算,原因在于曲顶柱体的

"高"$z=f(x,y)$随着点(x,y)的变化而变化. 注意到函数$z=f(x,y)$在D上连续, 而连续函数在小区域上的变化是很微小的, 亦即可近似认为是不变的, 因此这里仍可对闭区域D采用"无限细分"的方法来处理问题.

用曲线网格把D划分成n个小闭区域

$$\Delta\sigma_1, \Delta\sigma_2, \cdots, \Delta\sigma_n.$$

分别以这些小闭区域的边界线为准线, 作母线平行于z轴的柱面, 这些柱面把原曲顶柱体分为n个细曲顶柱体, 记第i个子区域$\Delta\sigma_i$所对应的细曲顶柱体的体积为ΔV_i, 如图 12-4 所示, 则

$$V = \sum_{i=1}^{n} \Delta V_i.$$

如果把区域D分得很细, 即$\lambda = \max_{1\leqslant i\leqslant n}\{\mathrm{d}(\Delta\sigma_i)\}$充分小, 此时$f(x,y)$在每一$\Delta\sigma_i$上近似于常数(即近似于不变), 从而细曲顶柱体近似于平顶直柱体. 于是在任取一点$(\xi_i, \eta_i) \in \Delta\sigma_i$, 得

$$\Delta V_i \approx f(\xi_i, \eta_i)\Delta\sigma_i, i=1,2,\cdots,n,$$

这里$\Delta\sigma_i$同时也表示子区域$\Delta\sigma_i$的面积, 从而

$$V = \sum_{i=1}^{n}\Delta V_i \approx \sum_{i=1}^{n} f(\xi_i,\eta_i)\Delta\sigma_i.$$

对上式右边的和式取$\lambda\to 0$时的极限, 其极限值即为曲顶柱体的体积

$$V = \lim_{\lambda\to 0}\sum_{i=1}^{n} f(\xi_i,\eta_i)\Delta\sigma_i = \iint_D f(x,y)\,\mathrm{d}\sigma. \tag{12-12}$$

所以, 当$f(x,y)$在D上非负时, 二重积分$\iint_D f(x,y)\,\mathrm{d}\sigma$的几何意义就是以区域$D$为底、曲面$z=f(x,y)$为顶的曲顶柱体的体积.

若在闭区域D上$f(x,y)\leqslant 0$, 则$-f(x,y)\geqslant 0$, 于是以曲面$z=-f(x,y)$为曲顶, 闭区域D为底的曲顶柱体体积为

$$V = \iint_D [-f(x,y)]\,\mathrm{d}\sigma = \lim_{\lambda\to 0}\sum_{i=1}^{n}[-f(\xi_i,\eta_i)]\Delta\sigma_i$$

$$= -\lim_{\lambda\to 0}\sum_{i=1}^{n} f(\xi_i,\eta_i)\Delta\sigma_i = -\iint_D f(x,y)\,\mathrm{d}\sigma,$$

可知

$$\iint_D f(x,y)\,\mathrm{d}\sigma = -V.$$

即当$f(x,y)\leqslant 0$时, 二重积分$\iint_D f(x,y)\,\mathrm{d}\sigma$在几何上表示由闭区域$D$与曲面$z=f(x,y)$所成曲顶柱体体积的相反数.

一般地, 如果$f(x,y)$在D的若干部分区域上是正的, 而在其他的部分区域上是负的, 由上面的讨论, 我们可以把xOy平面上方的曲顶柱体体积取成正, xOy平面下方的曲顶柱体体积取成负, 于是**二重积分$\iint_D f(x,y)\,\mathrm{d}\sigma$的几何意义是这些部分区域上的曲顶柱体体积的代数和**.

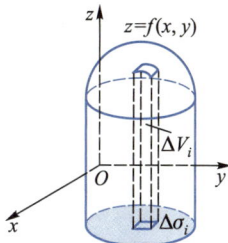

图 12-4

特别地,如果在区域 D 上恒有 $f(x,y)=1$,则二重积分

$$\iint\limits_{D}\mathrm{d}\sigma = 1\times\mid D\mid \; = \mid D\mid ,$$

其中 $\mid D\mid$ 表示区域 D 的面积.

同时,从二重积分的几何意义进一步可知,当把区域 D 所在的 xOy 坐标系的名称改记为 uOv 坐标系时,由于区域 D 是不变的,而定义在 D 上的函数 f 也是不变的,于是区域 D 上所成的曲顶柱体体积的代数和也不变,所以二重积分 $\iint\limits_{D}f(x,y)\mathrm{d}\sigma$ 的值也保持不变,也就是**二重积分的值与积分变量的名称选取无关**,即

$$\iint\limits_{D}f(x,y)\mathrm{d}\sigma = \iint\limits_{D}f(u,v)\mathrm{d}u\mathrm{d}v.$$

B. 三重积分

若多元函数积分定义中的几何形体 Ω 是一可求体积的空间有界闭区域 Ω,则函数 $f(P)$ 就是定义在 Ω 上的三元函数 $f(x,y,z)$,(12-8)式中的 $\Delta\Omega_i$ 就是空间子区域 ΔV_i 的体积 ΔV_i,此时 f 在 Ω 上的积分(12-8)式称为**三重积分**,记为

$$\iiint\limits_{\Omega}f(x,y,z)\mathrm{d}V = \lim_{\lambda\to 0}\sum_{i=1}^{n}f(\xi_i,\eta_i,\gamma_i)\Delta V_i,\qquad(12\text{-}13)$$

其中点 $(\xi_i,\eta_i,\gamma_i)\in\Delta V_i(i=1,2,\cdots,n)$,$x,y,z$ 称为三重积分的积分变量,$\mathrm{d}V$ 称为**体积元素**.

类似地,由于三重积分定义式(12-13)中对区域 Ω 的划分是任意的,所以当函数 $f(x,y,z)$ 在 Ω 上可积时,在直角坐标系中也可用平行于各坐标面的三组平面划分区域 Ω,此时除了包含边界点的一些小闭区域,其余的小闭区域 ΔV_i 都是长方体. 设长方体 ΔV_i 的边长为 $\Delta x_j,\Delta y_k,$ Δz_l,则 $\Delta V_i = \Delta x_j\Delta y_k\Delta z_l$. 因此在直角坐标系中,有时也把体积元素 $\mathrm{d}V$ 记为 $\mathrm{d}x\mathrm{d}y\mathrm{d}z$,而三重积分可记作

$$\iiint\limits_{\Omega}f(x,y,z)\mathrm{d}V = \iiint\limits_{\Omega}f(x,y,z)\mathrm{d}x\mathrm{d}y\mathrm{d}z,$$

其中 $\mathrm{d}x\mathrm{d}y\mathrm{d}z$ 称为**直角坐标系中的体积元素**.

从三重积分的定义以及(12-4)式可知,前面讨论的变密度空间物体 Ω 的质量 M 就是密度函数 $\mu(x,y,z)$ 在区域 Ω 上的三重积分,即

$$M = \iiint\limits_{\Omega}\mu(x,y,z)\mathrm{d}V.$$

若在区域 Ω 上恒有 $f(x,y,z)=1$,则从定义式(12-13)可得

$$\iiint\limits_{\Omega}\mathrm{d}V = \mid\Omega\mid ,$$

其中 $\mid\Omega\mid$ 表示空间区域 Ω 的体积.

C. 第一型曲线积分

若多元函数积分定义中的几何形体 Ω 是一可求长的平面曲线 L(或空间曲线 Γ),则函数 $f(P)$ 就是定义在 L(或 Γ)上的二元函数 $f(x,y)$(或三元函数 $f(x,y,z)$),(12-8)式中的 $\Delta\Omega_i$ 就是子弧段 Δs_i 的弧长 Δs_i,此时 f 在 L(或 Γ)上的积分(12-8)式称为**函数 f 沿曲线 L(或 Γ)的第一型平面(或空间)曲线积分**(也称为**对弧长的平面(或空间)曲线积分**),记为

$$\int_L f(x,y)\,\mathrm{d}s = \lim_{\lambda \to 0} \sum_{i=1}^n f(\xi_i, \eta_i) \Delta s_i, \tag{12-14}$$

或

$$\int_\Gamma f(x,y,z)\,\mathrm{d}s = \lim_{\lambda \to 0} \sum_{i=1}^n f(\xi_i, \eta_i, \gamma_i) \Delta s_i, \tag{12-15}$$

其中点 $(\xi_i, \eta_i) \in \Delta s_i$（或 $(\xi_i, \eta_i, \gamma_i) \in \Delta s_i$），变量 x, y（或 x, y, z）称为**积分变量**，L（或 Γ）称为**积分路径**，$\mathrm{d}s$ 称为**弧长元素**.

当曲线 L（或 Γ）为封闭曲线时，习惯上也将 $\int_L f(x,y)\,\mathrm{d}s$ 记为 $\oint_L f(x,y)\,\mathrm{d}s$，$\int_\Gamma f(x,y,z)\,\mathrm{d}s$ 记为 $\oint_\Gamma f(x,y,z)\,\mathrm{d}s$.

由第一型曲线积分的定义（12-14），（12-15）式可知：

（1）前面讨论的变密度平面曲线 L（或空间曲线 Γ）的质量 M 就是线密度函数 $\mu(x,y)$（或 $\mu(x,y,z)$）沿曲线 L（或 Γ）的第一型平面（或空间）曲线积分

$$M = \int_L \mu(x,y)\,\mathrm{d}s, \quad M = \int_\Gamma \mu(x,y,z)\,\mathrm{d}s.$$

（2）若在曲线 L（或 Γ）上被积函数 $f(x,y) \equiv 1$（或 $f(x,y,z) \equiv 1$），则从（12-14）和（12-15）式可得

$$\int_L \mathrm{d}s = \lim_{\lambda \to 0} \sum_{i=1}^n \Delta s_i = s, \quad \int_\Gamma \mathrm{d}s = \lim_{\lambda \to 0} \sum_{i=1}^n \Delta s_i = s,$$

即曲线积分 $\int_L \mathrm{d}s$，$\int_\Gamma \mathrm{d}s$ 分别是平面曲线 L 和空间曲线 Γ 的弧长. 积分号下的被积表达式 $1 \cdot \mathrm{d}s = \mathrm{d}s$，即弧长元素就是所求量弧长的部分量 Δs 的线性主部，也就是在上册中已经讨论过的弧微分.

（3）被积函数 $f(x,y)$（或 $f(x,y,z)$）在曲线 L（或 Γ）上取值.

运用积分的微元法，我们可进一步给出第一型平面曲线积分 $\int_L f(x,y)\,\mathrm{d}s$ 的几何意义.

设 $f(x,y) \geqslant 0$，记以曲线 L 为准线，母线平行于 z 轴的柱面与曲面 $z = f(x,y)$ 的交线为 L_1（如图 12-5 所示），则 L_1 上的点 $M(x,y,f(x,y))$ 与其在 L 上的对应点 $M'(x,y,0)$ 之间的距离为 $f(x,y)$. 于是，被积表达式 $f(x,y)\,\mathrm{d}s$ 表示柱面上如图 12-5 所示的那块阴影部分面积的面积微元

$$\mathrm{d}A = f(x,y)\,\mathrm{d}s,$$

所以根据积分的微元法，当 $f(x,y) \geqslant 0$ 时，**第一型曲线积分** $\int_L f(x,y)\,\mathrm{d}s$ **在几何上就表示柱面上介于曲线** L **与** L_1 **之间的那块柱面的面积**.

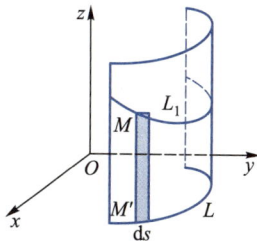

图 12-5

D. 第一型曲面积分

若多元函数积分定义中的几何形体 Ω 是一可求面积的空间曲面 Σ，则函数 $f(P)$ 就是定义在 Σ 上的三元函数 $f(x,y,z)$，（12-8）式中的 $\Delta \Omega_i$ 就是子曲面 ΔS_i 的面积 ΔS_i. 此时 f 在 Σ 上的积分（12-8）式称为函数 f 沿曲面 Σ 的第一型曲面积分（或称为对面积的曲面积分），记为

$$\iint\limits_{\Sigma} f(x,y,z)\,\mathrm{d}S = \lim_{\lambda \to 0} \sum_{i=1}^{n} f(\xi_i, \eta_i, \gamma_i)\,\Delta S_i, \qquad (12\text{-}16)$$

其中点 $(\xi_i, \eta_i, \gamma_i) \in \Delta S_i$，变量 x, y, z 称为<u>积分变量</u>，Σ 称为<u>积分曲面</u>，$\mathrm{d}S$ 称为<u>面积元素</u>. 当曲面 Σ 为封闭曲面时，习惯上也将 $\iint\limits_{\Sigma} f(x,y,z)\,\mathrm{d}S$ 记为 $\oiint\limits_{\Sigma} f(x,y,z)\,\mathrm{d}S$.

由第一型曲面积分的定义 (12-16) 式可知：

(1) 前面讨论的变密度空间曲面 Σ 的质量 M 就是其面密度函数 $\mu(x,y,z)$ 沿曲面 Σ 的第一型曲面积分

$$M = \iint\limits_{\Sigma} f(x,y,z)\,\mathrm{d}S.$$

(2) 若被积函数 $f(x,y,z)$ 在 Σ 上恒有 $f(x,y,z) = 1$，则由 (12-16) 式得

$$\iint\limits_{\Sigma} \mathrm{d}S = \lim_{\lambda \to 0} \sum_{i=1}^{n} \Delta S_i = S,$$

即曲面积分 $\iint\limits_{\Sigma} \mathrm{d}S$ 表示空间曲面 Σ 的曲面面积.

(3) 被积函数 $f(x,y,z)$ 在空间曲面 Σ 上取值.

在给出了多元函数积分的定义之后，接下来面临的重要问题是：可积函数是什么样的函数? 如何判断一个函数是否可积? 对于这两个问题，我们不作深入的讨论，仅不加证明地给出下面的两个定理.

定理 1 (可积的必要条件)　若函数 $f(P)$ 在有界几何形体 Ω 上可积，则 $f(P)$ 在 Ω 上有界.

这一定理表明：一个在有界几何形体 Ω 上无界的函数一定在 Ω 上是不可积的，只有 Ω 上的有界函数才可能在 Ω 上可积.

定理 2 (可积的充分条件)　若函数 $f(P)$ 在有界的闭几何形体 Ω 上连续，则 $f(P)$ 在 Ω 上可积.

12. 1. 3　多元函数积分的性质

把多元函数积分与定积分的定义相比较可以发现这两类积分在数量关系的形成上具有相同的特征：即都是函数与几何形体度量 (子区间长或子块度量) 乘积的和式的极限. 于是多元函数积分应具有与定积分类似的一些性质. 在所讨论积分都存在的条件下，可以仿照证明定积分性质的方法类似地证明多元函数积分具有以下性质.

性质 1 (齐次性)　设 α 为任意常数，则

$$\int_{\Omega} \alpha g(P)\,\mathrm{d}\Omega = \alpha \int_{\Omega} g(P)\,\mathrm{d}\Omega.$$

性质 2 (关于被积函数的可加性)

$$\int_{\Omega} [f(P) + g(P)]\,\mathrm{d}\Omega = \int_{\Omega} f(P)\,\mathrm{d}\Omega + \int_{\Omega} g(P)\,\mathrm{d}\Omega.$$

综合性质 1 与性质 2 可知，**多元函数积分对于被积函数具有线性运算性质**，即对任意常数 α, β，有

$$\int_{\Omega} \left[\alpha f(P) + \beta g(P) \right] \mathrm{d}\Omega = \alpha \int_{\Omega} f(P) \mathrm{d}\Omega + \beta \int_{\Omega} g(P) \mathrm{d}\Omega. \tag{12-17}$$

显然,上式还可以推广到有限个可积函数的线性组合的情形,即

$$\int_{\Omega} \left[\sum_{k=1}^{n} C_k f_k(P) \right] \mathrm{d}\Omega = \sum_{k=1}^{n} C_k \int_{\Omega} f_k(P) \mathrm{d}\Omega,$$

其中 $C_k (k=1,2,\cdots,n)$ 为常数, $f_k(P) (k=1,2,\cdots,n)$ 在 Ω 上可积.

性质 3(关于积分域的分域性质) 若积分区域 Ω 可以分为两个子区域 Ω_1,Ω_2,且 Ω_1 与 Ω_2 除边界外无公共点,则

$$\int_{\Omega} f(P) \mathrm{d}\Omega = \int_{\Omega_1} f(P) \mathrm{d}\Omega + \int_{\Omega_2} f(P) \mathrm{d}\Omega.$$

性质 3 说明:多元函数积分对于不重叠的积分区域具有可加性.

性质 4(对被积函数的保序性) 若在积分区域 Ω 上有 $f(P) \leqslant g(P)$,则有

$$\int_{\Omega} f(P) \mathrm{d}\Omega \leqslant \int_{\Omega} g(P) \mathrm{d}\Omega. \tag{12-18}$$

特别地,由于 $-|f(P)| \leqslant f(P) \leqslant |f(P)|$,利用保序性得

$$-\int_{\Omega} |f(P)| \mathrm{d}\Omega \leqslant \int_{\Omega} f(P) \mathrm{d}\Omega \leqslant \int_{\Omega} |f(P)| \mathrm{d}\Omega.$$

从而得到不等式

$$\left| \int_{\Omega} f(P) \mathrm{d}\Omega \right| \leqslant \int_{\Omega} |f(P)| \mathrm{d}\Omega^{①}.$$

根据不等式(12-18)还可推得下面的多元函数积分的估值定理.

性质 5(估值定理) 若在积分区域 Ω 上有 $m \leqslant f(P) \leqslant M$,则

$$m|\Omega| \leqslant \int_{\Omega} f(P) \mathrm{d}\Omega \leqslant M|\Omega|, \tag{12-19}$$

其中 $|\Omega|$ 表示积分区域 Ω 的度量.

进一步地,若函数 $f(P)$ 在有界闭几何形体 Ω 上连续,从(12-19)式可获得以下多元函数积分的中值定理.

性质 6(多元函数积分的中值定理) 若函数 $f(P)$ 在有界闭区域 Ω 上连续,则在 Ω 上至少存在一点 P_0,使得

$$\int_{\Omega} f(\Omega) \mathrm{d}\Omega = f(P_0)|\Omega|. \tag{12-20}$$

证 因为函数 $f(P)$ 在有界闭区域 Ω 上连续,所以根据有界闭区域上连续函数的最值定理, $f(P)$ 在 Ω 上存在最小值 m 和最大值 M,从(12-19)式得

$$m|\Omega| \leqslant \int_{\Omega} f(P) \mathrm{d}\Omega \leqslant M|\Omega|,$$

---

① 可以证明:若 $f(P)$ 在 Ω 上可积,则 $|f(P)|$ 在 Ω 上也可积.

即
$$m \leqslant \frac{\int_{\Omega} f(P) \, \mathrm{d}\Omega}{|\Omega|} \leqslant M.$$

再根据有界闭区域上连续函数的介值定理,在 Ω 上至少存在一点 P_0,使得

$$f(P_0) = \frac{\int_{\Omega} f(P) \, \mathrm{d}\Omega}{|\Omega|},$$

即
$$\int_{\Omega} f(P) \, \mathrm{d}\Omega = f(P_0) |\Omega|.$$

与定积分的情形类似,我们把比值 $\dfrac{1}{|\Omega|} \int_{\Omega} f(P) \, \mathrm{d}\Omega$ 称为函数 $f(P)$ 在 Ω 上的**平均值**.

例 4　设区域 D 是以圆 $x^2 + y^2 = 1$ 为边界的单位圆盘,证明:

$$\frac{\pi}{2} \leqslant \iint_{D} \frac{1}{1 + x^2 + y^2} \, \mathrm{d}\sigma \leqslant \pi.$$

证　因为在单位圆盘 D 上的每一点 (x, y) 处,有

$$\frac{1}{2} = \frac{1}{1+1} \leqslant \frac{1}{1 + x^2 + y^2} \leqslant \frac{1}{1+0} = 1.$$

所以利用估值定理(12-19)式,得

$$\frac{1}{2} |D| \leqslant \iint_{D} \frac{1}{1 + x^2 + y^2} \, \mathrm{d}\sigma \leqslant |D|,$$

即
$$\frac{\pi}{2} \leqslant \iint_{D} \frac{1}{1 + x^2 + y^2} \, \mathrm{d}\sigma \leqslant \pi.$$

性质 7(与积分变量名称的无关性)　多元函数积分 $\displaystyle\int_{\Omega} f(P) \, \mathrm{d}\Omega$ 的值与其中的积分变量的名称选取无关.

习题 12.1

(A)

1. 利用二重积分的保序性质,证明二重积分的保号性质,即若函数 $f(x, y)$ 在 D 上非负且可积,则有

$$\iint_{D} f(x, y) \, \mathrm{d}x\mathrm{d}y \geqslant 0.$$

2. 若 $D_2 \subset D_1$,$f(x, y)$ 是 D_1 上非负连续函数,证明:

$$\iint_{D_1} f(x, y) \, \mathrm{d}\sigma \geqslant \iint_{D_2} f(x, y) \, \mathrm{d}\sigma.$$

3. 利用积分的性质,比较下列各组积分的大小:

(1) $\displaystyle\iint_{D} \sin^2(x+y) \, \mathrm{d}\sigma$ 与 $\displaystyle\iint_{D} (x+y)^2 \, \mathrm{d}\sigma$,其中 D 是任一有界闭区域;

(2) $\displaystyle\iint_D\left[\ln\left(x+\frac{y}{2}\right)\right]^{\frac{1}{3}}\mathrm{d}\sigma$ 与 $\displaystyle\iint_D\ln\left(x+\frac{y}{2}\right)\mathrm{d}\sigma$,其中 D 是以 $(1,0),(1,2),(0,2)$ 为顶点的三角形区域;

(3) $\displaystyle\iint_D\mathrm{e}^{x^2+y^2}\mathrm{d}\sigma$ 与 $\displaystyle\iint_D(1+x^2+y^2)\mathrm{d}\sigma$,其中 D 是任一有界闭区域;

(4) $\displaystyle\iiint_\Omega\ln(1+x+y+z)\mathrm{d}V$ 与 $\displaystyle\iiint_\Omega\ln^2(1+x+y+z)\mathrm{d}V$,其中 Ω 是由三个坐标面与平面 $x+y+z=1$ 所围成的闭区域.

4. 利用积分的性质,估计下列各积分的值:

(1) $I=\displaystyle\iint_D\sqrt[4]{xy(x+y)}\ \mathrm{d}\sigma$,其中 $D=\{(x,y)\mid 0\leqslant x\leqslant 2,0\leqslant y\leqslant 2\}$;

(2) $I=\displaystyle\iint_D(x^2+y^2+1)\mathrm{d}\sigma$,其中 $D=\{(x,y)\mid 9x^2+16y^2\leqslant 144\}$;

(3) $I=\displaystyle\int_L(x+y)\mathrm{d}s$,其中 L 为圆周 $x^2+y^2=1$ 位于第一象限的部分;

(4) $I=\displaystyle\iint_\Sigma\frac{1}{x^2+y^2+z^2}\mathrm{d}S$,其中 Σ 为柱面 $x^2+y^2=1$ 被平面 $z=0,z=1$ 所截下的部分.

5. 利用二重积分的几何意义"计算"下列二重积分:

(1) $\displaystyle\iint_D\sqrt{R^2-x^2-y^2}\mathrm{d}\sigma$,其中 $D=\{(x,y)\mid x^2+y^2\leqslant R^2\}$;

(2) $\displaystyle\iint_D\left(H-\frac{H}{R}\sqrt{x^2+y^2}\right)\mathrm{d}\sigma$,其中 $D=\{(x,y)\mid x^2+y^2\leqslant R^2\}$.

6. 如题图(A)7 所示为铅直置于水中的平面薄板 D. 试用二重积分表示该板一侧所受的水压力.

7. 流体在通过半径为 R 的圆形管道时,各点处的流速并非都一样,在截面圆形区域 $D=\{(x,y)\mid x^2+y^2\leqslant R^2\}$ 上点 (x,y) 处的流速(单位:m/s)为

$$v=v_0\left(1-\frac{x^2+y^2}{R^2}\right),$$

其中 v_0 为管中心的流速,试用二重积分来表示单位时间流经任一截面上的流体体积(流量).

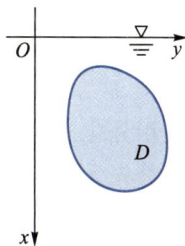

8. 试写出连续函数 $f(x,y,z)$ 在有界闭区域 Ω 上的三重积分的估值定理,并

(1) 证明三重积分的积分中值定理;

(2) 估计积分值:

$$I=\iiint_{x^2+y^2+z^2\leqslant 9}\mathrm{e}^{x^2+y^2+z^2-x+2y-2z}\mathrm{d}V.$$

题图(A)7

9. 设 $f(x,y)$ 是连续函数,求极限

$$\lim_{t\to 0^+}\frac{1}{t^2}\iint_{x^2+y^2\leqslant t^2}f(x,y)\mathrm{d}x\mathrm{d}y.$$

(B)

1. 利用多元函数积分值与积分变量名称无关的性质计算下列积分:

(1) $\displaystyle\iint_D\frac{2+3\cos^2x+\cos^2y}{1+\cos^2x+\cos^2y}\mathrm{d}x\mathrm{d}y$,其中 $D=\{(x,y)\mid |x|+|y|\leqslant 1\}$;

(2) $\displaystyle\iint_D\frac{\sqrt[3]{x-y}}{x^2+y^2}\mathrm{d}x\mathrm{d}y$,其中 $D=\{(x,y)\mid x+y\geqslant R,x^2+y^2\leqslant R^2\}$;

（3）$\iiint\limits_{\Omega}\dfrac{2+7\cos^2x-6\cos^2y+5\cos^2z}{1+\cos^2x+\cos^2y+\cos^2z}\mathrm{d}x\mathrm{d}y\mathrm{d}z$，其中 $\Omega=\{(x,y,z)\mid x\geqslant0,y\geqslant0,z\geqslant0,x+y+z\leqslant2\}$.

2. 若 $f(x,y)$ 在有界闭区域 D 上连续，且在 D 的任一子区域 D^* 上有 $\iint\limits_{D^*}f(x,y)\mathrm{d}\sigma=0$，证明在 D 内恒有 $f(x,y)=0$.

3. 设 $\Omega(t)=\left\{(x,y,z)\ \middle|\ 0\leqslant z\leqslant t-\dfrac{1}{t}(x^2+y^2)\right\}(t>0)$，函数 $f(x,y,z)$ 连续，求极限：

$$\lim_{t\to0^+}\frac{1}{t^3}\iiint\limits_{\Omega(t)}f(x,y,z)\mathrm{d}V.$$

4. 若 $f(x,y)$ 和 $g(x,y)$ 在 D 上连续，且 $g(x,y)$ 在 D 上不变号，证明：存在 $(\xi,\eta)\in D$，使得

$$\iint\limits_{D}f(x,y)g(x,y)\mathrm{d}\sigma=f(\xi,\eta)\iint\limits_{D}g(x,y)\mathrm{d}\sigma.$$

5. 设 Ω 是有界连通闭几何形体，函数 $f(P)$ 和 $g(P)$ 在 Ω 上连续，且 $g(P)$ 在 Ω 上不变号. 证明：存在点 $P_0\in\Omega$ 使得

$$\int_{\Omega}f(P)g(P)\mathrm{d}\Omega=f(P_0)\int_{\Omega}g(P)\mathrm{d}\Omega.$$

12.2　二重积分的计算

二重积分的定义式（12-11）本身提供了一种计算二重积分的方法. 与定积分的情况相同，由于计算（12-11）式的和式极限通常是困难的，所以除了少数特殊的情形，一般难以用定义来计算二重积分的值. 因此寻求计算二重积分的新的方法就成为求解二重积分问题的核心. 可以看到，二重积分计算的难点在于"二重"，如何化解"二重"这一矛盾就成为解决这一问题的关键所在. 联系到我们已经具有的定积分基础，化解"二重"这一难点的一种自然的想法是设法将二重积分化成相继进行的两次定积分，即将二重积分化为二次积分（或称为累次积分）计算. 本节将首先介绍二重积分在直角坐标系和极坐标系中的计算方法，最后介绍二重积分的一般换元法则.

12.2.1　二重积分在直角坐标系下的计算方法

我们从几何直观来说明二重积分 $\iint\limits_{D}f(x,y)\mathrm{d}\sigma$ 的计算方法，在讨论中假定 $f(x,y)$ 在 D 上连续.

设闭区域 D 由直线 $x=a,x=b(a<b)$ 与曲线 $y=\varphi_1(x)$ 和 $y=\varphi_2(x)$（当 $a\leqslant x\leqslant b$ 时，$\varphi_1(x)\leqslant\varphi_2(x)$）所围成，如图 12-6 所示，这种类型的区域称为 X-**型区域**，其特点是，穿过 D 内部且平行于 y 轴的直线与 D 的边界相交不多于两点.

下面讨论当 D 为 X-型区域时，把二重积分 $\iint\limits_{D}f(x,y)\mathrm{d}\sigma$ 化为二次积分的方法.

为了更便于从几何直观理解，我们先假设在区域 D 上 $f(x,y)\geqslant0$，此时二重积分 $\iint\limits_{D}f(x,y)\mathrm{d}\sigma$ 表示以 D 为底，曲面 $z=f(x,y)$ 为顶的曲顶柱体的体积，如图 12-7 所示.

我们考虑用定积分中已知平行截面面积求立体体积的方法来计算这一体积 V.

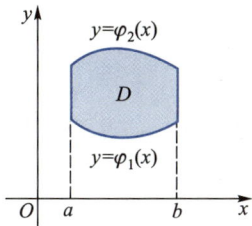

图 12-6

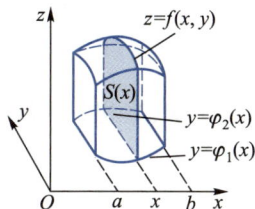

图 12-7

在 $[a,b]$ 区间内任取一点 x，过点 x 作平行于 yOz 平面的平面，这一平面截曲顶柱体所得的截痕面是一个以区间 $[\varphi_1(x),\varphi_2(x)]$ 为底，曲线 $\begin{cases} z=f(x,y), \\ x=x \end{cases}$ 为曲边的曲边梯形（图 12-7 的阴影部分），其面积为

$$S(x) = \int_{\varphi_1(x)}^{\varphi_2(x)} f(x,y)\,\mathrm{d}y.$$

于是根据已知平行截面面积求立体体积的定积分公式，曲顶柱体的体积

$$V = \int_a^b S(x)\,\mathrm{d}x = \int_a^b \left[\int_{\varphi_1(x)}^{\varphi_2(x)} f(x,y)\,\mathrm{d}y \right] \mathrm{d}x,$$

即

$$\iint f(x,y)\,\mathrm{d}\sigma = \int_a^b \left[\int_{\varphi_1(x)}^{\varphi_2(x)} f(x,y)\,\mathrm{d}y \right] \mathrm{d}x.$$

上式右端的积分称为**先对 y 后对 x 的二次积分**. 也就是说，先把 x 看作固定常数，对变量 y 计算从 $\varphi_1(x)$ 到 $\varphi_2(x)$ 的定积分，再把算得的结果（是 x 的函数）对变量 x 计算从 a 到 b 的定积分. 这个先 y 后 x 的二次积分常记作

$$\int_a^b \mathrm{d}x \int_{\varphi_1(x)}^{\varphi_2(x)} f(x,y)\,\mathrm{d}y,$$

因此

$$\iint_D f(x,y)\,\mathrm{d}\sigma = \int_a^b \mathrm{d}x \int_{\varphi_1(x)}^{\varphi_2(x)} f(x,y)\,\mathrm{d}y. \tag{12-21}$$

在以上推导中，我们假定 $f(x,y) \geqslant 0$，当 $f(x,y)$ 在区域 D 上不是非负函数时，公式（12-21）仍正确.

事实上，由于 $f(x,y)$ 在区域 D 上有界（定理 1），故存在常数 $M>0$，使在 D 上有 $|f(x,y)| \leqslant M$，于是 $f(x,y) \geqslant -M$，即 $f(x,y)+M \geqslant 0$. 设 $g(x,y)=f(x,y)+M$（此时在 D 上 $g(x,y) \geqslant 0$），按前述推导的公式（12-21），得

$$\iint_D g(x,y)\,\mathrm{d}\sigma = \int_a^b \mathrm{d}x \int_{\varphi_1(x)}^{\varphi_2(x)} g(x,y)\,\mathrm{d}y,$$

从而有

$$\iint_D f(x,y)\,\mathrm{d}\sigma = \iint_D [g(x,y)-M]\,\mathrm{d}\sigma = \iint_D g(x,y)\,\mathrm{d}\sigma - \iint_D M\mathrm{d}\sigma$$

$$= \int_a^b \mathrm{d}x \int_{\varphi_1(x)}^{\varphi_2(x)} g(x,y)\,\mathrm{d}y - \int_a^b \mathrm{d}x \int_{\varphi_1(x)}^{\varphi_2(x)} M\mathrm{d}y$$

$$= \int_a^b dx \int_{\varphi_1(x)}^{\varphi_2(x)} \left[g(x,y) - M \right] dy = \int_a^b dx \int_{\varphi_1(x)}^{\varphi_2(x)} f(x,y) \, dy,$$

即(12-21)式成立.

综合上面的讨论可知:当积分区域为 X-型区域时,无论 $f(x,y)$ 是否为非负函数,总有

$$\iint\limits_D f(x,y) \, d\sigma = \int_a^b dx \int_{\varphi_1(x)}^{\varphi_2(x)} f(x,y) \, dy. \tag{12-22}$$

类似地,如果区域 D 是由直线 $y=c$,$y=d$($c<d$)与曲线 $x=\psi_1(y)$ 和 $x=\psi_2(y)$(当 $c \leqslant y \leqslant d$ 时,$\psi_1(y) \leqslant \psi_2(y)$)所围成的,如图 12-8 所示,这种类型的区域称为 **Y-型区域**,其特点是,穿过 D 内部且平行于 x 轴的直线与 D 的边界相交不多于两点. 当 D 是 Y-型区域时,对于二重积分 $\iint\limits_D f(x,y) \, d\sigma$,我们也可用与前述类似的方法将其化为二次积分.

$$\iint\limits_D f(x,y) \, d\sigma = \int_c^d S(y) \, dy = \int_c^d \left[\int_{\psi_1(y)}^{\psi_2(y)} f(x,y) \, dx \right] dy,$$

其几何意义如图 12-9 所示. 上式右端的积分称为**先对 x 后对 y 的二次积分**,常记作

$$\int_c^d dy \int_{\psi_1(y)}^{\psi_2(y)} f(x,y) \, dx,$$

因此

$$\iint\limits_D f(x,y) \, d\sigma = \int_c^d dy \int_{\psi_1(y)}^{\psi_2(y)} f(x,y) \, dx. \tag{12-23}$$

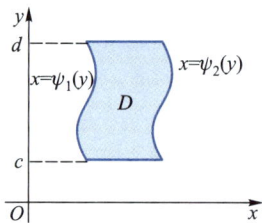

图 12-8

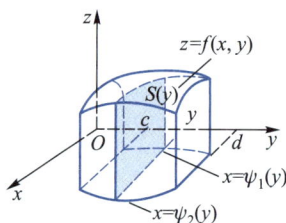

图 12-9

在上述讨论中,我们限制积分区域 D 分别是 X-型区域和 Y-型区域,即 D 的边界曲线与穿过区域 D 内部且平行于坐标轴的直线至多有两个交点. 若区域 D 的边界曲线与穿过区域 D 内部的平行于坐标轴的直线有两个以上的交点,此时可以将 D 用曲线分为几个部分,使每个部分是 X-型区域或 Y-型区域. 例如,在图 12-10(a)中,把 D 分成三部分,它们都是 X-型区域;在图 12-10(b)中,把 D 分成三部分,它们都是 Y-型区域. 由二重积分的分域性质可知

$$\iint\limits_D f(x,y) \, d\sigma = \iint\limits_{D_1} f(x,y) \, d\sigma + \iint\limits_{D_2} f(x,y) \, d\sigma + \iint\limits_{D_3} f(x,y) \, d\sigma,$$

此时上式右端的三个二重积分都可以运用公式(12-22)或公式(12-23)把它们化为二次积分计算.

若积分区域 D 既是 X-型区域,即可用不等式 $a \leqslant x \leqslant b$,$\varphi_1(x) \leqslant y \leqslant \varphi_2(x)$ 表示,又是 Y-型区域,即也可用不等式 $c \leqslant y \leqslant d$,$\psi_1(y) \leqslant x \leqslant \psi_2(y)$ 表示(图 12-11),则

$$\iint\limits_D f(x,y) \, d\sigma = \int_a^b dx \int_{\varphi_1(x)}^{\varphi_2(x)} f(x,y) \, dy = \int_c^d dy \int_{\psi_1(y)}^{\psi_2(y)} f(x,y) \, dx.$$

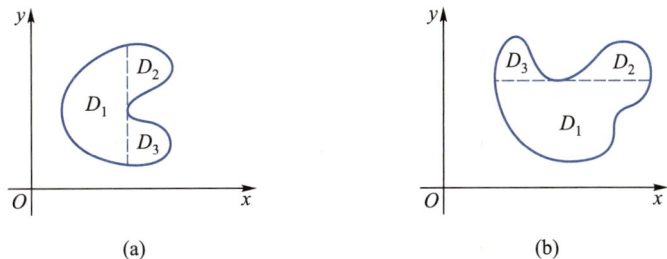

图 12-10

将二重积分化为二次积分时,确定积分限是一个关键. 由于积分限是根据积分区域 D 来确定的,故应先画出积分区域 D 的图形,根据图形可确定它是哪种类型的区域,从而确定使用公式(12-22)还是公式(12-23). 假如积分区域 D 是 X-型的,如图 12-12 所示,公式(12-22)的用法可按下面的两个步骤来形象地记忆.

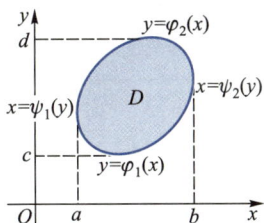

图 12-11

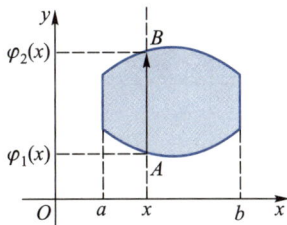

图 12-12

(1) **先积一条线**   在 x 轴的区间 $[a,b]$($[a,b]$ 为 D 在 x 轴上的投影区间)上任意取定一点 x,过点 x 作平行于 y 轴的直线,从下至上,将 $f(x,y)$ 沿线段 AB 关于变量 y 从 $y=\varphi_1(x)$(直线穿进区域 D 时的纵坐标,作为积分下限)积分到 $y=\varphi_2(x)$(直线穿出区域 D 时的纵坐标,作为积分上限). 从图形上看,这就是计算 $f(x,y)$ 在线段 AB 上的积分,如图 12-12 所示.

(2) **再扫一个面**   再将 $f(x,y)$ 在线段 AB 上的积分值(x 的函数)关于变量 x 从 $x=a$ 积分到 $x=b$. 从图形上看,这就是把点 B 固定在曲线 $y=\varphi_2(x)$ 上,点 A 固定在曲线 $y=\varphi_1(x)$ 上将线段 AB 从 $x=a$ 平行地移动到 $x=b$ 扫过整个积分区域 D,从而完成 $f(x,y)$ 在整个区域 D 上的积分过程.

上述步骤也同样适用于公式(12-23).

例 1   计算:$\iint\limits_{D}(2-x-y)\mathrm{d}\sigma$,其中 D 是 $y=x$ 与 $y=x^2$ 围成的区域.

解一   首先画出区域 D 的图形,如图 12-13(a)所示. 区域 D 可看作 X-型区域,它在 x 轴上的投影区间为 $[0,1]$.

在区间 $[0,1]$ 内任意取定一个点 x,并过点 x 作平行于 y 轴的直线,则直线从 $y=x^2$ 穿进区域 D,从 $y=x$ 穿出区域 D.

利用公式(12-22),得

$$\iint\limits_{D}(2-x-y)\mathrm{d}\sigma = \int_0^1 \mathrm{d}x \int_{x^2}^x (2-x-y)\,\mathrm{d}y = \int_0^1 \left[(2-x)y - \frac{1}{2}y^2 \right] \Big|_{x^2}^x \mathrm{d}x$$

$$= \int_0^1 \frac{1}{2}(4x-7x^2+2x^3+x^4)\,\mathrm{d}x = \frac{11}{60}.$$

解二　如图 12-13(b)所示,区域 D 也是 Y-型区域. 将 D 往 y 轴上投影得投影区间为 $[0,1]$. 在 $[0,1]$ 内任意取定一点 y 并过点 y 作平行于 x 轴的直线,则直线从 $x=y$ 穿进区域 D,从 $x=\sqrt{y}$ 穿出区域 D.

利用公式(12-23),得

$$\iint\limits_{D}(2-x-y)\,\mathrm{d}\sigma = \int_0^1\mathrm{d}y\int_y^{\sqrt{y}}(2-x-y)\,\mathrm{d}x = \int_0^1\left[(2-y)x-\frac{1}{2}x^2\right]\Big|_y^{\sqrt{y}}\mathrm{d}y$$

$$= \int_0^1\left(2\sqrt{y}-y^{\frac{3}{2}}-\frac{5}{2}y+\frac{3}{2}y^2\right)\mathrm{d}y = \frac{11}{60}.$$

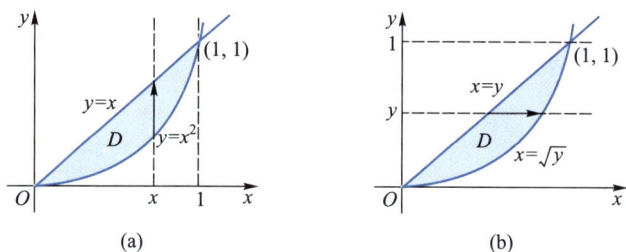

图 12-13

例 2　计算 $\iint\limits_{D}\dfrac{x^2}{y^2}\mathrm{d}\sigma$,其中 D 是由 $y=x,xy=1$ 及 $x=2$ 所围成的区域.

解一　如图 12-14(a)所示,积分区域 D 是 X-型区域,其在 x 轴上的投影区间为 $[1,2]$. 在 $[1,2]$ 内任意取定一点 x,过该点平行于 y 轴的直线从 $y=\dfrac{1}{x}$ 穿进区域 D,从 $y=x$ 穿出区域 D.

利用公式(12-22),得

$$\iint\limits_{D}\frac{x^2}{y^2}\mathrm{d}\sigma = \int_1^2\mathrm{d}x\int_{\frac{1}{x}}^x\frac{x^2}{y^2}\mathrm{d}y = \int_1^2 x^2\left(x-\frac{1}{x}\right)\mathrm{d}x = \frac{1}{4}(x^4-2x^2)\Big|_1^2 = \frac{9}{4}.$$

解二　添辅助线 $y=1$ 将 D 划分为两个 Y-型区域 D_1 和 D_2(图 12-14(b)),且 D 在 y 轴上的投影区间为 $\left[\dfrac{1}{2},2\right]$. 从图 12-14(b)可见,当 $y\in\left(\dfrac{1}{2},1\right)$ 时,x 从 $x=\dfrac{1}{y}$ 穿进区域 D_1,从 $x=2$ 穿出区域 D_1;当 $y\in(1,2)$ 时,x 从 $x=y$ 穿进区域 D_2,从 $x=2$ 穿出区域 D_2.

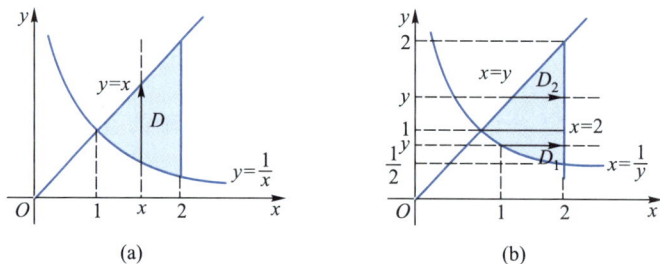

图 12-14

利用公式(12-23),得

$$\iint\limits_{D}\frac{x^2}{y^2}dx = \iint\limits_{D_1}\frac{x^2}{y^2}d\sigma + \iint\limits_{D_2}\frac{x^2}{y^2}d\sigma = \int_{\frac{1}{2}}^{1}dy\int_{\frac{1}{y}}^{2}\frac{x^2}{y^2}dx + \int_{1}^{2}dy\int_{y}^{2}\frac{x^2}{y^2}dx$$

$$= \int_{\frac{1}{2}}^{1}\frac{1}{3}\left(\frac{8}{y^2}-\frac{1}{y^5}\right)dy + \int_{1}^{2}\frac{1}{3}\left(\frac{8}{y^2}-y\right)dy$$

$$= \frac{1}{3}\left(\frac{1}{4y^4}-\frac{8}{y}\right)\Big|_{\frac{1}{2}}^{1} + \frac{1}{3}\left(-\frac{8}{y}-\frac{y^2}{2}\right)\Big|_{1}^{2} = \frac{17}{12}+\frac{5}{6}=\frac{9}{4}.$$

从例 2 的求解过程可以发现,将二重积分化为不同次序的二次积分,其计算的难易程度是不同的.下面的例子说明,积分次序的选择不仅影响二重积分计算的难易程度,而且对有些问题甚至将直接影响计算的成败.通常在选择积分次序时可以从被积函数和积分区域这两个因素进行思考.

例 3 计算:$\iint\limits_{D}xe^{-y^2}d\sigma$,其中 D 是 $y=x^2$ 与 $y=1$,$x=0$ 所围成的区域.

解 积分区域 D 如图 12-15 所示.可见区域 D 既是 X-型区域又是 Y-型区域,若选择先对 y 后对 x 的积分次序,则有

$$\iint\limits_{D}xe^{-y^2}d\sigma = \int_{0}^{1}dx\int_{x^2}^{1}xe^{-y^2}dy,$$

由于被积函数对 y 的积分求不出(原函数不是初等函数),故无法计算.

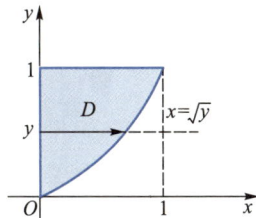

于是选择先对 x 后对 y 的积分次序,得

$$\iint\limits_{D}xe^{-y^2}d\sigma = \int_{0}^{1}dy\int_{0}^{\sqrt{y}}xe^{-y^2}dx = \int_{0}^{1}\left(\frac{1}{2}e^{-y^2}x^2\Big|_{0}^{\sqrt{y}}\right)dy$$

$$= \frac{1}{2}\int_{0}^{1}ye^{-y^2}dy = -\frac{1}{4}e^{-y^2}\Big|_{0}^{1} = \frac{1}{4}\left(1-\frac{1}{e}\right).$$

图 12-15

例 4 计算二次积分 $\int_{0}^{\frac{4}{3}}dx\int_{\frac{x}{2}}^{\sqrt{\frac{x}{3}}}e^{y^2-y^3}dy$.

解 由于被积函数 $f(x,y)=e^{y^2-y^3}$ 对 y 积分时,其原函数不能用初等函数表示,故应考虑改变积分的次序进行计算.

从二次积分的积分上、下限及公式(12-22)可知,该二次积分所表示的二重积分的积分区域为

$$D:0 \le x \le \frac{4}{3}, \frac{x}{2} \le y \le \sqrt{\frac{x}{3}},$$

其图形如图 12-16 所示.改变积分的次序,得

$$\int_{0}^{\frac{4}{3}}dx\int_{\frac{x}{2}}^{\sqrt{\frac{x}{3}}}e^{y^2-y^3}dy = \iint\limits_{D}e^{y^2-y^3}d\sigma = \int_{0}^{\frac{2}{3}}dy\int_{3y^2}^{2y}e^{y^2-y^3}dx = \int_{0}^{\frac{2}{3}}(2y-3y^2)e^{y^2-y^3}dy$$

$$= e^{y^2-y^3}\Big|_{0}^{\frac{2}{3}} = e^{\frac{4}{27}}-1.$$

与定积分类似,二重积分也有对称性质.设 $f(x,y)$ 在区域 D 上连续,从二重积分的几何意义容易得出以下结论:

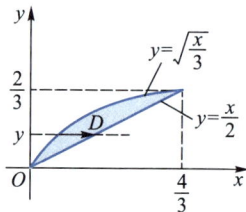

图 12-16

(1) 若区域 D 关于 y 轴对称,且 y 轴将 D 划分成 D_1 与 D_2 两个子区域,则

① 当 $f(x,y)$ 为 x 的奇函数(即 $f(-x,y)=-f(x,y)$)时,得

$$\iint\limits_{D} f(x,y)\,\mathrm{d}\sigma=0;$$

② 当 $f(x,y)$ 为 x 的偶函数(即 $f(-x,y)=f(x,y)$)时,得

$$\iint\limits_{D} f(x,y)\,\mathrm{d}\sigma=2\iint\limits_{D_1} f(x,y)\,\mathrm{d}\sigma.$$

(2) 若区域 D 关于 x 轴对称,且 x 轴将 D 划分成 D_1' 与 D_2' 两个子区域,则

① 当 $f(x,y)$ 为 y 的奇函数(即 $f(x,-y)=-f(x,y)$)时,得

$$\iint\limits_{D} f(x,y)\,\mathrm{d}\sigma=0;$$

② 当 $f(x,y)$ 为 y 的偶函数(即 $f(x,-y)=f(x,y)$)时,得

$$\iint\limits_{D} f(x,y)\,\mathrm{d}\sigma=2\iint\limits_{D_1'} f(x,y)\,\mathrm{d}\sigma.$$

(3) 若区域 D 关于原点对称,则当 $f(-x,-y)=-f(x,y)$ 时,得

$$\iint\limits_{D} f(x,y)\,\mathrm{d}\sigma=0.$$

二重积分的这些对称性质经常被用来简化二重积分的计算.

例 5　计算 $\iint\limits_{D} xy(x+y)\,\mathrm{d}\sigma$,其中 D 是由 $y=0$ 和 $y=\sqrt{R^2-x^2}$ 所围成的区域.

解　积分区域 D 的图形如图 12-17 所示,可见 D 的图形关于 y 轴对称.注意到被积函数

$$f(x,y)=xy(x+y)=x^2y+xy^2,$$

其中函数 x^2y 是 x 的偶函数,而函数 xy^2 是 x 的奇函数,于是

$$\iint\limits_{D} xy(x+y)\,\mathrm{d}\sigma=\iint\limits_{D} yx^2\,\mathrm{d}\sigma+\iint\limits_{D} xy^2\,\mathrm{d}\sigma=2\iint\limits_{D_1} yx^2\,\mathrm{d}\sigma+0$$

$$=2\int_0^R \mathrm{d}x\int_0^{\sqrt{R^2-x^2}} x^2y\,\mathrm{d}y=\int_0^R x^2(R^2-x^2)\,\mathrm{d}x=\frac{2}{15}R^5.$$

从以上的讨论可以看到,二重积分计算的核心问题是如何将其化为合适积分次序的二次积分,因此熟练掌握公式(12-22)和(12-23)的运用方法是非常必要的.

例 6　设 $D=\{(x,y)\mid 1\leqslant x^2+y^2\leqslant 4\}$,化二重积分 $\iint\limits_{D} f(x,y)\,\mathrm{d}\sigma$ 为先 y 后 x 的二次积分.

解　将 D 划分成四个 X-型区域 D_1,D_2,D_3,D_4(图 12-18),则

$$\iint\limits_{D} f(x,y)\,\mathrm{d}\sigma=\iint\limits_{D_1} f(x,y)\,\mathrm{d}\sigma+\iint\limits_{D_2} f(x,y)\,\mathrm{d}\sigma+\iint\limits_{D_3} f(x,y)\,\mathrm{d}\sigma+\iint\limits_{D_4} f(x,y)\,\mathrm{d}\sigma$$

$$=\int_{-2}^{-1} \mathrm{d}x\int_{-\sqrt{4-x^2}}^{\sqrt{4-x^2}} f(x,y)\,\mathrm{d}y+\int_{-1}^{1} \mathrm{d}x\int_{-\sqrt{4-x^2}}^{-\sqrt{1-x^2}} f(x,y)\,\mathrm{d}y+$$

$$\int_{-1}^{1} \mathrm{d}x \int_{\sqrt{1-x^2}}^{\sqrt{4-x^2}} f(x,y) \,\mathrm{d}y + \int_{1}^{2} \mathrm{d}x \int_{-\sqrt{4-x^2}}^{\sqrt{4-x^2}} f(x,y) \,\mathrm{d}y.$$

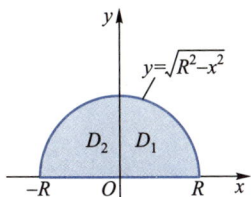

图 12-17

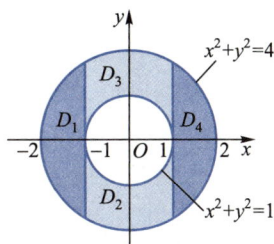

图 12-18

12.2.2　二重积分在极坐标系下的计算方法

有些二重积分(例如本节例6)在直角坐标系中计算是非常烦琐的(例6的二重积分需化为四个二次积分计算). 但若积分的积分区域用极坐标形式表示比较方便(例如,圆域、圆环域等),或者其被积函数用极坐标变量 ρ,θ 表达比较简单,这时可考虑在极坐标系下计算这种二重积分,下面介绍它的计算方法.

设 $f(x,y)$ 在区域 D 上可积,则由二重积分的定义可知

$$\iint_D f(x,y) \,\mathrm{d}\sigma = \lim_{\lambda \to 0} \sum_{i=1}^{n} f(\xi_i, \eta_i) \Delta\sigma_i,$$

其中极限值与区域 D 的划分方式和 $(\xi_i, \eta_i) \in \Delta\sigma_i$ 的取法无关. 下面考虑这一和式的极限在极坐标系中的表示形式.

假定从极点 O 出发且穿过区域 D 内部的射线与 D 的边界曲线相交不多于两点(图 12-19). 我们用以极点 O 为中心的同心圆族:$\rho=$ 常数和从极点出发的射线族:$\theta=$ 常数,将区域 D 分成 n 个子区域,如图 12-19 所示.

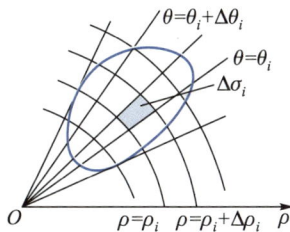

图 12-19

设 $\Delta\sigma_i$ 是极角为 θ_i 和 $\theta_i+\Delta\theta_i$ 的两条射线与半径为 $\rho=\rho_i$ 和 $\rho=\rho_i+\Delta\rho_i$ 的两条圆弧所围的小"曲边矩形"区域,$\Delta\sigma_i$ 也表示其面积,则

$$\Delta\sigma_i \approx \rho_i \Delta\rho_i \Delta\theta_i.$$

取 $(\xi_i, \eta_i) = (\rho_i\cos\theta_i, \rho_i\sin\theta_i) \in \Delta\sigma_i$,于是

$$\iint_D f(x,y) \,\mathrm{d}\sigma = \lim_{\lambda \to 0} \sum_{i=1}^{n} f(\xi_i, \eta_i) \Delta\sigma_i = \lim_{\lambda \to 0} \sum_{i=1}^{n} f(\rho_i\cos\theta_i, \rho_i\sin\theta_i) \rho_i \Delta\rho_i \Delta\theta_i$$

$$= \iint_D f(\rho\cos\theta, \rho\sin\theta) \rho \,\mathrm{d}\rho \,\mathrm{d}\theta,$$

即

$$\iint_D f(x,y) \,\mathrm{d}\sigma = \iint_D f(\rho\cos\theta, \rho\sin\theta) \rho \,\mathrm{d}\rho \,\mathrm{d}\theta, \tag{12-24}$$

其中 $\mathrm{d}\sigma = \rho \,\mathrm{d}\rho \,\mathrm{d}\theta$ 称为**极坐标系下的面积元素**.

需要指出的是,(12-24)式是二重积分在极坐标系下的表达式,其右端是关于极坐标变量 ρ,θ 的二重积分,对它的计算仍需将其化为二次积分来进行. 化(12-24)式为二次积分的方法

与直角坐标系的情形相似,即可通过"先积一条线,再扫一个面"的方法来实现. 二次积分的积分次序通常是选择先对 ρ 后对 θ, 二次积分的积分限要根据积分区域 D 的具体情况确定.

(1) 若积分区域 D 在极坐标下可表示为

$$D = \{(\rho, \theta) \mid \rho_1(\theta) \leqslant \rho \leqslant \rho_2(\theta), \alpha \leqslant \theta \leqslant \beta\}, \tag{12-25}$$

则对于 $[\alpha, \beta]$ 上任意取定的 θ 值,所作的射线 $\theta = \theta$(右边的 θ 为定值)从矢径 $\rho = \rho_1(\theta)$ 穿进区域 D,从矢径 $\rho = \rho_2(\theta)$ 穿出区域 D,如图 12-20(a)所示,而 θ 在 $[\alpha, \beta]$ 中变化,所以极坐标系中的二重积分(12-24)化为二次积分的公式为

$$\iint\limits_{D} f(x, y)\,\mathrm{d}\sigma = \iint\limits_{D} f(\rho\cos\theta, \rho\sin\theta)\rho\,\mathrm{d}\rho\,\mathrm{d}\theta$$

$$= \int_{\alpha}^{\beta} \mathrm{d}\theta \int_{\rho_1(\theta)}^{\rho_2(\theta)} f(\rho\cos\theta, \rho\sin\theta)\rho\,\mathrm{d}\rho. \tag{12-26}$$

(2) 如果极点在区域 D 的内部,而 D 的边界曲线方程为 $\rho = \rho(\theta)$,如图 12-20(b)所示. 这时区域 D 在极坐标下可表示为

$$D = \{(\rho, \theta) \mid 0 \leqslant \rho \leqslant \rho(\theta), 0 \leqslant \theta \leqslant 2\pi\},$$

也就是(12-25)式中的区域当 $\rho_1(\theta) = 0, \alpha = 0, \beta = 2\pi$ 的情形,所以二重积分(12-24)化为二次积分的公式为

$$\iint\limits_{D} f(x, y)\,\mathrm{d}\sigma = \iint\limits_{D} f(\rho\cos\theta, \rho\sin\theta)\rho\,\mathrm{d}\rho\,\mathrm{d}\theta$$

$$= \int_{0}^{2\pi} \mathrm{d}\theta \int_{0}^{\rho(\theta)} f(\rho\cos\theta, \rho\sin\theta)\rho\,\mathrm{d}\rho. \tag{12-27}$$

(3) 如果极点在区域 D 的边界上,而 D 的边界曲线方程为 $\rho = \rho(\theta)\,(\alpha \leqslant \theta \leqslant \beta)$,如图 12-20(c)所示. 此时区域 D 在极坐标下可表示为

$$D = \{(\rho, \theta) \mid 0 \leqslant \rho \leqslant \rho(\theta), \alpha \leqslant \theta \leqslant \beta\},$$

也就是(12-25)式中的区域当 $\rho_1(\theta) = 0$ 的情形,所以二重积分(12-24)化为二次积分的公式为

$$\iint\limits_{D} f(x, y)\,\mathrm{d}\sigma = \iint\limits_{D} f(\rho\cos\theta, \rho\sin\theta)\rho\,\mathrm{d}\rho\,\mathrm{d}\theta$$

$$= \int_{\alpha}^{\beta} \mathrm{d}\theta \int_{0}^{\rho(\theta)} f(\rho\cos\theta, \rho\sin\theta)\rho\,\mathrm{d}\rho. \tag{12-28}$$

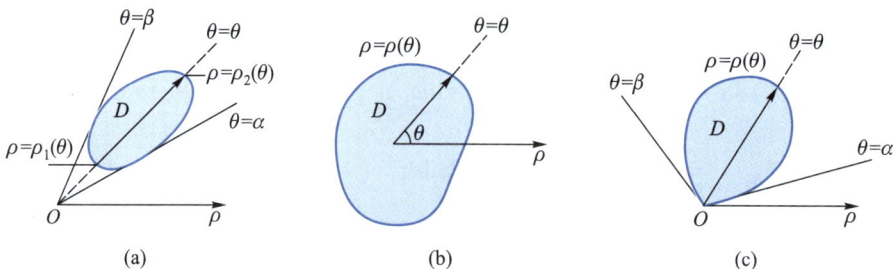

图 12-20

例 7　计算 $\iint\limits_{D} (4 - x^2 - y^2)\,\mathrm{d}\sigma$,其中 D 为圆域 $x^2 + y^2 \leqslant 4$.

解 积分区域 D 如图 12-21 所示. 这一积分可以在直角坐标系下进行计算,但注意到积分区域为圆域以及被积函数的情况,采用极坐标计算更方便.

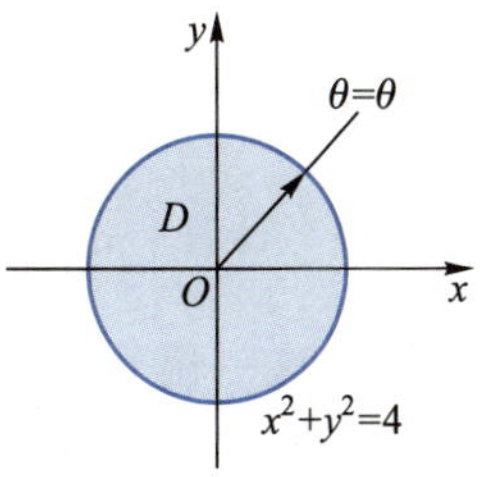

由于区域 D 的边界曲线在极坐标下的方程为 $\rho = 2$,于是区域 D 在极坐标系下可表示成

$$D = \{(\rho, \theta) \mid 0 \leqslant \rho \leqslant 2, 0 \leqslant \theta \leqslant 2\pi\}.$$

利用(12-27)式,得

$$
\begin{aligned}
\iint_D (4 - x^2 - y^2) \, \mathrm{d}\sigma &= \int_0^{2\pi} \mathrm{d}\theta \int_0^2 (4 - \rho^2) \rho \mathrm{d}\rho \\
&= \left(\int_0^{2\pi} \mathrm{d}\theta \right) \left(\int_0^2 (4 - \rho^2) \rho \mathrm{d}\rho \right) \\
&= 2\pi \left(2\rho^2 - \frac{1}{4}\rho^4 \right) \Big|_0^2 = 2\pi \cdot 4 = 8\pi.
\end{aligned}
$$

图 12-21

一般来说,如果二重积分的积分区域 D 为圆域,扇形域或被积函数为 $f(x^2 + y^2)$ 时,采用极坐标来计算常常会比较方便.

例 8 设立体

$$\Omega = \{(x, y, z) \mid x^2 + y^2 + z^2 \leqslant 4a^2, x^2 + y^2 \leqslant 2ax\} \quad (a > 0),$$

计算 Ω 的体积(立体 Ω 称为**维维亚尼**(Viviani)**立体**).

解 很明显,立体 Ω 关于 xOy, xOz 平面对称,故所求体积 V 为 Ω 在第一卦限部分立体 Ω_1 的体积的 4 倍,如图 12-22(a)所示. 由于 Ω_1 在 xOy 平面上的投影区域 $D = \{(x, y) \mid 0 \leqslant y \leqslant \sqrt{2ax - x^2}, 0 \leqslant x \leqslant 2a\}$(图 12-22(b)),于是

$$V = 4 \iint_D \sqrt{4a^2 - x^2 - y^2} \, \mathrm{d}x\mathrm{d}y.$$

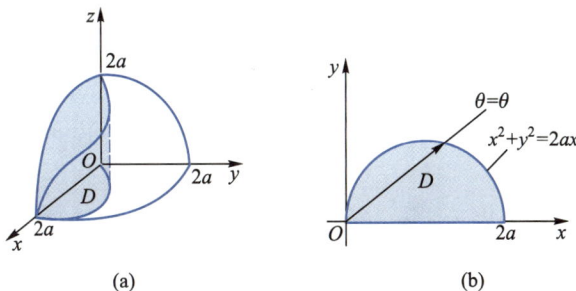

(a)　　　　　　　　(b)

图 12-22

又因在极坐标系下,区域 D 可表示为

$$D = \left\{ (\rho, \theta) \,\middle|\, 0 \leqslant \rho \leqslant 2a\cos\theta, 0 \leqslant \theta \leqslant \frac{\pi}{2} \right\},$$

所以利用(12-28)式,得

$$V = 4 \iint_D \sqrt{4a^2 - x^2 - y^2} \, \mathrm{d}x\mathrm{d}y = 4 \int_0^{\frac{\pi}{2}} \mathrm{d}\theta \int_0^{2a\cos\theta} \sqrt{4a^2 - \rho^2} \, \rho \mathrm{d}\rho$$

$$= \frac{32}{3} a^3 \int_0^{\frac{\pi}{2}} (1 - \sin^3 \theta) \, \mathrm{d}\theta = \frac{32}{3} a^3 \left(\frac{\pi}{2} - \frac{2}{3} \right).$$

例 9 计算 $\displaystyle\int_0^1 \mathrm{d}x \int_{1-x}^{\sqrt{1-x^2}} \frac{x+y}{x^2+y^2} \mathrm{d}y$.

解 这一积分在直角坐标系下计算是比较烦琐的,可考虑采用极坐标计算. 根据二次积分的积分限,积分区域为

$$D : 0 \leqslant x \leqslant 1, 1-x \leqslant y \leqslant \sqrt{1-x^2},$$

其图形如图 12-23 所示. 在极坐标系中,区域 D 可用不等式

$$\frac{1}{\sin \theta + \cos \theta} \leqslant \rho \leqslant 1, 0 \leqslant \theta \leqslant \frac{\pi}{2}$$

来表示. 于是

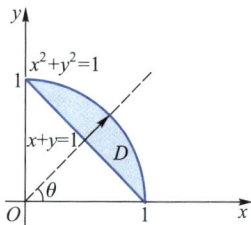

图 12-23

$$\int_0^1 \mathrm{d}x \int_{1-x}^{\sqrt{1-x^2}} \frac{x+y}{x^2+y^2} \mathrm{d}y$$

$$= \iint\limits_D \frac{x+y}{x^2+y^2} \mathrm{d}\sigma = \int_0^{\frac{\pi}{2}} \mathrm{d}\theta \int_{\frac{1}{\sin \theta + \cos \theta}}^1 \frac{\rho\cos \theta + \rho\sin \theta}{\rho^2} \cdot \rho \mathrm{d}\rho$$

$$= \int_0^{\frac{\pi}{2}} \mathrm{d}\theta \int_{\frac{1}{\sin \theta + \cos \theta}}^1 (\cos \theta + \sin \theta) \mathrm{d}\rho = \int_0^{\frac{\pi}{2}} (\cos \theta + \sin \theta) \left(1 - \frac{1}{\sin \theta + \cos \theta} \right) \mathrm{d}\theta$$

$$= \int_0^{\frac{\pi}{2}} (\cos \theta + \sin \theta - 1) \mathrm{d}\theta = 2 - \frac{\pi}{2}.$$

上例的计算过程表明,有些二重积分在直角坐标系下计算可能比较困难,然而在极坐标系下计算可能会更方便一些,有时甚至一些在直角坐标系下无法计算的二重积分在极坐标系下可以得到求解. 因此,在计算二重积分时需要考虑坐标系的选取.

例 10 计算 $I = \iint\limits_D \mathrm{e}^{\frac{y-x}{y+x}} \mathrm{d}x\mathrm{d}y$,其中 D 是由 x 轴,y 轴和直线 $x+y=1$ 所围成的区域.

解 区域 D 的图形如图 12-24 所示. 由于被积函数 $f(x,y) = \mathrm{e}^{\frac{y-x}{y+x}}$ 关于变量 x 或 y 的原函数不能用初等函数表示,因此积分在直角坐标系中无法求出. 下面考虑采用极坐标计算这一积分.

在极坐标系下,区域 D 可表示为

$$0 \leqslant \rho \leqslant \frac{1}{\cos \theta + \sin \theta}, 0 \leqslant \theta \leqslant \frac{\pi}{2},$$

所以

$$I = \iint\limits_D \mathrm{e}^{\frac{y-x}{y+x}} \mathrm{d}x\mathrm{d}y = \int_0^{\frac{\pi}{2}} \mathrm{d}\theta \int_0^{\frac{1}{\cos \theta + \sin \theta}} \mathrm{e}^{\frac{\sin \theta - \cos \theta}{\sin \theta + \cos \theta}} \rho \mathrm{d}\rho = \frac{1}{2} \int_0^{\frac{\pi}{2}} \frac{1}{(\cos \theta + \sin \theta)^2} \mathrm{e}^{\frac{\sin \theta - \cos \theta}{\sin \theta + \cos \theta}} \mathrm{d}\theta$$

$$= \frac{1}{4} \int_0^{\frac{\pi}{2}} \mathrm{e}^{\frac{\sin \theta - \cos \theta}{\sin \theta + \cos \theta}} \mathrm{d}\left(\frac{\sin \theta - \cos \theta}{\sin \theta + \cos \theta} \right) = \frac{1}{4} \mathrm{e}^{\frac{\sin \theta - \cos \theta}{\sin \theta + \cos \theta}} \bigg|_0^{\frac{\pi}{2}} = \frac{1}{4} \left(\mathrm{e} - \frac{1}{\mathrm{e}} \right).$$

例 11 计算 $I = \iint\limits_D \mathrm{e}^{-(x^2+y^2)} \mathrm{d}x\mathrm{d}y$,其中 D 为圆域 $x^2+y^2 \leqslant a^2$.

解　积分区域 D 的图形如图 12-25 所示. 注意到被积函数 $f(x,y)=\mathrm{e}^{-(x^2+y^2)}$ 关于变量 x 或 y 的原函数不是初等函数,故下面采用极坐标计算.

$$I=\iint\limits_{D}\mathrm{e}^{-(x^2+y^2)}\mathrm{d}x\mathrm{d}y=\int_0^{2\pi}\mathrm{d}\theta\int_0^a\mathrm{e}^{-\rho^2}\cdot\rho\mathrm{d}\rho$$

$$=2\pi\int_0^a\rho\mathrm{e}^{-\rho^2}\mathrm{d}\rho=\pi(-\mathrm{e}^{-\rho^2})\Big|_0^a=\pi(1-\mathrm{e}^{-a^2}).$$

利用例 11 的结果,我们可以计算在工程上常用的广义积分 $\int_0^{+\infty}\mathrm{e}^{-x^2}\mathrm{d}x$ 的值.

设 $D_1=\{(x,y)\mid x^2+y^2\leqslant R^2,x\geqslant0,y\geqslant0\}$,

$\quad\ D_2=\{(x,y)\mid x^2+y^2\leqslant2R^2,x\geqslant0,y\geqslant0\}$,

$\quad\ D=\{(x,y)\mid0\leqslant x\leqslant R,0\leqslant y\leqslant R\}$,

其图形如图 12-26 所示. 显然 $D_1\subset D\subset D_2$,由于 $\mathrm{e}^{-(x^2+y^2)}>0$,所以有不等式

$$\iint\limits_{D_1}\mathrm{e}^{-(x^2+y^2)}\mathrm{d}\sigma<\iint\limits_{D}\mathrm{e}^{-(x^2+y^2)}\mathrm{d}\sigma<\iint\limits_{D_2}\mathrm{e}^{-(x^2+y^2)}\mathrm{d}\sigma.$$

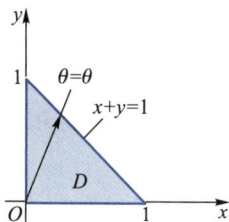

图 12-24

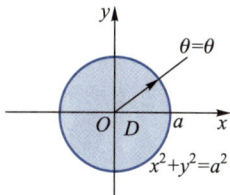

图 12-25

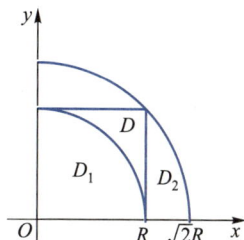

图 12-26

又

$$\iint\limits_{D}\mathrm{e}^{-(x^2+y^2)}\mathrm{d}\sigma=\int_0^R\mathrm{d}x\int_0^R\mathrm{e}^{-(x^2+y^2)}\mathrm{d}y=\int_0^R\mathrm{e}^{-x^2}\mathrm{d}x\cdot\int_0^R\mathrm{e}^{-y^2}\mathrm{d}y$$

$$=\left(\int_0^R\mathrm{e}^{-x^2}\mathrm{d}x\right)^2,$$

以及从例 11 的结果可知

$$\iint\limits_{D_1}\mathrm{e}^{-(x^2+y^2)}\mathrm{d}\sigma=\frac{\pi}{4}(1-\mathrm{e}^{-R^2}),\ \iint\limits_{D_2}\mathrm{e}^{-(x^2+y^2)}\mathrm{d}\sigma=\frac{\pi}{4}(1-\mathrm{e}^{-2R^2}),$$

所以

$$\frac{\pi}{4}(1-\mathrm{e}^{-R^2})<\left(\int_0^R\mathrm{e}^{-x^2}\mathrm{d}x\right)^2<\frac{\pi}{4}(1-\mathrm{e}^{-2R^2}).$$

在上式中令 $R\to+\infty$,并利用夹逼定理,得

$$\lim_{R\to+\infty}\left(\int_0^R\mathrm{e}^{-x^2}\mathrm{d}x\right)^2=\frac{\pi}{4},$$

即

$$\int_0^{+\infty}\mathrm{e}^{-x^2}\mathrm{d}x=\frac{\sqrt{\pi}}{2}.$$

这就是著名的**概率积分**.

˙12.2.3   二重积分的换元法则

我们知道,在定积分的计算中换元法是计算定积分的重要方法之一,它常常可将一个计算较为复杂的积分化为较简单的积分. 二重积分的换元法也有类似的作用. 在上一节中,我们通过公式(12-24)将直角坐标下的二重积分转化为极坐标下的二重积分,从而使许多二重积分的计算得到简化和求解. 公式(12-24)实际上是一种换元法,它给出了在直角坐标与极坐标的坐标变换

$$\begin{cases} x = \rho\cos\ \theta, \\ y = \rho\sin\ \theta \end{cases}$$

之下二重积分之间的转换方法. 下面我们讨论二重积分的一般换元法则.

对于定积分 $\int_a^b f(x)\,\mathrm{d}x$,若作变量代换 $x = \varphi(t)$,则要把被积函数 $f(x)$ 变为 $f[\varphi(t)]$,$\mathrm{d}x$ 变为 $\varphi'(t)\mathrm{d}t$,积分区间 $[a,b]$ 变为对应的 t 的变化区间 $[\alpha,\beta]$,这里 $\varphi([\alpha,\beta]) = [a,b]$.

对于二重积分 $\iint\limits_D f(x,y)\,\mathrm{d}\sigma$,若作变换

$$T: \begin{cases} x = x(u,v), \\ y = y(u,v), \end{cases} \tag{12-29}$$

与定积分相仿,这时除了把被积函数 $f(x,y)$ 变为 $f(x(u,v),y(u,v))$,还需要把 xOy 平面中的积分区域 D 变换为 uOv 平面中的区域 D_{uv},使之满足 $T(D_{uv}) = D$,并把区域 D 中的面积元素 $\mathrm{d}\sigma$(或 $\mathrm{d}x\mathrm{d}y$)用区域 D_{uv} 中的面积元素 $\mathrm{d}\sigma'$ 表示.

下面我们讨论在变换 T 下,区域 D 中的面积元素 $\mathrm{d}\sigma$ 与其在区域 D_{uv} 中的对应面积元素 $\mathrm{d}\sigma'$ 之间的转换关系. 设函数 $x(u,v),y(u,v)$ 在 D_{uv} 上具有一阶连续的偏导数,这样的变换(映射) T 也称为在 D_{uv} 上是 **C^1 类的变换(映射)**. 如果在 D_{uv} 上雅可比行列式

$$J(u,v) = \frac{\partial(x,y)}{\partial(u,v)} \neq 0,$$

则根据隐函数存在性定理,映射 T 是 D_{uv} 上的可逆映射,且其逆映射

$$T^{-1}: \begin{cases} u = u(x,y), \\ v = v(x,y) \end{cases}$$

在 D 上也是 C^1 类的映射. 由于 T 将 D_{uv} 映射成 D,所以 T 是 uOv 平面中的区域 D_{uv} 与 xOy 平面中的区域 D 之间的一个一一映射,如图 12-27 所示.

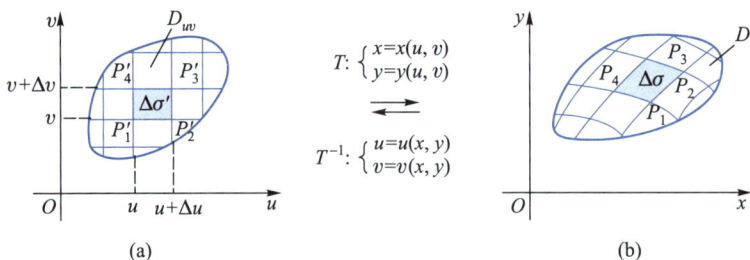

(a)   (b)

图 12-27

设如图 12-27(a)所示的矩形小区域 $\Delta\sigma'$ 的四个顶点为 $P_1'(u,v)$，$P_2'(u+\Delta u,v)$，$P_3'(u+\Delta u,$ $v+\Delta v)$，$P_4'(u,v+\Delta v)$，其面积(也记为 $\Delta\sigma'$)为 $\Delta\sigma'=\Delta u\Delta v$，矩形区域 $\Delta\sigma'$ 经变换 T 映射之后变换成 xOy 平面上的一个曲边四边形区域 $\Delta\sigma$(图 12-27(b))，它的四个顶点的坐标经泰勒公式可表示为

$$P_1 : x_1=x(u,v)，y_1=y(u,v)；$$
$$P_2 : x_2=x(u+\Delta u,v)=x(u,v)+x_u'(u,v)\Delta u+o(\Delta u)，$$
$$y_2=y(u+\Delta u,v)=y(u,v)+y_u'(u,v)\Delta u+o(\Delta u)；$$
$$P_3 : x_3=x(u+\Delta u,v+\Delta v)$$
$$=x(u,v)+x_u'(u,v)\Delta u+x_v'(u,v)\Delta v+o(\sqrt{(\Delta u)^2+(\Delta v)^2})，$$
$$y_3=y(u+\Delta u,v+\Delta v)$$
$$=y(u,v)+y_u'(u,v)\Delta u+y_v'(u,v)\Delta v+o(\sqrt{(\Delta u)^2+(\Delta v)^2})；$$
$$P_4 : x_4=x(u,v+\Delta v)=x(u,v)+x_v'(u,v)\Delta v+o(\Delta v)，$$
$$y_4=y(u,v+\Delta v)=y(u,v)+y_v'(u,v)\Delta v+o(\Delta v)，$$

其面积也记为 $\Delta\sigma$(图 12-27(b))．可以看到，由于 T 是 C^1 类的映射，故当 $\Delta u\to 0$，$\Delta v\to 0$ 时，曲边四边形 $\Delta\sigma$ 的面积与直边四边形(四个顶点用直线相连)$P_1P_2P_3P_4$ 的面积只相差一个高阶的无穷小量．又从点 P_1,P_2,P_3,P_4 的坐标表达式可知，在忽略各坐标中的高阶无穷小之后，直边四边形 $P_1P_2P_3P_4$ 近似于平行四边形．因此，若不计高阶无穷小，曲边四边形 $\Delta\sigma$ 可近似地看作是以 $\overrightarrow{P_1P_2}$，$\overrightarrow{P_1P_4}$ 为边的平行四边形，其面积为

$$\left|\overrightarrow{P_1P_2}\times\overrightarrow{P_1P_4}\right|=\left|\begin{vmatrix} \boldsymbol{i} & \boldsymbol{j} & \boldsymbol{k} \\ x_u'\Delta u+o(\Delta u) & y_u'\Delta u+o(\Delta u) & 0 \\ x_v'\Delta v+o(\Delta v) & y_v'\Delta v+o(\Delta v) & 0 \end{vmatrix}\right|$$
$$=\left|\left\{0,0,\frac{\partial(x,y)}{\partial(u,v)}\Delta u\Delta v+o(\Delta u\Delta v)\right\}\right|$$
$$=\left|\frac{\partial(x,y)}{\partial(u,v)}\right|\Delta u\Delta v+o(\Delta u\Delta v).$$

从而有

$$\Delta\sigma=\left|\frac{\partial(x,y)}{\partial(u,v)}\right|\Delta u\Delta v+o(\Delta u\Delta v)，$$

即

$$\Delta\sigma=\left|\frac{\partial(x,y)}{\partial(u,v)}\right|\Delta\sigma'+o(\Delta\sigma')，$$

所以面积元素 $d\sigma$ 与 $d\sigma'$ 之间的转换关系式为

$$d\sigma=\left|\frac{\partial(x,y)}{\partial(u,v)}\right|d\sigma'=\left|\frac{\partial(x,y)}{\partial(u,v)}\right|dudv.$$

于是二重积分 $\iint\limits_D f(x,y)d\sigma$ 的被积表达式在变换 T 下可表示为

$$f(x,y)d\sigma=f(x(u,v),y(u,v))\left|\frac{\partial(x,y)}{\partial(u,v)}\right|dudv.$$

从而可知,将上式左边沿区域 D 进行累积(积分)就等于将上式右边沿区域 D_{uv} 进行累积(积分),故有

$$\iint\limits_{D} f(x,y)\,\mathrm{d}\sigma = \iint\limits_{D_{uv}} f(x(u,v),y(u,v)) \left| \frac{\partial(x,y)}{\partial(u,v)} \right| \mathrm{d}u\mathrm{d}v,$$

这就是二重积分的换元法,我们把它表述为下面的定理.

定理 3 设函数 $f(x,y)$ 在有界闭区域 D 上连续,变换

$$T:\begin{cases} x=x(u,v), \\ y=y(u,v) \end{cases}$$

将 uOv 平面上的闭区域 D' 变换为 xOy 平面上的 D,且满足:

(1) $x=x(u,v)$,$y=y(u,v)$ 在 D' 上有一阶连续的偏导数;

(2) 在 D' 上雅可比行列式

$$J(u,v) = \frac{\partial(x,y)}{\partial(u,v)} \neq 0,$$

则

$$\iint\limits_{D} f(x,y)\,\mathrm{d}\sigma = \iint\limits_{D'} f(x(u,v),y(u,v)) \left| \frac{\partial(x,y)}{\partial(u,v)} \right| \mathrm{d}u\mathrm{d}v. \tag{12-30}$$

公式(12-30)称为**二重积分的换元公式**,$|J(u,v)|\,\mathrm{d}u\mathrm{d}v$ 称为**面积元素**.

由于 T 的逆变换

$$T^{-1}:\begin{cases} u=u(x,y), \\ v=v(x,y) \end{cases}$$

的雅可比行列式 $\dfrac{\partial(u,v)}{\partial(x,y)}$ 与 T 的雅可比行列式 $\dfrac{\partial(x,y)}{\partial(u,v)}$ 满足等式

$$\frac{\partial(u,v)}{\partial(x,y)} \cdot \frac{\partial(x,y)}{\partial(u,v)} = 1,[1]$$

所以二重积分的换元公式(12-30)也可写成

$$\iint\limits_{D} f(x,y)\,\mathrm{d}\sigma = \iint\limits_{D'} f(x(u,v),y(u,v)) \frac{1}{\left| \dfrac{\partial(u,v)}{\partial(x,y)} \right|} \mathrm{d}u\mathrm{d}v. \tag{12-31}$$

另外,我们还需要指出,公式(12-30)是在雅可比行列式 $J(u,v) \neq 0$ 的条件下获得的,当 $J(u,v)$ 在个别点或一条曲线上等于零而在其他点上不等于零时,换元公式(12-30)仍然成立.

作为换元公式(12-30)的一个应用,我们重新考察一下极坐标下二重积分的换元公式. 此时变换

$$T:\begin{cases} x=\rho\cos\theta, \\ y=\rho\sin\theta, \end{cases}$$

其雅可比行列式为

---

[1] 这一性质可通过多元复合函数的链式法则和行列式的乘法性质证明,这里我们略去其证明.

$$J(\rho,\theta)=\begin{vmatrix}\cos\theta & -\rho\sin\theta\\ \sin\theta & \rho\cos\theta\end{vmatrix}=\rho>0.$$

于是从(12-30)式,得

$$\iint\limits_{D}f(x,y)\mathrm{d}\sigma=\iint\limits_{D}f(\rho\cos\theta,\rho\sin\theta)\rho\mathrm{d}\rho\mathrm{d}\theta.$$

这正是我们在上一节已经讨论过的二重积分在极坐标下的计算公式(12-24).

例 12 计算 $I=\iint\limits_{D}\sqrt{1-\dfrac{x^2}{a^2}-\dfrac{y^2}{b^2}}\mathrm{d}x\mathrm{d}y$,其中 D 由椭圆 $\dfrac{x^2}{a^2}+\dfrac{y^2}{b^2}=1$ 围成 $(a>0,b>0)$.

解 很明显,计算这一积分的关键在于对积分区域和被积函数的简化.根据被积函数和积分区域 $\dfrac{x^2}{a^2}+\dfrac{y^2}{b^2}\leqslant1$ 的形式,可考虑作变换

$$x=a\rho\cos\theta,y=b\rho\sin\theta(\rho\geqslant0,0\leqslant\theta\leqslant2\pi).$$

在此变换下,由于 D 的边界曲线 $\dfrac{x^2}{a^2}+\dfrac{y^2}{b^2}=1$ 被变换为 $\rho=1(0\leqslant\theta\leqslant2\pi)$,可知与积分区域 D 对应的区域

$$D'=\{(\rho,\theta)\mid 0\leqslant\rho\leqslant1,0\leqslant\theta\leqslant2\pi\},$$

如图 12-28 所示.

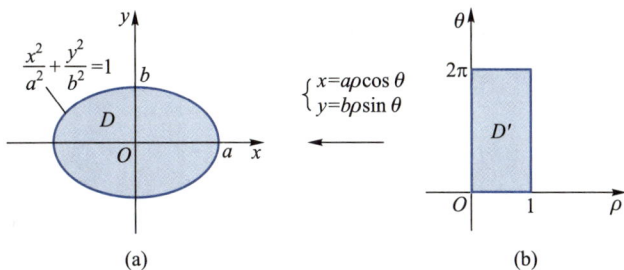

图 12-28

变换的雅可比行列式为

$$J(\rho,\theta)=\frac{\partial(x,y)}{\partial(\rho,\theta)}=\begin{vmatrix}a\cos\theta & -a\rho\sin\theta\\ b\sin\theta & b\rho\cos\theta\end{vmatrix}=ab\rho.$$

利用公式(12-30),得

$$\iint\limits_{D}\sqrt{1-\frac{x^2}{a^2}-\frac{y^2}{b^2}}\mathrm{d}x\mathrm{d}y=\iint\limits_{D'}\sqrt{1-\rho^2}\cdot ab\rho\mathrm{d}\rho\mathrm{d}\theta=ab\int_0^{2\pi}\mathrm{d}\theta\int_0^1\sqrt{1-\rho^2}\rho\mathrm{d}\rho$$

$$=-\pi ab\int_0^1\sqrt{1-\rho^2}\mathrm{d}(1-\rho^2)$$

$$=-\frac{2\pi ab}{3}(1-\rho^2)^{\frac{3}{2}}\Big|_0^1=\frac{2}{3}\pi ab.$$

在上例求解过程中所用的变换

$$
\begin{cases} x = a\rho\cos\theta, \\ y = b\rho\sin\theta \end{cases} (\rho \geqslant 0, 0 \leqslant \theta \leqslant 2\pi)
$$

称为**广义极坐标变换**,这是一个常用的变换.

例 13　计算 $\iint\limits_D e^{\frac{y-x}{y+x}}dxdy$,其中 D 是由 x 轴,y 轴与直线 $x+y=1$ 围成的三角形区域(图 12-29(a)).

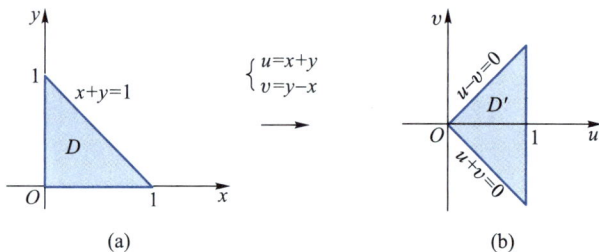

$$
\begin{cases} u = x+y \\ v = y-x \end{cases}
$$

图 12-29

解　在例 10 中,我们利用极坐标已经解过此题,下面考虑用更一般的换元法来计算这一积分.显然,计算这一积分的关键是要设法通过变换来简化被积函数.作变换

$$
\begin{cases} u = x+y, \\ v = y-x. \end{cases}
$$

由于变换把 D 的边界 $x+y=1$ 变成 $u=1$;$y=0$ 变成 $u+v=0$;$x=0$ 变成 $u-v=0$,可知与积分区域 D 对应的区域 D' 如图 12-29(b)所示.又因雅可比行列式

$$
\frac{\partial(u,v)}{\partial(x,y)} = \begin{vmatrix} 1 & 1 \\ -1 & 1 \end{vmatrix} = 2.
$$

利用换元公式(12-31),得

$$
\iint\limits_D e^{\frac{y-x}{y+x}}dxdy = \iint\limits_{D'} e^{\frac{v}{u}} \cdot \frac{1}{2}dudv = \frac{1}{2}\int_0^1 du \int_{-u}^u e^{\frac{v}{u}}dv = \frac{1}{2}\int_0^1 \left(e - \frac{1}{e}\right)udu
$$

$$
= \frac{1}{4}\left(e - \frac{1}{e}\right).
$$

以上两例的计算过程反映了采用变量代换计算二重积分应考虑的主要问题:

(1) 当 D 的边界曲线较复杂时,可考虑通过变换将区域 D 化为较规则的区域 D',从而使积分限更易确定;

(2) 当被积函数不易求积时,可考虑通过变量代换简化被积函数,使之能够方便地求积.

例 14　求由曲线 $y^2=px$,$y^2=qx$,$x^2=ay$,$x^2=by$ 所围成的平面图形的面积(其中 $0<p<q$,$0<a<b$).

解　区域 D 的图形如图 12-30(a)所示,其面积

$$
S = \iint\limits_D dxdy.
$$

很明显,D 是不规则的图形,下面考虑通过变量代换将其化为较规则的图形.

作变换

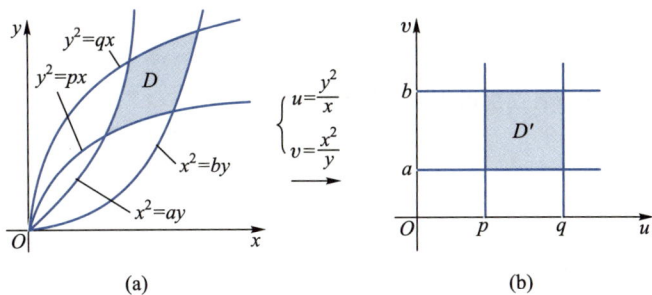

图 12-30

$$\begin{cases} u = \dfrac{y^2}{x}, \\ v = \dfrac{x^2}{y}, \end{cases}$$

则此变换将 D 变成 uOv 平面上的矩形区域

$$D' = \{ (u,v) \mid p \leqslant u \leqslant q, a \leqslant v \leqslant b \},$$

如图 12-30(b)所示. 又因为在 D 上雅可比行列式为

$$\frac{\partial(u,v)}{\partial(x,y)} = \begin{vmatrix} -\dfrac{y^2}{x^2} & \dfrac{2y}{x} \\ \dfrac{2x}{y} & -\dfrac{x^2}{y^2} \end{vmatrix} = 1 - 4 = -3 \neq 0.$$

利用换元公式(12-31),得

$$S = \iint\limits_{D} \mathrm{d}x\mathrm{d}y = \iint\limits_{D'} \frac{1}{\left| \dfrac{\partial(u,v)}{\partial(x,y)} \right|} \mathrm{d}u\mathrm{d}v = \iint\limits_{D'} \frac{1}{3} \mathrm{d}u\mathrm{d}v = \frac{1}{3}(b-a)(q-p).$$

习题 12.2

（A）

1. 计算下列各二重积分：

(1) $\displaystyle\iint\limits_{D} \sin(2x+3y)\mathrm{d}\sigma$,其中 $D = \left\{ (x,y) \mid 0 \leqslant x \leqslant \dfrac{\pi}{6}, 0 \leqslant y \leqslant \dfrac{\pi}{18} \right\}$;

(2) $\displaystyle\iint\limits_{D} x\mathrm{e}^{x^2+y}\mathrm{d}\sigma$,其中 $D = \{ (x,y) \mid 0 \leqslant x \leqslant 4, 1 \leqslant y \leqslant 3 \}$.

2. 设 $D = \{ (x,y) \mid a \leqslant x \leqslant b, c \leqslant y \leqslant d \}$,函数 $f(x)$ 和 $g(y)$ 分别在区间 $[a,b]$ 和 $[c,d]$ 上连续,证明：

$$\iint\limits_{D} f(x)g(y)\mathrm{d}x\mathrm{d}y = \left[\int_a^b f(x)\,\mathrm{d}x \right] \left[\int_c^d g(y)\,\mathrm{d}y \right].$$

3. 画出下列各题中给出的区域 D,并将二重积分 $\displaystyle\iint\limits_{D} f(x,y)\mathrm{d}\sigma$ 化成两种不同次序的二次积分(假定函数 $f(x,y)$ 在区域 D 上连续)：

(1) D 由曲线 $xy = 1, y = x, x = 2$ 围成;

（2）D 由曲线 $y=x^2$ 与 $y=x+2$ 围成；

（3）$D=\{(x,y)\mid \max\{1-x,x-1\}\leqslant y\leqslant 1\}$.

4. 设函数 $f(x,y)$ 连续，交换下列各二次积分的积分次序：

（1）$\displaystyle\int_0^\pi \mathrm{d}x\int_0^{\sin x}f(x,y)\,\mathrm{d}y$；

（2）$\displaystyle\int_0^2 \mathrm{d}x\int_{\sqrt{2x-x^2}}^{\sqrt{4-x^2}}f(x,y)\,\mathrm{d}y$；

（3）$\displaystyle\int_0^1 \mathrm{d}y\int_{y^2}^{\sin\frac{\pi}{2}y}f(x,y)\,\mathrm{d}x$；

（4）$\displaystyle\int_{-1}^0 \mathrm{d}y\int_{y^2}^1 f(x,y)\,\mathrm{d}x+\int_0^1 \mathrm{d}y\int_y^1 f(x,y)\,\mathrm{d}x$.

5. 计算下列二重积分：

（1）$\displaystyle\iint_D xy\,\mathrm{d}x\mathrm{d}y$，其中 D 由曲线 $y=\sqrt{x}$，$x+y=2$ 和 y 轴围成；

（2）$\displaystyle\iint_D \frac{1}{\sqrt{2-y}}\,\mathrm{d}x\mathrm{d}y$，其中 $D=\{(x,y)\mid x^2+y^2\leqslant 2y\}$；

（3）$\displaystyle\iint_D \frac{y^2}{x^2+y^2}\,\mathrm{d}x\mathrm{d}y$，其中 $D=\{(x,y)\mid 1\leqslant y\leqslant \sqrt{3},0\leqslant x\leqslant y^2\}$；

（4）$\displaystyle\iint_D (12-3x-4y)\,\mathrm{d}\sigma$，其中 D 由直线 $x=0,y=0$ 和 $3x+4y=12$ 围成；

（5）$\displaystyle\iint_D (x^2+y^2-y)\,\mathrm{d}\sigma$，其中 D 由直线 $y=x,y=\dfrac{x}{2}$ 和 $y=2$ 围成；

（6）$\displaystyle\iint_D x\sin(x+y)\,\mathrm{d}\sigma$，其中 D 由直线 $x=\sqrt{\pi}$ 与抛物线 $y=x^2-x$ 及其在点 $(0,0)$ 的切线围成.

6. 计算下列二次积分：

（1）$\displaystyle\int_0^{\sqrt{\pi}} \mathrm{d}x\int_x^{\sqrt{\pi}}\sin(y^2)\,\mathrm{d}y$；　　　　　　（2）$\displaystyle\int_2^4 \mathrm{d}y\int_{\frac{y}{2}}^2 \mathrm{e}^{x^2-2x}\,\mathrm{d}x$；

（3）$\displaystyle\int_0^1 \mathrm{d}x\int_{x^2}^1 \frac{x^3}{1+y^3}\,\mathrm{d}y$；　　　　　　（4）$\displaystyle\int_0^{\ln 2} \mathrm{d}y\int_{\mathrm{e}^y}^2 \mathrm{e}^{x+3y-\frac{1}{4}x^4}\,\mathrm{d}x$；

（5）$\displaystyle\int_1^2 \mathrm{d}x\int_{\sqrt{x}}^x \sin\frac{\pi x}{2y}\,\mathrm{d}y+\int_2^4 \mathrm{d}x\int_{\sqrt{x}}^2 \sin\frac{\pi x}{2y}\,\mathrm{d}y$；　　（6）$\displaystyle\int_{\frac{1}{4}}^{\frac{1}{2}} \mathrm{d}y\int_{\frac{1}{2}}^{\sqrt{y}} \mathrm{e}^{\frac{y}{x}}\,\mathrm{d}x+\int_{\frac{1}{2}}^1 \mathrm{d}y\int_y^{\sqrt{y}} \mathrm{e}^{\frac{y}{x}}\,\mathrm{d}x$.

7. 化下列二重积分为极坐标系下的二次积分：

（1）$\displaystyle\iint_D f(x^2+y^2)\,\mathrm{d}\sigma$，其中 $D=\{(x,y)\mid 0\leqslant x\leqslant 1,0\leqslant y\leqslant 1-x\}$；

（2）$\displaystyle\iint_D f(xy)\,\mathrm{d}\sigma$，其中 $D=\{(x,y)\mid 0\leqslant x\leqslant 1,x^2\leqslant y\leqslant 1\}$；

（3）$\displaystyle\iint_D f(x+y)\,\mathrm{d}\sigma$，其中 $D=\{(x,y)\mid \sqrt{y}\leqslant x\leqslant \sqrt{2-y^2},0\leqslant y\leqslant 1\}$.

8. 计算下列二重积分：

（1）$\displaystyle\iint_D (x+y)^3\,\mathrm{d}\sigma$，其中 $D=\{(x,y)\mid x\geqslant 0,y\geqslant 0,x^2+y^2\leqslant 1\}$；

（2）$\displaystyle\iint_D xy\,\mathrm{d}\sigma$，其中 $D=\{(x,y)\mid y\geqslant 0,1\leqslant x^2+y^2\leqslant 2x\}$；

（3）$\iint\limits_{D} e^{xy} d\sigma$，其中 $D = \{(x,y) \mid 1 \leq xy \leq 2, x \leq y \leq 2x\}$；

（4）$\iint\limits_{D} \dfrac{dxdy}{(1+x^2+y^2)^2}$，其中 D 是圆环域 $1 \leq x^2+y^2 \leq 4$；

（5）$\iint\limits_{D} xye^{1-x^2-y^2} dxdy$，其中 $D = \{(x,y) \mid x \geq 0, y \geq 0, x^2+y^2 \leq 1\}$；

（6）$\iint\limits_{D} \dfrac{dxdy}{x(x^2+y^2)}$，其中 $D = \{(x,y) \mid x \geq 1, (x-1)^2+y^2 \leq 1\}$.

9. 计算下列二次积分：

（1）$\displaystyle\int_0^1 dx \int_{1-x}^{\sqrt{1-x^2}} (x^2+y^2)^{-\frac{3}{2}} dy$； （2）$\displaystyle\int_0^{\frac{\sqrt{2}}{2}} dy \int_y^{\sqrt{1-y^2}} \arctan \dfrac{y}{x} dx$；

（3）$\displaystyle\int_0^1 dy \int_y^{\sqrt{2-y^2}} \dfrac{\arctan \dfrac{y}{x}}{\sqrt{x^2+y^2}} dx$；

（4）$\displaystyle\int_0^1 dx \int_{-x}^{x} e^{-x^2-y^2} dy + \int_1^{\sqrt{2}} dx \int_{-\sqrt{2-x^2}}^{\sqrt{2-x^2}} e^{-x^2-y^2} dy$.

10. 利用二重积分计算下列平面区域 D 的面积：

（1）D 由曲线 $y = e^x, y = e^{-x}$ 及 $x = 1$ 围成；

（2）D 由曲线 $y = x+1, y^2 = -x-1$ 围成；

（3）D 由曲线 $(x^2+y^2)^2 = 2a^2(x^2-y^2)$ 围成 $(a>0)$.

11. 利用二重积分求下列各题立体 Ω 的体积：

（1）$\Omega = \{(x,y,z) \mid x^2+y^2 \leq 1, 0 \leq z \leq 6-2x-2y\}$；

（2）$\Omega = \{(x,y,z) \mid x^2+y^2 \leq z \leq 1+\sqrt{1-x^2-y^2}\}$；

（3）$\Omega = \{(x,y,z) \mid x^2+y^2 \leq 1+z^2, |z| \leq 1\}$；

（4）Ω 由两半径为 R，中心轴互相正交的圆柱面围成.

12. 利用对称性质计算下列二重积分：

（1）$\iint\limits_{D} (1+x+x^2) \arcsin \dfrac{y}{R} d\sigma$，其中 $D = \{(x,y) \mid (x-R)^2+y^2 \leq R^2\}$；

（2）$\iint\limits_{D} (ax+by+c) d\sigma$，其中 a,b,c 为常数，$D = \{(x,y) \mid x^2+y^2 \leq R^2\}$；

（3）$\iint\limits_{D} \dfrac{x^2(1+x^5\sqrt{1+y})}{1+x^6} dxdy$，其中 $D = \{(x,y) \mid |x| \leq 1, 0 \leq y \leq 2\}$；

（4）$\iint\limits_{D} \dfrac{1+x+y}{1+|x|+|y|} dxdy$，其中 $D = \{(x,y) \mid |x|+|y| \leq 1\}$；

（5）$\iint\limits_{D} \dfrac{\ln[(1+e^x)^y(1+e^y)^x]}{1+\dfrac{x^2}{a^2}+\dfrac{y^2}{b^2}} dxdy$，其中 D 为椭圆域 $\dfrac{x^2}{a^2}+\dfrac{y^2}{b^2} \leq 1$.

13. 设函数 $f(u)$ 在 $[0,1]$ 上连续，证明：

$$\int_0^{\pi} dy \int_0^y f(\sin x) dx = \int_0^{\pi} x f(\sin x) dx.$$

*14. 作适当的变量代换,计算下列二重积分:

(1) $\iint\limits_{D}(x+y)^3\cos^2(x-y)\mathrm{d}x\mathrm{d}y$,其中 D 是以 $(\pi,0)$,$(3\pi,2\pi)$,$(2\pi,3\pi)$ 和 $(0,\pi)$ 为顶点的平行四边形;

(2) $\iint\limits_{D}\mathrm{e}^{\frac{x}{x+y}}\mathrm{d}x\mathrm{d}y$,其中 D 由直线 $y=0$,$x+y=1$,$y=x$ 围成;

(3) $\iint\limits_{D}\left(1-\dfrac{x^2}{a^2}-\dfrac{y^2}{b^2}\right)^{\frac{3}{2}}\mathrm{d}x\mathrm{d}y$,其中 D 为椭圆域 $\dfrac{x^2}{a^2}+\dfrac{y^2}{b^2}\leqslant 1$;

(4) $\iint\limits_{D}x^2y^2\mathrm{d}x\mathrm{d}y$,其中 $D=\{(x,y)\,|\,x\leqslant y\leqslant 3x,2\leqslant xy\leqslant 4\}$.

*15. 求下列平面区域 D 的面积:

(1) D 是由曲线 $y=x^3$,$y=4x^3$,$x=y^3$,$x=4y^3$ 所围成的第一象限部分的闭区域;

(2) D 由椭圆 $(2x+3y+4)^2+(5x+6y+7)^2=9$ 围成.

*16. 设 $D=\left\{(x,y)\,\Big|\,0\leqslant y\leqslant\dfrac{\sqrt{2}}{2},y\leqslant x\leqslant\sqrt{1-y^2}\right\}$,利用下列两种给定的变换:

(1) $u=x+y,v=x-y$;　　(2) $u=x^2+y^2,v=2xy$.

计算二重积分

$$\iint\limits_{D}(x^2-y^2)\,\mathrm{e}^{(x+y)^2}\mathrm{d}x\mathrm{d}y.$$

(B)

1. 设 $D=\{(x,y)\,|\,x\geqslant 0,y\geqslant 0,x^2+y^2\leqslant 1\}$,求满足

$$f(x,y)=1-2xy+8(x^2+y^2)\iint\limits_{D}f(x,y)\mathrm{d}x\mathrm{d}y$$

的连续函数 $f(x,y)$.

2. 求极限:$\lim\limits_{t\to 0^+}\dfrac{1}{t^3}\displaystyle\int_0^t\mathrm{d}x\int_{x^2}^{xt}\sqrt{1+\cos(x^2+y^2)}\,\mathrm{d}y$.

3. 设 $f(x,y)=\dfrac{(1+x)^y}{(1+y)^x}$,$D=\{(x,y)\,|\,1\leqslant x\leqslant 2,2\leqslant y\leqslant 3\}$,求

$$\iint\limits_{D}f''_{xy}(x,y)\mathrm{d}x\mathrm{d}y.$$

4. 设 $f(x)$ 是 $[a,b]$ 上恒取正值的连续函数,试用二重积分证明:

$$\int_a^b f(x)\mathrm{d}x\int_a^b\frac{\mathrm{d}x}{f(x)}\geqslant(b-a)^2.$$

5. 求 $\displaystyle\int_1^{\sqrt{3}}\mathrm{d}x\int_{\sqrt{4-x^2}}^{\sqrt{3}x}\mathrm{e}^{\arctan\frac{y}{x}}\mathrm{d}y+\int_{\sqrt{3}}^3\mathrm{d}x\int_{\frac{1}{\sqrt{3}}x}^{\sqrt{12-x^2}}\mathrm{e}^{\arctan\frac{y}{x}}\mathrm{d}y$.

6. 设 $f(u)$ 是连续函数,D 如题图(B)6 所示,即

$$D=\{(x,y)\,|\,|x|\leqslant 2,|y|\leqslant 2,x^2+(y-2)^2\geqslant 1,$$
$$(x-2)^2+y^2\geqslant 1\}.$$

计算二重积分

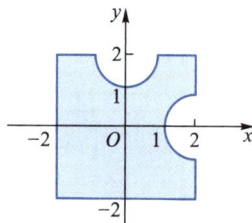

题图(B)6

$$\iint\limits_{D}[x+y+xyf(x^2+y^2)]\mathrm{d}\sigma.$$

12.3 三重积分的计算

设函数 $f(x,y,z)$ 在空间有界区域 Ω 上连续,此时 $f(x,y,z)$ 在 Ω 上可积,本节讨论三重积分 $\iiint\limits_{\Omega} f(x,y,z)\,\mathrm{d}V$ 的计算方法.

很明显,计算三重积分 $\iiint\limits_{\Omega} f(x,y,z)\,\mathrm{d}V$ 的难点在于"三重",因此如何化解"三重"这一难点就成为三重积分计算中的首要问题. 在有了定积分、二重积分的基础之后,消除"三重"难点的一种自然的想法是设法将三重积分分解成:先作一次二重积分,再作一次定积分或者先作一次定积分,再作一次二重积分. 可以设想,如果这一分解可以实现,那么利用二重积分化为二次积分的方法就可将三重积分化为计算三次定积分(称为**三次积分**或**累次积分**)的问题,从而完成三重积分的计算. 可以看出,完成上述计算过程的关键步骤是如何将三重积分进行以下的分解:

(1) 将三重积分化为先计算定积分再计算二重积分(这一过程称为先单后重);

(2) 将三重积分化为先计算二重积分再计算定积分(这一过程称为先重后单).

12.3.1 直角坐标系下三重积分的计算

A. 用先单后重的方法计算三重积分

设三重积分 $\iiint\limits_{\Omega} f(x,y,z)\,\mathrm{d}V$ 的积分区域 Ω 在 xOy 平面上的投影区域为 D_{xy},且过 D_{xy} 内的每一点所作的平行于 z 轴的直线穿过 Ω 的内部时,与边界面至多有两个交点,穿过的下边界面方程是 $z=z_1(x,y)$,而上边界面方程是 $z=z_2(x,y)$,如图 12–31 所示. 此时区域 Ω 可表示为

$$\Omega = \{(x,y,z) \mid z_1(x,y) \leqslant z \leqslant z_2(x,y), (x,y) \in D_{xy}\}.$$

为了便于直观想象,我们不妨把被积函数 $f(x,y,z)$ 看成密度函数,则三重积分可看成立体 Ω 的质量

$$M = \iiint\limits_{\Omega} f(x,y,z)\,\mathrm{d}V.$$

下面我们从另外一个角度来考虑计算 Ω 的质量 M.

在 D_{xy} 中任意取定一点 (x,y),过该点作一底面积为 $\mathrm{d}x\mathrm{d}y$ 且平行于 z 轴的细直柱体(如图 12–31 所示),细直柱体从下边界面 $z=z_1(x,y)$ 穿入 Ω,从上边界面 $z=z_2(x,y)$ 穿出 Ω. 细直柱体在 Ω 中的那一段上的质量为

$$\mathrm{d}m(x,y) = \left[\int_{z_1(x,y)}^{z_2(x,y)} f(x,y,z)\,\mathrm{d}z\right]\mathrm{d}x\mathrm{d}y.$$

图 12–31

由于 Ω 的质量就是 Ω 内所有这种细直柱体的质量的无限累积,于是利用微元法知

$$M = \iint\limits_{D_{xy}} \mathrm{d}m(x,y) = \iint\limits_{D_{xy}} \left[\int_{z_1(x,y)}^{z_2(x,y)} f(x,y,z)\,\mathrm{d}z\right]\mathrm{d}x\mathrm{d}y,$$

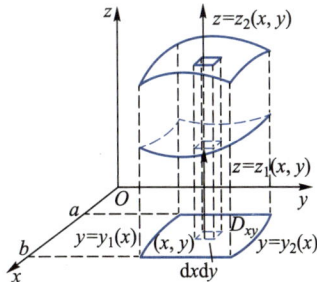

所以

$$\iiint_\Omega f(x,y,z)\mathrm{d}V = \iint_{D_{xy}} \left[\int_{z_1(x,y)}^{z_2(x,y)} f(x,y,z)\mathrm{d}z \right] \mathrm{d}x\mathrm{d}y. \tag{12-32}$$

在舍去被积函数的物理意义之后,(12-32)式就是直角坐标系中三重积分化为先定积分后二重积分(简称**先单后重**)的计算公式.

在计算(12-32)式内层的定积分时,x,y 看作常量,积分变量是 z,所算出的定积分是 x,y 的二元函数. 而对该二元函数在区域 D_{xy} 上作二重积分时,可按上一节所讨论的方法将二重积分化为二次积分. 例如,若投影区域 D_{xy} 可表示为

$$y_1(x) \leqslant y \leqslant y_2(x), a \leqslant x \leqslant b,$$

则从(12-32)式,得

$$\iiint_\Omega f(x,y,z)\mathrm{d}V = \int_a^b \mathrm{d}x \int_{y_1(x)}^{y_2(x)} \mathrm{d}y \int_{z_1(x,y)}^{z_2(x,y)} f(x,y,z)\mathrm{d}z, \tag{12-33}$$

这样就将三重积分化成了**三次积分**(或称为**累次积分**).

(12-32)式是将空间区域 Ω 往 xOy 平面上投影得到的. 对有些问题,也可以将区域 Ω 往 xOz 平面或 yOz 平面上投影,其处理方法与上面类似. 例如,若区域 Ω 在 xOz 平面上的投影区域为 D_{xz},而空间区域 Ω 可表示成

$$\Omega = \{ (x,y,z) \mid y_1(x,z) \leqslant y \leqslant y_2(x,z), (x,z) \in D_{xz} \},$$

则有下面的先单后重公式

$$\iiint_\Omega f(x,y,z)\mathrm{d}V = \iint_{D_{xz}} \left[\int_{y_1(x,z)}^{y_2(x,z)} f(x,y,z)\mathrm{d}y \right] \mathrm{d}x\mathrm{d}z.$$

如果平行于坐标轴且穿过区域 Ω 内部的直线与 Ω 的边界曲面的交点多于两个,那么可利用三重积分的分域性质,把 Ω 分成若干个部分区域,使每个部分区域上的三重积分可利用上述公式化为三次积分,在求得各部分区域上的三重积分之后相加即得原积分的值.

例 1 计算三重积分 $\iiint_\Omega xyz\mathrm{d}V$,其中 Ω 为球面 $x^2+y^2+z^2=1$ 和坐标面所围成的第一卦限部分的区域.

解 空间区域 Ω 的图形如图 12-32 所示,将 Ω 往 xOy 平面上投影,所得区域是

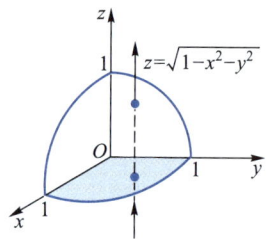
图 12-32

$$D_{xy} = \{ (x,y) \mid x^2+y^2 \leqslant 1, x \geqslant 0, y \geqslant 0 \}.$$

在 D_{xy} 内任取一点 (x,y),过该点作平行于 z 轴的直线,从该直线顺着 z 轴的方向看,从 $z=0$ 穿进 Ω,从 $z=\sqrt{1-x^2-y^2}$ 穿出 Ω,如图 12-32 所示,于是得

$$\iiint_\Omega xyz\mathrm{d}V = \iint_{D_{xy}} \left[\int_0^{\sqrt{1-x^2-y^2}} xyz\mathrm{d}z \right] \mathrm{d}x\mathrm{d}y = \int_0^1 \mathrm{d}x \int_0^{\sqrt{1-x^2}} \mathrm{d}y \int_0^{\sqrt{1-x^2-y^2}} xyz\mathrm{d}z$$

$$= \frac{1}{2} \int_0^1 \mathrm{d}x \int_0^{\sqrt{1-x^2}} xy(1-x^2-y^2)\mathrm{d}y = \frac{1}{8} \int_0^1 x(1-x^2)^2\mathrm{d}x = \frac{1}{48}.$$

例 2 计算:$\iiint_\Omega \sqrt{x^2+z^2}\,\mathrm{d}V$,其中 Ω 是由曲面 $y=x^2+z^2$ 与平面 $y=4$ 所围成的空间区域.

解   空间区域 Ω 的图形如图 12-33 所示. 将 Ω 往 xOz 平面上投影, 所得区域是圆域

$$D_{xz}: x^2+z^2 \leqslant 4.$$

在 D_{xz} 内任取一点 (x,z), 过该点作平行于 y 轴的直线, 从该直线顺着 y 轴的方向看, 从 $y=x^2+z^2$ 穿进区域 Ω, 从 $y=4$ 穿出区域 Ω, 如图 12-33 所示, 于是得

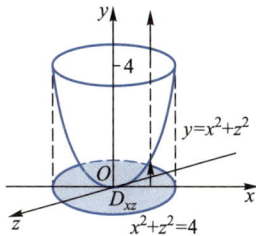

图 12-33

$$\iiint_{\Omega} \sqrt{x^2+z^2}\,\mathrm{d}V = \iint_{D_{xz}} \left[\int_{x^2+z^2}^{4} \sqrt{x^2+z^2}\,\mathrm{d}y \right] \mathrm{d}x\mathrm{d}z$$

$$= \iint_{D_{xz}} (4-x^2-z^2) \sqrt{x^2+z^2}\,\mathrm{d}x\mathrm{d}z.$$

利用极坐标计算这个二重积分, 得

$$\iiint_{\Omega} \sqrt{x^2+z^2}\,\mathrm{d}V = \int_0^{2\pi} \mathrm{d}\theta \int_0^2 (4-\rho^2)\rho \cdot \rho\,\mathrm{d}\rho = 2\pi \int_0^2 (4\rho^2-\rho^4)\,\mathrm{d}\rho = \frac{128\pi}{15}.$$

例 3   计算三重积分: $I = \iiint_{\Omega} (yz+zx+xy)\,\mathrm{d}V$, 其中

$$\Omega = \{(x,y,z) \mid x^2+y^2+z^2 \leqslant 4a^2, x^2+y^2 \leqslant 2ax\} \quad (a>0).$$

解   积分区域 Ω 是维维亚尼立体, 它关于 xOy 和 xOz 平面对称. 且

$$I = \iiint_{\Omega} yz\,\mathrm{d}V + \iiint_{\Omega} zx\,\mathrm{d}V + \iiint_{\Omega} xy\,\mathrm{d}V,$$

对上式右端的第一项, 由于 yz 关于 y (或 z) 是奇函数, Ω 关于 xOz (或 xOy) 平面对称, 所以

$$\iiint_{\Omega} yz\,\mathrm{d}V = 0.$$

类似地, zx 关于 z 是奇函数, Ω 关于 xOy 平面对称, 所以 $\iiint_{\Omega} zx\,\mathrm{d}V = 0$; 又因为 xy 关于 y 是奇函数, Ω 关于 xOz 平面对称, 所以 $\iiint_{\Omega} xy\,\mathrm{d}V = 0$. 因此

$$I = \iiint_{\Omega} (yz+zx+xy)\,\mathrm{d}V = 0.$$

B. 用先重后单的方法计算三重积分

在前面讨论将三重积分 $\iiint_{\Omega} f(x,y,z)\,\mathrm{d}V$ 化为先单后重的积分 (12-32) 时, 我们把三重积分的值设想为空间立体 Ω 的质量, 下面我们再换一个角度来考虑计算 Ω 的质量 M.

设 Ω 在 z 轴上的投影区间为 $[a,b]$, 对于任意取定的 $z \in [a,b]$, 用平行于 xOy 平面的平面 $z=z$ (右边的 z 为取定的值) 去截立体 Ω, 记所得的截痕面为 D_z, 如图 12-34 所示, 则以截痕面 D_z 为底面, 厚度为 $\mathrm{d}z$ 的薄柱体的质量为

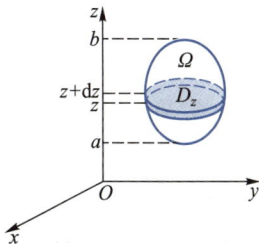

图 12-34

$$\mathrm{d}m(z) = \left[\iint_{D_z} f(x,y,z)\,\mathrm{d}x\mathrm{d}y \right] \mathrm{d}z.$$

由于 Ω 的质量就是 Ω 内所有这种薄柱体的质量的无限累积. 于是利用微元法,得

$$M = \int_a^b \mathrm{d}m(z) = \int_a^b \left[\iint_{D_z} f(x,y,z)\,\mathrm{d}x\mathrm{d}y \right] \mathrm{d}z,$$

所以

$$\iiint_{\Omega} f(x,y,z)\,\mathrm{d}V = \int_a^b \left[\iint_{D_z} f(x,y,z)\,\mathrm{d}x\mathrm{d}y \right] \mathrm{d}z. \tag{12-34}$$

在舍去被积函数的物理意义之后,(12-34)式就是直角坐标系中三重积分化为先二重积分后定积分(简称**先重后单**)的计算公式.

在计算(12-34)式内层的二重积分时,z 看作常量. 可以看到,若能将此二重积分进一步化为二次积分,那么就将三重积分化成了三次积分.

(12-34)式是将空间区域 Ω 往 z 轴上投影得到的. 对有些问题,也可以将区域 Ω 往 x 轴或 y 轴上投影,其处理方法与上面类似. 例如,如果区域 Ω 往 y 轴上的投影区间为 $[c,d]$,,并且平面 $y=y$(右边的 $y \in [c,d]$ 为定值)截区域 Ω 所得的截痕面为 D_y,则有下面的先重后单公式

$$\iiint_{\Omega} f(x,y,z)\,\mathrm{d}V = \int_c^d \left[\iint_{D_y} f(x,y,z)\,\mathrm{d}x\mathrm{d}z \right] \mathrm{d}y.$$

例 4　计算三重积分 $\displaystyle\iiint_{\Omega} \mathrm{e}^{-(z-2)^2}\mathrm{d}V$,其中 Ω 是由曲面 $z = 2 - \dfrac{1}{2}(x^2+y^2)$ 和平面 $z=0$ 所围成的区域.

解　空间区域 Ω 的图形如图 12-35 所示,下面采用先重后单的方法计算这一积分. 将 Ω 往 z 轴上投影得投影区间为 $[0,2]$. 对于任意取定的 $z \in [0,2]$,用平面 $z=z$(右边的 z 为定值)去截立体 Ω,得截痕区域为圆域

$$D_z : x^2 + y^2 \leqslant 4 - 2z, z = z,$$

如图 12-35 所示. 利用公式(12-34),得

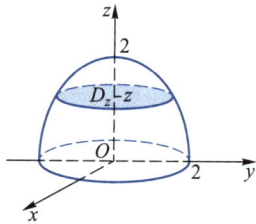

图 12-35

$$\begin{aligned}
\iiint_{\Omega} \mathrm{e}^{-(z-2)^2}\mathrm{d}V &= \int_0^2 \left[\iint_{D_z} \mathrm{e}^{-(z-2)^2}\mathrm{d}x\mathrm{d}y \right] \mathrm{d}z \\
&= \int_0^2 \left[\mathrm{e}^{-(z-2)^2} \iint_{D_z} \mathrm{d}x\mathrm{d}y \right] \mathrm{d}z \\
&= \int_0^2 \mathrm{e}^{-(z-2)^2} \cdot \pi(4-2z)\,\mathrm{d}z = \pi \mathrm{e}^{-(z-2)^2} \Big|_0^2 \\
&= \pi(1 - \mathrm{e}^{-4}).
\end{aligned}$$

例 4 说明,当积分的被积函数只是一个变量的函数(例 4 仅是 z 的函数)或者积分 $\displaystyle\iint_{D_z} f(x,y,z)\mathrm{d}x\mathrm{d}y$ 容易计算时,用先重后单的方法计算比较方便.

例 5　计算三重积分 $I = \displaystyle\iiint_{\Omega}(z+y)^2\mathrm{d}V$,其中 Ω 为 $\dfrac{x^2}{a^2} + \dfrac{y^2}{b^2} + \dfrac{z^2}{c^2} = 1$ 所围成的区域.

解　积分区域 Ω 是椭球体区域. 利用积分的线性性质,有

$$I = \iiint_{\Omega}(z^2 + 2yz + y^2)\,\mathrm{d}V = \iiint_{\Omega} z^2 \mathrm{d}V + 2\iiint_{\Omega} yz\,\mathrm{d}V + \iiint_{\Omega} y^2 \mathrm{d}V.$$

由于函数 yz 是 y 的奇函数,且 Ω 关于 xOz 平面对称,故知

$$\iiint\limits_{\Omega} yz\mathrm{d}V = 0,$$

于是

$$I = \iiint\limits_{\Omega} z^2\mathrm{d}V + \iiint\limits_{\Omega} y^2\mathrm{d}V.$$

注意到上式两积分中的被积函数都是一个变量的函数,所以采用先重后单的方法来计算积分.

将 Ω 往 z 轴上投影得投影区间 $[-c,c]$,对于任意取定的 $z \in [-c,c]$,用平面 $z=z$(右边 z 为定值)去截椭球体 Ω,得截痕面区域为

$$D_z : \frac{x^2}{a^2} + \frac{y^2}{b^2} \leqslant 1 - \frac{z^2}{c^2}, z = z.$$

于是

$$\iiint\limits_{\Omega} z^2\mathrm{d}V = \int_{-c}^{c}\left[\iint\limits_{D_z} z^2\mathrm{d}x\mathrm{d}y\right]\mathrm{d}z = \int_{-c}^{c}\left[z^2\iint\limits_{D_z}\mathrm{d}x\mathrm{d}y\right]\mathrm{d}z.$$

由于截痕面 D_z 为椭圆面,可知其面积 $\iint\limits_{D_z}\mathrm{d}x\mathrm{d}y = \pi ab\left(1 - \frac{z^2}{c^2}\right)$,所以

$$\iiint\limits_{\Omega} z^2\mathrm{d}V = \int_{-c}^{c} z^2 \cdot \pi ab\left(1 - \frac{z^2}{c^2}\right)\mathrm{d}z = 2\pi ab\int_{0}^{c}\left(z^2 - \frac{z^4}{c^2}\right)\mathrm{d}z$$

$$= 2\pi ab\left(\frac{z^3}{3} - \frac{z^5}{5c^2}\right)\Big|_{0}^{c} = \frac{4}{15}\pi abc^3.$$

对于积分 $\iiint\limits_{\Omega} y^2\mathrm{d}V$,用同样的方法,得

$$\iiint\limits_{\Omega} y^2\mathrm{d}V = \int_{-b}^{b}\left[\iint\limits_{D_y} y^2\mathrm{d}x\mathrm{d}z\right]\mathrm{d}y = \int_{-b}^{b}\left[y^2\iint\limits_{D_y}\mathrm{d}x\mathrm{d}z\right]\mathrm{d}y,$$

其中 $D_y : \frac{x^2}{a^2} + \frac{z^2}{c^2} \leqslant 1 - \frac{y^2}{b^2}, y = y$,且其面积 $\iint\limits_{D_y}\mathrm{d}x\mathrm{d}z = \pi ac\left(1 - \frac{y^2}{b^2}\right)$. 所以

$$\iiint\limits_{\Omega} y^2\mathrm{d}V = \int_{-b}^{b} y^2 \cdot \pi ac\left(1 - \frac{y^2}{b^2}\right)\mathrm{d}y = \frac{4}{15}\pi acb^3.$$

因此得积分值

$$I = \frac{4}{15}\pi abc^3 + \frac{4}{15}\pi acb^3 = \frac{4}{15}\pi abc(c^2 + b^2).$$

12.3.2　柱面坐标系下三重积分的计算

A. 柱面坐标系

设空间一点 $M(x,y,z)$,它在 xOy 平面上的投影点为 $P(x,y)$. 若用极坐标来表示点 P 的坐标

$$\begin{cases} x = \rho\cos\theta, \\ y = \rho\sin\theta, \end{cases} 0 \leqslant \rho < +\infty, \ 0 \leqslant \theta \leqslant 2\pi,$$

则点 M 可表示成

$$M(x,y,z)=M(\rho\cos\theta,\rho\sin\theta,z),$$

从而点 M 确定了一个三元有序数组 (ρ,θ,z),这个三元有序数组 (ρ,θ,z) 就称为点 M 的 **柱面坐标**,如图 12-36 所示.

可以看出,柱面坐标系中的三个坐标变量 ρ,θ,z 的变化范围是

$$0\leqslant\rho<+\infty,0\leqslant\theta\leqslant2\pi,-\infty<z<+\infty.$$

而空间点 M 的直角坐标 (x,y,z) 与它的柱面坐标 (ρ,θ,z) 之间的对应关系为

$$\begin{cases}x=\rho\cos\theta,\\y=\rho\sin\theta,\\z=z.\end{cases}\tag{12-35}$$

图 12-36

易见,柱面坐标系的三组 **坐标曲面**(各坐标变量分别取常量时,所表示的曲面)分别是

$\rho=\rho_0$,表示以 z 轴为中心轴的圆柱面(图 12-37(a));

$\theta=\theta_0$,表示以 z 轴为边界的半平面(图 12-37(b));

$z=z_0$,表示与 xOy 平面平行的平面(图 12-37(c)).

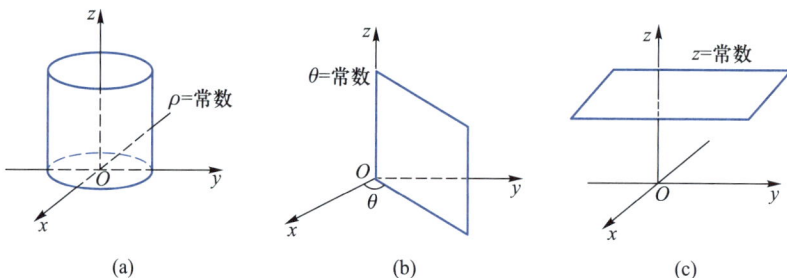

图 12-37

从图中可见,空间中 z 轴以外的点 M 的柱面坐标 (ρ,θ,z) 就是通过点 M 的三个坐标曲面的交点.

利用柱面坐标系可以简化一些空间曲面的表达形式,例如球面 $x^2+y^2+z^2=R^2$,圆柱面 $x^2+y^2=R^2$ 及锥面 $z=\sqrt{x^2+y^2}$ 在柱面坐标系中可分别表示为

$$\rho^2+z^2=R^2,\rho=R,z=\rho.$$

这也使得空间中的某些立体的表达形式变得更简单,例如锥体

$$\Omega=\{(x,y,z)\mid\sqrt{x^2+y^2}\leqslant z\leqslant1\}$$

在柱面坐标系下可表示为

$$\Omega=\{(\rho,\theta,z)\mid0\leqslant\theta\leqslant2\pi,0\leqslant\rho\leqslant1,\rho\leqslant z\leqslant1\}.$$

又如圆柱体 $\Omega=\{(x,y,z)\mid x^2+y^2\leqslant1,0\leqslant z\leqslant1\}$.在柱面坐标系下可以表示为

$$\Omega=\{(\rho,\theta,z)\mid0\leqslant\rho\leqslant1,0\leqslant\theta\leqslant2\pi,0\leqslant z\leqslant1\},$$

其形式犹如直角坐标系中的长方体.柱面坐标的这种特性为某些三重积分的计算提供了方便.

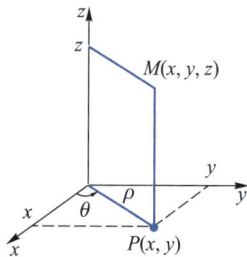

B. 柱面坐标系下三重积分的计算

为了将三重积分 $\iiint\limits_{\Omega} f(x,y,z)\,\mathrm{d}V$ 转化为柱面坐标系下的三重积分问题,除了被积函数 $f(x,y,z)$ 中的积分变量 x,y,z 需根据(12-35)式用变量 ρ,θ,z 表示,还需求出体积元素 $\mathrm{d}V$ 在柱面坐标系中的表达形式.

为此,用三组坐标面 $\rho=$ 常数,$\theta=$ 常数,$z=$ 常数来分割空间区域 Ω,此时除了含 Ω 的边界点的一些不规则小闭区域,其余的小闭区域都是柱体.考虑由两个半径为 ρ 和 $\rho+\mathrm{d}\rho$ 的圆柱面,两个高为 z 和 $z+\mathrm{d}z$ 的水平平面以及两个通过 z 轴且与 xOz 平面夹角为 θ 和 $\theta+\mathrm{d}\theta$ 的半平面所围的小柱体(图 12-38).当 $\mathrm{d}\rho,\mathrm{d}\theta,\mathrm{d}z$ 充分小时,它可近似看成一个长方体,其三条棱的长分别为 $\mathrm{d}\rho,\rho\mathrm{d}\theta,\mathrm{d}z$.所以

$$\mathrm{d}V=\rho\mathrm{d}\rho\mathrm{d}\theta\mathrm{d}z,$$

从而积分的被积表达式

$$f(x,y,z)\,\mathrm{d}V=f(\rho\cos\theta,\rho\sin\theta,z)\rho\mathrm{d}\rho\mathrm{d}\theta\mathrm{d}z,$$

于是

$$\iiint\limits_{\Omega} f(x,y,z)\,\mathrm{d}V=\iiint\limits_{\Omega} f(\rho\cos\theta,\rho\sin\theta,z)\rho\mathrm{d}\rho\mathrm{d}\theta\mathrm{d}z. \tag{12-36}$$

(12-36)式是把三重积分从直角坐标变换为柱面坐标的变换公式,其中 $\mathrm{d}V=\rho\mathrm{d}\rho\mathrm{d}\theta\mathrm{d}z$ 称为**柱面坐标中的体积元素**.

需要指出的是,(12-36)式右端是一个关于柱面坐标变量 ρ,θ,z 的三重积分,对它的计算仍需将其化为三次积分来进行.化为三次积分确定积分限的方法与直角坐标系下化为三次积分确定积分限的方法相仿.

通常,先将 Ω 往 xOy 平面上投影获得投影区域 D,再用柱面坐标标示出 Ω 的边界曲面和投影区域 D 的边界曲线(图 12-39).在 D 内取定一点 (ρ,θ),过此点作平行于 z 轴的直线,该直线顺着 z 轴的方向,从 $z=g_1(\rho,\theta)$ 穿进区域 Ω,从 $z=g_2(\rho,\theta)$ 穿出区域 Ω,如图 12-39 所示.利用先单后重的方法,得

$$\iiint\limits_{\Omega} f(x,y,z)\,\mathrm{d}V=\iint\limits_{D}\left[\int_{g_1(\rho,\theta)}^{g_2(\rho,\theta)} f(\rho\cos\theta,\rho\sin\theta,z)\rho\mathrm{d}z\right]\mathrm{d}\rho\mathrm{d}\theta. \tag{12-37}$$

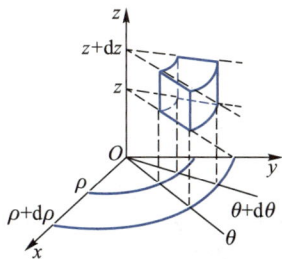

图 12-38

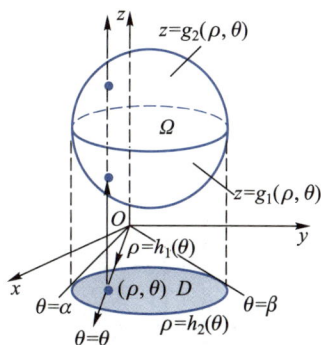

图 12-39

若投影区域 D 可表示为

$$D:\alpha \leqslant \theta \leqslant \beta, h_1(\theta) \leqslant \rho \leqslant h_2(\theta).$$

则只要将(12-37)式中关于变量 ρ, θ 的二重积分化为二次积分,就可把三重积分化为柱面坐标系下的三次积分

$$\iiint\limits_{\Omega} f(x,y,z)\,\mathrm{d}V = \int_{\alpha}^{\beta}\mathrm{d}\theta\int_{h_1(\theta)}^{h_2(\theta)}\mathrm{d}\rho\int_{g_1(\rho,\theta)}^{g_2(\rho,\theta)} f(\rho\cos\theta,\rho\sin\theta,z)\rho\,\mathrm{d}z. \tag{12-38}$$

例 6   计算三重积分 $\iiint\limits_{\Omega} z\mathrm{d}V$,其中 Ω 是球体 $x^2+y^2+z^2\leqslant 4$ 内 $z\geqslant\sqrt{x^2+y^2}$ 的部分.

解   积分区域 Ω 的图形如图 12-40 所示. 围成 Ω 的上边界面方程和下边界面方程分别是

$$z=\sqrt{4-x^2-y^2}\ \text{和}\ z=\sqrt{x^2+y^2},$$

其柱面坐标方程为 $z=\sqrt{4-\rho^2}$ 和 $z=\rho$.

将积分区域 Ω 往 xOy 平面上投影,由于两曲面的交线

$$\begin{cases} z=\sqrt{4-x^2-y^2}, \\ z=\sqrt{x^2+y^2} \end{cases}$$

在 xOy 平面上的投影曲线是 $x^2+y^2=2$,可知 Ω 在 xOy 平面上的投影区域 D 为 $x^2+y^2\leqslant 2$,即 D 可表示为

$$0\leqslant\theta\leqslant 2\pi, 0\leqslant\rho\leqslant\sqrt{2}.$$

在 D 内任意取定一点 (ρ,θ),过此点作平行于 z 轴的直线,该直线从 $z=\rho$ 穿进区域 Ω,从 $z=\sqrt{4-\rho^2}$ 穿出区域 Ω(图 12-40),于是

$$\iiint\limits_{\Omega} z\mathrm{d}x\mathrm{d}y\mathrm{d}z = \iint\limits_{D}\left[\int_{\rho}^{\sqrt{4-\rho^2}} z\rho\,\mathrm{d}z\right]\mathrm{d}\rho\mathrm{d}\theta = \int_0^{2\pi}\mathrm{d}\theta\int_0^{\sqrt{2}}\mathrm{d}\rho\int_{\rho}^{\sqrt{4-\rho^2}} z\rho\,\mathrm{d}z$$

$$= \int_0^{2\pi}\mathrm{d}\theta\int_0^{\sqrt{2}}\rho\cdot\frac{1}{2}z^2\ \Big|_{\rho}^{\sqrt{4-\rho^2}}\mathrm{d}\rho = 2\pi\int_0^{\sqrt{2}}(2\rho-\rho^3)\mathrm{d}\rho$$

$$= 2\pi\left(\rho^2-\frac{1}{4}\rho^4\right)\ \Big|_0^{\sqrt{2}} = 2\pi.$$

例 7   某立体 Ω 由平面 $y+z=4, z=0$ 和圆柱面 $x^2+y^2=16$ 围成,已知其上任一点的密度与该点到 z 轴的距离成正比,求立体 Ω 的质量.

解   立体 Ω 的图形如图 12-41 所示. 由于立体 Ω 的密度

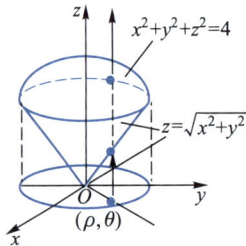

图 12-40

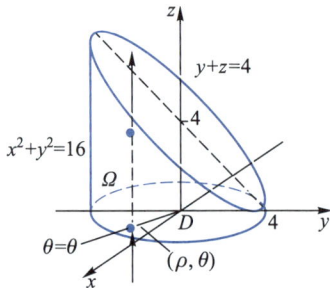

图 12-41

$$\mu(x,y,z)=k\sqrt{x^2+y^2}\ (k>0),$$

所以 Ω 的质量为

$$M=\iiint\limits_{\Omega}k\sqrt{x^2+y^2}\,\mathrm{d}V.$$

又 Ω 在 xOy 平面上的投影区域 D 为 $x^2+y^2\leqslant16$,平面 $y+z=4$ 在柱面坐标下的方程是 $z=4-\rho\sin\theta$,并且投影区域 D 可表示为

$$0\leqslant\theta\leqslant2\pi,0\leqslant\rho\leqslant4.$$

从而有

$$\begin{aligned}
M&=\iiint\limits_{\Omega}k\sqrt{x^2+y^2}\,\mathrm{d}V=k\iint\limits_{D}\Big[\int_0^{4-\rho\sin\theta}\rho\cdot\rho\mathrm{d}z\Big]\mathrm{d}\rho\mathrm{d}\theta\\
&=k\int_0^{2\pi}\mathrm{d}\theta\int_0^4\mathrm{d}\rho\int_0^{4-\rho\sin\theta}\rho^2\mathrm{d}z\\
&=k\int_0^{2\pi}\mathrm{d}\theta\int_0^4(4\rho^2-\rho^3\sin\theta)\mathrm{d}\rho\\
&=k\int_0^{2\pi}\Big(\frac{256}{3}-64\sin\theta\Big)\mathrm{d}\theta=\frac{512}{3}k\pi.
\end{aligned}$$

　　在柱面坐标系中计算三重积分也可采用先重后单的方法(即先计算一个二重积分,再求一个定积分)把它化为三次积分.

　　将积分区域 Ω 往 z 轴上投影,得其投影区间为 $[c,d]$. 任取 $z\in[c,d]$,用平面 $z=z$(右边的 z 取定值)去截立体 Ω,得截痕面区域 D_z,并用柱面坐标表示截痕面区域 D_z,如图 12-42 所示,则有

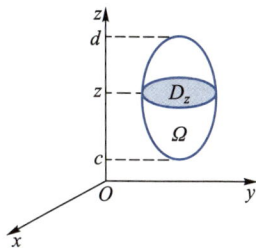

图 12-42

$$\iiint\limits_{\Omega}f(x,y,z)\mathrm{d}V=\int_c^d\Big[\iint\limits_{D_z}f(\rho\cos\theta,\rho\sin\theta,z)\rho\mathrm{d}\rho\mathrm{d}\theta\Big]\mathrm{d}z,\qquad(12\text{-}39)$$

等式右边的积分为先固定 z,在截面 D_z 上对 ρ,θ 求出二重积分,然后在区间 $[c,d]$ 上对 z 积分. 若截痕面区域 D_z 可表示为

$$D_z:\begin{cases}\alpha(z)\leqslant\theta\leqslant\beta(z),\\\rho_1(\theta,z)\leqslant\rho\leqslant\rho_2(\theta,z),\end{cases}$$

则

$$\iiint\limits_{\Omega}f(x,y,z)\mathrm{d}V=\int_c^d\mathrm{d}z\int_{\alpha(z)}^{\beta(z)}\mathrm{d}\theta\int_{\rho_1(\theta,z)}^{\rho_2(\theta,z)}f(\rho\cos\theta,\rho\sin\theta,z)\rho\mathrm{d}\rho.\qquad(12\text{-}40)$$

　　例 8　计算三重积分 $\iiint\limits_{\Omega}(x^2+y^2)\mathrm{d}V$,其中 Ω 是由曲面 $x^2+y^2=2z$ 及平面 $z=2$ 和 $z=8$ 所围成的区域.

　　解　Ω 的图形如图 12-43 所示. 将 Ω 往 z 轴上投影得投影区间为 $[2,8]$. 在 $[2,8]$ 上任意取定一个 z 值,并用平面 $z=z$(右边 z 为定值)去截立体 Ω,得截痕面区域 $D_z:x^2+y^2\leqslant2z$,其柱面坐标表示为

$$0\leqslant\theta\leqslant2\pi,0\leqslant\rho\leqslant\sqrt{2z},$$

于是

$$\iiint\limits_{\Omega} (x^2+y^2)\,\mathrm{d}V = \int_2^8 \mathrm{d}z \iint\limits_{D_z} \rho^2 \cdot \rho \mathrm{d}\rho \mathrm{d}\theta$$

$$= \int_2^8 \mathrm{d}z \int_0^{2\pi} \mathrm{d}\theta \int_0^{\sqrt{2z}} \rho^3 \mathrm{d}\rho$$

$$= \int_2^8 \mathrm{d}z \int_0^{2\pi} \frac{\rho^4}{4} \Big|_0^{\sqrt{2z}} \mathrm{d}\theta = \int_2^8 \mathrm{d}z \int_0^{2\pi} z^2 \mathrm{d}\theta$$

$$= \int_2^8 2\pi z^2 \mathrm{d}z = 336\pi.$$

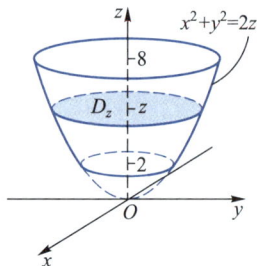

图 12-43

此题若用先单后重公式(12-37)计算会复杂得多.

12.3.3 球面坐标系下三重积分的计算

A. 球面坐标系

设 $M(x,y,z)$ 为空间内的一点. 如果我们用 r 表示点 M 与原点的距离, φ 表示有向线段 $\overrightarrow{OM}$ 与 z 轴正向的夹角, θ 表示点 M 在 xOy 平面上的投影点 P 所对应的有向线段 $\overrightarrow{OP}$ 与 x 轴正向的夹角, 如图 12-44 所示, 那么点 M 的直角坐标 (x,y,z) 可用变量 r, φ,θ 表示成

$$\begin{cases} x = r\sin\varphi\cos\theta, \\ y = r\sin\varphi\sin\theta, \\ z = r\cos\varphi. \end{cases} \tag{12-41}$$

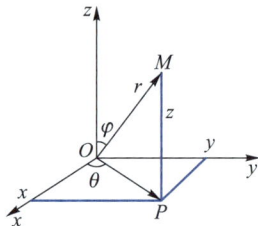

图 12-44

于是点 M 可写为

$$M(x,y,z) = M(r\sin\varphi\cos\theta, r\sin\varphi\sin\theta, r\cos\varphi),$$

从而确定一个三元有序数组 (r,φ,θ), 这个三元有序数组 (r,φ,θ) 就称为点 M 的**球面坐标**.

可以看出, 球面坐标系中三个坐标变量 r,φ,θ 的变化范围是

$$0 \leqslant r < +\infty, 0 \leqslant \varphi \leqslant \pi, 0 \leqslant \theta \leqslant 2\pi.$$

而(12-41)式就是空间点 M 的直角坐标 (x,y,z) 与它的球面坐标 (r,φ,θ) 之间的转换关系. 球面坐标系的三组坐标曲面分别是

$r = r_0$, 表示以原点为中心的球面(图 12-45(a));

$\varphi = \varphi_0$, 表示以原点为顶点、z 轴为中心轴的圆锥面(图 12-45(b));

$\theta = \theta_0$, 表示以 z 轴为边界的半平面(图 12-45(c)).

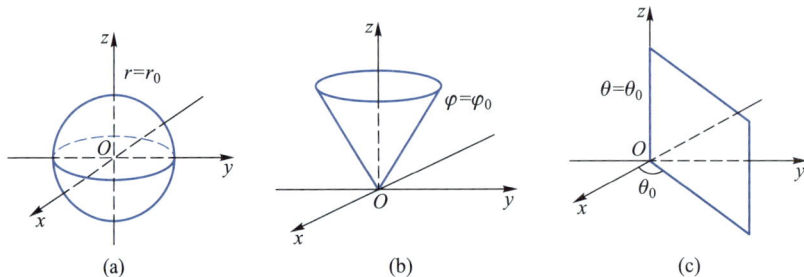

(a)   (b)   (c)

图 12-45

从图中可见,空间中 z 轴以外的点 M 的球面坐标 (r,φ,θ) 就是通过点 M 的三个坐标曲面的交点.

同样,利用球面坐标可以简化一些空间曲面的表达形式,例如球面 $x^2+y^2+z^2=R^2$ 和锥面 $z=\sqrt{x^2+y^2}$ 在球面坐标系下可分别表示为

$$r=R \text{ 和 } \varphi=\frac{\pi}{4}.$$

这使得空间中的某些立体的表达形式变得更简单. 例如立体

$$\Omega=\left\{(x,y,z) \mid \sqrt{x^2+y^2}\leqslant z\leqslant R+\sqrt{R^2-x^2-y^2}\right\},$$

如图 12-46 所示,在球面坐标系下可以表示为

$$\Omega=\left\{(r,\varphi,\theta) \mid 0\leqslant r\leqslant 2R\cos\varphi,0\leqslant\varphi\leqslant\frac{\pi}{4},\right.$$

$$\left. 0\leqslant\theta\leqslant 2\pi\right\}.$$

球面坐标系所具有的这些特性为某些三重积分的计算提供了方便.

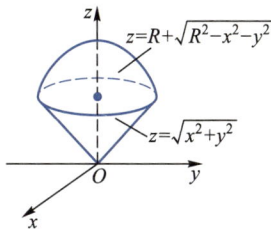

图 12-46

B. 球面坐标系下三重积分的计算

为了将三重积分 $\iiint\limits_{\Omega}f(x,y,z)$ 转化为球面坐标系下的三重积分问题,除了被积函数 $f(x,y,z)$ 中的积分变量 x,y,z 需根据(12-41)式用 r,φ,θ 表示,还需求出体积元素 $\mathrm{d}V$ 在球面坐标系中的表达形式.

为此,用三组坐标面 $r=$ 常数,$\varphi=$ 常数,$\theta=$ 常数来分割空间区域 Ω. 如果 r,φ,θ 取得的微小增量分别为 $\mathrm{d}r,\mathrm{d}\varphi,\mathrm{d}\theta$,则不含区域 Ω 的边界点的小区域是由这六个曲面围成的六面体,如图 12-47 所示. 若不计高阶无穷小,可把这个六面体近似地看作长方体,该长方体的三条边长分别为 $r\mathrm{d}\varphi,r\sin\varphi\mathrm{d}\theta,\mathrm{d}r$. 所以

$$\mathrm{d}V=r^2\sin\varphi\mathrm{d}r\mathrm{d}\varphi\mathrm{d}\theta, \tag{12-42}$$

从而积分的被积表达式为

$$f(x,y,z)\mathrm{d}V=f(r\sin\varphi\cos\theta,r\sin\varphi\sin\theta,r\cos\varphi)r^2\sin\varphi\mathrm{d}r\mathrm{d}\varphi\mathrm{d}\theta,$$

于是

$$\iiint\limits_{\Omega}f(x,y,z)\mathrm{d}V=\iiint\limits_{\Omega}f(r\sin\varphi\cos\theta,r\sin\varphi\sin\theta,r\cos\varphi)r^2\sin\varphi\mathrm{d}r\mathrm{d}\varphi\mathrm{d}\theta, \tag{12-43}$$

(12-43)式是把三重积分从直角坐标变换为球面坐标的变换公式,其中 $\mathrm{d}V=r^2\sin\varphi\mathrm{d}r\mathrm{d}\varphi\mathrm{d}\theta$ 称为**球面坐标中的体积元素**.

这里同样需要指出,(12-43)式右端是一个关于球面坐标变量 r,φ,θ 的三重积分,对它的计算仍然需要将其化为三次积分来进行,而化为三次积分时确定积分限的方法与直角坐标系下化为三次积分的方法相同. 通常采用先重后单方法将(12-43)式右端的三重积分化为先对 r,再对 φ,最后对 θ 的三次积分.

例 9 计算三重积分 $\iiint\limits_{\Omega}\sqrt{x^2+y^2+z^2}\,\mathrm{d}V$,其中 Ω 是球面 $x^2+y^2+z^2=R^2$ 所围成的区域.

解　积分区域 Ω 的图形如图 12-48 所示.

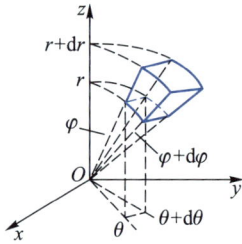

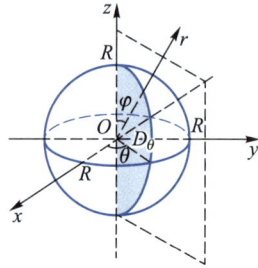

图 12-47　　　　　　　　　　　　图 12-48

球面 $x^2+y^2+z^2=R^2$ 在球面坐标下的表达形式为

$$r=R.$$

运用截痕法,对于取定的 $\theta \in [0,2\pi]$,用半平面 $\theta=\theta$(右边的 θ 为取定的值)截立体 Ω 得截痕面为

$$D_\theta:0\leqslant r\leqslant R,0\leqslant \varphi \leqslant \pi,$$

如图 12-48 所示. 于是

$$\iiint\limits_{\Omega}\sqrt{x^2+y^2+z^2}\,\mathrm{d}V=\iiint\limits_{\Omega}r\cdot r^2\sin\varphi\,\mathrm{d}r\mathrm{d}\varphi\mathrm{d}\theta=\int_0^{2\pi}\mathrm{d}\theta\iint\limits_{D_\theta}r^3\sin\varphi\,\mathrm{d}r\mathrm{d}\varphi$$

$$=\int_0^{2\pi}\mathrm{d}\theta\int_0^\pi\mathrm{d}\varphi\int_0^R r^3\sin\varphi\,\mathrm{d}r$$

$$=\int_0^{2\pi}\mathrm{d}\theta\cdot\int_0^\pi\sin\varphi\,\mathrm{d}\varphi\cdot\int_0^R r^3\,\mathrm{d}r$$

$$=2\pi\cdot 2\cdot\frac{R^4}{4}=\pi R^4.$$

例 10　计算 $\iiint\limits_{\Omega}z^2\mathrm{d}V$,其中 Ω 是球面 $x^2+y^2+z^2=2z$ 与锥面 $z=\sqrt{3(x^2+y^2)}$ 所围成的区域.

解　积分区域 Ω 的图形如图 12-49 所示. 在球面坐标系中,球面 $x^2+y^2+z^2=2z$ 和锥面 $z=\sqrt{3(x^2+y^2)}$ 的表达式分别为

$$r=2\cos\varphi \text{ 和 } \varphi=\frac{\pi}{6}.$$

如图 12-49 所示,θ 的变化范围是 $[0,2\pi]$. 对于取定的 $\theta \in [0,2\pi]$,用半平面 $\theta=\theta$(右边的 θ 为取定的值)截立体 Ω 得截痕面为

$$D_\theta:0\leqslant \varphi \leqslant \frac{\pi}{6},0\leqslant r\leqslant 2\cos\varphi,$$

于是　　$$\iiint\limits_{\Omega}z^2\mathrm{d}V=\iiint\limits_{\Omega}r^2\cos^2\varphi\cdot r^2\sin\varphi\,\mathrm{d}r\mathrm{d}\varphi\mathrm{d}\theta=\int_0^{2\pi}\mathrm{d}\theta\iint\limits_{D_\theta}r^4\cos^2\varphi\sin\varphi\,\mathrm{d}r\mathrm{d}\varphi$$

$$=\int_0^{2\pi}\mathrm{d}\theta\int_0^{\frac{\pi}{6}}\mathrm{d}\varphi\int_0^{2\cos\varphi}r^4\cos^2\varphi\sin\varphi\,\mathrm{d}r$$

$$=\int_0^{2\pi}\mathrm{d}\theta\int_0^{\frac{\pi}{6}}\cos^2\varphi\sin\varphi\,\frac{1}{5}r^5\Big|_0^{2\cos\varphi}\mathrm{d}\varphi$$

$$= \frac{64\pi}{5} \int_0^{\frac{\pi}{6}} \cos^7 \varphi \sin \varphi \mathrm{d}\varphi = \frac{8\pi}{5}(-\cos^8 \varphi) \Big|_0^{\frac{\pi}{6}}$$

$$= \frac{8\pi}{5} \left[1 - \left(\frac{\sqrt{3}}{2} \right)^8 \right] = \frac{35}{32}\pi.$$

例 11 求 $\iiint\limits_{\Omega} (x^2+y^2)\mathrm{d}V$,其中 Ω 是由不等式 $x \geqslant 0, y \geqslant 0, z \geqslant 0, R_1^2 \leqslant x^2+y^2+z^2 \leqslant R_2^2$ 确定的区域 $(0<R_1<R_2)$.

解 积分区域 Ω 的图形如图 12-50 所示,Ω 的边界面中两个球面的方程为

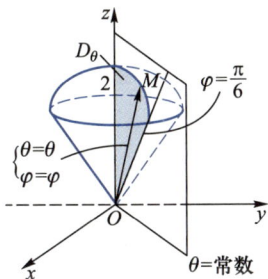

图 12-49

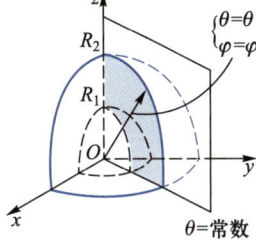

图 12-50

$$r=R_1 \text{ 和 } r=R_2.$$

如图 12-50 所示,θ 的变化范围是 $\left[0, \frac{\pi}{2} \right]$. 对于取定的 $\theta \in \left[0, \frac{\pi}{2} \right]$,用半平面 $\theta=\theta$(右边的 θ 为取定的值)截立体 Ω 得截痕面是

$$D_\theta : 0 \leqslant \varphi \leqslant \frac{\pi}{2}, R_1 \leqslant r \leqslant R_2,$$

于是

$$\iiint\limits_{\Omega} (x^2+y^2)\mathrm{d}V = \iiint\limits_{\Omega} r^2 \sin^2 \varphi \cdot r^2 \sin \varphi \mathrm{d}r\mathrm{d}\varphi\mathrm{d}\theta$$

$$= \int_0^{\frac{\pi}{2}} \mathrm{d}\theta \iint\limits_{D_\theta} r^4 \sin^3 \varphi \mathrm{d}r\mathrm{d}\varphi = \int_0^{\frac{\pi}{2}} \mathrm{d}\theta \int_0^{\frac{\pi}{2}} \mathrm{d}\varphi \int_{R_1}^{R_2} r^4 \sin^3 \varphi \mathrm{d}r$$

$$= \int_0^{\frac{\pi}{2}} \mathrm{d}\theta \cdot \int_0^{\frac{\pi}{2}} \sin^3 \varphi \mathrm{d}\varphi \cdot \int_{R_1}^{R_2} r^4 \mathrm{d}r$$

$$= \frac{\pi}{2} \cdot \frac{2}{3} \cdot \frac{1}{5} r^5 \Big|_{R_1}^{R_2} = \frac{\pi}{15}(R_2^5 - R_1^5).$$

例 12 求由曲面 $(x^2+y^2+z^2)^2 = 3a^3 z (a>0)$ 所围成的立体 Ω 的体积 V.

解 所求体积

$$V = \iiint\limits_{\Omega} \mathrm{d}V.$$

在球面坐标系下曲面 $(x^2+y^2+z^2)^2 = 3a^3 z$ 的表达式为

$$r = a\sqrt[3]{3\cos \varphi}.$$

从方程与变量 θ 无关可知,用半平面 $\theta=\theta$(右边的 θ 为取定的值)截此曲面时,所得的截痕曲线都是相同形状的曲线. 由于曲面关于 z 轴对称,且 $z\geqslant0$,所以在球面坐标系下立体 Ω 可表示为

$$\Omega=\left\{(r,\varphi,\theta)\ \bigg|\ 0\leqslant\theta\leqslant2\pi,0\leqslant\varphi\leqslant\frac{\pi}{2},0\leqslant r\leqslant a\sqrt[3]{3\cos\varphi}\right\}.$$

于是

$$V=\int_0^{2\pi}\mathrm{d}\theta\int_0^{\frac{\pi}{2}}\mathrm{d}\varphi\int_0^{a\sqrt[3]{3\cos\varphi}}r^2\sin\varphi\mathrm{d}r=2\pi a^3\int_0^{\frac{\pi}{2}}\cos\varphi\sin\varphi\mathrm{d}\varphi=\pi a^3.$$

*12.3.4　三重积分的换元法则

对于三重积分 $\iiint\limits_{\Omega}f(x,y,z)\mathrm{d}V$,我们也可采用变量代换的方法来计算积分.

设有变换

$$T:\begin{cases}x=x(u,v,w),\\y=y(u,v,w),\\z=z(u,v,w).\end{cases}\tag{12-44}$$

为了将三重积分变换为关于变量 u,v,w 的三重积分,除了需要把被积函数 $f(x,y,z)$ 变换为 $f(x(u,v,w),y(u,v,w),z(u,v,w))$,还需要把 $Oxyz$ 空间中的积分区域 Ω 变换为 $Ouvw$ 空间中的区域 Ω^*,使之满足 $T(\Omega^*)=\Omega$,并且还要把 Ω 中的体积元素 $\mathrm{d}V$ 用区域 Ω^* 中的体积元素 $\mathrm{d}V^*$ 表示.

如果变换 T 的表达式(12-44)中的函数 $x(u,v,w),y(u,v,w),z(u,v,w)$ 在 Ω^* 上具有一阶连续的偏导数,即 T 在 Ω^* 上是 C^1 类的映射,且在 Ω^* 上其雅可比行列式

$$J(u,v,w)=\frac{\partial(x,y,z)}{\partial(u,v,w)}=\begin{vmatrix}x'_u&x'_v&x'_w\\y'_u&y'_v&y'_w\\z'_u&z'_v&z'_w\end{vmatrix}\neq0,$$

则由隐函数存在定理可知,映射 T 是 Ω^* 上的可逆映射,从而 T 是区域 Ω 与 Ω^* 之间的一个一一映射. 用与二重积分情形类似的方法可证体积元素 $\mathrm{d}V$ 与 $\mathrm{d}V^*$ 之间的转换关系是(这里略去证明)

$$\mathrm{d}V=\left|\frac{\partial(x,y,z)}{\partial(u,v,w)}\right|\mathrm{d}V^*=\left|\frac{\partial(x,y,z)}{\partial(u,v,w)}\right|\mathrm{d}u\mathrm{d}v\mathrm{d}w.\tag{12-45}$$

于是三重积分 $\iiint\limits_{\Omega}f(x,y,z)\mathrm{d}V$ 的被积表达式在变换 T 下可表示为

$$f(x,y,z)\mathrm{d}V=f[x(u,v,w),y(u,v,w),z(u,v,w)]\left|\frac{\partial(x,y,z)}{\partial(u,v,w)}\right|\mathrm{d}u\mathrm{d}v\mathrm{d}w,$$

从而可将上式左边表达式沿区域 Ω 的累积(积分)转化为将上式右边表达式沿区域 Ω^* 的累积(积分),所以

$$\iiint\limits_{\Omega}f(x,y,z)\mathrm{d}V=\iiint\limits_{\Omega^*}f[x(u,v,w),y(u,v,w),z(u,v,w)]\left|\frac{\partial(x,y,z)}{\partial(u,v,w)}\right|\mathrm{d}u\mathrm{d}v\mathrm{d}w.\tag{12-46}$$

公式(12-46)称为**三重积分的换元公式**,而 $|J(u,v,w)|\mathrm{d}u\mathrm{d}v\mathrm{d}w$ 称为**体积元素**.

又因 T 的逆变换

$$T^{-1}:\begin{cases} u=u(x,y,z),\\ v=v(x,y,z),\\ w=w(x,y,z) \end{cases}$$

的雅可比行列式 $\dfrac{\partial(u,v,w)}{\partial(x,y,z)}$ 与 T 的雅可比行列式 $\dfrac{\partial(x,y,z)}{\partial(u,v,w)}$ 之间有以下关系

$$\frac{\partial(u,v,w)}{\partial(x,y,z)} \cdot \frac{\partial(x,y,z)}{\partial(u,v,w)}=1^{①},$$

所以换元公式(12-46)也可表示成

$$\iiint\limits_{\Omega} f(x,y,z)\,\mathrm{d}V = \iiint\limits_{\Omega^*} f[\,x(u,v,w),y(u,v,w),z(u,v,w)\,] \frac{1}{\left|\dfrac{\partial(u,v,w)}{\partial(x,y,z)}\right|}\,\mathrm{d}u\mathrm{d}v\mathrm{d}w. \quad (12\text{-}47)$$

同时我们还要指出,当雅可比行列式 $J(u,v,w)$ 在 Ω^* 的个别点或某一曲线、某一曲面上等于零而在其他点上不等于零时,换元公式(12-46)继续成立.

重新考察前面利用柱面坐标和球面坐标计算三重积分的计算公式(12-36)和(12-43)可知:由于柱面坐标变换

$$T:x=\rho\cos\theta,y=\rho\sin\theta,z=z$$

的雅可比行列式

$$J(\rho,\theta,z)=\begin{vmatrix} \cos\theta & -\rho\sin\theta & 0\\ \sin\theta & \rho\cos\theta & 0\\ 0 & 0 & 1 \end{vmatrix}=\rho\,;$$

球面坐标变换

$$T:x=r\sin\varphi\cos\theta,y=r\sin\varphi\sin\theta,z=r\cos\varphi$$

的雅可比行列式

$$J(r,\varphi,\theta)=\begin{vmatrix} \sin\varphi\cos\theta & r\cos\varphi\cos\theta & -r\sin\varphi\sin\theta\\ \sin\varphi\sin\theta & r\cos\varphi\sin\theta & r\sin\varphi\cos\theta\\ \cos\varphi & -r\sin\varphi & 0 \end{vmatrix}=r^2\sin\varphi,$$

所以公式(12-36)和(12-43)不过是一般的换元公式(12-46)的特殊情形,即公式(12-36)和(12-43)本质上是一个积分的换元公式.

例 13　计算三重积分

$$I=\iiint\limits_{\Omega}\left(\frac{x^2}{a^2}+\frac{y^2}{b^2}+\frac{z^2}{c^2}\right)\mathrm{d}V,$$

其中,Ω 是椭球体 $\dfrac{x^2}{a^2}+\dfrac{y^2}{b^2}+\dfrac{z^2}{c^2}\leqslant 1\,(a,b,c>0)$.

解　作广义球面坐标变换

$T:x=ar\sin\varphi\cos\theta,y=br\sin\varphi\sin\theta,z=cr\cos\varphi$,则 T 把 $Or\theta\varphi$ 空间中的长方体

---

① 这一性质可通过多元复合函数的链式法则和行列式的乘法性质证明,这里略去其证明.

$$\Omega^* = \{ (r,\theta,\varphi) \mid 0 \leqslant r \leqslant 1, 0 \leqslant \theta \leqslant 2\pi, 0 \leqslant \varphi \leqslant \pi \}$$

变换为 $Oxyz$ 空间中的椭球域 Ω, 且

$$J(r,\theta,\varphi) = \frac{\partial(x,y,z)}{\partial(r,\theta,\varphi)} = \begin{vmatrix} a\sin\varphi\cos\theta & -ar\sin\varphi\sin\theta & ar\cos\varphi\cos\theta \\ b\sin\varphi\sin\theta & br\sin\varphi\cos\theta & br\cos\varphi\sin\theta \\ c\cos\varphi & 0 & -cr\sin\varphi \end{vmatrix}$$

$$= -abcr^2\sin\varphi,$$

所以利用换元公式(12-46), 得

$$I = \iiint\limits_{\Omega^*} r^2 \cdot \left| \frac{\partial(x,y,z)}{\partial(r,\theta,\varphi)} \right| \mathrm{d}r\mathrm{d}\theta\mathrm{d}\varphi = \iiint\limits_{\Omega^*} r^2 \cdot abcr^2\sin\varphi\,\mathrm{d}r\mathrm{d}\theta\mathrm{d}\varphi$$

$$= abc\int_0^{2\pi}\mathrm{d}\theta\int_0^{\pi}\sin\varphi\,\mathrm{d}\varphi\int_0^1 r^4\mathrm{d}r = \frac{4}{5}\pi abc.$$

例 14　计算由曲面

$$(y+z-x)^2+(z+x-y)^2+(x+y-z)^2 = R^2$$

所围成的立体 Ω 的体积 V.

解　作变换

$$T: u = y+z-x, v = z+x-y, w = x+y-z,$$

则 T 把空间区域 Ω 变换为 $Ouvw$ 空间中的球域

$$\Omega^* = \{ (u,v,w) \mid u^2+v^2+w^2 \leqslant R^2 \},$$

并且其雅可比行列式

$$\frac{\partial(u,v,w)}{\partial(x,y,z)} = \begin{vmatrix} -1 & 1 & 1 \\ 1 & -1 & 1 \\ 1 & 1 & -1 \end{vmatrix} = 4,$$

所以利用换元公式(12-47), 得

$$V = \iiint\limits_{\Omega}\mathrm{d}V = \iiint\limits_{\Omega^*}\frac{1}{\left|\dfrac{\partial(u,v,w)}{\partial(x,y,z)}\right|}\mathrm{d}u\mathrm{d}v\mathrm{d}w = \iiint\limits_{\Omega^*}\frac{1}{4}\mathrm{d}u\mathrm{d}v\mathrm{d}w = \frac{1}{4}\iiint\limits_{\Omega^*}\mathrm{d}u\mathrm{d}v\mathrm{d}w$$

$$= \frac{1}{4} \cdot \frac{4}{3}\pi R^3 = \frac{\pi}{3}R^3.$$

习题 12.3

(A)

1. 把下列给定区域 Ω 上的三重积分 $\iiint\limits_{\Omega} f(x,y,z)\mathrm{d}V$ 化为三次积分:

(1) Ω 由曲面 $z = \sqrt{x^2+y^2}$ 与 $z = 2-x^2-y^2$ 围成;

(2) Ω 由曲面 $z = x^2+y^2, x+y = 1$ 与三个坐标面围成;

(3) Ω 由曲面 $z = 2x^2+y^2-1$ 和 $z = 1-y^2$ 围成;

(4) Ω 由曲面 $\dfrac{x^2}{a^2}+\dfrac{y^2}{b^2}-\dfrac{z^2}{c^2} = 1$ 和平面 $z = 0$ 及 $z = 1$ 所围成.

2. 设函数 $f(x,y,z)$ 连续,将下列三次积分看作由三重积分 $\iiint\limits_{\Omega} f(x,y,z)\mathrm{d}V$ 化成,试画出其积分区域 Ω,并将其改写成先 x 后 y 再 z 的三次积分:

(1) $\int_0^1 \mathrm{d}x \int_0^{1-x} \mathrm{d}y \int_{x+y}^1 f(x,y,z)\mathrm{d}z$;

(2) $\int_0^1 \mathrm{d}y \int_{-\sqrt{y}}^{\sqrt{y}} \mathrm{d}x \int_{-\sqrt{y-x^2}}^{\sqrt{y-x^2}} f(x,y,z)\mathrm{d}z$.

3. 计算下列三重积分:

(1) $\iiint\limits_{\Omega} (x+1)(y+1)(z+1)\mathrm{d}V$,其中 $\Omega = \{(x,y,z) \mid |x| \le 1, |y| \le 2, |z| \le 3\}$;

(2) $\iiint\limits_{\Omega} \sin(2x+3y+z)\mathrm{d}V$,其中 $\Omega = \left\{(x,y,z) \mid 0 \le x \le \dfrac{\pi}{6}, 0 \le y \le \dfrac{\pi}{6}, 0 \le z \le \dfrac{\pi}{6}\right\}$;

(3) $\iiint\limits_{\Omega} \mathrm{e}^{x+y+z}\mathrm{d}V$,其中 Ω 由平面 $x+y+z=1$ 与三个坐标面围成;

(4) $\iiint\limits_{\Omega} \dfrac{xyz}{(1+x^2+y^2+z^2)^3}\mathrm{d}V$,其中 $\Omega = \{(x,y,z) \mid x \ge 0, z \ge 0, x^2+y^2+z^2 \le 1\}$;

(5) $\iiint\limits_{\Omega} x\sin(y+z)\mathrm{d}V$,其中 $\Omega = \{(x,y,z) \mid 0 \le x \le \sqrt{y}, 0 \le z \le \dfrac{\pi}{2}-y\}$.

4. 用"先重后单"的方法计算下列三重积分:

(1) $\iiint\limits_{\Omega} \sin(z^3)\mathrm{d}V$,其中 Ω 由圆锥面 $z = \sqrt{x^2+y^2}$ 和平面 $z = \sqrt[3]{\pi}$ 围成;

(2) $\iiint\limits_{\Omega} \left(\dfrac{x}{a} + \dfrac{y}{b} + \dfrac{z}{c}\right)\mathrm{d}V$,其中 Ω 由三个坐标面和平面 $\dfrac{x}{a} + \dfrac{y}{b} + \dfrac{z}{c} = 1(a,b,c>0)$ 围成;

(3) $\iiint\limits_{\Omega} \left(\dfrac{x^2}{a^2} + \dfrac{y^2}{b^2} + \dfrac{z^2}{c^2}\right)\mathrm{d}V$,其中 Ω 是椭球体 $\dfrac{x^2}{a^2} + \dfrac{y^2}{b^2} + \dfrac{z^2}{c^2} \le 1$.

5. 设函数 $f(x,y,z)$ 连续,将下列三次积分看作由三重积分 $\iiint\limits_{\Omega} f(x,y,z)\mathrm{d}V$ 化成,试说明 Ω 由哪些曲面围成,并将它们化成柱面坐标系和球面坐标系下的三次积分:

(1) $\int_{-1}^1 \mathrm{d}x \int_{-\sqrt{1-x^2}}^{\sqrt{1-x^2}} \mathrm{d}y \int_{\sqrt{x^2+y^2}}^1 f(x,y,z)\mathrm{d}z$;

(2) $\int_0^1 \mathrm{d}x \int_0^{\sqrt{1-x^2}} \mathrm{d}y \int_{1-\sqrt{1-x^2-y^2}}^{1+\sqrt{1-x^2-y^2}} f(x,y,z)\mathrm{d}z$;

(3) $\int_0^2 \mathrm{d}y \int_{-\sqrt{2y-y^2}}^{\sqrt{2y-y^2}} \mathrm{d}x \int_0^{\sqrt{3(x^2+y^2)}} f(\sqrt{x^2+y^2+z^2})\mathrm{d}z$.

6. 利用柱面坐标系下的三次积分,计算下列三重积分:

(1) $\iiint\limits_{\Omega} z^2\mathrm{d}V$,其中 $\Omega = \{(x,y,z) \mid x^2+y^2+z^2 \le 2, z \ge \sqrt{x^2+y^2}\}$;

(2) $\iiint\limits_{\Omega} xyz\mathrm{d}V$,其中 $\Omega = \{(x,y,z) \mid x^2+y^2 \le 1, 0 \le x \le y, 0 \le z \le 1\}$;

(3) $\iiint\limits_{\Omega} z\mathrm{d}V$,其中 Ω 由圆柱面 $x^2+y^2=2y$ 和平面 $z=0, z=y$ 围成.

7. 利用球面坐标系下的三次积分,计算下列三重积分:

(1) $\iiint\limits_{\Omega} (x^2+y^2)\mathrm{d}V$,其中 $\Omega = \{(x,y,z) \mid 1 \le x^2+y^2+z^2 \le 4, z \ge 0\}$;

(2) $\iiint\limits_{\Omega} (x+y)\mathrm{d}V$,其中 $\Omega = \{(x,y,z) \mid 1 \le z \le 1+\sqrt{1-x^2-y^2}\}$;

（3）$\displaystyle\iiint\limits_{\Omega}\dfrac{z\ln(1+x^2+y^2+z^2)}{1+x^2+y^2+z^2}\mathrm{d}V$，其中 Ω 是上半单位球 $0\le z\le\sqrt{1-x^2-y^2}$.

8. 选择适当的坐标，计算下列三重积分：

（1）$\displaystyle\iiint\limits_{\Omega}(x^2+y^2+z^2)\mathrm{d}V$，其中 $\Omega=\left\{(x,y,z)\left|\dfrac{x^2+y^2}{3}\le z\le 3\right.\right\}$；

（2）$\displaystyle\iiint\limits_{\Omega}(x^2+y^2)z^2\mathrm{d}V$，其中 $\Omega=\left\{(x,y,z)\left|\sqrt{\dfrac{x^2+y^2}{3}}\le z\le\sqrt{3}\right.\right\}$；

（3）$\displaystyle\iiint\limits_{\Omega}\mathrm{e}^{\sqrt{x^2+y^2+z^2}}\mathrm{d}V$，其中 Ω 是单位球 $x^2+y^2+z^2\le 1$ 内满足 $z\ge\sqrt{x^2+y^2}$ 的部分；

（4）$\displaystyle\iiint\limits_{\Omega}\dfrac{1}{1+x^2+y^2}\mathrm{d}V$，其中 Ω 由曲面 $z=\sqrt{x^2+y^2}$ 和 $z=1$ 围成.

9. 利用三重积分，计算下列立体 Ω 的体积：

（1）Ω 由曲面 $z=6-(x^2+y^2)$ 和 $z=\sqrt{x^2+y^2}$ 围成；

（2）$\Omega=\{(x,y,z)\mid 4\le x^2+y^2+z^2\le 9,z^2\le x^2+y^2\}$；

（3）Ω 由曲面 $(x^2+y^2+z^2)^2=R^2(x^2+y^2)$（$R>0$）围成.

（B）

1. 将三重积分 $\displaystyle\iiint\limits_{\Omega}f(x,y,z)\mathrm{d}V$ 化成三次积分，其中 $\Omega=\{(x,y,z)\mid 0\le x\le 2,0\le y\le 2,0\le z\le 2,x+y+z\le 3\}$（提示：按题图（B）1 中虚线所围平面分割 Ω）.

2. 试利用积分区域 Ω 表达式对变量名称具有轮换不变性，及积分值与积分变量名称无关的性质，求下列各三重积分：

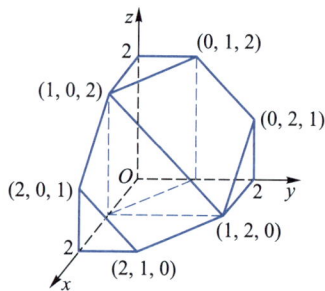

（1）$\displaystyle\iiint\limits_{\Omega}[(b-c)x+(c-a)y+(a-b)z]\mathrm{d}V$. 其中 $\Omega=\{(x,y,z)\mid x\ge 0,y\ge 0,z\ge 0,x^{\frac{2}{3}}+y^{\frac{2}{3}}+z^{\frac{2}{3}}\le 1\}$，$a,b,c$ 为常数；

（2）$\displaystyle\iiint\limits_{\Omega}\dfrac{3+4x^2+5y^2-6z^2}{3+x^2+y^2+z^2}\mathrm{d}V$，其中 $\Omega=\{(x,y,z)\mid 0\le x\le 2,0\le y\le 2,0\le z\le 2\}$.

题图（B）1

3. 计算三重积分：

$$\iiint\limits_{\Omega}|x^2+y^2-z^2|\mathrm{d}V,$$

其中 $\Omega=\{(x,y,z)\mid x^2+y^2\le R^2,0\le z\le R\}$.

4. 设 $f(z)$ 是连续函数，证明：

$$\int_0^1\mathrm{d}x\int_x^1\mathrm{d}y\int_0^{x-y}f(z)\mathrm{d}z=\dfrac{1}{2}\int_0^1(1-z)^2f(z)\mathrm{d}z.$$

5. 求由曲面 $(x^2+y^2+z^2)^2=a(x^2+y^2)z$（$a>0$）所围立体之体积.

*6. 利用三重积分换元法，计算下列立体 Ω 的体积：

（1）Ω 由曲面 $\left(\dfrac{x^2}{a^2}+\dfrac{y^2}{b^2}+\dfrac{z^2}{c^2}\right)^2=\dfrac{x^2}{a^2}+\dfrac{y^2}{b^2}$ 围成；

（2）Ω 由椭球面 $(y+z)^2+(z+x)^2+(x+y)^2=1$ 围成.

*7. 计算下列三重积分：

(1) $\displaystyle\iiint\limits_{\frac{x^2}{a^2}+\frac{y^2}{b^2}+\frac{z^2}{c^2}\leqslant 1}\sqrt{1-\left(\frac{x^2}{a^2}+\frac{y^2}{b^2}+\frac{z^2}{c^2}\right)^{\frac{3}{2}}}\,dxdydz;$

(2) $\displaystyle\iiint\limits_{\Omega}(y+z-x)(z+x-y)(x+y-z)\,dxdydz$，其中 Ω 由平面 $y+z-x=\pm 1, z+x-y=\pm 1, x+y-z=\pm 1$ 围成.

*8. 证明：$\displaystyle\iiint\limits_{\Omega}(\boldsymbol{a}\cdot\boldsymbol{r})(\boldsymbol{b}\cdot\boldsymbol{r})(\boldsymbol{c}\cdot\boldsymbol{r})\,dV=\frac{(\alpha\beta\gamma)^2}{8[(\boldsymbol{a}\times\boldsymbol{b})\cdot\boldsymbol{c}]},$

其中 $\boldsymbol{a},\boldsymbol{b},\boldsymbol{c}$ 是不共面的三个常向量，α,β,γ 是三个正的常数，$\boldsymbol{r}=x\boldsymbol{i}+y\boldsymbol{j}+z\boldsymbol{k}$，$\Omega$ 由下列不等式组确定：$0\leqslant\boldsymbol{a}\cdot\boldsymbol{r}\leqslant\alpha, 0\leqslant\boldsymbol{b}\cdot\boldsymbol{r}\leqslant\beta, 0\leqslant\boldsymbol{c}\cdot\boldsymbol{r}\leqslant\gamma.$

*9. 求由曲面 $x^{\frac{2}{3}}+y^{\frac{2}{3}}+z^{\frac{2}{3}}=a^{\frac{2}{3}}(a>0)$ 所围立体的体积.

12.4　第一型曲线积分的计算

在 12.1 节中，我们已经给出了第一型曲线积分的定义，曲线积分存在的充分条件以及它们的基本性质. 本节我们将进一步讨论第一型曲线积分的计算方法，给出了将第一型曲线积分化为定积分计算的公式.

12.4.1　第一型平面曲线积分的计算方法

设函数 $f(x,y)$ 在平面光滑曲线[①] L 上连续，L 的参数方程为

$$\begin{cases}x=x(t),\\ y=y(t),\end{cases}\quad \alpha\leqslant t\leqslant\beta,\qquad(12\text{-}48)$$

则根据定理 2，$f(x,y)$ 沿 L 的第一型曲线积分 $\displaystyle\int_L f(x,y)\,ds$ 存在. 下面考虑积分 $\displaystyle\int_L f(x,y)\,ds$ 的计算方法.

我们从分析被积表达式 $f(x,y)\,ds$ 的表达形式入手. 在 12.1.2 节的 C 目中已经指出，被积表达式 $f(x,y)\,ds$ 中的弧长元素 ds 是一个弧微分. 而当曲线 L 由参数方程（12-48）式给出时，弧微分 ds 可表示为

$$ds=\sqrt{(dx)^2+(dy)^2}=\sqrt{[x'(t)]^2+[y'(t)]^2}\,dt.$$

又因被积函数 $f(x,y)$ 在曲线 L 上取值，即 $(x,y)=(x(t),y(t))$，所以被积表达式可写成

$$f(x,y)\,ds=f(x(t),y(t))\sqrt{[x'(t)]^2+[y'(t)]^2}\,dt.$$

根据第一型曲线积分的含义，从上式可知：将等式左边的被积表达式沿着曲线 L 对小弧段进行累积（积分）就等于将等式右边的微分式沿区间 $[\alpha,\beta]$ 对变量 t 进行累积（积分），如图 12-51 所示，故有

$$\int_L f(x,y)\,ds=\int_\alpha^\beta f(x(t),y(t))\sqrt{[x'(t)]^2+[y'(t)]^2}\,dt,\qquad(12\text{-}49)$$

---

① 光滑曲线是指在曲线的各点处都有切线，且当切点在曲线上连续移动时，切线也连续转动的曲线. 曲线 $L:x=x(t)$，$y=y(t),\alpha\leqslant t\leqslant\beta$ 是光滑曲线是指 $x'(t),y'(t)$ 在 $[\alpha,\beta]$ 上连续且不同时为零. 对空间的光滑曲线也可同样定义. 分段光滑曲线是指可以分为有限段光滑曲线弧的曲线. 以后我们总假定曲线 L 是光滑或分段光滑的，不再另作说明.

这里为使 ds 为正(积分沿弧长增大的方向进行),必须要求 $dt>0$,即 t 从小变大,故(12-49)式中的积分下限 α 必须小于积分上限 β.

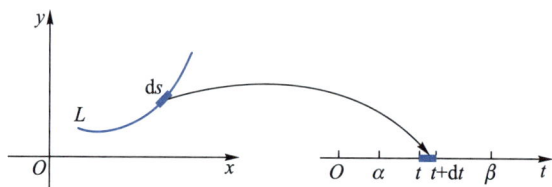

图 12-51

(12-49)式就是当曲线 L 由参数方程表示时,化第一型曲线积分为定积分的计算公式.

如果平面曲线 L 由方程 $y=y(x)$,$\alpha \leqslant x \leqslant \beta$ 给出,由于此时

$$ds=\sqrt{1+\left[y'(x)\right]^2}\,dx,$$

从而有计算公式

$$\int_L f(x,y)\,ds=\int_\alpha^\beta f\left[x,y(x)\right]\sqrt{1+\left[y'(x)\right]^2}\,dx \quad (\alpha<\beta). \tag{12-50}$$

如果平面曲线 L 由极坐标方程 $\rho=\rho(\theta)(\alpha \leqslant \theta \leqslant \beta)$ 给出,则可以把 θ 看作参数,将 L 表示成参数方程

$$\begin{cases} x=\rho(\theta)\cos\theta, \\ y=\rho(\theta)\sin\theta, \end{cases} \alpha \leqslant \theta \leqslant \beta,$$

又因

$$ds=\sqrt{\left[x'(\theta)\right]^2+\left[y'(\theta)\right]^2}\,d\theta=\sqrt{\rho^2(\theta)+\left[\rho'(\theta)\right]^2}\,d\theta,$$

于是有计算公式

$$\int_L f(x,y)\,ds=\int_\alpha^\beta f(\rho(\theta)\cos\theta,\rho(\theta)\sin\theta)\sqrt{\rho^2(\theta)+\left[\rho'(\theta)\right]^2}\,d\theta \quad (\alpha<\beta). \tag{12-51}$$

例 1　计算 $\displaystyle\int_L y\,ds$,其中 L 是圆周 $x^2+y^2=1$ 的上半部分.

解　L 的图形如图 12-52 所示. 写出上半圆的参数方程,即

$$\begin{cases} x=\cos t, \\ y=\sin t, \end{cases} 0 \leqslant t \leqslant \pi,$$

由于 $ds=\sqrt{(-\sin t)^2+(\cos t)^2}\,dt=dt$,利用公式(12-49),得

$$\int_L y\,ds=\int_0^\pi \sin t\,dt=-\cos t\,\Big|_0^\pi=2.$$

例 2　计算 $\displaystyle\oint_L xy\,ds$,其中 L 是如图 12-53 所示的封闭曲线 $\overset{\frown}{OABO}$,$\overset{\frown}{BO}$ 是曲线 $y=x^2$ 的一部分.

解　利用积分的分域性质,有

$$\oint_L xy\,ds=\int_{\overline{OA}} xy\,ds+\int_{\overline{AB}} xy\,ds+\int_{\overset{\frown}{BO}} xy\,ds.$$

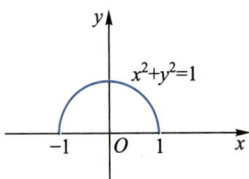

图 12-52

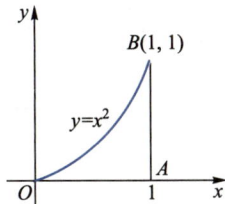

图 12-53

因为积分路径 $OA,AB,\overset{\frown}{BO}$ 可表示为

$$\overline{OA}:y=0,0\leqslant x\leqslant 1;$$

$$\overline{AB}:x=1,0\leqslant y\leqslant 1,\text{即}\begin{cases}x=1,\\y=y,\end{cases}0\leqslant y\leqslant 1;$$

$$\overset{\frown}{BO}:y=x^2,0\leqslant x\leqslant 1.$$

利用公式(12-50)和(12-49),得

$$\int_{\overline{OA}}xy\mathrm{d}s=\int_{\overline{OA}}0\mathrm{d}s=0,$$

$$\int_{\overline{AB}}xy\mathrm{d}s=\int_0^1 1\cdot y\cdot\sqrt{1+(x_y')^2}\mathrm{d}y=\int_0^1 y\sqrt{1+0}\,\mathrm{d}y=\int_0^1 y\mathrm{d}y=\frac{1}{2},$$

$$\int_{\overset{\frown}{BO}}xy\mathrm{d}s=\int_0^1 x\cdot x^2\cdot\sqrt{1+(2x)^2}\,\mathrm{d}x=\frac{1}{2}\int_0^1 x^2\sqrt{1+4x^2}\mathrm{d}(x^2)\xlongequal{t=x^2}\frac{1}{2}\int_0^1 t\sqrt{1+4t}\,\mathrm{d}t$$

$$=\frac{1}{8}\int_0^1(1+4t)^{\frac{3}{2}}\mathrm{d}t-\frac{1}{8}\int_0^1\sqrt{1+4t}\,\mathrm{d}t$$

$$=\frac{1}{80}(1+4t)^{\frac{5}{2}}\Big|_0^1-\frac{1}{48}(1+4t)^{\frac{3}{2}}\Big|_0^1=\frac{5\sqrt{5}}{24}+\frac{1}{120}.$$

所以原积分为

$$\oint_L xy\mathrm{d}s=\frac{5\sqrt{5}}{24}+\frac{1}{120}+\frac{1}{2}=\frac{5\sqrt{5}}{24}+\frac{61}{120}.$$

例 3 计算曲线积分 $\displaystyle\int_L\sqrt{x^2+y^2}\,\mathrm{d}s$,其中 L 是圆周 $x^2+y^2=ax$ ($a>0$).

解 L 的图形如图 12-54 所示. 由于被积函数 $f(x,y)=\sqrt{x^2+y^2}$ 关于变量 y 为偶函数,且 L 关于 x 轴对称,故由对称性可知

$$\int_L\sqrt{x^2+y^2}\,\mathrm{d}s=2\int_{L_1}\sqrt{x^2+y^2}\,\mathrm{d}s,$$

其中 L_1 是圆周 L 的上半部分.

将 $L_1:x^2+y^2=ax$ ($y\geqslant 0$)改用极坐标表示,得

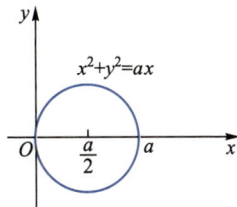

图 12-54

$$L_1:\rho=a\cos\theta,0\leqslant\theta\leqslant\frac{\pi}{2},$$

利用公式(12-51),得

$$\int_L \sqrt{x^2+y^2}\,\mathrm{d}s = 2\int_0^{\frac{\pi}{2}}(a\cos\theta)\cdot\sqrt{(a\cos\theta)^2+(-a\sin\theta)^2}\,\mathrm{d}\theta = 2a^2\int_0^{\frac{\pi}{2}}\cos\theta\mathrm{d}\theta = 2a^2.$$

12.4.2　第一型空间曲线积分的计算方法

对于第一型空间曲线积分 $\displaystyle\int_L f(x,y,z)\mathrm{d}s$,用与上述相同的方法可导出其计算公式.

如果函数 $f(x,y,z)$ 在空间曲线 L 上连续,曲线 L 的参数方程为

$$\begin{cases} x=x(t), \\ y=y(t), \quad \alpha\leqslant t\leqslant\beta, \\ z=z(t), \end{cases}$$

其中 $x(t),y(t),z(t)$ 在 $[\alpha,\beta]$ 上具有一阶连续导数,且 $x'(t),y'(t),z'(t)$ 不同时为零. 易知弧长元素(即弧微分)可表示为

$$\mathrm{d}s = \sqrt{(\mathrm{d}x)^2+(\mathrm{d}y)^2+(\mathrm{d}z)^2} = \sqrt{[x'(t)]^2+[y'(t)]^2+[z'(t)]^2}\,\mathrm{d}t,$$

从而可把积分的被积表达式表示为

$$f(x,y,z)\mathrm{d}s = f(x(t),y(t),z(t))\sqrt{[x'(t)]^2+[y'(t)]^2+[z'(t)]^2}\,\mathrm{d}t.$$

利用上式,可将对等式左边的被积表达式 $f(x,y,z)\mathrm{d}s$ 沿曲线 L 对小弧段的累积(积分)问题转化为对等式右边的微分式沿区间 $[\alpha,\beta]$ 对变量 t 的累积问题(积分),因此可得以下化第一型空间曲线积分为定积分的计算公式

$$\int_L f(x,y,z)\,\mathrm{d}s = \int_\alpha^\beta f(x(t),y(t),z(t))\sqrt{[x'(t)]^2+[y'(t)]^2+[z'(t)]^2}\,\mathrm{d}t, \quad (12\text{-}52)$$

其中 $\alpha<\beta$.

例 4　计算 $\displaystyle\int_L \frac{z^2}{x^2+y^2}\mathrm{d}s$,其中 L 是圆柱螺线: $x=a\cos\theta,y=a\sin\theta,z=a\theta(0\leqslant\theta\leqslant 2\pi,a>0)$.

解　因为 $x'(\theta)=-a\sin\theta,y'(\theta)=a\cos\theta,z'(\theta)=a$,所以

$$\mathrm{d}s = \sqrt{(-a\sin\theta)^2+(a\cos\theta)^2+(a)^2}\,\mathrm{d}\theta = \sqrt{2}\,a\mathrm{d}\theta.$$

利用公式(12-52),得

$$\int_L \frac{z^2}{x^2+y^2}\mathrm{d}s = \int_0^{2\pi}\frac{(a\theta)^2}{(a\cos\theta)^2+(a\sin\theta)^2}\cdot\sqrt{2}\,a\mathrm{d}\theta = \sqrt{2}\,a\int_0^{2\pi}\theta^2\mathrm{d}\theta = \frac{8\sqrt{2}}{3}\pi^3 a.$$

例 5　计算 $\displaystyle\int_L x^2\mathrm{d}s$,其中 L 是由 $x^2+y^2+z^2=R^2$ 与 $x+y+z=0$ 相交所成的圆周.

解一　L 的图形如图 12-55 所示. 首先考虑将 L 表示为参数方程. 在

$$\begin{cases} x^2+y^2+z^2=R^2, \\ x+y+z=0 \end{cases}$$

中消去 z,得

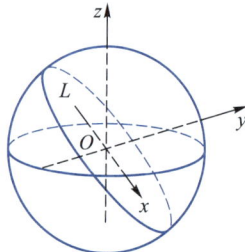

图 12-55

$$\frac{3}{4}x^2 + \left(y + \frac{x}{2}\right)^2 = \frac{R^2}{2}.$$

令 $x = \sqrt{\dfrac{2}{3}}R\cos t, y + \dfrac{x}{2} = \dfrac{1}{\sqrt{2}}R\sin t, 0 \le t \le 2\pi,$ 可得 L 的参数方程为

$$\begin{cases} x = \sqrt{\dfrac{2}{3}}R\cos t, \\[2mm] y = \dfrac{1}{\sqrt{2}}R\sin t - \dfrac{x}{2} = \dfrac{R}{\sqrt{2}}\sin t - \dfrac{1}{\sqrt{6}}R\cos t, \quad 0 \le t \le 2\pi. \\[2mm] z = -x - y = -\dfrac{1}{\sqrt{6}}R\cos t - \dfrac{1}{\sqrt{2}}R\sin t, \end{cases}$$

于是

$$[x'(t)]^2 + [y'(t)]^2 + [z'(t)]^2 = \frac{2}{3}R^2\sin^2 t + \frac{R^2}{2}\cos^2 t + \frac{1}{6}R^2\sin^2 t + \frac{1}{\sqrt{3}}R^2\sin t\cos t +$$

$$\frac{1}{6}R^2\sin^2 t + \frac{1}{2}R^2\cos^2 t - \frac{1}{\sqrt{3}}R^2\sin t\cos t = R^2.$$

利用公式(12-52),得

$$\int_L x^2 \mathrm{d}s = \int_0^{2\pi} \frac{2}{3}R^2\cos^2 t \cdot R\mathrm{d}t = \frac{2}{3}\pi R^3.$$

从以上几例的求解过程可以看到,利用公式(12-49)和(12-52)计算第一型曲线积分的一个基本前提是积分路径 L 需用参数方程的形式给出,然而这一点对一般的曲线来说常常是不容易做到的. 当积分路径 L 不易用参数方程表示时,对于某些问题可以结合积分的一些性质(比如对称性,积分值与积分变量的名称无关等性质)来进行计算. 例如,对于例 5 我们也可按照下面的方法计算.

解二 因为积分值与积分变量的名称无关,所以分别将 x 与 y 和 y 与 z 互换,得

$$\int_L x^2 \mathrm{d}s \xlongequal{x\ \text{与}\ y\ \text{互换}} \int_L y^2 \mathrm{d}s, \int_L y^2 \mathrm{d}s \xlongequal{y\ \text{与}\ z\ \text{互换}} \int_L z^2 \mathrm{d}s$$

即

$$\int_L x^2 \mathrm{d}s = \int_L y^2 \mathrm{d}s = \int_L z^2 \mathrm{d}s.$$

于是

$$\int_L x^2 \mathrm{d}s = \frac{1}{3}\int_L (x^2 + y^2 + z^2)\mathrm{d}s = \frac{R^2}{3}\int_L \mathrm{d}s.$$

由于 L 是圆心在原点、半径为 R 的圆周,故

$$\int_L \mathrm{d}s = 2\pi R,$$

因此原积分

$$\int_L x^2 \mathrm{d}s = \frac{R^2}{3} \int_L \mathrm{d}s = \frac{2}{3}\pi R^3.$$

例 6　求圆柱面 $x^2+y^2=ay$ $(a>0)$ 上介于平面 $z=0$ 与曲面 $z=\dfrac{h}{a}\sqrt{x^2+y^2}$ $(h>0)$ 之间部分的面积 S.

解　设 L 为 xOy 平面的曲线 $x^2+y^2=ay$. 根据第一型曲线积分的几何意义可知（图 12-56），所求面积为

$$S = \int_L \frac{h}{a}\sqrt{x^2+y^2}\,\mathrm{d}s.$$

L 的极坐标方程为 $\rho = a\sin\theta\,(0\leqslant\theta\leqslant\pi)$. 于是可得弧微分为

$$\mathrm{d}s = \sqrt{\rho^2+[\rho'(\theta)]^2}\,\mathrm{d}\theta = a\mathrm{d}\theta,$$

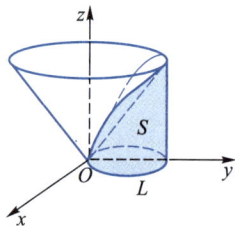

图 12-56

所以面积为

$$S = \int_L \frac{h}{a}\sqrt{x^2+y^2}\,\mathrm{d}s = \frac{h}{a}\int_0^\pi \sqrt{[a\sin\theta\cos\theta]^2+[a\sin\theta\sin\theta]^2}\,a\mathrm{d}\theta = ah\int_0^\pi \sin\theta\mathrm{d}\theta = 2ah.$$

习题 12.4

（A）

1. 计算下列曲线积分：

（1）$\displaystyle\int_L x\sin y\mathrm{d}s$，其中 L 为直线段 $y=\pi x$ $(0\leqslant x\leqslant 1)$；

（2）$\displaystyle\int_L \sin 2x\mathrm{d}s$，其中 L 为曲线 $y=\sin x$ $(0\leqslant x\leqslant\pi)$；

（3）$\displaystyle\int_L \sqrt{x^2+y^2}\mathrm{d}s$，其中 L 为曲线 $x=\mathrm{e}^t\cos t, y=\mathrm{e}^t\sin t$ $(0\leqslant t\leqslant 2\pi)$；

（4）$\displaystyle\int_L \sqrt{x+y}\mathrm{d}s$，其中 L 为以 $O(0,0), A(1,-1)$ 和 $B(1,1)$ 为顶点的三角形边界；

（5）$\displaystyle\int_L \frac{z^2}{x^2+y^2}\mathrm{d}s$，其中 L 为 $x=t+2, y=2t-1, z=2t$ $(0\leqslant t\leqslant 1)$；

（6）$\displaystyle\int_L \sqrt{x^2+y^2+z^2}\mathrm{d}s$，其中 L 为 $x=\mathrm{e}^t\cos t, y=\mathrm{e}^t\sin t, z=\mathrm{e}^t(0\leqslant t\leqslant 2\pi)$.

2. 根据给出的线密度 μ，求下列曲线 L 的质量：

（1）$L: y=\dfrac{a}{2}(\mathrm{e}^{\frac{x}{a}}+\mathrm{e}^{-\frac{x}{a}})\,(-a\leqslant x\leqslant a), \mu=\dfrac{1}{y}$；

（2）半圆形铁丝 $L: x=a\cos t, y=a\sin t\,(0\leqslant t\leqslant\pi)$，其上每一点的线密度等于该点的纵坐标；

（3）$L: x=at, y=\dfrac{a}{2}t^2, z=\dfrac{a}{3}t^3\,(a>0, 0\leqslant t\leqslant 1)$，线密度 $\mu=\sqrt{\dfrac{2y}{a}}$.

（B）

1. 计算下列曲线积分：

（1）$\displaystyle\int_L x\mathrm{d}s$，其中 L 为区域 $D=\{(x,y)\,|\,x^2\leqslant y\leqslant x\}$ 的整个边界曲线；

(2) $\int_L (x^{\frac{4}{3}}+y^{\frac{4}{3}})\,ds$，其中 L 是星形线 $x^{\frac{2}{3}}+y^{\frac{2}{3}}=a^{\frac{2}{3}}$ 在第二象限的那段弧；

(3) $\int_L x\sqrt{x^2-y^2}\,ds$，其中 L 是双纽线 $\rho^2=a^2\cos 2\theta(a>0)$ 的右半支 $\left(-\dfrac{\pi}{4}\leqslant\theta\leqslant\dfrac{\pi}{4}\right)$；

(4) $\int_L \sqrt{2y^2+z^2}\,ds$，其中 L 为球面 $x^2+y^2+z^2=a^2$ 与平面 $x=y$ 的交线.

2. 曲线 $y=\dfrac{2}{3}x^{\frac{3}{2}}$ 的线密度 $\mu=\dfrac{4x^2+9y^2}{8x^2}$，试求曲线在 $x=3$ 到 $x=8$ 之间的质量.

3. 设 L 是平面 $x+y+z=1$ 与球面 $x^2+y^2+z^2=1$ 的交线，试计算下列曲线积分：

(1) $-\int_L (x^2+y^2+z^2)\,ds$；   (2) $\int_L (xy+yz+zx)\,ds$；   (3) $\int_L x\,ds$.

4. 求圆柱面 $x^2+y^2=a^2$ 介于曲面 $z=a+\dfrac{x^2}{a}$ 与 $z=0$ 之间的面积 $(a>0)$.

12.5　第一型曲面积分的计算

在 12.1 节中，我们已经给出了第一型曲面积分的定义、曲面积分存在的充分条件以及它们的一些基本性质. 本节首先讨论曲面的面积元素的表达形式，并运用微元法给出了曲面面积的计算公式，最后介绍将第一型曲面积分化为二重积分计算的方法.

12.5.1　曲面的面积

A. 光滑曲面
对于空间曲面
$$\Sigma:F(x,y,z)=0,$$
若 $F'_x(x,y,z),F'_y(x,y,z),F'_z(x,y,z)$ 都连续且不同时等于零，则称曲面 Σ 是**光滑曲面**. 可以看到，光滑曲面具有连续变化的非零法向量，这样的曲面也称为**可求面积的曲面**. 如果某曲面可被曲面上的曲线棱分隔成有限多片光滑曲面，我们就称该曲面是**分片光滑曲面**. 可见，分片光滑曲面也一定是可求面积的.

B. 曲面的面积元素和曲面的面积
在 12.1 节的讨论中我们已经指出，曲面 Σ 的面积就是积分
$$S=\iint_{\Sigma}dS.$$

为了建立曲面面积的计算公式，我们先运用积分的微元法来建立曲面的面积微元（即面积元素）dS 的表达式.

首先回顾在计算平面曲线 $y=f(x)$ 的弧长时，我们曾导出的弧长元素 ds 的表达式
$$ds=\sqrt{1+[f'(x)]^2}\,dx,$$
这里 ds 表示曲线 $y=f(x)$ 在点 $(x,f(x))$ 处的切线 l 对应于区间 $[x,x+dx]$ 上的直线段的长度（图 12-57）. 当 $f'(x)$ 连续时，ds 与区间 $[x,x+dx]$ 所对应的曲线弧长 Δs 之间相差一个 dx 的高阶无穷小.

用类似的方法也可以计算曲面的面积元素 $\mathrm{d}S$. 设曲面 Σ 的方程为

$$z = z(x, y), \quad (x, y) \in D_{xy}.$$

Σ 在 xOy 平面上的投影区域为 D_{xy}(图 12-58(a)),且函数 $z(x, y)$ 在 D_{xy} 上具有一阶连续偏导数,显然曲面 $z = z(x, y)$ 是光滑曲面,即是可求面积的曲面.

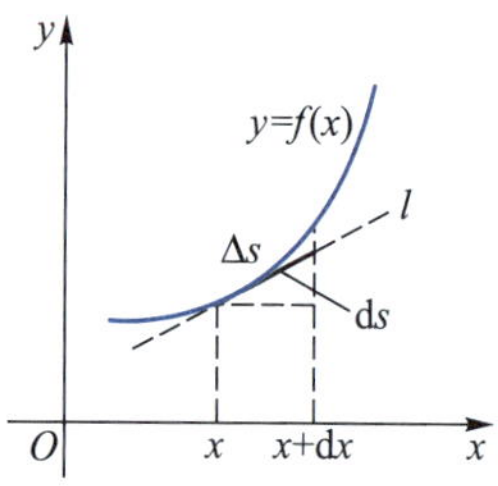

图 12-57

在闭区域 D_{xy} 上任取一直径很小的闭区域 $\Delta\sigma$(其面积也记为 $\Delta\sigma$). 在 $\Delta\sigma$ 内取一点 $P(x, y)$,它所对应的曲面上的一点为 $M(x, y, z(x, y))$,如图 12-58(a)所示. 在点 M 处作曲面 Σ 的切平面 T(图 12-58(a)). 以小闭区域 $\Delta\sigma$ 的边界线为准线作母线平行于 z 轴的柱面,设此柱面在曲面 Σ 上截下的一小片曲面为 ΔS(面积也记为 ΔS),在切平面 T 上截下的一小片平面为 ΔA(面积也记为 ΔA),如图 12-58(a)所示. 由于闭区域 $\Delta\sigma$ 是切平面 T 上区域 ΔA 在 xOy 平面上的投影区域,若记曲面 Σ 在点 M 处的法向量 $\boldsymbol{n}$(指向朝上)与 z 轴所成的夹角为 γ(图 12-58(b)),则有

$$\Delta\sigma = \Delta A \cos \gamma.$$

由于

$$\boldsymbol{n} = \{ -z'_x, -z'_y, 1 \},$$

可知

$$\cos \gamma = \frac{1}{\sqrt{1 + (z'_x)^2 + (z'_y)^2}},$$

于是

$$\Delta A = \sqrt{1 + (z'_x)^2 + (z'_y)^2}\, \Delta\sigma.$$

又因为可以证明[①]面积 ΔS 与 ΔA 的差是关于 $\Delta\sigma$ 的高阶无穷小量,于是

$$\Delta S = \Delta A + o(\Delta\sigma) = \sqrt{1 + (z'_x)^2 + (z'_y)^2}\, \Delta\sigma + o(\Delta\sigma),$$

因此曲面的面积微元(即面积元素)为

$$\mathrm{d}S = \sqrt{1 + (z'_x)^2 + (z'_y)^2}\, \mathrm{d}\sigma. \tag{12-53}$$

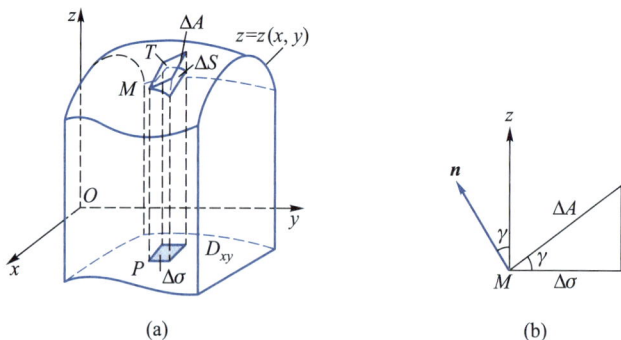

(a)　　　　　　　　　　　(b)

图 12-58

---

①　其证明已超出本课程的教学基本要求.

如果 $\Delta\sigma$ 是以平行于 x,y 轴的直线为边的矩形区域,则面积微元的表达式(12-53)也可写成

$$\mathrm{d}S = \sqrt{1+(z'_x)^2+(z'_y)^2}\,\mathrm{d}x\mathrm{d}y. \tag{12-54}$$

可以看到,曲面 Σ 的面积 S 就是曲面上所有这些面积微元 $\mathrm{d}S$ 的累积,等式(12-54)表明,曲面面积也就是 $\sqrt{1+(z'_x)^2+(z'_y)^2}\,\mathrm{d}x\mathrm{d}y$ 在 S 的投影区域 D_{xy} 上进行累积,所以有以下计算曲面面积的公式

$$S = \iint\limits_{D_{xy}} \sqrt{1+(z'_x)^2+(z'_y)^2}\,\mathrm{d}x\mathrm{d}y. \tag{12-55}$$

这里需指出,(12-54)式(或(12-53)式)是把曲面 Σ 表示成

$$\Sigma : z = z(x,y),\ (x,y)\in D_{xy}$$

之后推得的面积微元 $\mathrm{d}S$ 的表达式. 同理,如果能把曲面 Σ 表示成

$$\Sigma : y = y(x,z),\ (x,z)\in D_{xz},$$

其中 D_{xz} 是 Σ 在 xOz 平面上的投影区域;或者能把曲面 Σ 表示为

$$\Sigma : x = x(y,z),\ (y,z)\in D_{yz},$$

其中 D_{yz} 是 Σ 在 yOz 平面上的投影区域,则可分别推得面积微元 $\mathrm{d}S$ 的另外两个表达式

$$\mathrm{d}S = \sqrt{1+(y'_x)^2+(y'_z)^2}\,\mathrm{d}x\mathrm{d}z \tag{12-56}$$

和

$$\mathrm{d}S = \sqrt{1+(x'_y)^2+(x'_z)^2}\,\mathrm{d}y\mathrm{d}z, \tag{12-57}$$

从而也有以下的曲面面积计算公式

$$S = \iint\limits_{D_{xz}} \sqrt{1+(y'_x)^2+(y'_z)^2}\,\mathrm{d}x\mathrm{d}z \tag{12-58}$$

和

$$S = \iint\limits_{D_{yz}} \sqrt{1+(x'_y)^2+(x'_z)^2}\,\mathrm{d}y\mathrm{d}z. \tag{12-59}$$

同时我们还注意到,若用 α,β,γ 分别表示曲面 Σ 的法向量与 x 轴,y 轴,z 轴正向的夹角,则当 γ 是锐角时,从(12-53)式可得

$$\mathrm{d}\sigma_{xy} = \mathrm{d}S \cdot \cos\gamma, \tag{12-60}$$

这里 $\mathrm{d}\sigma_{xy}$ 是曲面面积微元 $\mathrm{d}S$ 在 xOy 平面上的投影区域的面积微元. 类似地,当 β 是锐角时,从(12-56)式可得

$$\mathrm{d}\sigma_{xz} = \mathrm{d}S \cdot \cos\beta; \tag{12-61}$$

当 α 是锐角时,从(12-57)式可得

$$\mathrm{d}\sigma_{yz} = \mathrm{d}S \cdot \cos\alpha, \tag{12-62}$$

这里 $\mathrm{d}\sigma_{xz},\mathrm{d}\sigma_{yz}$ 分别表示 $\mathrm{d}S$ 在 xOz,yOz 平面上的投影区域的面积微元.

例 1 求旋转抛物面 $z = x^2+y^2$ 含在圆柱面 $x^2+y^2=2$ 内的那部分面积 S.

解 含在圆柱面内的那部分曲面 Σ 的图形如图 12-59 所示,其在 xOy 平面上的投影区域为 $D_{xy} : x^2+y^2 \leqslant 2$.

由曲面方程 $z = x^2+y^2$,得

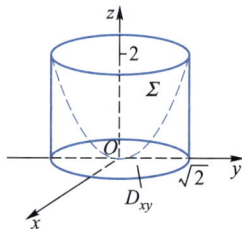

$$z'_x = 2x, z'_y = 2y.$$

利用公式(12-55),得

$$S = \iint\limits_{D_{xy}} \sqrt{1+(z'_x)^2+(z'_y)^2}\, \mathrm{d}x\mathrm{d}y = \iint\limits_{D_{xy}} \sqrt{1+4(x^2+y^2)}\, \mathrm{d}x\mathrm{d}y$$

$$= \int_0^{2\pi} \mathrm{d}\theta \int_0^{\sqrt{2}} \sqrt{1+4\rho^2} \cdot \rho \mathrm{d}\rho = 2\pi \cdot \frac{1}{8} \cdot \left(\frac{2}{3}(1+4\rho^2)^{\frac{3}{2}} \right) \Big|_0^{\sqrt{2}}$$

$$= \frac{13\pi}{3}.$$

图 12-59

例 2　计算圆柱面 $x^2+y^2=1$ 夹在平面 $z=0$ 和 $z=2-y$ 之间部分的面积.

解　含在两平面之间的圆柱面 Σ 的图形如图 12-60(a)所示. 由于曲面关于 yOz 坐标面对称,所以若记 $x \geq 0$ 部分的曲面为 Σ_1,则所求曲面的面积为曲面 Σ_1 的面积的两倍(图 12-60(a)).

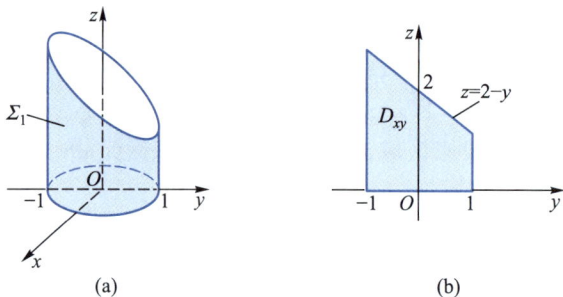

图 12-60

由于曲面 Σ_1 的方程为 $x=\sqrt{1-y^2}$,Σ_1 在 yOz 平面上的投影区域(图 12-60(b))是

$$D_{yz}: -1 \leq y \leq 1, 0 \leq z \leq 2-y,$$

且

$$x'_y = -\frac{y}{\sqrt{1-y^2}}, x'_z = 0.$$

利用公式(12-59),得

$$S = 2\iint\limits_{D_{yz}} \sqrt{1+(x'_y)^2+(x'_z)^2}\, \mathrm{d}y\mathrm{d}z = 2\iint\limits_{D_{yz}} \sqrt{1+\left(-\frac{y}{\sqrt{1-y^2}}\right)^2}\, \mathrm{d}y\mathrm{d}z$$

$$= 2\iint\limits_{D_{yz}} \frac{1}{\sqrt{1-y^2}}\, \mathrm{d}y\mathrm{d}z = 2\int_{-1}^1 \mathrm{d}y \int_0^{2-y} \frac{1}{\sqrt{1-y^2}}\, \mathrm{d}z = 2\int_{-1}^1 \frac{2-y}{\sqrt{1-y^2}}\, \mathrm{d}y$$

$$= 4\int_{-1}^1 \frac{\mathrm{d}y}{\sqrt{1-y^2}} = 4\arcsin y \Big|_{-1}^1 = 4\pi.$$

12.5.2　第一型曲面积分的计算方法

设 $f(x,y,z)$ 在曲面 Σ 上连续,曲面 Σ 可表示成

$$\Sigma: z=z(x,y), (x,y) \in D_{xy}, \tag{12-63}$$

其中 D_{xy} 是曲面 Σ 在 xOy 平面上的投影区域,且 $z(x,y)$ 在 D_{xy} 上具有连续的一阶偏导数.

下面我们讨论第一型曲面积分 $\iint\limits_{\Sigma} f(x,y,z)\mathrm{d}S$ 的计算方法.

由于被积函数 $f(x,y,z)$ 在曲面 Σ 上取值,当曲面 Σ 由(12-63)式给出时,我们在 12.5.1 节中已经知道面积元素 $\mathrm{d}S$ 的表达式为

$$\mathrm{d}S = \sqrt{1+(z'_x)^2+(z'_y)^2}\,\mathrm{d}x\mathrm{d}y,$$

于是可将曲面积分的被积表达式写成

$$f(x,y,z)\mathrm{d}S = f(x,y,z(x,y))\sqrt{1+(z'_x)^2+(z'_y)^2}\,\mathrm{d}x\mathrm{d}y.$$

从这一关系式可知:对等式左边积分的被积表达式沿曲面 Σ 进行累积(积分)就等于对上式右边的表达式沿 Σ 的投影区域 D_{xy} 进行累积(积分),故

$$\iint\limits_{\Sigma} f(x,y,z)\mathrm{d}S = \iint\limits_{D_{xy}} f(x,y,z(x,y))\sqrt{1+(z'_x)^2+(z'_y)^2}\,\mathrm{d}x\mathrm{d}y. \tag{12-64}$$

上式就是把第一型曲面积分化为二重积分的计算公式.

与此相仿,若曲面 Σ 用方程 $y=y(x,z)$ 或 $x=x(y,z)$ 的形式表示,则可同样地推得以下两个计算公式

$$\iint\limits_{\Sigma} f(x,y,z)\mathrm{d}S = \iint\limits_{D_{xz}} f(x,y(x,z),z)\sqrt{1+(y'_x)^2+(y'_z)^2}\,\mathrm{d}x\mathrm{d}z \tag{12-65}$$

和

$$\iint\limits_{\Sigma} f(x,y,z)\mathrm{d}S = \iint\limits_{D_{yz}} f(x(y,z),y,z)\sqrt{1+(x'_y)^2+(x'_z)^2}\,\mathrm{d}y\mathrm{d}z, \tag{12-66}$$

其中 D_{xz} 和 D_{yz} 分别是 Σ 在 xOz 平面和 yOz 平面上的投影区域.

例 3 计算 $\iint\limits_{\Sigma} yz\mathrm{d}S$,其中 Σ 为平面 $x+y+\dfrac{z}{2}=1$ 在第一卦限的部分.

解 曲面 Σ 的图形如图 12-61 所示.

方法一 将 Σ 往 xOy 平面上投影,得投影区域

$$D_{xy}: x\geqslant 0, y\geqslant 0, x+y\leqslant 1,$$

如图 12-61 所示.再将 Σ 的方程表示为 $z=2(1-x-y)$, $(x,y)\in D_{xy}$,可知

图 12-61

$$z'_x = -2, z'_y = -2, \mathrm{d}S = \sqrt{1+(z'_x)^2+(z'_y)^2}\,\mathrm{d}x\mathrm{d}y = 3\mathrm{d}x\mathrm{d}y.$$

利用公式(12-64),得

$$\iint\limits_{\Sigma} yz\mathrm{d}S = \iint\limits_{D_{xy}} y\cdot 2(1-x-y)\cdot 3\mathrm{d}x\mathrm{d}y = 6\int_0^1 \mathrm{d}y\int_0^{1-y} y(1-x-y)\mathrm{d}x$$

$$= 3\int_0^1 y(1-y)^2\mathrm{d}y = \frac{1}{4}.$$

方法二 若将 Σ 往 xOz 平面上投影,得投影区域

$$D_{xz}: x\geqslant 0, z\geqslant 0, x+\frac{z}{2}\leqslant 1.$$

再将 Σ 的方程表示为 $y=1-x-\dfrac{z}{2}$, $(x,z)\in D_{xz}$,可知

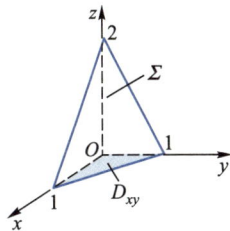

$$y'_x = -1, y'_z = -\frac{1}{2}, \mathrm{d}S = \sqrt{1 + (y'_x)^2 + (y'_z)^2}\,\mathrm{d}x\mathrm{d}z = \frac{3}{2}\mathrm{d}x\mathrm{d}z.$$

利用公式(12-65),得

$$\iint\limits_{\Sigma} yz\mathrm{d}S = \iint\limits_{D_{xz}} z\left(1 - x - \frac{z}{2}\right) \cdot \frac{3}{2}\mathrm{d}x\mathrm{d}z = \frac{3}{2}\int_0^2 \mathrm{d}z\int_0^{1-\frac{z}{2}} z\left(1 - x - \frac{z}{2}\right)\mathrm{d}x$$

$$= \frac{3}{4}\int_0^2 z\left(1 - \frac{z}{4}\right)^2\mathrm{d}z = \frac{1}{4}.$$

例 4   计算 $\iint\limits_{\Sigma} z^3\mathrm{d}S$,其中 Σ 是上半球面 $z = \sqrt{a^2 - x^2 - y^2}$ $(a > 0)$ 在圆锥面 $z = \sqrt{x^2 + y^2}$ 以上的部分.

解   曲面 Σ 的图形如图 12-62 所示. 将两曲面的交线

$$\begin{cases} z = \sqrt{a^2 - x^2 - y^2}, \\ z = \sqrt{x^2 + y^2} \end{cases}$$

往 xOy 平面上投影得 Σ 的投影区域 D_{xy} 的边界线方程为 $x^2 + y^2 = \dfrac{a^2}{2}$,可知投影区域

$$D_{xy} : x^2 + y^2 \leqslant \frac{a^2}{2}.$$

由于 $z = \sqrt{a^2 - x^2 - y^2}, z'_x = -\dfrac{x}{z}, z'_y = \dfrac{-y}{z}$,得

$$\mathrm{d}S = \sqrt{1 + (z'_x)^2 + (z'_y)^2}\,\mathrm{d}x\mathrm{d}y = \frac{a}{z}\mathrm{d}x\mathrm{d}y = \frac{a}{\sqrt{a^2 - x^2 - y^2}}\mathrm{d}x\mathrm{d}y.$$

利用公式(12-64),得

$$\iint\limits_{\Sigma} z^3\mathrm{d}S = \iint\limits_{D_{xy}} (a^2 - x^2 - y^2)^{\frac{3}{2}} \cdot \frac{a}{\sqrt{a^2 - x^2 - y^2}}\mathrm{d}x\mathrm{d}y$$

$$= a\iint\limits_{D_{xy}} (a^2 - x^2 - y^2)\mathrm{d}x\mathrm{d}y = a\int_0^{2\pi}\mathrm{d}\theta\int_0^{\frac{a}{\sqrt{2}}} (a^2 - \rho^2)\rho\mathrm{d}\rho = \frac{3}{8}\pi a^5.$$

例 5   计算 $\iint\limits_{\Sigma} \dfrac{1}{x^2 + y^2 + z^2}\mathrm{d}S$,其中 Σ 为介于平面 $z = 0$ 与 $z = H(H > 0)$ 之间的柱面 $x^2 + y^2 = R^2(R > 0)$.

解   曲面 Σ 的图形如图 12-63 所示.

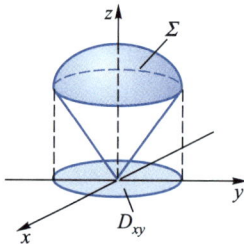

图 12-62

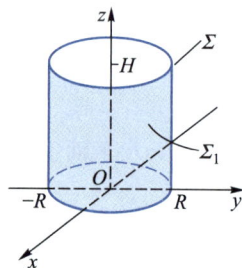

图 12-63

由于 Σ 为柱面 $x^2+y^2=R^2$ 上的一部分,从而 Σ 往 xOy 平面上投影不形成区域,故不能将 Σ 往 xOy 平面上投影.

注意到 Σ 关于 yOz 平面对称,且被积函数关于 x 为偶函数,于是利用对称性质可知

$$\iint_\Sigma \frac{1}{x^2+y^2+z^2}\mathrm{d}S = 2\iint_{\Sigma_1} \frac{1}{x^2+y^2+z^2}\mathrm{d}S,$$

其中 Σ_1 为 Σ 在 $x\geqslant 0$ 的部分.将 Σ_1 往 yOz 平面上投影得投影区域

$$D_{yz}: -R\leqslant y\leqslant R, 0\leqslant z\leqslant H,$$

又因 Σ_1 的方程可写成 $x=\sqrt{R^2-y^2}$,

$$\frac{\partial x}{\partial y} = -\frac{y}{\sqrt{R^2-y^2}}, \frac{\partial x}{\partial z} = 0,$$

$$\mathrm{d}S = \sqrt{1+(x_y')^2+(x_z')^2}\,\mathrm{d}y\mathrm{d}z = \sqrt{1+\left(-\frac{y}{\sqrt{R^2-y^2}}\right)^2}\,\mathrm{d}y\mathrm{d}z = \frac{R}{\sqrt{R^2-y^2}}\mathrm{d}y\mathrm{d}z,$$

利用公式(12-66),得

$$\iint_\Sigma \frac{1}{x^2+y^2+z^2}\mathrm{d}S = 2\iint_{\Sigma_1} \frac{1}{x^2+y^2+z^2}\mathrm{d}S = 2\iint_{D_{yz}} \frac{1}{R^2+z^2}\cdot\frac{R}{\sqrt{R^2-y^2}}\mathrm{d}y\mathrm{d}z$$

$$= 2R\int_0^H \frac{1}{R^2+z^2}\mathrm{d}z\int_{-R}^R \frac{1}{\sqrt{R^2-y^2}}\mathrm{d}y = 2\pi\arctan\frac{H}{R}.$$

例 6 试求薄球壳 $\Sigma: x^2+y^2+z^2=R^2$ 的质量 M,已知面密度 $\mu(x,y,z)=z^2$.

解 所求质量

$$M = \iint_\Sigma \mu(x,y,z)\mathrm{d}S = \iint_\Sigma z^2\mathrm{d}S.$$

因为积分值与积分变量的名称无关,所以分别将 z 与 y,y 与 x 互换,得

$$\iint_{x^2+y^2+z^2=R^2} z^2\mathrm{d}S \xlongequal{z\text{与}y\text{互换}} \iint_{x^2+z^2+y^2=R^2} y^2\mathrm{d}S = \iint_{x^2+y^2+z^2=R^2} y^2\mathrm{d}S,$$

$$\iint_{x^2+y^2+z^2=R^2} y^2\mathrm{d}S \xlongequal{y\text{与}x\text{互换}} \iint_{y^2+x^2+z^2=R^2} x^2\mathrm{d}S = \iint_{x^2+y^2+z^2=R^2} x^2\mathrm{d}S,$$

即

$$\iint_\Sigma x^2\mathrm{d}S = \iint_\Sigma y^2\mathrm{d}S = \iint_\Sigma z^2\mathrm{d}S,$$

所以质量

$$M = \iint_\Sigma z^2\mathrm{d}S = \frac{1}{3}\iint_\Sigma (x^2+y^2+z^2)\mathrm{d}S = \frac{R^2}{3}\iint_\Sigma \mathrm{d}S = \frac{R^2}{3}\cdot 4\pi R^2 = \frac{4}{3}\pi R^4.$$

从以上两例的解法可以看出,利用积分的对称性和积分值与积分变量名称的无关性可以简化积分的计算,但需要注意以下两点.

(1)当被积函数关于某些变量具有奇、偶性时,还不足以保证积分的对称性质成立,只有当积分曲面 Σ 关于相应的坐标面还具有对称性时,方能保证积分的对称性成立.也就是说,积分的对称性同时依赖于被积函数关于某些变量的奇偶性以及积分曲面关于相应坐标面的对称

性,具体来说就是

　　① 若 $f(x,y,z)$ 关于 x 具有奇偶性,则要求积分曲面 Σ 关于 yOz 平面对称.

　　② 若 $f(x,y,z)$ 关于 y 具有奇偶性,则要求积分曲面 Σ 关于 xOz 平面对称.

　　③ 若 $f(x,y,z)$ 关于 z 具有奇偶性,则要求积分曲面 Σ 关于 xOy 平面对称.

　　（2）在运用积分值与积分变量名称无关这一性质时,通常要求积分曲面 Σ 在变量互换后保持不变.

习题 12.5

（A）

1. 计算下列曲面的面积:

　　（1）平面 $2x+2y-z=4$ 上被圆柱面 $x^2+y^2-2x=0$ 截下的那一部分;

　　（2）球面 $z=\sqrt{4a^2-x^2-y^2}$ 上被圆柱面 $x^2+y^2=2ax(a>0)$ 截下的那一部分.

2. 计算下列立体 Ω 的表面积:

　　（1）Ω 由圆柱面 $x^2+y^2=9$,平面 $4y+3z=12$ 和 $4y-3z=12$ 围成;

　　（2）Ω 由平面 $3y+z=16$ 和圆锥面 $z=5\sqrt{x^2+y^2}$ 围成;

　　（3）$\Omega=\left\{(x,y,z)\left|\dfrac{|x|}{a}+\dfrac{|y|}{b}+\dfrac{|z|}{c}\leqslant 1\right.\right\}$, a,b,c 都是正的常数;

　　（4）$\Omega=\{(x,y,z)\mid x^2+z^2\leqslant R^2, y^2+z^2\leqslant R^2\}$.

3. 计算 $\displaystyle\iint_{\Sigma}xyz\mathrm{d}S$,其中 Σ 为球面 $x^2+y^2+z^2=R^2$ 在第一卦限的部分.

4. 计算:$\displaystyle\iint_{\Sigma}(x+y+z)\mathrm{d}S$,其中 Σ 为球面 $x^2+y^2+z^2=a^2$,$z\geqslant 0$ 的部分.

5. 计算:$\displaystyle\oiint_{\Sigma}(x^2+y^2)\mathrm{d}S$,其中 Σ 为锥面 $z=\sqrt{x^2+y^2}$ 及 $z=1$ 所围立体的全表面.

6. 计算:$\displaystyle\iint_{\Sigma}(x+y+z)\mathrm{d}S$,其中 Σ 为平面 $x-2y+2z=6$ 上 $x^2+y^2\leqslant 1$ 的部分.

7. 求抛物面壳 $z=\dfrac{1}{2}(x^2+y^2)(0\leqslant z\leqslant 1)$ 的质量,已知其密度为 $\mu=z$.

（B）

1. 证明:球面 $x^2+y^2+z^2=R^2$ 夹在平面 $z=a$ 和 $z=a+h$ 之间的"球带"面积,只与 h 有关而与 a 无关$(-R\leqslant a<a+h\leqslant R)$.

2. 计算:$\displaystyle\iint_{\Sigma}(xy+yz+zx)\mathrm{d}S$,其中 Σ 为圆锥面 $z=\sqrt{x^2+y^2}$ 被圆柱面 $x^2+y^2=2ax$ 所截部分.

3. 计算:$\displaystyle\oiint_{\Sigma}(x^2+y^2+z^2)\mathrm{d}S$,其中 Σ 为立体 $\Omega=\{(x,y,z)\mid R-\sqrt{R^2-x^2-y^2}\leqslant z\leqslant\sqrt{R^2-x^2-y^2}\}$ 的边界曲面.

4. 计算:$\displaystyle\iint_{\Sigma}|xyz|\mathrm{d}S$,其中 Σ 为曲面 $z^2=x^2+y^2(0\leqslant z\leqslant 1)$.

5. 设 Σ 是球面 $(x-a)^2+(y-a)^2+(z-a)^2=2a^2(a>0)$,证明:

$$\oiint_{\Sigma}(x+y+z-\sqrt{3}\,a)\mathrm{d}S\leqslant 12\pi a^3.$$

6. 一个海岛的陆地表面的曲面方程为

$$z = 10^2 \left(1 - \frac{x^2 + y^2}{10^6} \right),$$

水平面 $z = 0$ 对应低潮的位置,而 $z = 6$ 对应高潮的位置,求高潮和低潮时小岛上露出水面的面积之比.

12.6　多元函数积分的应用

在前面的讨论中,我们利用多元函数积分介绍了平面区域面积、空间立体体积、曲线弧长、空间曲面面积以及各种物体质量的计算方法. 与定积分类似,多元函数积分的应用也非常广泛,本节我们将运用积分的微元法计算各种物体的质心、转动惯量、引力等问题.

12.6.1　质心　一阶矩

质心,即质量中心,是物质系统中被认为质量集中于此的一个假想点. 与重心不同,质心不一定要在有重力场的系统中存在. 除非重力场是均匀的,否则同一物质系统的质心与重心通常不在同一假想点上.

A. 质点关于坐标原点的静矩——一阶矩

数轴上位于点 x 处有一质量为 m 的质点,它关于原点 O 的**静矩**即**一阶矩**为 xm.

根据静矩或一阶矩的定义可知静矩是具有正负号的.

当物体不是一个孤立的质点时,由物理学知识可知静矩是一个具有可加性的量. 当我们在物体上取某一局部量,把它的质量微元 $\mathrm{d}m$ 看作一个质点的质量,则我们可以根据该点的坐标,计算出它关于原点(或坐标轴,或坐标面)的静矩微元,从而可以用求和(对于离散型质点系)或积分(对于连续型质点系)来计算物体总的静矩.

B. 直线上质点系的质心

首先看离散的情况.

对于分布在 x 轴上 $x_1, x_2, \cdots, x_n$ 处质量为 $m_1, m_2, \cdots, m_n$ 的 n 个质点构成的质点系,其关于坐标原点的静矩为

$$M_0 = \sum_{i=1}^n x_i m_i,$$

当把这些质点的质量全部集中到数轴上某点 $\bar{x}$ 时,若能使这一"总质点"的静矩 $\bar{x} \sum_{i=1}^n m_i$ 与 M_0 相等,即

$$\bar{x} \sum_{i=1}^n m_i = \sum_{i=1}^n x_i m_i,$$

则称

$$\bar{x} = \frac{\displaystyle\sum_{i=1}^n x_i m_i}{\displaystyle\sum_{i=1}^n m_i} \tag{12-67}$$

为该离散型质点系的质心坐标.

从物理学上看,式子 $\bar{x}\sum\limits_{i=1}^{n}m_i=\sum\limits_{i=1}^{n}x_im_i$ 表示质心坐标符合"静矩平衡原理",即当把数轴的原点平移到 $\bar{x}$ 后,质点系关于新坐标轴原点(质心)的静矩为零.

接下来再看连续型的"质线"问题. 设质线位于数轴的区间 $[a,b]$ 上,质线在点 x 的线密度 $\mu(x)$ 在 $[a,b]$ 上连续. 用微元法可求出该质线的质量 m 和它关于坐标原点的静矩.

在 $[a,b]$ 上任取一小区间 $[x,x+\mathrm{d}x]$. 该小区间上所对应的小质线的线密度 $\mu(x)$ 可近似看作常数,所以该小质线段可近似看作一个质点,其质量微元 $\mathrm{d}m$ 和它关于原点的静矩微元 $\mathrm{d}M_0$ 为

$$\mathrm{d}m=\mu(x)\mathrm{d}x,\mathrm{d}M_0=x\mathrm{d}m=x\mu(x)\mathrm{d}x,$$

所以质线的总质量与总静矩分别为

$$m=\int_a^b\mu(x)\mathrm{d}x \quad 和 \quad M_0=\int_a^b x\mu(x)\mathrm{d}x.$$

根据质心的"静矩平衡"的物理定义应有

$$m\bar{x}=M_0,即 \quad \bar{x}\int_a^b\mu(x)\mathrm{d}x=\int_a^b x\mu(x)\mathrm{d}x.$$

从而可求出质心坐标公式

$$\bar{x}=\frac{M_0}{m}=\frac{\displaystyle\int_a^b x\mu(x)\mathrm{d}x}{\displaystyle\int_a^b\mu(x)\mathrm{d}x}, \tag{12-68}$$

公式(12-68)实际上是离散型公式(12-67)的连续化.

公式(12-68)也可从"质线关于质心 $\bar{x}$ 的静矩等于零"的物理定义出发来推导,由于

$$M_{\bar{x}}=\int_a^b(x-\bar{x})\mu(x)\mathrm{d}x, \tag{12-68'}$$

令 $M_{\bar{x}}=0$,即可得到(12-68)式.

C. 平面薄片　平面质线的质心

现在来考虑平面薄片的质心问题. 设平面薄片所占平面区域为 D,D 内任一点 (x,y) 处的面密度为 $\mu(x,y)$,$\mu(x,y)$ 在 D 上连续. 在 D 内任取一个包含有点 (x,y) 的面积微元 $\mathrm{d}\sigma$,则其上的质量微元 $\mathrm{d}m$ 和 $\mathrm{d}m$ 关于 x 轴的静矩微元 $\mathrm{d}M_x$,关于 y 轴的静矩微元 $\mathrm{d}M_y$ 分别为

$$\mathrm{d}m=\mu(x,y)\mathrm{d}\sigma,$$
$$\mathrm{d}M_x=y\mathrm{d}m=y\mu(x,y)\mathrm{d}\sigma,\mathrm{d}M_y=x\mathrm{d}m=x\mu(x,y)\mathrm{d}\sigma,$$

如图 12-64 所示. 将上述微元式在 D 上积分,得薄片 D 的质量 M 以及 D 关于 x 轴和 y 轴的总静矩 M_x 及 M_y 如下:

$$M=\iint\limits_D\mu(x,y)\mathrm{d}\sigma,M_x=\iint\limits_D y\mu(x,y)\mathrm{d}\sigma,$$

$$M_y=\iint\limits_D x\mu(x,y)\mathrm{d}\sigma,$$

根据质心的"静矩平衡"的物理定义,D 的质心坐标 $(\bar{x},\bar{y})$ 为

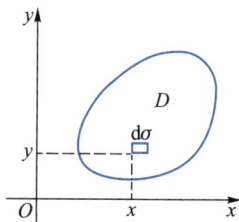

图 12-64

$$\overline{x}=\frac{\iint\limits_{D}x\mu(x,y)\mathrm{d}\sigma}{\iint\limits_{D}\mu(x,y)\mathrm{d}\sigma},\overline{y}=\frac{\iint\limits_{D}y\mu(x,y)\mathrm{d}\sigma}{\iint\limits_{D}\mu(x,y)\mathrm{d}\sigma},\tag{12-69}$$

其中 $\iint\limits_{D}x\mu(x,y)\mathrm{d}\sigma\left(或\iint\limits_{D}y\mu(x,y)\mathrm{d}\sigma\right)$ 分别称为 D **关于** y **轴(或** x **轴)的一阶矩**. 公式(12-69)也可由类似于(12-68′)式的等式

$$\iint\limits_{D}(x-\overline{x})\mu(x,y)\mathrm{d}\sigma=0,\iint\limits_{D}(y-\overline{y})\mu(x,y)\mathrm{d}\sigma=0\tag{12-69′}$$

推导而得.

若平面薄片 D 是均匀的,即面密度 $\mu(x,y)$ 在 D 上恒为常数,则(12-69)式为

$$\overline{x}=\frac{1}{A}\iint\limits_{D}x\mathrm{d}\sigma,\overline{y}=\frac{1}{A}\iint\limits_{D}y\mathrm{d}\sigma,\tag{12-70}$$

其中 $A=\iint\limits_{D}\mathrm{d}\sigma$ 为区域 D 的面积,这时质心位置只与区域 D 的形状有关,我们把它称为**区域** D **的形心**.

类似地,对于线密度为 $\mu(x,y)$ 的质线 L,其中 $\mu(x,y)$ 在 L 上连续,运用微元法及质心的"静矩平衡"定义,同样可得质线 L 的质心坐标 $(\overline{x},\overline{y})$ 为

$$\overline{x}=\frac{\int_{L}x\mu(x,y)\mathrm{d}s}{\int_{L}\mu(x,y)\mathrm{d}s},\overline{y}=\frac{\int_{L}y\mu(x,y)\mathrm{d}s}{\int_{L}\mu(x,y)\mathrm{d}s},\tag{12-71}$$

其中 $\int_{L}x\mu(x,y)\mathrm{d}s\left(或\int_{L}y\mu(x,y)\mathrm{d}s\right)$ 也分别称为 L **关于** y **轴(或** x **轴)的一阶矩**. 当密度函数 $\mu(x,y)$ 在 L 上恒为常数时,L 的质心也称为曲线 L 的形心.

例1 求半圆板 $D=\{(x,y)\mid 0\leqslant y\leqslant\sqrt{R^2-x^2}\}$ (图 12-65)的质心坐标,已知 D 内点 (x,y) 处的面密度为 $\mu(x,y)=y$.

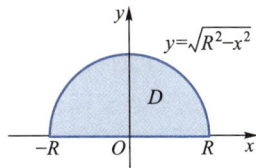

图 12-65

解 计算 D 的质量以及 D 关于 y 轴,x 轴的静矩,得

$$M=\iint\limits_{D}\mu(x,y)\mathrm{d}\sigma=\iint\limits_{D}y\mathrm{d}\sigma=\int_{0}^{\pi}\mathrm{d}\theta\int_{0}^{R}\rho^2\sin\theta\mathrm{d}\rho=\frac{2}{3}R^3,$$

$$M_y=\iint\limits_{D}x\mu(x,y)\mathrm{d}\sigma=\iint\limits_{D}xy\mathrm{d}\sigma=0,$$

$$M_x=\iint\limits_{D}y\mu(x,y)\mathrm{d}\sigma=\iint\limits_{D}y^2\mathrm{d}\sigma=\int_{0}^{\pi}\mathrm{d}\theta\int_{0}^{R}\rho^3\sin^2\theta\mathrm{d}\rho=\frac{\pi}{8}R^4.$$

于是根据(12-69)式,得所求质心坐标为

$$(\overline{x},\overline{y})=\left(0,\frac{3\pi}{16}R\right).$$

这里 $\overline{x}=0$ 在直观上也可以这样来解释:若区域 D 关于 y 轴对称,且密度函数 $\mu(x,y)$ 关于

变量 x 是偶函数,质心必在 y 轴上.

D. 空间几何形体所成物体的质心

现在来考虑一般的空间几何形体(空间曲线,空间曲面,空间立体)构成的物体的质心问题. 设物体所占的空间几何形体为 Ω,其密度函数 $\mu(P)$ 在 Ω 上连续. 下面仍运用微元法来分析问题.

在 Ω 内任取一个包含点 P 的几何形体微元 $\mathrm{d}\Omega$(度量也记为 $\mathrm{d}\Omega$),则其上的质量微元

$$\mathrm{d}m = \mu(P)\mathrm{d}\Omega,$$

$\mathrm{d}m$ 关于 yOz, xOz, xOy 平面的静矩微元

$$\mathrm{d}M_{yz} = x\mathrm{d}m = x\mu(P)\mathrm{d}\Omega, \mathrm{d}M_{xz} = y\mathrm{d}m = y\mu(P)\mathrm{d}\Omega,$$
$$\mathrm{d}M_{xy} = z\mathrm{d}m = z\mu(P)\mathrm{d}\Omega.$$

根据静矩的可加性,物体 Ω 关于 yOz, xOz, xOy 平面的总静矩就是将上述静矩微元在 Ω 上进行积分的结果,即有

$$M_{yz} = \int_{\Omega} \mathrm{d}M_{yz} = \int_{\Omega} x\mu(P)\mathrm{d}\Omega, M_{xz} = \int_{\Omega} \mathrm{d}M_{xz} = \int_{\Omega} y\mu(P)\mathrm{d}\Omega,$$
$$M_{xy} = \int_{\Omega} \mathrm{d}M_{xy} = \int_{\Omega} z\mu(P)\mathrm{d}\Omega.$$

由于 Ω 的质量 $M = \int_{\Omega} \mu(P)\mathrm{d}\Omega$,根据"静矩平衡原理",物体 Ω 的质心坐标 $(\bar{x}, \bar{y}, \bar{z})$ 应满足

$$\bar{x}M = M_{yz}, \bar{y}M = M_{xz}, \bar{z}M = M_{xy},$$

所以物体 Ω 的质心坐标为

$$\bar{x} = \frac{\int_{\Omega} x\mu(P)\mathrm{d}\Omega}{\int_{\Omega} \mu(P)\mathrm{d}\Omega}, \bar{y} = \frac{\int_{\Omega} y\mu(P)\mathrm{d}\Omega}{\int_{\Omega} \mu(P)\mathrm{d}\Omega}, \bar{z} = \frac{\int_{\Omega} z\mu(P)\mathrm{d}\Omega}{\int_{\Omega} \mu(P)\mathrm{d}\Omega}, \tag{12-72}$$

其中 $\int_{\Omega} x\mu(P)\mathrm{d}\Omega, \int_{\Omega} y\mu(P)\mathrm{d}\Omega, \int_{\Omega} z\mu(P)\mathrm{d}\Omega$ 分别称为 Ω **关于 yOz 平面,xOz 平面,xOy 平面的一阶矩**. 当 Ω 上的密度函数 $\mu(P)$ 恒为常数时,Ω 的质心坐标称为**几何形体 Ω 的形心坐标**,从而有以下 Ω 的形心坐标公式

$$\bar{x} = \frac{1}{|\Omega|}\int_{\Omega} x\mathrm{d}\Omega, \bar{y} = \frac{1}{|\Omega|}\int_{\Omega} y\mathrm{d}\Omega, \bar{z} = \frac{1}{|\Omega|}\int_{\Omega} z\mathrm{d}\Omega, \tag{12-73}$$

其中 $|\Omega|$ 为几何形体 Ω 的度量.

例 2　一金属弧 L 位于 yOz 平面的上半圆 $y^2 + z^2 = 1, z \geq 0$ 上(图 12-66),若弧上点 (x, y, z) 处的密度为 $\mu(x, y, z) = 2 - z$,求该弧的质心坐标.

解　L 为空间曲线,其图形如图 12-66 所示. 由(12-72)式得 L 的质心坐标为

$$\bar{x} = \frac{1}{M}\int_{L} x(2-z)\mathrm{d}s, \bar{y} = \frac{1}{M}\int_{L} y(2-z)\mathrm{d}s,$$
$$\bar{z} = \frac{1}{M}\int_{L} z(2-z)\mathrm{d}s,$$

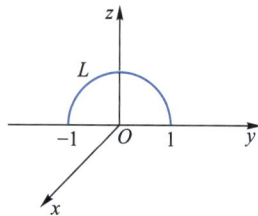

图 12-66

其中 $M = \int_L (2-z) \mathrm{d}s.$

由于 L 的参数方程为

$$x = 0, y = \cos t, z = \sin t, 0 \leq t \leq \pi,$$

可知积分 $\int_L x(2-z) \mathrm{d}s = 0.$ 又因 L 关于 xOz 平面对称,且积分 $\int_L y(2-z) \mathrm{d}s$ 中的被积函数是关于 y 的奇函数,故知积分 $\int_L y(2-z) \mathrm{d}s = 0,$ 所以

$$\bar{x} = \bar{y} = 0.$$

又　$\mathrm{d}s = \sqrt{[x'(t)]^2 + [y'(t)]^2 + [z'(t)]^2} \, \mathrm{d}t = \sqrt{(-\sin t)^2 + (\cos t)^2} \, \mathrm{d}t = \mathrm{d}t,$ 故有

$$M = \int_L (2-z) \mathrm{d}s = \int_0^\pi (2 - \sin t) \mathrm{d}t = 2\pi - 2,$$

$$\int_L z(2-z) \mathrm{d}s = \int_0^\pi \sin t (2 - \sin t) \mathrm{d}t = \int_0^\pi (2\sin t - \sin^2 t) \mathrm{d}t = \frac{8-\pi}{2},$$

于是　　　　　　　　　　$$\bar{z} = \frac{1}{M} \int_L z(2-z) \mathrm{d}s = \frac{8-\pi}{4(\pi-1)},$$

所以金属弧 L 的质心坐标为 $\left(0, 0, \dfrac{8-\pi}{4(\pi-1)}\right).$

例 3　求由平面 $z = 1+x, z = 1-x, z = 1+y, z = 1-y$ 及 $z = 0$ 所围成的正四棱锥体 Ω 的形心坐标.

解　根据 Ω 的几何图形(图 12-67),可知其形心必在 z 轴上,即有

$$\bar{x} = \bar{y} = 0.$$

又由(12-73)式可知,只需计算

$$\bar{z} = \frac{1}{V} \iiint_\Omega z \mathrm{d}V.$$

由初等数学公式可求出

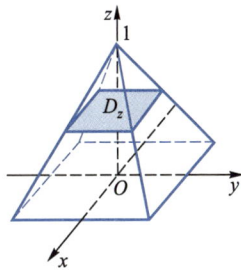

图 12-67

$$V = \frac{1}{3} Ah = \frac{1}{3} (2 \times 2) \times 1 = \frac{4}{3},$$

对于三重积分 $\iiint_\Omega z \mathrm{d}\Omega$ 运用先重后单方法计算. 将 Ω 往 z 轴上投影得投影区间 $[0,1]$,用平面 $z = z \in [0,1]$ 截立体 Ω 得截痕面 D_z(图 12-67),其面积为 $4(1-z)^2$,所以

$$\iiint_\Omega z \mathrm{d}V = \int_0^1 \mathrm{d}z \iint_{D_z} z \mathrm{d}x \mathrm{d}y = 4 \int_0^1 z(1-z)^2 \mathrm{d}z = \frac{1}{3}.$$

于是得 $\bar{z} = \dfrac{1}{4}$,所以 Ω 的形心坐标为 $\left(0, 0, \dfrac{1}{4}\right).$

例 4　半径为 R 的均匀半球体(图 12-68(a))放在水平桌面上,它是稳定的,因为其质心位置是最低的. 若在此半球体的上底圆面上粘上一个半径相同、密度相同的圆柱体(图 12-68

（b）），要使这样的物体仍然是稳定的，试问对圆柱体的高度 H 有什么要求？

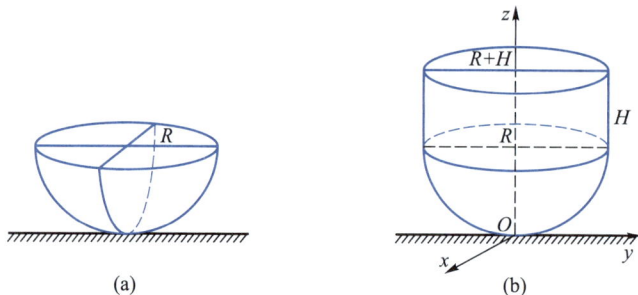

图 12-68

解　建立坐标系如图 12-68（b）所示. 控制目标为该物体 Ω 的形心（它必定在 z 轴上），且竖坐标 $\bar{z}$ 需满足

$$\bar{z} < R.$$

由于底面半球面、侧面圆柱面和顶面平面的方程分别为

$$z = R - \sqrt{R^2 - x^2 - y^2}, \, x^2 + y^2 = R^2 \text{ 和 } z = R + H,$$

其围成的立体 Ω 的体积为

$$V = \frac{2\pi}{3}R^3 + \pi R^2 H.$$

而要求 Ω 关于 xOy 平面的一阶矩，运用先重后单方法有

$$
\begin{aligned}
\iiint\limits_{\Omega} z \, dV &= \int_0^R dz \iint\limits_{D_z} z \, dx \, dy + \int_R^{R+H} dz \iint\limits_{D_z} z \, dx \, dy \\
&= \int_0^R z \cdot \pi(2Rz - z^2) \, dz + \int_R^{R+H} z \cdot \pi R^2 \, dz \\
&= \frac{5\pi}{12}R^4 + \frac{\pi R^2}{2}(2RH + H^2) \\
&= \frac{\pi}{12}(6H^2 + 12RH + 5R^2)R^2.
\end{aligned}
$$

由控制目标 $\bar{z} < R$，得不等式

$$\frac{\pi}{12}(6H^2 + 12RH + 5R^2)R^2 < R \cdot \frac{\pi}{3}(2R + 3H)R^2.$$

解不等式，得

$$H < \frac{1}{\sqrt{2}}R.$$

12.6.2　转动惯量　二阶矩

质量为 m 的质点绕 L 轴的转动惯量为

$$I_L = m\rho^2,$$

其中 ρ 是质点到轴 L 的距离（图 12-69），并称 $m\rho^2$ 为质点关于 L 轴的**二阶矩**.

n 个质量为 $m_1, m_2, \cdots, m_n$ 的质点系绕 L 轴的转动惯量为

$$I_L = \sum_{i=1}^{n} m_i \rho_i^2,$$

其中 ρ_i 是质量为 m_i 的质点到轴 L 的距离.

当物体 Ω 不是一些离散的质点，而是一个具有连续几何形体的物体时，由物理学知识可知，物体的转动惯量关于物体是具有可加性的，所以我们仍可采用微元法来分析问题.

图 12-69

设物体所占有的几何形体为 Ω，其密度函数 $\mu(P)$ 在 Ω 上连续. 在 Ω 内任取一个包含点 P 的几何形体微元 $\mathrm{d}\Omega$（其度量也记为 $\mathrm{d}\Omega$），其所对应的质量微元 $\mathrm{d}m = \mu(P)\mathrm{d}\Omega$，则 $\mathrm{d}m$ 绕 x 轴、y 轴、z 轴及原点的转动惯量微元分别为

$$\mathrm{d}I_x = (y^2 + z^2)\mathrm{d}m = (y^2 + z^2)\mu(P)\mathrm{d}\Omega,$$
$$\mathrm{d}I_y = (x^2 + z^2)\mathrm{d}m = (x^2 + z^2)\mu(P)\mathrm{d}\Omega,$$
$$\mathrm{d}I_z = (x^2 + y^2)\mathrm{d}m = (x^2 + y^2)\mu(P)\mathrm{d}\Omega,$$
$$\mathrm{d}I_O = (x^2 + y^2 + z^2)\mathrm{d}m = (x^2 + y^2 + z^2)\mu(P)\mathrm{d}\Omega.$$

根据转动惯量的可加性，物体 Ω 绕 x 轴、y 轴、z 轴、原点的转动惯量 I_x, I_y, I_z, I_O 就是将上述转动惯量微元在 Ω 上进行积分的积分值，即有

$$I_x = \int_\Omega \mathrm{d}I_x = \int_\Omega (y^2 + z^2)\mu(P)\mathrm{d}\Omega, \tag{12-74}$$

$$I_y = \int_\Omega \mathrm{d}I_y = \int_\Omega (x^2 + z^2)\mu(P)\mathrm{d}\Omega, \tag{12-75}$$

$$I_z = \int_\Omega \mathrm{d}I_z = \int_\Omega (x^2 + y^2)\mu(P)\mathrm{d}\Omega, \tag{12-76}$$

$$I_O = \int_\Omega \mathrm{d}I_O = \int_\Omega (x^2 + y^2 + z^2)\mu(P)\mathrm{d}\Omega. \tag{12-77}$$

当 Ω 为平面几何形体（平面区域或平面曲线）时，积分

$$I_x = \int_\Omega y^2 \mu(x,y)\mathrm{d}\Omega, \quad I_y = \int_\Omega x^2 \mu(x,y)\mathrm{d}\Omega, \quad I_O = \int_\Omega (x^2 + y^2)\mu(x,y)\mathrm{d}\Omega$$

分别称为**平面几何形体 Ω 关于 x 轴、y 轴、原点的二阶矩**.

当 Ω 为空间几何形体（空间立体，空间曲线，空间曲面）时，积分

$$I_{yz} = \int_\Omega x^2 \mu(P)\mathrm{d}\Omega, \quad I_{zx} = \int_\Omega y^2 \mu(P)\mathrm{d}\Omega, \quad I_{xy} = \int_\Omega z^2 \mu(P)\mathrm{d}\Omega$$

分别称为**空间几何形体 Ω 关于 yOz 平面、zOx 平面、xOy 平面的二阶矩**.

例 5 半径为 R，中心角为 2α 的圆弧 L 上分布着线密度 $\mu \equiv 1$ 的质量，求 L 关于它的对称轴的转动惯量.

解 建立坐标系如图 12-70 所示，则所求转动惯量即为 L 关于 x 轴的转动惯量 I_x. 由于 L 为平面曲线，所以 (12-74) 式中的积分为第一型平面曲线积分 $(z = 0)$

$$I_x = \int_L y^2 \mu \mathrm{d}s = \int_L y^2 \mathrm{d}s.$$

由于 L 的极坐标方程为 $\rho = R$，$-\alpha \leqslant \theta \leqslant \alpha$. 利用 (12-51) 式，得

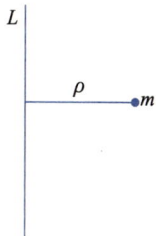

$$I_x = \int_L y^2 \mathrm{d}s = \int_{-\alpha}^{\alpha} (R\sin\theta)^2 \cdot R\mathrm{d}\theta = R^3 \int_{-\alpha}^{\alpha} \sin^2\theta\mathrm{d}\theta$$

$$= \frac{R^3}{2} \int_{-\alpha}^{\alpha} (1-\cos 2\theta)\mathrm{d}\theta = \frac{R^3}{2} \left(\theta - \frac{1}{2}\sin 2\theta\right) \Big|_{-\alpha}^{\alpha}$$

$$= \frac{1}{2} R^3 (2\alpha - \sin 2\alpha).$$

例 6 证明质量为 M,边长为 a 的均匀正方形薄板绕对角线的转动惯量为

$$I = \frac{1}{12} Ma^2.$$

证 建立坐标系如图 12-71 所示. 由于 $I=I_x$ 且薄板 D 为平面区域,所以(12-74)式中的积分为二重积分,于是有

$$I = I_x = \iint_D y^2 \mu\mathrm{d}\sigma = \frac{M}{a^2} \iint_D y^2 \mathrm{d}\sigma = \frac{4M}{a^2} \iint_{D_1} y^2 \mathrm{d}\sigma = \frac{4M}{a^2} \int_0^{\frac{\sqrt{2}}{2}a} \mathrm{d}y \int_0^{\frac{\sqrt{2}}{2}a-y} y^2 \mathrm{d}x$$

$$= \frac{4M}{a^2} \int_0^{\frac{\sqrt{2}}{2}a} \left(\frac{\sqrt{2}}{2}a - y\right) y^2 \mathrm{d}y = \frac{4M}{a^2} \left[\frac{\sqrt{2}}{6}ay^3 - \frac{1}{4}y^4\right]_0^{\frac{\sqrt{2}}{2}a} = \frac{1}{12} Ma^2.$$

例 7 已知圆台(图 12-72)的高为 h,上、下底面圆的半径分别为 a,b($b>a>0$),侧面圆锥面方程为

$$z = \frac{h}{b-a} (b - \sqrt{x^2+y^2}),$$

试求其绕 z 轴的转动惯量(已知其密度 μ 为常数).

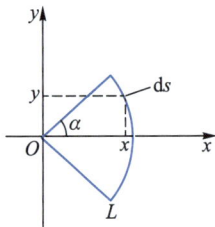
图 12-70

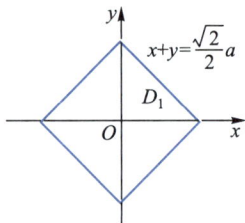
图 12-71

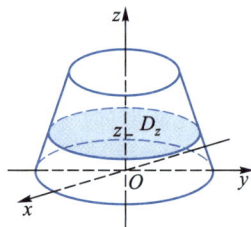
图 12-72

解 圆台为空间立体,运用公式(12-76)得

$$I_z = \iiint_\Omega (x^2+y^2) \mu\mathrm{d}V = \mu \iiint_\Omega (x^2+y^2) \mathrm{d}V.$$

因为 Ω 在 z 轴上的投影区间为 $[0,h]$,所以利用先重后单方法,得

$$I_z = \int_0^h \mathrm{d}z \iint_{D_z} (x^2+y^2) \mathrm{d}x\mathrm{d}y,$$

其中 D_z 是平面 $z=z$(右边 $z \in [0,h]$ 是定值)截立体 Ω 所得的截痕区域

$$D_z = \left\{ (x,y) \,\Big|\, x^2+y^2 \leqslant \left(b - \frac{b-a}{h}z\right)^2 \right\},$$

于是

$$I_z = \mu \int_0^h \mathrm{d}z \int_0^{2\pi} \mathrm{d}\theta \int_0^{b-\frac{b-a}{h}z} \rho^3 \mathrm{d}\rho = \mu \cdot \frac{\pi}{2} \int_0^h \left(b - \frac{b-a}{h}z \right)^4 \mathrm{d}z = \frac{\pi \mu h (b^5 - a^5)}{10(b-a)}.$$

例 8 惠更斯(Christian Huyghens,1629—1695,荷兰物理学家)**定理(平行轴定理)** 平面薄板 D 绕 D 所在平面内的轴 L 的转动惯量为

$$I_L = I_e + Mh^2,$$

其中 I_e 是薄板 D 绕过 D 的质心且平行于 L 的 e 轴的转动惯量,M 为 D 的质量,而 h 是 D 的质心到轴 L 的距离.

证 以 D 的质心为坐标原点,e 轴为 y 轴及相应的 x 轴建立坐标系,如图 12-73 所示. 设 D 内任一点 (x,y) 处的密度为 $\mu(x,y)$.

根据坐标系的取法及质心坐标公式(12-69)有

$$\bar{x} = 0, \quad \text{即} \iint_D x\mu(x,y)\mathrm{d}\sigma = 0.$$

而 D 中的面积微元 $\mathrm{d}\sigma$ 所对应的质量微元 $\mathrm{d}m$ 绕 L 轴的转动惯量微元为

$$\mathrm{d}I_L = \rho^2 \mathrm{d}m = (h-x)^2 \mu(x,y)\mathrm{d}\sigma,$$

所以

$$\begin{aligned}
I_L &= \iint_D (h-x)^2 \mu(x,y)\mathrm{d}\sigma = \iint_D (h^2 - 2hx + x^2)\mu(x,y)\mathrm{d}\sigma \\
&= h^2 \iint_D \mu(x,y)\mathrm{d}\sigma - 2h \iint_D x\mu(x,y)\mathrm{d}\sigma + \iint_D x^2 \mu(x,y)\mathrm{d}\sigma \\
&= Mh^2 + I_e.
\end{aligned}$$

这一定理对于空间立体(刚体)的情形也同样适用,请读者自行证明.

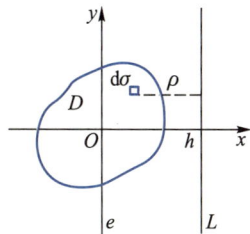

图 12-73

12.6.3 引力

现在来考虑计算某物体 Ω 对放置在 Ω 以外一点 $P_0(x_0,y_0,z_0)$ 处质量为 m 的质点的引力问题(图 12-74).

设物体 Ω 所占有的几何形体为 Ω,其密度函数 $\mu(P)$ 在 Ω 上连续,下面应用微元法进行分析.

在 Ω 内任取一个包含点 $P(x,y,z)$ 的几何形体微元 $\mathrm{d}\Omega$(其度量也记为 $\mathrm{d}\Omega$),如图 12-74 所示,则 $\mathrm{d}\Omega$ 所对应的质量微元 $\mathrm{d}m = \mu(P)\mathrm{d}\Omega$,$\mathrm{d}m$ 对质量为 m 的质点的引力微元

$$\mathrm{d}\boldsymbol{F} = |\mathrm{d}\boldsymbol{F}| \mathrm{d}\boldsymbol{F}^\circ.$$

根据万有引力定律,$\mathrm{d}m$ 对质量为 m 的质点引力的大小为

图 12-74

$$|\mathrm{d}\boldsymbol{F}| = G \cdot \frac{m \cdot \mathrm{d}m}{r^2} = G \frac{m\mu(P)\mathrm{d}\Omega}{r^2},$$

其中 $r = |\boldsymbol{r}|$,$\boldsymbol{r} = \overrightarrow{P_0 P} = \{x - x_0, y - y_0, z - z_0\}$,$\mathrm{d}\boldsymbol{F}$ 的方向为

$$\mathrm{d}\boldsymbol{F}^0 = \overrightarrow{P_0 P}^0 = \left\{ \frac{x - x_0}{r}, \frac{y - y_0}{r}, \frac{z - z_0}{r} \right\} = \frac{\boldsymbol{r}}{r},$$

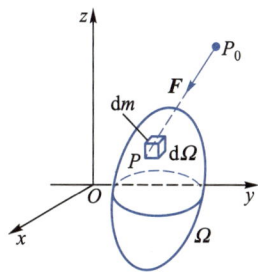

所以

$$d\boldsymbol{F} = \frac{Gm\mu(P)\,d\Omega}{r^3}\boldsymbol{r}$$

$$= \left\{ \frac{Gm(x-x_0)\mu(P)\,d\Omega}{r^3}, \frac{Gm(y-y_0)\mu(P)\,d\Omega}{r^3}, \frac{Gm(z-z_0)\mu(P)\,d\Omega}{r^3} \right\}.$$

由于物体 Ω 对质量为 m 的质点的引力 $\boldsymbol{F}$ 就是 Ω 中所有引力微元 $d\boldsymbol{F}$ 的合力,并且力相加对应于力的坐标分量相加,于是得物体 Ω 对质量为 m 的质点的引力

$$\boldsymbol{F} = \{F_x, F_y, F_z\}$$

的三个坐标分量为

$$F_x = \int_\Omega \frac{Gm(x-x_0)\mu(P)}{r^3}\,d\Omega,$$

$$F_y = \int_\Omega \frac{Gm(y-y_0)\mu(P)}{r^3}\,d\Omega,$$

$$F_z = \int_\Omega \frac{Gm(z-z_0)\mu(P)}{r^3}\,d\Omega. \tag{12-78}$$

例 9   求半径为 R、质量为 M 的均匀圆形薄板对于圆心正上方距圆心 h 处质量为 m 的质点的引力.

解   建立坐标系如图 12-75 所示.薄板 D 为平面圆域,密度 $\mu = \dfrac{M}{\pi R^2}$,质点的坐标 $P_0 = (0,0,h)$,运用 (12-78) 式得引力 $\boldsymbol{F}$ 的三个坐标分量为

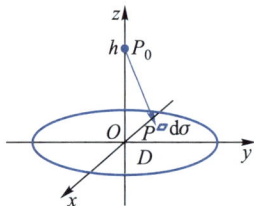

图 12-75

$$F_x = \frac{GmM}{\pi R^2}\iint_D \frac{x}{(x^2+y^2+h^2)^{3/2}}dxdy, \quad F_y = \frac{GmM}{\pi R^2}\iint_D \frac{y}{(x^2+y^2+h^2)^{3/2}}dxdy,$$

$$F_z = \frac{GmM}{\pi R^2}\iint_D \frac{-h}{(x^2+y^2+h^2)^{3/2}}dxdy,$$

其中 $D:x^2+y^2 \le R^2$.利用二重积分的对称性和奇偶性知

$$F_x = F_y = 0.$$

$$F_z = -\frac{GmMh}{\pi R^2}\iint_D \frac{1}{(x^2+y^2+h^2)^{3/2}}dxdy = -\frac{GmMh}{\pi R^2}\int_0^{2\pi}d\theta\int_0^R \frac{\rho}{\rho^2+h^2}d\rho$$

$$= -\frac{GmMh}{\pi R^2}\cdot 2\pi\left(-(\rho^2+h^2)^{-\frac{1}{2}}\right)\Big|_0^R = -\frac{2GmMh}{R^2}\left(\frac{1}{h} - \frac{1}{\sqrt{R^2+h^2}}\right).$$

所以薄板 D 对质点的引力

$$\boldsymbol{F} = \left\{ 0, 0, -\frac{2GmMh}{R^2}\left(\frac{1}{h} - \frac{1}{\sqrt{R^2+h^2}}\right) \right\}.$$

例 10   求半径为 R、质量为 M 的均匀球体 $x^2+y^2+z^2 \le R^2$,对位于点 $A(0,0,h)$ $(h>R)$ 处质量为 m 的质点的引力(如图 12-76 所示).

解   由球体的对称性和质量分布的均匀性可知引力 $\boldsymbol{F}$ 在 x 方向和

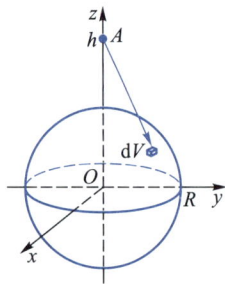

图 12-76

y 方向的分力

$$F_x = 0, \quad F_y = 0,$$

运用公式(12-78)得

$$
\begin{aligned}
F_z &= Gm\mu \iiint\limits_{\Omega} \frac{z-h}{\left[x^2+y^2+(z-h)^2\right]^{3/2}} \mathrm{d}V \\
&= Gm\mu \int_{-R}^{R} \mathrm{d}z \iint\limits_{D_z} \frac{z-h}{\left[x^2+y^2+(z-h)^2\right]^{3/2}} \mathrm{d}x\mathrm{d}y \qquad (D_z : x^2+y^2 \leqslant R^2-z^2) \\
&= Gm\mu \int_{-R}^{R} (z-h)\,\mathrm{d}z \int_0^{2\pi} \mathrm{d}\theta \int_0^{\sqrt{R^2-z^2}} \frac{\rho}{\left[\rho^2+(z-h)^2\right]^{3/2}} \mathrm{d}\rho \\
&= -2\pi Gm\mu \int_{-R}^{R} \left. \frac{z-h}{\sqrt{\rho^2+(z-h)^2}} \right|_{\rho=0}^{\rho=\sqrt{R^2-z^2}} \mathrm{d}z \\
&= -2\pi Gm\mu \int_{-R}^{R} \left(1 + \frac{z-h}{\sqrt{R^2+h^2-2hz}}\right) \mathrm{d}z \\
&= -2\pi Gm\mu \left[2R - \frac{1}{h} \int_{-R}^{R} (z-h)\,\mathrm{d}\left(\sqrt{R^2+h^2-2hz}\right)\right] \\
&= -2\pi Gm\mu \left[2R - 2R + \frac{2R^3}{3h^2}\right] = -\frac{4}{3}\pi Gm\mu \frac{R^3}{h^2}.
\end{aligned}
$$

以 $\mu = \dfrac{M}{V} = \dfrac{3M}{4\pi R^3}$ 代入,得

$$F_z = -\frac{GmM}{h^2},$$

所求之引力为

$$\boldsymbol{F} = -\frac{GmM}{h^2}\boldsymbol{k}.$$

利用以上解决引力问题的方法还能解决一些其他类型的问题,例如浮力问题.

例 11 半径为 R 的球完全置于水中,试通过计算该球面所受的力来求出水对此球的浮力.

解 以球心为坐标原点建立坐标系,如图 12-77 所示.设水面为 $z = h (\geqslant R)$.根据物理学知道,球所受的水的浮力就是球面上各点处所受水压力的合力.

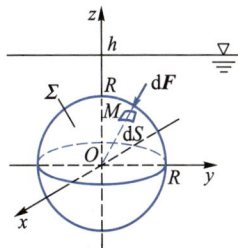

图 12-77

下面采用微元法计算水对球面的压力.

在球面 Σ 上任取一面积微元 $\mathrm{d}S$,并在其上任取一点 $M(x,y,z)$,则作用于 $\mathrm{d}S$ 上的水压力微元 $\mathrm{d}\boldsymbol{F}$ 是向量,其大小为 $(h-z)\rho g\mathrm{d}S$,方向垂直于球面并指向球心,即

$$
\begin{aligned}
\mathrm{d}\boldsymbol{F} &= (h-z)\rho g\mathrm{d}S\left\{-\frac{x}{r}, -\frac{y}{r}, -\frac{z}{r}\right\} \\
&= \left\{-\rho g \frac{x(h-z)\,\mathrm{d}S}{r}, -\rho g \frac{y(h-z)\,\mathrm{d}S}{r}, -\rho g \frac{z(h-z)\,\mathrm{d}S}{r}\right\},
\end{aligned}
$$

其中 $r = \sqrt{x^2+y^2+z^2}$.

于是作用于球面 Σ 上的水压力 F 就等于所有水压力微元 $\mathrm{d}F$ 的合力,即

$$F = \left\{ -\iint\limits_{\Sigma} \frac{\rho gx(h-z)}{\sqrt{x^2+y^2+z^2}}\mathrm{d}S, -\iint\limits_{\Sigma} \frac{\rho gy(h-z)}{\sqrt{x^2+y^2+z^2}}\mathrm{d}S, -\iint\limits_{\Sigma} \frac{\rho gz(h-z)}{\sqrt{x^2+y^2+z^2}}\mathrm{d}S \right\}.$$

利用 Σ 的对称性及被积函数的奇偶性,得

$$\iint\limits_{\Sigma} \frac{\rho gx(h-z)}{\sqrt{x^2+y^2+z^2}}\mathrm{d}S = 0, \quad \iint\limits_{\Sigma} \frac{\rho gy(h-z)}{\sqrt{x^2+y^2+z^2}}\mathrm{d}S = 0, \quad \iint\limits_{\Sigma} \frac{\rho ghz}{\sqrt{x^2+y^2+z^2}}\mathrm{d}S = 0,$$

从而,得

$$F = \left\{ 0, 0, \iint\limits_{\Sigma} \frac{\rho gz^2}{\sqrt{x^2+y^2+z^2}}\mathrm{d}S \right\} = \left\{ 0, 0, \frac{\rho g}{R}\iint\limits_{\Sigma} z^2\mathrm{d}S \right\}.$$

再利用积分与积分变量名称无关及球面 $x^2+y^2+z^2=R^2$ 关于 x,y,z 的轮换不变性,得

$$\iint\limits_{\Sigma} z^2\mathrm{d}S = \frac{1}{3}\iint\limits_{\Sigma}(x^2+y^2+z^2)\mathrm{d}S = \frac{R^2}{3}\iint\limits_{\Sigma}\mathrm{d}S = \frac{R^2}{3} \cdot 4\pi R^2 = \frac{4}{3}\pi R^4.$$

所以球所受的水的浮力

$$F = \left\{ 0, 0, \frac{4}{3}\pi R^3\rho g \right\} = \frac{4}{3}\pi R^3\rho g\boldsymbol{k},$$

其大小为 $\dfrac{4}{3}\rho g\pi R^3$,此即为**阿基米德的浮力定理**.

习题 12.6

(A)

1. 求下列平面薄片的质心坐标:

(1) D 由直线 $y=x$,$y=2-x$ 和 $y=0$ 围成,密度函数 $\mu(x,y)=1+2x+y$;

(2) $D = \{(x,y) \mid x\geqslant 0, y\geqslant 0, x^2+y^2\leqslant 1\}$,密度函数 $\mu(x,y)=xy^2$;

(3) $D = \{(x,y) \mid 0\leqslant x\leqslant 1, 0\leqslant y\leqslant x\}$,密度函数 $\mu(x,y)=x^2+y^2$;

(4) $D = \{(x,y) \mid x^2+(y-1)^2\leqslant 1\}$,密度函数 $\mu(x,y) = |y-1|+y$;

(5) $D = \{(x,y) \mid x\geqslant 0, y\geqslant 0, 1\leqslant x^2+y^2\leqslant 4\}$,密度函数 $\mu(x,y) = \dfrac{1}{x^2+y^2}$.

2. 根据给出的线密度 μ,求下列曲线 L 的质心坐标:

(1) $L: y = \dfrac{1}{2}x^2(|x|\leqslant 1)$,$\mu = \sqrt{2y+1}$;

(2) $L: \rho = a(1-\cos\theta)(0\leqslant\theta\leqslant 2\pi)$,$\mu = 1$.

3. 求下列立体区域的形心坐标:

(1) $\Omega = \left\{(x,y,z) \mid x\geqslant 0, y\geqslant 0, z\geqslant 0, \dfrac{x}{a}+\dfrac{y}{b}+\dfrac{z}{c}\leqslant 1\right\}$,其中 a,b,c 都是正的常数;

(2) $\Omega = \left\{(x,y,z) \mid z\geqslant 0, \dfrac{x^2}{a^2}+\dfrac{y^2}{b^2}+\dfrac{z^2}{c^2}\leqslant 1\right\}$,其中 a,b,c 都是正的常数;

(3) $\Omega = \left\{(x,y,z) \mid \dfrac{x^2}{a^2}+\dfrac{y^2}{b^2}\leqslant z\leqslant 1\right\}$,其中 a,b 都是正的常数.

4. 有一质量均匀分布的等腰三角形薄板,其底为 a,高为 h,质量为 M,求它绕下列轴 L 的转动惯量 I:

（1）以底上之高为轴；　　　（2）以底边为轴；

（3）以过顶点且平行于底边的直线为轴.

5. 求半径为 R，质量为 M 的均匀圆盘，绕下列各点的转动惯量 I：

（1）圆心；　　　　　　　（2）圆周上任一点.

6. 若已知摆线 $x=a(t-\sin t)$，$y=a(1-\cos t)$ $(0\leqslant t\leqslant 2\pi)$ 上任一点处的密度等于该点的纵坐标，试求：

（1）该摆线弧的质量；

（2）该摆线弧的质心坐标；

（3）该摆线弧关于 x 轴的转动惯量.

7. 设锥面壳 $z=\sqrt{x^2+y^2}$ $(0\leqslant z\leqslant 1)$ 上点 (x,y,z) 处的密度为 $\mu=z$，求：

（1）锥面壳的质量；（2）锥面壳的质心坐标；（3）锥面壳关于 z 轴的转动惯量.

8. 设曲线 L：$x=a\cos t$，$y=a\sin t$，$z=bt$ $(0\leqslant t\leqslant 2\pi)$ 上任一点处的密度 $\mu=1$，试求：

（1）曲线 L 的质心坐标；（2）曲线 L 关于 z 轴的转动惯量.

9. 一物体由旋转抛物面 $z=x^2+y^2$ 及平面 $z=2x$ 围成，密度为 $\mu=y^2$，求它绕 z 轴的转动惯量.

10. 设物体所占区域为 $\Omega=\{(x,y,z)\mid x^2+y^2\leqslant R^2,\ |z|\leqslant H\}$，其密度 μ 为常数，已知该物体关于 x 轴及 z 轴的

转动惯量相等，证明：$H=\dfrac{\sqrt{3}}{2}R$.

11. 质量为 M 的均匀圆锥体 Ω，由锥面 $Rz=H\sqrt{x^2+y^2}$ 和平面 $z=H$ 围成，求：

（1）质心坐标；　　　　　　　（2）关于中心轴的转动惯量；

（3）关于底直径的转动惯量.

（B）

1. 求平面薄板 $D=\{(x,y)\mid y\geqslant 0,2Rx\leqslant x^2+y^2\leqslant 4Rx\}$ 的形心坐标.

2. 求平面薄板 $D=\{(x,y)\mid x^2+y^2\leqslant 1\}$ 关于直线 $x+y=1$ 的转动惯量，设薄板的密度函数 $\mu(x,y)=x^2+y^2$.

3. 在半径为 R 的球体上以某条直径为中心轴，打穿一个半径为 $\dfrac{R}{2}$ 的圆孔，试求剩下部分物体绕中心轴的转动

惯量，设其密度 μ 为常数.

4. 求单叶双曲面壳 $x^2+y^2-z^2=1$ $(|z|\leqslant 1)$ 关于 z 轴的转动惯量，已知其密度为 $\mu=\dfrac{|z|}{x^2+y^2}$.

5. 将本节例 4 中黏上去的圆柱体改为正圆锥体，结论又将如何？

6. 在半径为 $2a$，质量为 M 的均匀球体内，挖去两个内切于大球又互相外切的半径为 a 的小球，求剩余部分关于它们的公共直径的转动惯量.

7. 试证明：铅直置于水中的平面薄板，其一侧所受的水压力，等于该板的面积与该板形心处水的压强的积.

8. 求质量为 M 的均匀薄板 $D=\{(x,y)\mid R^2\leqslant x^2+y^2\leqslant 4R^2,y\geqslant 0\}$，对坐标原点处质量为 m 的质点的引力.

9. 有一密度均匀的半球面，半径为 R，面密度为 μ，求它对球心处质量为 m 的质点的引力.

10. 求质量为 M、半顶角为 α、高为 h 的均匀圆锥体对于位于其顶点处质量为 m 的质点引力的大小.

＊ **12.7 数学应用与拓展**

12.7.1 广义重积分

A. 无界区域上的广义重积分

如同一元函数积分学中用极限来定义广义积分一样，我们也可用极限来定义广义重积分.

根据实际需要我们仅具体地计算几个无界区域上的广义重积分,对于广义重积分的敛散性的判别,在此不作深入地讨论.

例 1 证明:$\int_{-\infty}^{+\infty} e^{-x^2} dx = \sqrt{\pi}$.

解 因为 e^{-x^2} 的原函数不是初等函数,所以该广义积分无法用通常的方法来计算.利用积分值与积分变量名称无关的性质,有

$$I = \int_{-\infty}^{+\infty} e^{-x^2} dx = \int_{-\infty}^{+\infty} e^{-y^2} dy,$$

所以有

$$I^2 = \int_{-\infty}^{+\infty} e^{-x^2} dx \int_{-\infty}^{+\infty} e^{-y^2} dy = \iint\limits_{R^2} e^{-(x^2+y^2)} dx dy.$$

对此无界区域上的广义二重积分,我们可以在极坐标系中进行计算,即

$$I^2 = \int_0^{2\pi} d\theta \int_0^{+\infty} e^{-\rho^2} \rho d\rho = \pi \int_0^{+\infty} e^{-\rho^2} d\rho^2 = \pi \lim_{A \to +\infty} -e^{-\rho^2} \Big|_0^A = \pi,$$

从而有

$$I = \int_{-\infty}^{+\infty} e^{-x^2} dx = \sqrt{\pi}.$$

例 2 计算广义二重积分:

$$\iint\limits_D \frac{\max\{x,y\}}{1+(x^2+y^2)^3} d\sigma,$$

其中 D 为整个 xOy 平面.

解 记 $D_1 = \{(x,y) \mid y \geq x\}$, $D_2 = \{(x,y) \mid y \leq x\}$,如图 12-78 所示,则

$$\frac{\max\{x,y\}}{1+(x^2+y^2)^3} = \begin{cases} \dfrac{y}{1+(x^2+y^2)^3}, & (x,y) \in D_1, \\[3mm] \dfrac{x}{1+(x^2+y^2)^3}, & (x,y) \in D_2, \end{cases}$$

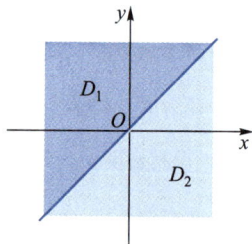

图 12-78

这里,在边界上函数 $\dfrac{\max\{x,y\}}{1+(x^2+y^2)^3}$ 被定义了两次,对于连续函数来说,这样做不会产生任何矛盾,所以

$$\iint\limits_D \frac{\max\{x,y\}}{1+(x^2+y^2)^3} d\sigma = \iint\limits_{D_1} \frac{y}{1+(x^2+y^2)^3} d\sigma + \iint\limits_{D_2} \frac{x}{1+(x^2+y^2)^3} d\sigma.$$

而

$$\iint\limits_{D_1} \frac{y}{1+(x^2+y^2)^3} d\sigma = \int_{\frac{\pi}{4}}^{\frac{5\pi}{4}} d\theta \int_0^{+\infty} \frac{\rho^2 \sin\theta}{1+\rho^6} d\rho = \int_{\frac{\pi}{4}}^{\frac{5\pi}{4}} \sin\theta d\theta \int_0^{+\infty} \frac{\rho^2 d\rho}{1+\rho^6}$$

$$= (-\cos\theta) \Big|_{\frac{\pi}{4}}^{\frac{5\pi}{4}} \cdot \left(\frac{1}{3} \arctan\rho^3\right) \Big|_0^{+\infty} = \frac{\sqrt{2}}{6} \pi.$$

将 $\iint\limits_{D_1} \frac{y}{1+(x^2+y^2)^3} d\sigma$ 中的 x 换成 y,y 换成 x,D_1 也就换成了 D_2,所以可知

$$\iint\limits_{D_2} \frac{x}{1+(x^2+y^2)^3} \mathrm{d}\sigma = \iint\limits_{D_1} \frac{y}{1+(x^2+y^2)^3} \mathrm{d}\sigma = \frac{\sqrt{2}}{6}\pi,$$

于是有

$$\iint\limits_{D} \frac{\max(x,y)}{1+(x^2+y^2)^3} \mathrm{d}\sigma = \frac{\sqrt{2}}{3}\pi.$$

例 3　计算广义三重积分

$$I = \iiint\limits_{\Omega} \frac{\mathrm{d}x\mathrm{d}y\mathrm{d}z}{(a+x+y+z)^4},$$

其中积分区域 Ω 是无界区域

$$\Omega = \{(x,y,z) \mid x \geqslant 0, y \geqslant 0, z \geqslant 0, x+y+z \geqslant a\} \quad (a>0).$$

解　若记区域

$$\Omega_0 = \{(x,y,z) \mid x \geqslant 0, y \geqslant 0, z \geqslant 0, x+y+z \leqslant a\},$$

$$\Omega^* = \{(x,y,z) \mid x \geqslant 0, y \geqslant 0, z \geqslant 0\},$$

则有

$$I = \iiint\limits_{\Omega^*} \frac{\mathrm{d}x\mathrm{d}y\mathrm{d}z}{(a+x+y+z)^4} - \iiint\limits_{\Omega_0} \frac{\mathrm{d}x\mathrm{d}y\mathrm{d}z}{(a+x+y+z)^4}.$$

由于

$$\iiint\limits_{\Omega^*} \frac{\mathrm{d}x\mathrm{d}y\mathrm{d}z}{(a+x+y+z)^4} = \int_0^{+\infty} \mathrm{d}x \int_0^{+\infty} \mathrm{d}y \int_0^{+\infty} \frac{\mathrm{d}z}{(a+x+y+z)^4}$$

$$= -\frac{1}{3} \int_0^{+\infty} \mathrm{d}x \int_0^{+\infty} \frac{1}{(a+x+y+z)^3} \bigg|_0^{+\infty} \mathrm{d}y = \frac{1}{3} \int_0^{+\infty} \mathrm{d}x \int_0^{+\infty} \frac{\mathrm{d}y}{(a+x+y)^3}$$

$$= -\frac{1}{6} \int_0^{+\infty} \frac{1}{(a+x+y)^2} \bigg|_0^{+\infty} \mathrm{d}x = \frac{1}{6} \int_0^{+\infty} \frac{\mathrm{d}x}{(a+x)^2}$$

$$= -\frac{1}{6} \cdot \frac{1}{a+x} \bigg|_0^{+\infty} = \frac{1}{6a},$$

$$\iiint\limits_{\Omega_0} \frac{\mathrm{d}x\mathrm{d}y\mathrm{d}z}{(a+x+y+z)^4} = \int_0^a \mathrm{d}x \int_0^{a-x} \mathrm{d}y \int_0^{a-x-y} \frac{\mathrm{d}z}{(a+x+y+z)^4}$$

$$= \int_0^a \mathrm{d}x \int_0^{a-x} \left(-\frac{1}{3} \cdot \frac{1}{(a+x+y+z)^3} \right) \bigg|_0^{a-x-y} \mathrm{d}y$$

$$= \frac{1}{3} \int_0^a \mathrm{d}x \int_0^{a-x} \left(\frac{1}{(a+x+y)^3} - \frac{1}{8a^3} \right) \mathrm{d}y$$

$$= \frac{1}{3} \int_0^a \mathrm{d}x \int_0^{a-x} \frac{1}{(a+x+y)^3} \mathrm{d}y - \frac{1}{24a^3} \cdot \frac{1}{2} a^2$$

$$= \frac{1}{6} \int_0^a \left(\frac{1}{(a+x)^2} - \frac{1}{4a^2} \right) \mathrm{d}x - \frac{1}{48a} = \frac{1}{48a},$$

所以积分

$$I = \iiint\limits_{\Omega} \frac{\mathrm{d}x\mathrm{d}y\mathrm{d}z}{(a+x+y+z)^4} = \frac{1}{6a} - \frac{1}{48a} = \frac{7}{48a}.$$

B. 无界函数的广义重积分

除了无界区域上的广义重积分外,实际应用中无界函数的广义重积分问题也同样重要.

例 4　证明半径为 R 的球面面积为 $S = 4\pi R^2$.

解　设球面以坐标原点为中心,即球面方程为

$$x^2 + y^2 + z^2 = R^2.$$

根据对称性,只要求出上半球面 $z = \sqrt{R^2 - x^2 - y^2}$ 的面积就可以了,即

$$S = 2S_{\text{上}} = 2 \iint\limits_{x^2+y^2 \leqslant R^2} \sqrt{1 + \left(\frac{\partial z}{\partial x}\right)^2 + \left(\frac{\partial z}{\partial y}\right)^2} \mathrm{d}x\mathrm{d}y = 2R \iint\limits_{x^2+y^2 \leqslant R^2} \frac{\mathrm{d}x\mathrm{d}y}{\sqrt{R^2 - x^2 - y^2}}.$$

这是一个无界函数的广义重积分问题,整个边界曲线上的每个点都是奇点,对此我们与无界区域上的广义重积分一样,先把它看成一个通常的二重积分而化成某个坐标系(直角坐标系或极坐标系、或球面坐标系、柱面坐标系)下的累次积分,再考虑单积分所遇到的广义积分的收敛性. 如本例就可以这样处理:

$$S = 2R \int_0^{2\pi} \mathrm{d}\theta \int_0^R \frac{\rho}{\sqrt{R^2 - \rho^2}} \mathrm{d}\rho = 4\pi R\left(-\sqrt{R^2 - \rho^2}\right)\Big|_0^R = 4\pi R^2.$$

在习题 12.6(B)10 中将会遇到的三重积分也是无界函数的广义积分问题,我们都可按类似的方法处理,实际上我们在 12.5 节例 2 的二重积分 $\iint\limits_{D_{yz}} \frac{1}{\sqrt{1-y^2}} \mathrm{d}y\mathrm{d}z$(被积函数在 D_{yz} 上无界)中也已经处理过这类问题.

练习 1　计算广义二重积分:

$$\iint\limits_{D} \frac{1}{(1+x+y)^3} \mathrm{d}\sigma,$$

其中 $D = \{(x,y) \mid x \geqslant 0, y \geqslant 0, x+y \geqslant 1\}$.

练习 2　利用重要结论 $\int_{-\infty}^{\infty} \mathrm{e}^{-x^2} \mathrm{d}x = \sqrt{\pi}$,证明:

$$\iint\limits_{\mathbf{R}^2} \mathrm{e}^{-\frac{x^2}{a^2} - \frac{y^2}{b^2}} \mathrm{d}\sigma = \pi ab,$$

其中 $\mathbf{R}^2$ 表示全平面,a,b 为正的常数.

练习 3　若记 $\mathbf{R}^3$ 为全空间,求广义三重积分:

$$\iiint\limits_{\mathbf{R}^3} \frac{|z|}{1 + (x^2+y^2+z^2)^4} \mathrm{d}V.$$

12.7.2　多元函数积分的微元法

多元函数积分的微元法是定积分微元法的推广,都是积分定义(分割、近似、求和、取极限)的简化. 在本章的前面已经有应用,下面对该方法作一个总结和提升.

微元法有如下三个步骤.

1. 确定所求量(面积、体积、做功、引力等)能否在分割后,满足部分之和是一个整体.

2. (a) 确定对什么区域进行分割,获得区域微元.

这里确定的区域就是积分区域,同时在后面的第 3 步中的积分是什么类型的积分(二重积分、三重积分、第一型曲线积分、第一型曲面积分)也由此确定. 比如,若对曲线进行分割,就会出现弧长微元,第 3 步的积分类型就是第一型曲线积分.

(b) 对区域分割后,确定如何对应分割所求量,得到所求量微元.

这里要注意对区域分割后,如何分割所求量,很多数情况下是比较自然的. 但有时这样的分割可能有多种,不一定唯一.

(c) 将所求量微元用区域微元来表示.

这里要求用区域微元表示的所求量微元的近似值与其精确值的误差相差一个关于区域微元的高阶无穷小. 如果所求量微元求不出,需要返回(b),即重新分割所求量,甚至返回(a),重新选择积分区域.

3. 积分,求出所求量的精确值.

微元法的难点在第 2 步.

例 5   设 xOy 平面上的圆 $x^2+y^2=a^2 (a>0)$ 绕直线 $x=b (b>a)$ 旋转一周后形成的曲面为环面 T(图 12-79),计算 T 的表面积.

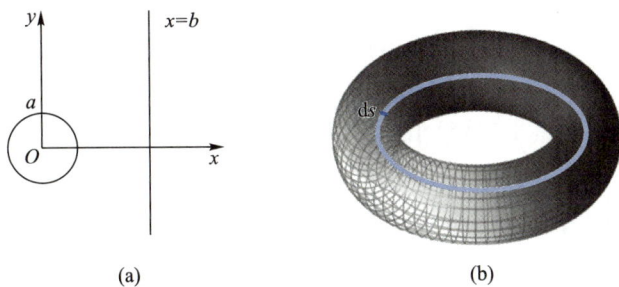

图 12-79

解   对圆 $x^2+y^2=a^2$ 进行分割,在圆上任取一点 (x,y),包含该点的分割弧段记为微元 ds,该微元绕直线 $x=b$ 旋转一周后形成一个细的圆形带域(图 12-79),该带域的面积就是所求量微元,此时对应了一个对所求量的分割. 容易知道,带域面积的线性主部为

$$2\pi(b-x)\,ds,$$

因此环面 T 的表面积为

$$\oint_{x^2+y^2=a^2} 2\pi(b-x)\,ds = 4\pi^2 ab.$$

作为练习,请读者应用微元法计算环面 T 所围立体的体积.

第 12 章总习题

1. 计算下列二重积分:

(1) $\iint\limits_{D} y\sqrt{|x-y^2|}\,\mathrm{d}\sigma$，其中 $D=\{(x,y)\mid 0\leqslant x\leqslant 4,0\leqslant y\leqslant 1\}$；

(2) $\iint\limits_{D}\sqrt{1-\cos(x-y)}\,\mathrm{d}\sigma$，其中 $D=\{(x,y)\mid x+y\leqslant 2\pi,x\leqslant 2\pi,y\leqslant 2\pi\}$；

(3) $\iint\limits_{D}\mathrm{e}^{x}\sin(x+y)\,\mathrm{d}\sigma$，其中 $D=\{(x,y)\mid 0\leqslant x\leqslant \ln 4,-x\leqslant y\leqslant \pi-x\}$；

(4) $\iint\limits_{D}\dfrac{y\mathrm{d}x\mathrm{d}y}{(1-x^2+y^2)^{\frac{3}{2}}}$，其中 $D=\{(x,y)\mid 0\leqslant y\leqslant 1,x^2\leqslant \dfrac{1}{2}(1+y^2)\}$.

2. 计算下列二重积分：

(1) $\iint\limits_{D}\sqrt{\sqrt{x^2+y^2}+x}\,\mathrm{d}x\mathrm{d}y$，其中 $D=\{(x,y)\mid x^2+y^2\leqslant R^2\}$；

(2) $\iint\limits_{D}\dfrac{x+y}{x^2+y^2}\mathrm{d}x\mathrm{d}y$，其中 $D=\{(x,y)\mid x^2+y^2\leqslant 1,x+y\geqslant 1\}$；

(3) $\iint\limits_{D}\sqrt{\dfrac{1-x^2-y^2}{1+x^2+y^2}}\,\mathrm{d}\sigma$，其中 $D=\{(x,y)\mid x^2+y^2\leqslant 1\}$；

(4) $\iint\limits_{D}\dfrac{\ln(1+x^2+y^2)}{1+x^2+y^2}\mathrm{d}\sigma$，其中 $D=\{(x,y)\mid y\geqslant 0,y\leqslant x\leqslant \sqrt{1-y^2}\}$.

3. 计算下列二次积分或广义二次积分：

(1) $\displaystyle\int_{0}^{\pi}\mathrm{d}x\int_{x}^{\sqrt{\pi x}}\dfrac{\sin y}{y}\mathrm{d}y$；   (2) $\displaystyle\int_{0}^{1}\mathrm{d}y\int_{\sqrt{y}}^{1}\mathrm{e}^{\frac{y}{x}}\mathrm{d}x$；

(3) $\displaystyle\int_{0}^{1}\mathrm{d}x\int_{x^3}^{x}\dfrac{x}{y}\mathrm{e}^{\frac{y}{x}}\mathrm{d}y$；   (4) $\displaystyle\int_{0}^{1}\mathrm{d}y\int_{\sqrt{2y-y^2}}^{1+\sqrt{1-y^2}}\exp\left(\dfrac{xy}{x^2+y^2}\right)\mathrm{d}x$；

(5) $\displaystyle\int_{0}^{1}\mathrm{d}y\int_{\frac{1}{4}y^2}^{y}\dfrac{y\mathrm{e}^{-x^2}}{4-x}\mathrm{d}x+\int_{1}^{2}\mathrm{d}y\int_{\frac{1}{4}y^2}^{1}\dfrac{y\mathrm{e}^{-x^2}}{4-x}\mathrm{d}x$；

(6) $\displaystyle\int_{-\frac{\pi}{2}}^{0}\mathrm{d}x\int_{0}^{1}\dfrac{1}{\dfrac{\pi}{2}+\arcsin y}\mathrm{d}y+\int_{0}^{\frac{\pi}{2}}\mathrm{d}x\int_{\sin x}^{1}\dfrac{1}{\dfrac{\pi}{2}+\arcsin y}\mathrm{d}y$；

(7) $\displaystyle\int_{1}^{2}\mathrm{d}x\int_{\sqrt{2x-x^2}}^{x}\dfrac{\mathrm{e}^{\frac{y}{x}}}{(x^2+y^2)^2}\mathrm{d}y+\int_{2}^{+\infty}\mathrm{d}x\int_{0}^{x}\dfrac{\mathrm{e}^{\frac{y}{x}}}{(x^2+y^2)^2}\mathrm{d}y$；

(8) $\displaystyle\int_{0}^{2}\mathrm{d}x\int_{2-x}^{+\infty}\dfrac{x+y}{x^2+y^2}\mathrm{e}^{-(x+y)}\mathrm{d}y+\int_{2}^{+\infty}\mathrm{d}x\int_{0}^{+\infty}\dfrac{x+y}{x^2+y^2}\mathrm{e}^{-(x+y)}\mathrm{d}y$.

4. 设 $f(x)$ 在 $[0,1]$ 上连续，α 为大于 1 的常数，证明：

$$\int_{0}^{1}\mathrm{d}x\int_{0}^{x}(x-y)^{\alpha-1}f(y)\,\mathrm{d}y=\dfrac{1}{\alpha}\int_{0}^{1}y^{\alpha}f(1-y)\,\mathrm{d}y.$$

5. 设 $f(x,y)$ 连续，D 关于坐标原点对称，且 $f(-x,-y)=-f(x,y)$，证明：

$$\iint\limits_{D}f(x,y)\,\mathrm{d}\sigma=0.$$

根据这一结论，计算二重积分：

$$\iint\limits_{D}(1+x^2y+xy^2)\,\mathrm{d}\sigma.$$

其中 D 是以 $(2,0),(1,1),(-2,0)$ 和 $(-1,-1)$ 为顶点的平行四边形区域.

6. 求极限 $\lim\limits_{t\to 0^+}\dfrac{1}{t^3}\int_0^t \mathrm{d}x\int_{x^2}^{xt}\sqrt{1+\mathrm{e}^{-x^2-y^2}}\,\mathrm{d}y.$

7. 设 B 球的球心在 A 球的球面上,证明 B 球夹在 A 球内的表面积不超过整个 A 球面积的 $\dfrac{8}{27}$.

8. 求由曲线 $y=\sqrt{4-x^2},y=\sqrt{2x-x^2}$ 和 $y=\sqrt{-2x-x^2}$ 围成的平面区域 D 的形心坐标及关于 y 轴的二阶矩.

9. 计算下列各三次积分:

(1) $\displaystyle\int_0^1\mathrm{d}x\int_0^1\mathrm{d}y\int_0^1 yz^2\mathrm{e}^{xyz}\mathrm{d}z;$ (2) $\displaystyle\int_{-1}^1\mathrm{d}x\int_0^{\sqrt{1-x^2}}\mathrm{d}y\int_0^{1+\sqrt{1-x^2-y^2}}\dfrac{1}{\sqrt{x^2+y^2+z^2}}\mathrm{d}z;$

(3) $\displaystyle\int_0^1\mathrm{d}x\int_0^{\sqrt{x}}\mathrm{d}y\int_0^{1-x}\sqrt{1-z}\,\mathrm{e}^z\mathrm{d}z;$ (4) $\displaystyle\int_0^\pi\mathrm{d}x\int_0^x\mathrm{d}y\int_0^y\dfrac{\pi-x}{(\pi-z)^3}\sin z\mathrm{d}z.$

10. 利用先重后单的方法化下列三次积分为定积分:

(1) $\displaystyle\int_0^1\mathrm{d}x\int_0^x\mathrm{d}y\int_0^y f(z)\,\mathrm{d}z;$ (2) $\displaystyle\int_0^1\mathrm{d}x\int_0^{1-x}\mathrm{d}y\int_0^{x+y} f(z)\,\mathrm{d}z.$

11. 计算下列三重积分:

(1) $\displaystyle\iiint\limits_{\Omega} z\mathrm{d}V,$ 其中 $\Omega=\{(x,y,z)\mid x^2+y^2\leqslant 2x,0\leqslant z\leqslant\sqrt{4-x^2-y^2}\};$

(2) $\displaystyle\iiint\limits_{\Omega} xy^2\mathrm{d}V,$ 其中 Ω 由平面 $z=0,x=1,y=z-x$ 和 $y=x-z$ 围成;

(3) $\displaystyle\iiint\limits_{\Omega}\mid xyz\mid\mathrm{d}V,$ 其中 Ω 为椭球体 $\dfrac{x^2}{a^2}+\dfrac{y^2}{b^2}+\dfrac{z^2}{c^2}\leqslant 1.$

12. 求由曲面 $(x^2+y^2+z^2)^4=a^3z^5(a>0)$ 所围成立体 Ω 的体积.

13. 如题图 13 所示,在一个半径为 a 的空心球形容器内装了一半的水. 试问当它以多大角速度 ω 绕铅直中心轴旋转时,正好能暴露出球的底部.

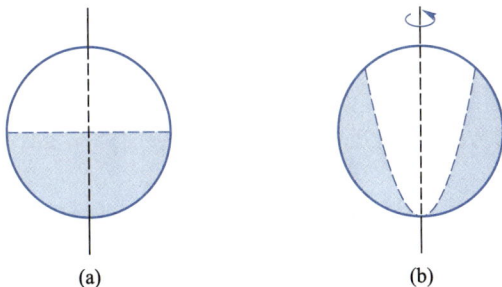

题图 13

提示:若取球心为坐标原点,铅直中心轴为 z 轴建立空间直角坐标系,则在以角速度 ω 旋转时,液面方程为 $z=\dfrac{\omega^2}{2g}(x^2+y^2)+c$,其中 c 为待定常数.

14. 求质量为 m,半径为 R 的均匀球体关于其任一切线的转动惯量(曲面 Σ 在点 P 处切平面上过点 P 的任一直线,称为曲面 Σ 的切线).

15. 设 Ω 由闭曲面 $(x^2+y^2+z^2)^2=a^2(x^2+y^2)(a>0)$ 围成,具有均匀密度 μ,求其关于 z 轴的转动惯量.

16. 设地球上空距地球中心 $r(r\geqslant R,R$ 为地球半径)处,空气密度为 $\mu(r)=\mu_0\mathrm{e}^{k\left(1-\frac{r}{R}\right)}\ (k>0)$,求地球上空空气的总质量.

17. 一个质量均匀的物体 $\Omega=\{(x,y,z)\mid x^2+y^2\leqslant z\leqslant 1\}$ 稳定地放置在水平桌面上,求 z 轴与水平桌面之间的夹

角(题图 17 为轴截面示意图).

18. 设 $f'(x)$ 在点 $x=0$ 连续,且 $f(0)=0,f'(0)=5$,求极限

$$\lim_{t\to 0^+}\frac{1}{t^5}\iiint\limits_{x^2+y^2+z^2\leqslant t^2}f(x^2+y^2+z^2)\,dxdydz.$$

19. 求 $[0,+\infty)$ 上的连续函数 $f(t)$,使它满足

$$f(t)=t^3+3\iiint\limits_{x^2+y^2+z^2\leqslant t^2}f(\sqrt{x^2+y^2+z^2})\,dxdydz.$$

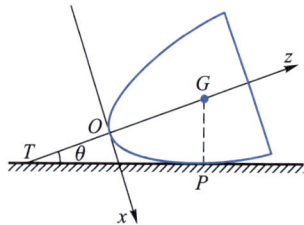

題图 17

20. 一个体积为 V、表面积为 S 的雪堆,其融化的速率是 $\dfrac{dV}{dt}=-kS$,其中 k 为正的常数,假设在融雪期间雪堆的外形始终保持为 $z=h-\dfrac{x^2+y^2}{h},z\geqslant 0$,其中 $h=h(t)$.试问按此速度,一个高为 h_0 的雪堆经多少时间方能融尽?

21. 计算下列曲线积分:

(1) $\displaystyle\int_L xyz\,ds$,其中 L 为球面 $x^2+y^2+z^2=R^2$ 与柱面 $x^2+y^2=\dfrac{1}{4}R^2$ 的交线在第一卦限内的部分;

(2) $\displaystyle\int_L \dfrac{1}{(1+x^2+y^2)^{\frac{3}{2}}}ds$,其中 L 是双曲螺线 $\rho=\dfrac{1}{\theta}$ 上从 $\theta=\sqrt{3}$ 到 $\theta=2\sqrt{2}$ 的一段弧.

22. 设曲线 $y=\ln x\,(1\leqslant x\leqslant\sqrt{3})$ 上每点处的密度等于该点处的曲率,试求该曲线弧段的质量及关于 y 轴的转动惯量.

23. 计算曲线积分 $\displaystyle\int_L (x^2+y^2+z^2)\,ds$,其中 L 是球面 $x^2+y^2+z^2=\dfrac{9}{2}$ 与平面 $x+z=1$ 的交线.

24. 求柱面 $x^2+y^2=2ax$ 介于 $z=0$ 及 $z=\sqrt{4a^2-x^2-y^2}$ 之间部分的曲面面积.

25. 设 L 为椭圆 $\dfrac{x^2}{4}+\dfrac{y^2}{3}=1$,周长为 a,计算曲线积分 $\displaystyle\oint_L (2xy+3x^2+4y^2)\,ds$.

26. 计算下列曲面积分:

(1) $\displaystyle\iint\limits_{\Sigma}\dfrac{1-x^2-y^2}{\sqrt{5-4z}}dS$,其中 Σ 为立体 Ω 的边界面,而 $\Omega=\{(x,y,z)\mid x^2+y^2\leqslant 1,-1\leqslant z\leqslant 1-x^2\}$.

(2) $\displaystyle\oiint\limits_{\Sigma}\dfrac{dS}{d}$,其中 Σ 为椭球面 $\dfrac{x^2}{a^2}+\dfrac{y^2}{b^2}+\dfrac{z^2}{c^2}=1$,而 d 是坐标原点到椭球面上点 (x,y,z) 的切平面的距离.

27. 用最简单的方法计算曲面积分:

$$\iint\limits_{x^2+y^2+z^2=R^2}(ax+by+cz)^2dS.$$

28. 用曲线积分求平面曲线 $y=\dfrac{1}{3}x^3+2x\,(0\leqslant x\leqslant 1)$ 绕直线 $y=\dfrac{4}{3}x$ 旋转所成旋转曲面的面积.

29. 求面密度为 μ 的均匀锥面壳 $\dfrac{x^2}{a^2}+\dfrac{y^2}{a^2}=\dfrac{z^2}{b^2}\,(0\leqslant z\leqslant b,a>0)$ 关于直线 $\dfrac{x}{1}=\dfrac{y}{0}=\dfrac{z-b}{0}$ 的转动惯量.

30. 证明:$\displaystyle\oiint\limits_{\Sigma}(x+y+z+\sqrt{3}\,a)^3dS\geqslant 108\pi a^5$,其中 Σ 为球面 $(x-a)^2+(y-a)^2+(z-a)^2=a^2\,(a>0)$.

31. 计算曲面积分:

$$I=\iint\limits_{\Sigma}(x+2y+3z-4)^2dS,$$

其中 Σ 为正八面体 $|x| + |y| + |z| \leqslant 1$ 的全表面.

第 12 章部分习题
参考答案

第 **13** 章　向量函数的积分

前面讨论了二重积分、三重积分、第一型曲线积分与曲面积分的问题. 可以看到, 尽管这些积分是多元函数在各种不同几何形体上的积分, 但是它们仍然具有以下两个共同的特点:

（1）从积分的实际背景上看, 这些积分都以计算物体的质量作为其物理背景, 并且都可被应用于计算各种物体的转动惯量、质心坐标、引力等问题;

（2）从数学角度上看, 这些积分（除引力等问题外）都是数量函数在各种几何形体上的积分.

本章所讨论的向量函数的积分属于另外一种类型的积分, 它是计算与向量函数（即向量场）有关的量在曲线与曲面上的积分问题. 这类问题在计算变力沿曲线做功、描述流体流动、解释穿过曲面的电通量等问题时会经常遇到, 因此也具有广泛的应用背景.

本章将介绍第二型曲线积分与曲面积分的概念、性质、计算方法以及与这些积分有关的格林公式、高斯公式和斯托克斯公式.

13.1　第二型曲线积分

在讨论第二型曲线积分问题之前, 我们先来介绍向量场的概念.

13.1.1　向量场

A. 向量场的概念

从物理学知道, 如果对于平面（或空间）区域 D 中的每一点, 都对应着某个物理量的一个确定的值, 就称在区域 D 中确定了该物理量的一个**场**, 当这一物理量是数量时, 就称这种场为**数量场**; 当这一物理量是向量时, 就称这种场为**向量场**. 例如, 温度场、电位场、密度场都是数量场, 而速度场、引力场、电场都是向量场.

一般来讲, 场中的物理量除与位置有关外, 有时还依赖于时间, 如果场中的物理量仅随位置变化而不随时间变化, 这种场称为**稳定场**, 称同时还随时间变化的场为**不稳定场**（或**时变场**）, 这里我们仅限于讨论稳定场.

在建立了直角坐标系之后, 从数学的角度来看, 平面（或空间）区域 D 中的一个向量场可以通过一个随点变化的向量值函数来描述, 也就是向量场在 D 中定义了一个二维（或三维）的

向量值函数

$$f(x,y)=P(x,y)\boldsymbol{i}+Q(x,y)\boldsymbol{j}=\{P(x,y),Q(x,y)\} \tag{13-1}$$

或

$$
\begin{aligned}
f(x,y,z)&=P(x,y,z)\boldsymbol{i}+Q(x,y,z)\boldsymbol{j}+R(x,y,z)\boldsymbol{k}\\
&=\{P(x,y,z),Q(x,y,z),R(x,y,z)\}.
\end{aligned} \tag{13-2}
$$

因此,我们说给定向量场实际上就是给定了一个向量值函数,反之亦然.

例1　在图 13-1 中,给出了三元函数 $u=f(x,y,z)$ 的等值面 $\Sigma:f(x,y,z)=C$ 的法向量 $\boldsymbol{n}=\nabla f(x,y,z)$ 所形成的梯度向量场.

$$\nabla f(x,y,z)=\{f'_x(x,y,z),f'_y(x,y,z),f'_z(x,y,z)\}.$$

例2　在图 13-2 中,给出了一个由平面单位向量

$$\boldsymbol{F}(x,y)=\frac{-y}{\sqrt{x^2+y^2}}\boldsymbol{i}+\frac{x}{\sqrt{x^2+y^2}}\boldsymbol{j}$$

形成的"螺旋场",该向量场在原点处没有定义.

例3　试求位于原点处质量为 M 的质点所产生的引力场(图 13-3).

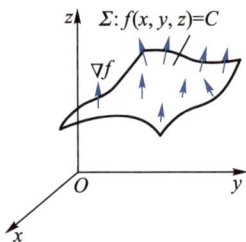 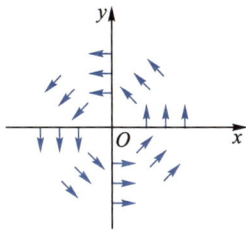 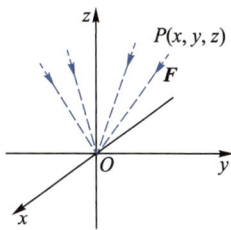

图 13-1　　　　　　　　图 13-2　　　　　　　　图 13-3

解　因为在原点处质量为 M 的质点对位于点 $P(x,y,z)$ 处的单位质点的引力是

$$\boldsymbol{F}(x,y,z)=-\frac{GM}{r^2}\boldsymbol{r}^\circ=-\frac{GM}{r^3}\boldsymbol{r},$$

其中 G 为引力常数,$\boldsymbol{r}=x\boldsymbol{i}+y\boldsymbol{j}+z\boldsymbol{k}$,$r=|\boldsymbol{r}|$,$\boldsymbol{r}^\circ=\dfrac{\boldsymbol{r}}{r}$. 于是质点所产生的引力场为

$$\boldsymbol{F}(x,y,z)=-\frac{GM}{(x^2+y^2+z^2)^{3/2}}(x\boldsymbol{i}+y\boldsymbol{j}+z\boldsymbol{k}).$$

对于向量场(13-2)(或(13-1)),若其各个分量函数 $P(x,y,z)$,$Q(x,y,z)$,$R(x,y,z)$ 都是连续函数,则称这个向量场是**连续的**,若其分量函数 $P(x,y,z)$,$Q(x,y,z)$,$R(x,y,z)$ 都是可微函数,则称这个向量场是**可微场**.

从定义可以看出,例 2 和例 3 所表示的向量场除原点外都是连续的,并且是可微的,但是在原点处向量场都不连续,当然也是不可微的.

B. 向量线(场线)

向量线(或场线)是人们用来直观地表示向量场的分布情况而引入的一个概念. 所谓向量场 $\boldsymbol{F}$ 的**向量线**(或**场线**)是指向量场内的一条这样的曲线,在这条曲线上的每一点处,曲线的切向量与向量场 $\boldsymbol{F}$ 在该点处的对应向量方向平行. 通常,向量线是不会相交的.

图 13-4(a)显示了风洞内飞机机翼附近空气气流的速度向量 $\boldsymbol{v}$ 所形成的向量场的向量线分布情况,而图 13-4(b)给出了压缩槽内的水流速度向量场,当槽变窄时的向量线变化状况. 可以看出,通过向量线可以非常清晰地刻画出气流和水流的流动态势.

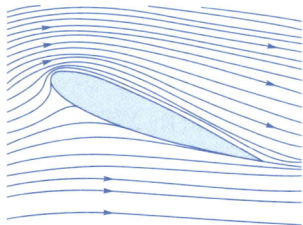

风洞内飞机机翼附近流体的速度向量. 由煤油烟作出的可视流线.(摘自 *NCFMF Book of Film Notes*,1974,MIT 教育发展中心出 版 社, Inc., Newton, Massachu-setts.)

(a)

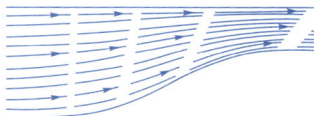

在压缩槽内的流线,当槽变窄,水流速度加快,则速度向量的模也增加.(摘自 *NCFMF Book of Film Notes*,1974,教育发展中心 MIT 出 版. Inc., Newton, Massa-chusetts.)

(b)

图 13-4

从向量线的定义可知,如果平面向量场是

$$\boldsymbol{f}(x,y) = \{P(x,y),Q(x,y)\},$$

$M(x,y)$ 是向量线上的任意一点,由于在点 M 处向量线的切向量为 $\boldsymbol{T} = \{dx,dy\}$,向量 $\boldsymbol{T}$ 与 $\boldsymbol{f}(x,y)$ 在点 M 处共线,从而向量线应满足微分方程

$$\frac{dx}{P(x,y)} = \frac{dy}{Q(x,y)}, \tag{13-3}$$

解此方程就可求得向量线的曲线方程.

同理,若空间向量场是

$$\boldsymbol{f}(x,y,z) = \{P(x,y,z),Q(x,y,z),R(x,y,z)\},$$

则其向量线应满足微分方程组

$$\frac{dx}{P(x,y,z)} = \frac{dy}{Q(x,y,z)} = \frac{dz}{R(x,y,z)}, \tag{13-4}$$

求解此微分方程组即可获得向量线的曲线方程.

例 4 求平面向量场 $\boldsymbol{F} = \{-y,x\}$ 的向量线方程.

解 此时 $P(x,y) = -y,Q(x,y) = x$.

由方程(13-3),得向量线所满足的微分方程是

$$\frac{dx}{-y} = \frac{dy}{x},$$

即

$$x\,dx = -y\,dy.$$

解得向量线方程为

$$x^2 + y^2 = C.$$

可见,向量场 F 的向量线是以原点为中心的一族同心圆周
(图 13-5).

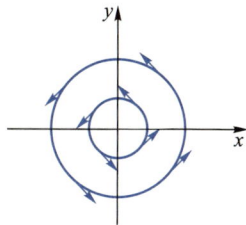

13.1.2　第二型曲线积分问题的产生

第二型曲线积分研究向量值函数(即向量场)沿着曲线 L 的积分
问题,而产生这类积分的一个重要的实际背景就是计算变力沿曲线 L
的做功问题.

例 5　变力沿曲线所做的功的计算.

设 xOy 平面上的一个质点在变力

$$F(x,y)=P(x,y)\boldsymbol{i}+Q(x,y)\boldsymbol{j}$$

的作用下,从点 A 沿光滑曲线 L 移动到点 B,其中 $P(x,y),Q(x,y)$ 在 L 上连续,现要计算在这
一移动过程中变力 $F(x,y)$ 所做的功.

如果力 F 是常力,且质点沿直线从点 A 移动到点 B,那么 F 所做的功是

$$W=|\,F\,|\,\cdot\,|\overrightarrow{AB}\,|\cos\theta=F\cdot\overrightarrow{AB},$$

其中 θ 为向量 F 与 $\overrightarrow{AB}$ 的夹角.然而现在问题中的 F 是变力,且质点沿曲线 L 移动,可见求解这
一做功问题的关键是如何化解变力和质点沿曲线移动这两个难点.

注意到质点沿路径 L 由点 A 移动到点 B 时,变力所做的功对移动路径是具有可加性的,而
且在 L 的一个很小的弧段上,由于力 $F(x,y)$ 的两个分量 $P(x,y),Q(x,y)$ 连续,从而 $F(x,y)$ 在
小弧段上近似于不变(即近似于常力),并且由移动路径曲线 L 的光滑性,质点在小弧段上的移
动也近似于直线移动.因此,我们可采用对曲线 L 进行无限细分的方法来处理.

在曲线 L 上自点 A 至点 B 依次插入分点

$$A=M_0,M_1,M_2,\cdots,M_{n-1},M_n=B,$$

把 L 分成 n 个有向小弧段 $\widehat{M_0M_1},\widehat{M_1M_2},\cdots,\widehat{M_{n-1}M_n}$,其中 M_i 的坐
标为 (x_i,y_i),如图 13-6 所示.若记第 i 个小弧段 $\widehat{M_{i-1}M_i}$ 上力 F 所
做的功为 ΔW_i,则在整个曲线 L 上力 F 所做的功就是

$$W=\sum_{i=1}^n\Delta W_i.$$

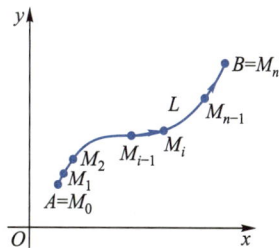

如果把曲线 L 分得很细,那么有向弧段 $\widehat{M_{i-1}M_i}$ 近似于有向线段

$$\overrightarrow{M_{i-1}M_i}=\Delta x_i\boldsymbol{i}+\Delta y_i\boldsymbol{j},$$

其中,$\Delta x_i=x_i-x_{i-1},\Delta y_i=y_i-y_{i-1}$(图 13-6),力 $F(x,y)$ 在每一小弧段 $\widehat{M_{i-1}M_i}$ 上近似于常向量,从
而可把 F 在弧段 $\widehat{M_{i-1}M_i}$ 上的做功问题当作是常力在有向线段 $\overrightarrow{M_{i-1}M_i}$ 上的做功问题处理.因此
在 $\widehat{M_{i-1}M_i}$ 上任取一点 (ξ_i,η_i),得

$$\Delta W_i\approx F(\xi_i,\eta_i)\cdot\overrightarrow{M_{i-1}M_i},i=1,2,\cdots,n,$$

即
$$\Delta W_i\approx P(\xi_i,\eta_i)\Delta x_i+Q(\xi_i,\eta_i)\Delta y_i,i=1,2,\cdots,n.$$

图 13-5

图 13-6

于是
$$W = \sum_{i=1}^{n} \Delta W_i \approx \sum_{i=1}^{n} \boldsymbol{F}(\xi_i, \eta_i) \cdot \overrightarrow{M_{i-1}M_i}$$
$$= \sum_{i=1}^{n} [P(\xi_i, \eta_i) \Delta x_i + Q(\xi_i, \eta_i) \Delta y_i].$$

可以看到,若将曲线 L 分割得越细,则上式右边的和式就越接近于功 W. 若记 $\lambda = \max_{1 \le i \le n} \{\Delta s_i\}$($\Delta s_i$ 为小弧段 $\widehat{M_{i-1}M_i}$ 的弧长),在上式右边取 $\lambda \to 0$ 时的极限,所得的极限值就是所求的功

$$W = \lim_{\lambda \to 0} \sum_{i=1}^{n} \boldsymbol{F}(\xi_i, \eta_i) \cdot \overrightarrow{M_{i-1}M_i}$$
$$= \lim_{\lambda \to 0} \sum_{i=1}^{n} [P(\xi_i, \eta_i) \Delta x_i + Q(\xi_i, \eta_i) \Delta y_i]. \tag{13-5}$$

在实践中人们发现,除了变力沿曲线的做功计算外,还有许多其他量的确定可归结为形如(13-5)式的和式极限的计算问题,正是对这些问题的研究引出了第二型曲线积分的概念.

13.1.3 第二型曲线积分的定义和性质

定义 设 L 是 xOy 平面上从点 A 到点 B 的一条分段光滑的有向曲线[①],向量值函数
$$\boldsymbol{F}(x,y) = P(x,y)\boldsymbol{i} + Q(x,y)\boldsymbol{j}$$
在 L 上有定义且有界(即各个分量 $P(x,y)$ 与 $Q(x,y)$ 都有界).沿 L 的正方向依次插入分点
$$A = M_0, M_1, M_2, \cdots, M_{n-1}, M_n = B,$$
把 L 分成 n 个有向小弧段 $\widehat{M_{i-1}M_i}$($i=1,2,\cdots,n$),记 $\Delta \boldsymbol{s}_i = \overrightarrow{M_{i-1}M_i} = \Delta x_i \boldsymbol{i} + \Delta y_i \boldsymbol{j}$,$\lambda$ 表示所有小弧段中长度的最大值,在每个小弧段 $\widehat{M_{i-1}M_i}$ 上任取一点 (ξ_i, η_i),作和式

$$\sum_{i=1}^{n} \boldsymbol{F}(\xi_i, \eta_i) \cdot \Delta \boldsymbol{s}_i. \tag{13-6}$$

如果当 $\lambda \to 0$ 时,和式(13-6)的极限存在,并且极限值与曲线 L 的划分方式和点 $(\xi_i, \eta_i) \in \widehat{M_{i-1}M_i}$ 的选取无关,则称向量值函数 $\boldsymbol{F}(x,y)$ 在 L 上可积,称此极限值为向量值函数 $\boldsymbol{F}(x,y)$ 沿有向曲线 L 从点 A 到点 B 的<u>第二型曲线积分</u>,记作 $\int_L \boldsymbol{F}(x,y) \cdot \mathrm{d}\boldsymbol{s}$,即

$$\int_L \boldsymbol{F}(x,y) \cdot \mathrm{d}\boldsymbol{s} = \lim_{\lambda \to 0} \sum_{i=1}^{n} \boldsymbol{F}(\xi_i, \eta_i) \cdot \Delta \boldsymbol{s}_i. \tag{13-7}$$

由于 $\Delta \boldsymbol{s}_i = \Delta x_i \boldsymbol{i} + \Delta y_i \boldsymbol{j}$,故第二型曲线积分 $\int_L \boldsymbol{F}(x,y) \cdot \mathrm{d}\boldsymbol{s}$ 的定义式(13-7)也可以表示为

$$\int_L \boldsymbol{F}(x,y) \cdot \mathrm{d}\boldsymbol{s} = \lim_{\lambda \to 0} \sum_{i=1}^{n} [P(\xi_i, \eta_i) \Delta x_i + Q(\xi_i, \eta_i) \Delta y_i]$$

---

① 所谓有向曲线是指规定了曲线的某一方向作为其正方向后所形成的曲线.从直观的角度看,曲线的正方向可以用来描述质点沿曲线移动的方向等.

$$= \int_L P(x,y)\,\mathrm{d}x + Q(x,y)\,\mathrm{d}y, \tag{13-8}$$

即

$$\int_L \boldsymbol{F}(x,y)\cdot\mathrm{d}\boldsymbol{s} = \int_L P(x,y)\,\mathrm{d}x + Q(x,y)\,\mathrm{d}y, \tag{13-9}$$

因此第二型曲线积分又称为**对坐标的曲线积分**.

同时,(13-9)式也表明定义式(13-7)中的 d$\boldsymbol{s}$ 就是向量

$$\mathrm{d}\boldsymbol{s} = \{\,\mathrm{d}x, \mathrm{d}y\,\},$$

它表示一个大小为 ds(即 $\sqrt{(\mathrm{d}x)^2+(\mathrm{d}y)^2}$),方向与 L 的正方向一致的曲线 L 的切向量,我们把这种方向与有向曲线的正方向一致的切向量称为**有向曲线的切向量**. 所以向量 d$\boldsymbol{s}$ 即为有向曲线 L 的切向量. 类似地,我们把函数 $P(x,y)$,$Q(x,y)$ 称为**被积函数**,$P(x,y)\,\mathrm{d}x+Q(x,y)\,\mathrm{d}y$ 称为**被积表达式**,L 称为**积分路径**,而把积分 $\int_L \boldsymbol{F}(x,y)\cdot\mathrm{d}\boldsymbol{s}$ 称为第二型曲线积分的向量形式,把 $\int_L P(x,y)\,\mathrm{d}x+Q(x,y)\,\mathrm{d}y$ 称为第二型曲线积分的坐标形式. 所以(13-9)式就是第二型曲线积分的向量形式与坐标形式之间的转换公式.

当 $\boldsymbol{F}(x,y)$ 中的分量函数 $Q(x,y)=0$(或 $P(x,y)=0$)时,从(13-8)式可得

$$\int_L P(x,y)\,\mathrm{d}x = \lim_{\lambda\to 0}\sum_{i=1}^{n} P(\xi_i,\eta_i)\,\Delta x_i,$$

$$\int_L Q(x,y)\,\mathrm{d}y = \lim_{\lambda\to 0}\sum_{i=1}^{n} Q(\xi_i,\eta_i)\,\Delta y_i,$$

且可将第二型曲线积分式(13-9)写成

$$\int_L P(x,y)\,\mathrm{d}x + Q(x,y)\,\mathrm{d}y = \int_L P(x,y)\,\mathrm{d}x + \int_L Q(x,y)\,\mathrm{d}y. \tag{13-10}$$

从上述定义可知,前面讨论的质点沿有向曲线 L 从点 A 移至点 B 时变力 $\boldsymbol{F}$ 所做的功即为

$$W = \int_L \boldsymbol{F}(x,y)\cdot\mathrm{d}\boldsymbol{s} = \int_L P(x,y)\,\mathrm{d}x + Q(x,y)\,\mathrm{d}y,$$

因此第二型曲线积分(13-7)的物理意义就是变力沿有向曲线 L 对质点所做的功.

关于第二型曲线积分的存在性,我们不加证明地给出下面的定理.

定理 1　若 $P(x,y)$,$Q(x,y)$ **在光滑或分段光滑的有向曲线 L 上连续,则积分** $\int_L P(x,y)\,\mathrm{d}x+$ $Q(x,y)\,\mathrm{d}y$ **存在.**

因为当 $P(x,y)$,$Q(x,y)$ 连续时,也就是向量值函数 $\boldsymbol{F}(x,y)=P(x,y)\boldsymbol{i}+Q(x,y)\boldsymbol{j}$ 连续,所以定理 1 又可叙述为:**在有向曲线 L 上连续的向量值函数在 L 上一定是对坐标可积的.**

从定义还可进一步推得第二型曲线积分的一些基本性质,为了简便,我们只用向量形式来表示这些性质,对于其坐标形式有完全类似的结论,有关的证明留给读者练习.

（1）**积分路径的有向性**　由于定义式(13-7)中的 $\Delta\boldsymbol{s}_i$ 是有方向的,当改变有向曲线 L 的正方向时,(13-7)式中的每个 $\Delta\boldsymbol{s}_i$ 都改变方向,且方向与原方向相反,所以沿路径 L 从点 A 到

点 B 与沿方向相反的同一路径 L 从点 B 到点 A(以后我们用记号 L 和 L^- 来加以区别)的第二型曲线积分是异号的,即

$$\int_L \boldsymbol{F}(x,y) \cdot \mathrm{d}\boldsymbol{s} = -\int_{L^-} \boldsymbol{F}(x,y) \cdot \mathrm{d}\boldsymbol{s}. \tag{13-11}$$

其物理意义可以解释为:若质点沿 $\overset{\frown}{AB}$ 弧从点 A 到点 B 时,力 $\boldsymbol{F}$ 所做的功为 I,则质点沿 $\overset{\frown}{AB}$ 弧从点 B 到点 A 时,$\boldsymbol{F}$ 所做的功为 $-I$.

(2)**分域性质** 若有向曲线 L 可分成除端点外互不重叠的两段光滑的有向曲线 L_1 与 L_2,且 L_1 与 L_2 的方向都与 L 的方向一致,则

$$\int_L \boldsymbol{F}(x,y) \cdot \mathrm{d}\boldsymbol{s} = \int_{L_1} \boldsymbol{F}(x,y) \cdot \mathrm{d}\boldsymbol{s} + \int_{L_2} \boldsymbol{F}(x,y) \cdot \mathrm{d}\boldsymbol{s}. \tag{13-12}$$

(3)**线性性质** 若 k_1, k_2 为常数,则

$$\int_L [k_1\boldsymbol{F}(x,y) + k_2\boldsymbol{G}(x,y)] \cdot \mathrm{d}\boldsymbol{s} = k_1\int_L \boldsymbol{F}(x,y) \cdot \mathrm{d}\boldsymbol{s} + k_2\int_L \boldsymbol{G}(x,y) \cdot \mathrm{d}\boldsymbol{s}. \tag{13-13}$$

在上面的讨论中,L 是平面有向曲线,向量值函数 $\boldsymbol{F}(x,y)$ 是二维向量,所以积分 $\int_L \boldsymbol{F}(x,y) \cdot \mathrm{d}\boldsymbol{s}$ 也称为**第二型平面曲线积分**.

类似地,若 L 是从点 A 到点 B 的空间有向曲线,力 $\boldsymbol{F}(x,y,z)$ 是三维向量

$$\boldsymbol{F}(x,y,z) = P(x,y,z)\boldsymbol{i} + Q(x,y,z)\boldsymbol{j} + R(x,y,z)\boldsymbol{k},$$

则可同样求得质点沿有向曲线 L 从点 A 移动到点 B 时,变力 $\boldsymbol{F}$ 所做的功

$$W = \lim_{\lambda \to 0} \sum_{i=1}^n \boldsymbol{F}(\xi_i, \eta_i, \gamma_i) \cdot \overrightarrow{M_{i-1}M_i}$$

$$= \lim_{\lambda \to 0} \sum_{i=1}^n [P(\xi_i, \eta_i, \gamma_i)\Delta x_i + Q(\xi_i, \eta_i, \gamma_i)\Delta y_i + R(\xi_i, \eta_i, \gamma_i)\Delta z_i],$$

如图 13-7 所示. 从而引出向量值函数 $\boldsymbol{F}(x,y,z)$ 沿空间有向曲线 L 从点 A 到点 B 的**第二型空间曲线积分**

$$\int_L \boldsymbol{F}(x,y,z) \cdot \mathrm{d}\boldsymbol{s} = \lim_{\lambda \to 0} \sum_{i=1}^n \boldsymbol{F}(\xi_i, \eta_i, \gamma_i) \cdot \Delta\boldsymbol{s}_i, \tag{13-14}$$

其中,$\Delta\boldsymbol{s}_i = \overrightarrow{M_{i-1}M_i} = \Delta x_i\boldsymbol{i} + \Delta y_i\boldsymbol{j} + \Delta z_i\boldsymbol{k}$,点 $(\xi_i, \eta_i, \gamma_i) \in \overset{\frown}{M_{i-1}M_i}$ 是任取的,且对曲线 L 的划分是任意的,λ 表示所有小弧段 $\overset{\frown}{M_{i-1}M_i}$ 中弧长的最大值.

图 13-7

可以看出,(13-14)式同样可写成

$$\int_L \boldsymbol{F}(x,y,z) \cdot \mathrm{d}\boldsymbol{s} = \lim_{\lambda \to 0} \sum_{i=1}^n [P(\xi_i, \eta_i, \gamma_i)\Delta x_i + Q(\xi_i, \eta_i, \gamma_i)\Delta y_i + R(\xi_i, \eta_i, \gamma_i)\Delta z_i]$$

$$= \int_L P(x,y,z)\mathrm{d}x + Q(x,y,z)\mathrm{d}y + R(x,y,z)\mathrm{d}z.$$

$$\int_L \boldsymbol{F}(x,y,z) \cdot \mathrm{d}\boldsymbol{s} = \int_L P(x,y,z)\mathrm{d}x + Q(x,y,z)\mathrm{d}y + R(x,y,z)\mathrm{d}z. \tag{13-15}$$

可见,(13-15)式同样表明了定义式(13-14)中的 $\mathrm{d}\boldsymbol{s}$ 就是向量

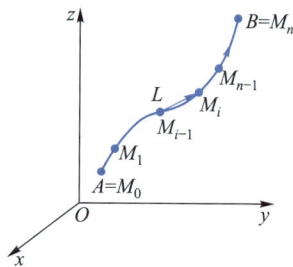

$$ds = \{dx, dy, dz\},$$

它表示一个大小为 ds(即 $\sqrt{(dx)^2+(dy)^2+(dz)^2}$)而方向与 L 的正方向一致的切向量.(13-15)式就是第二型空间曲线积分向量形式与坐标形式的转换公式.

将平面与空间的第二型曲线积分的定义式(13-7)和(13-14)相比较可知,有关第二型平面曲线积分的存在性定理(定理 1)和性质((13-11)式,(13-12)式,(13-13)式)对第二型空间曲线积分也成立,这里不再重复.

13.1.4 第二型曲线积分的计算方法

设向量值函数

$$\boldsymbol{F}(x,y) = P(x,y)\boldsymbol{i} + Q(x,y)\boldsymbol{j}$$

在曲线弧 L 上有定义且连续,L 的参数方程为

$$\begin{cases} x = x(t), \\ y = y(t), \end{cases}$$

并且当参数 t 单调地由 α 变动到 β 时,曲线上的点 $M(x,y)$ 从起点 A 沿 L 变动到终点 B(图 13-8),$x(t), y(t)$ 在 $[\alpha,\beta]$(或 $[\beta,\alpha]$)上具有一阶连续导数,且 $[x'(t)]^2 + [y'(t)]^2 \neq 0$.

下面讨论沿有向曲线 L 从点 A 到点 B 的第二型曲线积分

$$\int_L \boldsymbol{F}(x,y) \cdot d\boldsymbol{s} = \int_L P(x,y)dx + Q(x,y)dy$$

的计算方法.

由于向量 $\boldsymbol{F}(x,y)$ 在曲线 L 上取值,并且向量

$$d\boldsymbol{s} = \{dx, dy\} = \{x'(t)dt, y'(t)dt\} = \{x'(t), y'(t)\}dt.$$

于是积分的被积表达式可表示为

图 13-8

$$\begin{aligned} \boldsymbol{F}(x,y) \cdot d\boldsymbol{s} &= P(x,y)dx + Q(x,y)dy \\ &= [P(x(t),y(t))x'(t) + Q(x(t),y(t))y'(t)]dt. \end{aligned}$$

从这一关系式可知,把上式左边的被积表达式沿曲线 L 的正方向从点 A 到点 B 进行累积(积分),就等于将右边对应的微分式对变量 t 从 α 到 β 进行累积(积分),从而可把第二型曲线积分的计算转化为定积分来计算,故

$$\begin{aligned} \int_L \boldsymbol{F}(x,y) \cdot d\boldsymbol{s} &= \int_L P(x,y)dx + Q(x,y)dy \\ &= \int_\alpha^\beta [P(x(t),y(t))x'(t) + Q(x(t),y(t))y'(t)]dt. \end{aligned} \tag{13-16}$$

(13-16)式是当曲线 L 由参数方程表示时,化第二型曲线积分为定积分的计算公式.但这里要注意,(13-16)式右端定积分的积分上、下限的设定需满足:**当 t 从积分下限 α 变化到积分上限 β 时,曲线上的点从点 A 移动到点 B,即与有向曲线的正方向一致.**

如果曲线弧 L 由方程 $y = y(x)$ 给出,其中 $y(x)$ 具有连续导数,且 $x = a$ 对应点 A,$x = b$ 对应点 B,由于 L 可表示为参数方程 $x = x, y = y(x)$ 的形式,从(13-16)式可得沿曲线 L 从点 A 到点 B 的第二型曲线积分

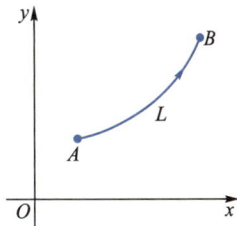

$$\int_L \boldsymbol{F}(x,y) \cdot \mathrm{d}\boldsymbol{s} = \int_L P(x,y)\mathrm{d}x + Q(x,y)\mathrm{d}y$$

$$= \int_a^b \big[P(x,y(x)) + Q(x,y(x))y'(x) \big]\mathrm{d}x. \tag{13-17}$$

例 6　计算积分 $\int_L (xy-1)\mathrm{d}x + x^2 y\mathrm{d}y$,其中 L 是由点 $A(1,0)$ 到点 $B(0,2)$ 的下列曲线.

(1) 椭圆弧 $4x^2+y^2=4$ 在第一象限内的弧段;

(2) 直线 $2x+y=2$ 上的线段.

解　(1) 有向曲线 L 的图形如图 13-9 所示. L 的参数方程是

$$\begin{cases} x=\cos t, \\ y=2\sin t, \end{cases}$$

且 $t=0$ 对应点 $A(1,0)$, $t=\dfrac{\pi}{2}$ 对应点 $B(0,2)$, $\mathrm{d}x=-\sin t\mathrm{d}t$, $\mathrm{d}y=$ $2\cos t\mathrm{d}t$.

由公式(13-16),得

图 13-9

$$\int_L (xy-1)\mathrm{d}x + x^2 y\mathrm{d}y = \int_0^{\frac{\pi}{2}} \big[(\cos t \cdot 2\sin t - 1)(-\sin t) + \cos^2 t \cdot 2\sin t \cdot 2\cos t \big]\mathrm{d}t$$

$$= \int_0^{\frac{\pi}{2}} (4\cos^3 t \cdot \sin t + \sin t - 2\sin^2 t\cos t)\mathrm{d}t = \frac{4}{3}.$$

(2) 直线 L 如图 13-9 所示,其方程为 $y=2-2x$,且 $x=1$ 对应点 $A(1,0)$, $x=0$ 对应点 $B(0,2)$. 由公式(13-17),得

$$\int_L (xy-1)\mathrm{d}x + x^2 y\mathrm{d}y = \int_1^0 \big[(x(2-2x)-1) + x^2(2-2x)(-2) \big]\mathrm{d}x$$

$$= \int_1^0 (4x^3 - 6x^2 + 2x - 1)\mathrm{d}x = 1.$$

例 7　计算曲线积分 $I=\int_L 2xy\mathrm{d}x + x^2\mathrm{d}y$,其中 L 为由点 $A(1,-1)$ 沿抛物线 $y^2=x$ 至点 $B(1,1)$ 的有向曲线.

解　有向曲线 L 的图形如图 13-10 所示.

以 y 作为参数, L 的参数方程为

$$\begin{cases} x=y^2, \\ y=y, \end{cases}$$

且 $y=-1$ 对应点 $A(1,-1)$, $y=1$ 对应点 $B(1,1)$, $\mathrm{d}x=2y\mathrm{d}y$, $\mathrm{d}y=\mathrm{d}y$. 应用公式(13-16),得

$$I=\int_L 2xy\mathrm{d}x + x^2\mathrm{d}y = \int_{-1}^1 \big[2y^2 \cdot y \cdot (2y\mathrm{d}y) + (y^2)^2\mathrm{d}y \big] = 5\int_{-1}^1 y^4\mathrm{d}y = 2.$$

例 8　质点在平面力场 $\boldsymbol{F}(x,y)$ 的作用下沿椭圆 $L:\dfrac{x^2}{a^2}+\dfrac{y^2}{b^2}=1$ 在第一象限部分从点 $A(a,0)$ 移动到点 $B(0,b)$,已知 $\boldsymbol{F}(x,y)$ 的大小与质点到坐标原点的距离成正比,方向指向坐标原点,求力 $\boldsymbol{F}$ 所做的功(图 13-11).

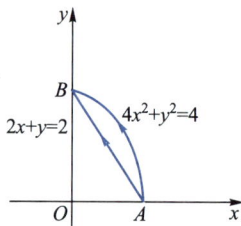

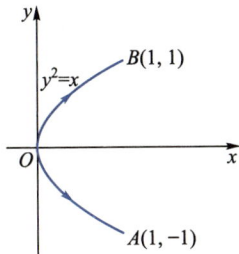

图 13-10

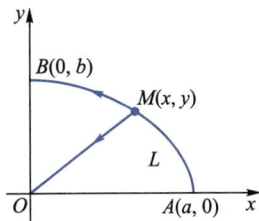

图 13-11

解 先写出力场 $\boldsymbol{F}(x,y)$ 的表达式.

设 $M(x,y)$ 是曲线 L 上的任意一点,则在点 M 处,有

$$\boldsymbol{F}(x,y)=k\sqrt{x^2+y^2}\ \overrightarrow{MO}^{\circ}=-k\sqrt{x^2+y^2}\ \overrightarrow{OM}^{\circ}$$

$$=-k\sqrt{x^2+y^2}\frac{1}{\sqrt{x^2+y^2}}\{x,y\}=-k\{x,y\},$$

其中 $k>0$ 是比例常数,于是力 $\boldsymbol{F}$ 所做的功

$$W=\int_{L}\boldsymbol{F}(x,y)\cdot\mathrm{d}\boldsymbol{s}=\int_{L}-kx\mathrm{d}x-ky\mathrm{d}y=-k\int_{L}x\mathrm{d}x+y\mathrm{d}y.$$

利用椭圆的参数方程 $\begin{cases}x=a\cos t,\\ y=b\sin t,\end{cases}$ 并注意到起点 A 和终点 B 分别对应参数 $t=0$ 和 $t=\dfrac{\pi}{2}$,根据公式 $(13-16)$,得

$$W=-k\int_{L}x\mathrm{d}x+y\mathrm{d}y=-k\int_{0}^{\frac{\pi}{2}}\left[a\cos t\cdot(-a\sin t)+b\sin t\cdot(b\cos t)\right]\mathrm{d}t$$

$$=k(a^2-b^2)\int_{0}^{\frac{\pi}{2}}\sin t\cos t\mathrm{d}t=\frac{1}{2}k(a^2-b^2).$$

公式 $(13-16)$ 可推广到第二型空间曲线积分.

事实上,对于第二型空间曲线积分 $\displaystyle\int_{L}\boldsymbol{F}(x,y,z)\cdot\mathrm{d}\boldsymbol{s}$,如果

$$\boldsymbol{F}(x,y,z)=P(x,y,z)\boldsymbol{i}+Q(x,y,z)\boldsymbol{j}+R(x,y,z)\boldsymbol{k}$$

在曲线弧 L 上有定义且连续,曲线 L 的参数方程为

$$\begin{cases}x=x(t),\\ y=y(t),\\ z=z(t),\end{cases}$$

且当参数 t 单调地由 α 变到 β 时,曲线上的点 $M(x,y,z)$ 从点 A 沿 L 变动到点 B,且 $x(t),y(t),z(t)$ 在 $[\alpha,\beta]$(或 $[\beta,\alpha]$)上具有一阶连续导数,$[x'(t)]^2+[y'(t)]^2+[z'(t)]^2\neq0$,此时得到第二型空间曲线积分化为定积分的计算公式

$$\int_{L}\boldsymbol{F}(x,y,z)\cdot\mathrm{d}\boldsymbol{s}=\int_{L}P(x,y,z)\mathrm{d}x+Q(x,y,z)\mathrm{d}y+R(x,y,z)\mathrm{d}z$$

$$=\int_{\alpha}^{\beta}\big[P(x(t),y(t),z(t))x'(t)+Q(x(t),y(t),z(t))y'(t)+$$

$$R(x(t),y(t),z(t))z'(t)\big]\mathrm{d}t,$$

$$(13-18)$$

这里当 t 从积分下限 α 变化到积分上限 β 时,曲线上的点从点 A 变化到点 B,即与有向曲线的正方向一致.

例 9 在力场 $\boldsymbol{F}=y\boldsymbol{i}-x\boldsymbol{j}+(x+y+z)\boldsymbol{k}$ 的作用下,求质点沿圆柱面螺旋线 L: $x=a\cos\,t$, $y=a\sin\,t$, $z=bt$, 从点 $A(a,0,0)$ 移动到点 $B\left(0,a,\dfrac{\pi}{2}b\right)$ 时 $\boldsymbol{F}$ 所做的功.

解 在曲线 L 上, $t=0$ 对应点 $A(a,0,0)$; $t=\dfrac{\pi}{2}$ 对应点 $B\left(0,a,\dfrac{\pi}{2}b\right)$. 所以利用公式(13-18),所求的功为

$$
\begin{aligned}
W &= \int_L \boldsymbol{F}(x,y,z)\cdot\mathrm{d}\boldsymbol{s} = \int_L y\mathrm{d}x-x\mathrm{d}y+(x+y+z)\,\mathrm{d}z \\
&= \int_0^{\frac{\pi}{2}}\left[a\sin\,t(-a\sin\,t)-a\cos\,t(a\cos\,t)+b(a\cos\,t+a\sin\,t+bt)\right]\mathrm{d}t \\
&= \int_0^{\frac{\pi}{2}}\left[-a^2\sin^2\,t-a^2\cos^2 t+b(a\cos\,t+a\sin\,t+bt)\right]\mathrm{d}t \\
&= \left(-a^2 t+ab\sin\,t-ab\cos\,t+\frac{1}{2}b^2 t^2\right)\Bigg|_0^{\frac{\pi}{2}} \\
&= 2ab-\frac{1}{2}\pi a^2+\frac{1}{8}\pi^2 b^2.
\end{aligned}
$$

13.1.5 两类曲线积分之间的联系

上一章讨论的第一型曲线积分与本节讨论的第二型曲线积分的概念分别产生于不同的物理模型,因而它们各自具有不同的特性. 然而从数学的角度看,它们之间又有一定的联系.

在前面的讨论中,我们已经知道积分 $\displaystyle\int_L \boldsymbol{F}(x,y)\cdot\mathrm{d}\boldsymbol{s}$ 的被积表达式 $\boldsymbol{F}(x,y)\cdot\mathrm{d}\boldsymbol{s}$ 中的向量
$$
\mathrm{d}\boldsymbol{s}=\{\mathrm{d}x,\mathrm{d}y\}
$$
表示一大小为 $\mathrm{d}s$ 而方向与有向曲线 L 的正方向一致的 L 的切向量,其单位向量是

$$
\begin{aligned}
\boldsymbol{t}^\circ &= \frac{1}{\sqrt{(\mathrm{d}x)^2+(\mathrm{d}y)^2}}\{\mathrm{d}x,\mathrm{d}y\}=\frac{1}{\mathrm{d}s}\{\mathrm{d}x,\mathrm{d}y\} \\
&= \left\{\frac{\mathrm{d}x}{\mathrm{d}s},\frac{\mathrm{d}y}{\mathrm{d}s}\right\}=\{\cos(\boldsymbol{t},x),\cos(\boldsymbol{t},y)\},
\end{aligned}
$$

这里 $(\boldsymbol{t},x)$, $(\boldsymbol{t},y)$ 分别表示有向曲线弧的切向量与 x 轴, y 轴正向之间的夹角. 于是切向量 $\mathrm{d}\boldsymbol{s}$ 可表示为

$$
\mathrm{d}\boldsymbol{s}=\left\{\frac{\mathrm{d}x}{\mathrm{d}s},\frac{\mathrm{d}y}{\mathrm{d}s}\right\}\mathrm{d}s=\boldsymbol{t}^\circ\mathrm{d}s,
$$

从而第二型曲线积分 $\displaystyle\int_L \boldsymbol{F}(x,y)\cdot\mathrm{d}\boldsymbol{s}$ 可写成

$$
\int_L \boldsymbol{F}(x,y)\cdot\mathrm{d}\boldsymbol{s}=\int_L \boldsymbol{F}(x,y)\cdot\boldsymbol{t}^\circ\mathrm{d}s=\int_L\left[P(x,y)\cos(\boldsymbol{t},x)+Q(x,y)\cos(\boldsymbol{t},y)\right]\mathrm{d}s,
$$

$$
(13-19)
$$

或
$$\int_L P(x,y)\,\mathrm{d}x + Q(x,y)\,\mathrm{d}y = \int_L [P(x,y)\cos(\boldsymbol{t},x) + Q(x,y)\cos(\boldsymbol{t},y)]\,\mathrm{d}s. \qquad (13\text{-}20)$$

(13-19)式(或(13-20)式)就是两类平面曲线积分之间联系的关系式.

类似地,空间曲线 L 上的两类曲线积分之间有以下关系式

$$\int_L \boldsymbol{F}(x,y,z) \cdot \mathrm{d}\boldsymbol{s} = \int_L \boldsymbol{F}(x,y,z) \cdot \boldsymbol{t}^\circ \mathrm{d}s$$
$$= \int_L [P(x,y,z)\cos(\boldsymbol{t},x) + Q(x,y,z)\cos(\boldsymbol{t},y) +$$
$$R(x,y,z)\cos(\boldsymbol{t},z)]\,\mathrm{d}s, \qquad (13\text{-}21)$$

其中,$\boldsymbol{t}^\circ = \mathrm{d}\boldsymbol{s}^\circ = \{\cos(\boldsymbol{t},x),\cos(\boldsymbol{t},y),\cos(\boldsymbol{t},z)\}$,而 $(\boldsymbol{t},x),(\boldsymbol{t},y),(\boldsymbol{t},z)$ 为有向曲线弧 L 在点 (x, y, z) 处的切向量的方向角.

从(13-19)式和(13-21)式可以看到,如果我们把向量场 $\boldsymbol{F}$ 看成一个通过某区域的流体的速度场,则积分的被积表达式 $\boldsymbol{F} \cdot \boldsymbol{t}^\circ \mathrm{d}s$ 表示单位时间内流体沿曲线正向流过弧微元 $\mathrm{d}s$ 的流量(图 13-12),于是积分 $\int_L \boldsymbol{F} \cdot \boldsymbol{t}^\circ \mathrm{d}s$ 就是单位时间内流体沿曲线的正方向流过整个曲线 L 的流量. 所以第二型曲线积分 $\int_L \boldsymbol{F} \cdot \mathrm{d}\boldsymbol{s}$ 的另一个物理解释是: **向量场 $\boldsymbol{F}$ 沿有向曲线 L 的管流量**,特别地当曲线 L 为闭曲线时,人们又将此管流量称为**向量场 $\boldsymbol{F}$ 沿有向闭曲线 L 的环流量**(简称**环量**). 环流量有时也被表示为 $\oint_L \boldsymbol{F} \cdot \mathrm{d}\boldsymbol{s}$.

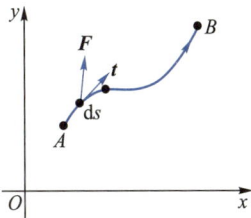

图 13-12

环流量是度量向量场沿闭曲线 L 旋转净趋势的一种量:若沿 L 的正方向的环流量为正,则在 L 上投影量 $\boldsymbol{F} \cdot \boldsymbol{t}^\circ$ 为正的部分(此时 $\boldsymbol{F}$ 与 $\boldsymbol{t}^\circ$ 的夹角为锐角)的累积大于投影量为负的部分的累积,这说明向量场在 L 上具有与 L 正向同方向的旋转净趋势,且环流量值的大小反映了这种旋转趋势的强弱;若沿 L 的环流量为负,则说明向量场在 L 上具有与 L 正向反方向的旋转净趋势;若沿 L 的环流量为零,则说明向量场在 L 上没有旋转的趋势. 图 13-13(a)所表示的向量场是有旋转趋势的(也称为有环流的流场),而图 13-13(b)所表示的向量场是没有旋转趋势的(也称为无环流的流场),此时若把向量场当作水的流动,则扔进水中的树叶,对前者树叶是会旋转的,而后者是不旋转的.

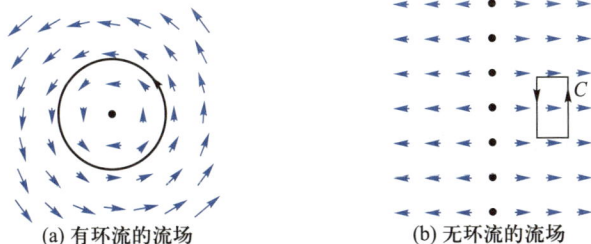

(a) 有环流的流场   (b) 无环流的流场

图 13-13

例 10 求例 2 中的"螺旋场"

$$F(x,y) = \frac{-y}{\sqrt{x^2+y^2}} \boldsymbol{i} + \frac{x}{\sqrt{x^2+y^2}} \boldsymbol{j}$$

的向量线方程,并计算 $\boldsymbol{F}$ 沿向量线逆时针方向的环量.

解　此时 $P(x,y) = \dfrac{-y}{\sqrt{x^2+y^2}}, Q(x,y) = \dfrac{x}{\sqrt{x^2+y^2}}$. 当 $(x,y) \neq (0,0)$ 时,由 $(13\text{-}3)$ 式,得向量

线所满足的微分方程是

$$\frac{\mathrm{d}x}{\dfrac{-y}{\sqrt{x^2+y^2}}} = \frac{\mathrm{d}y}{\dfrac{x}{\sqrt{x^2+y^2}}},$$

即
$$x\mathrm{d}x = -y\mathrm{d}y,$$

解此微分方程得 $\boldsymbol{F}$ 的向量线方程为

$$x^2+y^2 = R^2 (R>0). \tag{13-22}$$

在 $(13\text{-}22)$ 式中任取一 $\boldsymbol{F}$ 的向量线 $L: x^2+y^2 = R^2$,则 $\boldsymbol{F}$ 沿 L 逆时针方向的环量为

$$I = \oint_L \frac{-y}{\sqrt{x^2+y^2}} \mathrm{d}x + \frac{x}{\sqrt{x^2+y^2}} \mathrm{d}y = \frac{1}{R} \oint_L -y\mathrm{d}x + x\mathrm{d}y.$$

由于 L 可表示成

$$x = R\cos t, y = R\sin t, 0 \leqslant t \leqslant 2\pi,$$

所以

$$\begin{aligned}
I &= \frac{1}{R} \oint_L -y\mathrm{d}x + x\mathrm{d}y \\
&= \frac{1}{R} \int_0^{2\pi} \left[-R\sin t \cdot (-R\sin t) + R\cos t \cdot (R\cos t) \right] \mathrm{d}t \\
&= R \int_0^{2\pi} \mathrm{d}t = 2\pi R,
\end{aligned}$$

即向量场 $\boldsymbol{F}$ 是一个环绕原点 $O(0,0)$ 的具有逆时针方向旋转趋势的
向量场(图 13-14).

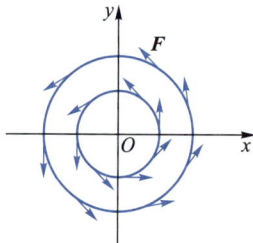

图 13-14

习题 **13.1**

(A)

1. 计算下列第二型曲线积分:

(1) $\displaystyle\int_L y\mathrm{d}x - x\mathrm{d}y$,其中 L 为半圆 $y = \sqrt{R^2-x^2}$ 从点 $A(-R,0)$ 到点 $B(R,0)$ 的一段弧;

(2) $\displaystyle\int_L (a-y)\mathrm{d}x - (2a-x)\mathrm{d}y$,其中 L 为摆线: $x = a(t-\sin t), y = a(1-\cos t)$ 自原点到点 $(2\pi a,0)$ 的一拱;

(3) $\displaystyle\oint_L (x+y)\mathrm{d}x + (x-y)\mathrm{d}y$,其中 L 为逆时针方向的椭圆曲线 $\dfrac{x^2}{a^2} + \dfrac{y^2}{b^2} = 1$;

(4) $\displaystyle\oint_L xy(\mathrm{d}x+\mathrm{d}y)$,其中 L 为以 $A(1,0), B(1,1), C(0,1)$ 为顶点的三角形的边界,方向为逆时针方向;

(5) $\displaystyle\int_L y\mathrm{d}x + x\mathrm{d}y + (xz-y)\mathrm{d}z$,其中 L 是从点 $O(0,0,0)$ 到点 $A(1,2,4)$ 的直线段;

(6) $\oint_L \dfrac{x\mathrm{d}y - y\mathrm{d}x}{x^2 + y^2}$,其中 L 是以逆时针方向为正向的圆周 $x^2 + y^2 = a^2$.

2. 设 L 为 xOy 平面内直线 $x = a$ 的一段,证明:

$$\int_L P(x, y)\,\mathrm{d}x = 0.$$

3. 计算曲线积分 $\oint_L \dfrac{x}{x+1}\mathrm{d}x + 2xy\mathrm{d}y$,其中 L 是由 $y = \sqrt{x}$ 与 $y = x^2$ 构成的闭曲线,方向为逆时针方向.

4. 计算曲线积分 $\int_L y\mathrm{d}x + x\mathrm{d}y + xy\mathrm{d}z$,其中 L 为曲线 $x = \mathrm{e}^t, y = \mathrm{e}^{-t}, z = \alpha t$ 上自点 $(1,1,0)$ 到点 $(\mathrm{e}^{-1}, \mathrm{e}, -\alpha)$ 的一段.

5. 设 $\boldsymbol{F} = xy\boldsymbol{i} + yz\boldsymbol{j} + zx\boldsymbol{k}$,求力 $\boldsymbol{F}$ 使物体沿曲线 $x = t, y = t^2, z = t^4$ 从点 $O(0,0,0)$ 移动到点 $A(1,1,1)$ 所做的功.

6. 质点在力场 $\boldsymbol{f}$ 的作用下,从点 $A(a,0)$ 沿椭圆 $\dfrac{x^2}{a^2} + \dfrac{y^2}{b^2} = 1 (a, b > 0)$ 在第一象限内运动到点 $B(0,b)$,试求力 $\boldsymbol{f}$

所做的功,假定在任一点 (x, y) 处 $\boldsymbol{f}$ 的大小等于 $\dfrac{1}{\sqrt{x^2 + y^2}}$,而方向指向原点.

（B）

1. 计算下列第二型曲线积分:

(1) $\int_L y\cos xy\mathrm{d}x + x\sin xy\mathrm{d}y$,其中 L 为自点 $(\pi, 0)$ 沿直线到点 $(\pi, 1)$,再沿双曲线 $xy = \pi$ 到点 $(1, \pi)$,又沿直线到点 $(0, \pi)$;

(2) $\int_L \dfrac{x^2 y^{\frac{3}{2}}\mathrm{d}y - xy^{\frac{5}{2}}\mathrm{d}x}{(x^2 + y^2)^3}$,其中 L 是圆周 $x^2 + y^2 = R^2$ 在第一象限中自点 $(R, 0)$ 到点 $(0, R)$ 的弧段 $(R > 0)$.

(3) $\oint_L \dfrac{\mathrm{d}x + \mathrm{d}y}{|x| + |y|}$,其中 L 为从点 $A(1,0)$ 出发,经过点 $B(0,1), C(-1,0), D(0,-1)$ 回到点 A 的正方形路线;

(4) $\oint_L \dfrac{(x+y)\mathrm{d}x - (x-y)\mathrm{d}y}{x^2 + y^2}$,其中 L 为圆周 $x^2 + y^2 = a^2$ 的逆时针方向.

2. 计算曲线积分 $\int_L (y^2 - z^2)\mathrm{d}x + (z^2 - x^2)\mathrm{d}y + (x^2 - y^2)\mathrm{d}z$,其中 L 是球面 $x^2 + y^2 + z^2 = 1$ 在第一卦限与三个坐标平面的交线,其正向是从点 $(1,0,0)$ 出发,经过点 $(0,1,0)$ 到点 $(0,0,1)$ 再回到点 $(1,0,0)$.

3. 设一个力场,其力的大小与作用点到 z 轴的距离成反比,方向垂直于 z 轴且指向 z 轴,某质点沿圆周 $x = \cos t$, $y = 1, z = \sin t$ 由点 $M(1,1,0)$ 经四分之一圆弧到点 $N(0,1,1)$,试求力场所做的功.

4. 试求向量场 $\boldsymbol{F}(x, y) = (x + 2y)\boldsymbol{i} + (2x - y)\boldsymbol{j}$ 的向量线,并作出 $\boldsymbol{F}$ 的略图.

5. 在力场 $\boldsymbol{f}(x, y) = (y^2 + 1)\boldsymbol{i} + (x + y)\boldsymbol{j}$ 中,一个质点沿曲线 $y = \alpha x(1 - x)$ 从点 $(0,0)$ 移动到点 $(1,0)$,试求使力场所做功达到最小的 α 值.

6. 设 $|L|$ 为有向曲线 L 的弧长,M 为函数 $\sqrt{[P(x, y)]^2 + [Q(x, y)]^2}$ 在 L 上的一个上界,证明:

$$\left| \int_L P(x, y)\mathrm{d}x + Q(x, y)\mathrm{d}y \right| \leqslant M |L|.$$

13.2　格 林 公 式

在前面的讨论中,计算第二型平面曲线积分 $\int_L P(x, y)\mathrm{d}x + Q(x, y)\mathrm{d}y$ 是通过将其化为

定积分来进行的. 可以看到, 当积分路径 L 不容易化为参数方程形式或者转换成的定积分 (13-16) 难以计算时, 公式 (13-16) 对这类问题是难以处理的. 本节介绍的格林公式是一个把平面闭曲线 L 上的第二型曲线积分化为 L 所界区域上的二重积分的转换公式, 对许多问题这种积分的转换是有益的. 作为格林公式的应用, 我们还将讨论曲线积分与积分路径无关的问题.

13.2.1　格林公式

为了叙述和证明格林公式的方便, 我们先引进平面区域边界曲线的正向的概念.

设平面区域 D 是由一条或几条闭曲线所围成的区域, 如图 13-15 所示. 可以看到, 沿 D 的边界曲线 ∂D 环行的方向有多个, 例如对于图 13-15(a) 的区域, 可以按逆时针方向沿 D 的边界曲线 ∂D 环行, 也可以按顺时针方向环行. **如果按某一方向沿边界曲线绕 D 行走时, 边界曲线所界的区域 D 总是在其左侧, 则称此环绕方向为区域 D 的边界曲线的正向.** 例如, 由 13-15(a) 所示的区域 D, 其边界曲线的正向是逆时针方向, 而由图 13-15(b) 所示的区域 D, 其边界曲线的正向在外圈曲线 L_1 上是逆时针方向, 在内圈曲线 L_2 上是顺时针方向. 今后, 当没有具体指明闭曲线 L 的方向时, 我们约定积分总沿着 L 的正向进行.

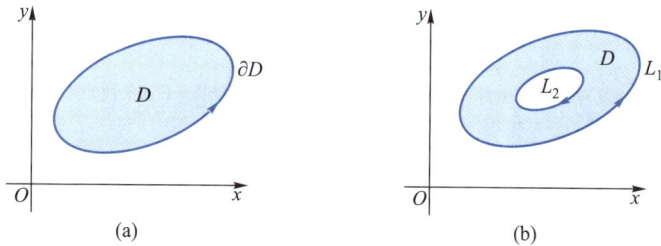

图 13-15

定理 2 (格林公式)　设 D 是以逐段光滑曲线 L 为边界的平面闭区域, 函数 $P(x,y)$, $Q(x,y)$ 在 D 上具有一阶连续的偏导数, 则

$$\oint_L P(x,y)\,\mathrm{d}x + Q(x,y)\,\mathrm{d}y = \iint\limits_D \left(\frac{\partial Q}{\partial x} - \frac{\partial P}{\partial y}\right)\mathrm{d}x\,\mathrm{d}y, \tag{13-23}$$

其中, 曲线积分沿闭曲线 L 的正向.

公式 (13-23) 称为**格林** (G. Gren, 1793—1841, 英国数学家和物理学家) **公式**.

证　(1) 我们先考虑任意一条穿过区域 D 内部且平行于坐标轴的直线与区域 D 的边界曲线的交点不多于两个的情形 (图 13-16).

设区域 D 可以表示为

$$D: a \leqslant x \leqslant b, \ y_1(x) \leqslant y \leqslant y_2(x).$$

由于 $\dfrac{\partial P}{\partial y}$ 在区域 D 内连续, 利用二重积分化为二次积分的方法及公式 (13-16), 得

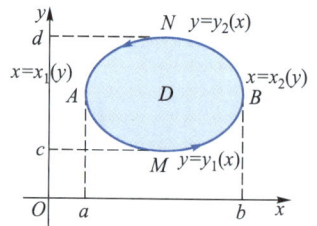

图 13-16

$$\iint\limits_{D} \frac{\partial P}{\partial y} dxdy = \int_a^b dx \int_{y_1(x)}^{y_2(x)} \frac{\partial P}{\partial y} dy$$

$$= \int_a^b \left[P(x,y_2(x)) - P(x,y_1(x)) \right] dx$$

$$= \int_a^b P(x,y_2(x)) dx - \int_a^b P(x,y_1(x)) dx$$

$$= \int_{\overset{\frown}{ANB}} P(x,y) dx - \int_{\overset{\frown}{AMB}} P(x,y) dx$$

$$= -\int_{\overset{\frown}{BNA}} P(x,y) dx - \int_{\overset{\frown}{AMB}} P(x,y) dx = -\oint_L P(x,y) dx.$$

可知

$$\iint\limits_{D} \frac{\partial P}{\partial y} dxdy = -\oint_L P(x,y) dx.$$

同理,若将区域 D 表示为

$$D: c \leqslant y \leqslant d, x_1(y) \leqslant x \leqslant x_2(y),$$

如图 13-16 所示,可证得

$$\iint\limits_{D} \frac{\partial Q}{\partial x} dxdy = \oint_L Q(x,y) dy.$$

由此易得

$$\oint_L P(x,y) dx + Q(x,y) dy = \iint\limits_{D} \left(\frac{\partial Q}{\partial x} - \frac{\partial P}{\partial y} \right) dxdy,$$

从而公式(13-23)成立.

(2) 如果穿过区域 D 内部且平行于坐标轴的直线与 D 的边界曲线的交点多于两个,则可通过作辅助线将 D 分成几个子区域,使每个子区域符合(1)中的条件,如图 13-17(a)所示. 在这些子区域上分别应用格林公式,然后相加,注意到沿辅助线上的积分出现两次,并且方向相反,所以由性质(13-11)式可知它们相加时相互抵消,故有

$$\iint\limits_{D} \left(\frac{\partial Q}{\partial x} - \frac{\partial P}{\partial y} \right) dxdy = \iint\limits_{D_1} \left(\frac{\partial Q}{\partial x} - \frac{\partial P}{\partial y} \right) dxdy + \iint\limits_{D_2} \left(\frac{\partial Q}{\partial x} - \frac{\partial P}{\partial y} \right) dxdy$$

$$= \oint_{\overset{\frown}{ABFA}} Pdx + Qdy + \oint_{\overset{\frown}{AEBA}} Pdx + Qdy$$

$$= \oint_L P(x,y) dx + Q(x,y) dy,$$

从而公式(13-23)也成立.

如果 D 是由两条闭曲线 L_1, L_2 围成的"有洞"区域(图 13-17(b)),则同样可通过作辅助线 $\overset{\frown}{AB}$ 使 D 成为"无洞"区域,再利用前面证得的结论,得

$$\iint\limits_{D} \left(\frac{\partial Q}{\partial x} - \frac{\partial P}{\partial y} \right) dxdy = \int_{L_1 + \overset{\frown}{AB} + L_2 + \overset{\frown}{BA}} P(x,y) dx + Q(x,y) dy$$

$$= \int_{L_1+L_2} P(x,y)\,\mathrm{d}x + Q(x,y)\,\mathrm{d}y$$

$$= \oint_L P(x,y)\,\mathrm{d}x + Q(x,y)\,\mathrm{d}y,$$

这就证明了格林公式(13-23)对"有洞"的区域同样成立,定理证毕.

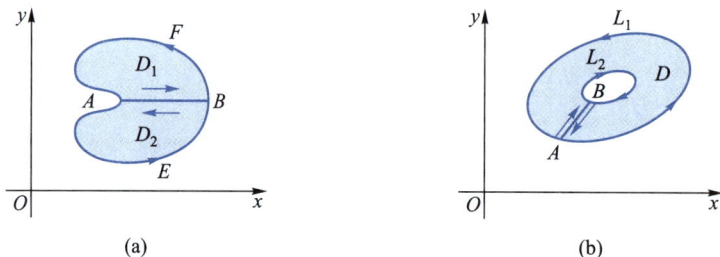

(a)   (b)

图 13-17

例 1   计算曲线积分 $\oint_L (x^2-2y)\,\mathrm{d}x + \left(\dfrac{y^3}{3} - x^2\right)\mathrm{d}y$,其中 L 是以 $x=1, y=x, y=2x$ 为边的三角形区域边界的正向.

解 L 及三角形区域 D 的图形如图 13-18 所示.

$$P = x^2 - 2y,\ Q = \frac{y^3}{3} - x^2.$$

由于 P,Q 在 D 及 L 上具有一阶连续偏导数,且

$$\frac{\partial Q}{\partial x} = -2x,\ \frac{\partial P}{\partial y} = -2,$$

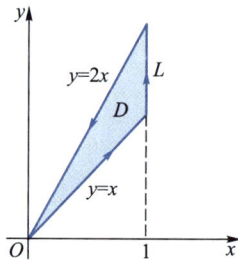

图 13-18

利用格林公式(13-23),得

$$\oint_L (x^2-2y)\,\mathrm{d}x + \left(\frac{y^3}{3} - x^2\right)\mathrm{d}y = \iint_D \left[-2x-(-2)\right]\mathrm{d}x\mathrm{d}y$$

$$= \int_0^1 \mathrm{d}x \int_x^{2x} (-2x+2)\,\mathrm{d}y$$

$$= \int_0^1 (-2x+2)\,x\mathrm{d}x = \frac{1}{3}.$$

例 2   计算曲线积分

$$\oint_L (3y - \mathrm{e}^{\sin x})\,\mathrm{d}x + (7x + \sqrt{y^4+1})\,\mathrm{d}y,$$

其中 L 是椭圆 $\dfrac{x^2}{9} + \dfrac{y^2}{4} = 1$ 的正向.

解   由于 $P = 3y - \mathrm{e}^{\sin x}, Q = 7x + \sqrt{y^4+1}$ 在整个 xOy 平面上具有一阶连续偏导数

$$\frac{\partial Q}{\partial x} = 7,\ \frac{\partial P}{\partial y} = 3,$$

且 L 为椭圆域 $D: \dfrac{x^2}{9} + \dfrac{y^2}{4} \leqslant 1$ 的边界曲线的正向,利用格林公式(13-23),得

$$\oint_L (3y - e^{\sin x}) \, dx + (7x + \sqrt{y^4 + 1}) \, dy = \iint_D (7 - 3) \, dx \, dy$$

$$= 4 \iint_D dx \, dy = 4 \cdot (3 \cdot 2 \cdot \pi) = 24\pi.$$

上例若采用公式(13-16)化为定积分来计算将是非常困难的,从中可体会利用格林公式进行积分转换的效果.

例 3　计算曲线积分 $I = \displaystyle\int_L (x+y)^2 \, dx - [x^2 + (y+1)^2 \sin y] \, dy$,其中 L 是抛物线 $y = x^2$ 从点 $A(-1, 1)$ 到点 $B(1, 1)$ 的一段弧.

解　积分路径如图 13-19 所示. 可以看到,若直接化为定积分来计算,积分将比较烦琐. 下面考虑使用格林公式来计算这一积分.

由于 L 不是闭曲线,故添置有向线段

$$\overrightarrow{BA} : y = 1, 1 \geqslant x \geqslant -1,$$

如图 13-19 所示. 注意到 $P = (x+y)^2$, $Q = -[x^2 + (y+1)^2 \sin y]$ 在 xOy 平面上满足格林公式的条件,于是

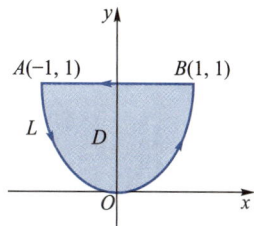

图 13-19

$$I = \oint_{L + \overrightarrow{BA}} (x+y)^2 \, dx - [x^2 + (y+1)^2 \sin y] \, dy - \int_{\overrightarrow{BA}} (x+y)^2 \, dx - [x^2 + (y+1)^2 \sin y] \, dy$$

$$= \iint_D [-2x - 2(x+y)] \, dx \, dy - \int_{\overrightarrow{BA}} (x+y)^2 \, dx = \iint_D (-4x - 2y) \, dx \, dy - \int_1^{-1} (x+1)^2 \, dx$$

$$= -2 \iint_D y \, dx \, dy + 2 \int_0^1 (x^2 + 1) \, dx = -2 \int_{-1}^1 dx \int_{x^2}^1 y \, dy + \frac{8}{3} = \frac{16}{15}.$$

上例的计算过程说明:对于非封闭路径上的积分问题,有时可通过添加辅助的有向曲线使之与原积分路径一起形成闭曲线,然后利用格林公式来消除计算难点. 这一方法对许多问题很有效,但是要注意,计算中要减去添加的辅助路径上的积分. 因此在选取辅助路径时除了要使之满足格林公式的条件,还要使其上的积分在化为定积分计算时比较方便. 通常可将平行于坐标轴的直线取为辅助路径.

例 4　计算曲线积分 $\displaystyle\oint_L \dfrac{-y \, dx + x \, dy}{x^2 + y^2}$,其中 L 分别为

(1) 不环绕且不经过原点 O 一周的分段光滑的任意闭曲线;

(2) 圆周 $x^2 + y^2 = a^2 \, (a > 0)$;

(3) 环绕原点 O 的分段光滑的任意闭曲线.

解　此时 $P = \dfrac{-y}{x^2 + y^2}$, $Q = \dfrac{x}{x^2 + y^2}$,且当 $(x, y) \neq (0, 0)$ 时,通过计算得

$$\frac{\partial Q}{\partial x} = \frac{y^2 - x^2}{(x^2 + y^2)^2} = \frac{\partial P}{\partial y},$$

可见 P, Q 在除了原点的任意点处都具有一阶连续的偏导数.

（1）设 L 是任意一条不环绕且不经过原点 O 的分段光滑的闭曲线（图 13–20(a)）. 由于原点 O 不在闭曲线 L 所围成的闭区域 D 之内，所以 P,Q 在 D 上具有一阶连续的偏导数，利用格林公式并注意到在 D 上成立等式 $\dfrac{\partial P}{\partial y}=\dfrac{\partial Q}{\partial x}$，于是有

$$\oint_L \frac{-y\mathrm{d}x+x\mathrm{d}y}{x^2+y^2}=\iint_D\left(\frac{\partial Q}{\partial x}-\frac{\partial P}{\partial y}\right)\mathrm{d}x\mathrm{d}y=0.$$

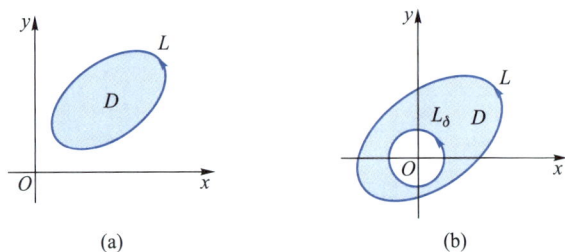

(a)　　　　　　　(b)

图 13–20

（2）当 L 为圆周 $x^2+y^2=a^2$ 时，由于原点 O 在 L 所围成的区域内，且 P,Q 在原点 O 处不连续，故不能应用格林公式计算积分. 将 L 写成参数方程：$x=a\cos t, y=a\sin t, 0\leqslant t\leqslant 2\pi$，并利用公式（13–16），得

$$\oint_L \frac{-y\mathrm{d}x+x\mathrm{d}y}{x^2+y^2}=\frac{1}{a^2}\oint_L -y\mathrm{d}x+x\mathrm{d}y$$

$$=\frac{1}{a^2}\int_0^{2\pi}\left[-a\sin t(-a\sin t)+a\cos t(a\cos t)\right]\mathrm{d}t$$

$$=\frac{1}{a^2}\int_0^{2\pi}a^2\mathrm{d}t=2\pi.$$

（3）设 L 是任意一条环绕原点 O 一周的分段光滑的闭曲线. 为了计算积分，以原点 O 为中心，δ 为半径作圆 $L_\delta : x^2+y^2=\delta^2$，并使 L_δ 所围成的圆域含于 L 所围成的区域之内（图 13–20(b)），正向为逆时针方向. 记 L 与 L_δ^- 所围成的区域为 D，在区域 D 上应用格林公式，有

$$\int_{L+L_\delta^-} \frac{-y\mathrm{d}x+x\mathrm{d}y}{x^2+y^2}=\iint_D\left(\frac{\partial Q}{\partial x}-\frac{\partial P}{\partial y}\right)\mathrm{d}x\mathrm{d}y=0.$$

于是应用（2）的结论，得

$$\int_L \frac{-y\mathrm{d}x+x\mathrm{d}y}{x^2+y^2}=-\int_{L_\delta^-} \frac{-y\mathrm{d}x+x\mathrm{d}y}{x^2+y^2}=\int_{L_\delta} \frac{-y\mathrm{d}x+x\mathrm{d}y}{x^2+y^2}=2\pi.$$

可以看到，原点 O 是使得 P,Q 和 $\dfrac{\partial P}{\partial y}, \dfrac{\partial Q}{\partial x}$ 不连续的点，这种点称为**奇点**[①]. 上例说明：在 $\dfrac{\partial Q}{\partial x}=\dfrac{\partial P}{\partial y}((x,y)\neq(0,0))$ 的条件下，若闭曲线 L 不环绕且不经过奇点 O，则总有

[①]　向量场 $f(x,y)=\{P(x,y),Q(x,y)\}$ 的奇点是指使得函数 $P(x,y),Q(x,y)$ 不连续或偏导数不存在的点.

$$\oint_L \frac{-y\mathrm{d}x+x\mathrm{d}y}{x^2+y^2}=0\,;$$

若闭曲线 L 环绕奇点 O 且为正向,则总有

$$\oint_L \frac{-y\mathrm{d}x+x\mathrm{d}y}{x^2+y^2}=2\pi\,,$$

即环绕奇点 O 一周的同方向闭曲线上的积分值都相等,也就是积分值是一个与环绕奇点 O 的积分路径无关的常量,我们把这一常量称为环绕奇点的**循环常数**.

类似地讨论可知,以上结论对于一般的曲线积分 $\oint_L P(x,y)\mathrm{d}x+Q(x,y)\mathrm{d}y$ 仍然成立. 也就是,若 $M_0(x_0,y_0)$ 是奇点,当 $M(x,y)\neq M_0(x_0,y_0)$ 时,P,Q 具有一阶连续的偏导数,且成立

$$\frac{\partial Q}{\partial x}=\frac{\partial P}{\partial y}\,,$$

则当积分路径 L 不环绕且不经过奇点 M_0 时,总有

$$\oint_L P(x,y)\mathrm{d}x+Q(x,y)\mathrm{d}y=0\,;$$

当积分路径 L(同方向的)环绕奇点时,积分

$$\oint_L P(x,y)\mathrm{d}x+Q(x,y)\mathrm{d}y\equiv C(\text{与}L\text{无关的常数})\,.$$

例 5 计算曲线积分 $I=\oint_L \dfrac{x\mathrm{d}y-y\mathrm{d}x}{4x^2+y^2}$,其中 L 是以点 $(1,0)$ 为中心,$R(R>1)$ 为半径的圆周.

解 很明显,将 L 化为参数方程后,利用公式(13–16)化为定积分计算是不方便的. 注意到 $P=\dfrac{-y}{4x^2+y^2}$,$Q=\dfrac{x}{4x^2+y^2}$,原点 $O(0,0)$ 是奇点,且

$$\frac{\partial Q}{\partial x}=\frac{y-4x^2}{(4x^2+y^2)^2}=\frac{\partial P}{\partial y}\,,\ (x,y)\neq(0,0)\,,$$

积分路径 L 以逆时针方向环绕奇点,故可适当选择一条环绕奇点的路径来计算这一积分. 由被积表达式的分母可知,可把这一路径 L' 取为椭圆 $4x^2+y^2=1$,此时其参数方程为

$$L':x=\frac{1}{2}\cos t,y=\sin t,0\leqslant t\leqslant 2\pi.$$

于是

$$\oint_L \frac{x\mathrm{d}y-y\mathrm{d}x}{4x^2+y^2}=\oint_{L'} \frac{x\mathrm{d}y-y\mathrm{d}x}{4x^2+y^2}=\oint_{L'} x\mathrm{d}y-y\mathrm{d}x$$

$$=\int_0^{2\pi}\left[\frac{1}{2}\cos t\cdot\cos t-\sin t\left(-\frac{1}{2}\sin t\right)\right]\mathrm{d}t$$

$$=\frac{1}{2}\int_0^{2\pi}(\cos^2 t+\sin^2 t)\mathrm{d}t=\pi.$$

最后,作为格林公式的一个应用,我们可方便地建立利用第二型平面曲线积分计算平面区域面积的计算公式

$$|D| = \frac{1}{2}\oint_{\partial D} x\mathrm{d}y - y\mathrm{d}x, \qquad (13-24)$$

其中积分沿 D 的边界曲线 ∂D 的正向进行.

例 6　计算心脏线 $L: x^2 + y^2 = \sqrt{x^2 + y^2} - x$ 所围成的平面图形的面积.

解　首先将 L 化为极坐标方程,得

$$L: \rho = 1 - \cos\theta, 0 \leqslant \theta \leqslant 2\pi,$$

于是 L 的参数方程为

$$L: x = (1 - \cos\theta)\cos\theta, y = (1 - \cos\theta)\sin\theta, 0 \leqslant \theta \leqslant 2\pi.$$

注意到 $\mathrm{d}x = (2\sin\theta\cos\theta - \sin\theta)\mathrm{d}\theta, \mathrm{d}y = (\cos\theta - 2\cos^2\theta + 1)\mathrm{d}\theta$,利用公式(13-24),得 D 的面积

$$
\begin{aligned}
|D| &= \frac{1}{2}\oint_L x\mathrm{d}y - y\mathrm{d}x = \frac{1}{2}\int_0^{2\pi}\big[(1-\cos\theta)\cos\theta \cdot (\cos\theta - 2\cos^2\theta + 1) - \\
&\quad (1-\cos\theta)\sin\theta \cdot (2\sin\theta\cos\theta - \sin\theta)\big]\mathrm{d}\theta \\
&= \frac{1}{2}\int_0^{2\pi}(2\cos^2\theta + \sin^2\theta - 2\cos\theta)\mathrm{d}\theta \\
&= \frac{1}{2}\left(\int_0^{2\pi}\mathrm{d}\theta + \int_0^{2\pi}\cos^2\theta\mathrm{d}\theta - 2\int_0^{2\pi}\cos\theta\mathrm{d}\theta\right) = \frac{3}{2}\pi.
\end{aligned}
$$

与此类似,有时也可将某些二重积分转换成曲线积分计算(见习题 13.2(B)8).

13.2.2　平面曲线积分与路径无关的条件

在物理学和力学中,常要研究作用于物体上的变力 $\boldsymbol{F}$ 所做的功是否与物体运动的路径无关的问题,这个问题在数学上就是研究曲线积分是否与路径无关. 为了研究这一问题,我们首先需要明确曲线积分与路径无关的含义.

设 D 是 xOy 平面上的一个区域,向量值函数

$$\boldsymbol{F}(x,y) = P(x,y)\boldsymbol{i} + Q(x,y)\boldsymbol{j}$$

在 D 内连续. 如果对 D 内任意指定的两点 A, B 以及 D 内从点 A 到点 B 的任意两条有向曲线 L_1 和 L_2(图 13-21),恒有

$$\int_{L_1} P(x,y)\mathrm{d}x + Q(x,y)\mathrm{d}y = \int_{L_2} P(x,y)\mathrm{d}x + Q(x,y)\mathrm{d}y,$$

则称曲线积分 $\int_L P(x,y)\mathrm{d}x + Q(x,y)\mathrm{d}y$ **在 D 内与路径无关**,否则就称**与路径有关**.

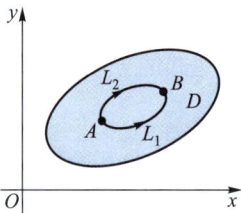

图 13-21

什么样的曲线积分与路径无关呢?下面我们讨论曲线积分 $\int_L P(x,y)\mathrm{d}x + Q(x,y)\mathrm{d}y$ 与路径无关的条件.

曲线积分在区域 D 内与路径无关是指对 D 内从点 A 引向点 B 的任意两条有向曲线 L_1 与 L_2(图 13-21)总有

$$\int_{L_1} P(x,y)\mathrm{d}x + Q(x,y)\mathrm{d}y = \int_{L_2} P(x,y)\mathrm{d}x + Q(x,y)\mathrm{d}y,$$

即
$$\int_{L_1} P(x,y)\,dx+Q(x,y)\,dy-\int_{L_2} P(x,y)\,dx+Q(x,y)\,dy=0,$$

或
$$\oint_{L_1+L_2^-} P(x,y)\,dx+Q(x,y)\,dy=0.$$

注意到,这里的 A,B 为 D 内的任意两点,且 L_1 与 L_2 是 D 内从点 A 到点 B 的任意两条路径,所以有向闭曲线 $L=L_1+L_2^-$(或 $L=L_1^-+L_2$)涵盖了在 D 内所作的任意一条有向闭曲线. 因此,曲线积分在区域 D 内与路径无关可推得在 D 内沿任意一条闭曲线上的曲线积分为零. 反过来,如果在区域 D 内沿任意闭曲线的曲线积分为零,采用反证法也可推得在 D 内曲线积分与路径无关. 由此得到以下定理.

定理 3　设 $P(x,y),Q(x,y)$ 在区域 D 内连续,则曲线积分 $\int_L P(x,y)\,dx+Q(x,y)\,dy$ 在区域 D 内与路径无关的充要条件是沿区域 D 内的任意一条闭曲线 L,有

$$\oint_L P(x,y)\,dx+Q(x,y)\,dy=0. \tag{13-25}$$

定理 3 给出了曲线积分在区域 D 内与路径无关的一个等价条件. 可以看到,该等价条件 (13-25) 式是不容易验证的. 为了获得容易验证的等价条件,我们先引进平面单连通区域的概念. 设 D 为平面区域,如果 D 内所作的任意一条闭曲线都可在 D 内连续地收缩为一点,则称区域 D 是一个**平面单连通区域**,否则称为**复连通区域**.

例如,图 13-22(a) 给出的区域 D 是一单连通区域,而图 13-22(b) 给出的区域 D 是一复连通区域. 通俗地说,平面单连通区域就是没有"洞"(包括点"洞")的区域,复连通区域是含有"洞"(包括点"洞")的区域.

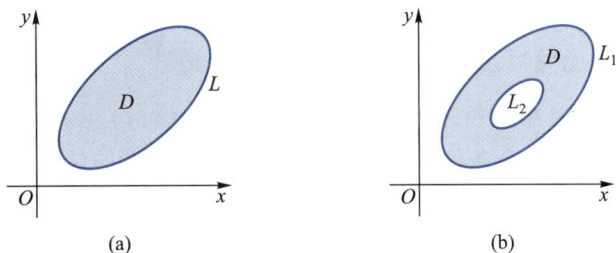

图 13-22

定理 4　设函数 $P(x,y),Q(x,y)$ 在单连通区域 D 内具有一阶连续的偏导数,则曲线积分 $\int_L P(x,y)\,dx+Q(x,y)\,dy$ 在 D 内与路径无关的充要条件是在 D 内处处成立

$$\frac{\partial P}{\partial y}=\frac{\partial Q}{\partial x}. \tag{13-26}$$

证　根据定理 3,我们只需证明 (13-25) 式与 (13-26) 式等价即可.

充分性　设在区域 D 内恒有 $\dfrac{\partial P}{\partial y}=\dfrac{\partial Q}{\partial x}$. 在 D 内任取一条闭曲线 L_1,记其所围的闭区域为 D_1,因为 D 是单连通的,所以 $D_1\subset D$,于是积分在 D_1 上满足格林公式的条件,应用格林公式,得

$$\oint_{L_1} P(x,y)\,\mathrm{d}x + Q(x,y)\,\mathrm{d}y = \iint_{D_1} \left(\frac{\partial Q}{\partial x} - \frac{\partial P}{\partial y} \right) \mathrm{d}x\mathrm{d}y = 0,$$

根据定理 3 知曲线积分在 D 内与路径无关,充分性得证.

必要性   如果沿 D 内任意闭曲线的曲线积分为零,为证明在 D 内必成立 $\dfrac{\partial P}{\partial y} = \dfrac{\partial Q}{\partial x}$,可用反证法. 假定上面的结论不成立,那么在 D 内至少有一点 M_0 使得

$$\left(\frac{\partial Q}{\partial x} - \frac{\partial P}{\partial y} \right)_{M_0} \neq 0,$$

不妨设

$$\left(\frac{\partial Q}{\partial x} - \frac{\partial P}{\partial y} \right)_{M_0} = a > 0.$$

由于 $\dfrac{\partial Q}{\partial x}, \dfrac{\partial P}{\partial y}$ 在 D 内连续,故可以在 D 内作一个以 M_0 为中心,半径为 δ 的闭圆域 D',使得在 D' 上恒有

$$\frac{\partial Q}{\partial x} - \frac{\partial P}{\partial y} \geqslant \frac{a}{2} > 0.$$

若记 D' 的正向边界曲线为 L',由格林公式及二重积分的性质,得

$$\oint_{L'} P(x,y)\,\mathrm{d}x + Q(x,y)\,\mathrm{d}y = \iint_{D'} \left(\frac{\partial Q}{\partial x} - \frac{\partial P}{\partial y} \right) \mathrm{d}x\mathrm{d}y \geqslant \frac{a}{2} \cdot \pi\delta^2 > 0,$$

这个结果与沿 D 内任意闭曲线上的曲线积分为零的条件相矛盾,从而证得在 D 内恒有 $\dfrac{\partial Q}{\partial x} = \dfrac{\partial P}{\partial y}$ 成立,必要性得证.

当曲线积分与路径无关时,沿有向弧 $\overset{\frown}{AB}$ 的曲线积分记号 "$\displaystyle\int_{\overset{\frown}{AB}}$" 也常常记为 "$\displaystyle\int_A^B$".

在定理 4 中,区域 D 是单连通区域,且函数 $P(x,y)$,$Q(x,y)$ 在 D 内具有一阶连续偏导数的条件是不可少的. 如果这两个条件有一个不能满足,那么定理的结论是不能保证成立的. 例如,在例 4 中,虽然除原点 $O(0,0)$ 外,恒有 $\dfrac{\partial Q}{\partial x} = \dfrac{\partial P}{\partial y}$(注意使(13–26)式不成立的点仅有一个),但

$$\int_{x^2+y^2=a^2} \frac{-y\,\mathrm{d}x + x\,\mathrm{d}y}{x^2+y^2} = 2\pi \neq 0,$$

从而曲线积分在含有原点的区域内不是与路径无关的. 分析可知,其原因就在于区域内含有破坏 P,Q 和 $\dfrac{\partial Q}{\partial x}, \dfrac{\partial P}{\partial y}$ 连续性条件的奇点 $O(0,0)$.

例 7   计算曲线积分 $\displaystyle\int_L x\mathrm{e}^{2y}\,\mathrm{d}x + (x^2\mathrm{e}^{2y} + y^5)\,\mathrm{d}y$,其中 L 为由点 $A(4,0)$ 至点 $O(0,0)$ 的上半圆周 $y = \sqrt{4x - x^2}$.

解   有向曲线 L 的图形如图 13–23 所示.

因为 $P = x\mathrm{e}^{2y}$,$Q = x^2\mathrm{e}^{2y} + y^5$ 在整个 xOy 平面上具有一阶连续的偏导数,且

$$\frac{\partial Q}{\partial x} = 2xe^{2y} = \frac{\partial P}{\partial y},$$

所以根据定理 4 可知,曲线积分在整个 xOy 平面内与路径无关. 取有向直线段 AO,如图 13-23 所示,其方程为 $y=0,4 \geqslant x \geqslant 0$,因此

$$\int_L xe^{2y}dx+(x^2e^{2y}+y^5)dy = \int_{\overrightarrow{AO}} xe^{2y}dx+(x^2e^{2y}+y^5)dy$$

$$= \int_{\overrightarrow{AO}} xe^{2y}dx = \int_4^0 xdx = -8.$$

例 8 计算曲线积分 $I = \int_L \dfrac{(x-y)dx+(x+y)dy}{x^2+y^2}$,其中 L 为沿抛物线 $y=2-2x^2$ 从点 $A(-1,0)$

到点 $B(1,0)$ 的弧段.

解 有向曲线 L 的图形如图 13-24 所示. 因为 $P = \dfrac{x-y}{x^2+y^2}$,$Q = \dfrac{x+y}{x^2+y^2}$,所以当 $x^2+y^2 \neq 0$ 时,

$$\frac{\partial P}{\partial y} = \frac{y^2-x^2-2xy}{(x^2+y^2)^2} = \frac{\partial Q}{\partial x}.$$

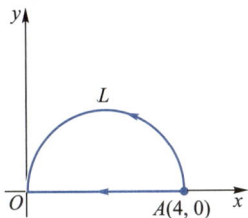

图 13-23

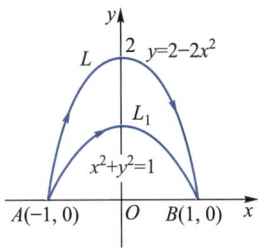

图 13-24

由于原点 $O(0,0)$ 是奇点,根据定理 4 可知,积分在不含原点 $O(0,0)$ 的单连通区域内与路径无关. 注意到 L 在上半平面内,而不含原点的上半平面是单连通区域,于是积分在此区域上与路径无关. 取从点 A 到点 B 的有向单位圆弧 L_1(图 13-24),则

$$L_1: \begin{cases} x = \cos t, \\ y = \sin t, \end{cases} \pi \geqslant t \geqslant 0,$$

于是

$$I = \int_L \frac{(x-y)dx+(x+y)dy}{x^2+y^2} = \int_{L_1} \frac{(x-y)dx+(x+y)dy}{x^2+y^2}$$

$$= \int_{L_1} (x-y)dx+(x+y)dy$$

$$= \int_\pi^0 [(\cos t-\sin t)(-\sin t)+(\cos t+\sin t)(\cos t)]dt$$

$$= \int_\pi^0 dt = -\pi.$$

对于例 8 的积分,由于原点是函数 $P(x,y),Q(x,y)$ 的奇点,并且沿着环绕奇点的正向曲线

$x^2+y^2=1$ 上的积分

$$\oint_{x^2+y^2=1} \frac{(x-y)\,\mathrm{d}x+(x+y)\,\mathrm{d}y}{x^2+y^2} = \int_0^{2\pi} \big[\,(\cos t-\sin t)(-\sin t)+(\cos t+\sin t)(\cos t)\,\big]\mathrm{d}t$$

$$= \int_0^{2\pi}\mathrm{d}t = 2\pi \neq 0,$$

所以积分 I 在整个 xOy 平面上不是与路径无关的. 但是, 积分 I 在包含路径 L 的不含原点 $O(0,0)$ 的上半平面内是与路径无关的, 这说明曲线积分与路径无关有时只在一定范围内成立.

13.2.3　全微分与全微分求积

我们知道定积分 $\int_a^b f(x)\,\mathrm{d}x$ 是函数 $f(x)$ 在区间 $[a,b]$ 上的积分, 并且从变力沿直线做功问题的讨论可以看出, 定积分 $\int_a^b f(x)\,\mathrm{d}x$ 实际上是一维向量值函数 $f(x)$ 沿 x 轴从点 a 到点 b 的曲线积分. 根据牛顿-莱布尼茨公式, 如果 $F(x)$ 是被积表达式 $f(x)\,\mathrm{d}x$ 的一个原函数, 即 $\mathrm{d}F(x)=f(x)\,\mathrm{d}x$, 则

$$\int_a^b f(x)\,\mathrm{d}x = F(x)\,\bigg|_a^b.$$

这说明, 直线段 $[a,b]$ 上的曲线积分等于被积表达式的一个原函数在线段终点处的函数值减去起点处的函数值. 既然都是曲线积分, 自然要问, 牛顿-莱布尼茨公式是否对一般的曲线积分 $\int_L P(x,y)\,\mathrm{d}x+Q(x,y)\,\mathrm{d}y$ 也成立? 为了回答这一问题, 我们首先需要将原函数的概念推广到多元函数的情形.

A.　全微分与原函数

定义　对于微分形式

$$P(x,y)\,\mathrm{d}x+Q(x,y)\,\mathrm{d}y, \tag{13-27}$$

若存在二元函数 $\varphi(x,y)$ 使得在区域 D 上成立

$$\mathrm{d}\varphi(x,y)=P(x,y)\,\mathrm{d}x+Q(x,y)\,\mathrm{d}y,$$

则称微分形式 $P(x,y)\,\mathrm{d}x+Q(x,y)\,\mathrm{d}y$ 在 D 上是**全微分式**(或恰当微分式), 而函数 $\varphi(x,y)$ 称为此微分形式在 D 上的一个**原函数**.

从定义容易看出, 若微分形式 $P(x,y)\,\mathrm{d}x+Q(x,y)\,\mathrm{d}y$ 存在原函数, 则它必有无穷多个原函数(原函数加任意常数后仍为原函数), 且任意两个原函数之间仅相差一个常数. 这两个性质与一元函数原函数的性质类似.

在推广了原函数的概念之后, 接下来需要考虑的问题是: 什么样的微分形式是全微分式或者具有原函数? 如果微分形式是全微分式, 那么如何计算它的原函数? 下面的定理给出了这两个问题的回答.

定理 5　设区域 D 为单连通区域, 函数 $P(x,y)$, $Q(x,y)$ 在 D 内具有一阶连续偏导数, 则 $P(x,y)\,\mathrm{d}x+Q(x,y)\,\mathrm{d}y$ 在 D 内是全微分式的充要条件是在 D 内处处成立

$$\frac{\partial P}{\partial y}=\frac{\partial Q}{\partial x}. \tag{13-28}$$

证 **必要性** 设 $P(x,y)\mathrm{d}x+Q(x,y)\mathrm{d}y$ 在 D 内是全微分式,则存在函数 $\varphi(x,y)$ 使得在 D 内成立

$$\mathrm{d}\varphi(x,y)=P(x,y)\mathrm{d}x+Q(x,y)\mathrm{d}y,$$

可得

$$P(x,y)=\frac{\partial\varphi(x,y)}{\partial x},Q(x,y)=\frac{\partial\varphi(x,y)}{\partial y},$$

从而

$$\frac{\partial P}{\partial y}=\frac{\partial^2\varphi(x,y)}{\partial x\partial y},\frac{\partial Q}{\partial x}=\frac{\partial^2\varphi(x,y)}{\partial y\partial x}.$$

由于 $P(x,y),Q(x,y)$ 在 D 内具有连续的偏导数,所以在 D 内成立

$$\frac{\partial P}{\partial y}=\frac{\partial^2\varphi(x,y)}{\partial x\partial y}=\frac{\partial^2\varphi(x,y)}{\partial y\partial x}=\frac{\partial Q}{\partial x}.$$

充分性 我们用构造性方法证明:在条件(13-28)成立时,能够找到(13-27)式的一个原函数.

由条件及定理 4 可知,曲线积分 $\int_L P(x,y)\mathrm{d}x+Q(x,y)\mathrm{d}y$ 在 D 内与路径无关.在 D 内任意取定一点 $M_0(x_0,y_0)$,设 $M(x,y)$ 为 D 内的任意一点,则

$$\varphi(x,y)=\int_{(x_0,y_0)}^{(x,y)}P(x,y)\mathrm{d}x+Q(x,y)\mathrm{d}y$$

是一个定义在 D 内的函数.下面证明 $\varphi(x,y)$ 的全微分就是

$$\mathrm{d}\varphi(x,y)=P(x,y)\mathrm{d}x+Q(x,y)\mathrm{d}y.$$

由于 $P(x,y),Q(x,y)$ 在 D 内连续,因此只需证明

$$\frac{\partial\varphi}{\partial x}=P(x,y),\frac{\partial\varphi}{\partial y}=Q(x,y).$$

按偏导数的定义,得

$$\frac{\partial\varphi(x,y)}{\partial x}=\lim_{\Delta x\to0}\frac{\varphi(x+\Delta x,y)-\varphi(x,y)}{\Delta x}.$$

又

$$\varphi(x+\Delta x,y)=\int_{(x_0,y_0)}^{(x+\Delta x,y)}P(x,y)\mathrm{d}x+Q(x,y)\mathrm{d}y,$$

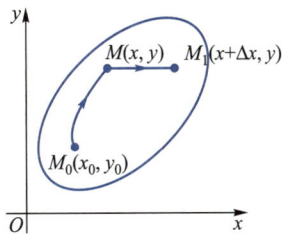

图 13-25

由于积分与路径无关,故可将点 $M_0(x_0,y_0)$ 到点 $M_1(x+\Delta x,y)$ 的路径取作先从点 $M_0(x_0,y_0)$ 到点 $M(x,y)$,再沿水平线段从点 $M(x,y)$ 到点 $M_1(x+\Delta x,y)$ 的路径(图 13-25),此时

$$\varphi(x+\Delta x,y)=\int_{(x_0,y_0)}^{(x,y)}P(x,y)\mathrm{d}x+Q(x,y)\mathrm{d}y+\int_{(x,y)}^{(x+\Delta x,y)}P(x,y)\mathrm{d}x+Q(x,y)\mathrm{d}y.$$

移项并利用定积分的积分中值定理,得

$$\varphi(x+\Delta x,y)-\varphi(x,y)=\int_{(x,y)}^{(x+\Delta x,y)}P(x,y)\mathrm{d}x+Q(x,y)\mathrm{d}y$$

$$=\int_x^{x+\Delta x}P(x,y)\mathrm{d}x=P(x+\theta\Delta x,y)\Delta x\ (0\leqslant\theta\leqslant1),$$

故

$$\frac{\varphi(x+\Delta x,y)-\varphi(x,y)}{\Delta x}=P(x+\theta\Delta x,y).$$

利用 $P(x,y)$ 的连续性,在上式两边取 $\Delta x \to 0$ 时的极限,得

$$\frac{\partial \varphi(x,y)}{\partial x} = \lim_{\Delta x \to 0} \frac{\varphi(x+\Delta x,y) - \varphi(x,y)}{\Delta x} = \lim_{\Delta x \to 0} P(x+\theta\Delta x,y) = P(x,y).$$

同理可证

$$\frac{\partial \varphi(x,y)}{\partial y} = Q(x,y),$$

所以充分性得证,定理证毕.

这一定理以及证明过程表明:当 $P(x,y)$,$Q(x,y)$ 在单连通区域 D 内具有一阶连续偏导数,且 $\dfrac{\partial P}{\partial y} = \dfrac{\partial Q}{\partial x}$ 时,微分形式 $P(x,y)\mathrm{d}x + Q(x,y)\mathrm{d}y$ 是全微分式,并且函数

$$\varphi(x,y) = \int_{(x_0,y_0)}^{(x,y)} P(x,y)\mathrm{d}x + Q(x,y)\mathrm{d}y \tag{13-29}$$

即为此微分形式在 D 内的一个原函数. 这一结论与定积分中当被积函数 $f(x)$ 在 $[a,b]$ 上连续时,变上限积分函数 $F(x) = \int_a^x f(t)\mathrm{d}t$ 是微分式 $f(x)\mathrm{d}x$ 的一个原函数的结果类似,所以由 (13-29) 式确定的函数 $\varphi(x,y)$ 是一元变上限积分函数 $F(x)$ 在多元情形的推广.

由于 (13-29) 式的积分与路径无关,故通常可以选择完全落在 D 内的简单的折线路径 M_0RM 或 M_0SM 来计算这一积分,如图 13-26 所示.

若在 (13-29) 式中取折线路径 M_0RM,则

$$\varphi(x,y) = \int_{x_0}^x P(x,y_0)\mathrm{d}x + \int_{y_0}^y Q(x,y)\mathrm{d}y. \tag{13-30}$$

若在 (13-29) 式中取折线路径 M_0SM,则

$$\varphi(x,y) = \int_{y_0}^y Q(x_0,y)\mathrm{d}y + \int_{x_0}^x P(x,y)\mathrm{d}x. \tag{13-31}$$

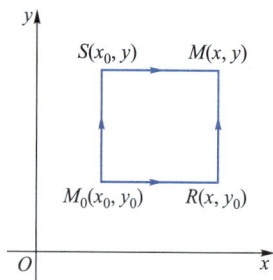

图 13-26

例9 验证在全平面上,微分形式

$$(x^4+4xy^3)\mathrm{d}x + (6x^2y^2-5y^4)\mathrm{d}y$$

是全微分式,并求出它的一个原函数.

解 因为 $P(x,y) = x^4+4xy^3$,$Q(x,y) = 6x^2y^2-5y^4$,则 $P(x,y)$,$Q(x,y)$ 在整个 xOy 平面上具有一阶连续的偏导数,且

$$\frac{\partial P}{\partial y} = 12xy^2 = \frac{\partial Q}{\partial x},$$

根据定理5可知,此微分形式在 xOy 平面上是全微分式.

求原函数常用以下两种方法.

解一 利用公式 (13-30) 或 (13-31). 取 $M_0(x_0,y_0) = O(0,0)$,利用公式 (13-30),有

$$\varphi(x,y) = \int_0^x P(x,0)\mathrm{d}x + \int_0^y Q(x,y)\mathrm{d}y = \int_0^x x^4\mathrm{d}x + \int_0^y (6x^2y^2-5y^4)\mathrm{d}y$$

$$= \frac{1}{5}x^5 \bigg|_0^x + (2x^2y^3-y^5) \bigg|_0^y = \frac{1}{5}x^5 + 2x^2y^3 - y^5.$$

解二 利用凑微分法把微分形式 $P(x,y)\mathrm{d}x + Q(x,y)\mathrm{d}y$ 缩写成 $\mathrm{d}\varphi(x,y)$.

$$(x^4 + 4xy^3) \, \mathrm{d}x + (6x^2 y^2 - 5y^4) \, \mathrm{d}y = x^4 \mathrm{d}x + 4xy^3 \mathrm{d}x + 6x^2 y^2 \mathrm{d}y - 5y^4 \mathrm{d}y$$

$$= x^4 \mathrm{d}x - 5y^4 \mathrm{d}y + 2 (2xy^3 \mathrm{d}x + 3x^2 y^2 \mathrm{d}y) = \mathrm{d} \left(\frac{1}{5} x^5 \right) - \mathrm{d}(y^5) + 2 \mathrm{d}(x^2 y^3)$$

$$= \mathrm{d} \left(\frac{1}{5} x^5 - y^5 + 2x^2 y^3 \right),$$

所以,所求的一个原函数为

$$\varphi(x, y) = \frac{1}{5} x^5 + 2x^2 y^3 - y^5.$$

例 10 验证 $\dfrac{2x}{y^3} \mathrm{d}x + \dfrac{y^2 - 3x^2}{y^4} \mathrm{d}y$ 在上半平面 $(y > 0)$ 内是一个全微分式,并求出它的一个原函数.

解 因为 $P(x, y) = \dfrac{2x}{y^3}, Q(x, y) = \dfrac{y^2 - 3x^2}{y^4}$,则 $P(x, y), Q(x, y)$ 在上半平面 $(y > 0)$ 内具有一阶连续的偏导数,且

$$\frac{\partial P}{\partial y} = - \frac{6x}{y^4} = \frac{\partial Q}{\partial x}.$$

由于上半平面 $(y > 0)$ 是一个单连通区域,根据定理 5 可知,此微分形式在上半平面 $(y > 0)$ 内是全微分式.

为求其原函数,在上半平面 $(y > 0)$ 内取定一点 $M_0(0, 1)$,利用公式 $(13 - 31)$ 知其原函数为

$$\varphi(x, y) = \int_1^y Q(0, y) \, \mathrm{d}y + \int_0^x P(x, y) \, \mathrm{d}x$$

$$= \int_1^y \frac{1}{y^2} \mathrm{d}y + \int_0^x \frac{2x}{y^3} \mathrm{d}x = - \frac{1}{y} \Big|_1^y + \frac{x^2}{y^3} \Big|_0^x = 1 - \frac{1}{y} + \frac{x^2}{y^3}.$$

若使用凑微分法计算原函数,得

$$\frac{2x}{y^3} \mathrm{d}x + \frac{y^2 - 3x^2}{y^4} \mathrm{d}y = \frac{2x}{y^3} \mathrm{d}x + \frac{1}{y^2} \mathrm{d}y - \frac{3x^2}{y^4} \mathrm{d}y = - \mathrm{d} \left(\frac{1}{y} \right) + \frac{2xy \, \mathrm{d}x - 3x^2 \mathrm{d}y}{y^4}$$

$$= \mathrm{d} \left(- \frac{1}{y} \right) + \frac{2xy^3 \mathrm{d}x - 3x^2 y^2 \mathrm{d}y}{y^6}$$

$$= \mathrm{d} \left(- \frac{1}{y} \right) + \mathrm{d} \left(\frac{x^2}{y^3} \right) = \mathrm{d} \left(\frac{x^2}{y^3} - \frac{1}{y} \right)$$

所以原函数为

$$\varphi(x, y) = \frac{x^2}{y^3} - \frac{1}{y}.$$

从上例的计算过程可以看到,用凑微分法计算原函数时,需要对微分运算比较熟悉,同时也需要一些技巧.

B. 全微分式的曲线积分

对于全微分式 $P(x, y) \mathrm{d}x + Q(x, y) \mathrm{d}y$ 的曲线积分有下面的性质.

定理 6(曲线积分的微积分基本定理) 设 $P(x, y), Q(x, y)$ 在单连通区域 D 上连续,若

$\varphi(x,y)$是微分形式 $P(x,y)\mathrm{d}x+Q(x,y)\mathrm{d}y$ 在 D 内的一个原函数,则对完全落在 D 内的以点 $A(x_1,y_1)$为起点,点 $B(x_2,y_2)$为终点的任意路径 L,有

$$\int_L P(x,y)\mathrm{d}x+Q(x,y)\mathrm{d}y=\varphi(x_2,y_2)-\varphi(x_1,y_1)=\varphi(x,y)\Big|_{(x_1,y_1)}^{(x_2,y_2)}. \tag{13-32}$$

证 在 D 内任取一条连接点 A 和点 B 的光滑或分段光滑的曲线

$$L:x=x(t),y=y(t),\alpha\leqslant t\leqslant\beta,$$

并设 $A(x_1,y_1)=(x(\alpha),y(\alpha)),B(x_2,y_2)=(x(\beta),y(\beta)).$
则由曲线积分的计算公式(13-16),得

$$\int_L P(x,y)\mathrm{d}x+Q(x,y)\mathrm{d}y=\int_\alpha^\beta\big[P(x(t),y(t))x'(t)+Q(x(t),y(t))y'(t)\big]\mathrm{d}t.$$

另一方面,注意到 $\varphi(x,y)$是微分形式 $P(x,y)\mathrm{d}x+Q(x,y)\mathrm{d}y$ 的原函数,于是有 $P(x,y)=\dfrac{\partial\varphi}{\partial x},Q(x,y)=\dfrac{\partial\varphi}{\partial y}$,所以上式可写成

$$\int_L P(x,y)\mathrm{d}x+Q(x,y)\mathrm{d}y=\int_\alpha^\beta\left[\frac{\partial\varphi}{\partial x}x'(t)+\frac{\partial\varphi}{\partial y}y'(t)\right]\mathrm{d}t$$

$$=\int_\alpha^\beta\frac{\mathrm{d}}{\mathrm{d}t}(\varphi(x(t),y(t)))\mathrm{d}t=\varphi(x(t),y(t))\Big|_\alpha^\beta$$

$$=\varphi(x_2,y_2)-\varphi(x_1,y_1)=\varphi(x,y)\Big|_{(x_1,y_1)}^{(x_2,y_2)}.$$

定理证毕.

定理 6 称为**曲线积分的微积分基本定理**,它是定积分的微积分基本定理即牛顿-莱布尼茨公式在曲线上积分情形的推广.

定理 6 说明,若曲线积分$\int_L P(x,y)\mathrm{d}x+Q(x,y)\mathrm{d}y$ 的被积表达式 $P(x,y)\mathrm{d}x+Q(x,y)\mathrm{d}y$ 是全微分式,则可通过求该全微分式的原函数来进行曲线积分的计算. 结合定理 5 进一步可知,被积表达式是否为全微分式,在 D 是单连通区域,$P(x,y)$,$Q(x,y)$在 D 内具有一阶连续偏导数的条件下,可通过考察在 D 内是否有

$$\frac{\partial P}{\partial y}=\frac{\partial Q}{\partial x}$$

成立来判定.

例 11 计算曲线积分

$$I=\int_L(4x^3+10xy^3-3y^4)\mathrm{d}x+(15x^2y^2-12xy^3+5y^4)\mathrm{d}y,$$

其中 L 是从点 $A(1,-1)$出发经直线段到点 $B(1,0)$,再经圆弧 $x^2+y^2=1$ 到点 $C(0,1)$的弧段.

解 L 的图形如图 13-27 所示. 因为 $P(x,y)=4x^3+10xy^3-3y^4$,
$Q(x,y)=15x^2y^2-12xy^3+5y^4$,且在整个 xOy 平面上有

$$\frac{\partial P}{\partial y}=30xy^2-12y^3=\frac{\partial Q}{\partial x},$$

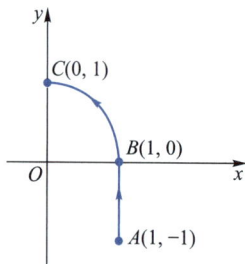

图 13-27

故积分 I 的被积表达式在 xOy 平面上是全微分式. 为求其原函数, 可将全微分式变形为

$$(4x^3+10xy^3-3y^4)\,\mathrm{d}x+(15x^2y^2-12xy^3+5y^4)\,\mathrm{d}y$$
$$=4x^3\mathrm{d}x+5(2xy^3\mathrm{d}x+3x^2y^2\mathrm{d}y)-3(y^4\mathrm{d}x+4xy^3\mathrm{d}y)+5y^4\mathrm{d}y$$
$$=\mathrm{d}(x^4)+5\mathrm{d}(x^2y^3)-3\mathrm{d}(xy^4)+\mathrm{d}(y^5)$$
$$=\mathrm{d}(x^4+5x^2y^3-3xy^4+y^5),$$

可知原函数是

$$\varphi(x,y)=x^4+5x^2y^3-3xy^4+y^5.$$

利用公式 $(13-32)$, 得

$$I=(x^4+5x^2y^3-3xy^4+y^5)\ \Big|_{(1,-1)}^{(0,1)}=9.$$

例 12 设 $f(x)$ 在 $(-\infty,+\infty)$ 内有连续的导函数, 求:

$$I=\int_L \frac{1+y^2f(xy)}{y}\mathrm{d}x+\frac{x}{y^2}(y^2f(xy)-1)\,\mathrm{d}y,$$

其中 L 是从点 $A\left(3,\dfrac{2}{3}\right)$ 到点 $B(1,2)$ 的直线段.

解 因为 $P=\dfrac{1+y^2f(xy)}{y}$, $Q=\dfrac{x}{y^2}(y^2f(xy)-1)$, 且当 $y\neq 0$ 时,

$$\frac{\partial P}{\partial y}=\frac{y^2f(xy)+xy^3f'(xy)-1}{y^2}=\frac{\partial Q}{\partial x},$$

故知积分 I 的被积表达式在上半平面 $(y>0)$ 上是全微分式. 若设 $F(u)$ 是 $f(u)$ 的一个原函数, 则

$$\frac{1+y^2f(xy)}{y}\mathrm{d}x+\frac{x}{y^2}(y^2f(xy)-1)\,\mathrm{d}y=\frac{1}{y}\mathrm{d}x+yf(xy)\,\mathrm{d}x+xf(xy)\,\mathrm{d}y-\frac{x}{y^2}\mathrm{d}y$$
$$=\frac{y\mathrm{d}x-x\mathrm{d}y}{y^2}+f(xy)(y\mathrm{d}x+x\mathrm{d}y)$$
$$=\mathrm{d}\left(\frac{x}{y}\right)+f(xy)\mathrm{d}(xy)$$
$$=\mathrm{d}\left(\frac{x}{y}+F(xy)\right),$$

可知全微分式在上半平面上的一个原函数为

$$\varphi(x,y)=\frac{x}{y}+F(xy).$$

利用公式 $(13-32)$, 得

$$I=\left(\frac{x}{y}+F(xy)\right)\ \Big|_{\left(3,\frac{2}{3}\right)}^{(1,2)}=\frac{1}{2}+F(2)-\frac{9}{2}-F(2)=-4.$$

习题 13.2

（A）

1. 利用格林公式计算下列曲线积分:

（1）$\oint_L (e^y \sin x - 7y) dx - (e^y \cos x + 5x) dy$，其中 L 为正方形区域：$-1 \le x \le 1, -1 \le y \le 1$ 的正向边界曲线；

（2）$\oint_L y(\cos x - 1) dx + (x + \sin x) dy$，其中 L 是由直线 $x = 2, y = 2, x + y = 0$ 围成的三角形区域的正向边界曲线；

（3）$\oint_L xy^2 dy - x^2 y dx$，其中 L 为圆周 $x^2 + y^2 = 4$ 的正向；

（4）$\oint_L (x+y)^2 dx + (x^2 - y^2) dy$，其中 L 是沿顶点为 $A(1,1), B(3,2), C(3,5)$ 的 $\triangle ABC$ 边界线的正向.

2. 计算下列曲线积分：

（1）$\int_L (3x^2 + 5y + 7) dx + (5x + 6y^5 + 7) dy$，其中 L 是正弦曲线 $y = \sin x$ 上自点 $O(0,0)$ 到点 $A(\pi, 0)$ 的一段有向曲线；

（2）$\int_L (2xy^3 - y^2 \cos x) dx + (1 - 2y\sin x + 3x^2 y^2) dy$，其中 L 为抛物线 $2x = \pi y^2$ 自点 $(0,0)$ 到点 $\left(\dfrac{\pi}{2}, 1 \right)$ 的一段有向弧；

（3）$\int_L (y + 2x)^2 dx + (3x^2 - y^3 \sin\sqrt{y}) dy$，其中 L 为抛物线 $y = x^2$ 上自点 $A(-1, 1)$ 到点 $B(1, 1)$ 的一段有向弧；

（4）$\int_L (x^2 - y) dx - (x + \sin^2 y) dy$，其中 L 是圆周 $y = \sqrt{2x - x^2}$ 上自点 $(0,0)$ 到点 $(1,1)$ 的一段有向弧.

3. 验证下列曲线积分的积分路径无关性，并计算积分值：

（1）$\int_L (x + y) dx + (x - y) dy$，其中 L 是 $y = e^x - ex$ 上自点 $(0,1)$ 至点 $(1,0)$ 的一段；

（2）$\int_L e^{-y}(\sin x dx + \cos x dy)$，其中 L 是自点 $(0,1)$ 至点 $(2,1)$ 的上半圆周 $(x-1)^2 + (y-1)^2 = 1$；

（3）$\int_L \dfrac{x+y}{x^2} dx - \dfrac{x+y}{xy} dy$，其中 L 是曲线 $y = \sin \dfrac{x}{6}$ 上自点 $\left(\pi, \dfrac{1}{2} \right)$ 至点 $(3\pi, 1)$ 的一段弧.

4. 验证下列微分形式是某区域上的全微分式，并求出它的一个原函数 $\varphi(x, y)$：

（1）$(x^2 + 2xy - y^2) dx + (x^2 - 2xy - y^2) dy$；

（2）$\dfrac{(3y-1) dx - (3x+1) dy}{(x+y)^2}$；

（3）$(3x^2 y + 8xy^2) dx + (x^3 + 8x^2 y + 12ye^y) dy$.

5. 试用求原函数的方法，计算下列与路径无关的曲线积分：

（1）$\int_{(1,1)}^{(1,2)} (3x^2 - 4xy + y^2) dx - (2x^2 - 2xy + 9y^2) dy$；

（2）$\int_{(0,2)}^{\left(\frac{\pi}{2}, 1 \right)} (2xy^3 - y^2 \cos x) dx + (1 - 2y\sin x + 3x^2 y^2) dy$；

（3）$\int_{(2,-1)}^{(1,2)} \dfrac{y dx - x dy}{x^2}$，沿不与 y 轴相交的路径.

6. 利用曲线积分，求下列曲线所围图形的面积：

（1）星形线 $x = a\cos^3 t, y = a\sin^3 t$；   （2）椭圆 $9x^2 + 16y^2 = 144$.

7. 设力 $\boldsymbol{F} = \left\{ -\dfrac{kx}{r^3}, -\dfrac{ky}{r^3} \right\}$，其中 k 为常数，$r = \sqrt{x^2 + y^2}$. 证明质点在力 $\boldsymbol{F}$ 的作用下在半平面 $x > 0$ 内运动时，力 $\boldsymbol{F}$ 所做的功与运动路径无关.

（B）

1. 计算下列曲线积分：

（1）$\oint_L e^{-x}\left[(1+\cos y)dx+(1+\sin y)dy\right]$，其中 L 为区域 $0\leq y\leq 1-x^2$ 的正向边界曲线；

（2）$\oint_L (x+x^2 y+ye^{xy})dx+(y+xy^2+xe^{xy})dy$，其中 L 是圆周 $x^2+y^2=a^2$ 的正向；

（3）$\int_L (e^y+xe^{x^2+y^2}-y^3-ye^{-x})dx+(e^{-x}+ye^{x^2+y^2}+x^3+xe^y)dy$，其中 L 是自点 $A(0,-1)$ 至点 $B(0,1)$ 的右半圆周 $x^2+y^2=1$；

（4）$\int_L \dfrac{(1-y)dx+xdy}{(x+y-1)^2}$，其中 L 是圆周 $x^2+y^2=4$ 在第一象限中自点 $(2,0)$ 至点 $(0,2)$ 的一段圆弧；

（5）$\int_L (xy-\sin x\sin y)dx+(x^2+\cos x\cos y)dy$，其中 L 自点 $O(0,0)$ 出发，沿曲线 $y=x-x^2$ 至点 $A(1,0)$。

2. 利用曲线积分计算下列曲线所围平面区域的面积：

（1）笛卡儿叶形线［题图（B）2（1）］
$$x=\frac{at}{1+t^3},\ y=\frac{at^2}{1+t^3},\ 0\leq t<+\infty\ ;$$

（2）$x^{\frac{2}{2n+1}}+y^{\frac{2}{2n+1}}=a^{\frac{2}{2n+1}}$，其中 n 为自然数，$a>0$。

3. 计算曲线积分 $\oint_L \dfrac{y^2(xdy-ydx)}{(x^2+y^2)^2}$，其中 L 是星形线 $x^{\frac{2}{3}}+y^{\frac{2}{3}}=\pi^{\frac{2}{3}}$。

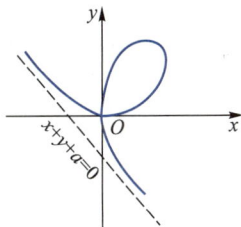
题图（B）2（1）

4. 设 $f(u)$ 具有一阶连续导数，证明对 xOy 平面上的任一简单闭曲线 L，下式成立
$$\oint_L f(xy)(xdy+ydx)=0.$$

5. 验证下列微分形式是全微分式，并求出它的一个原函数 $\varphi(x,y)$：

（1）$((x-y+2)e^{x+y}+ye^x)dx+((x-y)e^{x+y}+e^x)dy$；

（2）$\left(1-\dfrac{y^2}{x^2}\cos\dfrac{y}{x}\right)dx+\left(\sin\dfrac{y}{x}+\dfrac{y}{x}\cos\dfrac{y}{x}\right)dy$；

（3）$\dfrac{ydx-xdy}{x^2-2xy+2y^2}$。

6. 在力场 $f(x,y)=(y^2+1)\boldsymbol{i}+(x+y)\boldsymbol{j}$ 中，一质点沿曲线 $y=\alpha x(1-x)$ 从点 $(0,0)$ 移动到点 $(1,0)$，求使力场所做功取得最小值的 α。

7. 求满足 $\varphi(0)=2$ 且具有连续一阶导数的函数 $\varphi(x)$，使对任一简单闭曲线 L，恒有
$$\oint_L (x^2+y\varphi(x))dx+(x^2+\varphi(x))dy=0.$$

8. 试求二重积分 $I=\iint_D y^4 d\sigma$ 的值，其中 D 是由摆线 $\begin{cases} x=a(t-\sin t) \\ y=a(1-\cos t) \end{cases}$ $(a>0)$ 的第一拱 $(0\leq t\leq 2\pi)$ 与 x 轴围成的区域。

13.3 第二型曲面积分

本节讨论向量值函数在曲面上的积分问题。这类问题在流体力学、电磁学等实际应用领域

中大量出现,因此这是一类具有广泛应用背景的积分问题.

13.3.1　第二型曲面积分问题的产生

我们先从流过一个空间曲面的流量计算问题来介绍第二型曲面积分问题产生的背景.

例 1　流过空间曲面的流量计算问题.

设空间中有某种稳定流动(与时间无关)的不可压缩的流体(假定密度为 1),其在点(x,y,z)处的流速为

$$\boldsymbol{v}(x,y,z)=\{P(x,y,z),Q(x,y,z),R(x,y,z)\},$$

其中 $P(x,y,z),Q(x,y,z),R(x,y,z)$ 为连续函数,现要计算在单位时间内流过光滑曲面 Σ 的流体质量,即流量 Φ(图 13-28(a)).

若 Σ 是一块平面区域(其面积记为 S),且流体在 Σ 上各点处的流速为常向量 $\boldsymbol{v}$,则在单位时间内流过 Σ 的流体体积等于以 Σ 为底面,$|\boldsymbol{v}|$ 为斜高的斜柱体的体积,如图 13-28(b)所示. 若设 $\boldsymbol{n}^\circ$ 为 Σ 的一个单位法向量,其方向与 $\boldsymbol{v}$ 指向 Σ 的同一侧,则流过 Σ 的流体的流量

$$\Phi=S\cdot|\boldsymbol{v}|\cos(\boldsymbol{n}^\circ,\boldsymbol{v})=\boldsymbol{v}\cdot\boldsymbol{n}^\circ S=\boldsymbol{v}\cdot\boldsymbol{S},$$

其中 $\boldsymbol{S}=\boldsymbol{n}^\circ S$.

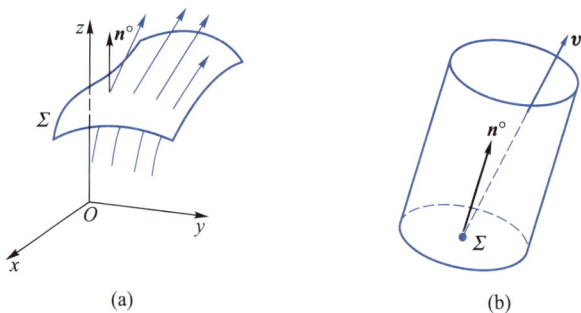

图 13-28

如果 Σ 是一般的空间光滑曲面,且流速 $\boldsymbol{v}(x,y,z)$ 随点的不同而变化,此时流量的计算将遇到曲面 Σ 的弯曲性以及流速 $\boldsymbol{v}(x,y,z)$ 是变速的难点. 然而我们注意到,在 Σ 的一个直径很小的小曲面上,由于向量 $\boldsymbol{v}(x,y,z)$ 连续,曲面 Σ 光滑,可知 $\boldsymbol{v}(x,y,z)$ 在这种小曲面上的变化是不大的(即近似于常向量),并且小曲面也可近似地看成一小块平面区域,同时流过 Σ 的流量对这种小曲面具有可加性,因此我们可采用对曲面 Σ 进行无限细分的方法来化解这些计算难点.

以任意的方式将曲面 Σ 分成 n 个小曲面 $\Delta S_1,\Delta S_2,\cdots,\Delta S_n$,曲面 ΔS_i 的面积也记为 ΔS_i,若记流过第 i 个小曲面 ΔS_i 的流量为 $\Delta\Phi_i$,则有

$$\Phi=\sum_{i=1}^{n}\Delta\Phi_i.$$

如果把曲面 Σ 分得很细,即 $\lambda=\max_{1\leqslant i\leqslant n}\{d(\Delta S_i)\}$($d(\Delta S_i)$ 为曲面 ΔS_i 的直径[①])充分小,由于 $\boldsymbol{v}(x,y,z)$ 连续且曲面光滑,故在每个小曲面 ΔS_i 上的流速 $\boldsymbol{v}(x,y,z)$ 近似于常向量,且 ΔS_i 近似

---

① 闭曲面 Σ 的直径是指 Σ 上任意两点间距离的最大者,用记号 $d(\Sigma)$ 表示.

于平面区域,于是可把这些小曲面上的流量计算当作是流速为常
向量的穿过平面区域的流量计算问题来处理.

在每个小曲面 ΔS_i 上任取一点 (ξ_i,η_i,γ_i),如图 13-29 所示,
可知

$$\Delta\Phi_i \approx \boldsymbol{v}(\xi_i,\eta_i,\gamma_i)\cdot\boldsymbol{n}_i^{\circ}\Delta S_i = \boldsymbol{v}(\xi_i,\eta_i,\gamma_i)\cdot\Delta\boldsymbol{S}_i,$$

其中 $\boldsymbol{n}_i^{\circ}$ 为曲面在点 (ξ_i,η_i,γ_i) 处的单位法向量,$\Delta\boldsymbol{S}_i=\boldsymbol{n}_i^{\circ}\Delta S_i$,从
而有

$$\Phi = \sum_{i=1}^{n}\Delta\Phi_i \approx \sum_{i=1}^{n}\boldsymbol{v}(\xi_i,\eta_i,\gamma_i)\cdot\boldsymbol{n}_i^{\circ}\Delta S_i$$

$$= \sum_{i=1}^{n}\boldsymbol{v}(\xi_i,\eta_i,\gamma_i)\cdot\Delta\boldsymbol{S}_i.$$

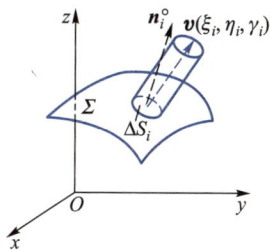

图 13-29

可以看到,若将曲面 Σ 分割得越细,则上式右边的和式 $\displaystyle\sum_{i=1}^{n}\boldsymbol{v}(\xi_i,\eta_i,\gamma_i)\cdot\boldsymbol{n}_i^{\circ}\Delta S_i$ 就越接近
于流量 Φ. 所以在上式右边取 $\lambda\to0$ 时的极限,所得极限值便是流体穿过曲面 Σ 的流量.

$$\Phi = \lim_{\lambda\to0}\sum_{i=1}^{n}\boldsymbol{v}(\xi_i,\eta_i,\gamma_i)\cdot\boldsymbol{n}_i^{\circ}\Delta S_i = \lim_{\lambda\to0}\sum_{i=1}^{n}\boldsymbol{v}(\xi_i,\eta_i,\gamma_i)\cdot\Delta\boldsymbol{S}_i. \tag{13-33}$$

需要指出,计算流量 Φ 的和式极限(13-33)式与上一章讨论的第一型曲面积分的和式极
限(12-16)式是不同的,区别在于穿过曲面 Σ 的流量 Φ 是流速向量场 $\boldsymbol{v}(x,y,z)$ 在曲面法向量
$\boldsymbol{n}^{\circ}$ 上的投影量沿曲面 Σ 的累积(积分). 在实际应用中人们进一步发现,计算形如(13-33)式的
极限在研究其他问题时也会遇到,例如电磁学中计算电磁场穿过曲面的磁通量等问题,这就导
致了第二型曲面积分概念的产生.

13.3.2　第二型曲面积分的定义和性质

A. 可定向曲面(或双侧曲面)

流体的流动是有方向的,因此计算流体穿过曲面 Σ 的流量也是和流体的流动方向有关的.
在前面的讨论中,我们是通过选取曲面上与流体流动方向指向同一侧的单位法向量 $\boldsymbol{n}^{\circ}$ 来反映
这一流动方向的,即用 $\boldsymbol{n}^{\circ}$ 的方向来指明流体从曲面 Σ 的哪一边流向哪一边(图 13-28(a)).

然而我们注意到,在光滑曲面 Σ 的任意一点处都具有一对方向
相反的单位法向量 $\pm\boldsymbol{n}^{\circ}$(图 13-30),可见曲面上的单位法向量不是被
曲面上的点唯一确定的,所以我们首先需要解决曲面上法向量的选
取问题. 重新考察前段的流体流量问题可以发现,流体的流动方向在
曲面 Σ 上是连续变化的(图 13-28(a)),于是用来反映流动方向的
曲面 Σ 的法向量也应是连续变化的. 所以,今后若不作特别说明,我
们总假定**曲面上的法向量是随点连续变化的**.

那么在法向量随点连续变化的假定下,当我们选定了曲面上某
一定点 M 处的一个单位法向量 $\boldsymbol{n}^{\circ}$ 之后,曲面上其他任何点处的单位法向量是否被唯一确定了
呢? 对于图 13-31(a)和 13-31(b)所示的曲面 Σ,结论是肯定的. 例如,对于图 13-31(a)中的
曲面 Σ,若点 M 处的单位法向量 $\boldsymbol{n}^{\circ}$ 选定为指向上方,则由于法向量在 Σ 上连续变化,知曲面上

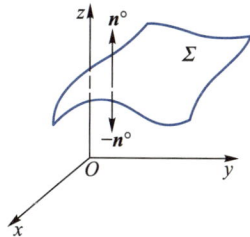

图 13-30

其他点处的法向量都是指向上方这一侧的,比如点 A 处的法向量也是指向上方的. 显然,对于图 13-31(b)中的曲面 Σ,结论也是类似的. 同样地,对于图 13-32(a)(或图 13-32(b))所示的闭曲面 Σ,若点 M 处的法向量 n° 选定为指向朝外(或朝内),则闭曲面 Σ 上所有法向量都是指向朝外(或朝内)的.

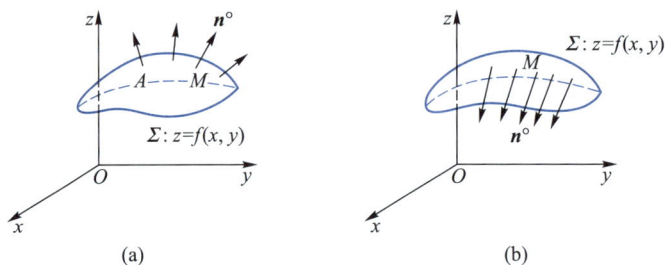

图 13-31

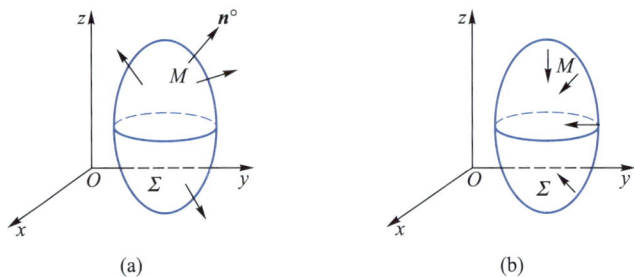

图 13-32

然而对有些曲面情况并不如图 13-31 和图 13-32 所显示得那么理想,著名的**默比乌斯**(Möbius,1790—1868,德国数学家)**带**就是一个例子. 默比乌斯带的构造如图 13-33 所示,将矩形纸带 $ABCD$ 的边 AB 与边 CD 黏合,并使点 A 与点 C 重合,点 B 与点 D 重合,如图 13-33(b)所示. 其特点是:无论从哪一点 M 开始,在选定了点 M 处的单位法向量 n° 之后,按图 13-33(b)所示的方式将点 M 及对应的法向量 n° 沿曲面连续移动,当回到原来的出发点 M 时,法向量 n° 的方向正好与出发时的方向相反. 所以默比乌斯带所表示的曲面,其单位法向量在连续变化的假定下是不随点唯一确定的. 为了区分这些现象,我们引入可定向曲面(或双侧曲面)的概念.

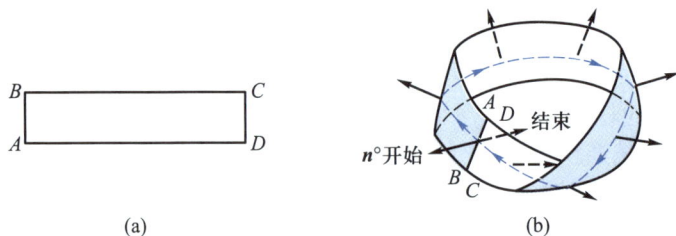

图 13-33

定义　设 Σ 是一个光滑曲面,若对 Σ 上的任意一点,在选定了该点处的单位法向量的正向之后,当此点及它所对应的单位法向量沿曲面 Σ 上任意闭曲线连续移动一周(当 Σ 有边界时,限定不能逾越边界)而返回该点时,其正法向量保持与原方向一致,则称曲面 Σ 是**可定向曲面**或**双侧曲面**,否则称为**不可定向曲面**或**单侧曲面**.

从定义可知,由方程 $z=z(x,y)$ 所表示的曲面(图 13-31)就是一种双侧曲面,我们可用曲面的**上侧**(图 13-31(a))和**下侧**(图 13-31(b))来区分它的两个侧. 而由图 13-32 所示的闭曲面也是双侧曲面,我们可用曲面的**外侧**(图 13-32(a))和**内侧**(图 13-32(b))来区分它的两个侧. 但是由图 13-33 所示的默比乌斯带是一个单侧曲面. 以后我们总假定所讨论的曲面是双侧曲面.

B. 双侧曲面正侧法向量的确定方法

设光滑的双侧曲面 Σ 由方程 $z=z(x,y)$ 给出,则曲面上任意一点处的单位法向量为

$$\boldsymbol{n}^{\circ}=\{\cos\alpha,\cos\beta,\cos\gamma\}$$

$$=\pm\left\{\frac{-z'_x}{\sqrt{1+(z'_x)^2+(z'_y)^2}},\frac{-z'_y}{\sqrt{1+(z'_x)^2+(z'_y)^2}},\frac{1}{\sqrt{1+(z'_x)^2+(z'_y)^2}}\right\}. \tag{13-34}$$

从流量 Φ 的计算公式

$$\Phi=\lim_{\lambda\to 0}\sum_{i=1}^n \boldsymbol{v}(\xi_i,\eta_i,\gamma_i)\cdot\boldsymbol{n}_i^{\circ}\Delta S_i$$

可以看到,法向量 $\boldsymbol{n}^{\circ}$ 的表达式(13-34)中的"±"号取"+"与取"−",所求得的 Φ 将有不同的正负号. 为了确定 Φ,我们必须对曲面上所有点处的法向量给出一个明确的方向,即选定一个正方向. 在法向量随点连续变化的条件下,这只需在曲面上任意选定一点并选定该点处法向量的正方向即可,此时曲面上其余点处的法向量的正方向也随之确定(图 13-31). 我们称这种与选定的正方向同向的法向量为曲面的**正法向量**,正法向量所指的一侧称为曲面的**正侧**.

依据以上的分析,确定曲面上各点处法向量的正方向可以归结为在曲面上的某一点处选定法向量(13-34)式右边的"±"号来实现. 例如,若选取曲面的上侧为正侧,则由 $0<\gamma<\dfrac{\pi}{2}$ 知 $\cos\gamma>0$,所以在(13-34)式中取"+"号,指向曲面上侧的单位法向量为

$$\boldsymbol{n}^{\circ}=\{\cos\alpha,\cos\beta,\cos\gamma\}$$

$$=\left\{\frac{-z'_x}{\sqrt{1+(z'_x)^2+(z'_y)^2}},\frac{-z'_y}{\sqrt{1+(z'_x)^2+(z'_y)^2}},\frac{1}{\sqrt{1+(z'_x)^2+(z'_y)^2}}\right\}.$$

同样地,若选取曲面的下侧为正侧,则由 $\dfrac{\pi}{2}<\gamma<\pi$ 知 $\cos\gamma<0$,所以在(13-34)式中取"−"号,指向曲面下侧的单位正法向量

$$\boldsymbol{n}^{\circ}=\{\cos\alpha,\cos\beta,\cos\gamma\}$$

$$=\left\{\frac{z'_x}{\sqrt{1+(z'_x)^2+(z'_y)^2}},\frac{z'_y}{\sqrt{1+(z'_x)^2+(z'_y)^2}},\frac{-1}{\sqrt{1+(z'_x)^2+(z'_y)^2}}\right\}.$$

又如,若光滑的闭曲面由方程 $F(x,y,z)=0$ 给出,则其单位法向量为

$$\boldsymbol{n}^{\circ}=\pm\frac{1}{\sqrt{(F'_x)^2+(F'_y)^2+(F'_z)^2}}\{F'_x,F'_y,F'_z\}. \tag{13-35}$$

选定了(13-35)式中"±"号的一个值就是选定了整个闭曲面的正侧(外侧或内侧). 例如,对于

球面

$$x^2+y^2+z^2=a^2(a>0),$$

其单位法向量是

$$\boldsymbol{n}^\circ = \pm \left\{ \frac{x}{a}, \frac{y}{a}, \frac{z}{a} \right\}. \tag{13-36}$$

若给定球面以外侧为正侧,则在(13-36)式中取"+"号,指向球面外侧的单位正法向量是

$$\boldsymbol{n}^\circ = \left\{ \frac{x}{a}, \frac{y}{a}, \frac{z}{a} \right\}.$$

若给定球面以内侧为正侧,则在(13-36)式中取"−"号,指向球面内侧的单位正法向量是

$$\boldsymbol{n}^\circ = \left\{ -\frac{x}{a}, -\frac{y}{a}, -\frac{z}{a} \right\}.$$

显然,按以上方法选定的单位正法向量是随着点(x,y,z)在曲面上的变化而连续变化的. 今后我们把取定了曲面正法向亦即选定了曲面正侧的曲面称为**有向曲面**.

C. 第二型曲面积分的定义

在知道了曲面上正法向量亦即曲面正侧的选取方法之后,对前一目讨论的流体穿过曲面 Σ 的流量计算公式(13-33)进行抽象就可以得到以下第二型曲面积分的定义.

定义 设 Σ 为光滑的有向曲面,其单位正法向量为 $\boldsymbol{n}^\circ(x,y,z)$,向量值函数

$$\boldsymbol{f}(x,y,z) = \{ P(x,y,z), Q(x,y,z), R(x,y,z) \}$$

在 Σ 上有定义且有界. 用任意方式将 Σ 分成 n 个小块

$$\Delta S_1, \Delta S_2, \cdots, \Delta S_n,$$

同时用 ΔS_i 表示第 i 个小块的面积. 在每个小块 ΔS_i 上任取一点 $(\xi_i, \eta_i, \gamma_i)$ $(i=1,2,\cdots,n)$ 作和式

$$\sum_{i=1}^{n} \boldsymbol{f}(\xi_i, \eta_i, \gamma_i) \cdot \boldsymbol{n}^\circ(\xi_i, \eta_i, \gamma_i) \Delta S_i.$$

记 λ 为所有小块 ΔS_i 直径的最大值,若当 $\lambda \to 0$ 时,和式的极限

$$\lim_{\lambda \to 0} \sum_{i=1}^{n} \boldsymbol{f}(\xi_i, \eta_i, \gamma_i) \cdot \boldsymbol{n}^\circ(\xi_i, \eta_i, \gamma_i) \Delta S_i$$

存在,且此极限值与曲面 Σ 的划分方式和点 $(\xi_i, \eta_i, \gamma_i) \in \Delta S_i$ 的取法无关,则称向量值函数 $\boldsymbol{f}(x,y,z)$ 在 Σ 上可积,并且称此极限值为向量值函数 $\boldsymbol{f}(x,y,z)$ 沿有向曲面 Σ 的第二型曲面积分,记作 $\displaystyle\iint_{\Sigma} \boldsymbol{f}(x,y,z) \cdot \boldsymbol{n}^\circ \mathrm{d}S$,即

$$\iint_{\Sigma} \boldsymbol{f}(x,y,z) \cdot \boldsymbol{n}^\circ \mathrm{d}S = \lim_{\lambda \to 0} \sum_{i=1}^{n} \boldsymbol{f}(\xi_i, \eta_i, \gamma_i) \cdot \boldsymbol{n}^\circ(\xi_i, \eta_i, \gamma_i) \Delta S_i. \tag{13-37}$$

从定义可以看到,第二型曲面积分式(13-37)是向量值函数 $\boldsymbol{f}(x,y,z)$ 在有向曲面 Σ 的正法向量 $\boldsymbol{n}$ 上的投影量的第一型曲面积分.

若设有向曲面 Σ 在点 (x,y,z) 处的单位正法向量

$$\boldsymbol{n}^\circ = \{ \cos\alpha, \cos\beta, \cos\gamma \},$$

则(13-37)式左边积分中的表达式

$$f(x,y,z) \cdot \boldsymbol{n}^{\circ}\mathrm{d}S = (P(x,y,z)\cos\alpha + Q(x,y,z)\cos\beta + R(x,y,z)\cos\gamma)\mathrm{d}S,$$

其中 $\mathrm{d}S$ 为曲面 Σ 的面积元素.

记 $\mathrm{d}\boldsymbol{S} = \boldsymbol{n}^{\circ}\mathrm{d}S$, $\mathrm{d}\boldsymbol{S}$ 称为有向曲面 Σ 的**有向面积元素**. 显然 $\mathrm{d}\boldsymbol{S}$ 的大小为面积元素 $\mathrm{d}S$, 方向由正法向量 $\boldsymbol{n}^{\circ}$ 确定, 并且

$$\mathrm{d}\boldsymbol{S} = \{\cos\alpha\,\mathrm{d}S, \cos\beta\,\mathrm{d}S, \cos\gamma\,\mathrm{d}S\}.$$

现若将面积元素 $\mathrm{d}S$ 在 xOy 平面上的投影区域面积记为 $\mathrm{d}\sigma_{xy}$, 在 zOx 平面上的投影区域面积记为 $\mathrm{d}\sigma_{zx}$, 在 yOz 平面上的投影区域面积记为 $\mathrm{d}\sigma_{yz}$, 则从 12.5.1 节中关于 $\mathrm{d}S$ 与 $\mathrm{d}\sigma_{xy}$ 之间的关系可知

$$\mathrm{d}\sigma_{xy} = |\cos\gamma|\,\mathrm{d}S,$$

从而有

$$\cos\gamma\,\mathrm{d}S = \begin{cases} \mathrm{d}\sigma_{xy}, & \cos\gamma > 0, \\ -\mathrm{d}\sigma_{xy}, & \cos\gamma < 0, \\ 0, & \cos\gamma = 0. \end{cases} \tag{13-38}$$

类似地, 可得

$$\cos\beta\,\mathrm{d}S = \begin{cases} \mathrm{d}\sigma_{zx}, & \cos\beta > 0, \\ -\mathrm{d}\sigma_{zx}, & \cos\beta < 0, \\ 0, & \cos\beta = 0. \end{cases} \tag{13-39}$$

$$\cos\alpha\,\mathrm{d}S = \begin{cases} \mathrm{d}\sigma_{yz}, & \cos\alpha > 0, \\ -\mathrm{d}\sigma_{yz}, & \cos\alpha < 0, \\ 0, & \cos\alpha = 0. \end{cases} \tag{13-40}$$

我们把有向面积元素 $\mathrm{d}\boldsymbol{S}$ 的三个分量分别称为面积元素 $\mathrm{d}S$ 在 yOz 平面, zOx 平面, xOy 平面上的投影量. 并将这些投影量分别记为 $\mathrm{d}y\mathrm{d}z, \mathrm{d}z\mathrm{d}x, \mathrm{d}x\mathrm{d}y$(注意它们未必都取正值), 即

$$\cos\alpha\,\mathrm{d}S = \mathrm{d}y\mathrm{d}z, \quad \cos\beta\,\mathrm{d}S = \mathrm{d}z\mathrm{d}x, \quad \cos\gamma\,\mathrm{d}S = \mathrm{d}x\mathrm{d}y, \tag{13-41}$$

则有向面积元素 $\mathrm{d}\boldsymbol{S}$ 可写成

$$\mathrm{d}\boldsymbol{S} = \{\mathrm{d}y\mathrm{d}z, \mathrm{d}z\mathrm{d}x, \mathrm{d}x\mathrm{d}y\},$$

所以第二型曲面积分(13-37)用直角坐标形式可表示为

$$\iint_{\Sigma} f(x,y,z) \cdot \boldsymbol{n}^{\circ}\mathrm{d}S = \iint_{\Sigma} f(x,y,z) \cdot \mathrm{d}\boldsymbol{S}$$
$$= \iint_{\Sigma} P(x,y,z)\mathrm{d}y\mathrm{d}z + Q(x,y,z)\mathrm{d}z\mathrm{d}x + R(x,y,z)\mathrm{d}x\mathrm{d}y, \tag{13-42}$$

因此第二型曲面积分又称为**对坐标的曲面积分**.

若记 $f_1(x,y,z) = \{P(x,y,z),0,0\}, f_2(x,y,z) = \{0,Q(x,y,z),0\}, f_3(x,y,z) = \{0,0,R(x,y,z)\}$, 则有

$$f(x,y,z) = f_1(x,y,z) + f_2(x,y,z) + f_3(x,y,z).$$

于是第二型曲面积分

$$\iint_{\Sigma} P(x,y,z)\mathrm{d}y\mathrm{d}z + Q(x,y,z)\mathrm{d}z\mathrm{d}x + R(x,y,z)\mathrm{d}x\mathrm{d}y = \iint_{\Sigma} f(x,y,z) \cdot \mathrm{d}\boldsymbol{S}$$

$$= \iint\limits_{\Sigma} \boldsymbol{f}(x,y,z) \cdot \boldsymbol{n}^{\circ}\mathrm{d}S = \iint\limits_{\Sigma} \boldsymbol{f}_1(x,y,z) \cdot \boldsymbol{n}^{\circ}\mathrm{d}S + \iint\limits_{\Sigma} \boldsymbol{f}_2(x,y,z) \cdot \boldsymbol{n}^{\circ}\mathrm{d}S + \iint\limits_{\Sigma} \boldsymbol{f}_3(x,y,z) \cdot \boldsymbol{n}^{\circ}\mathrm{d}S$$

$$= \iint\limits_{\Sigma} P(x,y,z)\,\mathrm{d}y\mathrm{d}z + \iint\limits_{\Sigma} Q(x,y,z)\,\mathrm{d}z\mathrm{d}x + \iint\limits_{\Sigma} R(x,y,z)\,\mathrm{d}x\mathrm{d}y,$$

即第二型曲面积分(13-42)可写成 3 个积分的和

$$\iint\limits_{\Sigma} P(x,y,z)\,\mathrm{d}y\mathrm{d}z + Q(x,y,z)\,\mathrm{d}z\mathrm{d}x + R(x,y,z)\,\mathrm{d}x\mathrm{d}y$$

$$= \iint\limits_{\Sigma} P(x,y,z)\,\mathrm{d}y\mathrm{d}z + \iint\limits_{\Sigma} Q(x,y,z)\,\mathrm{d}z\mathrm{d}x + \iint\limits_{\Sigma} R(x,y,z)\,\mathrm{d}x\mathrm{d}y. \tag{13-43}$$

同样地,我们把 $P(x,y,z)$,$Q(x,y,z)$,$R(x,y,z)$ 称为**被积函数**,积分号下的表达式 $\boldsymbol{f}(x,y,z) \cdot \boldsymbol{n}^{\circ}\mathrm{d}S = \boldsymbol{f}(x,y,z) \cdot \mathrm{d}\boldsymbol{S} = P\mathrm{d}y\mathrm{d}z + Q\mathrm{d}z\mathrm{d}x + R\mathrm{d}x\mathrm{d}y$ 称为**被积表达式**,Σ 称为**积分曲面**. 而把积分 $\iint\limits_{\Sigma} \boldsymbol{f}(x,y,z) \cdot \mathrm{d}\boldsymbol{S}$ 称为第二型曲面积分的向量形式. 所以(13-42)式就是第二型曲面积分向量形式与坐标形式之间的转换公式.

根据上述定义,前面讨论的流体穿过曲面 Σ 的流量就是流速 $\boldsymbol{v}(x,y,z)$ 沿有向曲面 Σ 的第二型曲面积分

$$\Phi = \iint\limits_{\Sigma} \boldsymbol{v}(x,y,z) \cdot \mathrm{d}\boldsymbol{S}.$$

一般情况下,我们也把积分 $\iint\limits_{\Sigma} \boldsymbol{f}(x,y,z) \cdot \mathrm{d}\boldsymbol{S}$ 称为向量值函数 $\boldsymbol{f}(x,y,z)$ 通过曲面指定侧的**通量**.

关于第二型曲面积分的存在性,我们不加证明地给出下面的定理.

定理 7   若 $P(x,y,z)$,$Q(x,y,z)$,$R(x,y,z)$**在光滑的有向曲面 Σ 上连续,则第二型曲面积分**

$$\iint\limits_{\Sigma} P(x,y,z)\,\mathrm{d}y\mathrm{d}z + Q(x,y,z)\,\mathrm{d}z\mathrm{d}x + R(x,y,z)\,\mathrm{d}x\mathrm{d}y$$

存在.

D. 第二型曲面积分的性质

由于第二型曲面积分与第二型曲线积分都是向量值函数在某一方向上的投影量的积分,所以第二型曲面积分具有与第二型曲线积分相似的一些性质,为简便起见,我们用向量形式来表示这些性质,坐标形式类似.

(1)**积分曲面的有向性**   设 Σ 是有向曲面,若用 Σ^- 表示与 Σ 取相反一侧的有向曲面,则

$$\iint\limits_{\Sigma^-} \boldsymbol{f}(x,y,z) \cdot \mathrm{d}\boldsymbol{S} = -\iint\limits_{\Sigma} \boldsymbol{f}(x,y,z) \cdot \mathrm{d}\boldsymbol{S},$$

即**改变曲面的正侧,积分值变号.**

(2)**分域性质**   若有向曲面 Σ 可分成两块光滑的有向曲面 Σ_1 和 Σ_2,则

$$\iint\limits_{\Sigma} \boldsymbol{f}(x,y,z) \cdot \mathrm{d}\boldsymbol{S} = \iint\limits_{\Sigma_1} \boldsymbol{f}(x,y,z) \cdot \mathrm{d}\boldsymbol{S} + \iint\limits_{\Sigma_2} \boldsymbol{f}(x,y,z) \cdot \mathrm{d}\boldsymbol{S}.$$

(3)**线性性质**   若 k_1,k_2 为常数,则

$$\iint_{\Sigma} \left[k_1 \boldsymbol{f}(x,y,z) + k_2 \boldsymbol{g}(x,y,z) \right] \cdot \mathrm{d}\boldsymbol{S}$$

$$= k_1 \iint_{\Sigma} \boldsymbol{f}(x,y,z) \cdot \mathrm{d}\boldsymbol{S} + k_2 \iint_{\Sigma} \boldsymbol{g}(x,y,z) \cdot \mathrm{d}\boldsymbol{S}.$$

13.3.3 第二型曲面积分的计算方法

设向量值函数 $\boldsymbol{f}(x,y,z) = \{P(x,y,z), Q(x,y,z), R(x,y,z)\}$ 在光滑的有向曲面 Σ 上连续,下面我们讨论第二型曲面积分 $\iint_{\Sigma} \boldsymbol{f}(x,y,z) \cdot \mathrm{d}\boldsymbol{S}$ 的计算方法.

由于

$$\iint_{\Sigma} \boldsymbol{f}(x,y,z) \cdot \mathrm{d}\boldsymbol{S} = \iint_{\Sigma} P(x,y,z)\mathrm{d}y\mathrm{d}z + Q(x,y,z)\mathrm{d}z\mathrm{d}x + R(x,y,z)\mathrm{d}x\mathrm{d}y$$

$$= \iint_{\Sigma} P(x,y,z)\mathrm{d}y\mathrm{d}z + \iint_{\Sigma} Q(x,y,z)\mathrm{d}z\mathrm{d}x + \iint_{\Sigma} R(x,y,z)\mathrm{d}x\mathrm{d}y,$$

所以只需分别讨论积分

$$\iint_{\Sigma} P(x,y,z)\mathrm{d}y\mathrm{d}z, \iint_{\Sigma} Q(x,y,z)\mathrm{d}z\mathrm{d}x \text{ 和 } \iint_{\Sigma} R(x,y,z)\mathrm{d}x\mathrm{d}y$$

的计算方法即可.

首先考虑积分 $\iint_{\Sigma} R(x,y,z)\mathrm{d}x\mathrm{d}y$ 的计算.

设曲面 Σ 由方程 $z = z(x,y)$ 给出,Σ 在 xOy 平面上的投影区域为 D_{xy}(图 13-34),函数 $z(x,y)$ 在 D_{xy} 上具有一阶连续的偏导数.

若用 $\Sigma_{上}$ 和 $\Sigma_{下}$ 分别表示以上侧和下侧为正侧的有向曲面 Σ,$\mathrm{d}\sigma$ 表示曲面面积元素 $\mathrm{d}S$ 在 xOy 平面上的投影区域的面积,则从 (13-38)式可知

$$|\cos \gamma|\mathrm{d}S = \mathrm{d}\sigma,$$

其中 γ 是 $\mathrm{d}S$ 上点 (x,y,z) 处的正法向量与 z 轴正向的夹角.

若积分 $\iint_{\Sigma} R(x,y,z)\mathrm{d}x\mathrm{d}y$ 沿曲面 Σ 的上侧,则在 Σ 上有 $0 < \gamma < \dfrac{\pi}{2}$,即正法向量 $\boldsymbol{n}$ 与 z 轴正向夹角为锐角(图 13-34),此时 $\cos \gamma > 0$,得

$$\cos \gamma \mathrm{d}S = \mathrm{d}\sigma,$$

于是

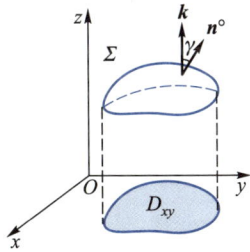

图 13-34

$$\iint_{\Sigma_{上}} R(x,y,z)\mathrm{d}x\mathrm{d}y = \iint_{\Sigma_{上}} R(x,y,z)\cos \gamma \mathrm{d}S = \iint_{D_{xy}} R(x,y,z(x,y))\mathrm{d}\sigma$$

$$= \iint_{D_{xy}} R(x,y,z(x,y))\mathrm{d}x\mathrm{d}y.$$

若积分 $\iint_{\Sigma} R(x,y,z)\mathrm{d}x\mathrm{d}y$ 沿曲面 Σ 的下侧,则在 Σ 上有 $\dfrac{\pi}{2} < \gamma < \pi$,即正法向量 $\boldsymbol{n}$ 与 z 轴正向夹

角为钝角,此时 $\cos\gamma<0$,可知

$$\cos\gamma\,\mathrm{d}S=-\mathrm{d}\sigma,$$

于是

$$\iint\limits_{\Sigma_{\mathrm{F}}}R(x,y,z)\,\mathrm{d}x\mathrm{d}y=\iint\limits_{\Sigma_{\mathrm{F}}}R(x,y,z)\cos\gamma\,\mathrm{d}S=\iint\limits_{D_{xy}}R(x,y,z(x,y))\,(-\mathrm{d}\sigma)$$

$$=-\iint\limits_{D_{xy}}R(x,y,z(x,y))\,\mathrm{d}x\mathrm{d}y.$$

综合以上讨论的结果,可得以下化第二型曲面积分为二重积分的计算公式:

$$\iint\limits_{\Sigma}R(x,y,z)\,\mathrm{d}x\mathrm{d}y=\pm\iint\limits_{D_{xy}}R(x,y,z(x,y))\,\mathrm{d}x\mathrm{d}y,\tag{13-44}$$

其中的"$\pm$"当正法向量 $\boldsymbol{n}$ 与 z 轴正向夹角为锐角时取"+"号,为钝角时取"−"号.

类似地讨论可知:若曲面 Σ 由方程 $x=x(y,z)$ 给出,它在 yOz 平面上的投影区域为 D_{yz},则可利用(13-40)式以及上面同样的方法推得下面的计算公式

$$\iint\limits_{\Sigma}P(x,y,z)\,\mathrm{d}y\mathrm{d}z=\pm\iint\limits_{D_{yz}}P(x(y,z),y,z)\,\mathrm{d}y\mathrm{d}z,\tag{13-45}$$

其中的"$\pm$"当正法向量 $\boldsymbol{n}$ 与 x 轴正向夹角为锐角时取"+"号,夹角为钝角时取"−"号.

若曲面 Σ 由方程 $y=y(x,z)$ 给出,它在 zOx 平面上的投影区域为 D_{zx},利用(13-39)式同样可得

$$\iint\limits_{\Sigma}Q(x,y,z)\,\mathrm{d}z\mathrm{d}x=\pm\iint\limits_{D_{zx}}Q(x,y(x,z),z)\,\mathrm{d}z\mathrm{d}x,\tag{13-46}$$

其中的"$\pm$"当正法向量 $\boldsymbol{n}$ 与 y 轴正向夹角为锐角时取"+"号,夹角为钝角时取"−"号.

另外,从上面的推导过程还可以看到,若曲面 Σ 是母线平行于 z 轴的柱面,此时在 Σ 上 $\gamma=\dfrac{\pi}{2}$,故有

$$\iint\limits_{\Sigma}R(x,y,z)\,\mathrm{d}x\mathrm{d}y=\iint\limits_{\Sigma}R(x,y,z)\cos\frac{\pi}{2}\mathrm{d}S=0.$$

类似地,若曲面 Σ 是母线平行于 y 轴或 x 轴的柱面,则有

$$\iint\limits_{\Sigma}Q(x,y,z)\,\mathrm{d}z\mathrm{d}x=0,\text{或}\iint\limits_{\Sigma}P(x,y,z)\,\mathrm{d}y\mathrm{d}z=0.$$

例 2　计算 $I=\iint\limits_{\Sigma}x\mathrm{d}y\mathrm{d}z+y\mathrm{d}z\mathrm{d}x+z\mathrm{d}x\mathrm{d}y$,其中 Σ 是 $x+y+\dfrac{1}{2}z=1$ 在第一卦限部分的上侧.

解　有向曲面 Σ 的图形如图 13-35 所示,

$$I=\iint\limits_{\Sigma}x\mathrm{d}y\mathrm{d}z+\iint\limits_{\Sigma}y\mathrm{d}z\mathrm{d}x+\iint\limits_{\Sigma}z\mathrm{d}x\mathrm{d}y.$$

对于积分 $\iint\limits_{\Sigma}z\mathrm{d}x\mathrm{d}y$,先将 Σ 往 xOy 平面上投影,得投影区域

$$D_{xy}:0\leqslant x\leqslant1,0\leqslant y\leqslant1-x.$$

由于 Σ 的方程为 $z=2(1-x-y)$,且 Σ 的正法向量 $\boldsymbol{n}$ 与 z 轴正向夹角

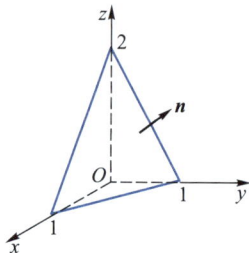

图 13-35

为锐角,由(13-44)式得

$$\iint\limits_{\Sigma} z\mathrm{d}x\mathrm{d}y = \iint\limits_{D_{xy}} 2(1-x-y)\mathrm{d}x\mathrm{d}y = 2\int_0^1 \mathrm{d}x\int_0^{1-x}(1-x-y)\mathrm{d}y = \frac{1}{3}.$$

对于积分 $\iint\limits_{\Sigma} x\mathrm{d}y\mathrm{d}z$,将 Σ 往 yOz 平面上投影,得投影区域

$$D_{yz}:0\leqslant y\leqslant 1,0\leqslant z\leqslant 2(1-y).$$

由于曲面方程为 $x=1-y-\dfrac{z}{2}$,且 Σ 的正法向量 $\boldsymbol{n}$ 与 x 轴正向夹角为锐角,由(13-45)式得

$$\iint\limits_{\Sigma} x\mathrm{d}y\mathrm{d}z = \iint\limits_{D_{yz}} \left(1-y-\frac{z}{2}\right)\mathrm{d}y\mathrm{d}z = \int_0^1 \mathrm{d}y\int_0^{2(1-y)}\left(1-y-\frac{z}{2}\right)\mathrm{d}z = \frac{1}{3}.$$

对于积分 $\iint\limits_{\Sigma} y\mathrm{d}z\mathrm{d}x$,同样地先将 Σ 往 zOx 平面上投影,得投影区域

$$D_{zx}:0\leqslant x\leqslant 1,0\leqslant z\leqslant 2(1-x).$$

由于曲面方程 $y=1-x-\dfrac{z}{2}$ 及 Σ 的正法向量 $\boldsymbol{n}$ 与 y 轴正向夹角为锐角,由(13-46)式得

$$\iint\limits_{\Sigma} y\mathrm{d}z\mathrm{d}x = \iint\limits_{D_{zx}} \left(1-x-\frac{z}{2}\right)\mathrm{d}x\mathrm{d}z = \int_0^1 \mathrm{d}x\int_0^{2(1-x)}\left(1-x-\frac{z}{2}\right)\mathrm{d}z = \frac{1}{3}.$$

所以原积分为

$$I = \frac{1}{3}+\frac{1}{3}+\frac{1}{3} = 1.$$

例3 计算曲面积分 $\iint\limits_{\Sigma} xyz\mathrm{d}x\mathrm{d}y$,其中 Σ 是四分之一球面 $x^2+y^2+z^2=1$ $(x\geqslant 0,y\geqslant 0)$ 的外侧.

解 有向曲面 Σ 的图形如图 13-36 所示. 从图中可见,在 xOy 平面上方的球面上,$\boldsymbol{n}$ 与 z 轴正向夹角为锐角,在 xOy 平面下方的球面上,$\boldsymbol{n}$ 与 z 轴正向夹角为钝角. 所以为应用公式(13-44),需将其分为两部分处理:

$$\Sigma_1:z=\sqrt{1-x^2-y^2}\ (x\geqslant 0,y\geqslant 0),沿上侧,$$

$$\Sigma_2:z=-\sqrt{1-x^2-y^2}\ (x\geqslant 0,y\geqslant 0),沿下侧.$$

图 13-36

由于 Σ_1,Σ_2 在 xOy 平面上的投影区域都是 $D_{xy}:x^2+y^2\leqslant 1$ $(x\geqslant 0,y\geqslant 0)$,所以

$$\begin{aligned}
\iint\limits_{\Sigma} xyz\mathrm{d}x\mathrm{d}y &= \iint\limits_{\Sigma_1} xyz\mathrm{d}x\mathrm{d}y + \iint\limits_{\Sigma_2} xyz\mathrm{d}x\mathrm{d}y\\
&= \iint\limits_{D_{xy}} xy\sqrt{1-x^2-y^2}\,\mathrm{d}x\mathrm{d}y - \iint\limits_{D_{xy}} xy\left(-\sqrt{1-x^2-y^2}\right)\mathrm{d}x\mathrm{d}y\\
&= 2\iint\limits_{D_{xy}} xy\sqrt{1-x^2-y^2}\,\mathrm{d}x\mathrm{d}y = 2\int_0^{\frac{\pi}{2}}\mathrm{d}\theta\int_0^1 \rho^2\sin\theta\cos\theta\sqrt{1-\rho^2}\cdot\rho\mathrm{d}\rho\\
&= \int_0^{\frac{\pi}{2}}\sin 2\theta\mathrm{d}\theta\int_0^1 \rho^3\sqrt{1-\rho^2}\,\mathrm{d}\rho = \frac{2}{15}.
\end{aligned}$$

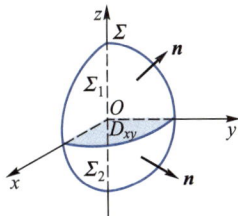

例 4　设 $f(x,y,z) = \left\{ \dfrac{x}{x^2+y^2+z^2}, 0, \dfrac{z^2}{x^2+y^2+z^2} \right\}$，计算通量

$$\Phi = \iint\limits_{\Sigma} f(x,y,z) \cdot \mathrm{d}S,$$

其中 Σ 是柱面 $x^2+y^2=a^2$ 被平面 $z=a$ 和 $z=-a$ 所截下部分的外侧（$a>0$）.

解　有向曲面 Σ 的图形如图 13-37 所示. 所求通量

$$\begin{aligned}
\Phi &= \iint\limits_{\Sigma} f(x,y,z) \cdot \mathrm{d}S \\
&= \iint\limits_{\Sigma} \frac{x}{x^2+y^2+z^2}\mathrm{d}y\mathrm{d}z + \frac{z^2}{x^2+y^2+z^2}\mathrm{d}x\mathrm{d}y \\
&= \iint\limits_{\Sigma} \frac{x}{x^2+y^2+z^2}\mathrm{d}y\mathrm{d}z + \iint\limits_{\Sigma} \frac{z^2}{x^2+y^2+z^2}\mathrm{d}x\mathrm{d}y.
\end{aligned}$$

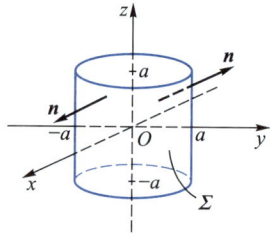

图 13-37

由于在 Σ 上，正法向量 $\boldsymbol{n}$ 与 z 轴垂直 $\left(\text{即 } \gamma = \dfrac{\pi}{2}\right)$，所以

$$\iint\limits_{\Sigma} \frac{z^2}{x^2+y^2+z^2}\mathrm{d}x\mathrm{d}y = 0.$$

对于积分 $\iint\limits_{\Sigma} \dfrac{x}{x^2+y^2+z^2}\mathrm{d}y\mathrm{d}z$，由于柱面 $x>0$ 部分的正法向与 x 轴正向夹锐角，$x<0$ 部分夹钝角，所以需将 Σ 分为

$$\Sigma_1 : x = \sqrt{a^2-y^2} \ (x>0)，\text{沿前侧},$$
$$\Sigma_2 : x = -\sqrt{a^2-y^2} \ (x<0)，\text{沿后侧}.$$

因为 Σ_1, Σ_2 在 yOz 平面上的投影区域都是 $D_{yz} : -a \leqslant y \leqslant a, -a \leqslant z \leqslant a$，所以

$$\begin{aligned}
\Phi &= \iint\limits_{\Sigma} f(x,y,z) \cdot \mathrm{d}S = \iint\limits_{\Sigma} \frac{x}{x^2+y^2+z^2}\mathrm{d}y\mathrm{d}z = \iint\limits_{\Sigma_1} \frac{x}{x^2+y^2+z^2}\mathrm{d}y\mathrm{d}z + \iint\limits_{\Sigma_2} \frac{x}{x^2+y^2+z^2}\mathrm{d}y\mathrm{d}z \\
&= \iint\limits_{D_{yz}} \frac{\sqrt{a^2-y^2}}{a^2+z^2}\mathrm{d}y\mathrm{d}z - \iint\limits_{D_{yz}} \frac{(-\sqrt{a^2-y^2})}{a^2+z^2}\mathrm{d}y\mathrm{d}z = 2\iint\limits_{D_{yz}} \frac{\sqrt{a^2-y^2}}{a^2+z^2}\mathrm{d}y\mathrm{d}z \\
&= 2\int_{-a}^{a}\mathrm{d}y \int_{-a}^{a} \frac{\sqrt{a^2-y^2}}{a^2+z^2}\mathrm{d}z \\
&= 2\int_{-a}^{a}\sqrt{a^2-y^2}\,\mathrm{d}y \cdot \int_{-a}^{a} \frac{1}{a^2+z^2}\mathrm{d}z = 2 \cdot \frac{\pi a^2}{2} \cdot \frac{\pi}{2a} = \frac{\pi^2}{2}a.
\end{aligned}$$

13.3.4　两类曲面积分之间的联系

从 (13-42) 式

$$\iint\limits_{\Sigma} f(x,y,z) \cdot \boldsymbol{n}^\circ \mathrm{d}S = \iint\limits_{\Sigma} P(x,y,z)\mathrm{d}y\mathrm{d}z + Q(x,y,z)\mathrm{d}z\mathrm{d}x + R(x,y,z)\mathrm{d}x\mathrm{d}y,$$

可得两类曲面积分的转换关系式

$$\iint_{\Sigma} P\mathrm{d}y\mathrm{d}z+Q\mathrm{d}z\mathrm{d}x+R\mathrm{d}x\mathrm{d}y=\iint_{\Sigma}(P\cos\alpha+Q\cos\beta+R\cos\gamma)\mathrm{d}S,\qquad(13-47)$$

其中 $\cos\alpha,\cos\beta,\cos\gamma$ 是有向曲面 Σ 在点 (x,y,z) 处的正法向量的方向余弦.

例 5 计算曲面积分 $I=\iint_{\Sigma}2x\mathrm{d}y\mathrm{d}z+2y\mathrm{d}z\mathrm{d}x+z\mathrm{d}x\mathrm{d}y$,其中 Σ 是锥面 $z=\sqrt{x^2+y^2}$ $(x\geqslant0,y\geqslant0,0\leqslant z\leqslant1)$ 的下侧.

解 有向曲面 Σ 的图形如图 13-38 所示.下面考虑将积分 I 通过公式(13-47)转化为第一型曲面积分来计算.设 (x,y,z) 是曲面 Σ 上的任意一点,由 $z=\sqrt{x^2+y^2}$,得

$$z'_x=\frac{x}{\sqrt{x^2+y^2}},z'_y=\frac{y}{\sqrt{x^2+y^2}},$$

图 13-38

可知在该点处曲面的法向量

$$\boldsymbol{n}=\pm\{-z'_x,-z'_y,1\}=\pm\left\{-\frac{x}{\sqrt{x^2+y^2}},-\frac{y}{\sqrt{x^2+y^2}},1\right\}=\pm\left\{-\frac{x}{z},-\frac{y}{z},1\right\},$$

其单位法向量为

$$\boldsymbol{n}^\circ=\pm\left\{-\frac{x}{\sqrt{2}z},-\frac{y}{\sqrt{2}z},\frac{1}{\sqrt{2}}\right\}.\qquad(13-48)$$

又因积分沿 Σ 的下侧,故在(13-48)式中取"$-$"号即为单位正法向量.利用公式(13-47),得

$$I=\iint_{\Sigma}2x\mathrm{d}y\mathrm{d}z+2y\mathrm{d}z\mathrm{d}x+z\mathrm{d}x\mathrm{d}y=\iint_{\Sigma}\boldsymbol{f}(x,y,z)\cdot\boldsymbol{n}^\circ\mathrm{d}S$$

$$=\iint_{\Sigma}\{2x,2y,z\}\cdot\left\{\frac{x}{\sqrt{2}z},\frac{y}{\sqrt{2}z},-\frac{1}{\sqrt{2}}\right\}\mathrm{d}S=\iint_{\Sigma}\frac{z}{\sqrt{2}}\mathrm{d}S.$$

将 Σ 往 xOy 平面上投影,得投影区域

$$D_{xy}:x^2+y^2\leqslant1,x\geqslant0,y\geqslant0,$$

且 $\mathrm{d}S=\sqrt{1+(z'_x)^2+(z'_y)^2}\mathrm{d}x\mathrm{d}y=\sqrt{2}\mathrm{d}x\mathrm{d}y$,于是

$$I=\iint_{\Sigma}\frac{z}{\sqrt{2}}\mathrm{d}S=\iint_{D_{xy}}\frac{\sqrt{x^2+y^2}}{\sqrt{2}}\cdot\sqrt{2}\mathrm{d}x\mathrm{d}y=\iint_{D_{xy}}\sqrt{x^2+y^2}\mathrm{d}x\mathrm{d}y=\int_0^{\frac{\pi}{2}}\mathrm{d}\theta\int_0^1\rho\cdot\rho\mathrm{d}\rho=\frac{\pi}{6}.$$

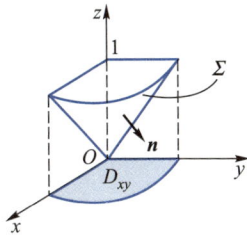

习题 13.3

(A)

1. 计算下列曲面积分:

(1) $\iint_{\Sigma}(y+z-x)\mathrm{d}y\mathrm{d}z+(z+x-y)\mathrm{d}z\mathrm{d}x+(x+y-z)\mathrm{d}x\mathrm{d}y$,其中 Σ 为平面 $x+y+z=1$ 在第一卦限部分的上侧;

(2) $\iint_{\Sigma}(x+y-z-1)^2\mathrm{d}x\mathrm{d}y$,其中 Σ 为马鞍面 $z=xy$ 在 $(x-1)^2+(y-1)^2\leqslant1$ 部分的上侧;

(3) $\oiint_{\Sigma}(xy\boldsymbol{i}+yz\boldsymbol{j}+zx\boldsymbol{k})\cdot\mathrm{d}\boldsymbol{S}$,其中 Σ 为正方体 $0\leqslant x\leqslant1,0\leqslant y\leqslant1,0\leqslant z\leqslant1$ 的边界曲面的外侧;

(4) $\iint\limits_{\Sigma} z(x^2+y^2)(\mathrm{d}y\mathrm{d}z+\mathrm{d}z\mathrm{d}x)$，其中 Σ 为球面 $x^2+y^2+z^2=R^2$ 在第一、四卦限 $(x\geqslant0,z\geqslant0)$ 部分的上侧.

2. 计算

$$I=\iint\limits_{\Sigma}\boldsymbol{f}(x,y,z)\cdot\mathrm{d}\boldsymbol{S},$$

其中 $\boldsymbol{f}(x,y,z)=x^2\boldsymbol{k}$，$\Sigma$ 是球面 $x^2+y^2+z^2=1$ 在锥面 $z=\sqrt{x^2+y^2}$ 内部分的下侧.

3. 计算曲面积分 $\oiint\limits_{\Sigma}(x^2+y^2)\mathrm{d}y\mathrm{d}z$，其中 Σ 为锥面 $x=\sqrt{z^2-y^2}$，平面 $z=1$，$x=0$ 所围成的闭曲面的外侧.

4. 若 $\boldsymbol{f}(x,y,z)=\{a,b,c\}$，其中 a,b,c 为常数，Σ 为球面 $x^2+y^2+z^2=1$ 的内侧，证明：

$$\oiint\limits_{\Sigma}\boldsymbol{f}(x,y,z)\cdot\mathrm{d}\boldsymbol{S}=0.$$

(B)

1. 计算下列曲面积分：

(1) $\iint\limits_{\Sigma}x^3\mathrm{d}y\mathrm{d}z+y^3\mathrm{d}z\mathrm{d}x$，其中 Σ 为单叶双曲面 $x^2+y^2-z^2=1$ 上 $|z|\leqslant1$ 部分的外侧；

(2) $\oiint\limits_{\Sigma}\dfrac{\mathrm{e}^z}{\sqrt{x^2+y^2}}\mathrm{d}x\mathrm{d}y$，其中 Σ 为锥面 $z=\sqrt{x^2+y^2}$ 及平面 $z=1$，$z=2$ 所围成的立体整个边界曲面的外侧；

(3) $\oiint\limits_{\Sigma}\boldsymbol{f}(x,y,z)\cdot\mathrm{d}\boldsymbol{S}$，其中 $\boldsymbol{f}(x,y,z)=\{x^3,y^3,z^3\}$，$\Sigma$ 为椭球面 $\dfrac{x^2}{a^2}+\dfrac{y^2}{b^2}+\dfrac{z^2}{c^2}=1$ 的外侧；

2. 已知稳定流体的流速为 $\boldsymbol{v}=\{xy,yz,zx\}$，求通过球面 $x^2+y^2+z^2=1$ 在第一卦限部分的流量，积分沿曲面的外侧.

3. 计算 $\iint\limits_{\Sigma}-y\mathrm{d}z\mathrm{d}x+(z+1)\mathrm{d}x\mathrm{d}y$，其中 Σ 是圆柱面 $x^2+y^2=4$ 被平面 $x+z=2$ 和 $z=0$ 所截下部分的外侧.

13.4　高 斯 公 式

13.2 节中讨论的格林公式建立了沿平面闭曲线的第二型曲线积分与该闭曲线所界平面区域上的二重积分之间的关系，其实质是反映了边界上的曲线积分与边界所围内部区域上的二重积分之间的一种内在联系. 本节介绍的高斯公式类似地建立了沿闭曲面的第二型曲面积分与该闭曲面所围空间区域上的三重积分之间的一种关系. 通过这一关系，本节还进一步讨论了向量场的一些宏观和微观的性质.

13.4.1　通量和散度

从上节的讨论中我们已经知道，第二型曲面积分 $\iint\limits_{\Sigma}\boldsymbol{f}(x,y,z)\cdot\mathrm{d}\boldsymbol{S}$ 表示向量场

$$\boldsymbol{f}(x,y,z)=\{P(x,y,z),Q(x,y,z),R(x,y,z)\}$$

通过有向曲面 Σ 指定侧的通量. 如果我们把向量场 $\boldsymbol{f}(x,y,z)$ 看成一个稳定的不可压缩的流体的流速场 $\boldsymbol{v}(x,y,z)$，则积分

$$\boldsymbol{\Phi}=\iint\limits_{\Sigma}\boldsymbol{v}(x,y,z)\cdot\mathrm{d}\boldsymbol{S}=\iint\limits_{\Sigma}\boldsymbol{v}(x,y,z)\cdot\boldsymbol{n}^{\circ}\mathrm{d}S$$

表示流体流过有向曲面指定侧的流量,其中 n° 表示 Σ 正侧的单位法向量.

当有向曲面 Σ 是封闭曲面,且曲面的正侧是外侧时,积分 $\Phi = \oiint\limits_{\Sigma} v(x,y,z) \cdot n^\circ \mathrm{d}S$ 的值也就表示流体流入有向封闭曲面 Σ 外侧的流量,可以看到,当流体流出曲面时,由于流速 $v(x,y,z)$ 与法向量 $n^\circ(x,y,z)$ 成锐角,于是在流体流出的那部分曲面上的曲面积分为正值;而当流体流入曲面时,由于 $v(x,y,z)$ 与 $n^\circ(x,y,z)$ 成钝角,此时在流体流入的那部分曲面上的曲面积分为负值.所以,积分 $\Phi = \oiint\limits_{\Sigma} v(x,y,z) \cdot n^\circ \mathrm{d}S$ 是单位时间内流体流出和流入闭曲面 Σ 的流量的代数和.

因此,如果 $\Phi = \oiint\limits_{\Sigma} v(x,y,z) \cdot n^\circ \mathrm{d}S > 0$,那么流出的流体量大于流入的流体量,这说明 Σ 所围成的区域 Ω 内必有产生流体的"源泉"(简称**源**)存在;如果 $\Phi < 0$,那么流出的流体量小于流入的流体量,这说明区域 Ω 内必有吸收流体的"洞"或"沟"(简称**汇**)存在;如果 $\Phi = 0$,那么流入与流出的流量相等,此时 Ω 内可能既无"源"又无"汇",也可能既有"源"又有"汇"存在.

以上分析说明,对于穿过闭曲面 Σ 的流体而言,可以通过曲面积分 $\Phi = \oiint\limits_{\Sigma} v(x,y,z) \cdot n^\circ \mathrm{d}S$ 的正负号,从宏观上来判断 Σ 所围成的区域 Ω 内有"源"或有"汇".很明显,这仅仅是从宏观上的判断,因为 Φ 的正负号不能反映"源"或"汇"在区域 Ω 内的分布情况以及各点处"源"或"汇"的强度,况且即使 $\Phi > 0$(或 < 0),也不能排除 Ω 内有"汇"(或"源")的存在,也就是积分值 Φ 还不能反映流速场 $v(x,y,z)$ 在 Ω 上的微观性质(局部性质).

设 v 是定义在 Ω 上的一个向量场,点 $M(x,y,z)$ 是区域 Ω 内的任意一点,曲面 Σ 是 Ω 内围绕点 M 所作的以外侧为正侧的任一闭曲面,若记 Σ 所围成的空间区域为 Ω',其体积为 ΔV,并记 v 穿过 Σ 的流量为 $\Delta\Phi$,则可以看到,比值

$$\frac{\Delta\Phi}{\Delta V} = \frac{1}{\Delta V}\oiint\limits_{\Sigma} v(x,y,z) \cdot n^\circ \mathrm{d}S$$

表示区域 Ω' 内"源"或"汇"的平均强度.显然,若让包含点 M 的区域 Ω' 收缩成点 M(记作 $\Omega' \to M$),则极限值

$$\Phi' = \lim_{\Omega' \to M} \frac{\Delta\Phi}{\Delta V} = \lim_{\Omega' \to M} \frac{\oiint\limits_{\Sigma} v(x,y,z) \cdot n^\circ \mathrm{d}S}{\Delta V} \tag{13-49}$$

就反映了流速场 $v(x,y,z)$ 在点 M 处的"源"或"汇"的强度.当 $\Phi' > 0$ 时,表示在该点处有"源";当 $\Phi' < 0$ 时,表示在该点处有"汇";其绝对值 $|\Phi'|$ 表示在该点处"源"或"汇"的强度大小;当 $\Phi' = 0$ 时,表示在该点处既无"源"也无"汇".因此,由形如(13-49)式表示的量可以从微观上反映流体流动的"源"或"汇"的分布情况及强度.

一般地,对于场内的任意一点 $M(x,y,z)$,我们把极限

$$\lim_{\Omega' \to M} \frac{\oiint\limits_{\Sigma} f(x,y,z) \cdot n^\circ \mathrm{d}S}{V}$$

称为向量场 $f(x,y,z)$ 在点 M 处的**散度**,记为 $\mathrm{div}\, f(x,y,z)$,即

$$\operatorname{div} \boldsymbol{f}(x,y,z) = \lim_{\Omega' \to M} \frac{\oiint_{\Sigma} \boldsymbol{f}(x,y,z) \cdot \boldsymbol{n}^{\circ} \mathrm{d}S}{V}, \tag{13-50}$$

其中 Σ 是围绕点 M 以外侧为正侧的任一有向闭曲面, Ω' 为 Σ 所围成的空间区域, V 为 Ω' 的体积.

从 (13-50) 式可见, 散度 $\operatorname{div} \boldsymbol{f}(x,y,z)$ 是向量场 $\boldsymbol{f}(x,y,z)$ 在点 M 处的**通量密度**(即在点 M 处单位体积所产生的通量), 它反映向量场 $\boldsymbol{f}(x,y,z)$ 的"源"或"汇"的分布情况及强度. 所以散度 $\operatorname{div} \boldsymbol{f}(x,y,z)$ 是一个反映向量场 $\boldsymbol{f}(x,y,z)$ 的某种局部性质的量.

在物理学中, "源"和"汇"有着各种物理意义. 对于电场, "源"表示存在正电荷发出电力线, "汇"表示存在负电荷吸收电力线. 对于磁场, "源"和"汇"分别表示磁的正极与负极.

另一方面, 通过某一封闭曲面 Σ 外侧的通量 $\Phi = \oiint_{\Sigma} \boldsymbol{f}(x,y,z) \cdot \boldsymbol{n}^{\circ} \mathrm{d}S$ 是一个反映 Σ 所围区域 Ω 内的"源"或"汇"的整体性质的量. 直观上看, 区域 Ω 内的散度的总和(即 Ω 内各点处单位体积所产生的通量的总和)应当等于向量场 $\boldsymbol{f}(x,y,z)$ 通过闭曲面 Σ 外侧的通量, 也就是成立等式

$$\oiint_{\Sigma} \boldsymbol{f}(x,y,z) \cdot \boldsymbol{n}^{\circ} \mathrm{d}S = \iiint_{\Omega} \operatorname{div} \boldsymbol{f}(x,y,z) \mathrm{d}V. \tag{13-51}$$

利用下一目的高斯公式可以证明这一直观考虑是正确的.

13.4.2　高斯公式

A. 高斯公式

定理 8(高斯公式)　设空间闭区域 Ω 是由光滑或分片光滑的闭曲面 Σ 所围成, 向量场 $\boldsymbol{f}(x,y,z) = \{P(x,y,z), Q(x,y,z), R(x,y,z)\}$ 的分量函数 $P(x,y,z), Q(x,y,z), R(x,y,z)$ 在 Ω 上具有一阶连续偏导数, 则

$$\oiint_{\Sigma} \boldsymbol{f}(x,y,z) \cdot \boldsymbol{n}^{\circ} \mathrm{d}S = \oiint_{\Sigma} P(x,y,z) \mathrm{d}y\mathrm{d}z + Q(x,y,z) \mathrm{d}z\mathrm{d}x + R(x,y,z) \mathrm{d}x\mathrm{d}y$$

$$= \iiint_{\Omega} \left(\frac{\partial P}{\partial x} + \frac{\partial Q}{\partial y} + \frac{\partial R}{\partial z} \right) \mathrm{d}V, \tag{13-52}$$

其中, 曲面积分沿区域 Ω 的整个边界曲面 Σ 的外侧.

证　我们先就如下特殊的空间区域 Ω 给出该定理的证明.

设过 Ω 内部且平行于坐标轴的直线与区域 Ω 的边界面 Σ 的交点不多于两点(图 13-39). 记 Ω 在 xOy 平面上的投影区域为 D_{xy}, 我们先证明:

$$\oiint_{\Sigma} R(x,y,z) \mathrm{d}x\mathrm{d}y = \iiint_{\Omega} \frac{\partial R(x,y,z)}{\partial z} \mathrm{d}V.$$

根据假设条件, 可将 Σ 分成 Σ_1 和 Σ_2 两部分, 使平行于 z 轴的直线与 Σ_1 和 Σ_2 的交点都不多于一点, 设它们的方程分别是

$$\Sigma_1: z = z_1(x,y), (x,y) \in D_{xy}, \text{沿下侧};$$

$$\Sigma_2: z = z_2(x,y), (x,y) \in D_{xy}, \text{沿上侧},$$

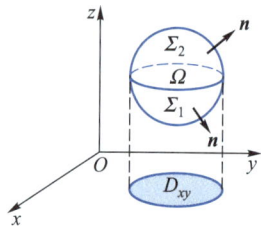

图 13-39

如图 13-39 所示. 于是

$$\iiint\limits_{\Omega} \frac{\partial R}{\partial z}\mathrm{d}V = \iint\limits_{D_{xy}} \left\{ \int_{z_1(x,y)}^{z_2(x,y)} \frac{\partial R}{\partial z}\mathrm{d}z \right\} \mathrm{d}x\mathrm{d}y$$

$$= \iint\limits_{D_{xy}} \left[R(x,y,z_2(x,y)) - R(x,y,z_1(x,y)) \right] \mathrm{d}x\mathrm{d}y.$$

又因

$$\iint\limits_{D_{xy}} R(x,y,z_2(x,y))\mathrm{d}x\mathrm{d}y = \iint\limits_{\Sigma_2} R(x,y,z)\mathrm{d}x\mathrm{d}y,$$

$$-\iint\limits_{D_{xy}} R(x,y,z_1(x,y))\mathrm{d}x\mathrm{d}y = \iint\limits_{\Sigma_1} R(x,y,z)\mathrm{d}x\mathrm{d}y,$$

所以

$$\iiint\limits_{\Omega} \frac{\partial R}{\partial z}\mathrm{d}V = \iint\limits_{\Sigma_2} R(x,y,z)\mathrm{d}x\mathrm{d}y + \iint\limits_{\Sigma_1} R(x,y,z)\mathrm{d}x\mathrm{d}y$$

$$= \oiint\limits_{\Sigma} R(x,y,z)\mathrm{d}x\mathrm{d}y.$$

同样的方法可证

$$\iiint\limits_{\Omega} \frac{\partial Q}{\partial y}\mathrm{d}V = \oiint\limits_{\Sigma} Q(x,y,z)\mathrm{d}z\mathrm{d}x,$$

$$\iiint\limits_{\Omega} \frac{\partial P}{\partial x}\mathrm{d}V = \oiint\limits_{\Sigma} P(x,y,z)\mathrm{d}y\mathrm{d}z.$$

把以上三式相加即得(13-52)式

$$\oiint\limits_{\Sigma} P\mathrm{d}y\mathrm{d}z + Q\mathrm{d}z\mathrm{d}x + R\mathrm{d}x\mathrm{d}y = \iiint\limits_{\Omega} \left(\frac{\partial P}{\partial x} + \frac{\partial Q}{\partial y} + \frac{\partial R}{\partial z} \right)\mathrm{d}V.$$

对于过 Ω 内部且平行于坐标轴的直线与其边界面 Σ 的交点多于两点的立体 Ω(图 13-40 (a)),则可以用辅助曲面 S(或若干个辅助曲面)将 Ω 分成两个(或若干个)子区域 Ω_1, Ω_2,使之满足前述的假设条件,从而

$$\iint\limits_{\Sigma_1 + S_{\text{下}}} P\mathrm{d}y\mathrm{d}z + Q\mathrm{d}z\mathrm{d}x + R\mathrm{d}x\mathrm{d}y = \iiint\limits_{\Omega_1} \left(\frac{\partial P}{\partial x} + \frac{\partial Q}{\partial y} + \frac{\partial R}{\partial z} \right)\mathrm{d}V,$$

$$\iint\limits_{\Sigma_2 + S_{\text{上}}} P\mathrm{d}y\mathrm{d}z + Q\mathrm{d}z\mathrm{d}x + R\mathrm{d}x\mathrm{d}y = \iiint\limits_{\Omega_2} \left(\frac{\partial P}{\partial x} + \frac{\partial Q}{\partial y} + \frac{\partial R}{\partial z} \right)\mathrm{d}V.$$

注意到 $S_{\text{上}}$ 和 $S_{\text{下}}$ 只是 S 的两个正侧方向相反的有向曲面,在其上的积分值仅相差一个负号,所以将以上两式相加,得

$$\iint\limits_{\Sigma_1 + \Sigma_2} P\mathrm{d}y\mathrm{d}z + Q\mathrm{d}z\mathrm{d}x + R\mathrm{d}x\mathrm{d}y = \iiint\limits_{\Omega_1 + \Omega_2} \left(\frac{\partial P}{\partial x} + \frac{\partial Q}{\partial y} + \frac{\partial R}{\partial z} \right)\mathrm{d}V,$$

即

$$\oiint\limits_{\Sigma} P\mathrm{d}y\mathrm{d}z + Q\mathrm{d}z\mathrm{d}x + R\mathrm{d}x\mathrm{d}y = \iiint\limits_{\Omega} \left(\frac{\partial P}{\partial x} + \frac{\partial Q}{\partial y} + \frac{\partial R}{\partial z} \right)\mathrm{d}V,$$

从而(13-52)式对形如图 13-40(a)所示的立体也成立.

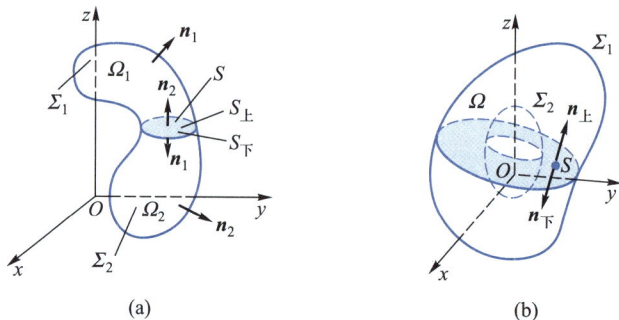

图 13-40

对于形如图 13-40(b)(即立体内部有"洞")的立体 Ω 可以用同样的方法证明,定理证毕.

公式(13-52)称为**高斯公式**,也可称为**奥-高公式**,这个公式为俄国数学家奥斯特罗格拉茨基(M. Ostrogradsky,1801—1862)与伟大的德国数学家高斯(F. Gauss,1777—1855)相互独立地发现,于 1831 年发表.它也可以写成

$$\oiint_{\Sigma} [P\cos\alpha + Q\cos\beta + R\cos\gamma] \mathrm{d}S = \iiint_{\Omega} \left(\frac{\partial P}{\partial x} + \frac{\partial Q}{\partial y} + \frac{\partial R}{\partial z} \right) \mathrm{d}V, \tag{13-53}$$

其中 $\cos\alpha,\cos\beta,\cos\gamma$ 是 Σ 的指向 Ω 外侧的法向量的方向余弦.

例 1 计算曲面积分

$$\oiint_{\Sigma} xz\mathrm{d}y\mathrm{d}z + yz\mathrm{d}z\mathrm{d}x + x^2\mathrm{d}x\mathrm{d}y,$$

其中 Σ 为由 $x^2+y^2+z^2=a^2$ 的上半球面与 $z=0$ 所围成的闭曲面的外侧.

解 有向曲面 Σ 的图形如图 13-41 所示.由于 $P=xz,Q=yz,R=x^2$ 在 Σ 及其所界立体 Ω 内具有一阶连续偏导数,且积分沿闭曲面 Σ 的外侧,利用高斯公式(13-52)得

$$\oiint_{\Sigma} xz\mathrm{d}y\mathrm{d}z + yz\mathrm{d}z\mathrm{d}x + x^2\mathrm{d}x\mathrm{d}y = \iiint_{\Omega} (z+z+0)\mathrm{d}V = 2\iiint_{\Omega} z\mathrm{d}V$$

$$= 2\int_0^a \mathrm{d}z \iint_{x^2+y^2 \leqslant a^2-z^2} z\mathrm{d}x\mathrm{d}y = 2\int_0^a z \cdot \pi(a^2-z^2)\mathrm{d}z = \frac{\pi}{2}a^4.$$

上例若采用化曲面积分为二重积分的方法来计算,其过程很烦琐,从中可以体会到高斯公式在计算这类问题时所具有的优点.

例 2 计算:$I = \iint_{\Sigma} x\mathrm{d}y\mathrm{d}z + y\mathrm{d}z\mathrm{d}x + (z^2-2z)\mathrm{d}x\mathrm{d}y$,其中 Σ 为圆锥面 $z = \sqrt{x^2+y^2}$ 被平面 $z=1$ 所截下部分的下侧.

解 有向曲面 Σ 的图形如图 13-42 所示.显然 $P=x,Q=y,R=z^2-2z$ 在整个空间上具有一阶连续的偏导数.注意到 Σ 不是封闭曲面,为了利用高斯公式,可考虑添加有向曲面

$$S_1: z=1, x^2+y^2 \leqslant 1, 沿上侧,$$

使之与 Σ 一起构成沿外侧的封闭曲面.设 Σ 与 S_1 所围成的立体为 Ω,利用高斯公式,得

$$I = \oiint\limits_{\Sigma+S_1} x\mathrm{d}y\mathrm{d}z+y\mathrm{d}z\mathrm{d}x+(z^2-2z)\,\mathrm{d}x\mathrm{d}y-\iint\limits_{S_1} x\mathrm{d}y\mathrm{d}z+y\mathrm{d}z\mathrm{d}x+(z^2-2z)\,\mathrm{d}x\mathrm{d}y$$

$$= \iiint\limits_{\Omega}(1+1+2z-2)\,\mathrm{d}V-\iint\limits_{S_1}(z^2-2z)\,\mathrm{d}x\mathrm{d}y$$

$$= 2\iiint\limits_{\Omega}z\mathrm{d}V-\iint\limits_{x^2+y^2\leqslant1}(1^2-2)\,\mathrm{d}x\mathrm{d}y$$

$$= 2\int_0^{2\pi}\mathrm{d}\theta\int_0^1\mathrm{d}\rho\int_\rho^1 z\rho\mathrm{d}z+\pi=\frac{\pi}{2}+\pi=\frac{3\pi}{2}.$$

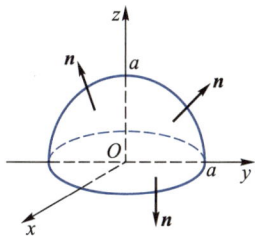

图 13-41

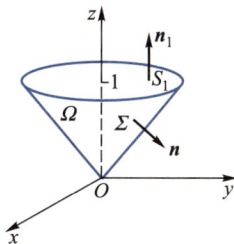

图 13-42

此例的求解过程说明,对有些非封闭曲面上的积分问题,为了利用高斯公式,可添置辅助的有向曲面使之与原曲面一起形成封闭曲面来使用高斯公式.添加的辅助曲面上的积分,通常需将其化为二重积分算出后减去.

例 3　设函数 $u(x,y,z)$ 在由球面 $\Sigma: x^2+y^2+z^2=2z$ 所围成的闭区域 Ω 上具有二阶连续偏导数,且满足关系式:

$$\frac{\partial^2 u}{\partial x^2}+\frac{\partial^2 u}{\partial y^2}+\frac{\partial^2 u}{\partial z^2}=x^2+y^2+z^2,$$

$\boldsymbol{n}^\circ$ 为 Σ 的外法向的单位向量,计算 $\iint\limits_{\Sigma}\dfrac{\partial u}{\partial \boldsymbol{n}}\mathrm{d}S$.

解　设 $\boldsymbol{n}^\circ=\{\cos\alpha,\cos\beta,\cos\gamma\}$,则由方向导数公式,得

$$\frac{\partial u}{\partial \boldsymbol{n}}=\frac{\partial u}{\partial x}\cos\alpha+\frac{\partial u}{\partial y}\cos\beta+\frac{\partial u}{\partial z}\cos\gamma.$$

于是利用高斯公式(13-52),有

$$\iint\limits_{\Sigma}\frac{\partial u}{\partial \boldsymbol{n}}\mathrm{d}S=\iint\limits_{\Sigma}\left(\frac{\partial u}{\partial x}\cos\alpha+\frac{\partial u}{\partial y}\cos\beta+\frac{\partial u}{\partial z}\cos\gamma\right)\mathrm{d}S=\iiint\limits_{\Omega}\left(\frac{\partial^2 u}{\partial x^2}+\frac{\partial^2 u}{\partial y^2}+\frac{\partial^2 u}{\partial z^2}\right)\mathrm{d}V$$

$$= \iiint\limits_{\Omega}(x^2+y^2+z^2)\,\mathrm{d}V=\int_0^{2\pi}\mathrm{d}\theta\int_0^{\frac{\pi}{2}}\mathrm{d}\varphi\int_0^{2\cos\varphi}r^2\cdot r^2\sin\varphi\mathrm{d}r$$

$$= \frac{64}{5}\pi\int_0^{\frac{\pi}{2}}\cos^5\varphi\sin\varphi\mathrm{d}\varphi=\frac{32}{15}\pi.$$

B. 直角坐标系下散度的计算公式

利用高斯公式(13-52)可以导出散度(13-50)的计算公式.

设向量场

$$f(x,y,z) = \{P(x,y,z), Q(x,y,z), R(x,y,z)\},$$

其中函数 $P(x,y,z), Q(x,y,z), R(x,y,z)$ 在空间区域 Ω 内具有一阶连续的偏导数. 对于 Ω 中任取的一点 $M(x,y,z)$ 以及在 Ω 内围绕该点的任意闭曲面 Σ, 若记其所围区域 Ω' 的体积为 $V, \boldsymbol{n}^\circ$ 为 Σ 外侧的单位法向量, 则由高斯公式可得通过 Σ 外侧的通量为

$$\oiint_{\Sigma} \boldsymbol{f}(x,y,z) \cdot \boldsymbol{n}^\circ \mathrm{d}S = \oiint_{\Sigma} (P\cos\alpha + Q\cos\beta + R\cos\gamma)\,\mathrm{d}S$$

$$= \iiint_{\Omega'} \left(\frac{\partial P}{\partial x} + \frac{\partial Q}{\partial y} + \frac{\partial R}{\partial z}\right)\mathrm{d}V.$$

对此三重积分利用积分中值定理 (见 12-20 式), 存在点 $M' \in \Omega'$, 使得

$$\iiint_{\Omega'} \left(\frac{\partial P}{\partial x} + \frac{\partial Q}{\partial y} + \frac{\partial R}{\partial z}\right)\mathrm{d}V = \left(\frac{\partial P}{\partial x} + \frac{\partial Q}{\partial y} + \frac{\partial R}{\partial z}\right)_{M'} \cdot V,$$

于是

$$\frac{\oiint_{\Sigma} \boldsymbol{f}(x,y,z) \cdot \boldsymbol{n}^\circ \mathrm{d}S}{V} = \left(\frac{\partial P}{\partial x} + \frac{\partial Q}{\partial y} + \frac{\partial R}{\partial z}\right)_{M'}.$$

又因当 $\Omega' \to M$ 时, 点 $M' \to M$, 且 $\dfrac{\partial P}{\partial x}, \dfrac{\partial Q}{\partial y}, \dfrac{\partial R}{\partial z}$ 在点 M 处连续, 故从 (13-50) 式, 得

$$\mathrm{div}\,\boldsymbol{f}(x,y,z) = \lim_{\Omega' \to M} \frac{\oiint_{\Sigma} \boldsymbol{f}(x,y,z) \cdot \boldsymbol{n}^\circ \mathrm{d}S}{V}$$

$$= \frac{\partial P(x,y,z)}{\partial x} + \frac{\partial Q(x,y,z)}{\partial y} + \frac{\partial R(x,y,z)}{\partial z},$$

从而有以下定理.

定理 9 设向量场 $\boldsymbol{f}(x,y,z) = \{P(x,y,z), Q(x,y,z), R(x,y,z)\}$, 其中函数 $P(x,y,z)$, $Q(x,y,z), R(x,y,z)$ 在区域 Ω 内具有一阶连续的偏导数, 则对于 Ω 中的点 $M(x,y,z)$, 向量场 $\boldsymbol{f}(x,y,z)$ 在该点处的散度为

$$\mathrm{div}\,\boldsymbol{f}(x,y,z) = \frac{\partial P(x,y,z)}{\partial x} + \frac{\partial Q(x,y,z)}{\partial y} + \frac{\partial R(x,y,z)}{\partial z}[1]. \tag{13-54}$$

利用**哈密顿**(Hamilton) 向量微分算子

$$\boldsymbol{\nabla} = \frac{\partial}{\partial x}\boldsymbol{i} + \frac{\partial}{\partial y}\boldsymbol{j} + \frac{\partial}{\partial z}\boldsymbol{k},$$

散度 $\mathrm{div}\,\boldsymbol{f}(x,y,z)$ 也可表示为

$$\mathrm{div}\,\boldsymbol{f}(x,y,z) = \boldsymbol{\nabla} \cdot \boldsymbol{f}(x,y,z) = \left(\frac{\partial}{\partial x}\boldsymbol{i} + \frac{\partial}{\partial y}\boldsymbol{j} + \frac{\partial}{\partial z}\boldsymbol{k}\right) \cdot (P\boldsymbol{i} + Q\boldsymbol{j} + R\boldsymbol{k})$$

$$\xlongequal{\mathrm{def}} \frac{\partial P}{\partial x} + \frac{\partial Q}{\partial y} + \frac{\partial R}{\partial z}.$$

---

[1] 向量场 $\boldsymbol{f}(x,y,z)$ 的散度 $\mathrm{div}\,\boldsymbol{f}(x,y,z)$ 也可按此式来定义.

这里要注意,哈密尔顿算子只是一种形式的向量,上式中的"点积"只是一个形式的向量运算记号,它不是通常意义下的"点积"运算.

利用(13-54)式,我们进一步可将高斯公式(13-52)表示为

$$\oiint_{\Sigma} f(x,y,z) \cdot \boldsymbol{n}°\mathrm{d}S = \iiint_{\Omega} \mathrm{div}\, f(x,y,z)\,\mathrm{d}V, \tag{13-55}$$

或者

$$\oiint_{\Sigma} f(x,y,z) \cdot \mathrm{d}\boldsymbol{S} = \iiint_{\Omega} \boldsymbol{\nabla} \cdot f(x,y,z)\,\mathrm{d}V. \tag{13-56}$$

可以看到,(13-55)式同时验证了我们在上小节末所作的直观考虑(13-51)式是正确的.

根据散度的计算公式(13-54),容易证明**散度具有以下运算性质**:

对于任意的常数 k_1,k_2,设向量值函数 $\boldsymbol{f},\boldsymbol{g}$ 的各个分量函数和数量值函数 u 都有一阶连续偏导数,则有

$$\mathrm{div}(k_1 f(x,y,z)+k_2 g(x,y,z)) = k_1 \mathrm{div}\, f(x,y,z)+k_2 \mathrm{div}\, g(x,y,z), \tag{13-57}$$

$$\mathrm{div}(u f(x,y,z)) = u\,\mathrm{div}\, f(x,y,z)+f(x,y,z) \cdot \mathrm{grad}\, u. \tag{13-58}$$

例4　设点电荷 q 位于坐标原点 O,它在真空中产生一电场,场中任一点 $M(x,y,z)(\neq O)$ 处的电场强度为

$$E = \frac{q}{4\pi\varepsilon_0} \cdot \frac{\boldsymbol{r}°}{r^2},$$

其中 $\boldsymbol{r}° = \dfrac{\boldsymbol{r}}{r}, \boldsymbol{r} = \{x,y,z\}, r = |\boldsymbol{r}|$,试求场中点 $M(x,y,z)$ 处电场强度 E 的散度.

解　因为　$E = \dfrac{q}{4\pi\varepsilon_0} \cdot \dfrac{\boldsymbol{r}°}{r^2} = \dfrac{q}{4\pi\varepsilon_0} \cdot \dfrac{\boldsymbol{r}}{r^3} = \dfrac{q}{4\pi\varepsilon_0} \cdot \dfrac{1}{r^3}\{x,y,z\},$

可知　　　　　$P = \dfrac{q}{4\pi\varepsilon_0} \cdot \dfrac{x}{r^3}, Q = \dfrac{q}{4\pi\varepsilon_0} \cdot \dfrac{y}{r^3}, R = \dfrac{q}{4\pi\varepsilon_0} \cdot \dfrac{z}{r^3},$

其中 $r = \sqrt{x^2+y^2+z^2}$. 所以对于场中的任意一点 $M(x,y,z)(\neq O)$,

$$\frac{\partial P}{\partial x} = \frac{q}{4\pi\varepsilon_0}\left(\frac{1}{r^3}-\frac{3x^2}{r^5}\right), \frac{\partial Q}{\partial y} = \frac{q}{4\pi\varepsilon_0}\left(\frac{1}{r^3}-\frac{3y^2}{r^5}\right), \frac{\partial R}{\partial z} = \frac{q}{4\pi\varepsilon_0}\left(\frac{1}{r^3}-\frac{3z^2}{r^5}\right),$$

故有

$$\mathrm{div}\, E = \frac{\partial P}{\partial x}+\frac{\partial Q}{\partial y}+\frac{\partial R}{\partial z} = \frac{q}{4\pi\varepsilon_0}\left(\frac{3}{r^3}-\frac{3(x^2+y^2+z^2)}{r^5}\right) = 0.$$

一般地,若一个向量场 $\boldsymbol{f}(x,y,z)$ 在其定义域内处处有 $\mathrm{div}\, \boldsymbol{f}(x,y,z) = 0$,则称此向量场为**无散度场**.例如,例4中的点电荷的电场强度所形成的向量场是无散度场,磁场也是一类重要的无散度场,电磁学中的麦克斯韦定律之一就是说磁场 $\boldsymbol{B}$ 满足 $\mathrm{div}\, \boldsymbol{B} = 0$.

例5　如图 13-43 所示的一个很小的电流回路称为**磁偶极子**,其量值可以用一常向量 $\boldsymbol{\mu}$ 来描述,$\boldsymbol{\mu}$ 称为**偶极矩**.具有矩 $\boldsymbol{\mu}$ 的磁偶极子的磁场为

$$\boldsymbol{B} = -\frac{\boldsymbol{\mu}}{r^3}+\frac{3(\boldsymbol{\mu} \cdot \boldsymbol{r})\boldsymbol{r}}{r^5}, \boldsymbol{r} \neq \boldsymbol{0},$$

其中 $\boldsymbol{r} = \{x,y,z\}, r = |\boldsymbol{r}| = \sqrt{x^2+y^2+z^2}$,证明:$\boldsymbol{B}$ 在其定义域内处处满足

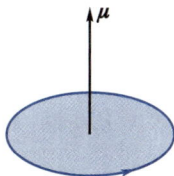

图 13-43

$\operatorname{div} \boldsymbol{B} = 0$.

证　显然向量场 $\boldsymbol{B}$ 在除原点之外的点处都有定义. 设 $M(x, y, z) \neq O$ 是空间中的任意一点, 由散度的线性运算性质 (13-57) 式有

$$\operatorname{div} \boldsymbol{B} = -\operatorname{div}\left(\frac{\boldsymbol{\mu}}{r^3}\right) + 3\operatorname{div}\left(\frac{(\boldsymbol{\mu} \cdot \boldsymbol{r})\boldsymbol{r}}{r^5}\right).$$

利用公式 (13-58), 得

$$\operatorname{div}\left(\frac{\boldsymbol{\mu}}{r^3}\right) = \frac{1}{r^3}\operatorname{div}(\boldsymbol{\mu}) + \boldsymbol{\mu} \cdot \mathbf{grad}\left(\frac{1}{r^3}\right),$$

$$\operatorname{div}\left(\frac{(\boldsymbol{\mu} \cdot \boldsymbol{r})\boldsymbol{r}}{r^5}\right) = (\boldsymbol{\mu} \cdot \boldsymbol{r})\operatorname{div}\left(\frac{\boldsymbol{r}}{r^5}\right) + \frac{\boldsymbol{r}}{r^5} \cdot \mathbf{grad}(\boldsymbol{\mu} \cdot \boldsymbol{r}),$$

注意到

$$\operatorname{div}(\boldsymbol{\mu}) = 0, \quad \mathbf{grad}\left(\frac{1}{r^3}\right) = \frac{-3\boldsymbol{r}}{r^5},$$

$$\mathbf{grad}(\boldsymbol{\mu} \cdot \boldsymbol{r}) = \boldsymbol{\mu}, \quad \operatorname{div}\left(\frac{\boldsymbol{r}}{r^5}\right) = \frac{-2}{r^5},$$

所以

$$\begin{aligned}
\operatorname{div} \boldsymbol{B} &= -\boldsymbol{\mu} \cdot \mathbf{grad}\left(\frac{1}{r^3}\right) + 3(\boldsymbol{\mu} \cdot \boldsymbol{r})\operatorname{div}\left(\frac{\boldsymbol{r}}{r^5}\right) + 3\frac{\boldsymbol{r}}{r^5} \cdot \mathbf{grad}(\boldsymbol{\mu} \cdot \boldsymbol{r}) \\
&= -\boldsymbol{\mu} \cdot \left(\frac{-3\boldsymbol{r}}{r^5}\right) + 3(\boldsymbol{\mu} \cdot \boldsymbol{r})\left(\frac{-2}{r^5}\right) + 3\frac{\boldsymbol{r}}{r^5} \cdot \boldsymbol{\mu} \\
&= \frac{3(\boldsymbol{\mu} \cdot \boldsymbol{r})}{r^5} - \frac{6(\boldsymbol{\mu} \cdot \boldsymbol{r})}{r^5} + \frac{3(\boldsymbol{\mu} \cdot \boldsymbol{r})}{r^5} = 0,
\end{aligned}$$

从而可知磁偶极子的磁场 $\boldsymbol{B}$ 是无散度场.

*13.4.3　无散度场的曲面积分

在上面的例 4 中, 我们已经验证了位于坐标原点的点电荷 q 所产生的电场强度向量场

$$\boldsymbol{E} = \frac{q}{4\pi\varepsilon_0} \cdot \frac{\boldsymbol{r}^\circ}{r^2}$$

是无散度场. 下面我们来计算电场强度 $\boldsymbol{E}$ 穿过任一不经过原点 O 的光滑闭曲面 Σ 某一侧的电通量 Φ.

不妨设 Σ 的外侧为正侧. 因为原点 O 是向量场 $\boldsymbol{E}$ 的**奇点**[①], 所以需要将问题分为闭曲面 Σ 围绕原点和不围绕原点两种情况来考虑.

（1）若闭曲面 Σ 不围绕原点 O, 则向量场 $\boldsymbol{E}$ 的三个分量

$$P = \frac{q}{4\pi\varepsilon_0} \cdot \frac{x}{r^2}, \quad Q = \frac{q}{4\pi\varepsilon_0} \cdot \frac{y}{r^2}, \quad R = \frac{q}{4\pi\varepsilon_0} \cdot \frac{z}{r^2}$$

在 Σ 及其所围成的区域 Ω 上具有一阶连续的偏导数, 利用高斯公式 (13-52), 得

---

① 向量场 $f(x, y, z) = \{P(x, y, z), Q(x, y, z), R(x, y, z)\}$ 的奇点是指使得函数 P, Q, R 不连续或偏导数不存在的点.

$$\Phi = \oiint_{\Sigma} \boldsymbol{E}(x,y,z) \cdot \boldsymbol{n}^{\circ}\mathrm{d}S = \iiint_{\Omega} \mathrm{div}\ \boldsymbol{E}(x,y,z)\mathrm{d}V = \iiint_{\Omega} 0\mathrm{d}V = 0,$$

即无散度场 $\boldsymbol{E}$ 穿过任一不围绕奇点 O 的闭曲面的通量等于零.

(2) 如果闭曲面 Σ 围绕原点 O, 此时 Σ 所围成的区域 Ω 中含有一个奇点 O, 向量场 $\boldsymbol{E}$ 在 Σ 及其所界区域 Ω 上不满足高斯公式的条件. 为了计算通量 Φ, 在 Σ 内以原点 O 为中心, ε 为半径, 外侧为正侧作一有向球面 Σ_{ε}(图 13-44), 此时向量场 $\boldsymbol{E}$ 在介于曲面 Σ 和 Σ_{ε} 之间的闭区域 Ω' 上满足高斯公式的条件, 利用高斯公式, 得

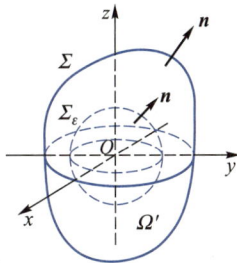

图 13-44

$$\iint_{\Sigma+\Sigma_{\varepsilon}} \boldsymbol{E}(x,y,z) \cdot \boldsymbol{n}^{\circ}\mathrm{d}S = \iiint_{\Omega'} \mathrm{div}\ \boldsymbol{E}(x,y,z)\mathrm{d}V = 0,$$

从而通量

$$\begin{aligned}
\Phi &= \iint_{\Sigma} \boldsymbol{E}(x,y,z) \cdot \boldsymbol{n}^{\circ}\mathrm{d}S = \iint_{\Sigma_{\varepsilon}} \boldsymbol{E}(x,y,z) \cdot \boldsymbol{n}^{\circ}\mathrm{d}S \\
&= \iint_{\Sigma_{\varepsilon}} \boldsymbol{E}(x,y,z) \cdot \frac{\boldsymbol{r}}{r}\mathrm{d}S = \frac{q}{4\pi\varepsilon_0} \iint_{\Sigma_{\varepsilon}} \frac{\boldsymbol{r}}{r^3} \cdot \frac{\boldsymbol{r}}{r}\mathrm{d}S \\
&= \frac{q}{4\pi\varepsilon_0} \iint_{\Sigma_{\varepsilon}} \frac{1}{r^2}\mathrm{d}S = \frac{q}{4\pi\varepsilon_0} \cdot \frac{1}{\varepsilon^2} \iint_{\Sigma_{\varepsilon}}\mathrm{d}S \\
&= \frac{q}{4\pi\varepsilon_0} \cdot \frac{1}{\varepsilon^2} \cdot 4\pi\varepsilon^2 = \frac{q}{\varepsilon_0}.
\end{aligned}$$

可以看到, 若将上述计算过程中的球面 Σ_{ε} 换成其他任意围绕原点的, 外侧为正侧的有向闭曲面 Σ', 同样可以获得等式

$$\iint_{\Sigma} \boldsymbol{E}(x,y,z) \cdot \boldsymbol{n}^{\circ}\mathrm{d}S = \iint_{\Sigma'} \boldsymbol{E}(x,y,z) \cdot \boldsymbol{n}^{\circ}\mathrm{d}S.$$

这说明无散度场 $\boldsymbol{E}(x,y,z)$ 沿任意围绕原点(奇点)的闭曲面外侧的积分都相等, 即此时的电通量是一个常量.

仔细分析以上的讨论过程可以进一步发现, 若将上述计算过程中的电场强度向量场 $\boldsymbol{E}(x,y,z)$ 换成一般的无散度场

$$\boldsymbol{f}(x,y,z) = \{P(x,y,z), Q(x,y,z), R(x,y,z)\},$$

其中函数 $P(x,y,z), Q(x,y,z), R(x,y,z)$ 除奇点外具有一阶连续的偏导数, 原点 O 换作一般的奇点 M_0, 则除了围绕奇点 M_0 的闭曲面上的积分值, 其余有关 $\boldsymbol{E}(x,y,z)$ 的积分的性质对 $\boldsymbol{f}(x,y,z)$ 仍然成立. 为了更一般地叙述这些结论, 我们先来介绍二维单连通区域和一维单连通区域的概念.

对于空间区域 Ω, 若在 Ω 内所作的任一闭曲面都可在 Ω 内连续地收缩成一点, 则称区域 Ω 是**空间二维单连通区域**; 若在 Ω 内所作的任一闭曲线总可在 Ω 内连续地收缩成一点, 则称此区域 Ω 是**空间一维单连通区域**. 例如, 球面所围成的区域既是空间二维单连通区域, 又是空间一维单连通区域(图 13-45(a)); 两个同心球面之间的区域是空间一维单连通区域, 但不是空间二维单连通区域(图 13-45(b)); 以圆环为底面的柱体既不是空间二维单连通区域, 也不是空间一维单连通区域(图 13-45(c)).

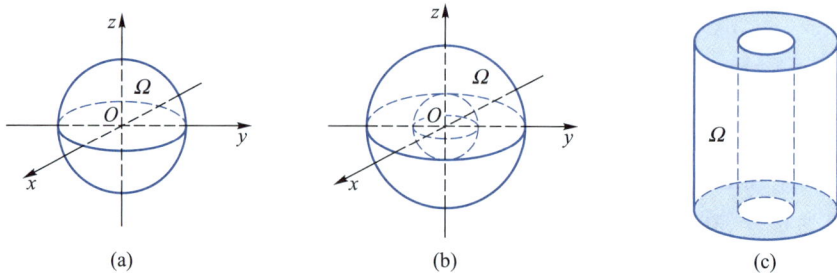

图 13-45

定理 10　设 Ω 是空间二维单连通区域,向量场

$$\boldsymbol{f}(x,y,z) = \{P(x,y,z), Q(x,y,z), R(x,y,z)\},$$

其中 $P(x,y,z)$,$Q(x,y,z)$,$R(x,y,z)$ 在 Ω 内具有一阶连续偏导数,则沿 Ω 内任一闭曲面 Σ 的曲面积分 $\oiint\limits_{\Sigma} \boldsymbol{f}(x,y,z) \cdot \mathrm{d}\boldsymbol{S} = \oiint\limits_{\Sigma} P\mathrm{d}y\mathrm{d}z + Q\mathrm{d}z\mathrm{d}x + R\mathrm{d}x\mathrm{d}y = 0$ 的充要条件是在 Ω 内处处成立

$$\operatorname{div} \boldsymbol{f}(x,y,z) = \frac{\partial P}{\partial x} + \frac{\partial Q}{\partial y} + \frac{\partial R}{\partial z} = 0. \tag{13-59}$$

证　必要性　采用反证法证明.

假定(13-59)式在 Ω 内不恒成立,那么在区域 Ω 内至少有一点 M_0 使得

$$\left(\frac{\partial P}{\partial x} + \frac{\partial Q}{\partial y} + \frac{\partial R}{\partial z}\right)_{M_0} \neq 0.$$

不妨设

$$\left(\frac{\partial P}{\partial x} + \frac{\partial Q}{\partial y} + \frac{\partial R}{\partial z}\right)_{M_0} = a > 0.$$

由于 $\dfrac{\partial P}{\partial x}$,$\dfrac{\partial Q}{\partial y}$,$\dfrac{\partial R}{\partial z}$ 在 Ω 内连续,故可以在 Ω 内作一个以 M_0 为中心,δ 为半径的闭球域 Ω',使得在 Ω' 内恒有

$$\frac{\partial P}{\partial x} + \frac{\partial Q}{\partial y} + \frac{\partial R}{\partial z} \geqslant \frac{a}{2} > 0.$$

若记 Ω' 的沿外侧的边界曲面为 Σ',则由高斯公式(13-52),得

$$\oiint\limits_{\Sigma'} P\mathrm{d}y\mathrm{d}z + Q\mathrm{d}z\mathrm{d}x + R\mathrm{d}x\mathrm{d}y = \iiint\limits_{\Omega'} \left(\frac{\partial P}{\partial x} + \frac{\partial Q}{\partial y} + \frac{\partial R}{\partial z}\right) \mathrm{d}V \geqslant \frac{a}{2} \cdot \frac{4}{3}\pi\delta^3 > 0,$$

这与沿 Ω 内任意闭曲面上曲面积分为零的条件矛盾,从而在 Ω 内恒有(13-59)式成立.

充分性　设在 Ω 内(13-59)式处处成立,则对于 Ω 内的任意闭曲面 Σ,由高斯公式得

$$\oiint\limits_{\Sigma} P\mathrm{d}y\mathrm{d}z + Q\mathrm{d}z\mathrm{d}x + R\mathrm{d}x\mathrm{d}y = \iiint\limits_{\Omega} \left(\frac{\partial P}{\partial x} + \frac{\partial Q}{\partial y} + \frac{\partial R}{\partial z}\right) \mathrm{d}V = \iiint\limits_{\Omega} 0 \mathrm{d}V = 0.$$

定理证毕.

需要指出的是,如果向量场 $\boldsymbol{f}(x,y,z)$ 在区域 Ω 内沿任意闭曲面上的积分等于零,那么对于 Ω 内的任意两个以曲线 L 为边界线的同侧的有向曲面 Σ 和 Σ'(图 13-46),由

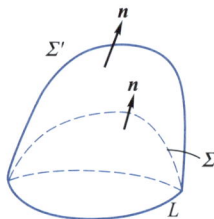

图 13-46

$$\oiint\limits_{\Sigma'+\Sigma^-} f(x,y,z) \cdot \mathrm{d}S = \oiint\limits_{\Sigma'+\Sigma^-} P\mathrm{d}y\mathrm{d}z+Q\mathrm{d}z\mathrm{d}x+R\mathrm{d}x\mathrm{d}y=0,$$

可得

$$\iint\limits_{\Sigma} P\mathrm{d}y\mathrm{d}z+Q\mathrm{d}z\mathrm{d}x+R\mathrm{d}x\mathrm{d}y = \iint\limits_{\Sigma'} P\mathrm{d}y\mathrm{d}z+Q\mathrm{d}z\mathrm{d}x+R\mathrm{d}x\mathrm{d}y.$$

因此,定理 10 也给出了积分 $\iint\limits_{\Sigma} P\mathrm{d}y\mathrm{d}z+Q\mathrm{d}z\mathrm{d}x+R\mathrm{d}x\mathrm{d}y$ 仅与曲面的边界线有关而与曲面形状

无关的条件.

对于含有奇点的无散度场,其积分具有以下性质.

定理 11　设向量场

$$f(x,y,z) = \{P(x,y,z),Q(x,y,z),R(x,y,z)\}$$

在区域 Ω 内除奇点外具有一阶连续的偏导数. 如果 $f(x,y,z)$ 在 Ω 内是无散度场,即除了奇点之外 $f(x,y,z)$ 在 Ω 内处处成立 $\mathrm{div}\,f(x,y,z)=0$,那么对于 Ω 中的任一闭曲面 Σ

（1）若 Σ 内不包含 $f(x,y,z)$ 的奇点,则

$$\oiint\limits_{\Sigma} P\mathrm{d}y\mathrm{d}z+Q\mathrm{d}z\mathrm{d}x+R\mathrm{d}x\mathrm{d}y=0;$$

（2）若 Σ 内包含 $f(x,y,z)$ 的一个奇点 M_0,则积分

$$\oiint\limits_{\Sigma} P\mathrm{d}y\mathrm{d}z+Q\mathrm{d}z\mathrm{d}x+R\mathrm{d}x\mathrm{d}y$$

恒为常数,也就是沿着同侧的只包含同一个奇点 M_0 的任意闭曲面上的积分都相等.

例 6　计算 $\iint\limits_{\Sigma} (y-x)\mathrm{d}y\mathrm{d}z+(z-y)\mathrm{d}z\mathrm{d}x+(2z-x^2-y^2)\mathrm{d}x\mathrm{d}y$,

其中 Σ 为 $x^2+y^2+z^2=1$ $(z\geqslant 0)$ 的上侧.

解　Σ 的图形如图 13-47 所示. 由于在整个空间上,向量场

$$f(x,y,z) = \{y-x,z-y,2z-x^2-y^2\}$$

的散度

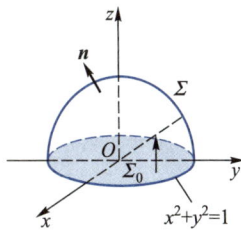

图 13-47

$$\mathrm{div}\,f(x,y,z) = \frac{\partial P}{\partial x}+\frac{\partial Q}{\partial y}+\frac{\partial R}{\partial z}$$

$$= -1-1+2 = 0.$$

所以,向量场 $f(x,y,z)$ 沿 Σ 上侧的积分与沿以 Σ 的边界线 $L:x^2+y^2=$ 1 为边,上侧为正侧的其他曲面上的积分相等. 取以 L 为边界线的有向曲面

$$\Sigma_0 : z=0, x^2+y^2\leqslant 1,沿上侧,$$

如图 13-47 所示,则有

$$\iint\limits_{\Sigma} (y-x)\mathrm{d}y\mathrm{d}z+(z-y)\mathrm{d}z\mathrm{d}x+(2z-x^2-y^2)\mathrm{d}x\mathrm{d}y$$

$$= \iint\limits_{\Sigma_0} (y-x)\mathrm{d}y\mathrm{d}z+(z-y)\mathrm{d}z\mathrm{d}x+(2z-x^2-y^2)\mathrm{d}x\mathrm{d}y$$

$$= \iint\limits_{\Sigma_0} (2z-x^2-y^2)\mathrm{d}x\mathrm{d}y = \iint\limits_{x^2+y^2\leqslant 1} (-x^2-y^2)\mathrm{d}x\mathrm{d}y = -\frac{\pi}{2}.$$

习题 13. 4

（A）

1. 计算下列曲面积分,其中 Σ 为立体 Ω 的边界曲面,积分沿 Σ 的外侧:

（1）$\oiint\limits_{\Sigma} xy\mathrm{d}y\mathrm{d}z+yz\mathrm{d}z\mathrm{d}x+zx\mathrm{d}x\mathrm{d}y$,其中 $\Omega=\{(x,y,z)\mid 0\leqslant x\leqslant 1,0\leqslant y\leqslant 1,0\leqslant z\leqslant 1\}$;

（2）$\oiint\limits_{\Sigma} x(y^2+z^2)\mathrm{d}y\mathrm{d}z+y(z^2+x^2)\mathrm{d}z\mathrm{d}x$,其中 Ω 由圆柱面 $x^2+y^2=1$ 及平面 $z=\pm 1$ 围成;

（3）$\oiint\limits_{\Sigma} \boldsymbol{f}(x,y,z)\cdot\mathrm{d}\boldsymbol{S}$,其中 Ω 为球体 $x^2+y^2+z^2\leqslant R^2$,$\boldsymbol{f}(x,y,z)=\{x^3,y^3,z^3\}$.

2. 计算下列曲面积分:

（1）$\iint\limits_{\Sigma} x^2\mathrm{d}y\mathrm{d}z+y^2\mathrm{d}z\mathrm{d}x+z^2\mathrm{d}x\mathrm{d}y$,其中 Σ 为圆柱面 $x^2+y^2=1$ 在 $0\leqslant z\leqslant 1$ 的那部分,积分沿 Σ 的外侧;

（2）$\iint\limits_{\Sigma} (x^3+\mathrm{e}^y)\mathrm{d}y\mathrm{d}z-z(x^2y+\sin z)\mathrm{d}z\mathrm{d}x-x^2(y^2+z^2)\mathrm{d}x\mathrm{d}y$,其中 Σ 为曲面 $z=1-x^2-y^2$ 在 $z\geqslant 0$ 的部分,积分沿 Σ 的上侧.

3. 求下列向量场 $\boldsymbol{f}(x,y,z)$ 穿过曲面 Σ 流向指定侧的通量:

（1）$\boldsymbol{f}(x,y,z)=\{yz,xz,xy\}$,$\Sigma$ 为圆柱体 $x^2+y^2\leqslant a^2(0\leqslant z\leqslant h)$ 的全表面,流向外侧;

（2）$\boldsymbol{f}(x,y,z)=\{2x+3z,-xz-y,y^2+2z\}$,$\Sigma$ 为球面 $(x-3)^2+(y+1)^2+(z-2)^2=9$ 的外侧.

4. 证明封闭曲面 Σ 所围的体积

$$V=\frac{1}{3}\oiint\limits_{\Sigma} (x\cos\alpha+y\cos\beta+z\cos\gamma)\mathrm{d}S,$$

其中 $\cos\alpha,\cos\beta,\cos\gamma$ 为曲面 Σ 的外法线向量的方向余弦.

5. 求下列向量场 $\boldsymbol{f}(x,y,z)$ 在给定点处的散度:

（1）$\boldsymbol{f}(x,y,z)=\{x^2+yz,y^2+xz,z^2+xy\}$ 在点 $M(1,1,3)$ 处;

（2）$\boldsymbol{f}(x,y,z)=|\boldsymbol{r}|\boldsymbol{r},\boldsymbol{r}=\{x,y,z\}$,在点 $M(x,y,z)$ 处;

（3）$\boldsymbol{f}(x,y,z)=\boldsymbol{r}\times(\boldsymbol{i}+\boldsymbol{j}+\boldsymbol{k})$,在点 $M(2,3,4)$ 处;

（4）$\boldsymbol{f}(x,y,z)=\sin(x+y)\boldsymbol{i}+\mathrm{e}^{yz}\boldsymbol{j}+zx\boldsymbol{k}$,在点 $M(x,y,z)$ 处.

6. 求流速为 $\boldsymbol{v}(x,y,z)=\{x^2,y^2,z^2\}$ 的不可压缩流体(流体密度 $\mu(x,y,z)\equiv$ 常数)在单位时间内,流经上半单位球面 $z=\sqrt{1-x^2-y^2}$ 上侧的流量.

（B）

1. 计算下列曲面积分:

（1）$\iint\limits_{\Sigma} \boldsymbol{r}^\circ\cdot\mathrm{d}\boldsymbol{S}$,其中 $\boldsymbol{r}^\circ=\left\{\dfrac{x}{r},\dfrac{y}{r},\dfrac{z}{r}\right\}$,$r=\sqrt{x^2+y^2+z^2}$,$\Sigma$ 为半球面 $z=1+\sqrt{1-x^2-y^2}$,积分沿 Σ 的上侧;

（2）$\oiint\limits_{\Sigma} \boldsymbol{f}(x,y,z)\cdot\mathrm{d}\boldsymbol{S}$,其中 $\boldsymbol{f}(x,y,z)=\{x^2,xy,y^2\}$,$\Sigma$ 为立体 $x^2+y^2\leqslant z\leqslant 1$ 的边界曲面;

（3）$\oiint\limits_{\Sigma} [(\boldsymbol{f}(x,y,z)\cdot\boldsymbol{r})\boldsymbol{r}]\cdot\mathrm{d}\boldsymbol{S}$,其中常向量 $\boldsymbol{f}(x,y,z)=\{a,b,c\}$,$\boldsymbol{r}=\{x,y,z\}$,$\Sigma$ 为立体 $x^2+y^2\leqslant 1,0\leqslant z\leqslant 1$ 的边界曲面;

（4）$\iint\limits_{\Sigma} a^2b^2z^2x\mathrm{d}y\mathrm{d}z+b^2c^2x^2y\mathrm{d}z\mathrm{d}x+c^2a^2y^2z\mathrm{d}x\mathrm{d}y$,其中 Σ 为上半椭球面 $\dfrac{x^2}{a^2}+\dfrac{y^2}{b^2}+\dfrac{z^2}{c^2}=1$ $(z\geqslant 0)$ 的下侧$(a>0,b>0,c>0)$.

2. 计算：$\iint\limits_{\Sigma}(x^2\cos\alpha+y^2\cos\beta+z^2\cos\gamma)\mathrm{d}S$，其中 Σ 为锥面 $x^2+y^2=z^2(0\le z\le h)$；$\cos\alpha,\cos\beta,\cos\gamma$ 为 Σ 的下侧法向量的方向余弦.

3. 计算：$\iint\limits_{\Sigma}x(x-y-z)\mathrm{d}y\mathrm{d}z+y(y-z-x)\mathrm{d}z\mathrm{d}x+z(z-x-y)\mathrm{d}x\mathrm{d}y$，其中 Σ 为球面 $x^2+y^2+z^2=4$ 在 $z\ge1$ 的部分，积分沿 Σ 的上侧.

4. 计算：$\iint\limits_{\Sigma}f(x,y,z)\cdot\mathrm{d}S$，其中 $f(x,y,z)=\{y^2+z^2,z^2+x^2,x^2+y^2\}$，$\Sigma$ 为旋转抛物面 $y=4-x^2-z^2$ 在 $y\ge3$ 的部分，积分沿 Σ 的右侧.

5. 设 Σ 为闭曲面，a 为常向量，n 为 Σ 的单位外法向量，证明：

$$\oiint\limits_{\Sigma}\cos(\widehat{a,n})\mathrm{d}S=0.$$

6. 如果函数 $u(x,y,z)$ 的梯度存在，且向量场 $f(x,y,z)$ 的散度也存在，证明：

$$\mathrm{div}(uf(x,y,z))=u\mathrm{div}\,f(x,y,z)+f(x,y,z)\cdot\mathrm{grad}\,u.$$

13.5 斯托克斯公式

从上节的讨论我们已经看到，向量场的散度是一个刻画向量场在某一点处是散发还是吸收通量的一个量. 散度值的分布也就反映了向量场的"源"与"汇"的分布情况. 在实际应用中，特别在流体力学和空气动力学等领域中，人们常常需要研究像水流中有没有旋涡，大气流中有没有气旋等有关流体旋转性质的问题. 本节首先将介绍斯托克斯公式，它是平面曲线积分中的格林公式在空间情形的推广. 以此为基础，我们将介绍描述向量场旋转性质的旋度的概念及其在直角坐标系下的计算公式，最后介绍无旋场中的积分性质.

13.5.1 斯托克斯公式

与格林公式相似，斯托克斯公式揭示了沿闭曲线 L 的第二型曲线积分与以 L 为边界线的曲面上的第二型曲面积分之间的内在联系.

定理 12(斯托克斯公式) 设 L 是空间中的分段光滑的有向闭曲线，Σ 是以 L 为边界的分片光滑的有向曲面，向量场 $f(x,y,z)$ 的三个分量函数 $P(x,y,z),Q(x,y,z),R(x,y,z)$ 在包含曲面 Σ 的空间区域内具有一阶连续的偏导数，则

$$\oint_L P\mathrm{d}x+Q\mathrm{d}y+R\mathrm{d}z=\iint\limits_{\Sigma}\left(\frac{\partial R}{\partial y}-\frac{\partial Q}{\partial z}\right)\mathrm{d}y\mathrm{d}z+\left(\frac{\partial P}{\partial z}-\frac{\partial R}{\partial x}\right)\mathrm{d}z\mathrm{d}x+\left(\frac{\partial Q}{\partial x}-\frac{\partial P}{\partial y}\right)\mathrm{d}x\mathrm{d}y,\quad(13-60)$$

其中 L 的正向与 Σ 的正侧符合右手规则[①].

定理的证明从略.

公式 (13-60) 称为**斯托克斯**(G. G. Stokes，1819—1903，英国数学家、物理学家)**公式**.

为了便于记忆，借助于行列式的记号并仿照行列式按第一行展开的运算方法，可把 (13-60) 式中曲面积分的被积表达式形式地写成

---

① 就是说，当右手除拇指外的四指依 L 的绕行方向环拢时，拇指所指的方向与 Σ 上法向量的指向相同，这时称 L 是有向曲面 Σ 的**正向边界曲线**.

$$\left(\frac{\partial R}{\partial y}-\frac{\partial Q}{\partial z}\right)\mathrm{d}y\mathrm{d}z+\left(\frac{\partial P}{\partial z}-\frac{\partial R}{\partial x}\right)\mathrm{d}z\mathrm{d}x+\left(\frac{\partial Q}{\partial x}-\frac{\partial P}{\partial y}\right)\mathrm{d}x\mathrm{d}y=\begin{vmatrix}\mathrm{d}y\mathrm{d}z & \mathrm{d}z\mathrm{d}x & \mathrm{d}x\mathrm{d}y\\ \dfrac{\partial}{\partial x} & \dfrac{\partial}{\partial y} & \dfrac{\partial}{\partial z}\\ P & Q & R\end{vmatrix},$$

或者

$$\left(\frac{\partial R}{\partial y}-\frac{\partial Q}{\partial z}\right)\mathrm{d}y\mathrm{d}z+\left(\frac{\partial P}{\partial z}-\frac{\partial R}{\partial x}\right)\mathrm{d}z\mathrm{d}x+\left(\frac{\partial Q}{\partial x}-\frac{\partial P}{\partial y}\right)\mathrm{d}x\mathrm{d}y$$

$$=\left[\left(\frac{\partial R}{\partial y}-\frac{\partial Q}{\partial z}\right)\cos\alpha+\left(\frac{\partial P}{\partial z}-\frac{\partial R}{\partial x}\right)\cos\beta+\left(\frac{\partial Q}{\partial x}-\frac{\partial P}{\partial y}\right)\cos\gamma\right]\mathrm{d}S$$

$$=\begin{vmatrix}\cos\alpha & \cos\beta & \cos\gamma\\ \dfrac{\partial}{\partial x} & \dfrac{\partial}{\partial y} & \dfrac{\partial}{\partial z}\\ P & Q & R\end{vmatrix}\mathrm{d}S,$$

这里把 $\dfrac{\partial}{\partial y}$ 与 R 的"积"理解为 $\dfrac{\partial R}{\partial y}$，$\dfrac{\partial}{\partial z}$ 与 Q 的"积"理解为 $\dfrac{\partial Q}{\partial z}$，等等.

所以斯托克斯公式(13-60)也可表示为

$$\oint_L P\mathrm{d}x+Q\mathrm{d}y+R\mathrm{d}z=\iint_\Sigma\begin{vmatrix}\mathrm{d}y\mathrm{d}z & \mathrm{d}z\mathrm{d}x & \mathrm{d}x\mathrm{d}y\\ \dfrac{\partial}{\partial x} & \dfrac{\partial}{\partial y} & \dfrac{\partial}{\partial z}\\ P & Q & R\end{vmatrix} \qquad (13\text{-}61)$$

或者

$$\oint_L P\mathrm{d}x+Q\mathrm{d}y+R\mathrm{d}z=\iint_\Sigma\begin{vmatrix}\cos\alpha & \cos\beta & \cos\gamma\\ \dfrac{\partial}{\partial x} & \dfrac{\partial}{\partial y} & \dfrac{\partial}{\partial z}\\ P & Q & R\end{vmatrix}\mathrm{d}S. \qquad (13\text{-}62)$$

特别地，如果向量场 $\boldsymbol{f}$ 是一个平面向量场 $\boldsymbol{f}(x,y)=\{P(x,y),Q(x,y),0\}$，$\Sigma$ 是 xOy 平面上的一块平面区域 D，L 为区域 D 的正向边界曲线，此时斯托克斯公式(13-60)便为格林公式

$$\oint_L P\mathrm{d}x+Q\mathrm{d}y=\iint_D\left(\frac{\partial Q}{\partial x}-\frac{\partial P}{\partial y}\right)\mathrm{d}x\mathrm{d}y.$$

因此，斯托克斯公式是格林公式在空间情形的推广.

例 1   计算曲线积分 $\oint_L(z-y)\mathrm{d}x+(x-z)\mathrm{d}y+(x-y)\mathrm{d}z$，其中 L 是曲线 $\begin{cases}x^2+y^2=1,\\ x-y+z=2,\end{cases}$ 且从 z 轴正向往 z 轴负向看 L，L 的方向是逆时针的.

解   取 Σ 为平面 $x-y+z=2$ $(x^2+y^2\leqslant1)$ 的上侧被 L 所围的部分(图 13-48)，此时 Σ 的正法向与 L 的正向符合右手规则，且 Σ 在 xOy 平面上的投影区域为 $D_{xy}:x^2+y^2\leqslant1$.

利用斯托克斯公式(13-61)，得

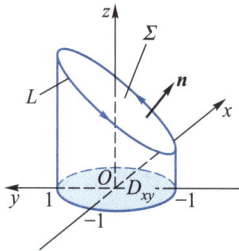

图 13-48

$$\oint_L (z-y)\,\mathrm{d}x + (x-z)\,\mathrm{d}y + (x-y)\,\mathrm{d}z$$

$$= \iint\limits_{\Sigma} \begin{vmatrix} \mathrm{d}y\mathrm{d}z & \mathrm{d}z\mathrm{d}x & \mathrm{d}x\mathrm{d}y \\ \dfrac{\partial}{\partial x} & \dfrac{\partial}{\partial y} & \dfrac{\partial}{\partial z} \\ z-y & x-z & x-y \end{vmatrix} = \iint\limits_{\Sigma} 2\mathrm{d}x\mathrm{d}y = \iint\limits_{D_{xy}} 2\mathrm{d}x\mathrm{d}y = 2\pi.$$

例 2　计算曲线积分：

$$I = \oint_L (y^2 - z^2)\,\mathrm{d}x + (z^2 - x^2)\,\mathrm{d}y + (x^2 - y^2)\,\mathrm{d}z,$$

其中 L 是用平面 $x+y+z=\dfrac{3}{2}$ 截立方体 $0 \leqslant x \leqslant 1, 0 \leqslant y \leqslant 1, 0 \leqslant z \leqslant 1$ 的表面所得的截痕, 其方向如图 13-49 所示.

解　取 Σ 为平面 $x+y+z=\dfrac{3}{2}$ 的上侧被 L 所围的部分(图 13-49). 此时 Σ 的正法向量与 L 的正向形成右手系, 且 Σ 的单位法向量 $\boldsymbol{n}^\circ = \left\{ \dfrac{1}{\sqrt{3}}, \dfrac{1}{\sqrt{3}}, \dfrac{1}{\sqrt{3}} \right\}$, 利用斯托克斯公式(13-62), 得

$$I = \iint\limits_{\Sigma} \begin{vmatrix} \dfrac{1}{\sqrt{3}} & \dfrac{1}{\sqrt{3}} & \dfrac{1}{\sqrt{3}} \\ \dfrac{\partial}{\partial x} & \dfrac{\partial}{\partial y} & \dfrac{\partial}{\partial z} \\ y^2-z^2 & z^2-x^2 & x^2-y^2 \end{vmatrix} \mathrm{d}S$$

$$= -\frac{4}{\sqrt{3}} \iint\limits_{\Sigma} (x+y+z)\,\mathrm{d}S = -\frac{4}{\sqrt{3}} \iint\limits_{\Sigma} \frac{3}{2}\,\mathrm{d}S = -2\sqrt{3} \iint\limits_{\Sigma} \mathrm{d}S.$$

又因 $\Sigma : z = \dfrac{3}{2} - x - y, \mathrm{d}S = \sqrt{3}\,\mathrm{d}x\mathrm{d}y$, 且在 xOy 平面上的投影区域如图 13-50 所示, 于是有

$$I = -2\sqrt{3} \iint\limits_{D_{xy}} \sqrt{3}\,\mathrm{d}x\mathrm{d}y = -6 \iint\limits_{D_{xy}} \mathrm{d}x\mathrm{d}y$$

$$= -6 \left(1 - \frac{1}{8} - \frac{1}{8} \right) = -6 \cdot \frac{3}{4} = -\frac{9}{2}.$$

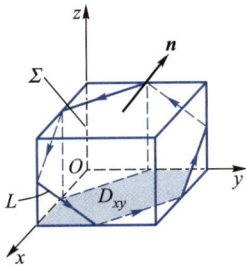

图 13-49

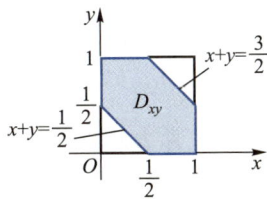

图 13-50

13.5.2　环量和旋度

在 13.1.5 节中我们已经指出,向量场 $f(x,y,z)$ 沿场中闭曲线 L 的环流量(环量)

$$\Gamma = \oint_L f(x,y,z) \cdot \mathrm{d}s$$

反映了向量场在闭曲线 L 上的旋转净趋势. 环量 $\Gamma \neq 0$,反映了闭曲线 L 所包围的区域中有 "旋",但它仅仅反映向量场在区域内整体上有旋转趋势,而不能反映向量场在区域内各点处的旋转趋势状况. 在不同的点处,向量场的旋转趋势一般是不同的,例如在流速场中,在旋涡附近的点处旋转趋势较大,而在远离旋涡的点处旋转趋势较小,这就要求我们进一步研究向量场中每点处的旋转趋势. 类似于 13.4.1 节中通量与散度的关系,我们先来引入环量面密度的概念.

设 M 为向量场 $f(x,y,z)$ 中的一点,在点 M 处取定一个方向 n,过点 M 以 n 为法向量作一小曲面 $\Delta\Sigma$(图 13-51),小曲面 $\Delta\Sigma$ 的边界曲线为 ΔL,并选取 ΔL 的正向使其与 n 符合右手规则(图 13-51). 可以看到,向量场 $f(x, y,z)$ 沿 ΔL 的环量 $\Delta\Gamma$ 与小曲面 $\Delta\Sigma$ 的面积 ΔS 之比

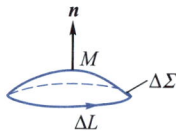

图 13-51

$$\frac{\Delta\Gamma}{\Delta S} = \frac{1}{\Delta S} \oint_{\Delta L} f(x,y,z) \cdot \mathrm{d}s$$

表示向量场 $f(x,y,z)$ 在点 M 附近沿曲线 ΔL 绕方向 n 的平均环量面密度. 它近似地反映了向量场 $f(x,y,z)$ 在点 M 附近绕方向 n 的旋转趋势的大小. **若当小曲面 $\Delta\Sigma$ 保持在点 M 处以 n 为法向量并且以任意方式收缩为点 M 时,极限**

$$\lim_{\Delta\Sigma \to M} \frac{\Delta\Gamma}{\Delta S} = \lim_{\Delta\Sigma \to M} \frac{1}{\Delta S} \oint_{\Delta L} f(x,y,z) \cdot \mathrm{d}s$$

存在,则称此极限值为向量场 $f(x,y,z)$ 在点 M 处沿 n 方向的环量面密度,记作 $\dfrac{\mathrm{d}\Gamma}{\mathrm{d}S}$,即

$$\frac{\mathrm{d}\Gamma}{\mathrm{d}S} = \lim_{\Delta\Sigma \to M} \frac{\Delta\Gamma}{\Delta S} = \lim_{\Delta\Sigma \to M} \frac{1}{\Delta S} \oint_{\Delta L} f(x,y,z) \cdot \mathrm{d}s. \tag{13-63}$$

环量面密度有许多实际应用,例如在磁场强度 H 所构成的磁场中,H 在点 M 处沿方向 n 的环量面密度

$$\lim_{\Delta\Sigma \to M} \frac{\oint_{\Delta L} H \cdot \mathrm{d}s}{\Delta S} = \lim_{\Delta\Sigma \to M} \frac{\Delta I}{\Delta S} = \frac{\mathrm{d}I}{\mathrm{d}S}$$

就是在点 M 处沿 n 方向的电流密度. 又如在流速场中,环流量对面积的变化率 $\dfrac{\mathrm{d}Q_L}{\mathrm{d}S}$ 称为环流面密度(或称为环流强度),等等.

下面考虑利用斯托克斯公式来导出环量面密度(13-63)式在直角坐标系下的计算公式.

设向量场

$$f(x,y,z) = \{P(x,y,z), Q(x,y,z), R(x,y,z)\},$$

其中 $P(x,y,z),Q(x,y,z),R(x,y,z)$ 具有一阶连续偏导数. 由斯托克斯公式和第一型曲面积分的中值定理,得

$$\Delta\varGamma=\oint_{\Delta L}\boldsymbol{f}(x,y,z)\cdot\mathrm{d}\boldsymbol{S}=\oint_{\Delta L}P\mathrm{d}x+Q\mathrm{d}y+R\mathrm{d}z$$

$$=\iint_{\Delta\Sigma}\Big[\Big(\frac{\partial R}{\partial y}-\frac{\partial Q}{\partial z}\Big)\cos\alpha+\Big(\frac{\partial P}{\partial z}-\frac{\partial R}{\partial x}\Big)\cos\beta+\Big(\frac{\partial Q}{\partial x}-\frac{\partial P}{\partial y}\Big)\cos\gamma\Big]\mathrm{d}S$$

$$=\Big[\Big(\frac{\partial R}{\partial y}-\frac{\partial Q}{\partial z}\Big)\cos\alpha+\Big(\frac{\partial P}{\partial z}-\frac{\partial R}{\partial x}\Big)\cos\beta+\Big(\frac{\partial Q}{\partial x}-\frac{\partial P}{\partial y}\Big)\cos\gamma\Big]_{M^*}\Delta S,$$

即

$$\frac{\Delta\varGamma}{\Delta S}=\Big[\Big(\frac{\partial R}{\partial y}-\frac{\partial Q}{\partial z}\Big)\cos\alpha+\Big(\frac{\partial P}{\partial z}-\frac{\partial R}{\partial x}\Big)\cos\beta+\Big(\frac{\partial Q}{\partial x}-\frac{\partial P}{\partial y}\Big)\cos\gamma\Big]_{M^*},\qquad(13\text{-}64)$$

其中 $\boldsymbol{n}^{\circ}=\{\cos\alpha,\cos\beta,\cos\gamma\}$ 是曲面 $\Delta\Sigma$ 的正法向的单位向量, M^* 是曲面 $\Delta\Sigma$ 上的某一点. 又当 $\Delta\Sigma\to M$ 时, $M^*\to M$, 注意到 $P(x,y,z),Q(x,y,z),R(x,y,z)$ 具有一阶连续偏导数, 故在 (13-64)式两边取极限 $\Delta\Sigma\to M$, 就得向量场 $\boldsymbol{f}(x,y,z)$ 在点 M 处沿 $\boldsymbol{n}$ 方向的环量面密度的计算公式

$$\frac{\mathrm{d}\varGamma}{\mathrm{d}S}=\Big(\frac{\partial R}{\partial y}-\frac{\partial Q}{\partial z}\Big)\cos\alpha+\Big(\frac{\partial P}{\partial z}-\frac{\partial R}{\partial x}\Big)\cos\beta+\Big(\frac{\partial Q}{\partial x}-\frac{\partial P}{\partial y}\Big)\cos\gamma.\qquad(13\text{-}65)$$

从(13-65)式可见, 向量场 $\boldsymbol{f}(x,y,z)$ 在点 M 处的环量面密度是与方向有关的数量. 从形式上看, (13-65)式与数量场 $u(x,y,z)$ 在点 M 处沿 $\boldsymbol{l}^{\circ}=\{\cos\alpha,\cos\beta,\cos\gamma\}$ 方向的方向导数

$$\frac{\partial u}{\partial l}=\frac{\partial u}{\partial x}\cos\alpha+\frac{\partial u}{\partial y}\cos\beta+\frac{\partial u}{\partial z}\cos\gamma$$

有相似之处. 在那里我们引入数量场 $u(x,y,z)$ 在点 M 处的梯度

$$\mathbf{grad}\ u=\boldsymbol{\nabla}u=\Big\{\frac{\partial u}{\partial x},\frac{\partial u}{\partial y},\frac{\partial u}{\partial z}\Big\},$$

梯度是一个向量, 它的方向是使得方向导数取得最大值的方向, 它的模 $|\mathbf{grad}\ u|$ 为方向导数的最大值.

与此相仿, 我们把点 $M(x,y,z)$ 处的向量

$$\Big\{\frac{\partial R}{\partial y}-\frac{\partial Q}{\partial z},\frac{\partial P}{\partial z}-\frac{\partial R}{\partial x},\frac{\partial Q}{\partial x}-\frac{\partial P}{\partial y}\Big\}$$

称为**向量场 $\boldsymbol{f}(x,y,z)$ 在 M 点处的旋度**, 记作 $\mathbf{rot}\,\boldsymbol{f}(x,y,z)$,
即

$$\mathbf{rot}\,\boldsymbol{f}(x,y,z)=\Big\{\frac{\partial R}{\partial y}-\frac{\partial Q}{\partial z},\frac{\partial P}{\partial z}-\frac{\partial R}{\partial x},\frac{\partial Q}{\partial x}-\frac{\partial P}{\partial y}\Big\}.\qquad(13\text{-}66)$$

利用哈密顿微分算子 $\boldsymbol{\nabla}=\Big\{\dfrac{\partial}{\partial x},\dfrac{\partial}{\partial y},\dfrac{\partial}{\partial z}\Big\}$ 及仿照向量外积的运算形式, 可将旋度(13-66)式表示为更便于记忆的形式(按第一行展开)

$$\mathbf{rot}\,\boldsymbol{f}(x,y,z)=\boldsymbol{\nabla}\times\boldsymbol{f}(x,y,z)=\begin{vmatrix}\boldsymbol{i}&\boldsymbol{j}&\boldsymbol{k}\\[4pt]\dfrac{\partial}{\partial x}&\dfrac{\partial}{\partial y}&\dfrac{\partial}{\partial z}\\[8pt]P&Q&R\end{vmatrix}.\qquad(13\text{-}67)$$

利用旋度的定义(13-66)式, 向量场 $\boldsymbol{f}(x,y,z)$ 在 $M(x,y,z)$ 点处沿 $\boldsymbol{n}^{\circ}=\{\cos\alpha,\cos\beta,\cos\gamma\}$

方向的环量面密度(13-65)式可以写成

$$\frac{\mathrm{d}\varGamma}{\mathrm{d}S} = \mathbf{rot}\, f(x,y,z) \cdot \boldsymbol{n}^\circ. \tag{13-68}$$

此式表明,向量场 $f(x,y,z)$ 在点 M 处沿方向 $\boldsymbol{n}$ 的环量面密度即为旋度 $\mathbf{rot}\, f(x,y,z)$ 在方向 $\boldsymbol{n}$ 上的投影量. 因此,当 $\boldsymbol{n}$ 与 $\mathbf{rot}\, f(x,y,z)$ 的方向相同时,环量面密度取得最大值,且其最大值为 $|\mathbf{rot}\, f(x,y,z)|$. 所以,**向量场 $f(x,y,z)$ 在点 M 处的旋度 $\mathbf{rot}\, f(x,y,z)$,其方向是环量面密度取最大值的方向,其模是环量面密度的最大值**.

利用旋度 $\mathbf{rot}\, f(x,y,z)$ 的记号,可以将斯托克斯公式(13-60)写成向量的形式

$$\oint_L f(x,y,z) \cdot \mathrm{d}S = \iint_\varSigma \mathbf{rot}\, f(x,y,z) \cdot \mathrm{d}S \tag{13-69}$$

$$\oint_L f(x,y,z) \cdot \mathrm{d}S = \iint_\varSigma \mathbf{rot}\, f(x,y,z) \cdot \boldsymbol{n}^\circ \mathrm{d}S. \tag{13-70}$$

斯托克斯公式(13-70)说明:**向量场 $f(x,y,z)$ 沿有向闭曲线 L 的环量等于向量场 $f(x,y,z)$ 的环量面密度沿曲线 L 所张成的曲面 $\varSigma$ 进行累积的总和**,这里 L 的正向与 $\varSigma$ 的正侧符合右手规则(图 13-52).从图 13-52 可以看到,环量面密度在 $\varSigma$ 上累积时,由于往复抵消,结果正好等于沿 $\varSigma$ 的边界曲线 L 正向的环量.

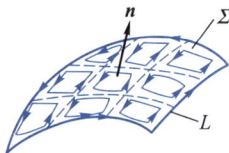

图 13-52

从旋度的定义(13-66)式容易证明**旋度具有以下运算性质**:

(1) $\mathbf{rot}(\alpha f + \beta g) = \alpha\,\mathbf{rot}\, f + \beta\,\mathbf{rot}\, g$,其中 α,β 为常数;　　(13-71)

(2) $\mathbf{rot}(uf) = u\,\mathbf{rot}\, f + \mathbf{grad}\, u \times f$,其中 $u = u(x,y,z)$ 为数量场;

(3) $\mathbf{rot}(\mathbf{grad}\, u) = \mathbf{0}$.

例 3　计算位于坐标原点的点电荷 q 所产生的电场强度向量场

$$E = \frac{q}{4\pi\varepsilon_0} \cdot \frac{\boldsymbol{r}}{r^3}$$

的旋度 $\mathbf{rot}\, E$,其中 $\boldsymbol{r} = \{x,y,z\}$,$r = \sqrt{x^2+y^2+z^2}$.

解　$E = \dfrac{q}{4\pi\varepsilon_0}\left\{\dfrac{x}{r^3}, \dfrac{y}{r^3}, \dfrac{z}{r^3}\right\}$,对于任意 $M(x,y,z) \neq O(0,0,0)$,利用公式(13-71),得

$$\mathbf{rot}\, E = \mathbf{rot}\left(\frac{q}{4\pi\varepsilon_0} \cdot \frac{\boldsymbol{r}}{r^3}\right) = \frac{q}{4\pi\varepsilon_0}\mathbf{rot}\left(\frac{\boldsymbol{r}}{r^3}\right) = \frac{q}{4\pi\varepsilon_0}\begin{vmatrix} \boldsymbol{i} & \boldsymbol{j} & \boldsymbol{k} \\ \dfrac{\partial}{\partial x} & \dfrac{\partial}{\partial y} & \dfrac{\partial}{\partial z} \\ \dfrac{x}{r^3} & \dfrac{y}{r^3} & \dfrac{z}{r^3} \end{vmatrix}$$

$$= \frac{q}{4\pi\varepsilon_0}\left\{\frac{\partial}{\partial y}\left(\frac{z}{r^3}\right) - \frac{\partial}{\partial z}\left(\frac{y}{r^3}\right), \frac{\partial}{\partial z}\left(\frac{x}{r^3}\right) - \frac{\partial}{\partial x}\left(\frac{z}{r^3}\right), \frac{\partial}{\partial x}\left(\frac{y}{r^3}\right) - \frac{\partial}{\partial y}\left(\frac{x}{r^3}\right)\right\}$$

$$= \frac{q}{4\pi\varepsilon_0}\left\{\frac{-3z}{r^4}\cdot\frac{y}{r} - \frac{-3y}{r^4}\cdot\frac{z}{r}, \frac{-3x}{r^4}\cdot\frac{z}{r} - \frac{-3z}{r^4}\cdot\frac{x}{r}, \frac{-3y}{r^4}\cdot\frac{x}{r} - \frac{-3x}{r^4}\cdot\frac{y}{r}\right\}$$

$$= \{0,0,0\} = \mathbf{0}.$$

例 4 设一刚体绕过原点的轴 l 转动,其角速度为常向量 $\boldsymbol{\omega}=\{\omega_1,\omega_2,\omega_3\}$,则刚体中各点处的线速度 $\boldsymbol{v}$ 构成线速度场,求 **rot** $\boldsymbol{v}$.

解 由运动学可知,刚体中点 $M(x,y,z)$ 处的线速度 $\boldsymbol{v}$ 可表示为

$$\boldsymbol{v}=\boldsymbol{\omega}\times\boldsymbol{r},$$

其中 $\boldsymbol{r}=\{x,y,z\}$. 于是

$$\boldsymbol{v}=\begin{vmatrix} \boldsymbol{i} & \boldsymbol{j} & \boldsymbol{k} \\ \omega_1 & \omega_2 & \omega_3 \\ x & y & z \end{vmatrix}=\{\omega_2 z-\omega_3 y,\omega_3 x-\omega_1 z,\omega_1 y-\omega_2 x\}.$$

从而得

$$\mathbf{rot}\ \boldsymbol{v}=\begin{vmatrix} \boldsymbol{i} & \boldsymbol{j} & \boldsymbol{k} \\ \dfrac{\partial}{\partial x} & \dfrac{\partial}{\partial y} & \dfrac{\partial}{\partial z} \\ \omega_2 z-\omega_3 y & \omega_3 x-\omega_1 z & \omega_1 y-\omega_2 x \end{vmatrix}=2\{\omega_1,\omega_2,\omega_3\}=2\boldsymbol{\omega}.$$

这一结果表明,在刚体旋转的线速度场中,任一点 M 处的旋度与刚体旋转的角速度成正比,这也说明旋度反映了刚体旋转的强弱程度.

13.5.3 无旋场的曲线积分

在 13.2 节中,我们利用格林公式讨论了平面曲线积分 $\displaystyle\int_L P(x,y)\mathrm{d}x+Q(x,y)\mathrm{d}y$ 与路径无关以及微分形式 $P(x,y)\mathrm{d}x+Q(x,y)\mathrm{d}y$ 是全微分式的问题. 当平面区域为单连通区域,函数 $P(x,y),Q(x,y)$ 在 D 上具有一阶连续偏导数时,定理 4 和定理 5 给出的曲线积分 $\displaystyle\int_L P(x,y)\mathrm{d}x+Q(x,y)\mathrm{d}y$ 在 D 上与路径无关以及微分形式 $P(x,y)\mathrm{d}x+Q(x,y)\mathrm{d}y$ 在 D 上是全微分式(或存在原函数)的等价条件是在 D 上处处成立

$$\frac{\partial Q}{\partial x}=\frac{\partial P}{\partial y}. \tag{13-72}$$

对于平面向量场 $\boldsymbol{f}(x,y)=\{P(x,y),Q(x,y),0\}$,(13-72)式成立的含义是什么呢? 从向量场的旋度的角度来看,由于

$$\mathbf{rot}\,\boldsymbol{f}(x,y)=\left\{0,0,\frac{\partial Q}{\partial x}-\frac{\partial P}{\partial y}\right\},$$

可知(13-72)式在 D 上处处成立意味着向量场 $\boldsymbol{f}(x,y)$ 在 D 上处处有

$$\mathbf{rot}\,\boldsymbol{f}(x,y)=\boldsymbol{0}.$$

可以想象,利用作为格林公式在空间情形推广的斯托克斯公式,我们完全可以类似地将 13.2 节中的有关曲线积分与路径无关的那套理论推广到空间曲线积分的情形. 为了方便叙述,我们先来介绍在场论中常见的几个有关向量场的概念.

定义 设有向量场

$$\boldsymbol{f}(x,y,z)=\{P(x,y,z),Q(x,y,z),R(x,y,z)\},$$

（1）若空间曲线积分 $\int_L \boldsymbol{f}(x,y,z) \cdot \mathrm{d}\boldsymbol{s}$ 在区域 $\varOmega$ 内与路径无关,则称向量场 $\boldsymbol{f}(x,y,z)$ 在 $\varOmega$ 内是保守场;

（2）若在区域 $\varOmega$ 内恒有 $\mathrm{rot}\,\boldsymbol{f}(x,y,z)=\boldsymbol{0}$,则称向量场 $\boldsymbol{f}(x,y,z)$ 在 $\varOmega$ 内是无旋场;

（3）若存在定义在 $\varOmega$ 上的函数 $u(x,y,z)$,使得在 $\varOmega$ 内成立 $\boldsymbol{f}(x,y,z)=\mathrm{grad}\,u(x,y,z)$,则称向量场 $\boldsymbol{f}(x,y,z)$ 在 $\varOmega$ 内是有势场,并称 $-u(x,y,z)$ 为向量场 $\boldsymbol{f}(x,y,z)$ 的势函数.

从定义可以看到,例3中的电场强度向量场 $\boldsymbol{E}$ 在原点以外的空间区域内是无旋场;数量函数 u 的梯度所形成的梯度场 $\mathrm{grad}\,u$ 是有势场,而有势场 $\boldsymbol{f}(x,y,z)$ 是某一数量场的梯度场.

定理 13　设空间区域 $\varOmega$ 是一维单连通区域,向量场 $\boldsymbol{f}(x,y,z)=\{P(x,y,z),Q(x,y,z),R(x,y,z)\}$,其中 $P(x,y,z),Q(x,y,z),R(x,y,z)$ 在 $\varOmega$ 内具有一阶连续偏导数,则下列四个结论等价:

（1）曲线积分 $\int_L P\mathrm{d}x+Q\mathrm{d}y+R\mathrm{d}z$ 在 $\varOmega$ 内与路径无关,即 $\boldsymbol{f}(x,y,z)$ 为保守场;

（2）对 $\varOmega$ 内任一分段光滑的闭曲线 L,有

$$\oint_L \boldsymbol{f}(x,y,z) \cdot \mathrm{d}\boldsymbol{s}=\oint_L P\mathrm{d}x+Q\mathrm{d}y+R\mathrm{d}z=0;$$

（3）在 $\varOmega$ 内处处成立 $\mathrm{rot}\,\boldsymbol{f}(x,y,z)=\boldsymbol{0}$,即 $\boldsymbol{f}(x,y,z)$ 为无旋场;

（4）微分形式 $P\mathrm{d}x+Q\mathrm{d}y+R\mathrm{d}z$ 在 $\varOmega$ 内是某个函数 $u(x,y,z)$ 的全微分,即有 $\boldsymbol{f}(x,y,z)=\mathrm{grad}\,u(x,y,z)$,亦即 $\boldsymbol{f}(x,y,z)$ 为有势场.

定理的证明可仿照 13.2 中类似结论的证明方法来进行,留给读者完成.

从定理可以看到,若向量场 $\boldsymbol{f}(x,y,z)=\{P,Q,R\}$ 在一维单连通区域 $\varOmega$ 内是无旋场,即在 $\varOmega$ 内处处成立

$$\mathrm{rot}\,\boldsymbol{f}(x,y,z)=\boldsymbol{0},$$

其中 P,Q,R 在 $\varOmega$ 内具有一阶连续偏导数,则空间曲线积分 $\int_L P\mathrm{d}x+Q\mathrm{d}y+R\mathrm{d}z$ 在 $\varOmega$ 内与路径无关,且微分形式 $P\mathrm{d}x+Q\mathrm{d}y+R\mathrm{d}z$ 在 $\varOmega$ 内是全微分式,即存在函数 $u=u(x,y,z)$ 使得

$$\mathrm{d}u=P\mathrm{d}x+Q\mathrm{d}y+R\mathrm{d}z \tag{13-73}$$

成立. 与13.2节中的讨论类似,我们把使得（13-73）式成立的函数 $u=u(x,y,z)$ 称为微分形式 $P\mathrm{d}x+Q\mathrm{d}y+R\mathrm{d}z$ 的**原函数**,并且同样地可以证明,函数

$$u(x,y,z)=\int_{(x_0,y_0,z_0)}^{(x,y,z)} P\mathrm{d}x+Q\mathrm{d}y+R\mathrm{d}z \tag{13-74}$$

即为此微分形式在 $\varOmega$ 内的一个原函数（加上任意常数 C,可得全体原函数）,这里 $M_0(x_0,y_0,z_0)$ 为 $\varOmega$ 中任意取定的一点,$M(x,y,z)$ 为 $\varOmega$ 中的任意一点. 由于（13-74）式中的曲线积分在 $\varOmega$ 内与路径无关,故可选择一条特殊路径对其进行计算. 对于图 13-53 所示的积分路径,原函数 $u(x,y,z)$ 可按下面的公式计算.

$$u(x,y,z)=\int_{x_0}^x P(x,y_0,z_0)\mathrm{d}x+\int_{y_0}^y Q(x,y,z_0)\mathrm{d}y+\int_{z_0}^z R(x,y,z)\mathrm{d}z.$$

$$\tag{13-75}$$

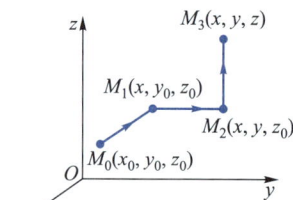

图 13-53

例 5 证明向量场

$$f(x,y,z) = \{2xyz^2, x^2z^2+z\cos(yz), 2x^2yz+y\cos(yz)\}$$

在整个空间 $\mathbf{R}^3$ 上是有势场,并求一个势函数.

证 此时 $P=2xyz^2$,$Q=x^2z^2+z\cos(yz)$,$R=2x^2yz+y\cos(yz)$. 根据定理 13,只需证明在整个空间 $\mathbf{R}^3$ 上恒有 $\mathbf{rot}\,f(x,y,z)=\mathbf{0}$ 成立即可. 对于空间中的任意一点 $M(x,y,z)$,由于

$$\mathbf{rot}\,f(x,y,z) = \begin{vmatrix} i & j & k \\ \dfrac{\partial}{\partial x} & \dfrac{\partial}{\partial y} & \dfrac{\partial}{\partial z} \\ 2xyz^2 & x^2z^2+z\cos(yz) & 2x^2yz+y\cos(yz) \end{vmatrix}$$

$$= \{0,0,0\} = \mathbf{0},$$

从而可知 $f(x,y,z)$ 在 $\mathbf{R}^3$ 上是无旋场. 根据定理 13,$f(x,y,z)$ 在 $\mathbf{R}^3$ 上是有势场.

为了求出 $f(x,y,z)$ 的势函数,可先求微分形式 $P\mathrm{d}x+Q\mathrm{d}y+R\mathrm{d}z$ 的原函数. 与平面向量场求原函数的方法类似,求原函数常用以下两种方法.

方法一 利用公式(13-75).

取 $M_0=(0,0,0)$,利用公式(13-75),得原函数为

$$u(x,y,z) = \int_0^x 0\mathrm{d}x + \int_0^y 0\mathrm{d}y + \int_0^z (2x^2yz+y\cos(yz))\mathrm{d}z = x^2yz^2+\sin(yz).$$

方法二 利用凑微分法把微分形式 $P\mathrm{d}x+Q\mathrm{d}y+R\mathrm{d}z$ 缩写成 $\mathrm{d}u$.

$$\begin{aligned} P\mathrm{d}x+Q\mathrm{d}y+R\mathrm{d}z &= 2xyz^2\mathrm{d}x+(x^2z^2+z\cos(yz))\mathrm{d}y+(2x^2yz+y\cos(yz))\mathrm{d}z \\ &= 2xyz^2\mathrm{d}x+x^2z^2\mathrm{d}y+z\cos(yz)\mathrm{d}y+2x^2yz\mathrm{d}z+y\cos(yz)\mathrm{d}z \\ &= yz^2\mathrm{d}(x^2)+x^2z^2\mathrm{d}y+x^2y\mathrm{d}(z^2)+\cos(yz)\mathrm{d}(yz) \\ &= \mathrm{d}(x^2yz^2)+\mathrm{d}(\sin(yz)) = \mathrm{d}(x^2yz^2+\sin(yz)), \end{aligned}$$

所求的一个原函数为

$$u(x,y,z) = x^2yz^2+\sin(yz).$$

所以向量场 $f(x,y,z)$ 的一个势函数为

$$\phi(x,y,z) = -u(x,y,z) = -x^2yz^2-\sin(yz).$$

例 6 计算:$I=\int_L (x^2-yz)\mathrm{d}x+(y^2-zx)\mathrm{d}y+(z^2-xy)\mathrm{d}z$,其中 L 为螺线 $x=a\cos t,y=a\sin t,z=bt(0\leqslant t\leqslant 2\pi)$,$L$ 的正方向为 t 增大的方向(图 13-54).

解 对于空间 $\mathbf{R}^3$ 中的任意一点 $M(x,y,z)$,向量场 $f(x,y,z)=\{x^2-yz,y^2-zx,z^2-xy\}$ 的旋度为

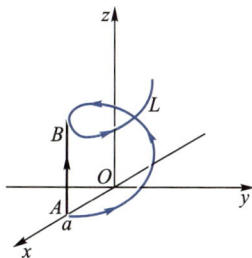

图 13-54

$$\mathbf{rot}\,f(x,y,z) = \begin{vmatrix} i & j & k \\ \dfrac{\partial}{\partial x} & \dfrac{\partial}{\partial y} & \dfrac{\partial}{\partial z} \\ x^2-yz & y^2-zx & z^2-xy \end{vmatrix}$$

$$= \left\{ \frac{\partial}{\partial y}(z^2-xy) - \frac{\partial}{\partial z}(y^2-zx), \frac{\partial}{\partial z}(x^2-yz) - \frac{\partial}{\partial x}(z^2-xy), \frac{\partial}{\partial x}(y^2-zx) - \frac{\partial}{\partial y}(x^2-yz) \right\}$$

$$= \{-x-(-x), -y-(-y), -z-(-z)\} = \{0,0,0\} = \mathbf{0},$$

可知 $f(x,y,z)$ 在 $\mathbf{R}^3$ 中是无旋场,据定理 13,积分在 $\mathbf{R}^3$ 中与路径无关.注意到 L 的起点为 $A(a,0,0)$,终点为 $B(a,0,2\pi b)$,故构造直线段 $\overline{AB}:x=a,y=0,z=z,0\leqslant z\leqslant 2\pi b$,此时有

$$I = \int_{\overline{AB}} (x^2-yz)\,\mathrm{d}x + (y^2-zx)\,\mathrm{d}y + (z^2-xy)\,\mathrm{d}z = \int_0^{2\pi b} z^2\,\mathrm{d}z = \frac{8}{3}\pi^3 b^3.$$

同样地,如果函数 $u(x,y,z)$ 是微分形式 $P\mathrm{d}x+Q\mathrm{d}y+R\mathrm{d}z$ 在一维单连通区域 Ω 上的一个原函数,则用 13.2 节中证明定理 6 的同样方法可将平面曲线积分的微积分基本定理式(13-32)推广到空间的情形,即有

$$\int_{(x_1,y_1,z_1)}^{(x_2,y_2,z_2)} P\mathrm{d}x+Q\mathrm{d}y+R\mathrm{d}z = u(x_2,y_2,z_2)-u(x_1,y_1,z_1) = u(x,y,z)\Big|_{(x_1,y_1,z_1)}^{(x_2,y_2,z_2)}, \quad (13\text{-}76)$$

其中 $(x_1,y_1,z_1),(x_2,y_2,z_2)\in\Omega$.因此,对于一维单连通区域 Ω 上的无旋场的曲线积分 $\int_L P\mathrm{d}x+Q\mathrm{d}y+R\mathrm{d}z$,我们也可通过计算其被积表达式 $P\mathrm{d}x+Q\mathrm{d}y+R\mathrm{d}z$ 在 Ω 上的一个原函数,利用公式(13-76)来进行计算.

例 7　计算:$I = \int_L (2xyz^3+z)\,\mathrm{d}x + x^2z^3\,\mathrm{d}y + (3x^2yz^2+x)\,\mathrm{d}z$,其中 L 为 $\dfrac{x^2}{a^2}+\dfrac{y^2}{b^2}+\dfrac{z^2}{c^2}=1$ 与 $\dfrac{x}{a}+\dfrac{y}{b}+\dfrac{z}{c}=1$ 的交线上自点 $A(a,0,0)$ 到点 $B(0,0,c)$ 的优弧段.

解　由于向量场 $f(x,y,z)=\{2xyz^3+z,x^2z^3,3x^2yz^2+x\}$ 在整个空间 $\mathbf{R}^3$ 上有

$$\mathbf{rot}\,f(x,y,z) = \begin{vmatrix} \boldsymbol{i} & \boldsymbol{j} & \boldsymbol{k} \\ \dfrac{\partial}{\partial x} & \dfrac{\partial}{\partial y} & \dfrac{\partial}{\partial z} \\ 2xyz^3+z & x^2z^3 & 3x^2yz^2+x \end{vmatrix} = \mathbf{0},$$

故知 $f(x,y,z)$ 在 $\mathbf{R}^3$ 上是一无旋场.又因被积表达式为

$$(2xyz^3+z)\,\mathrm{d}x + x^2z^3\,\mathrm{d}y + (3x^2yz^2+x)\,\mathrm{d}z$$
$$= 2xyz^3\,\mathrm{d}x + z\,\mathrm{d}x + x^2z^3\,\mathrm{d}y + 3x^2yz^2\,\mathrm{d}z + x\,\mathrm{d}z$$
$$= yz^3\,\mathrm{d}(x^2) + x^2z^3\,\mathrm{d}y + x^2y\,\mathrm{d}(z^3) + (z\,\mathrm{d}x+x\,\mathrm{d}z)$$
$$= \mathrm{d}(yz^3x^2) + \mathrm{d}(xz) = \mathrm{d}(yz^3x^2+xz),$$

故其在 $\mathbf{R}^3$ 上的一个原函数是

$$u(x,y,z) = yx^2z^3+xz.$$

利用公式(13-76),得

$$I = (yx^2z^3+xz)\Big|_{(a,0,0)}^{(0,0,c)} = 0.$$

最后,我们再介绍调和场的概念.

设有向量场 $f(x,y,z)$,如果在区域 Ω 内恒有

$$\operatorname{div}f(x,y,z)=0,\ \mathbf{rot}\,f(x,y,z)=\mathbf{0},$$

即 $f(x,y,z)$ 既是无散度场,又是无旋场,就称向量场 $f(x,y,z)$ 在 Ω 内是**调和场**.

例如,在原点处的点电荷 q 所产生的静电场中,电场强度

$$E = \frac{q}{4\pi\varepsilon_0} \cdot \frac{\boldsymbol{r}}{r^3}, \boldsymbol{r} = \{x, y, z\}, r = |\boldsymbol{r}|,$$

即是无散度场（13.4 节例 4），又是无旋场（本节例 3），所以 $\boldsymbol{E}$ 是调和场.

对于调和场 $\boldsymbol{f}(x, y, z)$，由于 $\mathbf{rot}\,\boldsymbol{f}(x, y, z) = \boldsymbol{0}$，故存在函数 $u = u(x, y, z)$ 使得

$$\boldsymbol{f}(x, y, z) = \mathbf{grad}\,u.$$

又由 $\mathrm{div}\,\boldsymbol{f}(x, y, z) = 0$，所以

$$\mathrm{div}(\mathbf{grad}\,u) = 0,$$

即

$$\frac{\partial^2 u}{\partial x^2} + \frac{\partial^2 u}{\partial y^2} + \frac{\partial^2 u}{\partial z^2} = 0. \tag{13-77}$$

若用**拉普拉斯微分算子** $\Delta = \dfrac{\partial^2}{\partial x^2} + \dfrac{\partial^2}{\partial y^2} + \dfrac{\partial^2}{\partial z^2}$ 来表示，有些文献也将算子 Δ 记为 ∇^2（即 $\nabla \cdot \nabla$），方程（13-77）可简明地写成

$$\Delta u = 0.$$

方程（13-77）称为拉普拉斯方程，它是一个二阶偏微分方程. 具有二阶连续偏导数并且满足方程（13-77）的函数称为**调和函数**，Δu 也称为**调和量**.

习题 13.5

（A）

1. 利用斯托克斯公式，计算下列曲线积分：

   （1）$\oint_L y\,\mathrm{d}x + z\,\mathrm{d}y + x\,\mathrm{d}z$，其中 L 为圆周 $x^2 + y^2 + z^2 = a^2$，$x + y + z = 0$，若从 x 轴的正向看出，该圆周取逆时针方向；

   （2）$\oint_L 2y\,\mathrm{d}x + 3x\,\mathrm{d}y - z^2\,\mathrm{d}z$，$L$ 是球面 $x^2 + y^2 + z^2 = 9$ 与平面 $z = 0$ 的交线，从 z 轴正向看，L 取逆时针方向；

   （3）$\oint_L y^2\,\mathrm{d}x + z^2\,\mathrm{d}y + x^2\,\mathrm{d}z$，其中 L 是以 $A(a, 0, 0)$，$B(0, b, 0)$，$C(0, 0, c)$ 为顶点的三角形的边界曲线，方向为从 A 经 B 和 C，再回到 $A(a>0, b>0, c>0)$；

   （4）$\oint_L x^2 z\,\mathrm{d}x + xy^2\,\mathrm{d}y + z^2\,\mathrm{d}z$，$L$ 是抛物面 $z = 1 - x^2 - y^2$ 在第一卦限部分的边界，方向从正 z 轴向原点看去是逆时针的.

2. 求下列向量场的旋度：

   （1）$\boldsymbol{f}(x, y, z) = \{x^2, xyz, yz^2\}$；

   （2）$\boldsymbol{f}(x, y, z) = \{x^2, \sin xy, \mathrm{e}^x yz\}$；

   （3）$\boldsymbol{f}(x, y, z) = (x+y+z)\{x, y, z\}$；

   （4）$\boldsymbol{f}(x, y, z) = \{z + \sin y, x\cos y - z, 0\}$.

3. 验证下列曲线积分满足与路径无关的条件，并计算其值：

   （1）$\displaystyle\int_{(0,1,2)}^{(1,2,0)} (y+z-2x)\,\mathrm{d}x + (z+x-2y)\,\mathrm{d}y + (x+y-2z)\,\mathrm{d}z$；

   （2）$\displaystyle\int_{(1,0,0)}^{\left(\mathrm{e}, \ln 2, \frac{\pi}{2}\right)} \left(\mathrm{e}^y + \frac{z}{x}\right)\mathrm{d}x + (x\mathrm{e}^y + \cos z)\,\mathrm{d}y + (\ln x - y\sin z)\,\mathrm{d}z$.

4. 验证下列向量场 $\boldsymbol{f}(x, y, z)$ 是有势场，并求出一个势函数：

（1）$f(x,y,z)=\{y^2+2zx,z^2+2xy,x^2+2yz\}$；

（2）$f(x,y,z)=\{e^x\cos(y-z),-e^x\sin(y-z),e^x\sin(y-z)\}$.

5. 证明：$\mathbf{rot}(uf)=u\,\mathbf{rot}\,f+\mathbf{grad}\,u\times f$，其中 $u=u(x,y,z)$ 为数量场.

（B）

1. 计算 $\oint_L(e^x+x^2y^2z^2)\mathrm{d}x+(e^y-y^2z)\mathrm{d}y+(e^z+yz^2)\mathrm{d}z$，其中 L 是旋转抛物面 $x=1-y^2-z^2$ 与平面 $x=0$ 的交线，其方向能使抛物面的正法向量与 x 轴成锐角.

2. 计算 $\oint_L(y-z)\mathrm{d}x+(z-x)\mathrm{d}y+(x-y)\mathrm{d}z$，其中 L 为柱面 $x^2+y^2=a^2$ 和平面 $\dfrac{x}{a}+\dfrac{z}{b}=1$ 的交线（$a>0,b>0$），若从原点 O 向 x 轴正向看去，L 为逆时针方向.

3. 计算 $\oint_L(y^2+z^2)\mathrm{d}x+(z^2+x^2)\mathrm{d}y+(x^2+y^2)\mathrm{d}z$，其中 L 是上半球面 $x^2+y^2+z^2=R^2$（$z\geqslant0$）与圆柱面 $x^2+y^2=Rx$（$R>0$）的交线，方向为从原点 O 向 z 轴正向看去，L 为顺时针方向.

4. 质点在力场 $f(x,y,z)=\{x,y,z\}$ 中，沿曲线 $x=t^2\cos t,y=t^2\sin t,z=t^2$ 自点 $(0,0,0)$ 运动到点 $(-\pi^2,0,\pi^2)$，求力场所做的功.

5. 验证下列微分形式是全微分式，并求出原函数 $u(x,y,z)$：

（1）$\dfrac{1}{x^2}(yz\mathrm{d}x-zx\mathrm{d}y-xy\mathrm{d}z)$；

（2）$\dfrac{1}{(x+z)^2+y^2}[y\mathrm{d}x-(z+x)\mathrm{d}y+y\mathrm{d}z]$.

6. 确定常数 a,b，使向量场 $f(x,y,z)=\{x^2-ayz,y^2-2xz,z^2-bxy\}$ 为有势场，并求其势函数.

7. 下列向量场是否为保守场？如果是，试求其势函数，并计算积分 $I=\int_L f(x,y,z)\cdot\mathrm{d}S$，其中路径 L 的起点为 $A(4,0,1)$，终点为 $B(2,1,-1)$：

（1）$f(x,y,z)=\{6xy+z^3,3x^2-z,3xz^2-y\}$；

（2）$f(x,y,z)=\{yz(2x+y+z),zx(x+2y+z),xy(x+y+2z)\}$；

8. 证明：$\mathrm{div}(f\times g)=g\cdot\mathbf{rot}\,f-f\cdot\mathbf{rot}\,g$.

13.6 数学应用与拓展

13.6.1 普通物理学中的高斯定理

在普通物理学中，有关于电场和磁场的高斯定理. 它们都是高斯公式（13-52）的直接应用.

电场的高斯定理告诉我们包含点电荷 q 的任意闭曲面的电场强度通量（电通量）为 $\dfrac{q}{\varepsilon_0}$，其中 ε_0 为真空电容率.

将电荷 q 置于坐标原点，上述定理等价于如下结论：

设点电荷 q 位于坐标原点，它在真空中产生一个电场，场中任一点 (x,y,z)（原点除外）的电场强度为

$$E=\frac{q}{4\pi\varepsilon_0}\cdot\frac{r^\circ}{r^2},$$

其中 $\boldsymbol{r}=\{x,y,z\}$，$r=|\boldsymbol{r}|$，$\boldsymbol{r}^{\circ}=\dfrac{\boldsymbol{r}}{r}$，则对于任意包含原点的闭曲面 S，方向取外侧，其电通量

$$\oiint\limits_{S}\boldsymbol{E}\cdot\mathrm{d}\boldsymbol{S}=\frac{q}{\varepsilon_0}.$$

证　（1）先证当 S 为任意半径的球面 $x^2+y^2+z^2=R^2$ 时结论都成立.

为此将 $\oiint\limits_{S}\boldsymbol{E}\cdot\mathrm{d}\boldsymbol{S}$ 化为第一型曲面积分，容易看出在球面上的单位正法向为 $\boldsymbol{r}^{\circ}$，所以

$$\oiint\limits_{S}\boldsymbol{E}\cdot\mathrm{d}\boldsymbol{S}=\oiint\limits_{x^2+y^2+z^2=R^2}\boldsymbol{E}\cdot\boldsymbol{r}^{\circ}\mathrm{d}S=\oiint\limits_{x^2+y^2+z^2=R^2}\frac{q}{4\pi\varepsilon_0}\cdot\frac{\boldsymbol{r}^{\circ}}{R^2}\cdot\boldsymbol{r}^{\circ}\mathrm{d}S=\oiint\limits_{x^2+y^2+z^2=R^2}\frac{q}{4\pi\varepsilon_0}\cdot\frac{1}{R^2}\mathrm{d}S$$

$$=\frac{q}{4\pi\varepsilon_0 R^2}\oiint\limits_{x^2+y^2+z^2=R^2}1\mathrm{d}S=\frac{q}{4\pi\varepsilon_0 R^2}4\pi R^2=\frac{q}{\varepsilon_0}.$$

（2）下面来证明对于一般的包含原点的曲面 S，结论成立.

在曲面 S 所围的立体中挖去一个半径为 R 的足够小的球体，使得 S 与 $x^2+y^2+z^2=R^2$ 不相交，此时的空心立体记为 Ω，记曲面 $x^2+y^2+z^2=R^2$ 为 S_1，外侧为正方向，则 Ω 的正向边界为 $S+S_1^-$，由 13.4.2 的例 4 可知，除原点外，$\mathrm{div}\,\boldsymbol{E}=0$. 因此利用高斯公式，有

$$\oiint\limits_{S+S_1^-}\boldsymbol{E}\cdot\mathrm{d}\boldsymbol{S}=\iiint\limits_{\Omega}(\mathrm{div}\,\boldsymbol{E})\mathrm{d}V=0,$$

即

$\oiint\limits_{S+S_1^-}\boldsymbol{E}\cdot\mathrm{d}\boldsymbol{S}=0$，利用积分的分域性质则有 $\oiint\limits_{S}\boldsymbol{E}\cdot\mathrm{d}\boldsymbol{S}=\oiint\limits_{S_1}\boldsymbol{E}\cdot\mathrm{d}\boldsymbol{S}$，再利用（1）中的结论，有

$$\oiint\limits_{S}\boldsymbol{E}\cdot\mathrm{d}\boldsymbol{S}=\frac{q}{\varepsilon_0}.$$

磁场的高斯定理告诉我们任意封闭曲面的磁通量都为 0，即

$$\oiint\limits_{S}\boldsymbol{B}\cdot\mathrm{d}\boldsymbol{S}=0,$$

其中 $\boldsymbol{B}$ 为磁感强度. 可以证明 $\mathrm{div}\,\boldsymbol{B}=0$（参见 13.4.2 例 5），所以利用高斯公式，$\oiint\limits_{S}\boldsymbol{B}\cdot\mathrm{d}\boldsymbol{S}=0$ 成立是必然的.

电场和磁场的散度都为 0，但电场的高斯定理和磁场的高斯定理在描述上是不同的. 从物理学本质看，电场的正电荷和负电荷是可以分开的；而磁场的 N 极和 S 极必定成对出现，单独磁极（或者说单独磁荷）是不存在的. 然而，著名物理学家狄拉克（Dirac）曾预测"磁极是存在的". 这一预测尚未证实，但由于狄拉克正确预测了正电子的存在，所以寻找单独磁极已经成为物理学中引人关注的问题之一.

13.6.2　全微分方程　积分因子

对于一阶微分方程

$$P(x,y)\mathrm{d}x+Q(x,y)\mathrm{d}y=0, \tag{13-78}$$

若它的左边的微分形式 $P(x,y)\mathrm{d}x+Q(x,y)\mathrm{d}y$ 是全微分式,即存在二元函数 $\varphi(x,y)$,使得

$$\mathrm{d}\varphi(x,y)=P(x,y)\mathrm{d}x+Q(x,y)\mathrm{d}y,$$

则称方程(13-78)为**全微分方程**(或恰当方程).

容易看出,若 $\varphi(x,y)$ 是全微分方程(13-78)左边微分形式的一个原函数,则方程(13-78)可表示为

$$\mathrm{d}\varphi(x,y)=P(x,y)\mathrm{d}x+Q(x,y)\mathrm{d}y=0,$$

从而可知微分方程(13-78)的解 $y=y(x)$ 必定满足方程

$$\varphi(x,y)=C, \tag{13-79}$$

即方程(13-78)的解 $y=y(x)$ 是一个由方程(13-79)所确定的隐函数. 反之,若 $y=y(x)$ 是由方程(13-79)确定的一个可微的隐函数,则

$$\varphi(x,y(x))\equiv C.$$

将上式两边对 x 求导,并利用 $\dfrac{\partial\varphi}{\partial x}=P(x,y)$,$\dfrac{\partial\varphi}{\partial y}=Q(x,y)$,得

$$\frac{\partial\varphi}{\partial x}+\frac{\partial\varphi}{\partial y}\cdot\frac{\mathrm{d}y}{\mathrm{d}x}=0,$$

即

$$P(x,y)+Q(x,y)\frac{\mathrm{d}y}{\mathrm{d}x}=0,$$

也就是函数 $y=y(x)$ 满足方程(13-78),即由方程(13-79)所确定的隐函数是微分方程(13-78)的解.

综合以上分析我们得出以下结论:**若方程(13-78)是全微分方程,且函数 $\varphi(x,y)$ 是方程(13-78)左端微分形式的一个原函数,则方程(13-78)的通解为**

$$\varphi(x,y)=C,$$

其中 C 为任意常数. 因此,对于全微方程(13-78)来讲,求其通解的问题可以归结为求其左边微分形式的一个原函数的问题.

从定理 5 可知,若方程(13-78)中的函数 $P(x,y)$,$Q(x,y)$ 在单连通区域 D 内具有一阶连续的偏导数,则方程(13-79)为全微分方程的充要条件是在 D 内处处成立

$$\frac{\partial P}{\partial y}=\frac{\partial Q}{\partial x}.$$

此时,利用公式(13-30)可得方程(13-78)的通解为

$$\varphi(x,y)=\int_{x_0}^{x}P(x,y_0)\mathrm{d}x+\int_{y_0}^{y}Q(x,y)\mathrm{d}y=C,$$

其中 $M_0(x_0,y_0)$ 为 D 中任意取定的一个定点.

例 求微分方程 $[\cos(x+y^2)+3y]\mathrm{d}x+[2y\cos(x+y^2)+3x]\mathrm{d}y=0$ 的通解.

解 因为 $P(x,y)=\cos(x+y^2)+3y$,$Q(x,y)=2y\cos(x+y^2)+3x$,且在整个 xOy 平面上,有

$$\frac{\partial P}{\partial y}=-2y\sin(x+y^2)+3=\frac{\partial Q}{\partial x},$$

故知所求方程是全微分方程.

由于方程左边的微分形式

$$[\cos(x+y^2)+3y]\,dx+[2y\cos(x+y^2)+3x]\,dy$$
$$=\cos(x+y^2)\,dx+3y\,dx+2y\cos(x+y^2)\,dy+3x\,dy$$
$$=\cos(x+y^2)(dx+2y\,dy)+3(y\,dx+x\,dy)$$
$$=\cos(x+y^2)\,d(x+y^2)+3d(xy)$$
$$=d(\sin(x+y^2)+3xy),$$

可得其原函数为

$$\varphi(x,y)=3xy+\sin(x+y^2),$$

所以微分方程的通解是

$$3xy+\sin(x+y^2)=C.$$

在某些情况下,虽然方程(13-78)本身不是一个全微分方程,但如果乘一个适当的函数 $\mu(x,y)(\mu(x,y)\neq0)$ 之后,可使得方程

$$\mu(x,y)P(x,y)\,dx+\mu(x,y)Q(x,y)\,dy=0$$

成为全微分方程,此时我们就称函数 $\mu(x,y)$ 为微分方程(13-78)的**积分因子**.

根据上面的讨论可知,函数 $\mu(x,y)$ 是方程(13-78)的积分因子的充要条件是

$$\frac{\partial(\mu P)}{\partial y}=\frac{\partial(\mu Q)}{\partial x},$$

即

$$Q\frac{\partial\mu}{\partial x}-P\frac{\partial\mu}{\partial y}=\left(\frac{\partial P}{\partial y}-\frac{\partial Q}{\partial x}\right)\mu. \tag{13-80}$$

方程(13-80)是一个一阶线性偏微分方程,对它的求解一般是非常困难的.然而在一些比较简单的情形下,我们仍可通过观察的方法得到积分因子.

例如,方程

$$y\,dx-x\,dy=0$$

不是全微分方程,但若注意到 $d\left(\dfrac{x}{y}\right)=\dfrac{y\,dx-x\,dy}{y^2}$,可知 $\dfrac{1}{y^2}$ 就是它的一个积分因子.不难验证 $\dfrac{1}{xy}$ 和 $\dfrac{1}{x^2}$ 也都是它的积分因子.乘其中任何一个并积分,便能得到所求方程的通解为

$$\frac{x}{y}=C.$$

又如,方程

$$(1+xy)y\,dx+(1-xy)x\,dy=0$$

也不是全微分方程.但将它的各项重新组合,得

$$(y\,dx+x\,dy)+xy(y\,dx-x\,dy)=0,$$

即

$$d(xy)+x^2y^2\left(\frac{dx}{x}-\frac{dy}{y}\right)=0.$$

容易看出 $\dfrac{1}{x^2y^2}$ 是积分因子,两边乘该积分因子后,得

$$\frac{d(xy)}{x^2y^2}+\frac{dx}{x}-\frac{dy}{y}=0,$$

即
$$d\left(-\frac{1}{xy}\right)+d(\ln|x|)-d(\ln|y|)=0,$$

或
$$d\left(-\frac{1}{xy}+\ln\left|\frac{x}{y}\right|\right)=0,$$

两边积分,得方程的通解为

$$-\frac{1}{xy}+\ln\left|\frac{x}{y}\right|=C_1,$$

即
$$\frac{x}{y}=Ce^{\frac{1}{xy}},$$

其中 $C=\pm e^{C_1}$.

第 13 章总习题

1. 计算下列曲线积分:

   (1) $\oint_L\left(\left(\sqrt{x^2+y^2}+x\ln(y+\sqrt{x^2+y^2})\right)dx+\left(\sqrt{x^2+y^2}+y\ln(x+\sqrt{x^2+y^2})\right)dy\right)$,其中 L 为椭圆 $\dfrac{(x-a)^2}{a^2}+\dfrac{(y-b)^2}{b^2}=1$ 的正向;

   (2) $\oint_L\dfrac{x^3dy-y^3dx}{x^{\frac{8}{3}}+y^{\frac{8}{3}}}$,其中 L 是星形线 $x=R\cos^3 t,y=R\sin^3 t(0\leqslant t\leqslant 2\pi)$ 的正向.

2. 设 $A(0,-1),B(\alpha,\alpha),C(1,0),L$ 是由点 A 到点 B 再到点 C 的有向折线,证明曲线积分:
$$\int_L\left[e^{-x}(\cos y-\sin y)+y\right]dx+\left[e^{-x}(\sin y+\cos y)+x\right]dy$$
的值与 α 无关.

3. 如题图 3 所示,计算由圆的渐开线 $x=a(\cos t+t\sin t),y=a(\sin t-t\cos t)(0\leqslant t\leqslant 2\pi)$ 和直线段 $x=a(-2\pi a\leqslant y\leqslant 0)$ 所围成区域的面积.

4. 试确定 k 的值,使上半平面的曲线积分:
$$I=\int_{\widehat{AB}}\frac{x}{y}(x^2+y^2)^k dx-\frac{x^2}{y^2}(x^2+y^2)^k dy$$
与路径无关,并就取点 $A(0,1)$,点 $B(1,2)$ 的情况计算此曲线积分的值.

题图 3

5. 试确定 n 的值,使微分形式
$$\frac{x-y}{(x^2+y^2)^n}dx+\frac{x+y}{(x^2+y^2)^n}dy$$
为全微分式,并求该全微分式的原函数.

*6. 试确定 p 与 q 的值,使方程
$$(3x^2+pxy-y^2)dx+(2x^2+qxy-3y^2)dy=0$$
成为全微分方程,并求该全微分方程的通解.

7. 求满足 $\varphi(\pi)=1$ 且具有一阶连续导数的函数 $\varphi(x)$,使曲线积分
$$I=\int_{\widehat{AB}}(\varphi(x)-\cos x)\frac{y}{x}dx-\varphi(x)dy$$

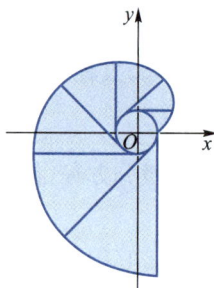

在左(或右)半平面内与路径无关,并求当取点 $A(\pi,\pi)$,点 $B\left(\dfrac{\pi}{2},0\right)$ 时此曲线积分的值.

8. 求满足 $\varphi(0)=1$ 且具有一阶连续导数的函数 $\varphi(x)$,使方程

$$\frac{xy\varphi(x)}{1+x^2}\mathrm{d}x+\left[\,\mathrm{e}^y-\varphi(x)\,\right]\mathrm{d}y=0$$

为全微分方程,并求此全微分方程的通解.

9. 若曲线 $L:y=y(x)(-a\leqslant x\leqslant a)$ 关于 y 轴对称,函数 $Q(x,y)$ 是关于 x 的偶函数,证明:

$$\int_L Q(x,y)\mathrm{d}y=0,$$

其中 $Q(x,y)$ 在 L 上连续,$y'(x)$ 在 $[-a,a]$ 上连续. 并给出使

$$\int_L P(x,y)\mathrm{d}x=0$$

的一个类似的充分条件.

10. 估计曲线积分

$$I_R=\oint_{x^2+y^2=R^2}\frac{y\mathrm{d}x-x\mathrm{d}y}{(x^2+xy+y^2)^2}$$

的范围,并证明 $\lim\limits_{R\to+\infty}I_R=0$.

11. 设函数 u,v 在平面区域 D 上具有二阶连续偏导数,L 为 D 的正向边界闭曲线,$\boldsymbol{n}$ 为 L 的外法线单位向量. 证明:

(1) **第一格林公式**

$$\oint_L v\frac{\partial u}{\partial n}\mathrm{d}s=\iint_D v\Delta u\mathrm{d}x\mathrm{d}y+\iint_D \nabla u\cdot\nabla v\mathrm{d}x\mathrm{d}y,\text{其中 }\Delta=\frac{\partial^2}{\partial x^2}+\frac{\partial^2}{\partial y^2},\nabla=\left\{\frac{\partial}{\partial x},\frac{\partial}{\partial y}\right\};$$

(2) **第二格林公式**

$$\oint_L\left(u\frac{\partial v}{\partial n}-v\frac{\partial u}{\partial n}\right)\mathrm{d}s=\iint_D(u\Delta v-v\Delta u)\mathrm{d}x\mathrm{d}y.$$

12. 设函数 $P(x,y),Q(x,y),u(x,y)$ 在闭区域 D 上有一阶连续偏导数,L 为 D 的正向边界闭曲线,证明:

$$\oint_L uP\mathrm{d}y-uQ\mathrm{d}x=\iint_D\left(P\frac{\partial u}{\partial x}+Q\frac{\partial u}{\partial y}\right)\mathrm{d}x\mathrm{d}y+\iint_D u\left(\frac{\partial P}{\partial x}+\frac{\partial Q}{\partial y}\right)\mathrm{d}x\mathrm{d}y.$$

13. 计算下列曲面积分:

(1) $\displaystyle\iint_\Sigma yz\mathrm{d}z\mathrm{d}x$,其中 Σ 为椭球面 $\dfrac{x^2}{a^2}+\dfrac{y^2}{b^2}+\dfrac{z^2}{c^2}=1$ 上 $z\geqslant0$ 的部分,积分沿 Σ 的上侧;

(2) $\displaystyle\oiint_\Sigma u(x)\mathrm{d}y\mathrm{d}z+v(y)\mathrm{d}z\mathrm{d}x+w(z)\mathrm{d}x\mathrm{d}y$,其中 Σ 为长方体 $0\leqslant x\leqslant a,0\leqslant y\leqslant b,0\leqslant z\leqslant c$ 的边界曲面,积分沿 Σ 的外侧,$u(x),v(y),w(z)$ 是可微函数;

(3) 计算 $\displaystyle\iint_\Sigma\frac{x\mathrm{d}y\mathrm{d}z+y\mathrm{d}z\mathrm{d}x+z\mathrm{d}x\mathrm{d}y}{\sqrt{(x^2+y^2+z^2)^3}}$,其中 Σ 为曲面 $1-\dfrac{z}{5}=\dfrac{(x-2)^2}{3}+\dfrac{(y-1)^2}{2}(z\geqslant0)$ 的上侧.

14. 设 Σ 由平面 $x=\pm a,y=\pm b,z=\pm c$ 围成之长方体的外表面,$\boldsymbol{f}(x,y,z)=\boldsymbol{a}_0+x\boldsymbol{a}_1+y\boldsymbol{a}_2+z\boldsymbol{a}_3$,其中 $\boldsymbol{a}_0,\boldsymbol{a}_1,\boldsymbol{a}_2,\boldsymbol{a}_3$ 为常向量,证明:

$$\operatorname{div}\boldsymbol{f}(x,y,z)=\frac{1}{8abc}\iint_\Sigma\boldsymbol{f}(x,y,z)\cdot\mathrm{d}\boldsymbol{S}.$$

15. 证明曲线积分

$$I = \oint_L \frac{x}{x^2+y^2-1}\mathrm{d}x + \frac{y}{x^2+y^2-1}\mathrm{d}y = 0,$$

其中 L 为区域 $D:x^2+y^2>1$ 中任意光滑闭曲线.

16. 计算曲面积分

$$I = \iint\limits_{\Sigma} (8y+1)x\mathrm{d}y\mathrm{d}z + 2(1-y^2)\mathrm{d}z\mathrm{d}x - 4yz\mathrm{d}x\mathrm{d}y,$$

其中 Σ 为由曲线 $\begin{cases} z=\sqrt{y-1}, \\ x=0 \end{cases}$ $(1 \le y \le 3)$ 绕 y 轴旋转一周所成的曲面,它的法向量与 y 轴正向的夹角为钝角.

17. 流速为 $\boldsymbol{v}(x,y,z) = \{x^3, y^2, z^4\}$ 的流体流过曲面 $z=4-(x^2+y^2)$ 和 $z=-\frac{1}{4}(x^2+y^2)$ 所围成的立体,今有平行于 zOx 平面的平面截此立体,问沿 y 轴正方向通过哪个截面的流量最大?

18. 验证向量场

$$\boldsymbol{f}(x,y,z) = \{ze^{x-z}+(1-x)e^{y-x}, xe^{y-x}+(1-y)e^{z-y}, ye^{z-y}+(1-z)e^{x-z}\}$$

是无旋场,并求它的一个势函数 $u(x,y,z)$.

19. 质点在力场 $\boldsymbol{f}(x,y,z) = \{yz, zx, xy\}$ 的作用下,从坐标原点沿直线运动到椭球面 $\frac{x^2}{a^2}+\frac{y^2}{b^2}+\frac{z^2}{c^2}=1$ 上在第一卦限的点 $M(x,y,z)$ 处,求力场所做的功 W;当点 M 在何处时,W 最大?

20. 设函数 u 在空间区域 Ω 上具有二阶连续偏导数,Σ 为 Ω 的边界闭曲面,$\boldsymbol{n}$ 为 Σ 的外法向单位向量,证明:

(1) $\oiint\limits_{\Sigma} \frac{\partial u}{\partial n}\mathrm{d}S = \iiint\limits_{\Omega} \Delta u \mathrm{d}V$;

(2) $\oiint\limits_{\Sigma} u\frac{\partial u}{\partial n}\mathrm{d}S = \iiint\limits_{\Omega} \left[\left(\frac{\partial u}{\partial x}\right)^2 + \left(\frac{\partial u}{\partial y}\right)^2 + \left(\frac{\partial u}{\partial z}\right)^2 \right]\mathrm{d}V + \iiint\limits_{\Omega} u\Delta u \mathrm{d}V$,其中 $\Delta = \frac{\partial^2}{\partial x^2} + \frac{\partial^2}{\partial y^2} + \frac{\partial^2}{\partial z^2}$.

21. 设向量场 $\boldsymbol{f}(x,y,z) = \{(1+x^2)\varphi(x), 2xy\varphi(x), 3z\}$,其中 $\varphi(x)$ 是可微函数,且 $\varphi(0)=0$. 试确定 $\varphi(x)$,使通量 $\Phi = \iint\limits_{\Sigma} \boldsymbol{f}(x,y,z) \cdot \mathrm{d}\boldsymbol{S}$ 只依赖于闭曲线 L,其中 Σ 为张在空间闭曲线 L 上的任一光滑曲面.

第 13 章部分习题
参考答案

第 14 章　傅里叶级数

在第 8 章中,我们已经提出了函数项级数的概念,并讨论了一种特殊形式的函数项级数——幂级数. 现在我们来讨论另一类在理论和应用中都极为重要的函数项级数——三角级数.

三角级数的一般形式是

$$A_0+A_1\cos x+B_1\sin x+A_2\cos 2x+B_2\sin 2x+\cdots+A_n\cos nx+B_n\sin nx+\cdots$$

$$=A_0+\sum_{n=1}^{\infty}(A_n\cos nx+B_n\sin nx), \tag{14-1}$$

其中系数 A_0, A_n 和 $B_n(n=1,2,\cdots)$ 都是实常数.

由于三角级数 (14-1) 中的每一项都具有周期性(其公共周期为 2π),因此它是研究具有周期性物理现象的重要数学工具. 最早用三角级数方法研究周期性物理现象的是欧拉和伯努利,他们在研究弦振动现象的工作中,就一些孤立的现象、特殊的情况采用了这一工具. 而傅里叶(Fourier,1768—1830,法国数学家、物理学家)在 1822 年出版的《热的分析理论》一书中对欧拉和伯努利的工作做出全面的分析讨论,最后将这一方法发展成为一般理论,他阐述并列举了相当多的一类函数(连续的或不连续的)能用三角级数 (14-1) 来表示. 但是傅里叶未能给出可以用三角级数表示的函数的更一般的条件,也没有给出完整的证明,这一工作是由狄利克雷在发表于 1829 年的论文《关于三角级数的收敛性》中解决的.

本章主要介绍怎样将一个满足所需条件的已知函数表示为三角级数的问题,也就是将函数展开为傅里叶级数的问题.

14.1　引　　言

14.1.1　周期函数

A. 周期函数

在本书第 1 章中,我们介绍过周期函数的概念:对于定义在集合 X 上的函数 $f(x)$,若存在正数 T,对一切 $x\in X$, $x+T\in X$,总有 $f(x+T)=f(x)$,称 $f(x)$ 是 X 上的**周期函数**. 周期函数反映了现实世界中一种十分普遍的周期现象.

最典型的周期函数是三角函数,其中具有代表性的是描述**简谐振动**的函数

$$y = A\sin(\omega t + \varphi),$$

它就是一个以 $T = \dfrac{2\pi}{\omega}$ 为周期的正弦函数,其中 y 表示运动质点与平衡点的相对位置,t 表示时间,$|A|$ 为振幅,ω 为角频率,φ 为初位相.

在实际问题中,除了正弦函数等三角函数,还有各种各样较复杂的周期现象.例如电子技术中常会遇到的以 T 为周期的**锯齿波**(图 14-1(a))和**矩形波**(图 14-1(b))就是非三角函数周期现象的例子.

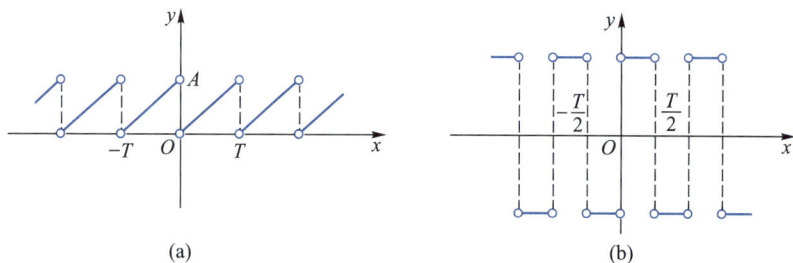

(a)   (b)

图 14-1

B. 周期函数的谐量分析

一种很自然的想法就是将类似于上述锯齿波和矩形波等较复杂的周期函数,用一系列最简单的周期函数,比如以 $T = \dfrac{2\pi}{\omega}$ 为周期的正弦(波)函数 $A_n\sin(n\omega t + \varphi_n)$ 叠加而成的级数

$$f(t) = A_0 + \sum_{n=1}^{\infty} A_n\sin(n\omega t + \varphi_n) \tag{14-2}$$

来表示.这样表示的物理意义是很明确的,就是把一个比较复杂的周期运动看成是许多不同频率的简谐振动的叠加.

这种方法在电工学中被称为**谐量分析**或**谐波分析**,其中常数项 A_0 称为 $f(t)$ 的**直流分量**,而 $A_1\sin(\omega t + \varphi_1)$ 称为**一次谐波**(又称为**基波**),$A_2\sin(2\omega t + \varphi_2)$ 称为**二次谐波**,等等.

利用三角公式可将等式(14-2)右端的级数化为

$$A_0 + \sum_{n=1}^{\infty} A_n(\sin \varphi_n \cos n\omega t + \cos \varphi_n \sin n\omega t),$$

为便于以后的讨论,令 $\dfrac{a_0}{2} = A_0, a_n = A_n\sin \varphi_n, b_n = A_n\cos \varphi_n$,并记 $x = \omega t$,则上式又可化为

$$\frac{a_0}{2} + \sum_{n=1}^{\infty} (a_n\cos nx + b_n\sin nx). \tag{14-3}$$

一般地,称形如(14-3)式的函数项级数为**三角级数**.

对此我们必须研究以下一些问题:

(1) 函数 $f(x)$ 具备什么条件,才能展开为形如(14-3)式的三角级数?

(2) 若函数 $f(x)$ 可以展开为形如(14-3)式的三角级数,则其中的系数 $a_0, a_1, b_1, \cdots, a_n,$ $b_n, \cdots$ 如何确定?

（3）对应于 $f(x)$ 的三角级数展开式（14-3）是否一定收敛？若收敛是否收敛于 $f(x)$？

为了讨论这些问题，我们先来建立三角函数系的正交性的概念.

14.1.2 三角函数系的正交性

A. 函数系的正交性

若对于区间 $[a,b]$ 上给定的可积函数系

$$\{f_1(x), f_2(x), \cdots, f_n(x), \cdots\}, \tag{14-4}$$

有

$$\int_a^b f_i(x)f_j(x)\mathrm{d}x = 0\,(i\neq j),\ \int_a^b f_i^2(x)\mathrm{d}x \neq 0\,(i=1,2,\cdots),$$

则称函数系（14-4）是区间 $[a,b]$ 上的**正交函数系**.

正交函数系如同正交坐标系一样重要，至今人们已构造出多种正交函数系（比如切比雪夫（Chebyshev）多项式，勒让德（Legendre）多项式等），并将函数展开为各种不同的正交函数系上的级数，由此构成了广义傅里叶级数的理论.

B. 三角函数系的正交性

1. 基本三角函数系

称函数系

$$\{1, \cos x, \sin x, \cos 2x, \sin 2x, \cdots, \cos nx, \sin nx, \cdots\} \tag{14-5}$$

为**基本三角函数系**.

可以证明，基本三角函数系（14-5）是 $[-\pi, \pi]$ 上的正交函数系，这是因为：

（1）对于任意正整数 n 有

$$\int_{-\pi}^{\pi} 1 \cdot \cos nx\mathrm{d}x = 0, \quad \int_{-\pi}^{\pi} 1 \cdot \sin nx\mathrm{d}x = 0;$$

（2）对于任意两个正整数 m, n 有

当 $m \neq n$ 时, $\displaystyle\int_{-\pi}^{\pi} \cos mx\sin nx\mathrm{d}x = \frac{1}{2}\int_{-\pi}^{\pi}[\sin(m+n)x - \sin(m-n)x]\mathrm{d}x$

$$= \frac{1}{2}\left[\frac{1}{m-n}\cos(m-n)x - \frac{1}{m+n}\cos(m+n)x\right]\bigg|_{-\pi}^{\pi} = 0,$$

当 $m = n$ 时, $\displaystyle\int_{-\pi}^{\pi} \cos nx\sin nx\mathrm{d}x = \frac{1}{2n}\sin^2 nx\bigg|_{-\pi}^{\pi} = 0$;

（3）对于任意两个不相等的正整数 m, n 有

$$\int_{-\pi}^{\pi} \cos mx\cos nx\mathrm{d}x = \frac{1}{2}\int_{-\pi}^{\pi}[\cos(m+n)x + \cos(m-n)x]\mathrm{d}x$$

$$= \frac{1}{2}\left[\frac{1}{m+n}\sin(m+n)x + \frac{1}{m-n}\sin(m-n)x\right]\bigg|_{-\pi}^{\pi} = 0,$$

$$\int_{-\pi}^{\pi} \sin mx\sin nx\mathrm{d}x = \frac{1}{2}\int_{-\pi}^{\pi}[\cos(m-n)x - \cos(m+n)x]\mathrm{d}x$$

$$= \frac{1}{2}\left[\frac{1}{m-n}\sin(m-n)x - \frac{1}{m+n}\sin(m+n)x\right]\bigg|_{-\pi}^{\pi} = 0;$$

（4）
$$\int_{-\pi}^{\pi} 1^2 \mathrm{d}x = 2\pi.$$

$$\int_{-\pi}^{\pi} \cos^2 nx \mathrm{d}x = \pi, \quad \int_{-\pi}^{\pi} \sin^2 nx \mathrm{d}x = \pi, n = 1, 2, 3, \cdots.$$

由于基本三角函数系(14-5)中的每个函数都有一个共同的周期 2π，因此也可以说函数系 (14-5)是任一长为 2π 的区间上的正交函数系.

2. 一般三角函数系

对于有共同周期 $2l(l>0)$ 的三角函数系

$$\left\{ 1, \cos\frac{\pi x}{l}, \sin\frac{\pi x}{l}, \cos\frac{2\pi x}{l}, \sin\frac{2\pi x}{l}, \cdots, \cos\frac{n\pi x}{l}, \sin\frac{n\pi x}{l}, \cdots \right\}, \tag{14-6}$$

可以用类似于上述的方法来证明它是一个长为 $2l$ 的区间上的正交函数系.

习题 14.1

（A）

1. 设 $f(x)$ 是以 2π 为周期的函数,它在区间 $[-\pi, \pi)$ 上的定义式为

$$f(x) = \cos\frac{x}{2},$$

写出它在区间 $[9\pi, 11\pi)$ 上的定义表达式.

2. 在区间 $[-1, 1]$ 上,定义函数序列 $f_n(x)$：$f_0(x) = 1$, $f_1(x) = x$,当 $n>1$ 时, $f_n(x) = 2xf_{n-1}(x) - f_{n-2}(x)$. 证明：
(1) $f_n(x) = \cos(n \arccos x)$；(2) 该函数系在区间 $[-1, 1]$ 上具有正交性.

（B）

1. 若 $[a, b]$ 上的正交函数系中每个函数的平方在 $[a, b]$ 上的积分均为 1,则称其为 $[a, b]$ 上的**标准**(或规范)**正交函数系**. 证明

$$\left\{ \frac{1}{\sqrt{2l}}, \frac{1}{\sqrt{l}}\cos\frac{\pi x}{l}, \frac{1}{\sqrt{l}}\sin\frac{\pi x}{l}, \frac{1}{\sqrt{l}}\cos\frac{2\pi x}{l}, \frac{1}{\sqrt{l}}\sin\frac{2\pi x}{l}, \cdots, \frac{1}{\sqrt{l}}\cos\frac{n\pi x}{l}, \frac{1}{\sqrt{l}}\sin\frac{n\pi x}{l}, \cdots \right\}$$

是 $[-l, l]$ 上的标准正交函数系.

2. 试确定常数 $a_0, a_1, a_2, a_3, a_4, a_5$ 的值,使函数系

$$\{ a_0, a_1 + a_2 x, a_3 + a_4 x + a_5 x^2 \}$$

成为 $[-1, 1]$ 上的标准正交函数系.

14.2　周期函数的傅里叶级数展开

由于(14-1)式中的 $\cos nx, \sin nx$ 都是以 2π 为周期的函数,所以如果(14-1)式所表示的 三角级数收敛,若记其和函数为 $S(x)$,则 $S(x)$ 也一定是以 2π 为周期的函数,于是我们首先讨 论以 2π 为周期的函数 $f(x)$ 的傅里叶级数展开问题.

14.2.1　周期为 2π 的函数的傅里叶级数展开

A. 函数的傅里叶级数

设函数 $f(x)$ 是以 2π 为周期的周期函数,且能展开成三角级数

$$f(x) = \frac{a_0}{2} + \sum_{n=1}^{\infty} (a_n \cos nx + b_n \sin nx). \tag{14-7}$$

我们首先需要考虑的问题是如何计算(14-7)式中的系数 a_0, a_n 和 $b_n (n = 1, 2, \cdots)$. 为此,我们进一步假定 $f(x)$ 是可积函数且此三角级数可以逐项积分.

对(14-7)式在 $[-\pi, \pi]$ 上积分,并利用三角函数系(14-5)的正交性,可得

$$\int_{-\pi}^{\pi} f(x) \, dx = \int_{-\pi}^{\pi} \frac{a_0}{2} \, dx + \sum_{n=1}^{\infty} \left(a_n \int_{-\pi}^{\pi} \cos nx \, dx + b_n \int_{-\pi}^{\pi} \sin nx \, dx \right) = \pi a_0,$$

于是有

$$a_0 = \frac{1}{\pi} \int_{-\pi}^{\pi} f(x) \, dx.$$

把(14-7)式改写成

$$f(x) = \frac{a_0}{2} + \sum_{k=1}^{\infty} (a_k \cos kx + b_k \sin kx), \tag{14-7'}$$

再利用三角函数系(14-5)的正交性,将等式(14-7′)两端同乘 $\cos nx$,并在 $[-\pi, \pi]$ 上积分得

$$\int_{-\pi}^{\pi} f(x) \cos nx \, dx = \int_{-\pi}^{\pi} \frac{a_0}{2} \cos nx \, dx + \sum_{k=1}^{\infty} \left(a_k \int_{-\pi}^{\pi} \cos kx \cos nx \, dx + \right.$$
$$\left. b_k \int_{-\pi}^{\pi} \sin kx \cos nx \, dx \right) = a_n \int_{-\pi}^{\pi} \cos^2 nx \, dx = \pi a_n.$$

于是

$$a_n = \frac{1}{\pi} \int_{-\pi}^{\pi} f(x) \cos nx \, dx, n = 1, 2, 3, \cdots.$$

类似地将等式(14-7′)两端同乘 $\sin nx$,并在 $[-\pi, \pi]$ 上积分,可得

$$b_n = \frac{1}{\pi} \int_{-\pi}^{\pi} f(x) \sin nx \, dx, n = 1, 2, 3, \cdots.$$

这样就得到了通常所称的**欧拉-傅里叶公式**

$$\begin{cases} a_n = \dfrac{1}{\pi} \displaystyle\int_{-\pi}^{\pi} f(x) \cos nx \, dx, n = 0, 1, 2, 3, \cdots, \\ b_n = \dfrac{1}{\pi} \displaystyle\int_{-\pi}^{\pi} f(x) \sin nx \, dx, n = 1, 2, 3, \cdots. \end{cases} \tag{14-8}$$

而根据公式(14-8)所得到的 $a_0, a_n, b_n (n = 1, 2, 3, \cdots)$ 称为函数 $f(x)$ 的**傅里叶系数**.

根据 $f(x)$ 以 2π 为周期的特点,傅里叶系数公式(14-8)中的积分区间也可以是任意一个长为 2π 的区间 $[a, a+2\pi]$,此时傅里叶系数公式便成为

$$\begin{cases} a_n = \dfrac{1}{\pi} \displaystyle\int_{a}^{a+2\pi} f(x) \cos nx \, dx, n = 0, 1, 2, 3, \cdots, \\ b_n = \dfrac{1}{\pi} \displaystyle\int_{a}^{a+2\pi} f(x) \sin nx \, dx, n = 1, 2, 3, \cdots. \end{cases} \tag{14-8'}$$

由以上傅里叶系数构造出来的三角级数

$$\frac{a_0}{2} + \sum_{n=1}^{\infty} (a_n \cos nx + b_n \sin nx)$$

称为函数 $f(x)$ 的**傅里叶级数**,记为

$$f(x) \sim \frac{a_0}{2} + \sum_{n=1}^{\infty} (a_n \cos nx + b_n \sin nx), \qquad (14\text{-}9)$$

这里的记号"~"表示该记号两边的表达式之间存在着以(14-8)式所表示的对应关系.

值得注意的是,公式(14-8)是在 $f(x)$ 能展开成(14-7)式的条件下求得的,但仅从公式本身来看,只要 $f(x)$ 在 $[-\pi, \pi]$ 上可积,就可以按此公式计算出 $f(x)$ 的傅里叶系数,并唯一地写出 $f(x)$ 的傅里叶级数,但这个级数是否收敛于 $f(x)$ 是需要进一步讨论的,因而在式(14-9)中使用"~"符号,而不是"=".

例 1　设 $f(x)$ 是以 2π 为周期的周期函数,它在区间 $[-\pi, \pi)$ 上的表达式为

$$f(x) = \begin{cases} -1, & -\pi \leqslant x < 0, \\ 1, & 0 \leqslant x < \pi, \end{cases}$$

求出函数 $f(x)$ 的傅里叶级数.

解　由于 $f(x)$ 在 $[-\pi, \pi)$ 上已给出表达式,利用欧拉-傅里叶公式(14-8),其傅里叶系数为

$$a_0 = \frac{1}{\pi} \int_{-\pi}^{\pi} f(x)\,\mathrm{d}x = \frac{1}{\pi} \left[\int_{-\pi}^{0} (-1)\,\mathrm{d}x + \int_{0}^{\pi} 1\,\mathrm{d}x \right] = 0,$$

$$a_n = \frac{1}{\pi} \int_{-\pi}^{\pi} f(x) \cos nx\,\mathrm{d}x = \frac{1}{\pi} \left[\int_{-\pi}^{0} (-1)\cos nx\,\mathrm{d}x + \int_{0}^{\pi} \cos nx\,\mathrm{d}x \right]$$

$$= \frac{1}{\pi} \left(-\frac{1}{n}\sin nx \Big|_{-\pi}^{0} + \frac{1}{n}\sin nx \Big|_{0}^{\pi} \right) = 0 \quad (n = 1, 2, \cdots),$$

$$b_n = \frac{1}{\pi} \int_{-\pi}^{\pi} f(x) \sin nx\,\mathrm{d}x = \frac{2}{\pi} \int_{0}^{\pi} \sin nx\,\mathrm{d}x = -\frac{2}{n\pi}\cos nx \Big|_{0}^{\pi}$$

$$= -\frac{2}{n\pi}(\cos n\pi - 1) = \frac{2}{n\pi}\left[1 - (-1)^n \right] \quad (n = 1, 2, \cdots).$$

根据(14-9)式,函数 $f(x)$ 的傅里叶级数为

$$f(x) \sim \sum_{n=1}^{\infty} \frac{2}{n\pi}\left[1 - (-1)^n \right] \sin nx, \qquad (14\text{-}10)$$

即

$$f(x) \sim \frac{4}{\pi} \left[\sin x + \frac{1}{3}\sin 3x + \cdots + \frac{1}{2n-1}\sin(2n-1)x + \cdots \right].$$

B. 收敛性定理

在例 1 中,我们对一个以 2π 为周期的具体函数 $f(x)$ 求出了它的傅里叶级数(14-10). 而且可知,如果一个定义在 $(-\infty, +\infty)$ 内周期为 2π 的函数 $f(x)$ 在一个周期上可积,则一定可通过(14-8)式计算其傅里叶系数,并写出它的傅里叶级数(14-9).

下面我们进一步讨论(14-9)式中的傅里叶级数

$$\frac{a_0}{2} + \sum_{n=1}^{\infty} (a_n \cos nx + b_n \sin nx)$$

是否收敛? 如果它收敛(其和函数记为 $S(x)$),它是否收敛于 $f(x)$(即 $S(x) = f(x)$)? 也就是讨论 $f(x)$ 能否表示为傅里叶级数

$$f(x) = \frac{a_0}{2} + \sum_{n=1}^{\infty} (a_n \cos nx + b_n \sin nx) \tag{14-11}$$

的问题. 如果(14-11)式成立,我们就把(14-11)式称为函数 $f(x)$ 的**傅里叶级数展开式**.

一般来说,这两个问题的答案都不是肯定的,下面的收敛性定理在一定条件下对这两个问题给出了回答.

定理 1(狄利克雷收敛定理) 设函数 $f(x)$ 是以 2π 为周期的有界函数,且在 $[-\pi, \pi]$ 上除有限个第一类间断点外分段单调且连续,则 $f(x)$ 的傅里叶级数

$$\frac{a_0}{2} + \sum_{n=1}^{\infty} (a_n \cos nx + b_n \sin nx)$$

在 $(-\infty, +\infty)$ 内收敛,且对于其和函数 $S(x)$,有

(1) 当 x 是 $f(x)$ 的连续点时,$S(x) = f(x)$;

(2) 当 x 是 $f(x)$ 的间断点时,

$$S(x) = \frac{1}{2}[f(x-0) + f(x+0)].$$

该定理的证明从略.

定理中的条件称为**狄利克雷条件**,这个条件对常见的函数是满足的,因而定理的适用范围相当广泛.

从这一定理可知,当以 2π 为周期的函数 $f(x)$ 在区间 $[-\pi, \pi]$ 上至多有有限个第一类间断点,且至多作有限次振动时,函数 $f(x)$ 的傅里叶级数的收敛域为 $(-\infty, +\infty)$. 另一方面,由于在函数 $f(x)$ 的连续点 x 处必有

$$f(x-0) = f(x+0) = f(x),$$

所以可以将和函数统一写成

$$S(x) = \frac{1}{2}[f(x-0) + f(x+0)].$$

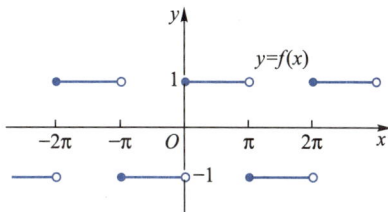

图 14-2

根据这一定理,对于例 1 来说,从其图形(如图 14-2)可知,当 $x \neq 0, \pm\pi, \cdots, \pm n\pi, \cdots$ 时, $f(x)$ 的傅里叶级数收敛于 $f(x)$,故可写出等式

$$f(x) = \sum_{n=1}^{\infty} \frac{2}{n\pi} [1 - (-1)^n] \sin nx, \quad x \neq 0, \pm\pi, \cdots, \pm n\pi, \cdots \tag{14-10'}$$

而其和函数 $S(x)$ 的图形(如图 14-3)与 $f(x)$ 的图形在 $x = 0, \pm\pi, \cdots, \pm n\pi, \cdots$ 处是不同的.

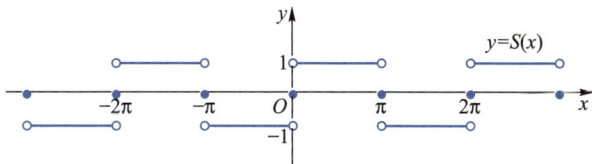

图 14-3

如果把例 1 中的函数理解为矩形波的波形函数(自变量 x 表示时间,周期 $T = 2\pi$),(14-10')式表明:矩形波是一系列不同频率的正弦波(简谐振动)的叠加.

例 2   设 $f(x)$ 是以 2π 为周期的周期函数,它在 $[4\pi,6\pi)$ 上的表达式为

$$f(x)=x-4\pi,$$

将函数 $f(x)$ 展开成傅里叶级数.

解   先写出 $f(x)$ 的傅里叶级数.取积分区间为 $[4\pi,6\pi)$,利用傅里叶系数公式(14-8′)得

$$a_0=\frac{1}{\pi}\int_{4\pi}^{6\pi}(x-4\pi)\,dx=\frac{1}{\pi}\left(\frac{1}{2}x^2-4\pi x\right)\bigg|_{4\pi}^{6\pi}=2\pi,$$

$$a_n=\frac{1}{\pi}\int_{4\pi}^{6\pi}f(x)\cos nx\,dx=\frac{1}{n\pi}\int_{4\pi}^{6\pi}(x-4\pi)\,d(\sin nx)$$

$$=\frac{1}{n\pi}\left[(x-4\pi)\sin nx+\frac{1}{n}\cos nx\right]\bigg|_{4\pi}^{6\pi}=0,\ n=1,2,\cdots,$$

$$b_n=\frac{1}{\pi}\int_{4\pi}^{6\pi}f(x)\sin nx\,dx=-\frac{1}{n\pi}\int_{4\pi}^{6\pi}(x-4\pi)\,d(\cos nx)$$

$$=-\frac{1}{n\pi}\left[(x-4\pi)\cos nx-\frac{1}{n}\sin nx\right]\bigg|_{4\pi}^{6\pi}=-\frac{2}{n},\ n=1,2,3,\cdots.$$

故
$$f(x)\sim\pi-\sum_{n=1}^{\infty}\frac{2}{n}\sin nx.$$

从函数 $f(x)$ 的周期性及其在区间 $(4\pi,6\pi)$ 上的连续性可知,$f(x)$ 在整个实轴上除点 $x=0,\pm2\pi,\pm4\pi,\pm6\pi,\cdots$ 外都连续(图 14-4),所以由狄利克雷收敛定理可知

$$f(x)=\pi-\sum_{n=1}^{\infty}\frac{2}{n}\sin nx,\ -\infty<x<+\infty,\ x\neq0,\pm2\pi,\pm4\pi,\pm6\pi,\cdots$$

若记函数 $f(x)$ 的傅里叶级数的和函数为 $S(x)$,则根据狄利克雷收敛定理可知 $S(x)$ 的图形如图 14-5 所示.

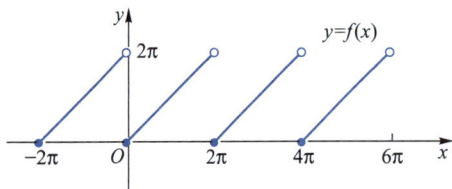

图 14-4

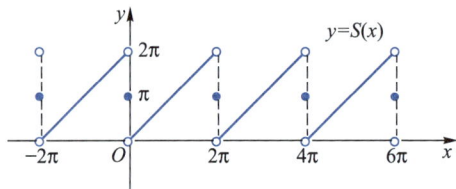

图 14-5

例 3   如图 14-6 所示,若 $f(x)$ 是以 2π 为周期的函数,在 $[-\pi,\pi]$ 上

$$f(x)=|x|,$$

试将函数 $f(x)$ 展开成傅里叶级数.

解   先求函数 $f(x)$ 的傅里叶系数,

$$a_0=\frac{1}{\pi}\int_{-\pi}^{\pi}f(x)\,dx=\frac{1}{\pi}\int_{-\pi}^{\pi}|x|\,dx$$

$$=\frac{2}{\pi}\int_{0}^{\pi}x\,dx=\pi,$$

$$a_n=\frac{1}{\pi}\int_{-\pi}^{\pi}f(x)\cos nx\,dx=\frac{1}{\pi}\int_{-\pi}^{\pi}|x|\cos nx\,dx$$

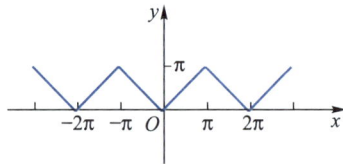

图 14-6

$$= \frac{2}{\pi} \int_0^\pi x\cos nx \mathrm{d}x = \frac{2}{\pi} \left[\frac{x\sin nx}{n} + \frac{\cos nx}{n^2} \right]_0^\pi$$

$$= \frac{2}{n^2 \pi} \left[(-1)^n - 1 \right] = \begin{cases} -\dfrac{4}{n^2 \pi}, & n = 1,3,5,\cdots, \\ 0, & n = 2,4,6,\cdots, \end{cases}$$

$$b_n = \frac{1}{\pi} \int_{-\pi}^\pi f(x)\sin nx \mathrm{d}x = \frac{1}{\pi} \int_{-\pi}^\pi |x|\sin nx \mathrm{d}x = 0.$$

所以函数的傅里叶级数为

$$\frac{\pi}{2} - \frac{4}{\pi} \left[\cos x + \frac{1}{3^2}\cos 3x + \frac{1}{5^2}\cos 5x + \cdots + \frac{1}{(2k-1)^2}\cos(2k-1)x + \cdots \right].$$

由于 $f(x)$ 在 $(-\infty,+\infty)$ 上都连续,所以由狄利克雷定理可知其和函数 $S(x)$ 就是 $f(x)$,即对 $x \in (-\infty,+\infty)$,有

$$f(x) = \frac{\pi}{2} - \frac{4}{\pi} \left[\cos x + \frac{1}{3^2}\cos 3x + \frac{1}{5^2}\cos 5x + \cdots + \frac{1}{(2k-1)^2}\cos(2k-1)x + \cdots \right].$$

C. 正弦级数与余弦级数

一般来说,一个函数的傅里叶级数既含有正弦项,又含有余弦项.但是,也有一些函数的傅里叶级数只含有正弦项(见例1)或者只含有常数项和余弦项(见例3).究其原因,这与函数的奇偶性有密切的关系.

如果 $f(x)$ 是以 2π 为周期的偶函数,这时 $f(x)\cos nx$ 是偶函数,$f(x)\sin nx$ 是奇函数,从傅里叶系数公式(14-8)及奇偶函数的定积分性质得

$$\begin{cases} a_n = \dfrac{1}{\pi} \int_{-\pi}^\pi f(x)\cos nx \mathrm{d}x = \dfrac{2}{\pi} \int_0^\pi f(x)\cos nx \mathrm{d}x, n = 0,1,2,\cdots, \\ b_n = \dfrac{1}{\pi} \int_{-\pi}^\pi f(x)\sin nx \mathrm{d}x = 0, n = 1,2,\cdots, \end{cases} \tag{14-12}$$

故偶函数的傅里叶级数是只含有余弦函数项及常数项的**余弦级数**.

$$\frac{a_0}{2} + \sum_{n=1}^\infty a_n\cos nx. \tag{14-13}$$

类似地,当 $f(x)$ 是以 2π 为周期的奇函数时,由于 $f(x)\cos nx$ 是奇函数,$f(x)\sin nx$ 是偶函数,故有

$$\begin{cases} a_n = \dfrac{1}{\pi} \int_{-\pi}^\pi f(x)\cos nx \mathrm{d}x = 0, n = 0,1,\cdots, \\ b_n = \dfrac{1}{\pi} \int_{-\pi}^\pi f(x)\sin nx \mathrm{d}x = \dfrac{2}{\pi} \int_0^\pi f(x)\sin nx \mathrm{d}x, n = 1,2,\cdots, \end{cases} \tag{14-14}$$

即奇函数的傅里叶级数是只含有正弦函数项的**正弦级数**

$$\sum_{n=1}^\infty b_n\sin nx. \tag{14-15}$$

以上公式(14-12)与(14-14)就是偶函数与奇函数的傅里叶系数公式.

例 4　如图14-7所示,设 $f(x)$ 是以 2π 为周期的周期函数,它在 $[-\pi,\pi)$ 上的表达式为

$$f(x) = \cos \frac{x}{2},$$

试将 $f(x)$ 展开为傅里叶级数.

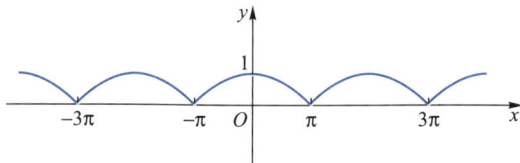

图 14-7

解　因为 $f(x)$ 是 $(-\pi,\pi)$ 内的偶函数,故其傅里叶级数是余弦级数.

$$b_n = 0, n = 1, 2, 3, \cdots.$$

$$a_n = \frac{2}{\pi} \int_0^\pi \cos \frac{x}{2} \cos nx \mathrm{d}x = \frac{1}{\pi} \int_0^\pi \left[\cos \left(n + \frac{1}{2} \right) x + \cos \left(n - \frac{1}{2} \right) x \right] \mathrm{d}x$$

$$= \frac{1}{\pi} \left[\frac{1}{n + \frac{1}{2}} \sin \left(n + \frac{1}{2} \right) x + \frac{1}{n - \frac{1}{2}} \sin \left(n - \frac{1}{2} \right) x \right]_0^\pi$$

$$= \frac{(-1)^{n+1} 4}{(4n^2 - 1)\pi}, n = 0, 1, 2, 3, \cdots.$$

故有

$$f(x) \sim \frac{2}{\pi} + \frac{4}{\pi} \sum_{n=1}^{\infty} \frac{(-1)^{n+1}}{4n^2 - 1} \cos nx.$$

由于函数 $f(x)$ 在 $(-\infty, +\infty)$ 内连续,根据狄利克雷收敛定理可知

$$f(x) = \frac{2}{\pi} + \frac{4}{\pi} \sum_{n=1}^{\infty} \frac{(-1)^{n+1}}{4n^2 - 1} \cos nx, -\infty < x < +\infty.$$

14.2.2　傅里叶级数的性质

在傅里叶级数的展开与应用中,会涉及对傅里叶级数作微分或积分的运算,现不加证明地引述下列几个有关定理.

定理 2(唯一性定理)　若两个三角级数

$$\frac{a_0}{2} + \sum_{n=1}^{\infty} (a_n \cos nx + b_n \sin nx),$$

$$\frac{A_0}{2} + \sum_{n=1}^{\infty} (A_n \cos nx + B_n \sin nx)$$

对所有的 x 均收敛于同一个和函数,则对应的系数必分别相等,即

$$A_n = a_n (n = 0, 1, 2, 3, \cdots), B_n = b_n (n = 1, 2, 3, \cdots).$$

定理 3(逐项积分定理)　以 2π 为周期的函数 $f(x)$ 的傅里叶级数

$$\frac{a_0}{2} + \sum_{n=1}^{\infty} (a_n \cos nx + b_n \sin nx)$$

总可以在任意两个积分限 x_0 到 x 之间逐项积分,且新的级数收敛,并有

$$\int_{x_0}^{x} \left[\frac{a_0}{2} + \sum_{n=1}^{\infty} (a_n \cos nx + b_n \sin nx) \right] \mathrm{d}x$$

$$= \int_{x_0}^{x} \frac{a_0}{2} \mathrm{d}x + \sum_{n=1}^{\infty} \left(a_n \int_{x_0}^{x} \cos nx \mathrm{d}x + b_n \int_{x_0}^{x} \sin nx \mathrm{d}x \right).$$

定理 4(逐项微分定理)　若 $f(x)$ 是以 2π 为周期的可微函数,而 $f'(x)$ 在长为 2π 的闭区间上分段连续,则对 $f(x)$ 的傅里叶级数逐项求导可得到 $f'(x)$ 的傅里叶级数.

最明显的例子就是我们可以将例 3 的结论经过逐项求导得到例 1 的结论.

14.2.3　周期为 2*l* 的函数的傅里叶级数展开

到现在为止,我们所讨论的周期函数都是以 2π 为周期的.但在现实世界中的周期函数的周期并不总等于 2π.下面我们讨论周期为 $2l$(l 为正的常数)的函数展开为傅里叶级数的问题.

设 $f(x)$ 是以 $2l(l>0)$ 为周期的周期函数,作变换 $x = \dfrac{lt}{\pi}$,并记

$$\varphi(t) = f\left(\frac{lt}{\pi} \right),$$

则对任一实数 t 有

$$\varphi(t+2\pi) = f\left(\frac{l(t+2\pi)}{\pi} \right) = f\left(\frac{lt}{\pi} + 2l \right) = f\left(\frac{lt}{\pi} \right) = \varphi(t),$$

可知 $\varphi(t)$ 是一个以 2π 为周期的周期函数.对于 $\varphi(t)$ 我们可以作出其傅里叶级数

$$\varphi(t) \sim \frac{a_0}{2} + \sum_{n=1}^{\infty} (a_n \cos nt + b_n \sin nt),$$

其中

$$a_n = \frac{1}{\pi} \int_{-\pi}^{\pi} \varphi(t) \cos nt \mathrm{d}t, n = 0, 1, 2, 3, \cdots,$$

$$b_n = \frac{1}{\pi} \int_{-\pi}^{\pi} \varphi(t) \sin nt \mathrm{d}t, n = 1, 2, 3, \cdots.$$

作积分变换 $t = \dfrac{\pi x}{l}$,由于 $\mathrm{d}t = \dfrac{\pi}{l} \mathrm{d}x$,便有

$$\begin{cases} a_n = \dfrac{1}{l} \int_{-l}^{l} f(x) \cos \dfrac{n\pi x}{l} \mathrm{d}x, n = 0, 1, 2, 3, \cdots, \\ b_n = \dfrac{1}{l} \int_{-l}^{l} f(x) \sin \dfrac{n\pi x}{l} \mathrm{d}x, n = 1, 2, 3, \cdots, \end{cases} \tag{14-16}$$

及

$$f(x) \sim \frac{a_0}{2} + \sum_{n=1}^{\infty} \left(a_n \cos \frac{n\pi x}{l} + b_n \sin \frac{n\pi x}{l} \right). \tag{14-17}$$

前面关于周期为 2π 的函数的傅里叶级数的四个定理同样适用于这里以 $2l$ 为周期的函数.同时当 $f(x)$ 是以 $2l$ 为周期的奇函数时,有

$$\begin{cases} a_n = 0, n = 0, 1, 2, 3, \cdots, \\ b_n = \dfrac{2}{l} \int_{0}^{l} f(x) \sin \dfrac{n\pi x}{l} \mathrm{d}x, n = 1, 2, 3, \cdots, \end{cases} \tag{14-18}$$

此时 $f(x)$ 的傅里叶级数是只含有正弦函数项的正弦级数

$$\sum_{n=1}^{\infty} b_n \sin \frac{n\pi x}{l}.$$

当 $f(x)$ 是以 $2l$ 为周期的偶函数时，有

$$\begin{cases} a_n = \dfrac{2}{l} \displaystyle\int_0^l f(x) \cos \dfrac{n\pi x}{l} \mathrm{d}x, n = 0,1,2,3,\cdots, \\ b_n = 0, n = 1,2,3,\cdots, \end{cases} \tag{14-19}$$

此时 $f(x)$ 的傅里叶级数是只含有余弦函数项（包括常数项）的余弦级数

$$\frac{a_0}{2} + \sum_{n=1}^{\infty} a_n \cos \frac{n\pi x}{l}.$$

例 5　试将周期函数

$$u(t) = E \mid \sin t \mid$$

展开成傅里叶级数，其中 E 为正的常数，如图 14-8 所示.

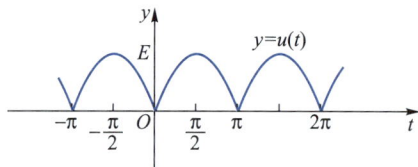

图 14-8

解　所给函数 $u(t)$ 满足狄利克雷收敛定理的条件. 注意到函数 $u(t)$ 是以 $2l = \pi$ 为周期的偶函数，所以其傅里叶级数为余弦级数，利用系数公式（14-19），得

$$\begin{aligned} a_n &= \frac{2}{l} \int_0^l u(t) \cos \frac{n\pi t}{l} \mathrm{d}t = \frac{4}{\pi} \int_0^{\frac{\pi}{2}} E\sin t \cos 2nt \mathrm{d}t \\ &= \frac{2E}{\pi} \int_0^{\frac{\pi}{2}} \left[\sin(2n+1)t - \sin(2n-1)t \right] \mathrm{d}t \\ &= \frac{2E}{\pi} \left[-\frac{\cos(2n+1)t}{2n+1} + \frac{\cos(2n-1)t}{2n-1} \right]_0^{\frac{\pi}{2}} \\ &= -\frac{4E}{(4n^2-1)\pi}, n = 0,1,2,3,\cdots. \end{aligned}$$

由于 $u(t)$ 在整个数轴上连续，所以 $u(t)$ 的傅里叶级数展开式为

$$u(t) = \frac{4E}{\pi} \left(\frac{1}{2} - \frac{1}{3}\cos 2t - \frac{1}{15}\cos 4t - \frac{1}{35}\cos 6t \cdots \right), -\infty < t < +\infty.$$

例 6　若 $f(x)$ 以 2 为周期，在区间 $[-1,1)$ 上 $f(x) = x$，展开 $f(x)$ 为傅里叶级数，如图 14-9 所示.

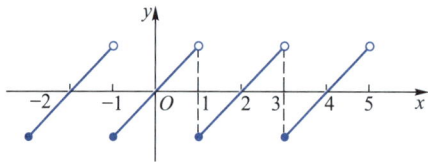

图 14-9

解　所给函数满足狄利克雷收敛定理的条件. 注意到函数 $f(x)$ 的周期为 $2l=2$, 且可将其视为一个奇函数, 所以其傅里叶级数是正弦级数, 利用系数公式 (14-18), 得

$$b_n = \frac{2}{l}\int_0^l f(x)\sin\frac{n\pi x}{l}\mathrm{d}x = 2\int_0^1 x\sin n\pi x\mathrm{d}x$$

$$= -\frac{2}{n\pi}\int_0^1 x\mathrm{d}(\cos n\pi x) = -\frac{2}{n\pi}\left[x\cos n\pi x - \frac{1}{n\pi}\sin n\pi x\right]_0^1$$

$$= \frac{(-1)^{n+1}2}{n\pi}, n = 1,2,3,\cdots$$

由于 $f(x)$ 在整个实数轴上除 $x = 0, \pm1, \pm2, \pm3, \cdots$ 外都连续, 所以

$$f(x) = \frac{2}{\pi}\left(\sin\pi x - \frac{1}{2}\sin 2\pi x + \frac{1}{3}\sin 3\pi x - \cdots\right), x \neq 0, \pm1, \pm2, \pm3, \cdots$$

*14.2.4　傅里叶级数的复数形式

傅里叶级数的 n 阶谐波 $a_n\cos n\omega t + b_n\sin n\omega t$ 可以用复数形式表示. 在讨论交流电路、频谱分析等问题时, 利用这种形式往往可以简化计算.

由欧拉公式 $\mathrm{e}^{\mathrm{i}\theta} = \cos\theta + \mathrm{i}\sin\theta$ 可得 $\cos\theta = \frac{1}{2}(\mathrm{e}^{\mathrm{i}\theta} + \mathrm{e}^{-\mathrm{i}\theta})$ 和 $\sin\theta = \frac{-\mathrm{i}}{2}(\mathrm{e}^{\mathrm{i}\theta} - \mathrm{e}^{-\mathrm{i}\theta})$. 代入 $\frac{a_0}{2} + \sum_{n=1}^{\infty}(a_n\cos n\omega x + b_n\sin n\omega x)$ 有

$$\frac{a_0}{2} + \sum_{n=1}^{\infty}(a_n\cos n\omega x + b_n\sin n\omega x) = \frac{a_0}{2} + \sum_{n=1}^{\infty}\left(\frac{a_n - \mathrm{i}b_n}{2}\mathrm{e}^{\mathrm{i}n\omega x} + \frac{a_n + \mathrm{i}b_n}{2}\mathrm{e}^{-\mathrm{i}n\omega x}\right).$$

如果记 $c_0 = a_0, c_n = a_n - \mathrm{i}b_n, c_{-n} = a_n + \mathrm{i}b_n, n = 1,2,\cdots$, 那么上面的傅里叶级数就化成一个简洁的形式

$$\frac{a_0}{2} + \sum_{n=1}^{\infty}(a_n\cos n\omega x + b_n\sin n\omega x) = \frac{1}{2}\sum_{n=-\infty}^{\infty}c_n\mathrm{e}^{\mathrm{i}n\omega x}$$

这就是傅里叶级数的复数形式, c_n 为复振幅, c_n 和 c_{-n} 为一对共轭复数.

下面来看系数 c_n 和 c_{-n} 是否有统一的表达式. 设 $f(t)$ 是以 $T = \frac{2\pi}{\omega}$ 为周期的周期函数, 由公式 (14-16) 得,

$$c_n = a_n - \mathrm{i}b_n = \frac{2}{T}\int_{-\frac{T}{2}}^{\frac{T}{2}}f(t)\cos n\omega t\mathrm{d}t - \mathrm{i}\frac{2}{T}\int_{-\frac{T}{2}}^{\frac{T}{2}}f(t)\sin n\omega t\mathrm{d}t = \frac{2}{T}\int_{-\frac{T}{2}}^{\frac{T}{2}}f(t)\mathrm{e}^{-\mathrm{i}n\omega t}\mathrm{d}t,$$

$$c_{-n} = a_n + \mathrm{i}b_n = \frac{2}{T}\int_{-\frac{T}{2}}^{\frac{T}{2}}f(t)\cos n\omega t\mathrm{d}t + \mathrm{i}\frac{2}{T}\int_{-\frac{T}{2}}^{\frac{T}{2}}f(t)\sin n\omega t\mathrm{d}t = \frac{2}{T}\int_{-\frac{T}{2}}^{\frac{T}{2}}f(t)\mathrm{e}^{\mathrm{i}n\omega t}\mathrm{d}t,$$

$$c_0 = a_0 = \frac{2}{T}\int_{-\frac{T}{2}}^{\frac{T}{2}}f(t)\mathrm{d}t,$$

它们可以归结成同一个公式:

$$c_n = \frac{2}{T}\int_{-\frac{T}{2}}^{\frac{T}{2}}f(t)\mathrm{e}^{-\mathrm{i}n\omega t}\mathrm{d}t, \omega = \frac{2\pi}{T}, n = 0, \pm1, \pm2, \cdots. \tag{14-20}$$

综合以上讨论, $f(x)$ 的傅里叶级数的复数形式为

$$\frac{1}{2}\sum_{n=-\infty}^{\infty}c_n\mathrm{e}^{\mathrm{i}n\omega x},$$

其中 $c_n=\dfrac{2}{T}\displaystyle\int_{-\frac{T}{2}}^{\frac{T}{2}}f(t)\,\mathrm{e}^{-\mathrm{i}n\omega t}\mathrm{d}t,\omega=\dfrac{2\pi}{T},n=0,\pm1,\pm2,\cdots.$

例 7　设 $f(t)$ 是以 2 为周期的周期函数,在区间 $[-1,1)$ 上 $f(t)=\mathrm{e}^{-t}$,试将 $f(t)$ 展开为复数形式的傅里叶级数.

解　此时 $T=2,\omega=\pi$,由系数公式(14-20)和欧拉公式得

$$c_n=\int_{-1}^{1}\mathrm{e}^{-t}\mathrm{e}^{-\mathrm{i}n\pi t}\mathrm{d}t=\int_{-1}^{1}\mathrm{e}^{-(1+\mathrm{i}n\pi)t}\mathrm{d}t=\frac{-1}{1+\mathrm{i}n\pi}\left[\mathrm{e}^{-(1+\mathrm{i}n\pi)t}\right]_{-1}^{1}$$

$$=\frac{(-1)^n(\mathrm{e}-\mathrm{e}^{-1})}{1+\mathrm{i}n\pi}=\frac{(-1)^n(\mathrm{e}-\mathrm{e}^{-1})(1-\mathrm{i}n\pi)}{1+(n\pi)^2},\quad n=0,\pm1,\pm2,\cdots.$$

由于 $f(t)$ 在整个实数轴上除 $t\neq2k+1,k=0,\pm1,\pm2,\cdots$ 外都连续,所以

$$f(t)=\frac{1}{2}\sum_{n=-\infty}^{\infty}\frac{(-1)^n(\mathrm{e}-\mathrm{e}^{-1})(1-\mathrm{i}n\pi)}{1+(n\pi)^2}\mathrm{e}^{\mathrm{i}n\pi t},t\neq2k+1,k=0,\pm1,\pm2,\cdots.$$

习题 **14. 2**

(A)

1. 下列各题中的 $f(x)$ 是以 2π 为周期的函数,它们在区间 $[-\pi,\pi)$ 或 $[0,2\pi)$ 上的表达式如下,试将各函数展开成傅里叶级数:

(1) $f(x)=\begin{cases}0,&-\pi\leqslant x<0,\\1,&0\leqslant x<\pi;\end{cases}$　　　　(2) $f(x)=x,-\pi\leqslant x<\pi;$

(3) $f(x)=\begin{cases}x,&0\leqslant x<\dfrac{\pi}{2},\\[2mm]\dfrac{\pi}{2},&\dfrac{\pi}{2}\leqslant x<\dfrac{3\pi}{2},\\[2mm]2\pi-x,&\dfrac{3\pi}{2}\leqslant x<2\pi;\end{cases}$　　　　(4) $f(x)=\begin{cases}x,&0\leqslant x<\pi,\\2\pi-x,&\pi\leqslant x<2\pi;\end{cases}$

(5) $f(x)=\begin{cases}x,&-\pi\leqslant x<0,\\0,&0\leqslant x<\pi;\end{cases}$　　　　(6) $f(x)=x^2,0\leqslant x<2\pi.$

2. 下列各题中的 $f(x)$ 都是周期函数,它们在一个周期上的表达式如下,试将各函数展开成傅里叶级数:

(1) $f(x)=\begin{cases}0,&-1\leqslant x<0,\\1,&0\leqslant x<1;\end{cases}$　　　　(2) $f(x)=1-|x|,-1\leqslant x<1;$

(3) $f(x)=1-x^2,-\dfrac{1}{2}\leqslant x<\dfrac{1}{2};$　　　　(4) $f(x)=x,1\leqslant x<2.$

*3. 设 $f(t)$ 是以 $\dfrac{2\pi}{\omega}$ 为周期的周期函数,在区间 $\left[-\dfrac{\pi}{\omega},\dfrac{\pi}{\omega}\right]$ 上的表达式为 $f(t)=E|\sin\omega t|$,其中 E 为正的常数,试将 $f(t)$ 展开为复数形式的傅里叶级数.

(B)

1. 设 $f(x)$ 是以 2π 为周期的函数,它在 $[-\pi,\pi)$ 上的表达式是 $f(x)=\cos ax$,试将 $f(x)$ 展开成傅里叶级数(分两种情况讨论:(1) a 不是整数;(2) a 是整数).

2. 下列各题中的 $f(x)$ 都是周期函数,它们在一个周期上的表达式如下,试将各函数展开成傅里叶级数,且分别画出 $f(x)$ 及其傅里叶级数和函数 $S(x)$ 的图形:

(1) $f(x) = \mathrm{e}^{2x}, -\pi \leqslant x < \pi$;

(2) $f(x) = \begin{cases} 2-x, & 0 \leqslant x < 4, \\ x-6, & 4 \leqslant x < 8; \end{cases}$

(3) $f(x) = \sin x, 0 \leqslant x < \pi$.

14.3　有限区间上定义的函数的傅里叶级数展开

14.3.1　周期延拓

如果函数 $f(x)$ 只在区间 $[a,b]$ 上有定义,并且在该区间上满足狄利克雷定理的条件,那么函数 $f(x)$ 也可以展开为傅里叶级数. 事实上,我们总可以作一个以 $2l = b-a$ 为周期的函数 $F(x)$,使 $F(x)$ 在 $[a,b]$ 上等于 $f(x)$,这种拓广函数定义域的方法称为**周期延拓**. 此时,若能将函数 $F(x)$ 展开为傅里叶级数,并注意到在 $[a,b)$ 上 $F(x) = f(x)$,便可得到函数 $f(x)$ 的傅里叶级数展开式. 由于 $l = \dfrac{b-a}{2}$,所以其傅里叶级数为

$$f(x) \sim \frac{a_0}{2} + \sum_{n=1}^{\infty} \left(a_n \cos \frac{2n\pi x}{b-a} + b_n \sin \frac{2n\pi x}{b-a} \right), \tag{14-21}$$

其中

$$\begin{cases} a_n = \dfrac{2}{b-a} \displaystyle\int_a^b f(x) \cos \dfrac{2n\pi x}{b-a} \mathrm{d}x, n = 0,1,2,3,\cdots, \\[3mm] b_n = \dfrac{2}{b-a} \displaystyle\int_a^b f(x) \sin \dfrac{2n\pi x}{b-a} \mathrm{d}x, n = 1,2,3,\cdots. \end{cases}$$

对于傅里叶级数(14-21),我们一般只在区间 $[a,b]$ 上研究其和函数 $S(x)$:

$$S(x) = \begin{cases} f(x), & x \text{ 是 } f(x) \text{ 在 } (a,b) \text{ 内的连续点}, \\[2mm] \dfrac{1}{2}[f(x-0) + f(x+0)], & x \text{ 是 } f(x) \text{ 在 } (a,b) \text{ 内的间断点}, \\[2mm] \dfrac{1}{2}[f(a+0) + f(b-0)], & x = a \text{ 或 } b. \end{cases}$$

特别地,当 $a = -\pi, b = \pi$ 时,得

$$f(x) \sim \frac{a_0}{2} + \sum_{n=1}^{\infty} (a_n \cos nx + b_n \sin nx),$$

其中

$$\begin{cases} a_n = \dfrac{1}{\pi} \displaystyle\int_{-\pi}^{\pi} f(x) \cos nx \mathrm{d}x, n = 0,1,2,\cdots, \\[3mm] b_n = \dfrac{1}{\pi} \displaystyle\int_{-\pi}^{\pi} f(x) \sin nx \mathrm{d}x, n = 1,2,3,\cdots, \end{cases}$$

且和函数为

$$S(x) = \begin{cases} f(x), & x \text{ 是 } f(x) \text{ 在} (-\pi, \pi) \text{内的连续点}, \\ \dfrac{1}{2}[f(x-0) + f(x+0)], & x \text{ 是 } f(x) \text{ 在} (-\pi, \pi) \text{内的间断点}, \\ \dfrac{1}{2}[f(-\pi+0) + f(\pi-0)], & x = \pm\pi. \end{cases}$$

例 1 将函数 $f(x) = x(1 \leqslant x \leqslant 3)$ 展开为傅里叶级数.

解 由于 $2l = b - a = 2$，所以 $l = 1$.

$$a_n = \frac{1}{1}\int_1^3 x\cos n\pi x \mathrm{d}x = \frac{1}{n\pi}\int_1^3 x\mathrm{d}(\sin n\pi x)$$

$$= \frac{1}{n\pi}\Big[x\sin n\pi x + \frac{1}{n\pi}\cos n\pi x\Big]_1^3 = 0, n = 1,2,3,\cdots,$$

$$a_0 = \frac{1}{1}\int_1^3 x\mathrm{d}x = 4,$$

$$b_n = \frac{1}{1}\int_1^3 x\sin n\pi x \mathrm{d}x = \frac{-1}{n\pi}\int_1^3 x\mathrm{d}(\cos n\pi x)$$

$$= \frac{-1}{n\pi}\Big[x\cos n\pi x - \frac{1}{n\pi}\sin n\pi x\Big]_1^3$$

$$= \frac{2(-1)^{n+1}}{n\pi}, n = 1,2,3,\cdots.$$

根据狄利克雷收敛定理,得

$$x = 2 + \frac{2}{\pi}\Big(\sin \pi x - \frac{1}{2}\sin 2\pi x + \frac{1}{3}\sin 3\pi x - \cdots\Big), 1 < x < 3.$$

而在区间两个端点处的和函数值为

$$S(1) = S(3) = \frac{1}{2}[f(1+0) + f(3-0)] = 2,$$

其和函数图形如图 14-10 所示.

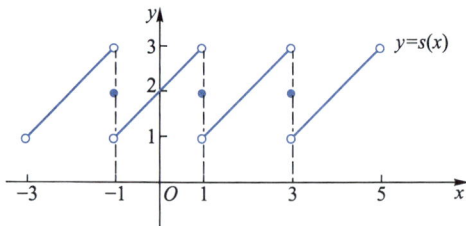

图 14-10

在本例解题过程中,本该写出周期延拓后的函数

$$F(x) = x - 2n + 2, 2n-1 \leqslant x < 2n+1, n = 0, \pm 1, \pm 2, \pm 3, \cdots,$$

但由于我们在求傅里叶系数时,只用到了在区间 $[1,3]$ 上的积分,而在区间 $[1,3)$ 上 $F(x)$ 就是 $f(x)$,所以延拓的过程可省略,而直接套用求系数的公式.

例 2 展开函数 $f(x) = x^2(|x| \leqslant \pi)$ 为傅里叶级数.

解 由于所给区间关于坐标原点对称,而所给函数是该区间上的偶函数,可知其傅里叶级数必是余弦级数,

$$a_0 = \frac{2}{\pi} \int_0^{\pi} x^2 \mathrm{d}x = \frac{2}{3}\pi^2,$$

$$a_n = \frac{2}{\pi} \int_0^{\pi} x^2 \cos nx \mathrm{d}x = \frac{2}{n\pi}\left(x^2 \sin nx \Big|_0^{\pi} - \int_0^{\pi} 2x \sin nx \mathrm{d}x\right)$$

$$= \frac{4}{n^2\pi}\left(x \cos nx \Big|_0^{\pi} - \int_0^{\pi} \cos nx \mathrm{d}x\right)$$

$$= (-1)^n \frac{4}{n^2}, n = 1, 2, 3, \cdots,$$

$$b_n = 0, n = 1, 2, 3, \cdots.$$

由狄利克雷收敛定理知

$$x^2 = \frac{\pi^2}{3} - 4\left(\cos x - \frac{1}{2^2}\cos 2x + \frac{1}{3^2}\cos 3x - \frac{1}{4^2}\cos 4x + \cdots\right), -\pi \leqslant x \leqslant \pi. \qquad (14\text{-}22)$$

14.3.2 奇延拓和偶延拓

若给定函数 $f(x)$ 的定义域为 $[0, l]$,则 $f(x)$ 在 $[0, l]$ 上的傅里叶级数应该由上一目给定的方法求得,即作延拓将定义域扩展成 $(-\infty, +\infty)$,使新的函数 $F(x)$ 以 l 为周期,且在 $[0, l)$ 上 $F(x) = f(x)$. 但是在实际问题中往往需要将这样的函数 $f(x)$ 展开成正弦级数(或余弦级数),这就要求我们首先在 $(-l, 0)$ 内作出函数 $f(x)$ 的延拓,使所得到的函数为 $[-l, l]$ 上的奇函数(或偶函数),这样的延拓我们称为**奇延拓**(或**偶延拓**). 具体地说,奇延拓函数为

$$g(x) = \begin{cases} -f(-x), & -l < x < 0, \\ f(x), & 0 < x < l, \end{cases}$$

偶延拓函数为

$$g(x) = \begin{cases} f(-x), & -l \leqslant x < 0, \\ f(x), & 0 \leqslant x \leqslant l. \end{cases}$$

然后利用周期延拓,将 $g(x)$ 的定义域扩展到 $(-\infty, +\infty)$,使新的函数 $F(x)$ 以 $2l$ 为周期,且在 $[-l, l]$ 上 $F(x) = g(x)$(这里对于奇延拓来说 0 点和 $\pm l$ 点可不作定义). 再将 $F(x)$ 展开为傅里叶级数,就可以得到我们所需要的正弦级数(或余弦级数)展开式.

由于在正弦级数(或余弦级数)展开式的傅里叶系数计算公式(14-18)及(14-19)中,只需知道 $F(x)$ 在 $(0, l)$ 上的定义式,而在 $(0, l)$ 上有 $F(x) = f(x)$,所以在展开过程中的奇(偶)延拓函数及周期延拓函数都不用写出,而可直接套用前面已经讨论过的关于正弦级数或余弦级数的系数公式(14-18)及(14-19)计算.

例 3 试将函数 $f(x) = \mathrm{e}^x \left(0 \leqslant x \leqslant \frac{\pi}{2}\right)$ 展开为

(1)余弦级数;　　　　　　(2)正弦级数.

解 (1) $a_n = \frac{2}{\frac{\pi}{2}} \int_0^{\frac{\pi}{2}} f(x) \cos \frac{n\pi x}{\frac{\pi}{2}} \mathrm{d}x = \frac{4}{\pi} \int_0^{\frac{\pi}{2}} \mathrm{e}^x \cos 2nx \mathrm{d}x$

$$= \frac{4}{\pi} \left[\frac{\mathrm{e}^x}{1+4n^2} (\cos 2nx + 2n\sin 2nx) \right]_0^{\frac{\pi}{2}}$$

$$= \frac{4}{(1+4n^2)\pi} \left[(-1)^n \mathrm{e}^{\frac{\pi}{2}} - 1 \right], n = 0, 1, 2, 3, \cdots.$$

根据狄利克雷收敛定理,得

$$\mathrm{e}^x = \frac{a_0}{2} + \sum_{n=1}^{\infty} a_n \cos 2nx = \frac{2}{\pi}(\mathrm{e}^{\frac{\pi}{2}} - 1) + \frac{4}{\pi} \sum_{n=1}^{\infty} \frac{(-1)^n \mathrm{e}^{\frac{\pi}{2}} - 1}{1+4n^2} \cos 2nx, 0 \leqslant x \leqslant \frac{\pi}{2}.$$

(2) $b_n = \frac{2}{\frac{\pi}{2}} \int_0^{\frac{\pi}{2}} f(x) \sin \frac{n\pi x}{\frac{\pi}{2}} \mathrm{d}x = \frac{4}{\pi} \int_0^{\frac{\pi}{2}} \mathrm{e}^x \sin 2nx \mathrm{d}x$

$$= \frac{4}{\pi} \left[\frac{\mathrm{e}^x}{1+4n^2} (\sin 2nx - 2n\cos 2nx) \right]_0^{\frac{\pi}{2}}$$

$$= \frac{-8n}{(1+4n^2)\pi} \left[(-1)^n \mathrm{e}^{\frac{\pi}{2}} - 1 \right], n = 1, 2, 3, \cdots.$$

根据狄利克雷收敛定理,得

$$\mathrm{e}^x = \frac{8}{\pi} \sum_{n=1}^{\infty} \frac{n \left[1 - (-1)^n \mathrm{e}^{\frac{\pi}{2}} \right]}{1+4n^2} \sin 2nx, 0 < x < \frac{\pi}{2}.$$

本章最后,我们必须提及这样一个问题,可以利用函数的傅里叶级数展开式求出某些常数项级数的和. 例如在 14.2 节例 6 的展开式中令 $x = \frac{1}{2}$,我们可以得到结论

$$1 - \frac{1}{3} + \frac{1}{5} - \frac{1}{7} + \cdots = \frac{\pi}{4}.$$

又如在 (14-22) 式中令 $x = 0$,我们便可得到等式

$$1 - \frac{1}{2^2} + \frac{1}{3^2} - \frac{1}{4^2} + \cdots = \frac{\pi^2}{12}.$$

由于常数项级数 $\sum_{n=1}^{\infty} \frac{1}{n^2}$ 是收敛的,若记其和为 S_0,即

$$1 + \frac{1}{2^2} + \frac{1}{3^2} + \frac{1}{4^2} + \cdots = S_0,$$

以上两式相减,得

$$S_0 - \frac{\pi^2}{12} = 2 \left(\frac{1}{2^2} + \frac{1}{4^2} + \frac{1}{6^2} + \cdots \right) = \frac{1}{2} S_0,$$

解方程,得

$$S_0 = \sum_{n=1}^{\infty} \frac{1}{n^2} = \frac{\pi^2}{6},$$

这一结论实际上也可在 (14-22) 式中直接令 $x = \pi$ 得到. 另外,我们如果记

$$1 + \frac{1}{3^2} + \frac{1}{5^2} + \frac{1}{7^2} + \cdots = S_1.$$

则有

$$S_0 = S_1 + \frac{1}{4} S_0,$$

从而有

$$S_1 = 1 + \frac{1}{3^2} + \frac{1}{5^2} + \frac{1}{7^2} + \cdots = \frac{\pi^2}{8}.$$

这一结论也可在 14.2 节例 3 的展开式中令 $x = 0$ 得到.

习题 14.3

（A）

1. 试将下列函数展开成傅里叶级数：

(1) $f(x) = \begin{cases} -\dfrac{\pi}{2}, & -\pi \leqslant x < -\dfrac{\pi}{2}, \\ x, & -\dfrac{\pi}{2} \leqslant x < \dfrac{\pi}{2}, \\ \dfrac{\pi}{2}, & \dfrac{\pi}{2} \leqslant x < \pi; \end{cases}$

(2) $f(x) = \begin{cases} \pi x + x^2, & -\pi \leqslant x < 0, \\ \pi x - x^2, & 0 \leqslant x < \pi; \end{cases}$

(3) $f(x) = x(1-x), -1 \leqslant x \leqslant 1.$

2. 试将下列函数展开为指定的傅里叶级数：

(1) $f(x) = \dfrac{1}{2}(\pi - x), 0 \leqslant x \leqslant \pi,$ 正弦级数；

(2) $f(x) = \begin{cases} 0, & 0 \leqslant x < \dfrac{\pi}{2}, \\ \pi - x, & \dfrac{\pi}{2} \leqslant x \leqslant \pi, \end{cases}$ 余弦级数；

(3) $f(x) = \begin{cases} \dfrac{3}{2} x, & 0 \leqslant x < \dfrac{\pi}{3}, \\ \dfrac{\pi}{2}, & \dfrac{\pi}{3} \leqslant x < \dfrac{2\pi}{3}, \\ \dfrac{3}{2}(\pi - x), & \dfrac{2\pi}{3} \leqslant x \leqslant \pi, \end{cases}$ 正弦级数.

3. 将下列函数展开为傅里叶级数：

(1) $f(x) = \begin{cases} e^x, & -\pi \leqslant x < 0, \\ 1, & 0 \leqslant x \leqslant \pi; \end{cases}$ (2) $f(x) = 2\sin\dfrac{x}{3}, -\pi \leqslant x \leqslant \pi.$

（B）

1. 试将函数 $f(x) = e^x (-\pi \leqslant x < \pi)$ 展开为傅里叶级数，并利用此展开式，求常数项级数 $\displaystyle\sum_{n=0}^{\infty} \frac{1}{n^2+1}$ 的和.

2. 将函数 $f(x) = x - 1 (0 \leqslant x \leqslant 2)$ 展开成余弦级数，并求收敛数项级数 $\displaystyle\sum_{n=1}^{\infty} \frac{1}{n^2}$ 的和.

3. 将函数 $f(x) = x^3 (0 \le x \le \pi)$ 展开成余弦级数,并求收敛数项级数 $\sum_{n=1}^{\infty} \dfrac{1}{n^4}$ 的和.

4. 证明在 $[0, \pi]$ 上成立

$$x(\pi - x) = \frac{8}{\pi} \sum_{n=1}^{\infty} \frac{1}{(2n-1)^3} \sin(2n-1)x,$$

并求收敛数项级数 $\sum_{n=1}^{\infty} \dfrac{(-1)^{n+1}}{(2n-1)^3}$ 的和.

第 14 章总习题

1. 设 $f(x) = \dfrac{\pi}{2a \sin a\pi} \cos ax$,其中 a 不是整数,

(1) 试求在区间 $(-\pi, \pi]$ 上的傅里叶级数;

(2) 试证此级数在点 $x = \pi$ 收敛于 $\dfrac{\pi}{2a} \cot \pi a$;

(3) 试利用以上结果求级数

$$\frac{1}{1^2 - a^2} + \frac{1}{2^2 - a^2} + \frac{1}{3^2 - a^2} + \cdots$$

的和.

2. 若 $f(x)$ 在 $[-\pi, \pi]$ 上连续,$T_n(x) = \dfrac{A_0}{2} + \sum_{k=1}^{n} (A_k \cos kx + B_k \sin kx)$,证明使

$$I = \int_{-\pi}^{\pi} [f(x) - T_n(x)]^2 \mathrm{d}x$$

取最小值的必要条件是 A_0, A_k, B_k 分别是 $f(x)$ 的傅里叶系数 $a_0, a_k, b_k (k = 1, 2, \cdots, n)$.

3. 设 $f(x)$ 是以 2π 为周期的连续奇函数,证明:

(1) 若在 $[0, \pi]$ 上恒有 $f(\pi - x) + f(x) = 0$,则其正弦级数系数为

$$b_{2n-1} = 0,$$

$$b_{2n} = \frac{4}{\pi} \int_0^{\frac{\pi}{2}} f(x) \sin 2nx \mathrm{d}x \quad (n = 1, 2, \cdots);$$

(2) 若在 $[0, \pi]$ 上恒有 $f(\pi - x) - f(x) = 0$,则其正弦级数系数为

$$b_{2n} = 0,$$

$$b_{2n-1} = \frac{4}{\pi} \int_0^{\frac{\pi}{2}} f(x) \sin(2n-1)x \mathrm{d}x \quad (n = 1, 2, \cdots).$$

4. 试求下列三角级数的和函数(承认 e^x 的幂级数展开式对复数 x 也成立):

(1) $\sum_{n=1}^{\infty} \dfrac{\sin nx}{n}, 0 < x < 2\pi$;   (2) $\sum_{n=0}^{\infty} \dfrac{\cos 2nx}{n!}$.

第 14 章部分习题
参考答案

附录　行列式与线性方程组

1　行　列　式

1.1　行列式的概念

行列式是由两条竖线括起来的 n^2 个数排列成的一张正方形的数表

$$\begin{vmatrix} a_{11} & a_{12} & \cdots & a_{1j} & \cdots & a_{1n} \\ a_{21} & a_{22} & \cdots & a_{2j} & \cdots & a_{2n} \\ \vdots & \vdots & & \vdots & & \vdots \\ a_{i1} & a_{i2} & \cdots & a_{ij} & \cdots & a_{in} \\ \vdots & \vdots & & \vdots & & \vdots \\ a_{n1} & a_{n2} & \cdots & a_{nj} & \cdots & a_{nn} \end{vmatrix},$$

称此式为 n **阶行列式**,数表中的每个数称为行列式的**元素**,同一水平线上的 n 个元素构成行列式的**行**,同一铅直线上的 n 个元素构成行列式的**列**.若行列式的每个元素都是实数,则行列式就表示一个实数.

1.2　二阶行列式

二阶行列式的定义为

$$\begin{vmatrix} a_1 & b_1 \\ a_2 & b_2 \end{vmatrix} = a_1 b_2 - a_2 b_1. \tag{1}$$

此定义可理解为对角线法则:$a_1 b_2$ 斜线称为主对角线,$a_2 b_1$ 斜线称为副对角线,二阶行列式的值等于主对角线上元素之积与副对角线上元素之积的相反数的代数和.

1.3　三阶行列式与四阶行列式

A. 三阶行列式

三阶行列式的定义为

$$\begin{vmatrix} a_{11} & a_{12} & a_{13} \\ a_{21} & a_{22} & a_{23} \\ a_{31} & a_{32} & a_{33} \end{vmatrix} = a_{11}a_{22}a_{33} + a_{12}a_{23}a_{31} + a_{13}a_{21}a_{32} - a_{13}a_{22}a_{31} - a_{12}a_{21}a_{33} - a_{11}a_{23}a_{32}. \tag{2}$$

这一定义可用下列两种不同的方法来理解.

1. 对角线法则   下图中实线表示主对角线,虚线表示副对角线,而三阶行列式的值等于各主对角线上元素乘积之和减去各副对角线上元素乘积之和.

此法则显然是二阶行列式计算法则的推广,但它无法再进一步推广到更高阶的行列式.

2. 拉普拉斯展开法则   用二阶行列式的组合来理解(2)式为

$$\begin{vmatrix} a_{11} & a_{12} & a_{13} \\ a_{21} & a_{22} & a_{23} \\ a_{31} & a_{32} & a_{33} \end{vmatrix} = a_{11}\begin{vmatrix} a_{22} & a_{23} \\ a_{32} & a_{33} \end{vmatrix} - a_{12}\begin{vmatrix} a_{21} & a_{23} \\ a_{31} & a_{33} \end{vmatrix} + a_{13}\begin{vmatrix} a_{21} & a_{22} \\ a_{31} & a_{32} \end{vmatrix}. \tag{3}$$

我们把(3)式称为按第一行展开,如将(2)式进行重新组合还可以按其他行或列展开,例如按第二列展开有

$$\begin{vmatrix} a_{11} & a_{12} & a_{13} \\ a_{21} & a_{22} & a_{23} \\ a_{31} & a_{32} & a_{33} \end{vmatrix} = -a_{12}\begin{vmatrix} a_{21} & a_{23} \\ a_{31} & a_{33} \end{vmatrix} + a_{22}\begin{vmatrix} a_{11} & a_{13} \\ a_{31} & a_{33} \end{vmatrix} - a_{32}\begin{vmatrix} a_{11} & a_{13} \\ a_{21} & a_{23} \end{vmatrix}.$$

其中的规律是按第 i 行展开为

$$\begin{vmatrix} a_{11} & a_{12} & a_{13} \\ a_{21} & a_{22} & a_{23} \\ a_{31} & a_{32} & a_{33} \end{vmatrix} = \sum_{j=1}^{3} (-1)^{i+j} a_{ij} M_{ij}, \quad i=1,2,3; \tag{4}$$

按第 j 列展开为

$$\begin{vmatrix} a_{11} & a_{12} & a_{13} \\ a_{21} & a_{22} & a_{23} \\ a_{31} & a_{32} & a_{33} \end{vmatrix} = \sum_{i=1}^{3} (-1)^{i+j} a_{ij} M_{ij}, \quad j=1,2,3, \tag{5}$$

其中 M_{ij} 是上述三阶行列式中删去第 i 行和第 j 列所有元素后剩下的二阶行列式,称为元素 a_{ij} 的余子式.

例 1   求 $\Delta = \begin{vmatrix} 1 & 4 & 7 \\ 2 & 5 & 8 \\ 3 & 6 & 0 \end{vmatrix}$.

解   按第三行展开,有

$$\Delta = 3\begin{vmatrix} 4 & 7 \\ 5 & 8 \end{vmatrix} - 6\begin{vmatrix} 1 & 7 \\ 2 & 8 \end{vmatrix} = 3\times(32-35) - 6(8-14) = 27.$$

B. 四阶行列式

高等数学中有些地方要用到四阶行列式

$$\Delta = \begin{vmatrix} a_{11} & a_{12} & a_{13} & a_{14} \\ a_{21} & a_{22} & a_{23} & a_{24} \\ a_{31} & a_{32} & a_{33} & a_{34} \\ a_{41} & a_{42} & a_{43} & a_{44} \end{vmatrix},$$

其值的计算,可按拉普拉斯展开法则写成 4 个三阶行列式的组合:

$$\Delta = \sum_{j=1}^{4} (-1)^{i+j} a_{ij} M_{ij} (按第\ i\ 行展开, i=1,2,3,4)$$

$$= \sum_{i=1}^{4} (-1)^{i+j} a_{ij} M_{ij} (按第\ j\ 列展开, j=1,2,3,4).$$

例如按第 4 列展开,则

$$\Delta = -a_{14} \begin{vmatrix} a_{21} & a_{22} & a_{23} \\ a_{31} & a_{32} & a_{33} \\ a_{41} & a_{42} & a_{43} \end{vmatrix} + a_{24} \begin{vmatrix} a_{11} & a_{12} & a_{13} \\ a_{31} & a_{32} & a_{33} \\ a_{41} & a_{42} & a_{43} \end{vmatrix} - a_{34} \begin{vmatrix} a_{11} & a_{12} & a_{13} \\ a_{21} & a_{22} & a_{23} \\ a_{41} & a_{42} & a_{43} \end{vmatrix} + a_{44} \begin{vmatrix} a_{11} & a_{12} & a_{13} \\ a_{21} & a_{22} & a_{23} \\ a_{31} & a_{32} & a_{33} \end{vmatrix}.$$

例 2　求 $\Delta = \begin{vmatrix} 2 & 1 & 0 & 0 \\ 1 & 2 & 1 & 0 \\ 0 & 1 & 2 & 1 \\ 0 & 0 & 1 & 2 \end{vmatrix}.$

解　按第一行展开,有

$$\Delta = 2 \begin{vmatrix} 2 & 1 & 0 \\ 1 & 2 & 1 \\ 0 & 1 & 2 \end{vmatrix} - \begin{vmatrix} 1 & 1 & 0 \\ 0 & 2 & 1 \\ 0 & 1 & 2 \end{vmatrix} = 8 - 3 = 5.$$

1.4　行列式的主要性质

行列式有如下主要性质,为了表达的方便起见,我们均以三阶行列式表示这些性质,这些性质的证明其实也不难,可由展开式(4)或(5)来证明,这里从略.

性质 1　行、列转置(按主对角线对称翻折),所得新行列式的值不变,即

$$\begin{vmatrix} a_{11} & a_{12} & a_{13} \\ a_{21} & a_{22} & a_{23} \\ a_{31} & a_{32} & a_{33} \end{vmatrix} = \begin{vmatrix} a_{11} & a_{21} & a_{31} \\ a_{12} & a_{22} & a_{32} \\ a_{13} & a_{23} & a_{33} \end{vmatrix};$$

性质 2　对调两行(或两列)的位置,所得到的新行列式的值为原行列式值的相反数,即

$$\begin{vmatrix} a_{11} & a_{12} & a_{13} \\ a_{31} & a_{32} & a_{33} \\ a_{21} & a_{22} & a_{23} \end{vmatrix} = - \begin{vmatrix} a_{11} & a_{12} & a_{13} \\ a_{21} & a_{22} & a_{23} \\ a_{31} & a_{32} & a_{33} \end{vmatrix}, \quad \begin{vmatrix} a_{13} & a_{12} & a_{11} \\ a_{23} & a_{22} & a_{21} \\ a_{33} & a_{32} & a_{31} \end{vmatrix} = - \begin{vmatrix} a_{11} & a_{12} & a_{13} \\ a_{21} & a_{22} & a_{23} \\ a_{31} & a_{32} & a_{33} \end{vmatrix};$$

性质 3　某行(或列)上所有元素乘常数 k,所得新行列式的值为原行列式值的 k 倍,即

$$\begin{vmatrix} a_{11} & a_{12} & ka_{13} \\ a_{21} & a_{22} & ka_{23} \\ a_{31} & a_{32} & ka_{33} \end{vmatrix} = \begin{vmatrix} a_{11} & a_{12} & a_{13} \\ ka_{21} & ka_{22} & ka_{23} \\ a_{31} & a_{32} & a_{33} \end{vmatrix} = k \begin{vmatrix} a_{11} & a_{12} & a_{13} \\ a_{21} & a_{22} & a_{23} \\ a_{31} & a_{32} & a_{33} \end{vmatrix};$$

性质 4　某两行(或列)上的对应元素成比例,则行列式的值等于零,例如

$$\begin{vmatrix} a_{11} & 2a_{11} & a_{13} \\ a_{21} & 2a_{21} & a_{23} \\ a_{31} & 2a_{31} & a_{33} \end{vmatrix} = 0, \begin{vmatrix} a_{11} & a_{12} & a_{13} \\ -a_{31} & -a_{32} & -a_{33} \\ a_{31} & a_{32} & a_{33} \end{vmatrix} = 0, \begin{vmatrix} a_{11} & a_{12} & 0 \\ a_{21} & a_{22} & 0 \\ a_{31} & a_{32} & 0 \end{vmatrix} = 0;$$

性质 5　若某行(或列)上的所有元素可以分解成两项之和,则该行列式可分解成对应的两个行列式之和,例如

$$\begin{vmatrix} a_{11} & a_{12}+b_{12} & a_{13} \\ a_{21} & a_{22}+b_{22} & a_{23} \\ a_{31} & a_{32}+b_{32} & a_{33} \end{vmatrix} = \begin{vmatrix} a_{11} & a_{12} & a_{13} \\ a_{21} & a_{22} & a_{23} \\ a_{31} & a_{32} & a_{33} \end{vmatrix} + \begin{vmatrix} a_{11} & b_{12} & a_{13} \\ a_{21} & b_{22} & a_{23} \\ a_{31} & b_{32} & a_{33} \end{vmatrix};$$

性质 6　某行(或列)上的所有元素同乘常数 k,加到另一行(或列)的对应元素上,所得新行列式的值与原行列式值相等,例如

$$\begin{vmatrix} a_{11} & a_{12} & a_{13} \\ a_{21}+ka_{31} & a_{22}+ka_{32} & a_{23}+ka_{33} \\ a_{31} & a_{32} & a_{33} \end{vmatrix} = \begin{vmatrix} a_{11} & a_{12} & a_{13} \\ a_{21} & a_{22} & a_{23} \\ a_{31} & a_{32} & a_{33} \end{vmatrix}.$$

2　线性方程组

以三元线性方程组为例叙述如下两个重要定理,其结论对于 n 元线性方程组也都成立.

2.1　克拉默法则

定理 1　线性方程组

$$\begin{cases} a_{11}x_1+a_{12}x_2+a_{13}x_3=b_1, \\ a_{21}x_1+a_{22}x_2+a_{23}x_3=b_2, \\ a_{31}x_1+a_{32}x_2+a_{33}x_3=b_3 \end{cases} \tag{6}$$

有唯一一组解的充要条件是其系数行列式不等于零,即

$$\Delta = \begin{vmatrix} a_{11} & a_{12} & a_{13} \\ a_{21} & a_{22} & a_{23} \\ a_{31} & a_{32} & a_{33} \end{vmatrix} \neq 0.$$

若记

$$\Delta_1 = \begin{vmatrix} b_1 & a_{12} & a_{13} \\ b_2 & a_{22} & a_{23} \\ b_3 & a_{32} & a_{33} \end{vmatrix}, \Delta_2 = \begin{vmatrix} a_{11} & b_1 & a_{13} \\ a_{21} & b_2 & a_{23} \\ a_{31} & b_3 & a_{33} \end{vmatrix}, \Delta_3 = \begin{vmatrix} a_{11} & a_{12} & b_1 \\ a_{21} & a_{22} & b_2 \\ a_{31} & a_{32} & b_3 \end{vmatrix},$$

则其唯一一组解为

$$x_1 = \frac{\Delta_1}{\Delta}, x_2 = \frac{\Delta_2}{\Delta}, x_3 = \frac{\Delta_3}{\Delta}.$$

2.2　齐次线性方程组

若方程组(6)中 $b_1 = b_2 = b_3 = 0$,就称此方程组为齐次线性方程组. 对于齐次线性方程组,显然 $x_1 = x_2 = x_3 = 0$ 是其一组解,而且当系数行列式 $\Delta \neq 0$ 时,方程组除这一组"零解"外没有别的解. 下面的定理告诉我们齐次线性方程组存在非零解的充要条件,其证明要用到线性代数的知识,这里从略.

定理 2　齐次线性方程组

$$\begin{cases} a_{11}x_1 + a_{12}x_2 + a_{13}x_3 = 0, \\ a_{21}x_1 + a_{22}x_2 + a_{23}x_3 = 0, \\ a_{31}x_1 + a_{32}x_2 + a_{33}x_3 = 0 \end{cases}$$

有非零解的充要条件是其系数行列式等于零,即

$$\Delta = \begin{vmatrix} a_{11} & a_{12} & a_{13} \\ a_{21} & a_{22} & a_{23} \\ a_{31} & a_{32} & a_{33} \end{vmatrix} = 0.$$

例　证明平面上三点 $P_1 = (x_1, y_1)$, $P_2 = (x_2, y_2)$, $P_3 = (x_3, y_3)$ 在同一直线 $ax + by + c = 0$ 上的充要条件是

$$\begin{vmatrix} x_1 & y_1 & 1 \\ x_2 & y_2 & 1 \\ x_3 & y_3 & 1 \end{vmatrix} = 0.$$

证　因为直线方程 $ax + by + c = 0$ 中 a, b, c 不全为零,而三点 (x_1, y_1),(x_2, y_2) 和 (x_3, y_3) 都满足此直线方程,即

$$\begin{cases} ax_1 + by_1 + c = 0, \\ ax_2 + by_2 + c = 0, \\ ax_3 + by_3 + c = 0. \end{cases}$$

于是我们可以把 a, b, c 看作上面这个以 a, b, c 为未知量的三元齐次方程组的非零解,根据定理 2 可知充要条件为系数行列式满足

$$\begin{vmatrix} x_1 & y_1 & 1 \\ x_2 & y_2 & 1 \\ x_3 & y_3 & 1 \end{vmatrix} = 0.$$

附录总习题

1. 计算下列行列式的值：

$(1)\ \begin{vmatrix} 1 & 2 \\ 3 & 4 \end{vmatrix};$　$(2)\ \begin{vmatrix} 1 & 0 & 1 \\ 0 & 1 & 1 \\ 1 & 1 & 0 \end{vmatrix};$　$(3)\ \begin{vmatrix} 1 & 2 & 0 & 0 \\ 2 & 3 & 0 & 0 \\ 0 & 0 & 4 & 5 \\ 0 & 0 & 7 & 9 \end{vmatrix};$　$(4)\ \begin{vmatrix} 2 & 0 & 0 & 1 \\ 0 & 1 & 2 & 0 \\ 1 & 1 & 0 & 1 \\ 3 & 0 & 1 & 1 \end{vmatrix}.$

2. 利用克拉默法则求下列方程组的解：

$(1)\ \begin{cases} 100x+99y=1, \\ 101x+100y=1; \end{cases}$　$(2)\ \begin{cases} x+y=2, \\ y+z=4, \\ x+z=6. \end{cases}$

3. 试写出平面直角坐标系中三条两两不相重合的直线：

$$L_i : a_i x + b_i y + c_i = 0, i = 1, 2, 3$$

交于一点的充要条件.

4. 若函数 $f(x), g(x)$ 在 $[a, b]$ 上连续，在 (a, b) 内可导，证明存在 $\xi \in (a, b)$ 使

$$\begin{vmatrix} f'(\xi) & g'(\xi) & 1 \\ f(a) & g(a) & a \\ f(b) & g(b) & b \end{vmatrix} = 0.$$

附录部分习题
参考答案

郑重声明

高等教育出版社依法对本书享有专有出版权。任何未经许可的复制、销售行为均违反《中华人民共和国著作权法》，其行为人将承担相应的民事责任和行政责任；构成犯罪的，将被依法追究刑事责任。为了维护市场秩序，保护读者的合法权益，避免读者误用盗版书造成不良后果，我社将配合行政执法部门和司法机关对违法犯罪的单位和个人进行严厉打击。社会各界人士如发现上述侵权行为，希望及时举报，我社将奖励举报有功人员。

反盗版举报电话　(010) 58581999　58582371

反盗版举报邮箱　dd@ hep. com. cn

通信地址　北京市西城区德外大街 4 号
　　　　　高等教育出版社知识产权与法律事务部

邮政编码　100120

读者意见反馈

为收集对教材的意见建议，进一步完善教材编写并做好服务工作，读者可将对本教材的意见建议通过如下渠道反馈至我社。

咨询电话　400-810-0598

反馈邮箱　hepsci@ pub. hep. cn

通信地址　北京市朝阳区惠新东街 4 号富盛大厦 1 座
　　　　　高等教育出版社理科事业部

邮政编码　100029

防伪查询说明

用户购书后刮开封底防伪涂层，使用手机微信等软件扫描二维码，会跳转至防伪查询网页，获得所购图书详细信息。

防伪客服电话　(010) 58582300